超分子材料引论

沈家骢　张文科　孙俊奇 等　著

科学出版社

北京

内 容 简 介

超分子组装是自下而上创造新物质和产生新功能的重要手段。利用该方法可以构筑多级组装结构，获得动态、多功能及高性能的超分子材料。超分子材料中对外场作用非常灵敏的分子间弱相互作用力为组装体的结构形态与功能调控提供了可能，从而赋予材料以刺激响应性以及自修复等优异性能。本书将以此为背景，着重论述沈家骢院士及其所在的超分子结构与材料国家重点实验室近年来在基于超分子理念的高性能光电材料、金属簇及其组装材料、生物超分子组装材料、超分子自修复材料以及超分子材料多尺度模拟和表征方法等领域所取得的主要进展。

本书适合材料、物理、化学、生物等相关领域的大学生、研究生及研究人员作为教学参考和研究使用。

图书在版编目(CIP)数据

超分子材料引论/沈家骢等著. —北京：科学出版社，2019.2
ISBN 978-7-03-060524-5

Ⅰ.①超… Ⅱ.①沈… Ⅲ.①超分子结构-材料科学 Ⅳ.①TB3

中国版本图书馆 CIP 数据核字(2019)第 026344 号

责任编辑：周巧龙/责任校对：杜子昂
责任印制：徐晓晨/封面设计：耕者设计工作室

科 学 出 版 社 出版
北京东黄城根北街 16 号
邮政编码：100717
http://www.sciencep.com

北京虎彩文化传播有限公司 印刷
科学出版社发行　各地新华书店经销
*
2019 年 2 月第 一 版　开本：720×1000　1/16
2020 年 1 月第二次印刷　印张：31 1/2
字数：635 000
定价：188.00 元
(如有印装质量问题，我社负责调换)

前　　言

在分子化学研究中，人们在不断深化对经典化学键认识的同时，也更多地认识到了分子间相互作用的重要性。到了 20 世纪 70 年代，法国的 J. M. Lehn 教授提出超分子化学的概念，并因此在 1987 年与其他两位美国学者一起荣获诺贝尔化学奖，将超分子化学、分子识别和主客体化学推向科学发展的前沿，从此开启了人类利用超分子化学认识世界的新层面。到了今天，超分子相互作用不仅被各个领域的科学家广泛接受，而且被用于获得大量用传统方法难以获得的新材料。吉林大学的研究集体在国际合作中，在德国科学院院士 H.Ringsdorf 教授（德国 Mainz 大学）和法国科学院院士 J. M. Lehn 教授（法国 Strasbourg 大学）等的引领下，于 20 世纪 80 年代末进入超分子化学研究领域。为了推动超分子研究在国内的开展，吉林大学沈家骢教授和张希教授与两位国际先驱者于 90 年代共同组织了包括"超分子体系香山科学会议"在内的一系列超分子化学方面的国际会议，以超分子体系（supramolecular system）为中心课题，不仅提高了对超分子发展的认识，也在国内培养了一批研究骨干，有效地推动了国内相关研究的快速发展。

吉林大学的超分子体系研究以层层组装复合膜与纳米微粒为起点，以能源材料（发光）为重点，聚焦在超分子结构构筑与功能导向的超分子材料，并以发现新结构作基础、功能扩展和材料导向为目标。研究集体依托"超分子结构与材料教育部重点实验室"开展工作，并于 2010 年正式升级为国家重点实验室。

实验室围绕超分子材料的核心目标，从基础做起，开展系统研究。经过全体同志共同努力，目前已经发展和建立了若干个超分子材料体系，如超分子光电材料体系、以金属-离子簇为基元的无机-有机杂化体系、微粒复合材料体系、精准组装动态材料体系，以及蛋白质组装体系等，这些都将在本书逐章加以介绍。这些体系为材料研发打下了坚实的基础。在实验方法方面，发展了可以用于超分子材料表征的半导体拉曼增强光谱和单分子力学谱。

超分子材料集成了分子自身的结构信息和功能信息，亦利用分子间相互作用实现了对分子组装体的动态控制和功能协同，既有宏观表现，又可以将结构控制在微纳尺度，是未来高性能材料的突破口与新起点。实验室经过十几年的潜心研究积累，形成了对超分子材料作为很有潜力的新型材料的多方面认识，其特点可以概括如下：

（1）分子间弱相互作用力（简称超分子力）具有加和性与协同性，加和起来的超分子力很强，可使材料形成稳定的拓扑结构；强作用可在外场作用下化解为弱作用；超分子力还具有高刺激响应性和很强的环境依赖性。

(2)超分子力通过组装与自组装过程形成超分子结构，超分子的组装过程是结构基元通过超分子力结合的过程，或是动态的分子识别的过程。该过程具有动态平衡性质，使超分子结构具有多元结构的特征，形成具有不同结构、不同状态、不同组成的特殊组装体。组装过程主要包括：组装与解组装、界面组装、具有耗散结构的非平衡态组装过程等，不同的组装过程可以产生不同的超分子结构及相关的结构细节。

(3)超分子结构与分子结构相互依存于多维空间之中，形成超分子体系。超分子体系是多元结构与功能的结合体，可以把不同功能的结构结合在一起，如有机与无机、刚性与柔性、亲水与亲油的结合等，将多种性能迥异或相反的结构联系在一起，或称之为对立的统一与转化；动态与静态的结合，使纳米环、螺旋纤维、纳米管及二维材料之间存在动态转化与动态平衡，使蛋白质等天然和合成材料体系中的超分子结构还具有自修复、自适应等高精度结构调节的特征。

(4)超分子结构基于超分子力的环境(外场)依赖性，赋予结构高响应性，包括不同时间尺度的响应性，有可能形成超分子芯片、多重响应体系，这就要求发展提高超分子力及超分子结构测试灵敏度的方法，如半导体拉曼增强光谱、单分子力学谱、氢键的超分子谱学等。

(5)超分子材料是由超分子力与超分子结构相组合而形成的超分子体系，具有特殊的功能，如具有弹性的单晶材料、柔性的多孔材料、油/水与水/油可转换的分离膜、不同孔径的螺旋通道、全色的单核电致发光材料、可改变孔径带开关的纳米管、自修复材料体、分子马达、纳米机器等，有很大的创新空间。

(6)超分子体系是个复杂的体系，它包括基元的分子结构、超分子结构、多元组分与多种结构等。超分子体系的研究方法要从单纯依靠有限数据的实验结果，逐步向以大数据为基础的实验结果及理论模拟与理论计算三者结合的研究方法转变。

综上所述，超分子材料是发展新型材料的突破口，利用好对分子结构与分子间作用力的认识，将是 21 世纪材料创新的源头之一。让我们共同来把握它吧。

本书是实验室教授与研究生在多年研究积累的基础上集体创作而成，是从基础研究到实用化的努力过渡的记录。谨将本书推荐给从事化学、材料、生物及生物工程的研究工作者及研究生参考，并敬请国内外同行赐教。

沈家骢

2018 年 9 月于长春

目　　录

第1章 超分子自组装材料的多尺度模拟研究方法

吕中元　王永雷

1.1 引　　言

超分子化学是研究基于分子间非共价键相互作用而形成的具有一定结构和功能分子聚集体的化学，在与材料科学、生命科学、信息科学、纳米科学与技术等学科的交叉融合中，超分子化学已发展成超分子科学，是21世纪新概念和高技术的重要源头之一。相较于传统化学上所研究的共价键，超分子化学的研究对象是一些较弱且具有可恢复性的分子间相互作用，如氢键、金属配位、π-π堆积、疏水效应等，这些分子间弱相互作用是促进分子识别的关键，对超分子体系的分子识别和组装有着重要意义[1,2]。

超分子材料的性能取决于基本构筑单元的分子结构，在更大程度上依赖于这些构筑单元经过自组装得到的介观尺度聚集体的结构与相态，而自组装过程又是影响超分子聚集体结构及其功能的关键因素。超分子自组装过程的影响因素极其复杂，与传统凝聚态物质相比，超分子体系具有更高的流动性及环境依赖性，而正是体系热涨落及外部环境的约束性共同导致超分子体系的新行为，主宰体系演化的机制已从凝聚态物理传统的相互作用能量机制转变为动力学和熵效应的共同作用[1-3]。外部影响因素或者体系自身的耗散作用能够驱动超分子体系自组装形成各种丰富的结构，从而具有不同的功能及应用范围。

超分子体系自身结构的特点使得体系演化速度慢、松弛时间谱分布宽[4-9]。例如，单链聚合物的空间尺度从化学键键长(10^{-10}m)延伸到链旋转半径(10^{-8}m)，而相应的时间尺度从化学键的振动(10^{-15}s)可延伸到整条聚合物链的松弛和扩散(10^{6}s)。如果考虑聚合物链之间的缠结效应，聚合物链的松弛时间会更长[6]。超分子自组装过程也涵盖非常大的空间和时间尺度：超分子材料的形成需要从基本构筑单元的分子尺寸(10^{-9}m)过渡到典型有序功能结构的尺寸(10^{-6}m)，此外有序功能结构转变动力学往往发生在微秒或更长的时间尺度上[10,11]。

对于超分子材料体系而言，由于实验手段的一些限制，许多情况下很难获得这些复杂分子结构在多个尺度上的结构及动力学性质。虽然计算机硬件和算法在近些年得到快速发展，计算机模拟已经成为在各个层面研究超分子自组装材料体系不可或缺的组成部分，但到目前为止还没有一种模拟方法能够同时描述超分子组装体系微观结构、介观组装形貌及宏观材料功能等多个尺度上的性质。因此，建立有效的多尺度模拟方法，增强不同尺度模拟方法之间的衔接和信息传递是一项十分紧迫的任务，这也是发展多尺度模拟方法的核心目标。由于缺少单一的模拟方法应用于超分子材料体系的多尺度分析，因此发展多尺度模拟方法的主要任务是把不同尺度上的模拟方法进行完善，同时发展对这些单一尺度模拟方法进行有效连接的手段。

传统意义上的计算机模拟方法是随着计算机的发明一起发展起来的。根据研究体系运动的确定性与否分为分子动力学方法[12,13]和蒙特卡罗方法[14]两大类。分子动力学方法是建立在经典力学基础之上，通过求解粒子的运动方程来模拟体系随时间的演化过程。蒙特卡罗方法则是最常用的对研究体系相空间进行抽样从而计算系综平均的方法。两类方法的共同点是它们都是基于经典统计力学的抽样方法，能够对较大体系的基本物理性质进行分析、研究。其他基于粒子的模拟方法，如粗粒化分子动力学[12]、布朗动力学[12]、耗散粒子动力学[15,16]和格子玻尔兹曼方法[17]，以及基于场论的模拟方法，如描述聚合物体系的自洽场理论[18]和动态密度泛函理论[19]都是在 20 世纪末发展起来的。这些模拟方法已经比较成熟，是研究不同尺度下超分子材料体系结构、组装形貌及功能的非常有利的工具[20]。图 1-1 为不同模拟方法所对应的时间和空间尺度。

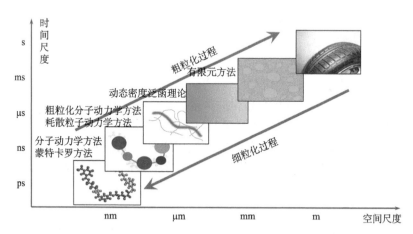

图 1-1 聚合物模拟中的空间尺度、时间尺度及相应的模拟方法。将模拟体系信息从小尺度传递到较大尺度的过程称为粗粒化过程，用于自下而上的材料设计。将模拟体系信息从大尺度传递到较小尺度的过程称为细粒化过程，用于有针对性的自上而下的材料设计

通常而言，为了发展多尺度模拟方法，我们需要在每个尺度上选择合适的模拟方法并将这些方法有效地联接起来，从而可以连贯地在多个尺度上描述超分子

体系的结构与自组装行为。针对超分子体系进行多尺度模拟可以有多种操作方式：①最简单的方式是各种模拟方法在特定尺度下单独对超分子体系进行模拟，通过将模拟体系的信息(如液体结构)从当前尺度传递到下一尺度来实现不同尺度间的连接；②同一个模拟体系存在不同尺度的模拟方法，分子信息在不同模拟方法间通过模拟体系各部分之间的界面进行简单传递；③模拟体系进行自适应多尺度模拟，原子或分子可以在计算过程中自适应地根据它们所在的位置在不同分辨率的模拟方法间自由转换。不论采取哪种操作方式，模拟体系的信息交换需要在各个模型间保持高度一致性[8]。图 1-2 为构建超分子多尺度模拟体系的三种操作方案。

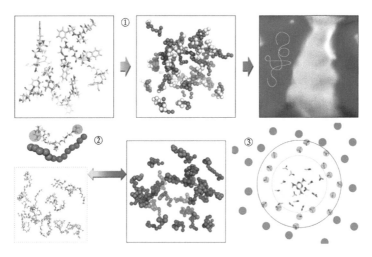

图 1-2　构建多尺度模拟体系的三种典型方案。①粗粒化方案：精细尺度上的模拟数据将作为输入参数用于较大尺度上的模拟；②对同一个模拟体系中不同的分子进行不同程度的模拟；③在自适应多尺度模拟体系中，粒子可以在模拟过程中自适应地在模拟不同分辨率下的体系中进行切换

　　需要说明的是，多尺度模拟不是解决超分子材料体系特定问题的唯一方法。随着新型计算机硬件和算法的发展，并行化的粗粒化分子动力学方法可以处理由数百万个粗粒化粒子组成的模拟体系，并且模拟时间可以达到毫秒级别[11]。基于图形处理器(GPU)的分子动力学模拟可进一步提高模拟效率[21,22]。因此，在不久的将来也可使用并行化和基于图形处理器的分子动力学方法在更大尺度范围内对超分子体系进行模拟研究，而无须采用多尺度模拟方法。但在现阶段，多尺度模拟是人们可以同时在多重空间和时间尺度上描述超分子材料体系性质和现象的最重要的工具之一。

1.2　模拟方法简介

1.2.1　基于粒子描述的模拟方法

在特定的基于粒子描述的模拟方法中,我们主要关注由原子、分子或粗粒化粒子组成的体系。这些粒子的运动具有确定性,粒子的运动构成模拟体系在相空间中的轨迹。通过这些运动轨迹,在基于遍历性假设的前提下,我们可以统计并计算模拟体系的物理性质。粒子的运动也可以用随机过程来描述,如在耗散粒子动力学模拟中,粒子的随机力和耗散力有效地构建了满足模拟体系动量守恒的热浴器。在这些方法中,我们依旧需要关注体系特定性质随时间演化的过程,并计算这些性质的统计平均值。在用蒙特卡罗方法对超分子材料体系进行模拟的过程中,通过设计合适的蒙特卡罗抽样规则可以对满足特定哈密顿量的模拟体系构型空间进行抽样,从而可以通过集合平均值获得体系的物理特性。本节介绍一些目前广泛用于描述超分子及复杂流体体系相行为的基于粒子描述的模拟方法基本框架。这些方法的详细推导过程及描述可参考文献[12-14]。

1. 分子动力学方法

分子动力学对粒子(原子、分子或者粗粒化粒子)在相互作用势作用下的运动状态进行模拟。通过数值方法求解粒子的运动方程得到粒子体系在相空间中随时间演化的行为。图 1-3(a)为分子动力学的基本流程图。模拟体系的宏观热力学性质可以由体系相关物理量求时间平均得到。系综是用统计力学描述体系的统计规律时引入的基本概念。微正则系综是分子动力学方法中最基本的系综,只能用于研究孤立体系的性质。模拟体系在其他系综的热力学性质都可以直接或间接地从微正则系综中演化出来[12]。分子动力学模拟的准确性和效率取决于粒子间相互作用势的准确性及分子动力学模拟程序的优化程度。分子动力学已经广泛应用于描述超分子及生物大分子体系的结构和自组装性质研究[11,23-25]。

2. 蒙特卡罗方法

蒙特卡罗方法是以概率和统计方法为基础的一种随机模拟方法。传统的蒙特卡罗方法仅对模拟体系相空间的构型部分进行采样。蒙特卡罗方法的关键步骤是尝试运动。例如,由于粒子的尝试位移而引起体系能量的变化是判断是否接受该粒子运动到下一个位置的标准。相应地,通过对模拟体系所有粒子的尝试运动进行抽样产生一系列状态,从而得到模拟体系性质的系综平均结果。图 1-3(b)为蒙特卡罗方法的基本流程图。

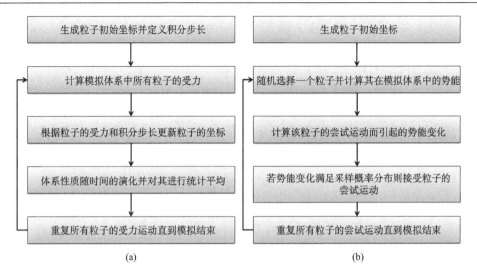

图 1-3　分子动力学(a)和蒙特卡罗方法(b)的基本流程图

不同于分子动力学方法,蒙特卡罗方法中的基本系综是正则系综。模拟体系的其他系综统计性质可通过合适的尝试运动条件来得到[14]。蒙特卡罗方法通常与分子动力学方法一起被视为经典的分子模拟工具,但针对大分子/超分子体系的模拟研究,蒙特卡罗方法在大多数情况下被看作是在粗粒化尺度上描述体系广义性质的方法[26,27]。类似地,分子动力学方法与粗粒化力场结合也可用于描述超分子体系在介观尺度上的结构和动力学性质[11]。

3. 布朗动力学方法

布朗动力学是郎之万动力学的"简化版",后者描述的是超阻尼极限体系的性质[12]。布朗动力学中描述的是当模拟体系的随机力和耗散力对描述体系性质具有不可忽略的作用时,分子或者分子聚集体在较大空间和较长时间尺度上的运动方式。布朗动力学适用于具有明显时间尺度差异的复杂流体体系,如为了追踪缓慢移动的纳米粒子的运动,快速移动的溶剂粒子可用随机项和摩擦项来代表。在布朗动力学中,粒子的运动方程可简单描述为 $\dfrac{\mathrm{d}\boldsymbol{X}_i}{\mathrm{d}t}=\dfrac{D_i}{k_{\mathrm{B}}T}\sum_j \boldsymbol{F}_{ij}+\sqrt{2D_i}\,\boldsymbol{R}_i$,其中 D_i 是粒子 i 的扩散系数,$\boldsymbol{F}_{ij}$ 是粒子 i 与粒子 j 之间的作用力。$\boldsymbol{R}_i$ 满足 $\langle\boldsymbol{R}(t)\rangle=0$ 和 $\langle\boldsymbol{R}(t)\boldsymbol{R}(t')\rangle=\delta(t-t')$ 性质,是有零均值的静态高斯参数。布朗动力学作为一种介观模拟方法,被广泛用于描述超分子和流体体系的复杂结构与动力学性质[21]。

4. 耗散粒子动力学方法

1992 年,Hoogerbrugge 和 Koelman 结合分子动力学和布朗动力学等方法的优点，提出了耗散粒子动力学模拟方法[15]。Español 和 Warren 从统计力学的角度推导了描述耗散粒子动力学方法的 Fokker-Planck 方程，并对耗散粒子动力学模型中粒子的受力进行了全新的定义[28]。Groot 和 Warren 将耗散粒子动力学模型中的保守力参数与描述聚合物体系热力学性质的 Flory-Huggins 平均场理论结合起来，把聚合物体系的分子结构信息映射到耗散粒子动力学模型中，使得耗散粒子动力学的模拟结果能够半定量地描述真实聚合物体系的热力学和动力学性质。该工作直接奠定了利用耗散粒子动力学方法研究聚合物体系微观相分离及自组装行为的基础[16]。

耗散粒子动力学在结构上与布朗动力学类似，但有两点与布朗动力学有本质差别。第一是耗散粒子动力学模型中每个粒子对应的是多个原子或分子的结构聚集体，因此这些粗粒化粒子之间的相互作用采用的是一种短程的软排斥相互作用势。第二是在耗散粒子动力学模型中，粒子的受力(保守力、耗散力和随机力)总是成对出现，因此可以保持流体体系总动量守恒，也就是模拟体系满足伽利略不变性。相比于布朗动力学，耗散粒子动力学最大的优势是在保持模拟体系总动量守恒的同时，还能较好地描述模拟体系的流体力学相互作用。

在耗散粒子动力学模型中，粗粒化粒子 i 的受力由保守力 $\boldsymbol{F}_{ij}^{C}$、耗散力 $\boldsymbol{F}_{ij}^{D}$ 和随机力 $\boldsymbol{F}_{ij}^{R}$ 三部分组成。保守力描述的是粒子之间的有效相互作用，其相互作用形式和参数可从分子结构或者溶度参数等热力学性质得到。耗散力描述的是粒子间的相互摩擦，它的存在会消耗模拟体系的能量，而随机力恰好能够补偿模拟体系由于粗粒化所引起的体系自由度的减少，可作为热源为模拟体系补充能量，二者耦合到一起形成热浴，不仅使得模拟体系的温度在一定范围内涨落，而且还能保持体系总动量守恒。粒子间的相互作用采用短程软排斥相互作用势，使得耗散粒子动力学模型可以在较大尺度上描述超分子或者其他软物质体系的形貌和自组装行为[16,28]。

在典型超分子体系中，静电相互作用对描述体系的热力学性质和动力学过程起着十分重要的作用，因此在耗散粒子动力学模拟中实现静电相互作用的高效计算将有助于在介观尺度上描述超分子体系的新颖特性，如聚电解质的结构转变、聚集等行为。Groot 将粗粒化粒子携带的点电荷弥散到对模拟体系预先划分的均匀格点上，然后采用 PPPM 方法在格点上求解 Poisson 方程来计算电荷间静电相互作用[29]。González-Melchor 等则直接采用 Ewald 加和方法与电荷密度分布来计算电荷间的静电相互作用[30]。为了进一步提升计算效率，Wang 等提出在保证计算精度的前提下，采用 ENUF 方法，即基于非均一傅里叶变换的 Ewald 加和方法，来计算耗散粒子动力学模拟中静电相互作用[31]。通过对电解质熔融体系和溶液体系的模拟研究，逐一确定了 ENUF-DPD 方法中的模拟参数。基于最佳模拟参数的

ENUF-DPD 方法的时间复杂度为 $O(N\log N)$，能够较高效率地计算介观模拟体系中电荷间的静电相互作用。有关 ENUF-DPD 方法详细的描述及模拟参数的优化顺序可参考文献[31,32]。由于在介观流体体系中，流体的流动性也会影响电荷间的静电相互作用，因此该方法很自然地可以描述流体流动性和静电相互作用的耦合效应。

5. 格子玻尔兹曼方法

格子玻尔兹曼方法是一种基于玻尔兹曼运动方程来描述流体体系的离散计算方法，具有介于微观分子动力学方法和宏观连续模型之间的介观模型特点。该方法把流体体系在时间和空间上完全离散化。流体粒子具有离散的质量、体积，并且用粒子在格点上的速度分布来表示粒子的性质。所有粒子同步地随着离散的时间步长，根据给定碰撞规则在网格点上相互碰撞，并沿网格线在节点之间运动。碰撞规则遵循质量、动量和能量守恒定律。流体运动的宏观特征取决于微观流体粒子在格点上相互碰撞并在整体上表现出来的统计规律，因此符合 Navier-Stokes 方程。格子玻尔兹曼方法广泛应用于复杂几何边界流体流动、多孔介质流、多相流及反应流等复杂流体体系[17]。

1.2.2　基于场描述的理论方法

在 1.2.1 节我们列举了一些用于研究超分子和复杂流体体系性质的基于粒子描述的模拟方法。除此之外，基于场描述的理论计算方法也被用来研究软物质（包括大分子与超分子）体系的相分离及自组装等行为。基于场描述的理论方法的基本思想是用空间中的线段表示聚合物链，从而采用广义聚合物模型描述聚合物体系性质。配分函数中保留了单条聚合物链在涨落的自洽化学势场中的有效积分函数[18]。这种处理方式并不涉及任何原子信息，模拟体系的长度尺度取决于聚合物模型的回转半径。因此，基于场描述的理论模型可以被用来在介观尺度上研究聚合物体系的相态性质。

利用聚合物体系的自洽场理论方法可有效地通过自由能最小化的方式来构建非均相聚合物体系的平衡相图[18,33]。一般来说，该方法没有与体系的密度和化学势场的时间演变相关联，因此不能用于描述聚合物体系形貌的动力学演化过程。在实验体系中，非均相聚合物体系的最终平衡形态并不容易得到，但聚合物体系在特定加工条件及施加有效外场的情况下可演化到稳态结构。这就要求我们除了需要知道非均相聚合物体系稳定的平衡态相结构，还应该清楚地了解体系相貌形态的动力学演化过程。通过确定模拟体系的密度和化学势场的正确时间演化函数可有效地研究聚合物体系的相分离动力学行为[19]。基于场描述的理论方法已成功地用于描述很多聚合物体系相态性质，具体可参考文献[34,35]。

1.3　构建多尺度模拟体系的粗粒化方案

1.3.1　概述

在 1.2 节，我们列举了一些常用的模拟方法，这些方法已经被广泛用于研究超分子及生物大分子体系在特定空间和时间尺度上的结构性质、动态特性及自组装形貌。正如我们在引言部分中所说明的那样，超分子材料体系的物理特性本质上跨越多重时间和空间尺度，因此对这些体系物理性质的描述也需要在多尺度下进行。

针对超分子体系的模拟，最佳的选择是把位于不同尺度上的模拟方法进行相互连接，即建立基于现有模拟方法的多尺度模拟方法。该方案在每个尺度上都有不同程度的复杂性。例如，如果关注的是生物酶的催化性能与结构修饰的内在联系，我们需要采用量子力学方法处理电子性质和分子模拟方法来计算生物酶的结构变化。如果研究的是嵌段共聚物熔体的自组装行为，我们可以采用自下而上的方法首先通过分子模拟方法来估算不同组分之间的 Flory-Huggins 相互作用参数，而后将该参数转化为介观模拟方法(如耗散粒子动力学或动态密度泛函)的参数。虽然介观模拟方法的空间分辨率较低，但介观模拟方法可以在较大时间尺度上描述嵌段共聚物熔体的自组装行为。在每个模拟尺度上，很难说某个模拟方法最好，我们需要根据研究体系的具体问题来选择合适的模拟方法。需要注意的是每个模拟方法都是基于某种近似得到的。选择一种模拟方法意味着我们会默认该方法采用的近似处理是合理的，并且该近似方式并不会影响体系性质在不同尺度间的有效传递。

上面所述的是广义的多尺度模拟概念和策略，在实际实施过程中针对特定超分子体系进行多尺度描述并不容易。实际上并没有完善的"标准"多尺度模拟方法来处理实验中特定的超分子体系。举例来说，为了将基于计算机模拟的聚(甲基丙烯酸甲酯-苯乙烯)嵌段共聚物的微相分离性质与相关实验进行对比，我们可以首先通过分子模拟计算聚甲基丙烯酸甲酯和聚苯乙烯两种组分的溶度参数，之后估算两组分的 Flory-Huggins 相互作用参数，而这些参数又可以作为输入变量对该聚合物体系进行介观模拟研究。这些步骤中，Flory-Huggins 相互作用参数可以在不同尺度间传递"信息"，是基于模拟体系在各个尺度上必须满足热力学一致性。除此之外，我们还可以通过原子模拟获得流体在特定尺度上的径向分布函数信息，并以此为基础，通过逆向蒙特卡罗方法或者迭代玻尔兹曼反演方法获取粗粒化粒子之间的有效相互作用势。这些粗粒化作用势可用于在更大尺度上的模拟(如耗散粒子动力学模拟)，来获取体系可能的有序结构与形貌，并以此来建立体系微相分离相图。这就是所谓的基于结构性质的粗粒化方案。

OCTA 程序在对超分子体系构建衔接微观结构和宏观特性的模拟体系时采用

了上述两种粗粒化方案[36]。通过分子动力学模拟可以估算不同组分之间的
Flory-Huggins 相互作用参数，而后将这些参数输入到基于场描述的其他模拟方法
中研究复杂高分子体系的相行为。同时也可采用基于结构性质的体系粗粒化方式，
通过分子动力学模拟来获得粗粒化粒子间的有效相互作用势，并用得到的粗粒化
作用势进行动力学模拟，得到超分子体系的结构与形貌及相应的相转变动力学性
质[37]。Kremer 等[6,38]及 Milano 和 Müller-Plathe[39]也采用类似的粗粒化方式对聚苯
乙烯体系进行系统的多尺度模拟。在粗粒化模拟中通常根据聚苯乙烯的立构规整
度来选择不同程度的粗粒化方案。但即使对同一条聚苯乙烯链，如具有无规立构
的聚苯乙烯链，目前也缺乏单一的粗粒化方案来获得粗粒化粒子的有效势能函数。
为了描述无规聚苯乙烯的聚集态结构特征，Kremer 等用两个粗粒化粒子表示一个
苯乙烯单体：其中一个粒子代表聚合物主链上的亚甲基，而另一个粒子代表主链
上的次甲基及相连的苯基。而 Milano 和 Müller-Plathe 等则将两个苯乙烯单体粗粒
化为一个粒子。

　　除了基于体系结构和热力学性质的粗粒化方案来建立多尺度模型之外，还可
以通过微观分子动力学模拟来计算状态方程参数，而后再通过聚合物的热力学理
论来获得聚合物体系的相图。Li 等[40]通过计算 Sanchez-Lacombe 格子流体理论的
状态方程特征参数来构建全同立构聚丙烯与聚(乙烯-co-辛烯)共混物相图，并与
相应的实验进行对比[41]，预测了该体系不同温度下的相分离行为。

　　上述体系表明，即使采用相同的模拟方法研究相同的聚合物体系，也没有单
一方法来构建多尺度模拟方案。如图 1-4 所示，从全原子模拟中获得的结构或热
力学性质出发，可以通过三种代表性的粗粒化路线，构造该体系的粗粒化描述，
其中路线 1 是通过拟合体系的 Flory-Huggins 参数，路线 2 是通过拟合体系的结
构性质，路线 3 是通过拟合状态方程参数，从而来实现对该体系在不同尺度上
的描述。但是，我们至少可以了解构建多尺度模拟方案的基本要求：①我们需
要知道在粗粒化过程中保留多少结构细节；②针对模拟体系中不同自由度的慢变
量和快变量应该有明确的区分。

　　人们从具体体系的不同方面入手，提出了很多描述体系多尺度行为的模拟方
法。众多多尺度模拟方法中，有基于模拟体系结构而建立的多尺度模拟方法，也
有基于模拟体系热力学性质而建立的多尺度模拟方法。在基于模拟体系结构的多
尺度模拟方法中，通常以径向分布函数为桥梁，来拟合粗粒化模型的有效势能函
数。该类方法中具有代表性的是迭代玻尔兹曼反演方法[8,42]、逆向蒙特卡罗方法
(牛顿反演方法)[43]及力匹配方法等[44]。而基于体系热力学性质的多尺度模拟方法
主要以分子在溶液中的溶度参数、表面张力或体模量为参考，来得到粗粒化模型
的有效相互作用参数或作用势。1.3.2 节和 1.3.3 节将对基于模拟体系结构和热力
学性质的两类粗粒化方法做着重介绍。

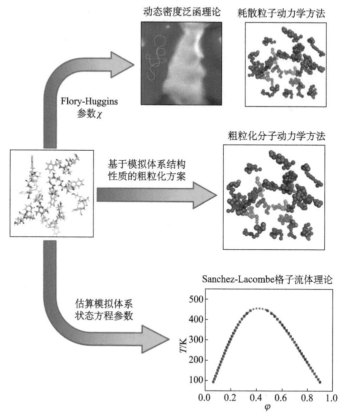

图1-4　路线1：从分子动力学模拟获得聚合物共混物中不同组分的溶度参数，并进一步估算
Flory-Huggins 参数，这些参数可用于在较大程度上对体系进行粗粒化模拟。路线2：从全原子分子
动力学模拟获得粗粒化粒子间的结构性质，然后通过逆向蒙特卡罗方法或者迭代玻尔兹曼反演方法
构建粗粒化粒子之间的有效相互作用势能，这些有效相互作用势能可用于在较大程度上对体系进行
粗粒化模拟。路线3：从分子动力学模拟中估算模拟体系的状态参数方程，例如 Sanchez-Lacombe
格子流体理论中的特征温度、特征压力及特征浓度等参数，然后构建聚合物共混物的相图

1.3.2　基于模拟体系结构性质的粗粒化方案

　　基于模拟体系结构性质的粗粒化方案是目前普遍采用的粗粒化方案。该方案
把模拟体系的结构性质映射到特定尺度上，获取在该尺度上粗粒化粒子之间的有
效相互作用参数。Henderson[45]和 Chayes 等[46]对该粗粒化方案提供了坚实的物理
基础：如果模拟体系的液体结构可以用对关联函数来描述，那么应该存在唯一的
对相互作用势来描述粗粒化粒子之间的相互作用，这就是所谓的 Henderson 定理。

　　1. Henderson 定理

　　考虑一个由 N 个粒子组成的正则系综,粒子之间的相互作用为对相互作用势,

模拟体系具有固定的体积和有限温度。体系的哈密顿量可以表示为

$$H = \sum_i \frac{p_i^2}{2m} + \frac{1}{2} \sum_{i \neq j} u(\boldsymbol{r}_i - \boldsymbol{r}_j)$$。Henderson 定理表明，对于产生相同对关联函数的两

对势能之差应该小于特定常数[45]。也就是说，在已知模拟体系对关联函数的前提
下，Henderson 定理阐明了描述粗粒化粒子间对相互作用势的唯一性。Henderson
定理的证明相当简单，类似于密度泛函理论中 Hohenberg-Kohn 定理的证明过程。

对于满足上述条件的两个哈密顿量分别为 H_1 和 H_2 的体系，体系的自由能满
足 Gibbs-Bogoliubov 不等式：$F_2 \leqslant F_1 + \langle H_2 - H_1 \rangle_1$，其中 $\langle \cdots \rangle$ 表示系综平均。该不
等式的关键点在于当且仅当 $H_2 - H_1$ 与所有自由度无关时等式才成立，这意味着
两对势能仅相差恒定常数。现在考虑两个体系，除了一个体系中的对相互作用势
为 $u_1(r)$ 和另一个体系的对相互作用势为 $u_2(r)$ 之外，其他体系条件都一样。假设
两个体系具有相同的对关联函数，我们需要证明的是对于已知的对关联函数，对
相互作用势 $u_1(r)$ 和 $u_2(r)$ 相差不超过某常数。

为了证明这一点，我们首先需要假设对相互作用势 $u_1(r)$ 和 $u_2(r)$ 相差大于某
常数，那么在有限温度范围内，Gibbs-Bogoliubov 不等式的相等条件不再成立，
也就是 $F_2 < F_1 + \langle H_2 - H_1 \rangle_1$。在热力学极限条件下，我们可以得到
$f_2 < f_1 + \frac{1}{2} \rho \int d^3 r [u_2(r) - u_1(r)] g(r)$，其中 f 是每个粒子的自由能，ρ 是模拟体系平
均粒子密度。当两个体系交换它们的下标时，不等式依旧成立，即
$F_1 < F_2 + \langle H_1 - H_2 \rangle_2$ 或者 $f_1 < f_2 + \frac{1}{2} \rho \int d^3 r [u_1(r) - u_2(r)] g(r)$。

将两个不等式叠加我们可以得到 0<0，因此两个对相互作用势相差超过某常
数的假设是不成立的。也就是说，对于给定的对关联函数，粗粒化粒子之间相互
作用可用唯一的对相互作用势来描述。Chayes 等进一步证明了在已知径向分布函
数的情况下，典型液态体系存在唯一相对应的对相互作用势[46]。因此 Henderson
定理表明在知道液体体系径向分布函数或结构因子的前提下，可以通过反复试验
找到粗粒化粒子间的有效相互作用势[45,47]。

2. 迭代玻尔兹曼反演方法

玻尔兹曼反演方法是最简单的通过径向分布函数来获取粗粒化势能数值表
达式的方法[8,42]。从微观体系的径向分布函数入手，通过对径向分布函数进行玻
尔兹曼反演即可得到粗粒化势能的初始数值表达式 $F(r) = -k_B T \ln g(r)$，然后通过
迭代的方式逐步优化粗粒化数值势的表达形式 $\phi_{i+1}(r) = \phi_i(r) + k_B T \ln [g_i(r) / g(r)]$。
通过对指标函数 $f_{target} = \int w(r) [g(r) - g_i(r)]^2 dr$ 的评估来确定粗粒化数值势的收敛

情况，其中加权函数 $w(r) = \mathrm{e}^{-r/\sigma}$ 用于纠正小距离处产生的较大偏差。分子动力学和蒙特卡罗方法均可用迭代玻尔兹曼反演方法对势能函数进行迭代优化。迭代玻尔兹曼反演方法的迭代步骤流程如图 1-5 所示。

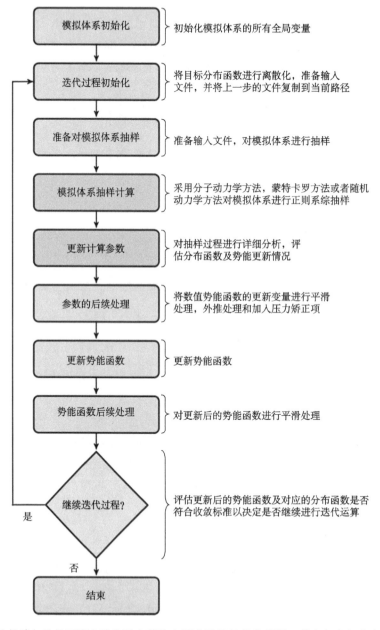

图 1-5　迭代玻尔兹曼反演方法和逆向蒙特卡罗方法的迭代流程图，其中红色部分表示迭代过程中的最耗时部分

Reith 等将迭代玻尔兹曼反演方法应用于聚合物体系[42]。他们采用 13∶1 的比例对全原子聚异戊二烯的熔体和溶液体系进行粗粒化处理来降低聚合物体系的自由度。通过对比，他们发现并不能将在特定浓度下获得的粗粒化势能函数扩展到其他浓度的聚异戊二烯体系。Li 等采用相同的粗粒化方案分别构建了聚(苯乙烯-丁二烯)[48]和聚(苯乙烯-异戊二烯)的粗粒化力场。通过基于该粗粒化力场进行介观模拟得到的扩散系数与从全原子模型得到的扩散系数相一致，并且聚(苯乙烯-异戊二烯)体系的微相分离形貌及相应的相分离动力学也与实验和其他理论研究结果相一致。Chen 等采用迭代玻尔兹曼反演方法构建了由线性和支化聚乙烯组成的共混体系粗粒化模型[7]。基于该模型，他们发现虽然这些聚乙烯体系化学组成是相同的，但线性和支化聚乙烯之间可以发生相分离。

类似地，对于其他聚烯烃共混物，如全同立构聚丙烯和聚(乙烯-辛烯)的共混物，也可以采用迭代玻尔兹曼反演方法构建相应的粗粒化力场，并进一步研究它们的相分离行为。首先需要通过运行分子模拟来获取全同立构聚丙烯和聚(乙烯-辛烯)的液体结构性质。可以采用相平衡联合原子的可移植势(TraPPE-UA)力场[49]来对聚合物体系进行分子动力学模拟。当分子动力学模拟达到平衡后，对聚合物体系进行粗粒化处理。把聚合物主链上连续相连的λ个联合原子粗粒化成一个粒子，我们可以得到不同粗粒化级别(λ)下新粒子之间的结构关联信息。研究发现，当粗粒化程度$\lambda=21$时得到的粗粒化粒子间的相互作用势足够软，可以选择较大的时间积分步长[7]。粗粒化粒子间的径向分布函数及相应的粗粒化势能函数如图 1-6 所示。基于这些粗粒化势能函数，人们可以在更大空间尺度和更长时间尺度上研究全同立构聚丙烯和聚(乙烯-辛烯)共混物的结构性质。

基于结构性质的粗粒化方案的优点还在于可以将粗粒化粒子代表的原子信息重新映射到粗粒化粒子，即粗粒化模型的细粒化处理。这种先对聚合物体系进行粗粒化处理，而后进行细粒化处理的方案非常有利于快速得到超分子体系的良好松弛构型。首先对聚合物体系进行粗粒化处理，而后在介观尺度下对粗粒化体系进行长时间的模拟，使得聚合物链松弛以避免任何非合理结构。之后将粗粒化粒子对应的原子信息映射到粗粒化粒子中，并重建已经松弛良好的聚合物全原子体系。文献中已有结合分子模拟和蒙特卡罗方法对粗粒化体系重建原子信息的细粒化方案的相关报道[7,50,51]。例如，借鉴 Rosenbluth 抽样方法可以将原子信息映射到粗粒化粒子中[7]。对聚合物体系进行细粒化，首先要在粗粒化粒子内部随机生成第一个原子的坐标，而后利用固定的键长和键角规则，产生第二个和第三个原子。之后按照 Rosenbluth 抽样方法，从第(i-1)个原子产生k个随机向量并计算相应的能量，根据相应的抽样规则从k个向量中选取特定向量n，以此类推来得到包含原子信息的聚合物链。具体的抽样示意图如图 1-7 所示。

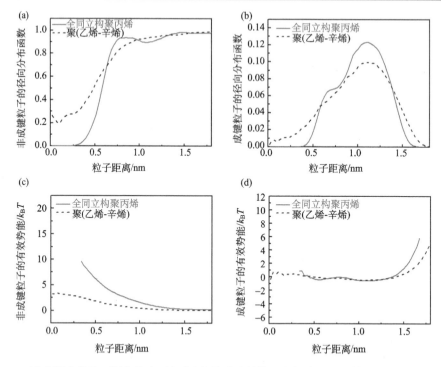

图1-6　(a)全同立构聚丙烯与聚(乙烯-辛烯)的非成键粒子间径向分布函数及(c)对应的从迭代玻尔兹曼反演方法中获得的非成键相互作用势；(b)全同立构聚丙烯与聚(乙烯-辛烯)的成键粒子间径向分布函数及(d)对应的从迭代玻尔兹曼反演方法中获得的成键相互作用势。图中对应的粗粒化程度为$\lambda=21$

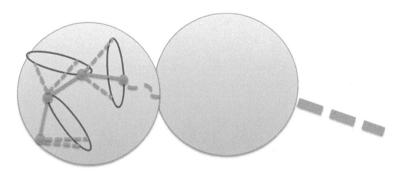

图1-7　采用Rosenbluth抽样方法在粗粒化粒子内部产生原子

对于均相聚合物体系，很容易通过分子模拟计算得到平衡体系的径向分布函数(或平均势)，然后通过迭代过程将多体效应引起的误差最小化。然而，对于超分子或生物大分子的极稀溶液体系，迭代玻尔兹曼反演方法并不十分奏效，原因在于溶质(超分子或生物大分子)分子间的径向分布函数收敛非常缓慢[8]。该情况下，在原子模拟中采用伞式抽样方法以直接确定溶质分子之间的平均力(势)更有优势。

3. 逆向蒙特卡罗方法(牛顿反演方法)

逆向蒙特卡罗方法最初由 McGreevy 和 Pusztai 于 1988 年提出[52]，用于从液体衍射实验中重构液体性质。该方法是标准 Metropolis-Hastings 算法的一种变体，通过随机行走的方式在构象空间搜索与实验数据一致的系列参数来解决逆向问题。逆向蒙特卡罗方法最重要的输入变量是从实验结构因子转换而来的径向分布函数。需要注意的是 McGreevy 和 Pusztai 提出的逆向蒙特卡罗方法并没有重建相互作用势，因此也不能用该方法来计算对应体系的热力学和动力学性质[52]。

为了克服逆向蒙特卡罗方法的局限性，Lyubartsev 和 Laaksonen 以模拟体系的径向分布函数为基础构建对应体系的哈密顿量(相互作用势)，对逆向蒙特卡罗方法进行扩展[43,53]。根据 Henderson 定理，如果体系的哈密顿量可以用对相互作用势的加和来表示，那么模拟体系的对相互作用势会有确定的表达形式。改进的逆向蒙特卡罗方法可以自动调整粗粒化数值势直到基于粗粒化数值势的径向分布函数与实验或者分子模拟获得的径向分布函数相一致。

在逆向蒙特卡罗方法中，单组分流体体系的哈密顿量可以表示为 $H=\sum U(r)$，其中 r 是流体粒子的间距，$U(r)$ 是流体粒子之间的对相互作用势。假定已经(从分子模拟或从实验)得到了粒子间径向分布函数，我们可以采用以下方式来构建基于径向分布函数的对相互作用势 $U(r)$。把势能函数 $U(r)$ 在规则的 M 个格点上进行分割 $r_\alpha = \alpha \Delta r$，其中 $\alpha = 0,1,\cdots,M$，$\Delta r = r_c / M$ 为格点间距。此时体系的哈密顿量可离散化地表示为 $H = \sum\limits_{\alpha} S_\alpha U_\alpha$，其中 S_α 是第 α 个间隔内的粒子对数目，$\left\langle S_\alpha \right\rangle = \dfrac{4\pi r^2 g(r) N^2}{2V_\alpha}$ 与相应的径向分布函数有关，同时也是对相互作用势 U_α 的函数，因此可以把 S_α 对势能的微扰 ΔU_α 进行泰勒级数展开 $\Delta \left\langle S_\alpha \right\rangle = \sum\limits_{\beta} \dfrac{\partial \left\langle S_\alpha \right\rangle}{\partial U_\beta} \Delta U_\beta + O(\Delta U^2)$。其中求导部分可表示为 $\dfrac{\partial \left\langle S_\alpha \right\rangle}{\partial U_\beta} = -\dfrac{\left\langle S_\alpha S_\beta \right\rangle - \left\langle S_\alpha \right\rangle \left\langle S_\beta \right\rangle}{k_B T}$。通过求解一系列的线性方程 $\left\langle S_\alpha \right\rangle - S_\alpha^0 = -\dfrac{\left\langle S_\alpha S_\beta \right\rangle - \left\langle S_\alpha \right\rangle \left\langle S_\beta \right\rangle}{k_B T} \Delta U$，可计算出粗粒化势能数值表达式的校正项。在原有势能数值表达式的基础上进行叠加就可以得到新势能数值表达式 $U_\alpha^1 = U_\alpha^0 + \Delta U_\alpha^0$。对上述步骤进行多次迭代直到从粗粒化势能数值表达式计算得到的径向分布函数收敛于微观体系的目标径向分布函数。

逆向蒙特卡罗方法可以很容易地扩展到多组分复杂体系，包括多组分混合物及体系中存在长程静电相互作用[54]。如果模拟体系中包含长程静电相互作用，逆向蒙特卡罗方法可以在径向分布函数的径向范围内产生针对静电作用的有效相互作用势，然而需要对径向范围之外的有效相互作用势进行近似处理。一种合理的处理方式是在径向范围之外将有效相互作用势等同于具有适当介电常数的静电势。该处理方式已经在电荷-电荷相互作用体系、电荷-DNA 复合体系、不同分子或离子之间溶剂调节的有效相互作用势体系及离子液体体系中得到验证[53-55]。

为了将粗粒化粒子间的有效相互作用与有限尺寸效应的依赖关系最小化，逆向蒙特卡罗方法应该使用与获得目标径向分布函数的模拟体系尺寸相同的体系来执行。在某些情况下，逆向蒙特卡罗方法得到的有效相互作用势不能推广到更大的体系[47]。

逆向蒙特卡罗方法能够容易地扩展到非成对相互作用类型的体系，如可以以同样的方式得到分子内共价键和扭转角的有效相互作用势，这使我们可以轻松地从原子模拟中获得超分子粗粒化模型的相互作用势。同样还可以用逆向蒙特卡罗方法构建磷脂分子的粗粒化模型并在介观尺度上研究磷脂分子的自组装行为[56,57]。

逆向蒙特卡罗方法的优势在于它能直接从原子体系的平衡构象中，甚至从实验体系的对关联函数中得到有效相互作用势，并且其粗粒化势能数值表达式的迭代过程严格从统计力学推导而来。逆向蒙特卡罗方法的迭代机制具有非局域性，即在迭代过程中考虑了不同粗粒化势能数值表达式之间的耦合相关性，使得在每个迭代步骤中都需要对粒子关联函数进行足够多的抽样，这导致逆向蒙特卡罗方法更适用于具有较少对相互作用势的体系。迭代过程中对计算机内存的需求和计算时间的消耗随着对相互作用势数目的增加而很快增加。相比于逆向蒙特卡罗方法，迭代玻尔兹曼反演方法由于具有较小的计算负担，因而经常用于研究聚合物的相行为[42]。另外也可以对逆向蒙特卡罗方法程序进行技术改进以提高其速度，但这同时会影响逆向蒙特卡罗方法的收敛情况[56]。

逆向蒙特卡罗方法的初始势能来源于粒子间的平均势。对于简单体系，逆向蒙特卡罗方法可以很快地得到粒子间的有效相互作用势，而对于较复杂的超分子和流体体系，逆向蒙特卡罗方法可能会基于初始势能产生较差的粗粒化初始构型，这样就无法对初始势能进行进一步修正。即使可以进一步修正，如果修正过程中模拟体系结构变化太大，逆向蒙特卡罗方法采用的线性近似模式也不起作用，而这就需要非常强的正则化并且需要多次迭代才有可能得到收敛的势能函数，因此构建合适的初始相互作用势能是保证逆向蒙特卡罗方法快速收敛的前提条件。Jain 等发现决定液体体系结构性质的对相互作用势排斥部分能够快速收敛[58]。如果模拟体系的其他信息诸如热力学性质(平均能量或压力)也可以在逆向蒙特卡罗方法迭代过程中体现出来，则可以把有效相互作用势的收敛效率提高一个数量级。值得注意的是，粗粒化势能数值表达式与模拟体系的温度和密度等热力学性质有关，因此相应粗粒化势能数值表达式只适用于有限温度范围内的粗粒化模拟。另外，粗粒化势能数值表达式并不能得到与微观体系所有热力学信息一致的模拟结果。通常情况下，粗粒化模拟体系的压强、等温压缩率及体系黏度与微观体系并不完全一致。在具体的模拟体系中，通过调节相应的热浴参数可以达到与微观模拟体系一致的黏度性质。模拟体系的压强可通过在迭代过程中对非键势能数值表达式添加线性函数来进行校正。

除了计算复杂度的差异之外，这些基于模拟体系结构性质的粗粒化方法之间也存在基本差异。例如，势能函数的可移植性，即有效相互作用势对体系热力学状态的依赖性，是主要问题之一。通常在特定状态(温度、密度及浓度)下得到的有效相互作用势只能在该状态有限范围内描述体系的行为。如果不预知体系的行为，通常难以确定有效相互作用势的可移植性。原则上，应该在所有不同的状态点重建有效相互作用势，但该过程非常耗时，这也就是为什么要发展粗粒化模拟方法来尽可能简单快速地研究体系性质的出发点。由于这些原因，研究势能函数的可移植性对于理解不同粗粒化模型的适用性起到至关重要的作用。

1.3.3　基于模拟体系热力学性质的粗粒化方案

在一些实际情况中，有时不需要在粗粒化模拟中严格重现体系的结构性质，而是用一些重要热力学性质作为拟合目标，这些方法被称为自上而下的基于热力学性质的粗粒化方案[59]。这些热力学性质主要包括水油两相的分配自由能、相分离体系的临界点及不同组分间的 Flory-Huggins 相互作用参数等。

Marrink 等提出了用于描述磷脂分子、碳水化合物、蛋白质等生物(大)分子的粗粒化方案，并将其命名为 MARTINI 力场[60-62]。MARTINI 力场的目的是构建更广泛应用的、无须每次都进行重新参数化的粗粒化模型，而不注重是否能够重现生物大分子体系在特定状态下的结构性质。MARTINI 力场参数通过对参考体系的热力学性质(如压缩性、纯水密度、电荷的配对分布函数和结构性质、脂质模型的弹性性质等)及动力学性质(如扩散常数)拟合得到。

MARTINI 力场模型采用的是 4∶1 的粗粒化方案，即生物大分子中四个重原子用一个粗粒化粒子表示。对于环状结构分子(如苯、胆固醇和一些碳水化合物)，MARTINI 力场则将两个或三个重原子用一个粗粒化粒子表示，以保持环状结构的几何构型[61,62]。接下来我们分三步来展示如何将生物大分子的原子模型映射到 MARTINI 粗粒化模型。

(1)通常将目标分子分成由 4 个重原子组成的粗粒化化学基团，将目标分子不同片段映射到粗粒化化学基团中心。因为并非所有分子都可以严格映射到代表四个重原子的粗粒化化学基团，所以一些基团将代表更少或更多的原子。MARTINI 模型通常由五种主要类型的相互作用粒子组成：极性粒子(P)，非极性粒子(N)，非极性粒子(C)，带电离子(Q)和环粒子(S)[60,62]。对于每种主要类型的粗粒化粒子，可用字母表示不同程度的氢键相互作用或者用数字表示不同程度的极性。典型生物分子的 MARTINI 粗粒化方案如图 1-8 所示。

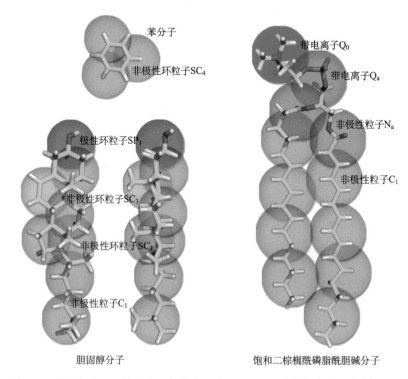

苯分子

非极性环粒子SC₄

带电离子Q₀

带电离子Qₐ

极性环粒子SP₁

非极性粒子Nₐ

非极性环粒子SC₃

非极性粒子C₁

非极性环粒子SC₁

非极性粒子C₁

胆固醇分子　　　　　　　饱和二棕榈酰磷脂酰胆碱分子

图 1-8　磷脂分子、胆固醇分子和苯分子在 MARTINI 力场框架内的粗粒化模型

(2)选择成键和非键相互作用参数。全原子模拟体系中采用标准键长和力场参数能很好地描述分子体系的结构与动力学行为。而对于粗粒化模型，我们可有效地调整这些力场参数。如果力场参数选择得合适，那么在下一步中将节省较大的工作量。关于成键相互作用、非键相互作用及库仑相互作用参数的调整细节可参考文献[60,62]。需要注意的是，对于环形结构的分子应该使用较小的键长参数，刚性分子的成键及键角作用势应采用刚性约束条件。对于复杂分子(如胆固醇)，需要采用多种方式来定义成键相互作用。

(3)优化 MARTINI 模型。对全原子体系进行粗粒化会导致某些粗粒化粒子的类型及相互作用参数具有多重选择性。与全原子模拟体系或实验体系进行详细对比，将有助于提高粗粒化模型对生物大分子体系描述的准确性。结构性质的对比有助于优化非键相互作用。例如，将从 MARTINI 力场模拟中获得的径向分布函数与分子模拟中获得的径向分布函数进行比较，可以优化得到粗粒化粒子间的最佳相互作用参数。热力学性质的对比是确定粒子类型的关键部分。基于全原子模拟和实验中获得的热力学性质都可用于验证粗粒化模型的准确性。需要说明的是，虽然粗粒化体系结构和热力学性质可以很好地匹配全原子模拟获得的体系性质，相应的动力学性质并不能保证一致性，因此需要谨慎地解释和描述粗粒化模拟中获得的体系动力学性质。

MARTINI 力场已成功地应用于各种生物大分子模拟体系，如膜蛋白复合物的结构和动力学、单层磷脂膜行为、纳米管-脂质分子相互作用及胆固醇对生物磷脂膜行为的影响等[63]。这些成功应用反映了 MARTINI 力场模型描述复杂生物大分子体系的灵活性。

需要说明的是，MARTINI 力场也有其自身的局限性[64]。首先该模型仅针对液相进行了参数化，因而对固态性质(如晶体堆砌结构)的预测，并不一定准确。另外，MARTINI 模型是对原子模拟体系的自由能进行参数化，粗粒化过程中会存在熵损失，这可以通过减少焓项的贡献来弥补。对体系进行粗粒化模拟时，许多过程的焓/熵平衡也许会存在偏差，进而影响模拟体系的温度变化，因此必须谨慎考虑 MARTINI 力场用于参数化温度范围之外的应用。但无论如何，MARTINI 力场提供了在较大空间尺度和较长时间尺度上描述生物大分子及超分子体系性质的可行方案。该方法的成功之处在于可以在不忽视产生集体相互作用的化学细节的同时描述模拟体系介观尺度上的行为。一些复杂过程如流体的融合、介观形貌的形成及蛋白质分子在微秒时间尺度上的自组装，都可以采用 MARTINI 力场进行模拟研究。这些粗粒化模拟达到的空间和时间尺度，至少在现阶段，是全原子模拟方法无法企及的。

除了 MARTINI 力场之外，还有其他方法通过拟合实验或原子模拟中获得的热力学性质来定义粗粒化模拟中的相互作用参数。Scocchi 等通过拟合原子模拟体系中聚合物与黏土之间的结合能来定义耗散粒子动力学模型的相互作用参数[65]。Maiti 和 McGrother 提出采用实验体系的界面张力来定义耗散粒子动力学模型中的保守力相互作用参数[66]。Posel 等通过对聚合物共混物的实验临界温度和嵌段共聚物熔体的有序-无序转变温度来估算不同组分间的 Flory-Huggins 参数，以此来获取耗散粒子动力学模拟中使用的软排斥参数和动态密度泛函理论中使用的参考相互作用参数，进而对特定聚合物混合物体系进行介观模拟[59]。Flory-Huggins 参数还可以通过原子模拟对聚合物共混体系中不同组分的内聚能来估算，所得到的参数可用于耗散粒子动力学模拟。由于从实验或全原子模拟得到不同组分的内聚能相对容易，该方法已成功用于研究系列聚合物体系的结构性质[67,68]。

采用实验或从原子模拟得到的热力学性质为拟合目标来校正粗粒化模型参数，这是针对聚合物模拟体系进行自上而下粗粒化的主要方案。然而，还有其他结合原子模拟和热力学性质的方法来应对较大尺度的粗粒化模拟[40,69]。结合原子模拟和状态方程的方法就属于该类型。在这些多尺度方案中，原子模拟并不是重要部分，它仅仅提供热力学模型中所需信息或参数，而复杂聚合物体系的相行为可以从状态方程中演化出来。例如，全同立构聚丙烯和聚(乙烯-co-辛烯)具有相近的化学组成和折射率，在实验上很难确定其共混物的相图，而通过原子模拟可以得到用于 Sanchez-Lacombe 格子流体理论的特征热力学参数，通过该理论可以容易地构建上述共混物的旋节线，也可以预测模拟体系的其他性质，如表面张力和表面密度分布等[40]。

1.3.4　基于模拟体系能量/力匹配方法的粗粒化方案

1. 有限可逆功方法

有限可逆功(conditional reversible work，CRW)方法的目的是计算目标原子基团间有限的相互作用自由能。有限指的是该自由能是从由目标原子基团组成的熔体体系计算得到的[70]，在自由能计算过程中由于减少了对目标原子基团构象空间的抽样，因此该限制条件只对目标原子基团的有利构型进行抽样统计。CRW 方法首先对原子模拟体系进行粗粒化预处理，同时计算所有分子中粗粒化粒子所代表的原子基团之间的相互作用自由能。该自由能既包括目标原子基团在内的相互作用能，也包括这些原子基团在粗粒化过程中损失的构象熵，因此可作为粗粒化粒子间的有效相互作用势来进行粗粒化模拟。采用不同的抽样方式，CRW 方法可计算目标原子基团在真空中和在凝聚态体系的相互作用自由能。真空中相互作用自由能的计算相对容易，CRW 采用的是基于热力学循环方式计算目标原子基团之间的平均力势，但当计算目标原子基团置身于由自身分子组成的熔体体系时则比较耗时，并且很难得到收敛的自由能表达式。

为克服该限制条件，van der Vegt 等基于热力学微扰理论，对由目标分子所组成的熔体体系中所有可能的目标原子基团构象进行抽样平均[71]。以己烷熔体体系为例，可以通过热力学循环方式(图 1-9)来计算己烷分子中间两个亚甲基的 CRW 势能函数 $U_{eff}(r)$。垂直箭头部分表示在原子模拟体系中直接计算目标原子基团质心之间的相互作用自由能 $[U_{eff}(r)]$，该自由能函数可通过计算基团之间平均力势的方法获得。$RW(r)$ 表示目标原子基团质心间距为 r 的平均力势，而 $RW_{excl}(r)$ 则是排除映射原子之间直接相互作用的自由能。基于热力学循环和假定 $U_{eff}(\infty) = 0$，我们可以得到 $U_{eff}(r) = RW(r) - RW_{excl}(r)$。为验证不同粗粒化程度的 CRW 模型的准确性，van der Vegt 等将基于 CRW 势能函数的己烷和甲苯体系热力学性质，如浓度、液体结构、液体表面张力、热容、热膨胀系数、等热压缩系数等，与全原子模拟所获得的体系性质进行比较，通过对比不同温度下液体密度的变化趋势可验证粗粒化势能函数的可移植性。

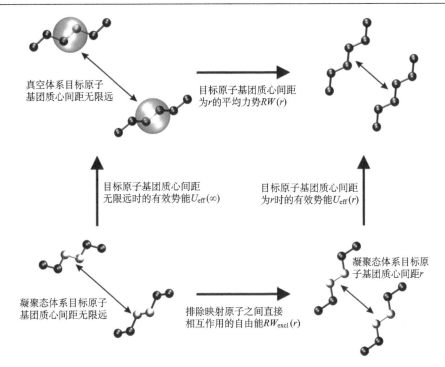

图 1-9　基于 CRW 方法计算己烷分子中间两个亚甲基间有效自由能势的热力学循环示意图。$RW(r)$ 包括两个亚甲基基团在原子尺度上所有相互作用的自由能，$RW_{excl}(r)$ 则是排除映射原子之间直接相互作用的自由能，两者的差值就是两个亚甲基间有效自由能平均势 $U_{eff}(r)$

2. 力匹配方法

力匹配方法也经常被用来构建粗粒化粒子之间可移植的力场。通常情况下，将小分子的热力学和结构性质与实验结果或第一性原理计算结果进行拟合而得到有效力场参数。Ercolessi 和 Adams 在 1994 年提出通过与第一性原理计算的轨迹和原子受力情况来拟合力场参数的方法[72]。力匹配方法的核心是尽可能地匹配原子在第一性原理计算中的受力和在经典相互作用力场中的受力。经典力匹配方法已成功应用于研究合金体系的性质，但这些应用仅将模拟体系从量子层次的描述延伸到分子层次的描述，该力匹配方法显然不足以描述由数十万甚至百万个原子组成的复杂超分子体系。

Voth 等将经典力匹配方法进行改进并命名为多尺度粗粒化方案[44,73]。多尺度粗粒化方案提供了严格的自下而上构造粗粒化模型的理论框架，通过有效的变分最小化可以从原子或基团的受力构建粗粒化模型。与其他基于结构的粗粒化方案类似，该方法将全原子模拟数据映射到粗粒化力场中。下面我们将给出多尺度粗粒化方案的理论基础及构建粗粒化力场的过程。

　　首先对模拟体系进行足够长时间的全原子动力学模拟，得到所有原子的坐标及动量。其次定义与全原子模拟体系相一致的粗粒化模型，每个粗粒化粒子的坐标(和动量)具有明确的物理含义且直接来自于对应原子模型相应性质的线性叠加，并且该粗粒化模型的平衡分布函数与原子模型体系的平衡分布函数相一致。接下来需要从全原子模拟体系获取粗粒化粒子的信息。粗粒化粒子的坐标信息可通过线性映射得到：$M_{RI}(r^n) = \sum_{i=1}^{n} c_{Ii} r_i (I = 1, \cdots, N)$，其中 n 和 N 分别为全原子模拟体系和粗粒化体系的粒子数目。粗粒化粒子的动量信息也可以通过类似方式得到：$M_{PI}(p^n) = M_I \sum_{i=1}^{n} c_{Ii} p_i / m_i (I = 1, \cdots, N)$。一般而言，坐标映射符 $M_{RI}(r^n)$ 与动量映射符 $M_{PI}(p^n)$ 应为同一映射符在不同空间的表达。通过坐标映射符与动量映射符，我们可以从全原子模拟体系确定粗粒化粒子的相互作用参数 $U(R^N) = -k_B T \ln z(R^N) + $ 常数，其中 $z(R^N) \equiv \int dr^n e^{-u(r^n)/k_B T} \times \delta \left[M_R^N(r^n) - R^N \right]$。对粗粒化粒子的相互作用势 $U(R^N)$ 进行求导可得到描述粗粒化粒子之间力的形式 $F_I(R^N) = -\dfrac{\partial U(R^N)}{\partial R_I}$。多尺度粗粒化方案的流程图如图 1-10 所示。

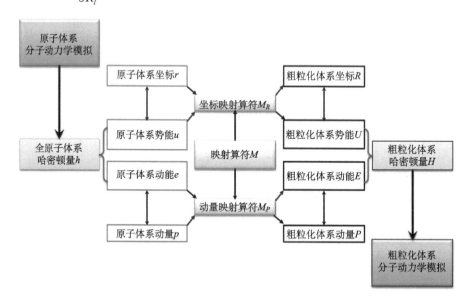

图 1-10　采用力匹配方法的多尺度粗粒化方案流程图

　　多尺度粗粒化方案的核心是通过全原子模拟得到粗粒化粒子平均力的最近似形式。假设粗粒化力场是一组连续函数 $G_I(R^N)$，它们包括所有粗粒化粒子构型信息 R^N。对于组成粗粒化力场的向量空间中任意的 G，我们可定义

$$\chi^2[G] = \frac{1}{3N} \left\langle \sum_{I=1}^{N} \left| \Gamma_I(r^n) - G_I[M_R^N(r^n)] \right|^2 \right\rangle$$，其中 $\langle\ \rangle$ 为全原子模拟体系的正则系综

平均值。假定向量空间 $G_I(R^N)$ 由 N_D 个互不相关的向量参数 G_{ID} 组成

（ $D = 1, \cdots, N_D$ ）。每个向量参数 $G_{ID}(R^N)$ 的形式为 $G_{ID}(R^N) = -\dfrac{\partial U_D(R^N)}{\partial R_I}$，其中

$U_D(R^N)$ 为能量函数，可对每个粗粒化坐标变量进行求导。将 G_I 对 N_D 个向量参

数 G_{ID} 进行展开，可得到 $G_I(R^N) = \displaystyle\sum_{D=1}^{N_D} \phi_D^* G_{ID}(R^N)$。由此我们可通过对全原子模拟

轨迹进行系综平均来计算 $\chi^2[G]$ 并将其最小化，得到粗粒化体系包含多体相互作

用的平均势形式 $U^*(R^N) = \displaystyle\sum_{D=1}^{N_D} \phi_D^* U_D(R^N)$。针对特定模拟体系，如果有足够多的模

拟数据，G 函数的表达形式应该是唯一的。这就意味着通过变分原理得到的平均

力函数将是对精确势能函数的最佳近似。

对于由对相互作用势主导的简单体系，多尺度粗粒化方案根据描述液体状态

的 Yvon-Born-Green 方程处理三体效应来确定粗粒化粒子间的最佳对相互作用

势[44]。对于具有键合和非键合作用的复杂分子体系，多尺度粗粒化方案不仅在非

键粒子之间，而且在不同键合程度的粒子之间及具有键合和非键合作用中的粒子

之间包含多体相关性[74-77]。

多尺度粗粒化方案已成功地用于描述磷脂双层膜体系，混合磷脂-胆固醇双

层膜体系，无溶剂的磷脂膜体系，蛋白质及蛋白质折叠，纳米粒子及离子液体体

系等的相行为及自组装形貌[74-77]。多尺度粗粒化方案还可应用于开发复合粗粒化

方案，在较大的粗粒化尺度上描述直径为 200nm 的脂质体结构及组装行为。多尺

度粗粒化方案的质量取决于对全原子模拟体系进行粗粒化程度的选择、粗粒化粒

子的位置及数量，以及用于构建粗粒化模型的全原子模拟体系采样频率及体系自

由度。

1.3.5　基于分子动力学的杂化模拟方案

1. 分子模拟-自洽场杂化方法

分子动力学模拟方法也可以与其他理论和模拟方法相结合形成杂化的多尺

度模拟方案。例如，分子模拟-自洽场杂化方法的策略就是聚焦于目标分子，而把

周围分子看作类似自洽场"力场"的方式来进行动力学模拟。

基于场论的模拟方法在研究超分子等软物质体系的平衡态相结构方面非常

成功。在这类方法中忽略了原子尺度的聚合物细节，而链通常被描述为线团，因

此可以在更大空间尺度描述聚合物的相行为。人们一直试图将基于粒子的模拟方

法和基于场论的理论方法的优势结合起来，形成粒子-场杂化模拟方案。

Ganesan 和 Pryamitsyn 通过将单链布朗动力学算法与粗粒化场变量动力学相结合，扩展了描述广义棒状聚合物动态平均场理论的计算方法[78]，并采用该方法研究了多组分非均相聚合物体系的动力学和流变学。Müller 和 Smith 将基于 Zuckermann、Pryamitsyn 和 Ganesan 框架的自洽场方法与聚合物链模型的蒙特卡罗方法相结合，研究了二元聚合物共混物的相分离行为[79]。该方法已被成功地应用于超分子聚合物体系的相分离和自组装、多组分聚合物流体及聚合物纳米复合材料体系的研究中[80,81]。

Milano 和 Kawakatsu 提出了一种结合分子模拟和自洽场理论的粒子-场复合方法[82]。在该方法中，首先生成聚合物体系的初始构型，从中可以获得密度相关的平均势并作为粒子-场复合模拟的初始输入。其次通过对模拟体系的粒子运动进行积分得到新的粒子构型，随后可以更新密度相关的平均势来计算每个原子的受力。对上述过程进行迭代直到粒子密度和平均势达到自洽状态。通过这种方式，粒子-粒子相互作用计算中最耗时的部分将转换为对局部"力场"的计算。假设已经得到了聚合物链间无相互作用而链内有作用的理想系统的哈密顿量，就可以将迭代中得到的外部势场用于描述分子间相互作用，然后通过系综平均得到模拟体系的物理性质。该方法详细的描述可参考文献[82]。

2. 分子模拟-格子玻尔兹曼复合方法

在粒子-场方法中，采用自洽分子场来计算不同聚合物链中粗粒化粒子之间的相互作用，与其他粗粒化方法相比大大节省了计算时间。通过这种方式，仍可以在模型中保留足够多的分子细节，同时利用自洽场理论的处理方法来加速计算。分子模拟-格子玻尔兹曼复合方法也采用了类似的加速处理方式[83]。分子模拟提供充足的分子微观信息，而格子玻尔兹曼方法则提供有效的流场，因此该复合方法十分有利于描述聚合物稀溶液的流体动力学作用。简而言之，分子模拟与格子玻尔兹曼复合方法在网格点上求解 Navier-Stokes 方程，其中格点间距大致等于描述溶剂动量传输的特征长度。通过在特定粒子的位置处交换一部分速度来实现分子模拟和格子玻尔兹曼复合方法之间的耦合，其中速度交换部分可通过对周围网格点的速度进行线性插值来获得，这通常决定了聚合物链和周围流体粒子之间的动量转移。为了补偿由于聚合物链和流体粒子间的摩擦引起的能量耗散，需要在每个粒子的运动方程中添加一个遵循涨落-耗散定理的噪声项。由于在这种分子模拟-格子玻尔兹曼复合方法中，体系的质量和动量守恒，它实际上可以正确地描述体系的流体动力学相互作用，并且比考虑显性溶剂分子的分子动力学方法更为高效。与耗散粒子动力学相比，分子模拟-格子玻尔兹曼复合方法的优势在于计算效率高，并且很容易在模拟中实现[83]。

在将分子动力学与自洽场理论或者格子玻尔兹曼方法相结合的杂化方案中，分子动力学部分是主要部分。耦合的自洽场理论或者格子玻尔兹曼方法仅对特定的聚合物链施加外部环境影响。在这些多尺度模拟方法中存在两个空间尺度，在小尺度上仅对局部聚合物结构相关的性质进行研究，而对其他聚合物链或溶剂对应的"背景"自由度并不关心。这些"背景"自由度可看作是周围环境对聚合物链的扰动，因此可以在较大尺度上进行描述。上述所描述的分子模拟-自洽场复合方案不同于从分子模拟体系构建粗粒化模型的自下而上方法，前者的核心是分子模拟方法，而后者的核心是粗粒化模拟方法。

1.4 总结与展望

在本章中，我们介绍了几种典型的多尺度模拟研究方法。这些多尺度模拟方法已经成为在较大空间和较长时间尺度上研究超分子自组装体系结构、形貌及动力学行为的强有力工具。

多尺度模拟方法的核心是建立合适的能够正确描述模拟体系的粗粒化模型。然而针对超分子自组装体系，建立这样的粗粒化模型并不容易。一些多尺度模拟方法专注于重现模拟体系的结构性质，而另一些多尺度模拟方法则以拟合模拟体系的热力学性质为出发点来构建用于描述粗粒化模型相互作用的有效势能函数，还有一些方法以目标基团在其分子动力学模拟体系中的自由能/受力来拟合粗粒化粒子间的势能函数。这些基于不同物理性质的粗粒化方法，很难说孰优孰劣，因此需要针对超分子自组装体系的具体问题来选择合适的粗粒化方案。构建能够同时描述分子模拟体系结构和热力学性质乃至动力学性质的粗粒化模型，是人们梦寐以求的目标。但如果只关注超分子自组装体系某一方面的性质，如自组装形貌，则没有必要构建保持所有性质与分子模拟体系一致的粗粒化模型。因此，对超分子自组装体系进行特定的深入分析，特别是关注体系性质及行为的时间尺度，将有助于选择合适的多尺度模拟方法。

除了常见的粗粒化模拟方法用于超分子自组装材料的模拟研究之外，还有其他诸如分子模拟-自洽场耦合方法，分子模拟-格子玻尔兹曼杂化方法等多尺度复合方法来对超分子自组装材料体系进行多尺度模拟研究。针对一个模拟体系中不同分子进行不同尺度的处理，将有助于同时解决在这些不同尺度上都非常重要的问题。尽管构建这些多尺度复合模拟方法并非易事，但这些方法扩大了我们研究超分子自组装体系复杂性质的选择范围。

本章中所展示的多尺度模拟方法已经广泛应用于研究聚合物体系、超分子自组装体系及其他复杂流体体系的相行为等方面。然而针对超分子自组装体系的模拟研究仍存在诸多挑战，其中对模拟体系在不同尺度下的时间衔接是最大的难点[84]。基于 Mori-Zwanzig 投影算符的模拟方法只能在有限的时间尺度范围内描述模拟体系减少自由度之后的动力学行为。在该有限时间尺度内，模拟体系的随机动力学在减少自由度的相空间内满足马尔可夫过程[85]。然而超分子材料往往在两个甚至多个时间尺度下都有非常重要的动力学行为，如小分子在超分子自组装结构中的扩散行为不仅取决于其本身的结构与动力学，还取决于周围自组装结构的协同松弛过程[8]。这种同一模拟体系中的特征时间差异性使得我们不能仅对其中一个动力学变量进行直接的时间尺度映射。这种同时存在多个重要时间尺度的问题经常存在于超分子自组装体系，因此需要能够体现不同尺度上结构与动力学特征的多尺度模拟方法对其进行研究。未来发展多尺度模拟方法时，需要重点关注模拟体系在时间尺度上的多尺度问题。

参 考 文 献

[1] 江明, Eisenberg A, 刘国军, 等. 大分子自组装. 北京: 科学出版社, 2006.

[2] Lehn J M. Supramolecular Chemistry. Weinheim: Wiley-VCH, 1995.

[3] Seiffert S, Sprakel J. Physical chemistry of supramolecularpolymer networks. Chem Soc Rev, 2012, 41: 909-930.

[4] Müller-Plathe F. Coarse-graining in polymer simulation: From the atomistic to the mesoscopic scale and back. Chem Phys Chem, 2002, 3: 754-769.

[5] Girard S, Müller-Plathe F. Coarse-graining in polymer simulations. Lect Notes Phys, 2004, 640: 327-356.

[6] Harmandaris V A, Adhikari N P, van der Vegt N F A, et al. Hierarchical modeling of polystyrene: From atomistic to coarse-grained simulations. Macromolecules, 2006, 39: 6708-6719.

[7] Chen L J, Qian H J, Lu Z Y, et al. An automatic coarse-graining and fine-graining simulation method: Application on polyethylene. J Phys Chem B, 2006, 110: 24093-24100.

[8] Peter C, Kremer K. Multiscale simulation of soft matter systems. Faraday Discuss, 2010, 144: 9-24.

[9] Doi M, Edwards S F. The Theory of Polymer Dynamics. Oxford: Clarendon Press, 1999.

[10] Whitesides G M, Boncheva M. Beyond molecules: Self-assembly of mesoscopic and macroscopic components. Proc Natl Acad Sci USA, 2002, 99: 4769-4774.

[11] Klein M L, Shinoda W. Large-scale molecular dynamics simulations of self-assembling systems. Science, 2008, 321: 798-800.

[12] Allen M P, Tildesley D J. Computer Simulation of Liquids. Oxford: Clarendon, 1987.

[13] Frenkel D, Smit B. Understanding Molecular Simulation: From Algorithms to Applications. San Diego: Academic Press, 1996.

[14] Landau D P, Binder K. A Guide to Monte Carlo Simulations in Statistical Physics. Cambridge: Cambridge University Press, 2000.

[15] Hoogerbrugge P J, Koelman J M V A. Simulating microscopic hydrodynamic phenomena with

dissipative particle dynamics. Europhys Lett, 1992, 19: 155-160.

[16] Groot R D, Warren P B. Dissipative particle dynamics: Bridging the gap between atomistic and mesoscopic simulation. J Chem Phys, 1997, 107: 4423-4435.

[17] Succi S. The Lattice Boltzmann Equation for Fluid Dynamics and Beyond. Oxford: Oxford University Press, 2001.

[18] Fredrickson G H. The Equilibrium Theory of Inhomogeneous Polymers. Oxford: Oxford University Press, 2006.

[19] Fraaije J G E M, van Vlimmeren B A C, Maurits N M, et al. The dynamic mean-field density functional method and its application to the mesoscopic dynamics of quenched block copolymer melts. J Chem Phys, 1997, 106: 4260-4269.

[20] Müller M, de Pablo J J. Computational approaches for the dynamics of structure formation in self-assembling polymeric materials. Annu Rev Mater Res, 2013, 43: 1-34.

[21] Zhu Y L, Liu H, Li Z W, et al. Galamost: GPU-accelerated large-scale molecular simulation toolkit. J Comput Chem, 2013, 34: 2197-2211.

[22] LeBard D N, Levine B G, Mertmann P, et al. Self-assembly of coarse-grained ionic surfactants accelerated by graphics processing units. Soft Matter, 2012, 8: 2385-2397.

[23] Karplus M, McCammon J A. Molecular dynamics simulations of biomolecules. Nat Struct Biol, 2002, 9: 646-652.

[24] van Gunsteren W F, Bakowies D, Baron R, et al. Biomolecular modeling: Goals, problems, perspectives. Angew Chem Int Ed, 2006, 45: 4064-4092.

[25] Deuflhard P, Hermans J, Leimkuhler B, et al. Computational Molecular Dynamics: Challenges, Methods, Idea: 4. Dordrecht: Springer Science Business Media, 2012.

[26] de Pablo J J, Yan Q L, Escobedo F A. Simulation of phase transitions in fluids. Annu Rev Phys Chem, 1999, 50: 377-411.

[27] Binder K, Paul W. Recent developments in Monte Carlo simulations of lattice models for polymer systems. Macromolecules, 2008, 41(13): 4537-4550.

[28] Español P, Warren P B. Statistical mechanics of dissipative particle dynamics. Europhys Lett, 1995, 30(4): 191-196.

[29] Groot R D. Electrostatic interactions in dissipative particle dynamics-simulation of polyelectrolytes and anionic surfactants. J Chem Phys, 2003, 118: 11265-11277.

[30] González-Melchor M, Mayoral E, Velázquez M E, et al. Electrostatic interactions in dissipative particle dynamics using the Ewald sums. J Chem Phys, 2006, 125: 224107.

[31] Wang Y L, Laaksonen A, Lu Z Y. Implementation of non-uniform FFT based Ewald summation in dissipative particle dynamic method. J Comput Phys, 2013, 235: 666-682.

[32] Wang Y L, Hedman F, Porcu M, et al. Non-uniform FFT and its applications in particle simulations. Appl Math, 2014, 5: 520-541.

[33] Matsen M W. The standard Gaussian model for block copolymer melts. J Phys: Condens Matter, 2002, 14: R21-R47.

[34] Wu J Z, Li Z D. Density-functional theory for complex fluids. Annu Rev Phys Chem, 2007, 58: 85-112.

[35] Honda T, Kawakatsu T. Computer simulations of nano-scale phenomena based on the dynamic density functional theories: Applications of SUSHI in the OCTA system. //Zvelindovsky A V. Nanostructured Soft Matter: Experiment, Theory, Simulation and Perspectives. Dordrecht: Springer, 2007: 461.

[36] Japan Association for Chemical Innovation. Computer Simulation of Polymeric Materials: Applications of the OCTA System. Singapore: Springer, 2016.

[37] Fukunaga H, Aoyagi T, Takimoto J, et al. Derivation of coarse-grained potential for polyethylene. Comput Phys Commun, 2001, 142: 224-226.

[38] Harmandaris V A, Kremer K. Dynamics of polystyrene melts through hierarchical multiscale simulations. Macromolecules, 2009, 42: 791-802.

[39] Milano G, Müller-Plathe F. Mapping atomistic simulations to mesoscopic models: A systematic coarse-graining procedure for vinyl polymer chains. J Phys Chem B, 2005, 109: 18609-18619.

[40] Li Z W, Lu Z Y, Sun Z Y, et al. Calculating the equation of state parameters and predicting the spinodal curve of isotactic polypropylene/poly(ethylene-co-octene) blend by molecular dynamics simulations combined with Sanchez-Lacombe lattice fluid theory. J Phys Chem B, 2007, 111: 5934-5940.

[41] Wang H, Shimizu K, Hobbie E K, et al. Phase diagram of a nearly isorefractive polyolefin blend. Macromolecules, 2002, 35: 1072-1078.

[42] Reith D, Pütz M, Müller-Plathe F. Deriving effective mesoscale potentials from atomistic simulations. J Comput Chem, 2003, 24: 1624-1636.

[43] Lyubartsev A P, Laaksonen A. Calculation of effective interaction potentials from radial distribution functions: A reverse Monte Carlo approach. Phys Rev E, 1995, 52: 3730-3737.

[44] Izvekov S, Voth G A. Multiscale coarse graining of liquid-state systems. J Chem Phys, 2005, 123: 134105.

[45] Henderson R L. A uniqueness theorem for fluid pair correlation functions. Phys Lett, 1974, 49A: 197-198.

[46] Chayes J T, Chayes L. On the validity of the inverse conjecture in classical density functional theory. J Stat Phys, 1984, 36: 471-488.

[47] Murtola T, Bunker A, Vattulainen I, et al. Multiscale modeling of emergent materials: Biological and soft matter. Phys Chem Chem Phys, 2009, 11: 1869-1892.

[48] Li X J, Guo J Y, Liu Y, et al. Microphase separation of diblock copolymer poly(styrene-b-isoprene): A dissipative particle dynamics simulation study. J Chem Phys, 2009, 130: 074908.

[49] Martin M G, Siepmann J I. Transferable potentials for phase equilibria. 1. united-atom description of n-alkanes. J Phys Chem B, 1998, 102: 2569-2577.

[50] Sun Q, Faller R. Crossover from unentangled to entangled dynamics in a systematically coarse-grained polystyrene melt. Macromolecules, 2006, 39: 812-820.

[51] Spyriouni T, Tzoumanekas C, Theodorou D, et al. Coarse-grained and reverse-mapped united-atom simulations of long-chain atactic polystyrene melts: Structure, thermodynamic properties, chain conformation, and entanglements. Macromolecules, 2007, 40: 3876-3885.

[52] McGreevy R L, Pusztai L. Reverse Monte Carlo simulation: A new technique for the determination of disordered structures. Mol Simulat, 1988, 1: 359-367.

[53] Lyubartsev A P, Laaksonen A. On the reduction of molecular degrees of freedom in computer simulations. //Karttunen M, Vattulainen I, Lukkarinen A. Novel Methods in Soft Matter Simulations. Berlin: Springer, 2004: 219.

[54] Wang Y L, Lyubartsev A, Lu Z Y. Multiscale coarse-grained simulations of ionic liquids: Comparison of three approaches to derive effective potentials. Phys Chem Chem Phys, 2013, 15: 7701-7712.

[55] Lyubartsev A P, Laaksonen A. Osmotic and activity coefficients from effective potentials for hydrated ions. Phys Rev E, 1997, 55: 5689-5696.

[56] Murtola T, Falck E, Karttunen M E J, et al. Coarse-grained model for phospholipid/cholesterol bilayer employing inverse Monte Carlo with thermodynamic constraints. J Chem Phys, 2007, 126: 075101.

[57] Lyubartsev A P. Multiscale modeling of lipids and lipid bilayers. Eur Biophys J, 2005, 35: 53-61.

[58] Jain S, Garde S, Kumar S K. Do inverse Monte Carlo algorithms yield thermodynamically consistent interaction potentials? Ind Eng Chem Res, 2006, 45: 5614-5618.

[59] Posel Z, Lisal M, Brennan J K. Interplay between microscopic and macroscopic phase separations in ternary polymer melts: Insight from mesoscale modelling. Fluid Phase Equilibr, 2009 283: 38-48.

[60] Marrink S J, de VriesA H, Mark A E. Coarse grained model for semiquantitative lipid simulations. J Phys Chem B, 2003, 108: 750-760.

[61] López C A, Rzepiela A J, de Vries A H, et al. Martini coarse-grained force field: Extension to carbohydrates. J Chem Theory Comput, 2009, 5: 3195-3210.

[62] Monticelli L, Kandasamy S K, Periole X, et al. The MARTINI coarse-grained force field. J Chem Theory Comput, 2008, 4: 819-834.

[63] Frederix P W J M, Patmanidis I, Marrink S J. Molecular simulations of self-assembling bio-inspired supramolecular systems and their connection to experiments. Chem Soc Rev, 2018, 47: 3470-3489.

[64] Voth G A. Coarse-graining of Condensed Phase and Biomolecular Systems. Boca Raton: CRC Press, 2009.

[65] Scocchi G, Posocco P, Fermeglia M, et al. Polymer-clay nanocomposites:A multiscale molecular modeling approach. J Phys Chem B, 2007, 111: 2143-2151.

[66] Maiti A, McGrother S. Bead-bead interaction parameters in dissipative particle dynamics: Relation to bead-size, solubility parameter, and surface tension. J Chem Phys, 2004, 120: 1594-1601.

[67] Lee W J, Ju S P, Wang Y C. Modeling of polyethylene and poly (L-lactide) polymer blends and diblock copolymer: Chain length and volume fraction effects on structural arrangement. J Chem Phys, 2007, 127: 064902.

[68] Zhao Y, You L Y, Lu Z Y, et al. Dissipative particle dynamics study on the multicompartment micelles self-assembled from the mixture of diblock copolymer poly (ethyl ethylene) -block-

poly(ethylene oxide) and homopolymer poly(propylene oxide) in aqueous solution. Polymer, 2009, 50: 5333-5340.

[69] Choi K, Jo W H, Hsu S L. Determination of equation-of-state parameters by molecular simulations and calculation of the spinodal curve for polystyrene/poly(vinyl methyl ether) blends. Macromolecules, 1998, 31: 1366-1372.

[70] Brini E, Algaer E A, Ganguly P, et al. Systematic coarse-graining methods for soft matter simulations-a review. Soft Matter, 2013, 9: 2108-2119.

[71] Brini E, van der Vegt N F A. Chemically transferable coarse-grained potentials from conditional reversible work calculations. J Chem Phys, 2012, 137: 154113.

[72] Ercolessi F, Adams J B. Interatomic potentials from first-principles calculations: The force-matching method. Europhys Lett, 1994, 26: 583-588.

[73] Noid W G, Chu J W, Ayton G S, et al. The multiscale coarse-graining method. I. a rigorous bridge between atomistic and coarse-grained models. J Chem Phys, 2008, 128: 244114.

[74] Wang Y, Izvekov S, Yan T, et al. Multiscale coarse-graining of ionic liquids. J Phys Chem B, 2006, 110: 3564-3575.

[75] Lu L, Voth G A. Systematic coarse-graining of a multi-component lipid bilayer. J Phys Chem B, 2009, 113: 1501-1510.

[76] Grime J M A, Voth G A. Highly scalable and memory efficient ultra-coarse-grained molecular dynamics simulations. J Chem Theory Comput, 2014, 10: 423-431.

[77] Voth G A. A multiscale description of biomolecular active matter: The chemistry underlying many life processes. Acc Chem Res, 2017, 50: 594-598.

[78] Ganesan V, Pryamitsyn V. Dynamical mean-field theory for inhomogeneous polymeric systems. J Chem Phys, 2003, 118: 4345-4348.

[79] Müller M, Smith G D. Phase separation in binary mixtures containing polymers: A quantitative comparison of single-chain-in-mean-field simulations and computer simulations of the corresponding multichain systems. J Polym Sci B: Polym Phys, 2005, 43: 934-958.

[80] Detcheverry F A, Kang H, Daoulas K C, et al. Monte Carlo simulations of a coarse grain model for block copolymers and nanocomposites. Macromolecules, 2008, 41: 4989-5001.

[81] Wang J F, Müller M. Microphase separation of diblock copolymer brushes in selective solvents: Single-chain-in-mean-field simulations and integral geometry analysis. Macromolecules, 2009, 42: 2251-2264.

[82] Milano G, Kawakatsu T. Hybrid particle-field molecular dynamics simulations for dense polymer systems. J Chem Phys, 2009, 130: 214106.

[83] Dünweg B. Computer simulations of systems with hydrodynamic interactions: The coupled molecular dynamics-lattice Boltzmann approach. //Grotendorst J, Attig N, Blügel S, et al. Multiscale Simulation Methods in Molecular Sciences. Jülich: Jülich Supercomputing Centre, 2009: 381.

[84] Li Y, Abberton B C, Kröger M, et al. Challenges in multiscale modeling of polymer dynamics. Polymers, 2013, 5: 751-832.

[85] Berendsen H J C. Multiscale modelling of soft matter. Faraday Discuss, 2010, 144: 467-481.

第 2 章　超分子光电材料及器件

张红雨　王　悦

2.1　有机发光材料的聚集态结构

2.1.1　H-聚集

当有机共轭小分子在聚集体中沿分子长轴相互平行堆积时(通常发光分子跃迁偶极都是沿分子长轴方向)，偶极与偶极之间会有一定的相互作用，光物理上称其为 H-聚集(图 2-1)。这种偶极间相互作用使得聚集体中的分子能级发生劈裂，劈裂后较稳定的激发态能级为光学上禁阻的跃迁能级。当分子吸收能量到达激发态后，很容易弛豫到最低激发态，而最低激发态又不能跃迁回基态而发光(跃迁禁阻)，所以这样的堆积结构通常会导致固态荧光量子效率降低。另外，H-聚集体由于第二激发态的跃迁偶极矩增大，其与基态的跃迁具有较大的振子强度。分子在基态吸收光子跃迁到第二激发态的概率较高，在吸收光谱上体现出蓝移的特征。而激发态的分子在跃迁到基态前会振动弛豫到最低激发态，体现出具有较大斯托克斯(Stokes)位移的荧光发射。

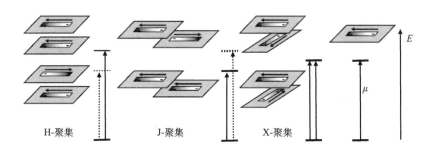

图 2-1　H-聚集、J-聚集和 X-聚集三种不同的分子堆积
方式光学上允许跃迁的分子轨道劈裂程度

2.1.2　J-聚集

一般将分子沿长轴错位平行的分子堆积方式称为"J-聚集"(图 2-1)。J 型分子聚集体是一维头尾相邻排列结构的分子集合，其中所有的跃迁偶极都彼此平行

并且与一维轴向平行。当两个分子沿跃迁偶极方向具有较大的错位，呈现出一种头对尾的排列方式时，具有较低的能量，为最低激发态，而尾对尾的排列则具有较高的能量。在这种排列方式下，第二激发态的跃迁偶极矩几乎为零，因而跃迁的振子强度主要集中于最低激发态。分子吸收光子跃迁至最低激发态，体现为吸收光谱的红移；同时，荧光也来自于最低激发态到基态的跃迁，因此 J-聚集体具有效率较高而斯托克斯位移较小的荧光发射。

　　如上所述的是两种理想激子模型，在实际的有机分子晶体中很难见到典型的头对尾和尾对尾排列，大多呈现出一种介于两者之间的状态。在这种平行排列的跃迁偶极结构中，计算表明夹角 54.7°为如上所述两种跃迁偶极排列方式的分界点。当夹角大于 54.7°时，两个激发态的跃迁偶极排布方式类似于典型 H-聚集模型，反之则类似于典型的 J-聚集模型。

　　华南理工大学谢增旗等[1]利用物理气相法生长出具有厘米尺寸的片状反式-2,5-二苯基-1,4-二苯乙烯基苯(*trans*-DPDSB) 晶体，单晶厚度约为 10μm，并且该单晶具有规则的几何外形。该晶体具有清晰的层状结构。两分子间沿长轴的夹角为 42°，使分子间在长轴方向采取 J-聚集的方式。根据布拉格公式，可以计算得到层间距为 11.7Å，所得结果与 AFM 选区分析中阶梯高度一致。根据晶体中的分子尺寸，可以得到上述层间距恰好与 *trans*-DPDSB 分子的三联苯长度相对应，分子在一个分子层中的排列方式如图 2-2 所示。

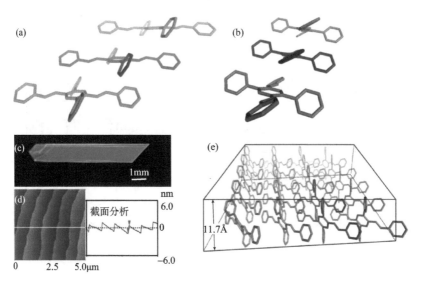

图 2-2　*trans*-DPDSB 片层晶体中的 J-聚集体：(a)沿分子长轴方向排列；(b)沿分子短轴方向排列；(c)紫外灯下单晶照片；(d)单晶的 AFM(5μm×5μm)选区分析，每一阶梯的高度为 1.2nm；(e)分子在一个分子层中的排列方式

　　该课题组进一步研究了反式氟苯基二苯乙烯基苯(*trans*-DFPDSB)的晶体性能[2]，通过在 J-聚集晶体中构筑分子间强 π-π 相互作用以期实现高荧光量子效率与高迁移率的统一。*trans*-DFPDSB 的晶体为四方晶系，空间群为 $I4(1)/a$，每个晶胞中含有八个分子。晶体中分子被排列成分子柱，分子柱之间存在很多 C—H···π 相互作用将相邻的分子联系在一起(图 2-3)。这里每一个取代苯基既作为质子给体，同时又作为质子受体；H 到取代苯基中心的距离为 2.78Å，C—H···π 中心的角度为 157°。在同一个分子柱内，分子沿长轴(二苯乙烯基苯，DSB)方向面对面错位平行排列；相邻分子间存在强的 π-π 相互作用，分子间的有效重叠面积约为 DSB 部分的三分之二。

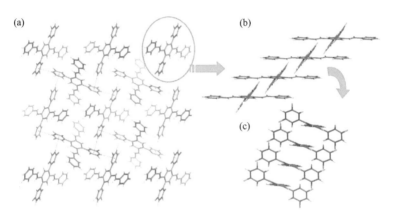

图 2-3　(a)*trans*-DFPDSB 晶体中分子柱状排列，H 到取代苯基中心的距离为 2.78Å，C—H···π 中心的角度为 157°；(b)同一个分子柱内，分子沿长轴(DSB)方向面对面错位平行排列；(c)相邻分子间的 π-π 相互作用

　　trans-DFPDSB 在晶体中的堆积方式是典型的 J-聚集。*trans*-DFPDSB 晶体各个方向的平均空穴迁移率为 0.13cm²/(Vs)，而沿 π-π 相互作用方向的迁移率最高，为 0.88cm²/(Vs)。由此可见在 *trans*-DFPDSB 晶体中，载流子迁移在不同的方向具有明显的各向异性特征，充分说明分子间 π-π 相互作用对载流子迁移率有显著的促进作用。

　　文献报道用相似的方法计算红荧烯晶体各个方向的平均迁移率为 9.5cm²/(Vs)。相比之下，*trans*-DFPDSB 晶体的迁移率要小得多，然而通常仅从分子间 π-π 相互作用而言，*trans*-DFPDSB 晶体中的电子耦合更强一些，所以分子的重组能对迁移率的影响至关重要。*trans*-DFPDSB 的重组能为 330meV，约为红荧烯(159meV)的两倍，由此引起迁移率降低了接近一个数量级，这说明在设计高迁移材料时必须兼顾分子的重组能与分子间相互作用的共同影响。虽然 *trans*-DFPDSB 晶体的迁移率较红荧烯晶体低很多，但是仍然达到噻吩齐聚物晶体的水平，与聚对苯撑乙烯(PPV)类分子体系相比更是高出几个数量级，由此可以看出分子间 π-π 相互作用对迁移率的贡献。

吉林大学李煜鹏[3-5]等进一步研究了氰基二苯乙烯基苯(CNDPDSB)的晶体性质。例如，CNDPDSB 分子在晶体中主链表现扭曲的构象，分子的长轴方向与 a 轴方向接近于垂直，角度为 94°，采取完全一致的取向。CNDPDSB 分子双键上氰基的氮原子与相邻分子双键上的氢原子和端基苯环上的氢原子形成螯合式的双氢键相互作用(C—H···N 氢键)，每个分子与相邻分子间存在着八个 C—H···N 氢键，它们沿着 a 轴方向形成 C—H···N 氢键网络，诱导 CNDPDSB 分子沿着 a 轴采取完全一致的取向排列方式。并且，这种螯合式的双氢键相互作用也减小了双键与端基苯环的二面角，使其接近于共平面，二面角只有 3°。由于 CNDPDSB 分子扭曲的构象与大的苯基侧链阻碍分子间 π 共轭的交叠，相邻分子间不存在 π-π 相互作用。

当进一步引入三苯胺作为给体时，得到化合物 1,4-双(α-氰基-4-二苯基氨基苯乙烯基)-2,5-二苯基苯(CNDPASDB)。在 CNDPASDB 晶体中，每一个 CNDPASDB 分子相互之间平行排列，取向完全一致。与 CNDPDSB 晶体相似，CNDPASDB 分子的长轴方向与 a 轴方向接近于垂直，角度为 96°，分子沿着 a 轴方向取向一致，排列成分子柱，在这个方向上，分子间也存在着螯合式的双氢键网络(C—H···N 氢键)。在晶体中具有方向性的氢键相互作用诱导每个 CNDPASDB 分子采取完全一致的取向，为规则的单轴取向(图 2-4)。从晶体结构中可以看到，侧链取代的苯基将 CNDPASDB 分子 π 共轭平面分开，阻碍了分子间的 π-π 相互作用。

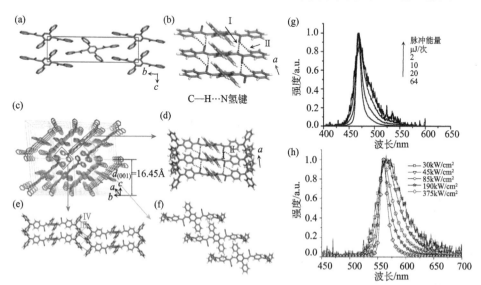

图 2-4　(a)、(b)CNDPDSB 晶体结构和氢键相互作用；(c)~(f)CNDPASDB 晶体结构和氢键相互作用；(g)、(h)CNDPDSB 与 CNDPASDB 放大自发发射谱图

通常具有一维延伸 π 电子的有机共轭分子展现各向异性的荧光发射性质，高

度取向的共轭分子有助于偏振光的发射。CNDPDSB 分子在晶体中沿 a 轴采取完全一致的取向排列方式，测量 CNDPDSB 晶体端发射的偏振性质，端发射的偏振比例 $I(\phi)_{max}/I(\phi)_{min}$ 约为 2.2。 CNDPDSB 的晶体也具有高的荧光量子效率，表现出很好的端发射性质和优良的光自波导性质。随着激发光的脉冲能量增加，CNDPDSB 晶体也表现出放大自发发射现象，阈值为 40kW/cm^2。CNDPASDB 晶体端发射的偏振性质，其发射光谱比 CNDPDSB 晶体表现出更明显的偏振现象，端发射的偏振比例 $I(\phi)_{max}/I(\phi)_{min}$ 约为 4.0。随着激发光的脉冲能量增加，CNDPASDB 晶体也表现出放大自发发射现象，阈值为 30kW/cm^2。与 CNDPDSB 晶体高的荧光量子效率(80%)相比，CNDPASDB 晶体展现出较低的荧光量子效率(30%)，但其也表现出低的放大自发发射阈值，这是由于 CNDPASDB 分子在晶体中采取更为规整的单轴取向排列，在这种排列方式下，相同取向分子的跃迁偶极更有利于在光场影响下相互处于同一种状态，从而诱导相同相位的光的发射，有助于光的放大。

氰基取代对苯撑乙烯类衍生物，由于受氰基取代基的空间位阻效应影响，共轭的分子骨架构象呈扭曲状。这类衍生物可扭曲的构象使它能够产生多种晶型，进而产生不同的发光性质。吉林大学徐远翔合成的氰基取代对苯撑乙烯化合物(α-CNDSB)，如图 2-5 所示，发现当用溶液法生长时，可得到发蓝光的片状晶体 I(产率大于 95%)和发绿光的条状晶体 II(产率小于 5%)，而用物理气相传输法制备 α-CNDSB 晶体，在生长区长出发绿光的晶体 II(产率大于 95%)和发蓝光的晶体 I(产率小于 5%)。这两种晶体的空间排列及自身构象都有着明显的区别。晶体 I 中沿 a 轴方向观察相邻分子间的 C—H$\cdots\pi$ 作用，可以看出相邻分子间以"边对面"的方式堆积：一个分子中苯环平面的边朝着另一个分子中苯环平面的面方向堆积，形成 C—H$\cdots\pi$ 相互作用力。晶体 II 中沿 c 轴(构象 A 中)和沿 b 轴(构象 B 中)方向观察相邻分子间的 π-π 相互作用，可以看出相邻分子间以"面对面"的方式堆积：一个分子中心苯环平面的面朝着另一个分子中外围苯环平面的面方向堆积，形成 C—H$\cdots\pi$ 相互作用力。进一步通过理论计算发现各种晶型产率不同的原因：环境对分子扭转势垒的影响。在气相中，形成绿色构象比形成蓝色构象越过的能垒要低，因此产率高；而在溶液中，由于溶剂化作用，改变了构象转变的途径，使得形成蓝色构象越过的能垒较低，所以产品以蓝色晶体为主。在蓝色晶体中，分子采取"边对面"的方式进行排列，而绿色晶体中分子"面对面"排列则类似于 J-聚集。此外，作者还以 α-CNDSB 晶体的相变为例，通过晶体结构及同步辐射 XRD、红外光谱、拉曼光谱等灵敏的测试方法进一步探究了有机晶体中的相变演化机理。

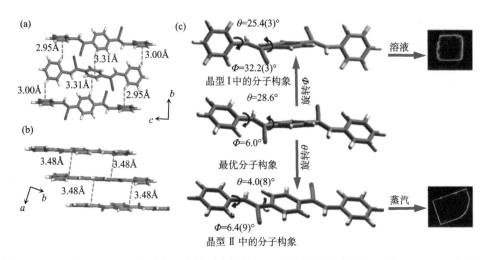

图 2-5　(a)、(b) α-CNDSB 分子在两种晶型中的堆积；(c) 量化计算优化得到的 α-CNDSB 在真空气相中的构象

2.1.3　交叉聚集

除了平行排列的 H-聚集和 J-聚集外，Kasha 等还预测了一种可能存在(现已被发现)的交叉跃迁偶极堆积结构。相邻分子的跃迁偶极呈一定扭转角排列，当扭转角较大时，跃迁偶极间的相互作用很弱，两个激发态间的劈裂程度很小，它们与基态间的跃迁均是光学上允许的。这种堆积结构在理论上最有利于荧光发射。

交叉偶极堆积会有效地减弱激子(偶极)间的相互作用，将有利于实现高的固态荧光量子效率。总体来说，实现交叉偶极堆积的方法也可以分为两类，分别是通过化学键在分子内形成交叉结构和通过分子间相互作用在相邻分子间形成交叉堆积。到目前为止，比较有代表性的分子内偶极交叉体系包括中间完全刚性的"螺环"分子和中间只有单键连接、具有一定柔性的分子。这种"十字"交叉的分子不容易结晶，更适合于制备无定形薄膜。在这样的体系中虽然实现了分子内的交叉偶极堆积，但是在无定形薄膜中相邻分子的排列方式却是随机的。

华南理工大学马於光研究组首次报道反式-2,5-二苯基-1,4-二苯乙烯基苯 (trans-DPDSB)针状晶体具有交叉的偶极堆积结构[6]，如图 2-6 所示，其分子堆积结构最大的特点是相邻分子交叉排列，交叉角度约为 70°，这种交叉的分子堆积模式被称为"X-聚集"。如图 2-6 所示，trans-DPDSB 形成 X-聚集的推动力为分子间的 C—H···π 相互作用力。在两个相邻分子间存在两个不同的 C—H···π 相互作用力，其中分子构象 2(图中红色分子)作为两个 C—H···π 相互作用力的质子给体，而分子构象 1(图中蓝色分子)的两个苯环作为 C—H···π 相互作用力的质子受体。对于 C—H⋯π 相互作用力 I 而言,相互作用距离和作用角度分别为 3.08Å 和 154°;而对于 C—H⋯π 相互作用力 II,则分别为 2.67Å 和 157°。C—H⋯π 相互作用力的作用能为 6.5~10.3kJ/mol,并且 10.3kJ/mol 被认为是比较准确的数值,在这个晶体中,C—H⋯π 相互作用力在晶体的形成过程中起主要的推动力作用。C—H⋯π 相互作用力在形成晶体过程中的作用,也可以从 C—H⋯π 相互作用力对分子结构的影响得以具体体现。例如,分子构象 1 中的 DSB 部分是接近平面的,而分子构象 2 中的 DSB 部分则是扭曲的;具体来说,分子构象 1 中的扭曲角度 θ_1 是 0.5°,而该扭曲角度在分子构象 2 中却增大到 24.1°,这显然是由 C—H⋯π 相互作用力 I 引起的。同样,C—H⋯π 相互作用力 II 对三联苯方向的扭曲角度 θ_2 也有类似的影响。在 C—H⋯π 相互作用力的诱导下,*trans*-DPDSB 分子堆积成分子柱,分子柱堆积形成针状晶体。

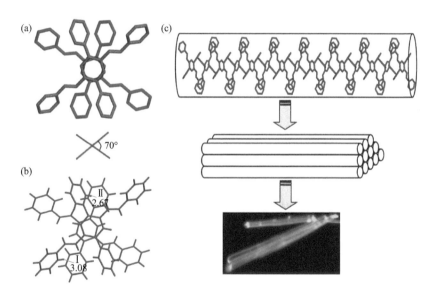

图 2-6　(a)*trans*-DPDSB 分子构象;(b)分子堆积;(c)紫外灯下照片

吉林大学田文晶研究组报道了具有交叉堆积模式的 9-双(2,2-二苯基乙烯基)蒽(BDPVA)晶体[7]。如图 2-7 所示,在晶体中沿 *b* 轴方向两种构象的分子交替排列形成一维分子柱,同时相邻分子间还存在着明显的旋转。沿 *b* 轴方向,相邻分子长轴的夹角达到 67°,由于 BDPVA 分子 S_0-S_1 跃迁偶极即是沿着分子长轴方向排列,BDPVA 晶体具有典型的交叉跃迁偶极排列结构。分子内刚性较强位阻较小的蒽平面以相互旋转的方式靠近,相互间仍存在较小程度的错位滑移,使得外围的双翼交错排列,占据了相邻分子短轴方向的空间。由于 BDPVA 分子的结构中心对称,沿着分子中心的相互旋转有效地解决了双翼间的位阻问题。尽管蒽平面相互靠近，但是其两侧扭曲的双键可以避免 π 体系间的近距离重叠，这在二苯基乙烯基蒽(DSA)类分子晶体中屡见不鲜。BDPVA 分子的"蝴蝶形"结构在分子形成密堆积结构时，抑制了分子间的 π-π 重叠，同时也促使分子交叉排列，同样有利于削弱跃迁偶极间的相互作用。BDPVA 单晶展现出高效的荧光发射，其绝对荧光量子效率达到 60%。

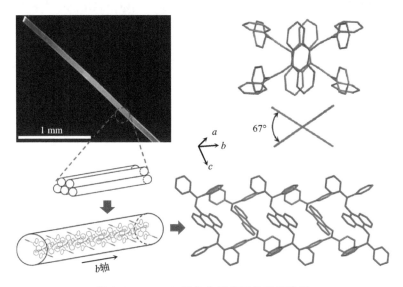

图 2-7　BDPVA 晶体分子交叉堆积示意图

BDPVA 单晶具有优异的放大自发发射性质，最小半峰宽为 12nm，最高净增益为 69cm^{-1}，阈值为 207μJ/cm^2，这是报道的有机单晶材料作为增益介质的较好的结果之一。此外，通过真空蒸镀制备的 BDPVA 薄膜具有与单晶接近的分子堆积结构，基于 BDPVA 薄膜制备的非掺杂电致发光二极管具有优良的性能，最高电流效率及功率效率分别达到 9.91cd/A 和 7.78lm/W，最大亮度达到 24 750cd/m^2。研究结果表明，具有交叉偶极排列结构的荧光分子在有机激光和有机电致发光方面展现出很好的应用前景。

2.1.4　其他聚集方式

一般将不同于上述晶体堆积方式的聚集态归纳为其他聚集方式。例如，吉林大学冯存方等合成咔唑为给体的氰基取代二苯基乙烯基苯衍生物(CzCNDSB)[8]。CzCNDSB 晶体中，咔唑上的一个氢原子与相邻咔唑平面之间存在着 C—H…N 相互作用，形成网状的相互作用。相邻分子中心苯环和咔唑环之间有强的 π-π 相互作用，通过这些分子间相互作用相邻的三个分子相互靠近，沿晶体的 c 轴方向形成分子柱，柱与柱之间相互堆积形成六边形的分子孔径通道，通过晶体的晶胞参数计算出孔径的直径为 8Å。这样由线性的扭曲分子仅仅通过分子间弱的 C—H⋯N 相互作用就形成了中心的孔径结构(图 2-8)。在使用金刚石对顶砧装置对 CzCNDSB 晶体加高压时，随着压力的增加光谱逐渐发生红移，当压力增加到 9.2GPa 时，晶体的荧光发射波长为 684nm，较常压下红移了 155nm。而且发光波长和压力值之间有很好的线性关系，多次对晶体进行加压都观察到相同的光谱变化，且表现出良好的可逆性。通过高压原位拉曼光谱测试发现高压下晶体的晶型并没有发生变化，高压下光谱的变化与分子间距离减小引起的分子间极化作用的增加有关。光谱的可逆变化是分子间排斥力在晶体中累积和释放的结果。

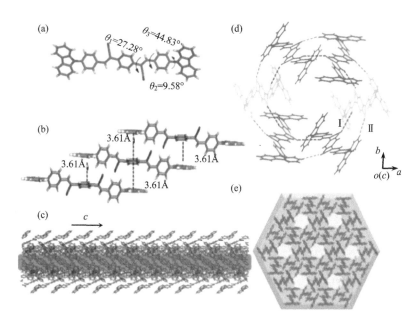

图 2-8　(a) CzCNDSB 在晶体中的分子构象；(b) 沿晶体 c 轴方向分子间的 π-π 相互作用；(c) 晶体中孔径结构的侧视图；(d) 晶体中的 C—H⋯N 相互作用；(e) 晶体中孔径结构的前视图

2.2　超分子发光晶体结构与性能关系

聚集态结构调控有机材料发光性能越来越受到材料科学家的重视，近年来成为人们研究和关注的热点。有机超分子晶体是研究发光材料结构与性能关系的理想体系。有机超分子发光晶体是指由超分子弱相互作用主导的规则排列有机发光分子聚集体。由于其优良的载流子迁移率和高荧光量子效率，近年来有机超分子发光晶体受到材料学家的广泛关注。超分子作用属于非共价相互作用，随着环境改变很容易发生变化。也就是说可以通过改变有机发光材料固体状态下分子间的弱相互作用来调控材料的发光性质。正是利用超分子作用方式易调节这一特点，人们采取各种各样的物理、化学方法来改变有机材料在固体状态下分子聚集方式来实现有机材料在固体状态下发光颜色的可控调节。与传统的化学方法(引入不同功能团或者合成不同结构的分子)来调节有机材料发光颜色策略相比，这种基于超分子作用方式调控有机固体发光颜色的方法具有极大的优势。例如，王悦等基于简单的吡唑蒽分子制备了五种单晶并系统研究了晶体结构与材料发光性能之间的关系[9]。晶体结构解析表明当生色基蒽环具有面对面排列结构时，材料为绿光发射，当蒽环之间采取边对面的堆积方式时，晶体为深蓝光发射，而当蒽环之间具有较弱的π-π相互作用时，晶体发光处于绿光和蓝光之间。这一典型示例说明聚集态结构调控对材料发光性能具有显著影响。该课题组还发现一类芳香胺衍生物的固体发光颜色可以通过其分子构象和聚集态结构来实现材料发光在绿光和红光之间的可逆反复调控[10]。有机发光材料由一种状态转换为另外一种状态时通常伴随着分子构象、堆积结构及分子间弱相互作用等诸多因素的同时变化，因此建立典型模型体系揭示不同因素对材料发光性能影响十分必要。

2.2.1　分子构型与发光性能

三(8-羟基喹啉铝)，简称 Alq_3，是一类重要的有机光电材料，在光电器件中发挥了重要的作用。作为八面体结构的有机金属配合物，Alq_3 存在两种空间几何构型：经式和面式结构。德国的 Brütting 等首次报道了该有机金属配合物的面式构型并发现这两种空间几何构型异构体具有显著的发光差异[11]。经式 Alq_3 为绿色发光固体，发射峰位在大约 520nm，而面式 Alq_3 发射蓝光，发射峰位在 470nm，同时荧光量子效率也远远高于经式 Alq_3。人们已经得到 Alq_3 的五种晶相，分别是经式构型 α-Alq_3、β-Alq_3、ε-Alq_3 及面式构型 δ-Alq_3 和 γ-Alq_3。其中经式 Alq_3 无论是实验数据还是理论模拟都具有优良的电子传输能力，在有机光电器件中被广泛用于电子传输材料及主体发光材料。而对于面式构型异构体的载流子传输性质，则只有理论方面的预测。

吉林大学王悦课题组和东北师范大学苏忠民研究组做了细致深入的工作，他们的理论研究表明，面式异构体晶相 δ-Alq_3 和 γ-Alq_3 具有良好的空穴迁移能力[12]。王悦等成功利用双成膜加热淬火技术获得了 Alq_3 微纳米结构薄膜并制备了载流子传输器件，如图 2-9 所示。通过对经式和面式 Alq_3 微纳米薄膜的载流子迁移性质比较，首次揭示了两种不同 Alq_3 空间异构体具有完全相反的载流子迁移特性。面式 Alq_3 主要表现为空穴传输特性，这与之前表现为良好电子传输性质的经式 Alq_3 的传统认识截然相反。Alq_3 这一典型体系清晰展示了有机材料分子空间几何构型对光电性能的影响。此外，该研究团队还发现分子堆积结构对面式 Alq_3 的发光性能具有非常大的影响[13]。例如,将结晶态的面式 Alq₃ 进行机械力研磨可以获得绿光发射固体,进一步研究表明在研磨过程中 Alq₃ 的空间构型没有发生改变,也就是说,得到的绿光固体保持原有的面式构型。这样,面式 Alq₃ 也可以发射绿光,从而打破了对 Alq₃ 发光的传统认识。

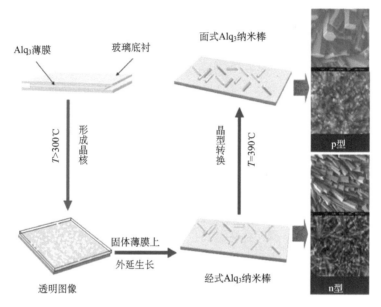

图 2-9　经式和面式 Alq₃ 微纳结构制备及光电性能

2.2.2　分子构象与发光性能

分子构象是影响有机材料固体发光性能的一个关键因素。当材料分子采取不同的构象结构时,其固体发光性能往往差异明显。为了认识分子构象对材料发光性能的调控作用,排除分子聚集态结构不同带来的干扰十分必要,因此模型体系的选择对揭示分子构象与材料发光性能之间的关系至关重要。

华南理工大学马於光等基于有机小分子 CNDSB 获得了两种不同发光颜色的有机单晶,蓝光晶体 B-Phase 和绿光晶体 G-Phase,如图 2-10 所示[14]。通过细致的单晶结构解析发现,这两种不同发光颜色的单晶主要是由于其分子构象不同所导致。其中蓝光晶相具有更加扭曲的分子构象而绿光晶体中分子更加趋向平面化。更加有意思的是,他们在高压条件下观察到蓝光晶相到绿光晶相的转换过程,发现对 B-Phase 晶体施加各向同性的静水高压,在压力达到一定程度时,蓝光晶体的颜色会突然变为绿光,结果证实这一变化主要是由晶体中分子的构象转换所导致。

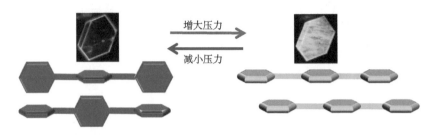

图 2-10　压力诱导的分子构象变化对发光性能影响

吉林大学王悦等巧妙地在异分子同晶相中深入揭示了分子构象对材料荧光量子效率的巨大调控作用[15]。他们在双羟基查耳酮的骨架上修饰以简单的取代基团，合成了六个查耳酮衍生物。理论计算结果表明，这些取代基包括甲基、甲氧基、氟等对骨架的电子能级没有明显影响。溶液中这些材料分子的吸收和发射性质几乎一样。有意思的是，通过溶剂扩散法得到晶体的颜色、形貌及尺寸都非常相似，但是其荧光量子效率大大不同，如图 2-11 所示。晶体 1~4 具有高效的黄光发射，荧光量子效率为 39%~53%。晶体 5 同样为黄光发射，但是发光强度中等，荧光量子效率为 17%。意想不到的是晶体 6 几乎观察不到发光现象。晶体结构解析表明，所有的单晶 1~6 具有完全相同的聚集态堆积结构，这表明材料的不同发光性能由分子构象决定。与荧光量子效率对应的是，晶体 1~4 中分子采取相同的平面分子构象，晶体 5 中分子的构象稍微扭曲，而晶体 6 中分子扭曲严重。这一模型体系完美地展现了分子构象对材料发光性能的调控作用。

2.2.3　分子排列与发光性能

周天雷等合成了一系列邻氨基苯甲酸化合物 7~9，通过取代基修饰实现了材料分子堆积结构的有效调控[16]。这类分子在聚集态下的荧光量子效率与堆积结构密切相关，如图 2-12 所示。首先分子通过分子间双重氢键作用形成二聚体作为构筑基元。二聚体中的单个分子中有较强的分子内氢键，使得整个构筑基元具有非常好的平面结构。因此，这类材料的分子在聚集态下保持几乎相同的分子构象。当分子二聚体堆积以 H-聚集排列方式为主时，材料荧光量子效率较低，当分子二聚体排列以 J-聚集堆积方式为主时，材料体现高效的蓝色发光，而当分子二聚体堆积结构介于 J-聚集和 H-聚集两者之间时，材料体现中等强度发光。这一结果从实验上证实了 J-聚集有利于提高荧光量子效率的理论预测。

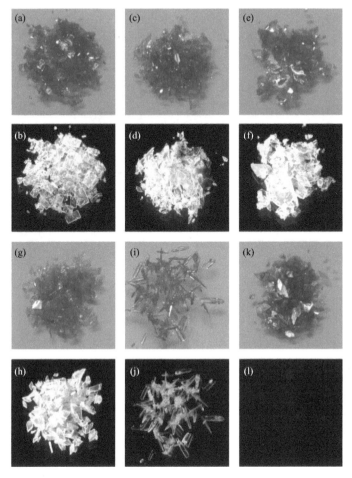

图 2-11　分子构象与材料荧光量子效率的关系：(a)~(h)化合物 **1~4**；
(i)、(j)化合物 **5**；(k)、(l)化合物 **6**

对于有机晶体而言，分子堆积方式具有长程有序特点。因此，堆积结构对材料发光性能的影响一般体现的是众多分子加和的结果，即定性地分析堆积结构对材料发光性能的调控。精确地认识堆积结构尤其是共轭体系相互作用对有机发光材料的性能影响还是一个重要的挑战。最近，张振宇等报道了一种席夫碱衍生物2-({[4-(二甲氨基)苯基]亚氨基}甲基)苯酚(SADA)的多晶相能定量地揭示分子间π-π相互作用对材料发光性能的影响[17]。他们通过严格控制晶体生长调控制备了 SADA 两种大尺寸薄片状二维晶体。如图 2-13 所示，两种晶体的形貌尺寸相似，生长趋势一致。粉末 X 射线衍射表明两种晶体垂直于平面的分子排列结构完全相同，均为层状堆积。不同的是层层之间距离稍有差别。发光颜色较深的橙光晶体层间距离为 1.36nm，而黄光晶体的层间距离为 1.25nm。进一步的单晶结构

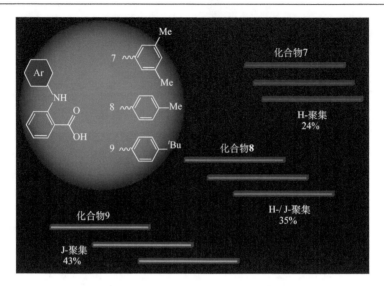

图 2-12　分子堆积结构对荧光量子效率的影响

解析表明，两种晶体不仅分子构象接近而且堆积结构非常相似，均为鱼骨状 (herringbone)排列结构。这一堆积结构的特点就是避免了分子间形成长程的共轭单元面面相互作用。唯一不同的是橙光晶体中鱼骨状堆积结构的基元为面对面排列的分子二聚体，而黄光晶体堆积结构单元为单个分子。也就是说，这两种发光颜色不同的有机超分子单晶的结构区别是相同聚集结构的构筑单元不同，分别为单分子及π-π相互作用二聚体。考虑到两种晶体中单分子的构象结构相似，因此这一体系就精确地展示了共轭结构分子间面面相互作用对材料发光的影响程度。

　　理论模拟及大量的实验数据表明，分子构象及堆积结构是影响材料固体发光性能的两大主要因素。近年来，材料学家们发展了众多的体系来理解分子构象结构及超分子聚集态结构在调控有机材料发光颜色及效率方面扮演的角色，由此建立的一些规律性的结果成为人们通过聚集态结构优化调控材料发光性能的重要指导原则。然而，目前绝大多数的模型体系只能基于同一种有机化合物揭示分子构象或者聚集态结构对光电材料性能影响。在同一材料体系中认识这两种因素的不同作用具有重要的科学意义。吉林大学张红雨等设计了一种芳香胺类有机共轭小分子，如图 2-14 所示[18]。该分子中间的噻二唑刚性中心与两个苯环通过共价单键连接，因而在一定范围内共轭中心具有多种分子构象结构。端基的二苯胺取代基可以自由旋转，从而调控分子在聚集态下的堆积结构。理论计算表明，二苯胺基不同的空间构象不影响分子的电子轨道结构及能级。通过控制晶体生长条件，他们获得了发光颜色差异明显的三种同分子多晶相 A(绿光，发射峰位 522nm，荧光量子效率 47%)，B(黄光，发射峰位 566nm，荧光量子效率 32%)和 C(橙光，发

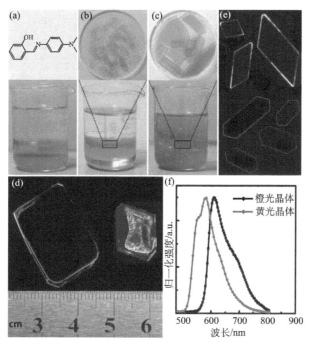

图 2-13　（a）化合物 SADA；（b）~（e）橙、黄两种晶相；（f）发射光谱

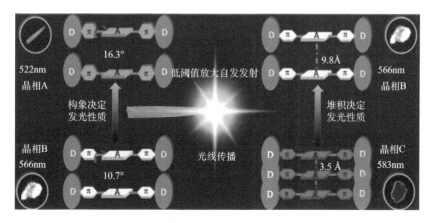

图 2-14　有机多晶相揭示分子构象及堆积结构对材料发光的不同影响

射峰位 583nm，荧光量子效率 7%）。晶相 A 和 B 具有完全相同的分子堆积结构但是不同分子构象。晶相 A 中分子比晶相 B 中分子具有更加扭曲的共轭结构。因此，A 和 B 两种晶体之间的发光差异是由分子构象不同所导致。平面分子构象由于共轭程度更高导致发光红移。晶相 B 和 C 具有相同的分子构象但是不同的堆积结构。晶相 C 中分子间具有较强的面对面π-π相互作用而晶相 B 中没有。因此，晶相 B

和 C 发光的差异源自于堆积结构的变化。面对面π-π相互作用导致分子间轨道耦合，降低能级导致发光红移。这一模型体系完美地区分了分子构象及堆积结构对材料发光性能的影响。

2.2.4 超分子作用距离与发光性能

除了分子构型、构象及堆积结构这些影响材料固体发光性质的典型因素之外，其他因素在调控材料性能方面也有一定作用。例如，分子间超分子作用距离。当有机发光固体遇到环境变化，虽然材料分子的堆积结构没有明显改变，但是分子间的相互作用会有细微的变化。常见的热胀冷缩现象其实在微观上就是分子间的作用变化。因此，温度及压力等外界物理条件对有机固体的分子间相互作用具有一定的调控作用，从而也能影响材料的发光性能。田文晶等报道了一种蒽衍生物 9,10-双[(E)-2-(吡啶-2-基)乙烯基]蒽(BP2VA)的发光在高压下的连续变化过程，如图 2-15 所示[19]。常压条件下，蒽衍生物单晶分子间作用较弱，随着压力增大，共轭分子间距离减小，单晶发射峰位由 528nm(0GPa) 左右红移至 561nm(2.43GPa)。进一步增大压力至 7.92GPa，单晶由绿光转变为红光发射，这是由于在高压条件下，共轭结构之间距离变小，分子轨道产生较强的耦合劈裂，能级大大降低。他们通过多晶相的晶体结构解析证实了分子间作用增强是该材料力致变色的主要原因。

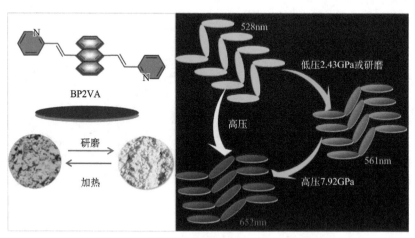

图 2-15 蒽衍生物 BP2VA 的力致变色性质

各向异性摩擦力和各向同性静水压力对有机发光材料性能的影响已经被深入探索。然而基于同一材料的不同力致变色性质却很少被关注。为了深入揭示力致变色机理，发展多功能力致变色材料，张红雨等详细研究了不同压力对有机材料发光性能的影响，如图 2-16 所示[20]。他们设计了一种四配位有机硼配合物，获得了两种不同发光性质的有机多晶相 A(红光)和 B(橙光)。单晶结构解析表明，两种晶相中分子首先通过强分子间作用力包括π-π、C—H···π、偶极-偶极相互作用形成稳定的二聚体结构。在晶体 A 中，二聚体通过分子间强π-π相互作用形成结构稳定的一维分子柱。晶体 B 显示完全不同的聚集态结构，二聚体作为结构基元通过 C—H···π超分子作用形成二维点阵状超分子网络。C—H···π超分子作用是一种非常弱的相互作用，因而晶相 B 很不稳定。橙色晶体 B 被压碎破裂形成绿色片状小晶体，其发光颜色由橙光蓝移为黄光并且发光强度明显提高。而当对橙色样品施加各向同性的静水高压时，样品转变为深红色且伴随着发光的巨大红移。我们认为，击打样品产生各向异性应力破坏断裂面处分子的排列结构，二聚体结构基元之间距离增大，相当于解聚集的过程，因而荧光蓝移，荧光量子效率提高。相反，各向同性的高压使二聚体内部及二聚体之间排列更加紧密，缩小了分子间的距离从而增大了分子间超分子作用特别是π-π相互作用，相当于进一步聚集，因而材料发光红移，荧光量子效率降低。基于这样一个典型模型体系，该研究团队不仅揭示了分子间超分子作用距离对材料发光性能的影响，而且首次获得了不同压力对材料发光性质完全不同的响应特性。

图 2-16　橙色晶体 B 的不同力致变色性质

2.3　单苯环发光材料

2.3.1　单苯环发光材料的结构特征

高效有机发光材料在很多领域包括有机电致发光显示与照明、有机固体激光器、传感与检测、生物成像等领域有着广泛的应用前景，因此这类材料的设计与应用受到材料学家的高度重视[21-23]。传统有机荧光分子，一般包括大 π 共轭体系或强给受体结构单元(图 2-17)。由于较强的分子间作用力，如平面多环骨架之间的紧密堆积、给体-受体之间的偶极-偶极相互作用，通常会使分子在高浓度溶液及固体状态下的荧光猝灭极为严重。因此，为了抑制有机材料固体荧光猝灭，常用的策略是向荧光核引入大空间位阻取代基团或者构建高度扭曲的分子结构从而达到抑制分子间相互作用的目的，但是这些方法使得分子的尺寸更大，合成分离提纯更加复杂，同时也会抑制分子的结晶性[24-26]。

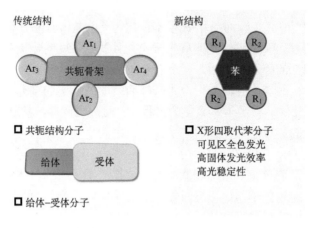

图 2-17　传统有机荧光分子结构及单苯环发光分子结构

　　根据 2.1 及 2.2 两节的论述，有机材料的固体发光性质不仅由分子化学结构决定，而且和材料的分子构象及分子堆积结构密切相关。因此，基于化学结构简单的有机分子，从分子结构和超分子结构两个层次优化获得高性能有机发光材料是一条可行的捷径。例如，传统近红外发光分子设计策略主要有两种：一是构筑大的共轭平面体系，通过π电子离域来降低体系能级，实现近红外发光；二是设计强电子给受体系，通过分子内电荷转移使体系发射峰位红移。对于大π共轭体系，虽然有些材料在分散状态下(稀溶液或掺杂薄膜)具有较高的近红外发光效率，但是在聚集态下由于分子间紧密堆积导致荧光猝灭。在电子给受体系中，由于最高占据分子轨道(HOMO)和最低未占分子轨道(LUMO)电子云的不对称分布，导致跃迁振子强度低且荧光量子效率低。当分子发生聚集后，分子间偶极-偶极相互作用进一步猝灭材料的荧光。程潇等设计了一类具有分子内质子转移的简单有机小分子，通过分子构象及超分子结构协同优化，获得了发射峰位超过710nm、荧光量子效率大于30%的高效近红外发光晶体(图 2-18)[27]。该材料一步即可合成，简单的重结晶就可以有效分离获得目标产物。近红外发光源于分子内电荷转移和激发态下分子内质子转移。通过不同取代基化合物的晶体结构分析，发现平面分子构象和特殊的边对面排列结构是材料高荧光量子效率的主要原因(图 2-18)。更加有意思的是，简单的溶液生长就可以获得高质量的单晶。制备的近红外发光晶体具有光滑平整的晶面，薄的片层状结构，光波导效应，表明这类材料具有激光应用潜力。该近红外发光有机晶体样品在光脉冲激光的照射下，发射峰位会随着激发能量的提高而迅速窄化并伴随着发光强度的非线性增长，体现了典型放大自发发射性质。这一实例证实通过超分子结构优化基于化学结构简单的有机分子可以获得理想性质的有机发光材料。

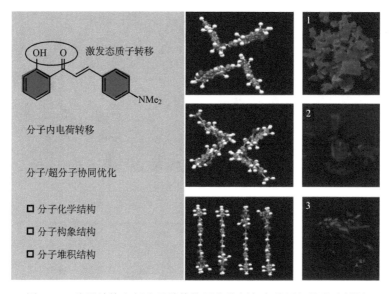

图 2-18　分子结构和超分子结构协同优化制备高效近红外发光材料

　　近些年来，有研究者将注意力集中在最简单的有机发光材料体系，即单一苯环组成的 π 体系[28-30]。刚性的小共轭结构具有非常好的结晶性，通过修饰基团的设计可以有效调控聚集态下的超分子拓扑结构，从而实现调节材料发光性能的目的。然而，单苯环发光材料鲜有报道，这是由于基于如此小的 π 体系构建有机发光材料受到两个因素的制约：共轭骨架小会导致垂直跃迁概率小，如何提高化合物荧光量子效率是一个亟待解决的问题；发光材料的波长和共轭体系的大小密切相关，因此如何通过单苯环分子实现可见区发射特别是红光发射是另外一个难点。

　　2018 年，吉林大学张红雨课题组提出了基于单苯环骨架构筑荧光分子的策略：X 形四取代苯荧光基团，其中两个给电子基团和两个吸电子基团呈 X 形分布（图 2-19）[31]。这种排列特征使分子的 HOMO 和 LUMO 较为分离，从而使小的单苯环骨架具有大的斯托克斯位移和小的激发态偶极，使得单苯环分子实现长波长发射特别是红光发射成为可能。在这种单苯环 π 体系荧光分子中，晶体的 π-π 堆积、偶极-偶极相互作用可以有效避免，非辐射跃迁速率可以得到最大化抑制，使之可以实现高效的固态荧光发射。该课题组基于上述设计理念，结合超分子结构优化，获得了具有高固态发射的单苯环荧光分子 **10~18**（图 2-19），并实现了全彩荧光发射[31]。

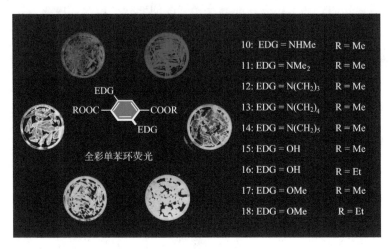

图 2-19　X 形四取代单苯环分子示意图及化合物 **10~18** 分子结构

　　为了进一步研究该单苯环 π 体系具有高荧光量子效率的原因，该课题组首先以化合物 **11** 为例具体探究了单苯环发光材料的结构特征。首先，化合物 **11** 在环己烷溶剂中的光物理性质显示小的吸收波长 (λ_{abs}=380nm) 和摩尔吸光系数[ε=2570mol/(L·cm)]，这一特点与化合物分子的单苯环 π 体系是一致的。经典的给受体结构通常在非极性溶剂中具有非常小的斯托克斯位移，而化合物 **11** 则具有大的斯托克斯位移，位移值达到 151nm，说明其不是经典的给受体结构。随着溶剂极性的增加，化合物 **11** 发光光谱只有轻微的红移，也与传统给受体有机发光分子完全不同。基于 Lippert-Mataga 公式，化合物 **11** 激发态偶极矩确定为 7.2deb，而传统的给受体结构激发态偶极矩一般在 20deb 左右[32]，该结果进一步证明化合物 **11** 不是经典给受体结构。简言之，具有独特骨架的 X 形单苯环荧光基团在可见光区域具有大的斯托克斯位移和较小的激发态偶极矩，化合物的这两种特征主要是源于特殊的 X 形给受体取代结构导致的。

　　更为重要的是，X 形荧光分子均在溶液中显示出高效的荧光量子效率，以化合物 **11** 为例，在环己烷溶剂中荧光量子效率为 78%，在二氯甲烷溶液中荧光量子效率为 60%。但是，较小的摩尔吸光系数表明，该分子从基态到激发态的跃迁是禁阻的，较大的斯托克斯位移表明激发态分子结构改变巨大。这两者均与高荧光量子效率相悖。因此，其高的荧光量子效率很大程度上由激发态动力学决定。基于荧光量子效率和荧光寿命，通过计算得到化合物 **11** 的辐射跃迁速率和非辐射跃迁速率。与常见荧光基团相比，辐射跃迁速率常数较小(环己烷溶剂中仅为 $0.64 \times 10^8 \mathrm{s}^{-1}$，二氯甲烷溶液中为 $0.42 \times 10^8 \mathrm{s}^{-1}$)，与摩尔吸光系数相一致。值得注意的是,该化合物的非辐射跃迁速率常数也很小(环己烷溶剂中仅为 $0.18 \times 10^8 \text{s}^{-1}$,二氯甲烷溶液中为 $0.28 \times 10^8 \text{s}^{-1}$),表明抑制非辐射跃迁速率是导致 X 形单苯环骨架荧光基团具有较强发射的关键原因。另外,较小的分子偶极矩减小了荧光团与溶剂之间的偶极-偶极相互作用,这也是导致非辐射跃迁速率降低的另一个可能原因。

化合物 **11** 不仅在溶液中具有高的荧光量子效率,在固体状态下也显现出很强的黄光发射,荧光量子效率高达 73%。动力学研究表明,晶体 **11** 同时具有较小的辐射跃迁速率常数与非辐射跃迁速率常数($k_r = 0.41 \times 10^8 \text{s}^{-1}$, $k_{nr} = 0.15 \times 10^8 \text{s}^{-1}$)。在晶体中,分子显示出高度扭曲的构象。这种分子内立体排斥作用和丰富的分子间氢键相互作用极大地限制了分子的振动和转动。沿晶体 c 轴,分子旋转排列为柱状结构,并进一步平行排列成晶体。较大的分子间距离(5.973Å),旋转的排列方式表明在晶体 **11** 中并不存在 π-π 堆积和偶极-偶极相互作用。换句话说,分子 **11** 的晶体结构,即单苯环结构及激发态中小的偶极矩,从本质上避免了长程 π-π 堆积和偶极-偶极相互作用,这是抑制非辐射跃迁速率使晶体实现高效固态发射的主要原因。此外,以下因素也对抑制非辐射跃迁速率做出了贡献:①分子内的空间排斥作用和丰富的分子间氢键限制了分子运动;②大的斯托克斯位移有效避免了固体荧光发射中的自吸现象[31]。化合物 **10** 的晶体研究进一步证明了以上结论。从化合物 **10** 的单晶结构可以看出丰富的分子内氢键和分子间氢键赋予了分子 **10** 高度平面的分子结构及刚性的二维超分子网络堆积结构。刚性的分子构型及二维超分子网络堆积结构,小的 π 共轭体系使晶体发射红移的同时抑制了非辐射跃迁的发生,从而实现了单苯环高效的固体红光发射[30]。

综上所述,基于单苯环 π 共轭体系构建的 X 形四取代苯基团,其独特的分子结构可以有效避免分子内 π-π 堆积和偶极-偶极相互作用,丰富的分子间氢键能大大增强聚集态结构的刚性,从而抑制非辐射跃迁速率,实现高效的固态发射。同时,分子结构简单,结晶性好,易于合成等优点也使得其更容易大规模生产和应用。

2.3.2　单苯环发光颜色调控

2.3.1 节已经介绍了一种新型的荧光基团,基于单苯环 π 体系构建的 X 形四取代苯结构,即两个给电子基团和两个吸电子基团呈 X 形排列,并深入解释了其高效发射的原因。如何利用如此简单的结构调控化合物的发光颜色,将是本节介绍的主要内容。

2009 年,Shimizu 研究组首先设计并合成了一系列不同烷基链取代的 1,4-双烯基-2,5-二哌啶基苯衍生物,并通过对其光物理性质的研究,发现这几种化合物具有不同发光颜色,荧光光谱范围为 439~656nm,首次通过单苯环 π 体系实现了全彩发射。通过修饰烯基部分的官能团来调节 1,4-双烯基-2,5-二哌啶基苯衍生物的荧光颜色。虽然没有深入研究其机理，但这一现象的发现大大促进了单苯环结构体系的发展。观察这一系列化合物的结构特征，可以发现：该结构正符合张红雨课题组提出的 X 形四取代苯荧光基团的特征，即两个吸电子基团和两个给电子基团呈 X 形排列，并且给电子基团哌啶氨基始终保持一致，随着吸电子基团吸电子能力的逐渐增强(从甲基、氢原子、氟原子到酯基、酸酐)，其发射光谱逐渐红移(从蓝紫光、蓝光、绿光到橙黄光、红光)，即吸电子能力越强，发光越红移。2015 年，Katagirl 团队报道了单苯环天蓝光发射的化合物，也符合 X 形四取代苯的结构特征，即两个给电子氨基基团和两个吸电子甲基磺酰基基团分别呈 X 形排列。其发射峰位在 477nm，荧光量子效率高达 69%，这说明同时改变化合物的给电子基团与吸电子基团也可以调节这类化合物的发光颜色，但由于不是单一变量，所以并没有具体研究其作用机理。

2017 年，张红雨课题组设计合成了一种结构极其简单的红光发射的单苯环荧光分子：化合物 10(图 2-20)，由两个给电子甲基氨基基团和两个吸电子甲基甲酯基团构建的 X 形单苯环结构。2.3.1 节对其结构进行了分析，阐述了其高荧光量子效率的原因：分子内强氢键使得两对给电子和吸电子取代基与苯核形成刚性的平面结构；丰富的分子间氢键驱使分子形成二维超分子网络结构；紧密的分子堆积可以有效地抑制分子的转动、振动从而降低激发态的非辐射失活。此外，与甲苯溶液中发射峰位 585nm 相比，该化合物的固体发射峰位在 620nm，较溶液样品红移了 35nm，荧光量子效率提高了 7%，表明超分子结构优化不仅能调控发光颜色，而且能提高材料的荧光量子效率。

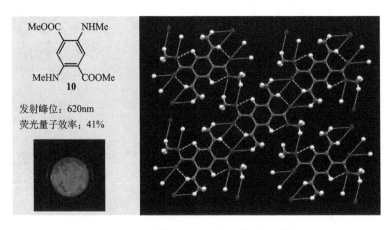

图 2-20　单苯环红光材料及其单晶结构

众所周知，相比较于蓝光、绿光和黄光等单苯环有机光电材料，实现小分子的单苯环红光材料异常困难。因为红光发射的有机分子通常由大的 π 共轭体系或者很强的给受体结构构成，固体状态下的分子间相互作用通常会使红光分子的荧光猝灭非常严重。Shimizu 研究组基于单苯环设计出红光发射的有机材料，为了获得红光发射，他们选择了大共轭体系的吸电子基团，因此该分子的分子量相对较大(464)。张红雨等设计的红光分子 10 无论是给电子基团还是吸电子基团都非常小，因此整个分子的分子量很小，仅仅为 252。化合物 10 的晶体显示出高效的饱和红光发射，因此进一步研究其单晶结构有益于深入认识该材料的发光机制。从图 2-20 中可以看出，与化合物 11 相比，化合物 10 每个分子内含有两对分子内氢键，这不仅有利于激发态分子内质子转移的发生，而且赋予这个分子一个刚性的平面结构，它的平面分子构象及激发态质子转移正是其红光发射的原因。理论计算证明了这一点，与分子结构高度扭曲的化合物 11 相比，由于化合物 10 分子内强的氢键，使分子形成刚性的平面结构，从而提供了更高的 HOMO 能级，使得 HOMO-LOMO 能隙窄，从而使发射红移。

受上述工作的启发，张红雨课题组首先提出可以通过改变 X 形结构中的给体基团来调节单苯环发光材料的发光颜色[31]。采用不同的给电子氨基基团如氮杂环丁烷、吡咯烷、哌啶等构筑单苯环荧光分子 12、13(图 2-21)及 14，来达到调节发光颜色的目的。如预期的一样，实验合成的化合物晶体均具有很强的荧光发射。化合物 12 在 563nm 处表现出很强的黄光发射，荧光量子效率为 76%；化合物 13 在 537nm 处表现出很强的绿光发射，荧光量子效率为 72%；化合物 14 在 536nm 处表现出很强的绿光发射，荧光量子效率为 88%。对化合物 13 和 14 的单晶结构解析发现它们均具有扭曲的分子构象和长的分子间距离，化合物 13 还具有丰富的分子间氢键。由此可以得出结论，滑移堆积结构和相邻分子间的长距离表明晶

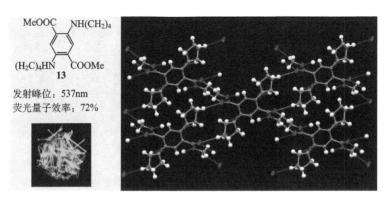

图 2-21　单苯环绿光材料及单晶结构

体中不存在 π-π 堆积和偶极-偶极相互作用。因此，非辐射跃迁过程被有效抑制（**13**: $k_{nr} = 0.16 \times 10^8 s^{-1}$；**14**: $k_{nr} = 0.06 \times 10^8 s^{-1}$），使得化合物在具有不同发光颜色的同时还具有高的荧光量子效率。

具有不同给电子氨基基团的化合物 **10~14** 固体状态下的发光颜色可以由红光扩展到绿光，这一现象很好地证明了 X 形四取代苯设计的可行性。为了进一步调控发光颜色，张红雨等又引入了给电子能力更弱的羟基和甲氧基基团，构建了化合物 **15**（图 2-22）和 **17**。同时化合物 **15** 和 **17** 的乙酯类似物 **16** 和 **18** 也被合成出来，使结果更具有说服力。通过比较甲氧基取代的化合物 **17** 和甲基氨基取代的化合物 **10**，证实了调节 X 形四取代苯基团的给电子基团可以改变化合物的能隙和发光颜色。对比二者的光谱可以发现，在环己烷溶液中，化合物 **17** 具有短波长吸收[λ_{abs}=334nm，ε=3060mol/(L·cm)]和强的蓝紫光发射（λ_{em} = 386nm，Φ_F = 0.55），并伴随大的斯托克斯位移 52nm。化合物 **17** 的发射波长远短于化合物 **10**。理论计算表明化合物 **17** 的 HOMO 能级（–7.96eV）远低于化合物 **10**（–6.31eV），但二者又具有相似的 LUMO 能级，时间相关密度泛函理论（TD-DFT）计算进一步表明化合物 **10** 和 **17** 的第一激发态能量主要由 HOMO→LUMO 跃迁决定。理论计算出化合物 **10** 和 **17** 的最大吸收波长分别在 366nm 和 270nm。因此，弱的甲氧基给电子基团增加了化合物 **17** 的跃迁能隙导致了光谱的蓝移。同样的，由给电子能力介于甲氧基和甲基氨基之间的羟基基团构筑的化合物 **15** 的发射峰位介于化合物 **17** 和 **10** 之间，在 446nm 处。这进一步说明了调节给电子基团的给电子能力可以调节 X 形四取代苯荧光基团的发光颜色。

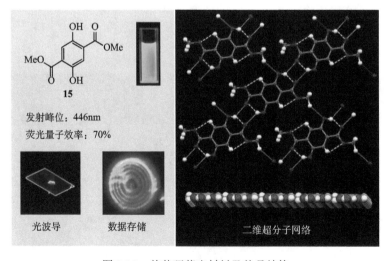

图 2-22　单苯环蓝光材料及单晶结构

综上所述，基于 X 形四取代苯结构，从 Shimizu 课题组的研究中可以发现，通过改变化合物的吸电子基团可以调节化合物的发光颜色，并且随着吸电子基团吸电子能力的增强，光谱是红移的。张红雨课题组提出的构筑 X 形四取代苯荧光基团，其中两个给电子基团和两个吸电子基团呈 X 形排列的策略，由实验证明，可以通过改变化合物的给电子基团调节发光颜色，并且给电子基团给电子能力越强，光谱越红移。由此可以得出结论，基于 X 形四取代苯结构，不仅可以构建高固态发射的荧光分子，并且可以通过调节取代基的给电子基团或吸电子基团的给电子、吸电子能力来调节发光颜色，实现全彩发射。需要指出的是，分子结构和超分子结构的协同优化在基于单苯环分子构建高效有机发光材料中扮演着重要的作用。

2.3.3　单苯环发光材料应用

随着科技的发展和社会的进步，有机荧光材料在有机电致发光器件、有机激光器、传感及生物成像等方面的应用越来越广泛。与无定形材料相比，有机晶体材料具有确定的晶体结构，一定的几何形状，良好的均匀性，各向异性及固定的熔点等优点。另外，有机晶体中明确的分子堆积形式和分子构象，长程有序的分子排列极大减小了缺陷杂质的散射损耗，最大化提高了有机半导体性质，因而利用有机晶体材料可以大大减小无序所造成的性能降低。近十年来，有机半导体晶体材料在光电子领域的研究受到人们的广泛关注。

单苯环发光材料不仅具备以上优点，而且易于合成和大量制备，更加有利于工业化生产及应用。本节主要介绍单苯环有机发光材料在有机激光及光波导领域的潜在应用价值。

自从 50 多年前，人类第一次发明激光以来，激光的应用已经进入各行各业，包括科教、医疗、工业加工和光通信等领域。有机激光器因其制备简单，价格低廉和易于集成等优势，一直以来备受科研工作者的关注[33]。与无机激光介质相比，有机激光材料来源广泛，并具有发射光谱宽泛、吸收与发射截面积大等特性，因而有很大的发展潜力。尽管各类型的激光器构造与特点有所不同，但是激光器一定具备三个最基本的构成元素：增益介质、脉冲源和谐振腔。有机 π 共轭材料由于微观上的四能级结构特性和宏观上的制备成本优势，不仅符合实现激光发射的理论条件，而且有望成为一种具有广阔应用前景的理想激光材料[34]。判断某一种材料是否有光学增益行为（即能否作为激光材料）及增益的大小，通常采用放大自发发射（amplified spontaneous emission, ASE）测试作为判定分析的手段。

张红雨课题组通过 ASE 测试先后实现了多例具有潜在激光应用价值的单苯环化合物[30,31,35]。用一束脉冲激光照射晶体 **10** 的一端，在边缘收集其发射光谱。随着光脉冲能量的增加，在超过一定的激发能量门槛后，晶体发射光谱的半峰宽明显变窄，从 50nm 窄化到 5.9nm，表现出明显的放大自发发射性质。阈值是衡量 ASE 性质的一个重要参数，晶体 **10** 的阈值为 113kW/cm^2。此外，该课题组通过控制一个狭缝宽度来改变激光脉冲条带的长度，测试了晶体 **10** 的增益效应，随着狭缝的增宽，发射光谱渐渐窄化，并伴随着发光强度的非线性增长。而当激光能量变大时，这种非线性增长加剧，与 ASE 理论预测一致。随后，晶体 **13** 也被证实具有放大自发发射性质(图 2-23)。

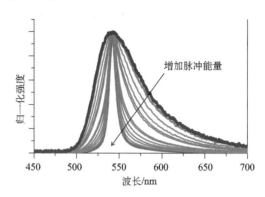

图 2-23　晶体 **13** 的放大自发发射光谱图

除了在有机激光方面的应用，单苯环化合物在有机光传播介质方面也有潜在的应用价值。光波导(optical waveguide)是引导光波在其中传播的介质装置，又称介质光波导，一般由具有低介电常数/高折射率的材料组成[36]。光波导有两大类：一类是集成光波导，包括平面(薄膜)介质光波导和条形介质光波导，它们通常都是光电集成器件(或系统)中的一部分，所以称为集成光波导；另一类是圆柱形光波导，通常称为光纤[37]。光波导是由光透明介质(如石英玻璃)构成的传输光频电磁波的导行结构。光波导的传输原理不同于金属封闭波导，在不同折射率的介质分界面上，电磁波的全反射现象使光波局限在波导及其周围有限区域内传播。多模和单模光纤已成功地应用于通信。光纤的传输特性对外界的温度和压力等因素敏感，因而可制成光纤传感器，用于测量温度、压力、声场等物理量[38]。通常采用光损耗系数来衡量材料的光传播能力。目前为止，已经报道了多例在光波导方面具有潜在应用价值的有机晶体[39,40]。

有些 X 形单苯环荧光化合物可以得到体积大、质量好的有机单晶，这些晶体的光波导性质也通过测试被证明了。张红雨课题组基于报道的具有弹性性质的高效掺杂单苯环有机晶体就被证明具有良好的光波导性能[41]。如图 2-24 所示，用一束脉冲激光间隔均匀地照射单晶的不同位置，可以观察到光在晶体中的传输没有中断，在端点处均有明显发光。激光照射的同时在端点处收集发射光谱，随着照射点与端点距离的增加，光谱的发射强度呈降低趋势，通过拟合这些数据，得到单晶的光损耗系数，在 576nm 处为 0.272dB/mm，在 615nm 处为 0.196dB/mm。说明该单晶具有光波导性质，并且光损耗系数明显小于已报道的其他有机单晶，显示出良好的光波导性能，在光传输领域具有潜在的应用价值[39,40]。

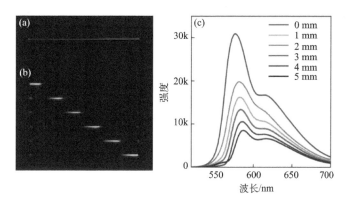

图 2-24 (a)和(b)单苯环发光晶体光波导传输照片；(c)输出光随激发位置变化而变化的光谱

综上所述，本节中介绍的由张红雨课题组提出的新型单苯环荧光材料，由于其特殊的分子结构设计不仅巧妙地解决了单苯环分子发光波长的瓶颈问题，而且有效避免了晶体中 π-π 相互作用及偶极-偶极相互作用，降低了非辐射跃迁速率，解决了单苯环发光材料的低荧光量子效率问题。单苯环材料的发光颜色覆盖了整个可见区间并且具有非常高的荧光量子效率，因此可以媲美传统的有机共轭发光材料。由于化合物分子质量小，易于得到高质量大体积的有机单晶，这对于开发有机发光材料在晶体发光器件中的应用大为有利。

2.4 柔性有机超分子发光单晶

2.4.1 塑性有机晶体材料

在已知的报道中，晶体材料产生塑性的作用方式主要有两种，一种是剪切作用，一种是弯曲作用。剪切作用，即剪切力使晶体产生不可逆形变。剪切晶体的典型例子是印度海德巴拉大学德赛佑等报道的 1,3,5-三氯-2,4,6-三碘苯[42]。其晶体结构中的分子以近似六边形的排列方式分布在平面片层中(图 2-25)。在每一层中，三个碘原子通过 I···I 相互作用形成一个团簇，这个作用是小于范德华力的作用范围的，而三个氯原子则通过 Cl···Cl 相互作用松散进行填充。这些层内的 I···I 相互作用是由于碘原子极化作用形成的，作用力较强，因此使每一个平面片层结构都非常稳定。晶体中层与层之间的作用力则是非特异的，只是基于空心球的紧密堆积形成的。1,3,5-三氯-2,4,6-三碘苯层状晶体在被金属针从相反的两个侧面平行推动时可以发生剪切变形。由于剪切变形的缘故，在机械力施加的区域沿分裂面出现了许多条纹。当施加的力方向与晶体底层平行时，发生形变的晶体一般还可以保持透明，这说明在分裂面上可能没有出现裂缝并且与脆性晶体的断裂方式明显不同。如果晶体试图从其他方向进行剪切受力，晶体则更容易发生破裂而不是层状结构的变动。证明这种现象的形成不仅是因为层内具有较强的、特定方向的相互作用，还因为层与层之间的堆积具有非特异性。

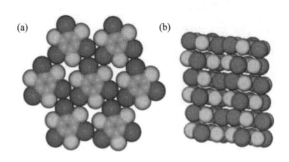

图 2-25　　1,3,5-三氯-2,4,6-三碘苯的晶体结构，图(a)为俯视图，图(b)为正视图

与 1,3,5-三氯-2,4,6-三碘苯相类似，1,3,5-三溴-2,4,6-三碘苯、1,3,5-三碘-2,4,6-三甲基苯、1,3,5-三溴-2,4,6-三甲基苯和 1,3,5-三氯-2,4,6-三甲基苯也具有层状的晶体结构，并且很容易实现剪切变形[43]。没有层状结构的晶体在施加机械力时不会发生这种剪切形变，而是发生弯曲或断裂。例如，1,3,5-三溴-2,4,6-三碘苯的三斜晶相，具有无序的波浪层状结构，在机械力作用下就不能发生剪切作用。因此，发生剪切形变的必要条件是存在具有较强面内相互作用和非特异层间相互作用的层状结构。

2005 年，德赛佑等将化合物 6-氯-2,4-二硝基苯胺进行晶体生长，得到三种晶相 1、2 和 3[43]。其中针状的晶相 2 很容易从视觉上与其他两种晶相进行区分，而晶相 1 和 3 则难以直接辨识出。通过进一步实验发现，如图 2-26 所示，晶相 1 在被施加机械力时可以发生剪切形变，而晶相 3 不具备这种性质。由晶相 1 的单晶结构可以看出，短轴长度为 7.886Å[接近(2×4)Å]，其内部具有层状结构，这些层状结构以反平行的方式进行堆叠，间距为 3.057Å 和 3.209Å，再一次证明这种层状结构的必要性。6-氯-2,4-二硝基苯胺的另外两种晶相涉及不同的力学性质，下文还将继续讨论。

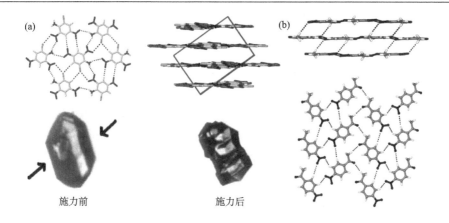

图 2-26　(a)6-氯-2,4-二硝基苯胺晶相 1 晶体结构和剪切前后晶体；(b)4-硝基苯乙酮的晶体结构

　　层状结构是剪切的必要条件，但不是充分条件。例如，在 4-硝基苯乙酮的晶体结构中，分子在二维平面堆积过程中采取一个平面的构象，虽然层内的相互作用(sp^2 C—H···O 和 sp^3 C—H···O)比层间的相互作用(sp^3 C—H···O)稍微强一些，但是晶体并不能产生剪切形变[44]。此外，乙酰基上的甲基氧原子填充在层与层之间的空间内，形成的 C—H···O 相互作用增加了相邻层状结构之间的特异性。为了在层状晶体中可以发生平滑的剪切，层在整个运动过程中要求必须能够完整地保留下来。此外，4-硝基苯乙酮的晶体中相邻分子上甲基基团的锁定也是一个不利的因素。很明显这种结构的各向异性程度不足以使层间发生滑动，因为层内和层间的相互作用并没有十分巨大的差异，因此层的运动更倾向于劈开而不是剪切。所以，通常来讲，层间相互作用具有明显方向性的晶体，其剪切强度更大一些。

　　晶体材料产生塑性的另外一种作用方式是弯曲作用，最早是由德赛佑和其同事在六氯苯单晶(空间群 $P2_1/n$)中观察到的，后来被证实是一种普遍的现象[44,45]。当分子晶体内部强弱相互作用以近乎垂直的方式形成各向异性堆积时，晶体就可以发生弯曲形变。在这样的晶体中各个方向上的相互作用是不均匀和不相近的。弯曲可以理解为一个基于具有高度各向异性堆积方式的结构模型。当晶体弯曲时，两个平行相对的面将变成非平面。晶体一旦弯曲，在撤销掉机械力以后不能恢复到原来的形状。这种就称为塑性弯曲。

　　2-(甲硫基)烟酸晶体是研究弯曲的典型结构[46]。在该结构中，几乎平面的 2-(甲硫基)烟酸分子通过强的 O—H···O 氢键形成中心对称的酸二聚体，二聚体朝着[100]方向(沿短轴方向)形成针状堆积。二聚体通过 C—H···O 相互作用沿[101]方向横向排列。沿着[010]方向，相邻二聚体又以一种之字形方式通过 Me···Me 相互作用紧密排列在一起。图 2-27 为示意图，论证了晶体中分子堆积与各向异性弯曲性质的关系。模型给出了晶体(001)面上的晶体结构，未变形时酸二聚体呈圆盘状堆积，分子堆积之间的白色区域对应的是 Me···Me 相互作用的紧密排列。在这样的晶体结构中，π-π 相互作用的强度比与其垂直方向上的 Me···Me 相互作用要强得多，然后在施加机械应力时，会导致弯曲晶体中分子取向发生扭曲，而不是分子层发生平行滑移或者张开。作为弯曲模型的结果，弯曲晶体中的界面角(图中虚线部分)，与未变形晶体的角度有着明显的变化。机械弯曲在晶体中留下了一些永久形变，在此过程中，晶体的总体积几乎保持不变。在(001)和(00$\overline{1}$)平行面上进行的类似的弯曲实验导致了晶体断裂，这就证实了该晶体具有很强的各向异性力学性质。

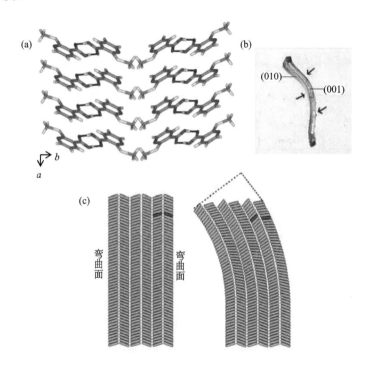

图 2-27　(a) 2-(甲硫基)烟酸堆积结构；(b) 2-(甲硫基)烟酸弯曲晶体；(c) 晶体弯曲示意图，其中堆积之间的空白表示为最薄弱的相互作用

　　在六氯苯晶体中，平面分子沿长轴方向形成 π-π 堆积，而在其他区域形成 Cl···Cl 相互作用[42]。在这些堆积中，分子从堆积方向倾斜，从而使 π-π 相互作用得到优化。晶体中 C···Cl 相互作用很弱，π-π 堆积占有主导地位。晶体发生弯曲的面为(001)面，即存在较弱的、非特异性 Cl···Cl 相互作用的面。此外，六氯苯晶体受到机械力时，改变方向和应力作用点，就可以变形成不同的形状。在极端的条件下，晶体甚至可以被压扁。在另一种条件下，当晶体沿着长轴方向被持续压缩时，弯曲会以连续的方式作用到整个晶体。通过改变力作用模式的弯曲实验，

晶体形状的不断变化可以看出六氯苯晶体中 Cl···Cl 相互作用的微弱本质。从力学实验的结论中可以清楚看出，卤原子之间的弱相互作用远弱于堆积中的 π-π 相互作用。

前文中曾讲到 6-氯-2,4-二硝基苯胺化合物可以制备得到三种多晶相，这是一个展示结构对晶体力学影响的案例[43]。其中三种晶相的结构完全不同，并且三种晶相分别表现出剪切、弯曲和脆性三种完全不同的力学性质(图 2-28)。晶相 1 是一种层状结构，具有较强的层内相互作用和非特异性的层间相互作用，因此在机械应力作用下，会发生剪切作用。晶相 2 为弯曲型晶体，在晶体结构中，强和弱的非特异性分子间相互作用垂直排列。相比之下，晶相 3 的内部三个方向上都具有同样很强的 N—H···O 相互作用，并且没有产生塑性形变的迹象，晶体是脆性的，在施加机械应力时会破碎成碎片。

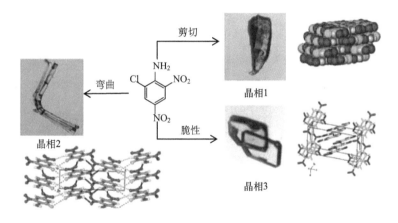

图 2-28　6-氯-2,4-二硝基苯胺的力学性质不同的三种晶相

2.4.2　弹性有机晶体材料

近年来，有限的研究表明，有机晶体材料具有弹性性质一般需要满足以下几点要求：一是能量相近的各向同性分子堆积；二是弱的色散相互作用或者化学键，并且均匀分散在三维空间，在弯曲过程中很容易被破坏掉以消耗弹性能量，并且在施加的应力撤销以后可以重组；三是 π-π 相互作用，是分子沿着平面形成波纹状的堆积结构使其互锁在一起，以抑制晶体内部长程位移的发生；四是不具有滑移面，使晶体内部不会产生不可逆的滑移，从而导致塑性形变[47]。

弹性晶体的一个典型例子就是印度科学教育研究所雷迪等报道的咖啡因和 4-氯-3-硝基苯甲酸共结晶的甲醇溶剂化物[48]。如图 2-29 所示，该单晶具有足够的弹性，可以折叠成一个环形，在应力被移除后可以恢复原来的形状。该晶体内部没有滑移面，但具有三维弱色散性的 C—H···π 相互作用，这些被认为是晶体具有良好弹性的关键特征，而内部溶剂分子的存在又被认为带来了一定的迁移性，这又对晶体的弯曲有一定的辅助作用。根据这个理论，晶体在失去溶剂后将失去弹性。分子动力学表明，这种固溶共晶结构在 100~400K 之间是稳定的，但在 400~500K 之间表现出类似液体的性质。这种结果表明在 100~400K 之间晶体具有非常高的弹性极限，杨氏模量为 10GPa。

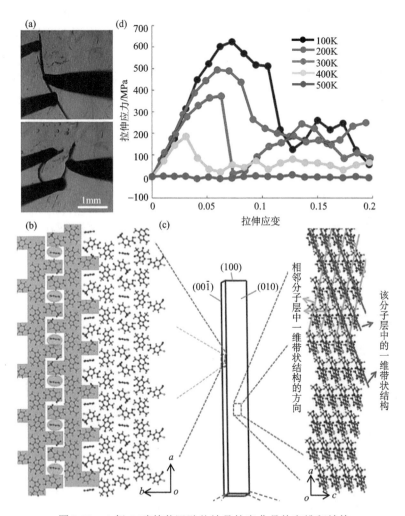

图 2-29　4-氯-3-硝基苯甲酸共结晶的弯曲晶体和堆积结构

　　生物体内的晶体也具有弹性弯曲性质，美国伊利诺伊大学凯尼斯和罗萨尼亚等首先发现了这一现象[49]。他们观察到在巨噬细胞内形成的氯苯吩嗪晶体具有明显的曲率。细胞内的作用力被认为是晶体产生弯曲的原因。为了表征生物体内晶体的弹性性能，他们制备了生物体主要成分的氯苯吩嗪盐酸盐晶体。在晶体的(001)面施加应力时，晶体很容易发生弯曲。撤销外力之后，晶体就恢复到初始的形状。(001)面上波浪状的分子排列和 C—H⋯π、C—H⋯Cl 和 π-π 相互作用被认为是晶体具备弹性性质的主要原因。由于弹性生物晶体是在巨噬细胞内形成的，具有更容易适应细胞机械环境的特点，这就为在细胞内提高载药量提供了一定的设计思路。作为未来的发展前景之一，类似的细胞内生长的弹性晶体可以作为模板来构建生物医学应用中的微小功能器件。

作为弹性晶体的一个例外，美国西北大学司徒塔特等报道的三取代的卤代咪唑，其中高度各向异性的相互作用也会产生弹性特性[50]。一般来讲，这种相互作用通常都是在塑性弯曲晶体内观察到。在这种结构中，卤卤相互作用连接了咪唑分子形成的二维平面层状结构，这些相互作用具有较宽的势能阱，从而保证这些键在被拉伸时可以不发生断裂。在该报道中，科研人员采用横向纵向压电显微镜来研究晶体的压电性和铁电性。在外加电场中，以(010)面为最宽面的晶体不表现出任何的极化开关，表明晶体具有不带铁电性的压电性，而以(100)面为最宽面的晶体表现出极化开关，因而具有铁电性。铁电性、压电性和机械柔韧性在这些单晶上的结合，是首次将有用的物理性质与力学性质汇聚到晶体上，为晶体的应用提供了新的方向。

最新一例发表在《自然·化学》杂志上关于二乙酰丙酮铜配合物弹性晶体的报道，科研人员采用单晶 X 射线衍射对弯曲晶体进行解析，从分子水平上研究了弹性晶体的弹性机理[51]。晶体结构表明分子间的相互作用是各向异性的，分子之间也没有互锁。弯曲时晶体结构显示出，在施加外加应力时，分子会发生旋转，并且这种分子的重新定向有利于晶体在一个方向上压缩，在另一个方向上扩张。作者认为高 π 电子密度可以容忍分子在应力作用下重新定向，防止分子永久变形。这一结果表明，之前对于可逆弯曲晶体弹性本质的研究还属于起步阶段，还需要科研人员不断进行相关的研究，有朝一日才能建立起一套具有普适性的结构与力学性质关系体系。

2.4.3　弹性发光晶体材料

π 共轭有机超分子发光晶体通常具有弱的分子间相互作用、密集的堆积结构和高度有序的各向异性，因而载流子或者激子可以在 π 体系内进行有序的转移。但是，这些晶体材料的机械性能较差，这就大大限制了其应用范围。因而，发展柔性发光晶体材料体系对有机超分子发光材料的发展具有长远的意义，对其在柔性器件领域的应用有着巨大的指导作用。

2016 年，日本国防大学林太郎等首次提出具有蓝光发射的 1,4-双[2-(4-甲基噻吩基 2,3,5,6-四氟苯)]弹性单晶(图 2-30)，并对其自下而上的自组装过程及自上

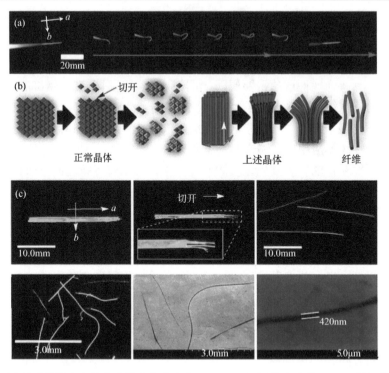

图 2-30　(a) 基于机械应力的力致发光变色弯曲 1,4-双[2-(4-甲基噻吩基 2,3,5,6-四氟苯)]弹性单
晶；(b) 和 (c) 其自上而下由大晶体加工成晶体纤维的过程

而下的晶体加工进行报道[53,54]。晶体结构表明大的单晶是由内部分子线滑移堆积
组装而成。当对单晶施加机械应力时晶体发生弯曲，应力撤销后晶体恢复到原始
形状，并且该单晶可以在吸管上进行螺旋缠绕，表现出非常好的弹性性能。该化
合物的溶液和晶体发射峰位分别为 406nm 和 503nm，荧光量子效率分别为 14.5%
和 25.2%，具有聚集诱导发光增强的性质。为了探究晶体弹性弯曲的过程并解释
其机制，研究人员测量了初始、弯曲和复原后三种状态下晶体的激发和荧光光谱。
当晶体处于弯曲状态时，晶体在 450nm 左右有一个明显的特征带，荧光量子效率
测得为 9.2%。由于荧光与激发光谱和粉末状态相类似，推测这是由于宏观的机械
运动引起 π 体系内产生了结构间隙。该晶体的激发光谱也在 383nm 产生一个蓝移
的激发带。当弯曲的晶体在外力撤销恢复后，光谱恢复到与原光谱相同。这些结
果表明，滑移叠加的晶体结构在拉伸和压缩作用下，其中一部分可能呈现出扭曲
的取向，机械应力的施加和释放使单晶产生了力致发光变色现象，因而 1,4-双
[2-(4-甲基噻吩基 2,3,5,6-四氟苯)]被认为是一种极具潜力的有机柔性半导体材
料。在后续的工作中，林太郎等在实验时观察到该弹性晶体的机械诱导分裂现象。
于是他们采用手术刀或者锋利的针，沿着晶体纵向对晶体进行切割得到细长的纤

维。这种操作方式可以很容易地制备各种形状长度的纤维，并且纤维都具有光滑的表面。在弹性性能上这些纤维可以很容易被弯曲，具有非常好的柔性。X 射线衍射数据表明机械力分割时不会改变晶体本身的结构，因而晶体纤维可以具有与大晶体相同的荧光性质。这种自上而下的晶体加工方法是一种极为简便的有机晶体形状控制手段，也表明了该种晶体材料的应用必将具有更为广阔的前景。

2017 年，林太郎课题组又对 4,7-二溴-2,1,3-苯并噻二唑这种常作为 π 共轭低聚物或者聚合物原料的化合物进行了研究[54]。该晶体在外力作用下同样可以实现反复弯曲的过程。对其光物理性质进行表征发现，晶体的最大发射峰位于513nm，研磨后的粉末最大发射峰位于 490nm，与晶体相比具有明显的蓝移。研磨明显破坏了分子的堆积方式，属于一种机械力致发光变色现象。而晶体在弯曲接近极限(30°)时，其荧光颜色也会发生明显的变化。用带有 LED 的荧光探针精确测量初始、弯曲和复原后三种情况下的晶体荧光光谱。实验过程中，晶体被立在毛细管的一端，采用不具有荧光发射的 PE 薄膜来固定弯曲晶体。测量结果可以看出，弯曲晶体的荧光发射最大峰位于 504nm，与初始晶体相比有着明显的蓝移，并且与粉末的发光光谱相类似。当撤掉 PE 薄膜之后晶体荧光与初始状态时完全相同。晶体在初始和复原后呈现出明显的蓝绿光，而弯曲时的晶体发射出的则是明显的天蓝光。从晶体结构数据可以得到，该晶体内部具有明显的 J-聚集结构。因此，这种荧光的变化就有可能是由于 J-聚集下分子中心到中心的分离长度发生了变化。由于机械弯曲的原因，晶体的堆积由稳态向亚稳态发生了转变，从而荧光产生了蓝移。弯曲晶体的复原使得晶体的堆积恢复到原来的状态。这种机械力致发光变色现象是由于晶体的机械弯曲和复原引起的，可以进行多次循环，且多次循环后其荧光强度并未发生明显下降。这种基于机械弯曲-复原的力致发光变色性质对柔性光电功能材料的发展起到了重要的推动作用。

2018 年，吉林大学张红雨课题组对弹性发光晶体材料的应用又开辟出了新的方向。该课题组提出了一种席夫碱化合物[1-(4-二甲氨基)苯基]亚甲氨基-2-羟基萘[55]。通过简单的溶液扩散法进行晶体生长即可获得该化合物高质量的超长针状晶体。在外界应力的作用下，晶体具有很高的弯曲性能，并在应力释放时立即复原为初始的形状。该过程可以多次反复进行，无明显机械疲劳产生。在超过弹性上限之后晶体发生碎裂，无塑性形变产生。该晶体具有弹性的主要机制被认为是 π-π相互作用距离发生变化，从而在弯曲时消耗掉应力产生的破坏性的弹性能量。通过简单地将晶体缠绕在固定直径塑料管上的方法，保持曲率半径不变改变晶体厚度，得到了晶体的极限应变为 2.26%，与此同时计算出此时晶体最外层的 π-π 距离约从 3.44Å 被拉伸到 3.52Å，最内层 π-π 距离约从 3.52Å 被压缩到 3.36Å。该晶体具有较强的橙红光发射，最大发射峰位于607nm，荧光量子效率可达 43%。当用紫外光激发晶体一端时，可以发现晶体另一端会有明亮的红光产生，证明晶体具有典型的光波导性质，并且发现在高度弯曲的晶体中同样可以实现(图 2-31)。通过对两种状态下光损耗系数进行测试，初始状态下晶体在 615nm 处的光损耗系数为 0.270dB/mm，弯曲晶体的光损耗系数则为 0.274dB/mm。两种状态下晶体光损耗系数均远低于之前报道的有机晶体材料，并且可以看出弯曲对晶体的波导性能影响较小。此外，晶体在反复弯曲无明显机械疲劳产生的同时，其波导传输性能也并未受到明显影响，材料在力学与光学性能上表现出良好的寿命，这使其在柔性光电子器件的潜在应用上具有巨大的优势。

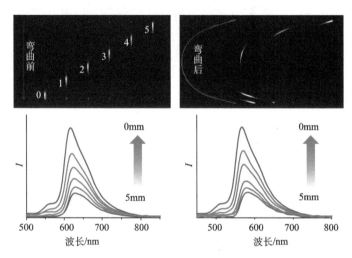

图 2-31　弹性晶体弯曲前后光波导照片及其输出光随激发位置变化而变化的光谱

上文中所描述的报道中，晶体多为单晶，少数为共晶。虽然种类较多，但是对晶体弹性的应用仍有一定的局限性，因此寻找更多的手段将晶体的机械力学性能与其他性质如光学性能相结合是十分有必要的。2018 年，张红雨课题组继续创新性地报道了一种以 2,5-二氢-3,6-二(辛氨基)对苯二甲酸甲酯为主体，3,6-二(辛氨基)对苯二甲酸甲酯为客体的有机掺杂单晶，并对其力学性能和光学性质做出了细致的研究[41]，如图 2-32 所示。2,5-二氢-3,6-二(辛氨基)对苯二甲酸甲酯单晶具有良好的弹性，但该化合物不具有荧光。而化合物 3,6-二(辛氨基)对苯二甲酸甲酯晶体结晶性较差，但可以产生橙色荧光，荧光量子效率为 29%。通常来讲，掺杂晶体过程较为复杂，需要多次调整主客体配比进行尝试，并且由于掺杂晶体的晶格缺陷其机械力学性质一般较差，容易发生碎裂。但对于该报道中的掺杂晶体，在制备主体材料的过程中，就有少量氧化副产物即客体材料(约 3%)产生。直接通过挥发含有少量客体材料的主体溶液，即可获得高质量、大尺寸的掺杂单晶。这个过程被形象地称为"自掺杂"，是一个非常简便、高度平滑的掺杂结晶过程，对材料的大规模制备十分有利。所得到的晶体材料荧光量子效率大大提高，可达

56%，测试结果表明向主体中掺杂客体后，客体材料的非辐射跃迁速率明显受到抑制，从而掺杂后材料的荧光量子效率显著提高。掺杂后晶体可以进行反复地弹性弯曲，并且可以在玻璃管表面进行缠绕，具有非常好的柔性。晶体结构表明两种晶体的堆积方式十分类似，从而保证掺杂时主体对客体良好的兼容性，减少了晶格缺陷对晶体性质的影响。晶体的弹性与分子独特的长烷基链结构有关。烷基链间均匀分散的范德华力在晶体弯曲时可以抵消弹性能量对晶体的破坏，并且分子间所形成的氢键可以避免分子发生长程位移时产生滑移而无法发生复原。该掺杂

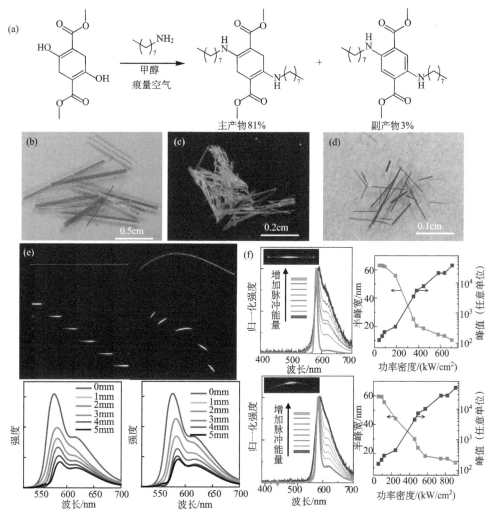

图 2-32 （a）主客体产物；（b）掺杂后的晶体；（c）主体材料晶体；（d）客体材料晶体；（e）初始和弯曲状态下掺杂晶体的光波导性质；（f）初始和弯曲状态下掺杂晶体的放大自发发射性质

晶体在发光应用上取得了更进一步的发展。晶体在初始和弯曲状态下均具有良好的光传输性能，初始状态下在 576nm 和 615nm 处光损耗系数分别为 0.272dB/mm 和 0.196dB/mm，而在弯曲状态下的光损耗系数分别为 0.275dB/mm 和 0.192dB/mm，进一步证实了有机晶体材料在光波导传输过程中弯曲形变对其影响较小。此外，该晶体还具有放大自发发射的性质。初始状态下晶体进行 ASE 测试时半峰宽随着脉冲能量的增加可从 63nm 窄化到 10nm，阈值为 150kW/cm²，而弯曲状态下的晶体与初始晶体相似，同样可以观察到晶体的阈值特性和发射峰强度的非线性增益，其阈值为 115kW/cm²，与初始状态下晶体的阈值相近。至此，此项工作所提出的掺杂方法及弹性晶体的发光应用为弹性发光晶体在柔性光学器件的应用上开辟出了一条新的道路。

2.5　总结与展望

由此可见，有机材料的发光性能不仅由其分子的化学结构决定，而且和材料的分子构型/构象及聚集态结构密不可分。有机发光分子通常是由一些共轭结构单元包括芳香环、双键、三键等通过单键连接而成，这些结构单元之间的夹角受外界环境的影响会发生改变，导致分子的共轭程度不同。发光分子的共轭程度决定了材料分子的电子结构及能级，进而影响其发光性能。一些有机分子具有不同的空间几何构象，构象的不同对材料的发光性能影响同样巨大。更加重要的是聚集态结构对材料发光性能具有不可忽视的调控作用。有机发光分子一般包含 C、H、O、N 等易于形成分子间弱相互作用的原子，这种弱相互作用在聚集过程中能主导分子的堆积结构，从而影响分子间的轨道耦合，调控材料的发光性能，因此通过分子结构和超分子结构的协同优化，基于简单的有机分子可以构建高性能的新概念有机光电功能材料。不仅如此，这种两个层次上的结构优化还可能带来有机材料的新功能，超分子结构优化必将在未来有机光电材料中发挥举足轻重的作用。

参 考 文 献

[1] Xie Z, Wang H, Li F, et al. Crystal structure of a highly luminescent slice crystal grown in the vapor phase: A new polymorph of 2, 5-diphenyl-1, 4-distyrylbenzene. Cryst Growth Des, 2007, 7(12): 2512-2516.

[2] 谢增旗. 苯基取代二苯乙烯基苯衍生物的晶体结构与光电性能. 长春: 吉林大学, 2007.

[3] Li Y, Li F, Zhang Y, et al. Tight intermolecular packing through supramolecular interactions in crystals of cyano substituted oligo(para-phenylene vinylene): A key factor for aggregation-induced emission. Chem Commun, 2007, 3(3): 231-233.

[4] Xie W, Li Y, Li F, et al. Amplified spontaneous emission from cyano substituted oligo(p-phenylene vinylene) single crystal with very high photoluminescent efficiency. Appl

Phys Lett, 2007, 90(14): 141110.

[5] Li Y, Shen F, Wang H, et al. Supramolecular network conducting the formation of uniaxially oriented molecular crystal of cyano substituted oligo(p-phenylene vinylene) and its amplified spontaneous emission (ASE) behavior. Chem Mater, 2008, 20(23): 7312-7318.

[6] 徐远翔. 氰基取代对苯撑乙烯单晶生长、结构及相变研究. 长春: 吉林大学, 2013.

[7] Zhang J, Xu B, Chen J, et al. An organic luminescent molecule: What will happen when the "butterflies" come together. Adv Mater, 2014, 26(5): 739-745.

[8] Feng C, Wang K, Xu Y, et al. Unique piezochromic fluorescence behavior of organic crystal of carbazole-substituted CNDSB. Chem Commun, 2016, 52(19): 3836-3839.

[9] Zhang H, Zhang Z, Ye K, et al. Organic crystals with tunable emission colors based on a single organic molecule and different molecular packing structures. Adv Mater, 2006, 18(18): 2369-2372.

[10] Zhao Y, Gao H, Fan Y, et al. Thermally induced reversible phase transformations accompanied by emission switching between different colors of two aromatic-amine compounds. Adv Mater, 2009, 21(31): 3165-3169.

[11] Cölle M, Dinnebier R, Brütting W, et al. The structure of the blue luminescent d-phase of tris(8-hydroxyquinoline)aluminium(III) (Alq$_3$). Chem Commun, 2002, 23(23): 2908-2909.

[12] Bi H, Zhang H, Zhang Y, et al. Fac-Alq$_3$ and mer-Alq$_3$ nano/microcrystals with different emission and charge-transporting properties. Adv Mater, 2010, 22(14): 1631-1634.

[13] Bi H, Chen D, Li D, et al. A green emissive amorphous fac-Alq$_3$ solid generated by grinding crystalline blue fac-Alq$_3$ powder. Chem Commun, 2011, 47(14): 4135-4137.

[14] Xu Y, Wang K, Zhang Y, et al. Fluorescence mutation and structural evolution of a π-conjugated molecular crystal during phase transition. J Mater Chem C, 2016, 4(6): 1257-1262.

[15] Cheng X, Li F, Han S, et al. Emissions behaviors of unsymmetrical 1, 3-diaryl-β-diketones: A model perfectly disclosing the effect of molecular conformation on luminescence of organic solids. Sci Rep, 2015, 5: 9140.

[16] Zhou T, Li F, Fan Y, et al. Hydrogen-bonded dimer stacking induced emission of aminobenzoic acid compounds. Chem Commun, 2009, 22(22): 3199-3201.

[17] Zhang Z, Song X, Wang S, et al. Two-dimensional organic single crystals with scale regulated, phase-switchable, polymorphism-dependent, and amplified spontaneous emission properties. J Phys Chem Lett, 2016, 7: 1697-1702.

[18] Wang K, Zhang H, Chen S, et al. Organic polymorphs: One compound based crystals with molecular conformation- and packing-dependent luminescent properties. Adv Mater, 2014, 26(35): 6168-6172.

[19] Dong Y, Xu B, Zhang J, et al. Piezochromic luminescence based on the molecular aggregation of 9, 10-bis((E)-2-(pyrid-2-yl)vinyl)anthracene. Angew Chem Int Ed, 2012, 51(43): 10782-10785.

[20] Wang L, Wang K, Zo B, et al. Luminescent chromism of brono diketonate crystals: Distinct responses to different stresses. Adv Mater, 2015, 27(18): 2918-2922.

[21] Shimizu M, Hiyama T. Organic fluorophores exhibiting highly efficient photoluminescence in

the solid state. Chem Asian J, 2010, 5: 1516-1531.

[22] Anthony P. Organic solid-state fluorescence: Strategies for generating switchable and tunable fluorescent materials. ChemPlusChem, 2012, 77: 518-531.

[23] Hong Y, Lam J, Tang B, et al. Aggregation-induced emission. Chem Soc Rev, 2011, 40: 5361-5388.

[24] Zhao C, Wakamiya A, Inukai Y, et al. Highly emissive organic solids containing 2, 5-diboryl-1, 4-phenylene unit. J Am Chem Soc, 2006, 128: 15934-15935.

[25] Wakamiy A, Mori K, Yamaguchi S. 3-Boryl-2, 2′-bithiophene as a versatile core skeleton for full-color highly emissive organic solids. Angew Chem Int Ed, 2007, 46: 4273-4276.

[26] Wang C, Wang K, Fu Q, et al. Pentaphenylphenyl substituted quinacridone exhibiting intensive emission in both solution and solid state. J Mater Chem C, 2013, 1: 410-413.

[27] Cheng X, Wang K, Huang S, et al. Organic crystals with near-infrared amplified spontaneous emissions based on 2′-hydroxychalcone derivatives: Subtle structure modification but great property change. Angew Chem Int Ed, 2015, 54(29): 8369-8373.

[28] Shimizu M, Takeda Y, Higashi M, et al. 1, 4- Bis(alkenyl)-2, 5-dipiperidinobenzenes: Minimal fluorophores exhibiting highly efficient emission in the solid state. Angew Chem Int Ed, 2009, 48: 3653-3656.

[29] Beppu T, Tomiguchi K, Masuhara A, et al. Single benzene green fluorophore: Solid-state emissive, water-soluble, and solvent-and pH independent fluorescence with large stokes shifts. Angew Chem Int Ed, 2015, 54: 7332-7335.

[30] Tang B, Wang C, Wang Y, et al. Efficient red-emissive organic crystals with amplified spontaneous emissions based on a single benzene framework. Angew Chem Int Ed, 2017, 56: 12543-12547.

[31] Huang R, Liu B, Wang C, et al. Constructing full-color highly emissive organic solids based on an X‑shaped tetrasubstituted benzene skeleton. J Phys Chem C, 2018, 30: 1800814.

[32] Stewart D, Dalton M, Swiger R, et al. Symmetry- and solvent dependent photophysics of fluorenes containing donor and acceptor groups. J Phys Chem A, 2014, 118: 5228-5237.

[33] 张琪曾，文进，夏瑞东. 有机激光材料及器件的研究现状与展望. 物理学报, 2015, 64: 094202.

[34] Schafer F, Schmidt W, Volze J. Organic dye solution laser. Appl Phys Lett, 1966, 9: 306.

[35] Tang B, Liu H, Li F, et al. Single-benzene solid emitters with lasing properties based on aggregation-induced missions. Chem Commun, 2016, 52: 6577-6580.

[36] Harshini M, Aaron S, Anderson W. Waveguide-based biosensors for pathogen detection. Sensors, 2009, 9: 5783-5809.

[37] 陈熙谋. 中国大百科全书. 74 卷. 第二版. 北京: 中国大百科全书出版社, 2009: 185.

[38] 叶培大，吴彝尊. 中国大百科全书. 74 卷. 第一版. 中国大百科全书出版社, 1987.

[39] Erjing W, Jacky W, Rong H, et al. Twisted intramolecular charge transfer, aggregation-induced emission, supramolecular self-assembly and the optical waveguide of barbituric acid-functionalized tetraphenylethene. J Mater Chem C, 2014, 2: 1801-1807.

[40] Li Y, Zhi M, Aisen L, et al. A single crystal with multiple functions of optical waveguide,

aggregation-induced emission, and mechanochromism. Acs Appl Mater Inter, 2017, 9: 8910-8918.

[41] Huang R, Wang C, Zhang H, et al. Elastic self-doping organic single crystals exhibiting flexible optical waveguide and amplified spontaneous emission. Adv Mater, 2018, 30: 1800814.

[42] Reddy C, Kirchner M, Gundakaram R, et al. Isostructurality, polymorphism and mechanical properties of some hexahalogenated benzenes: The nature of halogen···halogen interactions. Chem Eur J, 2006, 12: 2222-2234.

[43] Reddy C, Gundakaram R, Basavoju S, et al. Sorting of polymorphs based on mechanical properties. Chem Commun, 2005, 19: 2439-2441.

[44] Reddy C, Gundakaram R, Basavoju S, et al. Structural basis for bending of organic crystals. Chem Commun, 2005, 31: 3945-3947.

[45] Reddy C, Padmanabhan K, Desiraju G. Structure-property correlations in bending and brittle organic crystals. Cryst Growth Des, 2006, 6: 2720-2730.

[46] Basavoju S, Reddy C, Desiraju G. 2-(Methylsulfanyl) nicotinic acid. Acta Crystallogr Sect E: Struct Rep Online, 2005, 61: o822-o823.

[47] Ahmed E, Karothu D, Naumov P. Crystal adaptronics: Mechanically reconfigurable elastic and superelastic molecular crystals. Angew Chem Int Ed, 2018, 57: 8837-8846.

[48] Reddy C, Ghosh S. Elastic and bendable caffeine cocrystals: Implications for the design of flexible organic materials. Angew Chem Int Ed, 2012, 51: 10319-10323.

[49] Horstman E, Keswani R, Frey B, et al. Elasticity in macrophage-synthesized biocrystals. Angew Chem Int Ed, 2017, 5: 1815-1819.

[50] Owczarek M, Hujsak K, Ferris D, et al. Flexible ferroelectric organic crystals. Nat Commun, 2016, 7: 13108.

[51] Worthy A, Grosjean A, Pfrunder M, et al. Atomic resolution of structural changes in elastic crystals of copper(II) acetylacetonate. Nat Chem, 2018, 10: 65-69.

[52] Hayashi S, Koizumi T. Elastic organic crystals of a fluorescent p-conjugated molecule. Angew Chem Int Ed, 2016, 55: 2701-2704.

[53] Hayashi S, Koizumi T. Mechanically induced shaping of organic single crystals: Facile fabrication of fluorescent and elastic crystal fibers. Chem Eur J, 2018, 24: 8507-8512.

[54] Hayashi S, Koizumi T, Kamiya N. Elastic bending flexibility of a fluorescent organic single crystal: New aspects of the commonly used building block 4, 7-dibromo-2, 1, 3-benzothiadiazole. Cryst Growth Des, 2017, 17: 6158-6162.

[55] Liu H, Lu Z, Zhang Z, et al. Highly elastic organic crystals for flexible optical waveguides. Angew Chem Int Ed, 2018, 57: 8448-8452.

第3章 有机电致发光激发态新概念：由单分子到超分子

杨 兵 李 峰

3.1 研究背景与关键问题

有机发光二极管(organic light emitting diode，OLED)历经 30 多年的发展，已经被公认为是继彩色液晶(TFT-LCD)之后的新一代平板显示的核心技术。与传统显示技术相比，OLED 不仅在显示质量方面具有全固态、自发光、色域广、高清晰、高亮度、宽视角、超薄和耐低温等优异特点，而且在加工方面具有工艺简单、成本低廉、易于实现大面积显示和柔性显示等突出优势。作为新一代显示技术，OLED 蕴含着巨大的商业价值和发展前景。因此，它不仅成为化学、材料、信息等多个交叉学科的研究热点，而且也是国际高新技术市场竞争的焦点。目前我国已有多家实现量产的大型 OLED 制造企业，但是关键技术一直受国外封锁，我国亟待发展具有独立自主知识产权的 OLED 新技术，提高国产品牌的国际竞争力。

发光材料是 OLED 产业的基础，也是 OLED 产业的核心技术之一，特别是低成本、高性能的三基色(红、绿、蓝)有机发光材料。为了突破国外技术封锁，保证我国在新一代 OLED 显示技术上占有主动权，发展具有完全自主知识产权的新一代有机电致发光材料显得尤为紧迫。材料设计的新机制与新原理是源头创新的基础，本章内容围绕有机电致发光自旋统计的瓶颈问题，从发光材料的分子激发态研究入手，建立分子结构、激发态电子结构与发光性能之间的关系，揭示电致发光过程的新机制与新原理，发展突破自旋统计限制的材料分子设计新策略，实现新一代有机电致发光材料的自主创新。进一步，由单分子扩展到超分子体系，系统阐述高效率 π-π 作用双分子发光机理、分子设计策略和未来应用，并展望超分子激发态在实现高效率有机固体发光方面的前景。

3.1.1 有机电致发光过程中自旋统计问题

自 1987 年邓青云等首次报道低驱动电压的 OLED 器件以来[1]，自旋统计就成为有机电致发光器件效率难以突破的瓶颈[2]。有机电致发光大致包括以下几个过程：载流子(电子与空穴)注入、载流子迁移、载流子复合形成激子及激子辐射发光。当电子和空穴复合形成激子时，考虑自旋多重性，统计上存在 4 个自旋相关的激子态，其中一个为单线态(singlet, S)，三个为能量简并的三线态(triplet, T)，如图 3-1 所示。

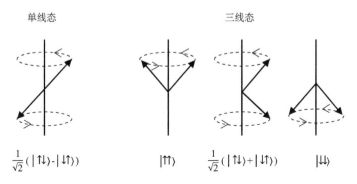

图 3-1 电子-空穴形成不同自旋组态：总自旋量子数为 0 的单线态
和总自旋量子数为 1 的三线态

如果单线态生成截面(σ_S)与三线态生成截面(σ_T)相同，即 $\sigma_S/\sigma_T = 1$，则 S 激子形成概率(η_S)与 T 激子形成概率(η_T)仅与态密度相关，其公式表达如下：

$$\eta_S = \frac{\sigma_S}{\sigma_S + 3\sigma_T} = 25\% \tag{3-1}$$

$$\eta_T = \frac{3\sigma_T}{\sigma_S + 3\sigma_T} = 75\% \tag{3-2}$$

理论上，有机电致发光器件中电子-空穴复合只形成单线态及三线态激子，并且这四种具有不同自旋组态的电子-空穴对形成概率相等(生成截面 σ 相同)，那么每次电子-空穴复合都是以 1/4 的概率形成单线态，同时以 3/4 的概率形成三种能量简并但自旋角动量不同的三线态，即有机电致发光中电生激子的组成比例为 25%的单线态激子与 75%的三线态激子。由于纯有机体系中自旋轨道耦合作用很弱(一般可忽略不计)，根据自旋选择定则，具有不同自旋多重度的两个态之间的跃迁是严格禁阻的，因此以荧光材料三(8-羟基喹啉)铝为代表的第一代发光材料[1]，由于有机荧光材料分子的基态一般为单线态，荧光材料器件无法利用三线态激子发光，故其内量子效率(或激子利用效率)理论上不会超过 25%，而占总电生激子比例 75%的三线态激子将被白白浪费。如何突破自旋统计规则下的 25%电生激子利用效率上限，实现高效的电致发光，是开发新型 OLED 材料最为关键的问题。

3.1.2 金属配合物磷光材料突破自旋统计

针对荧光材料较低的激子利用效率，1998 年，马於光等提出并论述了利用三线态能量提高器件效率的原理，"如果三线态具有单线态同样的发光效率，器件效率将增加三倍"。实验结果表明，金属配合物三线态发光材料能够用于制备发光器件，拓展了发光材料体系，为提高器件效率提供了一个新途径[3]。同年，美国普林斯顿大学的器件物理学家通过优化器件结构实现高效率磷光器件并持续发展出高效率磷光铱(Ir)配合物材料[4]，器件效率得到大幅度提升。基于上述开拓性工作，磷光材料已经成为目前 OLED 产业的主流发光材料，即第二代发光材料。磷光发光材料一般为贵金属配合物，利用金属的重原子效应令自旋轨道耦合呈现 2~3 个数量级的增加，使三线态与单线态之间的禁阻跃迁变成允许，因此该类材料的激子利用效率可接近100%。例如，美国 UDC 公司开发了以 Ir 配合物为代表的磷光材料，并且红绿发光的磷光材料已经被广泛应用到 OLED 产业化中[5]。虽然磷光材料可直接利用三线态激子发光，其激子利用效率高达 100%，但是仍然存在价格昂贵、色度不全(蓝色磷光材料缺乏)、Ir 资源紧缺等一系列问题[6]。鉴于上述磷光材料存在的问题及产业发展降低成本的要求，业界普遍达成共识，即新一代电致发光材料需要兼具高的激子利用效率与成本低廉的双重优势。基于这一要求，近年来具有100%激子利用效率的纯有机、低成本、高效率的荧光 OLED 发光材料体系已经出现，相关研究已取得重要的进展与突破。

3.1.3　共轭聚合物材料突破自旋统计

1999 年，曹镛等报道了红光共轭聚合物聚 2-(2-乙基己氧基)-5-甲氧基苯乙炔 (MEHPPV) 的 OLED 器件[7]。该器件的外量子效率(EQE)达 4%，器件的单线态激子利用效率达 50%以上，是最早报道的超过 25%激子自旋统计限制的纯有机 OLED 器件。关于器件的高激子利用效率，他们指出可能与共轭聚合物体系表现出的弱激子束缚能特性相关，当激子束缚能足够小时，具有较长寿命的三线态激子容易被器件产热再次分解为自由载流子，导致单线态的生成截面 σ_S 大于三线态的生成截面 σ_T。2000 年，剑桥大学 Friend 组在实验中观测到共轭聚合物器件 η_S 为 35%~45%[8]。随后，帅志刚等[9]根据以上实验提出聚合物链间电荷转移 (charge-transfer, CT) 作为激子形成过渡态模型，理论分析表明 CT 过渡态对自旋态具有选择性，导致 σ_S/σ_T 比例变化，如果 $\sigma_S/\sigma_T=3$，按公式(3-1)计算得到 $\eta_S= 50\%$。2001 年，犹他大学 Vardeny 组[10]利用磁共振光诱导吸收(photoinduced absorption detected magnetic resonance, PADMR)方法对若干共轭聚合物体系进行测量，结果发现，在测量的共轭聚合物中，σ_S/σ_T 均大于 1，其中 MEHPPV 的 $\sigma_S/\sigma_T= 2.8$，与上述实验及理论分析非常吻合。同年，Friend 组[11]利用分子链内含荧光与磷光发光链段的共轭聚合物，通过光致与电致光谱中荧光与磷光组分的分析，测量出 $\eta_S=57\%$。聚合物链长依赖性研究表明，高 η_S 值仅出现于长链共轭聚合物，短链聚合物中 $\eta_S < 25\%$。他们认为这种现象本质上与 Heeger 等提出的弱束缚能激子态类似，造成链长依赖性结果的原因，在于共轭聚合物中较大的激子束缚半径[12]。

2004 年，帅志刚等进一步提出了更为直接的激子生成截面与激子束缚能的关系式[13]：

$$\frac{\sigma_S}{\sigma_T} = \frac{E_{bT}}{E_{bS}} = \frac{E_g - E_{T_1}}{E_g - E_{S_1}} \tag{3-3}$$

式中，E_{bT} 和 E_{bS} 分别代表 T 态和 S 态激子的束缚能(binding energy)；E_g 是材料的前线轨道(最高占据分子轨道：highest occupied molecular orbit, HOMO；最低未占分子轨道：lowest unoccupied molecular orbit, LUMO)能隙；E_{T_1}、E_{S_1} 分别是能量最低 T_1 态和 S_1 态的激发能。该理论模型成功描述了若干实验结果，如 2009 年新加坡国立大学陈志宽研究组研发的外量子效率达 8.2%、η_S =51% 的高效率蓝光材料[14,15]，与该模型吻合较好。

虽然共轭聚合物体系普遍存在器件效率不高、稳定性差等问题，但其减小激子束缚能、提高单线态激子产率的指导思想，为后续新机制的发现和研究奠定了理论基础。

3.1.4　延迟荧光材料突破自旋统计

一般来说，纯有机体系由于自旋轨道耦合作用较小，系间窜越(intersystem crossing, ISC)或反向系间窜越(reversed intersystem crossing, RISC)过程很难同其他过程(内转换、辐射等)竞争以实现 T→S 激子转化。但是，在一些特殊的体系中，存在两种可以实现 T→S 激子转化的途径：一种途径是 T-T 湮灭(triplet-triplet annihilation, TTA)，另一种途径是热活化延迟荧光(thermally-activated delayed fluorescence, TADF)[16]。

$$\text{TTA：}\quad T_1 + T_1 \longrightarrow S_1 + S_0 \quad (2E_{T_1} \geqslant E_{S_1}) \tag{3-4}$$

$$\text{TADF：}\quad T_1 \xrightarrow{\triangle} S_1 \quad (E_{T_1} \approx E_{S_1}) \tag{3-5}$$

TTA 是一个基本的光化学现象，最早被 Dikun 等在菲和芘等稠环芳香化合物的溶液中发现，被称为 P 型延迟荧光[16]。TTA 分子满足条件 $2E_{T_1} \geqslant E_{S_1}$ 时，两个 T_1 激子可以通过碰撞湮灭过程转化成一个可辐射跃迁的 S_1 激子和一个基态 S_0，使 T 激子被部分重新利用。英国杜伦大学 Monkman 研究组多年坚持 TTA 研究，近期他们通过设计特殊电子结构的材料体系，如增大 T_1-T_2 能隙，阻隔其他的 TTA 过程，使器件的 η_S 达到 59%(外量子效率达 6%)，其中 TTA 对 S 激子生成的贡献为 34%，接近理论值 37.5%(75%/2，假设两个 T 激子转化成 1 个 S 激子)[17,18]。然而这类材料中，即使不考虑 T-T 猝灭、T-S 猝灭等其他过程，T_1 激子最多可转化生成 37.5% 的 S_1 激子，因此 TTA 机制的激子利用效率理论极限为 η_S= 25% + 37.5% =62.5%，从激子利用效率来看，不能算是最为理想的选择。

TADF 现象最早发现于四溴荧光素(eosin)体系，又称 E 型延迟荧光[16]。该类

分子的 S_1 态与 T_1 态的能差（ΔE_{ST}）较小，T_1 态可以在热激发的条件下反向系间窜越回到 S_1 态再辐射跃迁产生荧光，体现为两段具有不同寿命的荧光。由于反向系间窜越过程的速率通常较低（$\sim 10^6 \text{s}^{-1}$），延迟荧光（delayed fluorescence, DF）相对于直接由单线态产生的荧光（又称即时荧光，prompted fluorescence, PF）寿命长，通常 T_1 有效返回 S_1 的效率很低，并且该类材料的荧光量子效率均偏低，在当时未见实际应用。2009 年，日本九州大学 Adachi 研究组利用 TADF 特性的锡卟啉化合物制备电致发光器件，效率仅为 0.3%，在当时并没有引起广泛关注[19]。接着，他们通过设计强分子内 CT 体系，利用分子内 CT 态降低交换能，最小化 T_1-S_1 能隙，从而提高了反向系间窜越效率，使 η_S 得到明显提升[20]。但是由于 CT 激发态电子与空穴波函数重叠度较小，这类材料很难具有高的荧光量子效率[21]。在 2012 年，他们采用分子内 CT 态材料高度密集的电子给体（donor, D）与电子受体（acceptor, A）的组合增加轨道重叠提高荧光量子效率，在一些体系（特别是绿光）取得明显的突破，实现了外量子效率 19.3%，$\eta_S > 90\%$ 的器件，接近磷光器件的效率水平，这是有机荧光器件的巨大突破[22]。根据以上工作，TADF 材料设计思想可概括为以下两个方面：①通过 HOMO、LUMO 空间分离的 CT 态材料实现小的 S_1 态和 T_1 态的能级差，在热刺激条件下实现反向系间窜越；②利用密集的 D-A 基团组合，增加轨道重叠同时增加分子结构刚性（抑制分子内的非辐射跃迁），提高辐射发光效率。虽然理论上 TADF 材料可以实现 100% 的激子利用效率，但存在如下问题：①分子的 T_1 和 S_1 态具有强的 CT 特征，虽然 S_1-T_1 能隙 ΔE_{ST} 较小，但同时 S_1 态辐射跃迁速率大大降低，难于兼具（或同时实现）高激子利用效率和高荧光量子效率；②大多数 TADF 材料的器件在高电流密度下效率滚降严重，这可能是由于反向系间窜越的速率一般较低，在电致发光器件中累积的长寿命的三线态激子容易发生 T-T 激子猝灭或 T-S 激子猝灭导致的。

本质上，上述几种突破自旋统计限制的途径都与激发态特征密切相关，特别是 CT 激发态。更本质地，减小激子束缚能（或更大的激子离域程度）是突破自旋统计限制的关键因素。不同于 TTA 和 TADF 机制，本章主要介绍几种具有自主知识产权的电致发光新机制，如双线态（doublet）和杂化局域-电荷转移激发态（hybridized local and charge-transfer state, HLCT）等。围绕突破自旋统计限制这一重要科学问题，通过分子内和分子间激发态的设计与调控，进一步发展新一代纯有机电致发光材料，实现低成本、高效率的荧光 OLED 器件。

3.2　中性自由基发光的双线态

对于共轭闭壳分子，激发态自旋组态分为单线态和三线态，通常单线态激子向基态的跃迁是自旋允许的，而三线态向基态的跃迁是自旋禁阻的。围绕着如何利用三线态激子实现荧光或者磷光发射这一关键问题，已有大量的研究工作被报道。

　　除了共轭闭壳分子外，还有共轭开壳分子即共轭自由基分子。由于自由基单电子的存在，其电子的跃迁在本质上与闭壳分子有所区别，表现为无论是激发态还是基态，自由基分子的自旋组态都是双线态。自由基单电子占据轨道(SOMO)上只有一个电子，所以无论是 SOMO 向最低未占轨道(LUMO)还是双电子最高占据轨道(HOMO)向 SOMO 跃迁，都是自旋允许的。因此，研究这种区别于普通荧光(源于单线态激子的辐射跃迁)和磷光(源于三线态激子的辐射跃迁)的双线态发光机制，不仅具有重要的科学意义，也为有机发光领域拓展了新的思路。然而，目前已报道的具有发光性质的稳定自由基非常罕见。

3.2.1　有机自由基分子简介

　　自由基(free radical)，也称"游离基"，是具有非偶电子的原子或基团，通俗地说，也就是由于化学键的均裂而形成含有未成对电子的原子、分子或离子。自由基的产生方式有许多种，如通过光照、热均裂和氧化还原反应等方式都可以生成自由基。自由基通常可以分为中性自由基(neutral radical)、阴离子自由基(radical anion)和阳离子自由基(radical cation)，它们分别指的是不带电性、带负电性和带正电性的非偶电子化合物。这里我们所讨论的自由基主要指的是中性自由基分子。

　　由于自由基分子含有一个或多个未成对的电子，具有很高的反应活性，所以它们通常被认为是不能稳定存在的。尽管如此，研究者们仍然通过光谱分析法观察到一些含有单电子的分子可以长时间稳定存在，有些自由基甚至可以被单独分离出来。早在 19 世纪，化学家们就已经开始了对自由基分子的研究。Gomberg 在 1900 年用金属银(或锌)与三苯甲基氯反应制备出的三苯甲基自由基是首个被报道的稳定自由基(图 3-2)[23]，他的这项工作在当时吸引了全世界化学家的注意，从开始的饱受争议到经过仔细探索后最终获得认可[24-26]，这一过程促进了自由基化学[27,28]在 20 世纪的快速发展。

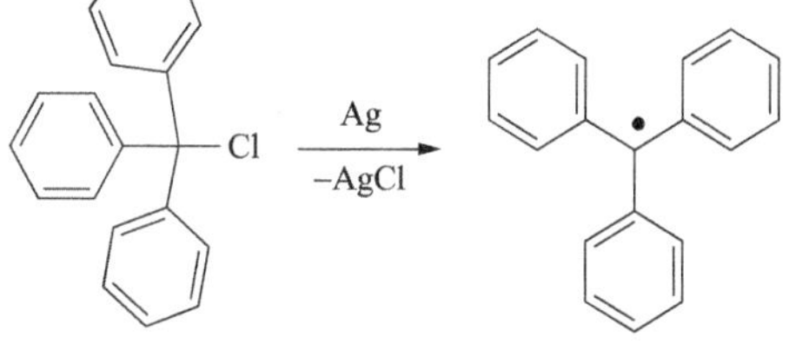

图 3-2　Gomberg 报道的三苯甲基自由基

3.2.2　一些常见的稳定中性自由基分子分类

通常可以通过两种分子设计策略来合成稳定的自由基分子，一种是在自由基中心核的外围连接具有大空间位阻的取代基团，从而保护单电子，使其不与其他分子发生反应[29-31]；另一种方法就是通过合理的分子设计增加未成对电子在整个分子骨架上的离域范围，从而使其能够稳定存在[32,33]。基于以上两种策略，目前研究人员已经合成出许多能够稳定存在的中性自由基分子，如图 3-3 所示，我们可以将它们大致分为以下几类。

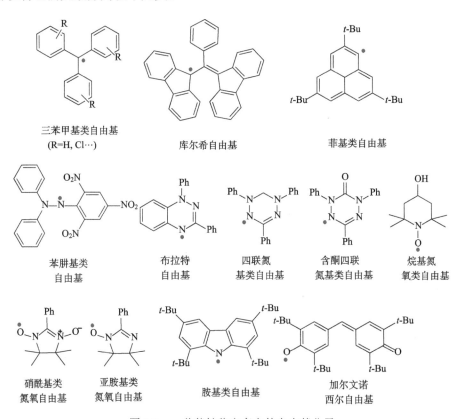

图 3-3　一些能够稳定存在的自由基分子

1. 碳-基自由基 (carbon-based radicals)

碳-基自由基，即单电子处于碳原子上的自由基，包括三苯甲基类自由基、库尔希自由基、菲基类自由基等。其中，三(2,4,6-三氯苯)甲基自由基(TTM)[34]和全氯代三苯甲基自由基(PTM)[35]是研究最广泛的三苯甲基类自由基。如图 3-4 所示，它们是由三个全部或部分被氯取代的苯环连接在中心 sp^2 杂化的碳原子上构成，由于在苯环的周围增加了氯取代基团的保护，它们具有比三苯甲基自由基更好的稳定性。如 PTM 自由基，它不仅可以在溶液中稳定存在，既不发生二聚（dimer），也不与氧气发生反应，而且其固态在空气中加热到 300℃ 也不会分解。库尔希自由基也是一类研究得比较早的自由基，它是第一个被发现可以在氧气中稳定存在的碳-基自由基。现在它的水溶性衍生物也已经被合成并应用于动态核偏振（DNP）研究[36]。菲基类自由基是另一类重要的稳定自由基，但是它在结晶状态下容易发生二聚，而且在有氧气存在时，其反应活性会增加[37]。

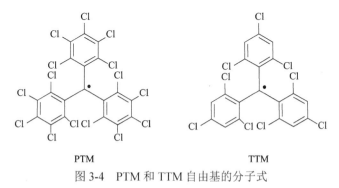

图 3-4　PTM 和 TTM 自由基的分子式

2. 氮、氧-基自由基（nitrogen, oxide-based radicals）

氮、氧-基自由基一般包括苯肼基类自由基、氮氧类自由基、亚胺基类氮氧自由基、胺基类自由基和加尔文诺西尔自由基等。苯肼基类自由基在大气环境下仍能稳定存在，其通常被用作电子顺磁共振（electron paramagnetic resonance，EPR）的参比物，它不仅在固态下可以稳定存在，在溶液中也可以加热到 80℃ 而不分解[38]，而环状的氮类自由基（如布拉特自由基，四联氮基类自由基）拥有更好的稳定性，因为它们具有更大的轨道交叠，更强的电子共振使单电子能更好地离域在整个分子上。烷基氮氧类自由基是一种经典的非常稳定的自由基分子，已经被广泛应用于有机合成[39]、EPR 自旋标记[40]及 NMR 谱学[41]等研究中。目前，诸如硝酰基类氮氧自由基、亚胺基类氮氧自由基等已经被广泛用于磁学[42]、交换耦合和电子自旋弛豫[43]的研究中。胺基类自由基相对来讲比较活泼，如图 3-3 中的 1,3,6,8-四叔丁基咔唑自由基是该类体系中为数不多的比较稳定的自由基。加尔文诺西尔自由基也是一类比较稳定的自由基，它也是酚氧自由基中的典型代表。

3.2.3　双线态发光自由基材料与器件

1. 双线态发光自由基材料

到目前为止，在室温条件下发光且稳定性能与闭壳分子相媲美的中性自由基只有三苯甲基类自由基,如 PTM 和 TTM。在三苯甲基类自由基的初期研究中,人们发现无论在溶液或者固态情况下自由基都是以二聚体的形式存在。直到 1970年,Ballester 等通过化学反应在三苯甲基类自由基上引入一系列的基团,成功地合成出第一个稳定且室温发光的自由基 PTM[35,44,45],该自由基甚至在晶体形式下也保持单分子结构,没有生成二聚体。值得注意的是,当苯环的邻、对位被卤素元素(Cl, F, Br 等)或者有些体积较小的基团(OMe, OH, NO_2 等)取代时,三苯甲基类自由基的稳定性不断提高,而且能够有效阻止二聚反应的发生。1987 年,Armet 等[34]研究发现 PTM 自由基的稳定性主要来自于中心碳原子邻、对位的三个氯原子:即邻位的两个氯原子产生空间位阻效应,对中心碳原子上的自由基中心起保护作用,同时对位上的氯原子阻止两个自由基发生二聚合。此后,在将苯环间位上不必要的氯原子去掉的基础上合成出稳定性与 PTM 类似的TTM 自由基。这个发现解决了 PTM 苯环上由于过多氯原子导致无法对其进行其他化学修饰的难题。1994 年,西班牙化学家 Julia 等[46]开始报道关于合成 TTM衍生物及调节其发光性能的一系列突破性研究成果。2006 年,Julia 等[47]第一次报道通过碳-氮(C-N)偶联反应,在 TTM 上成功引入了咔唑,最终得到具有强红光发射的自由基(TTM-1Cz)。随后其研究组又发表了 TTM 和咔唑衍生物相连得到的一系列自由基[48,49]。

2. 双线态发光自由基器件

有机发光二极管(OLED)自发明至今,已经有数目繁多的分子结构被研究者报道。一般而言,这些发光材料的发光方式无外乎三种:①利用单线态激子发光,对应的是有机荧光材料体系[1],器件的内量子效率上限只有 25%;②利用三线态激子发光,对应的是有机磷光材料体系[3,4],器件的内量子效率上限达到100%;③利用三线态激子上转换成单线态激子发光,对应的是三线态-三线态湮灭(TTA,器件的内量子效率上限 62.5%)[17,18]、热活化延迟荧光(TADF,器件的内量子效率上限达到 100%)[19,20,22]、杂化局域-电荷转移态(热激子机制,器件的内量子效率上限达到 100%)材料体系(这部分内容将在本章 3.3 节详述),如图 3-5 所示。

2015 年,李峰课题组首次报道了基于中性自由基 TTM-1Cz 的双线态发光器件[50]。由于 TTM-1Cz 固体粉末聚集猝灭严重,因此使用 4,4-二(9-咔唑)联苯(CBP)作为主体材料制备了主-客体掺杂器件。

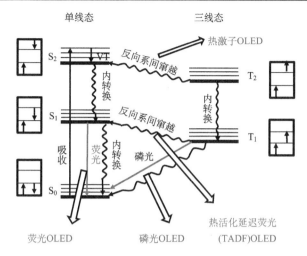

图 3-5　分子内光物理过程示意图及与各种发光过程对应的 OLED 发光方式

图 3-6 为 TTM-1Cz 以 5wt%浓度掺杂于 CBP 中的器件性能。图 3-6(b)是器件在驱动电压为 7 V 时的 EL 光谱和掺杂薄膜(TTM-1Cz:CBP，掺杂浓度为 5wt%，厚度为 50nm)的 PL 谱对比。可以看出，器件的发光来自于自由基的发光。图 3-6(c)

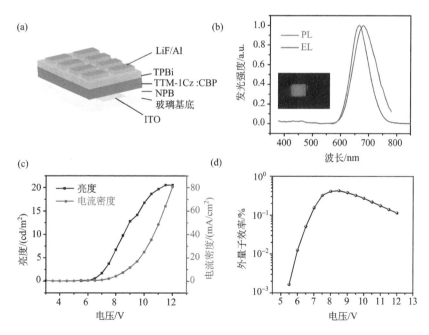

图 3-6　基于 TTM-1Cz 掺杂(5wt%)，CBP 作为母体的器件性能：(a)器件结构示意图；(b)器件 EL(插图为器件在 7V 时的照片)和 PL 谱；(c)器件亮度-电压-电流密度曲线；(d)外量子效率-电压曲线

是器件亮度-电压-电流密度曲线，器件从 6V 开始启亮，到 12.5V 时达到最大亮度 21cd/m^2。图 3-6(d)是器件电压与外量子效率(EQE)的关系曲线，可以看出器件的 EQE 能达到 2.4%。图 3-7 为器件在 6~10V 的 EL 光谱，最大发射峰处于 693nm 左右，随着电压的增加在 430nm 左右起峰(蓝光)，这可能是来自于 1,3,5-三(1-苯基-1H-苯并咪唑-2-基)苯(TPBi)和主体材料 CBP 的发射。

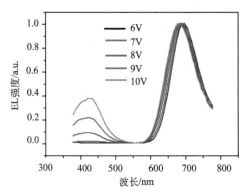

图 3-7　基于 TTM-1Cz 掺杂(5wt%)，CBP 作为母体的器件不同电压下的光谱

　　李峰课题组研究了 TTM-1Cz 双线态发光器件对磁场的响应情况，设计了一种特殊的器件结构：同时含闭壳分子发光层和自由基(TTM-1Cz)发光层的掺杂器件[50]。从器件的 EL 谱[图 3-8(b)]可以看出，全谱由两个部分组成：来自于空穴传输材料(NPB)的蓝光发射和来自于自由基(TTM-1Cz)的红光发射。为了避免磁场-电致发光(MEL)测试时蓝光和红光部分互相干扰，利用滤光片分别将其滤出。图 3-8(b)插图是滤出的蓝光和和红光光谱。接下来对器件的红光和蓝光部分进行 MEL 测试。需要指出的是，由于器件没有封装，在空气中，红光和蓝光的强度在 MEL 测试过程中表现出随时间增长而减弱的趋势，但是对磁场效应的测试没有影响。从图 3-8(c)可知，蓝光部分在外加磁场下表现出正效应，也就是说，器件的亮度在磁场存在下变强，说明蓝光的发射过程中存在单线态和三线态激子。而器件的红光部分对磁场没有任何响应，证明来自于 TTM-1Cz 的红光光谱不涉及三线态或者单线态激子，而是来自于双线态激子的辐射跃迁。

　　利用稳定中性自由基的双线态激子发光是一种全新的 OLED 发光方式，由于双线态激子向基态的跃迁没有自旋禁阻的限制，其内量子效率上限理论上是 100%。最新的器件结果显示，深红光器件的 EQE 已经超过 10%，充分表现了其优秀的发展前景。由于自由基发光器件的研究还处于起步阶段，从材料和器件两方面都有许多问题有待进一步解决，如开发新的稳定发光自由基材料体系、扩展自由基发光波长至绿光和蓝光区、解决发光自由基聚集猝灭问题及研究适合于发光自由基的器件结构和发光自由基器件物理等。

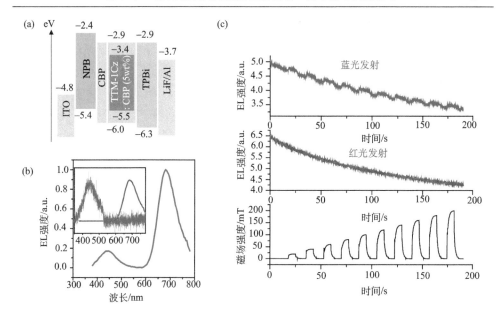

图 3-8　(a)器件结构；(b)器件的全谱(插图为通过两种滤光片滤光后分别得到的蓝光光谱和红光光谱)；(c)外加磁场强度随时间的变化曲线(下图)；来自于 NPB 的蓝光强度在外加磁场作用下随时间的变化曲线(上图)；来自于 TTM-1Cz 的红光强度在外加磁场作用下随时间的变化曲线(中图)

自由基发光材料与器件由于其双线态激子发光的特殊性，无论是从科学的角度还是从应用的角度，都值得细致深入研究，我们期待这个领域在不久的将来会成为研究热点。

3.3　杂化局域-电荷转移激发态

3.3.1　杂化局域-电荷转移激发态的提出

2008 年，马於光研究组与韩国加图立大学 Jong-Wook Park 合作，发现一种具有 HOMO/LUMO 分离特征的三苯胺取代蒽衍生物产生高效率蓝色电致发光，其电致发光器件外量子效率(EQE = 6.19%)甚至是商业蓝光材料 9,10-二-(2-萘基)-蒽(MADN，EQE = 3.18%)的两倍，受到这一现象启发后，我们萌生了纯有机给受体(donor-acceptor, D-A)材料体系电荷转移(CT)激发态发光的最初想法[51-53]。当时，纯有机 D-A 体系研究几乎集中在有机光伏领域，而发光研究涉及甚少。原因在于，CT 激发态由于 HOMO/LUMO 分离，具有弱的激子束缚能，易于激子解离和电荷形成，而不利于激子复合的辐射跃迁，以往的观点一般认为这样的激发态电致发光效率不会高。2012 年，我们发现纯有机 D-A 体系中 CT 激发态的引入使得电致发光器件中激子利用效率不同程度地超过自旋统计的 25% 上限[54,55]。同年，Adachi 报道了具有热活化延迟荧光(TADF)性质的有机电致发光材料。他们采用强电子给体咔唑和强电子受体苯腈设计具有强 CT 激发态性质的 D-A 分子材料，而且这种材料分子结构具有高度密集的多个 D 和 A 的组合，一方面增加轨道重叠提高发光效率，另一方面通过空间位阻增加分子刚性，减少分子振动导致的非辐射能量损失。以材料 1,3,4,5-四-(9-咔唑)-2,6-二氰基苯(4CzIPN)为例[22]，TADF 材料器件效率实现了外量子效率 19.3%，$\eta_S > 90\%$，接近磷光器件的效率水平，这是有机荧光器件取得的巨大突破。

一般来说，TADF 材料的分子设计策略为：分子结构由明确的给受体基团组成，具有显著的 HOMO/LUMO 空间分离特征，HOMO 局域在给体基团上，LUMO 局域在受体基团上。这种电子与空穴波函数空间分离特征(激发态的电子-空穴中心距离 d 较大)导致非常小的电子交换能 J，有效降低单线态-三线态能量劈裂 ΔE_{ST}，从而大大提高三线态向单线态的转化速率，即反向系间窜越速率，这就是 CT 激发态实现 TADF 材料高效率电致发光器件的理论基础[56]：

$$\Delta E_{ST} = E_S - E_T = 2J = 2\left\langle \phi_1\phi_2 \middle| \frac{1}{d} \middle| \phi_2\phi_1 \right\rangle = 2\frac{\left[\phi_1^*(r_1)\phi_2(r_1)\right]\left[\phi_2^*(r_2)\phi_1(r_2)\right]}{d} \quad (3\text{-}6)$$

$$k_{RISC} \propto \frac{H_{SOC}}{\Delta E_{ST}} \quad (3\text{-}7)$$

其中，J 为劈裂能，ϕ_i ($i=1$ 或 $i=2$) 代表两个不同的带电荷基团的波函数，r_i 代表基团电中心的位置，k_{RISC} 代表反向系间窜越速率，H_{SOC} 代表自旋轨道耦合程度。

在 TADF 材料中，这个增强的反向系间窜越过程常常导致一个明显区别于正常即时荧光以外的延迟荧光组分。但是，这种较大的电子-空穴中心距离也会带来严重问题：由于电子与空穴波函数重叠度较小，这类材料不可能具有高的荧光量子效率。对于 TADF 材料的强 CT 激发态性质，HOMO/LUMO 轨道重叠程度趋近于 0，强 CT 激发态的振子强度 f 也将趋近于 0，即表现为几乎禁阻的辐射跃迁：

$$f = \frac{2m_e}{3\hbar^2}(v_{LUMO} - v_{HOMO})\sum_f \sum_{\alpha=x,y,z} \left\langle \psi_{HOMO} \middle| e\vec{r}_\alpha \middle| \psi_{LUMO} \right\rangle^2 \quad (3\text{-}8)$$

其中，m_e 为电子质量，$\hbar$ 为约化普朗克常量，$v_{LUMO} - v_{HOMO}$ 代表前线轨道的能量差，$\left\langle \psi_{HOMO} \middle| e\vec{r}_\alpha \middle| \psi_{LUMO} \right\rangle$ 代表前线轨道的重叠。

虽然已经报道的 TADF 材料中，具有较高电致发光器件效率的材料逐渐增多，但是具有高荧光量子效率的 TADF 材料并不多，特别是非辐射跃迁过程调控相对困难。事实上，最近清华大学段炼等把 TADF 材料用作主体材料，辅助电生三线态激子转化为单线态激子，再通过快速的荧光共振能量转移到高效率发光的荧光客体，即热活化敏化发光(TADF-sensitized fluorescence, TSF)的新型发光机制，实现了低电压、高效率、效率滚降小和高稳定性的 TSF-OLED 器件[57,58]。

很明显，TADF 机制中 S_1 态为强 CT 激发态，要同时实现高荧光量子效率和高 η_S 在原理上是冲突的。那么，有没有办法在保持高 η_S 的同时，还能大大提高材料的荧光量子效率？答案是肯定的。根据前线轨道重叠特征，激发态一般可分为局域态(locally-emissive, LE)与 CT 态。CT 态激子具有弱激子束缚能，有利于增加 η_S，但通常荧光量子效率偏低。相反，LE 态具有强激子束缚能，虽不利于 T 激子反向系间窜越转化，但轨道重叠大，通常具有高荧光量子效率。因此，我们提出杂化局域-电荷转移激发态(HLCT)材料设计新原理，即一个平衡的策略，将 LE 态与 CT 态杂化组合形成新的激发态，达到同时兼顾高荧光量子效率和高 η_S 的目的，将有机荧光器件效率最大化[59]。

3.3.2　杂化局域-电荷转移激发态的形成

根据态混合原理，考虑发光态 ψ_{S_1} 由"纯"局域态 ψ_{LE} 和"纯"电荷转移态 ψ_{CT} 混合而成的新态(零级近似)的情况：

$$\psi_{S_1} = \psi_{LE} + \lambda \times \psi_{CT} \tag{3-9}$$

$$\lambda = \left| \frac{\langle \psi_{LE} | H | \psi_{CT} \rangle}{E_{LE} - E_{CT}} \right| \tag{3-10}$$

式中，λ 是混合系数，表示 ψ_{CT} 混进 ψ_{S_1} 的程度，它的大小与两个零级"纯"ψ_{LE} 和 ψ_{CT} 态间的耦合作用成正比，与 ψ_{LE} 和 ψ_{CT} 态间的能量差成反比，两态间耦合大小取决于两态波函数的空间重叠、对称性及哈密顿算符 H 的本质和对称性等。根据二者能级差异，通常 LE 态和 CT 态间主要存在以下三种典型的作用关系(图 3-9)[60]：

(1)LE 态能量远高于 CT 态能量，而且 LE 态和 CT 态间耦合很小，此时纯 CT 态作为发光态，荧光量子效率低；

(2)CT 态能量远高于 LE 态能量，而且 CT 态和 LE 态间耦合也很小，此时虽然 LE 态发光可以获得高的荧光量子效率，但是电致发光中 T 激子利用有限；

(3)LE 态和 CT 态能量接近，而且 LE 态和 CT 态间具有一定强度的耦合作用，此时 LE 态和 CT 态发生混合杂化，形成一种性质界于 LE 态和 CT 态之间以一定比例重新组合的新型杂化激发态，这样的激发态被定义为 HLCT 激发态。由于 HLCT 激发态同时兼具高荧光量子效率和高 η_S，前者来自于 LE 态组分，后者由 CT 态组分贡献，尤其在新一代电致蓝色荧光材料的设计中具有较大的优势。

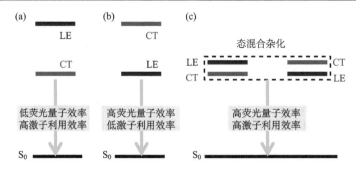

图 3-9 主要三种典型的 LE 态和 CT 态作用模型

3.3.3 杂化局域-电荷转移激发态的特征

以三苯胺-菲并咪唑类分子(TPM，TBPM)为基本结构(图 3-10),分别沿分子水平方向插入亚苯基(调节 LE 态)和沿垂直方向引入氰基(加强 CT 态)，诱导 LE 态与 CT 态发生杂化。从这一体系为例，主要考察 HLCT 激发态的形成，并尝试

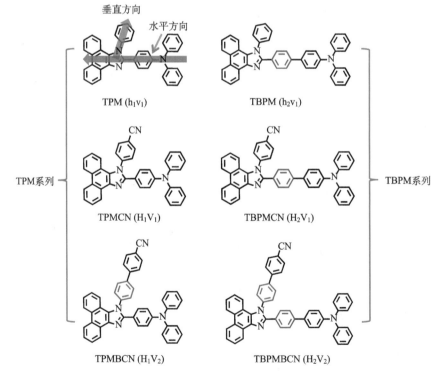

图 3-10 三苯胺-菲并咪唑类分子结构(h 表示不含氰基分子水平方向；v 表示不含氰基分子垂直方向；H 表示含氰基分子水平方向；V 表示含氰基分子垂直方向；下角标数字表示插入亚苯基数目)

建立判断一个激发态是否为 HLCT 态的光物理特征和理论图像描述，并清楚指认这个特殊激发态的实验证据和理论方法。下面主要从溶剂化效应、电子-空穴对波函数、荧光量子效率和荧光寿命等几个方面进行阐述。

(1) 溶剂化效应。溶剂化发射光谱[61]是评价一个材料是否具有 CT 态特征的广泛采用的实验方法。由于 CT 态激子具有明显的空间电荷分离特征，其一般具有较大的激发态偶极矩，因此 CT 态激子能量极易受外界极性环境影响，表现为较大的斯托克斯位移(如在正己烷中，斯托克斯位移一般大于 3000cm^{-1})，以及明显的溶致光谱红移现象(从正己烷到乙腈，光谱能量红移大于 0.2eV)。图 3-11 给出了上述几种材料的溶剂化发射光谱，可以看出，h_2v_1、H_1V_1、H_2V_1 与 H_2V_2 均表现出较大的溶致光谱红移，对应于显著的 CT 态特征。相比之下，其余两种材料 h_1v_1 和 H_1V_2 的溶致光谱红移幅度相对较小，更倾向于 LE 态特征。此外，光谱形状和溶液荧光量子效率也可以辅助判断发光激发态的特征，如光谱具有明显的振动精细结构，溶液荧光量子效率较高，一般表现为 LE 态特征；相反，光谱精细结构消失，谱峰变宽，溶液荧光量子效率较低，一般是 CT 态特征。随着溶剂的极性增强，发射光谱的振动精细结构逐渐消失，半峰宽逐渐变宽，说明发光激发态 S_1 经历了由 LE 态向 CT 态特征的转变。LE 态激子具有较小的激发态偶极矩，其能量几乎不受外界环境极性影响，因此随溶剂的极性增强，初始处于高能级位置的 CT 态能量逐渐下降。可以想象，CT 态依次经历了以下几个状态：能量先是逐渐下降并向 LE 态靠近，然后与 LE 态能量简并交叉，再远离 LE 态，最后代替 LE 态成为新的最低激发 S_1 态[62]。特别需要关注的是 CT 态与 LE 态能量简并交叉的这个状态，CT 态与 LE 态会发生什么变化，简单的混合，还是重新杂化？这是我们下面需要重点解决的问题。

判断 CT 态与 LE 态间能否发生杂化形成 HLCT 态的一个有效方法是溶剂化模型，包括 Lippert-Mataga 模型和 McRae 模型等[61]。图 3-11(c) 和(d) 分别给出了三苯胺-菲并咪唑和三苯胺-菲并咪唑-苯腈两个材料体系的 Lippert-Mataga 溶剂化模型。针对不同极性溶剂中测定的吸收和发射波长，在 Lippert-Mataga 模型框架下描述斯托克斯位移 $v_a - v_f$ 随溶剂的取向极化因子 $f(\varepsilon,n)$ 变化的关系，对一个固定的激发态偶极矩，$v_a - v_f$ 与 $f(\varepsilon,n)$ 之间的关系应该可以拟合成一条直线(一段直线段)关系，而且直线的斜率对应于该材料的激发态偶极矩 μ_e：

$$hc\left(v_a - v_f\right) = hc\left(v_a^0 - v_f^0\right) + \frac{2\left(\mu_e - \mu_g\right)^2}{a_0^3} f(\varepsilon,n) \tag{3-11}$$

式中，$f(\varepsilon,n) = \dfrac{\varepsilon-1}{2\varepsilon+1} - \dfrac{n^2-1}{2n^2+1}$ 代表溶剂的取向极化因子，其中 ε 和 n 分别为溶剂介电常数和折射系数；$a_0 = (3M/4N\pi\rho)^{1/3}$ 代表溶剂洞穴半径，其中 N 为阿伏伽

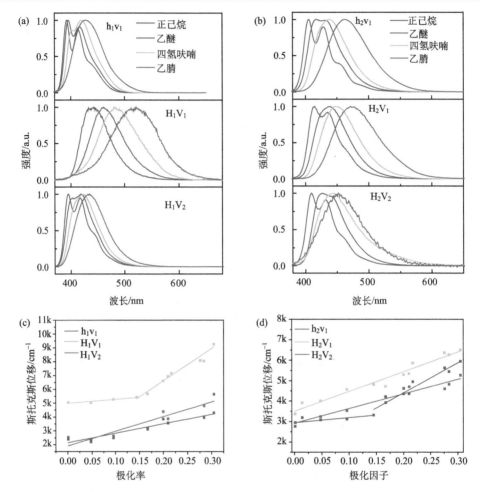

图 3-11　(a)三苯胺-菲并咪唑材料体系的溶致变色荧光光谱；(b)三苯胺-菲并咪唑-苯腈材料
体系的溶致变色荧光光谱；(c)三苯胺-菲并咪唑材料体系的 Lippert-Mataga 溶剂化模型；
(d)三苯胺-菲并咪唑-苯腈材料体系的 Lippert-Mataga 溶剂化模型

德罗常量，M 为分子量，ρ 为溶剂的密度；h 为普朗克常量，c 为真空中的光速，$\nu_a^0 - \nu_f^0$ 代表溶质分子在真空中的斯托克斯位移，μ_e 和 μ_g 分别代表激发态与基态的偶极矩。

　　如图 3-11 所示，H_1V_1、h_1v_1 可以拟合成两段不同斜率的直线，分别对应于两个不同的激发态偶极矩 μ_e：低极性溶剂中的较小斜率对应于 4deb 左右的 LE 态，高极性溶剂中较大斜率对应于 18deb 左右的 CT 态，以及一个出现在中等溶剂中的 CT 态与 LE 态能量简并交叉点。然而，三苯胺-菲并咪唑-苯腈材料体系 H_2V_1 和 H_2V_2 则在整个溶剂极性范围内表现为一条直线关系(对应的激发态偶极矩 μ_e

分别为 17deb 和 14deb）。以上事实说明：①在整个溶剂极性范围内，存在两段直线，对应于两个不同的激发态偶极矩，说明 CT 态与 LE 态两者虽然发生了杂化，但这种杂化程度不完全[图 3-12(a)、(c)]，很容易通过溶剂极性拆解回到原先未杂化状态，具体光谱表现可以是在低、中等极性溶剂呈现荧光量子效率较高的单荧光，在强极性溶剂荧光猝灭甚至呈现双荧光现象（如 H_1V_2 在乙腈中）；②H_2V_1 和 H_2V_2 在整个溶剂极性范围内仅表现为一条直线关系，说明 CT 态与 LE 态两者发生了完全杂化[图 3-12(b)]，而且杂化后两态偶极矩大小基本一致，接近于等性杂化状态，这一点可以在后面的激发态自然跃迁轨道（natural transition orbital, NTO）[63]中得到进一步验证。

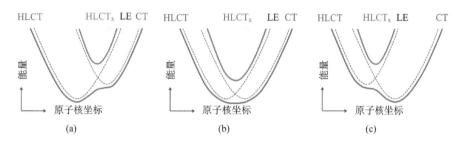

图 3-12　LE 态与 CT 态在不同极性溶剂中形成 HLCT 态势能曲线示意图：(a)低极性形成 LE 主导的 HLCT 态；(b)中等极性形成完全的 HLCT 态；(c)高极性形成 CT 主导的 HLCT 态

　　(2)电子-空穴对波函数特征。为了发现 LE 态与 CT 态杂化形成 HLCT 态的理论证据，我们利用含时密度泛函理论方法（TD-M06-2X/6-31G**）计算激发态性质，并用 NTO 直观描述激发态的电子-空穴对（particle-hole）波函数。如图 3-13 所示，在不含氰基的三苯胺-菲并咪唑材料体系中，最低激发态 S_1 的电子-空穴对波函数均离域在整个分子水平骨架上，意味着具有 $\pi \rightarrow \pi^*$ 跃迁性质的 LE 态。一旦强吸电子的氰基加入，"空穴"虽然基本保持不变，"电子"则发生较大移动，主要布居到垂直方向的苯腈基团上，表明 CT 态形成。而且，我们能观察到 S_1 和 S_2 态的"电子"在苯腈基团上正好反相（颜色相反），说明 S_1 态和 S_2 态就是 LE 态与 CT 态杂化后形成的两个 HLCT 态，并且根据波函数分布密度大小，能明显区分等性杂化与不等性杂化。这里，S_1 态和 S_2 态"电子"在苯腈基团上的反相对应于纯 LE 和纯 CT 态波函数之间的加减线性组合：

$$\Psi_{S_1/S_2} = \lambda_{LE} \cdot \Psi_{LE} \pm \lambda_{CT} \cdot \Psi_{CT} \tag{3-12}$$

因此，波函数反相是判断两个新态是否为杂化态的量子化学理论证据。值得一提的是，H_2V_1 和 H_2V_2 两种材料的 S_1 和 S_2 激发态的 NTO 波函数分布近乎均等，因此这样的 HLCT 态又被称为"准等性杂化局域-电荷转移激发态"（quasi-equivalent hybridized local and charge-transfer, qHLCT）[64]，与前面的溶剂化模型表现为一条直线的结果相一致。这样的 qHLCT 激发态不但可以同时提升荧光量子效率与激子利用效率，而且有利于 HLCT 态实现电致荧光器件效率的最大化。

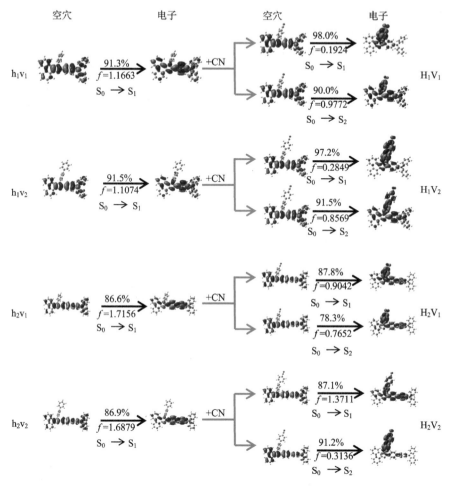

图 3-13　氰基(CN)引入三苯胺-菲并咪唑材料体系导致 HLCT 态形成的自然跃迁轨道图(图中水平箭头上面百分数表示电子-空穴对跃迁对激发态贡献权重，水平箭头下面 f 表示电子-空穴对跃迁的振子强度)

　　进一步，HLCT 态的定量组成可以根据电子-空穴对波函数简单计算获得。如图 3-14 所示，利用 Multiwfn 软件包[65]和跃迁密度矩阵可以把电子-空穴对波函数画成直观的二维彩色图，其中水平轴 x_i 和垂直轴 y_i 遍历分子中所有非氢原子，而且按 D 基团和 A 基团先后进行排序。图中每个坐标点 (x_i, y_i) 分别与在两个非氢原子 x_i 和 y_i 的 π 原子轨道中找到电子和空穴的概率$|\varPsi(x_i, y_i)|^2$相关，即每个坐标点 (x_i, y_i) 的亮度与$|\varPsi(x_i, y_i)|^2$成正比。这种图像不但可以对给体、受体基团上所

有原子间跃迁密度进行二维平面区域划分(对角线方向为 LE 态组分，反对角线方向为 CT 态组分)，而且可以通过计算 LE 态跃迁密度与总跃迁密度(LE + CT)的比值，得到 LE 态组分所占百分比，同理可以得到 CT 态组分所占百分比，这样可以实现对 HLCT 态组分的简单定量化，一方面为激发态定量组分分析提供简便有效的方法，另一方面为准确的激发态设计和调控提供定量基础。

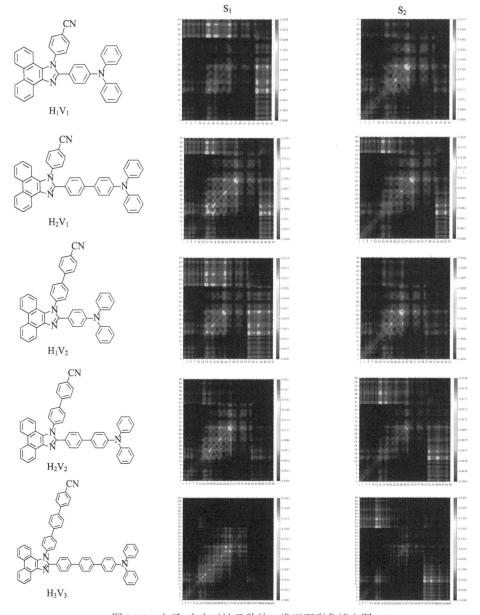

图 3-14　电子–空穴对波函数的二维平面彩色填充图

（3）提高的荧光量子效率。激发态是光电能量转换的重要中间态，激发态特征很大程度上决定发光性质（能量、荧光量子效率和寿命等）。我们前面提到 CT 态由于电子-空穴对波函数分离特征，跃迁几乎禁阻，导致 CT 态是一个低发光态；相反，LE 态一般表现为一个高发光态。这样，一旦在 CT 态中掺进一些 LE 态组分形成 HLCT 态，可以推测 HLCT 态的荧光量子效率会大幅提高。以 h_1v_1、H_1V_1 和 H_2V_1 为例，h_1v_1 为 $\pi\rightarrow\pi^*$ 跃迁性质的 LE 态，其荧光量子效率为 35%，强吸电子氰基被引入，增加了垂直方向 CT 态组分，H_1V_1 的荧光量子效率降低到 13%。进一步，在 H_1V_1 水平方向插入亚苯基成 H_2V_1，增加 LE 态成分以提高荧光量子效率，H_2V_1 的荧光量子效率提升到 40%。因此，CT 态中引入 LE 态形成 HLCT 态，可以进一步提升荧光量子效率。作为本质，HLCT 态提高荧光量子效率的原因，一方面来源于振子强度的增加和辐射跃迁速率加快；另一方面是对振动非辐射过程的抑制作用。

（4）单指数衰减的荧光寿命。TADF 材料体系的荧光由两部分组成，一部分直接来源于单线态的发光（PF），另一部分来自三线态反向系间窜越的荧光（延迟荧光，DF）。因此，TADF 材料的荧光寿命测试呈现双指数衰减，分别对应于即时荧光的短寿命和延迟荧光的长寿命，并且延迟荧光的长寿命在高电流密度下容易产生三线态激子高浓度积累，三线态激子间碰撞猝灭常常导致电致发光的效率严重滚降。对于 HLCT 态材料 H_1V_1 和 H_2V_1，在中低极性溶剂中仅出现单一的发射峰，荧光寿命测试呈现单指数衰减（图 3-15），表明 LE 态和 CT 态不是简单的混合，而是 LE 态和 CT 态杂化重组形成了一个新的 HLCT 纯态。无论是在光致发光还是电致发光过程中，均观测不到明显的延迟荧光组分，可以推断 HLCT 态具有快速的反向系间窜越速率，能够通过避免三线态激子的积累，达到减小电致发光的效率滚降的效果，更有利于实现高稳定性的有机电致发光器件。

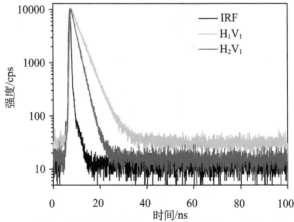

图 3-15　H_1V_1 和 H_2V_1 的荧光寿命单指数衰减。其中 IRF 代表仪器响应函数（instrument response function）

　　总之，HLCT 激发态的形成具有一些显著特点的光物理特征，如溶剂化发射光谱形状、高荧光量子效率发光态、单指数荧光寿命、无延迟发光等，除此之外，在一些理论描述的特征图像（如电子-空穴对波函数 NTO 分布图和激发态定量组成二维彩图等）也具有显著的特点。凭借上述实验和理论方面的特征，可以考察和判断 HLCT 激发态是否形成，进而帮助我们理性设计 HLCT 激发态及调控其定量组成。

3.3.4　杂化局域-电荷转移激发态的分子设计与结构调控

　　HLCT 态是由 LE 和 CT 两种类型激发态重新组合而形成的一种新型杂化激发态。若要设计构筑 HLCT 态分子材料，D-A 分子体系是最佳的选择，因为在 D-A 分子激发态中不但具有 LE 态，包括 D*-A、D-A* 和 (D-A)*，还同时具备 CT 态 (D⁺-A⁻)。当 LE 和 CT 两态之间满足两个基本条件（能量彼此接近和合适的耦合强度），HLCT 激发态就很容易形成。HLCT 态分子体系可以含有若干个电子给体 D 和受体 A 基团，但是值得注意的是 D-A 间耦合作用不宜太强（避免 CT 态成为最低激发态），也不宜太弱（HLCT 态不能有效形成）。通过调节 D/A 基团的给受电子能力、D/A 基团间的连接结构（如空间距离、扭曲角度、连接位点）等，实现对 HLCT 态定量组成的调控，最终形成一类具有颜色可调、CT 态特征明显、兼具高荧光量子效率和高激子利用效率的 D-A 型发光化合物。具体地，我们主要从下面几个方面来叙述 HLCT 态材料的分子设计与结构调控的策略。

　　1. D/A 间作用距离

　　仍以上述三苯胺-菲并咪唑-苯腈材料体系为例[62]，分别沿分子水平主链和垂直侧链方向插入亚苯基，随亚苯基数目增多，D/A 之间距离增大来调节 HLCT 态杂化状态和定量组成（图 3-16）。密度泛函计算结果表明，随亚苯基数目逐渐增多，氰基逐渐远离分子水平主链，CT 态能级逐渐升高，而 LE 态能级变化不大。仅考虑能量因素，CT 态经历了先逐渐向 LE 态靠近，然后与 LE 态能量简并，最后再远离 LE 态的过程。对应地，我们可以完整地观察到 CT 态与 LE 态开始发生杂化、杂化完全和最后去杂化的细节过程。因此，D/A 之间距离是设计和调控 HLCT 态重要的结构因素。

　　除能量差因素外，CT 态与 LE 态之间的耦合强度 J 也是影响杂化过程的重要因素，J 可采用异激子耦合模型[66]（图 3-17）定量评价。随着氰基基团逐渐远离主链（D/A 之间距离增大），耦合作用呈逐渐减小的趋势（表 3-1），也是直接导致 CT 态与 LE 态发生去杂化过程的主要原因。因此，D/A 之间距离是同时通过能量差和耦合强度两个因素调控 HLCT 激发态性质的。

$$E_{S_1} + E_{S_2} = E_{LE} + E_{CT} \tag{3-13}$$

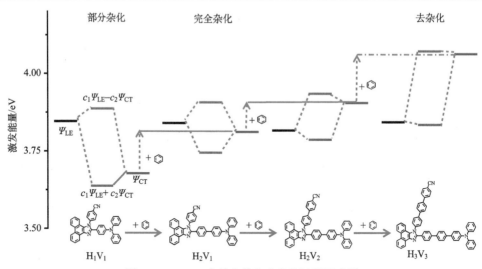

图 3-16　HLCT 态的杂化和去杂化过程示意图

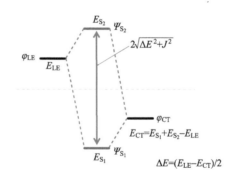

图 3-17　LE 与 CT 两态间耦合作用计算示意图

$$\Delta E = (E_{LE} - E_{CT}) / 2 \tag{3-14}$$

$$\delta E = 2\sqrt{\Delta E^2 + J^2} \tag{3-15}$$

表 3-1　计算的纯 LE 和纯 CT 态能级及它们的态间耦合

E /eV	H_1V_1	H_2V_1	H_2V_2	H_3V_3
E_{LE}	3.848 8	3.839 9	3.816	3.843 3
E_{CT}	3.678 2	3.811 7	3.905 7	4.063 4
E_{S_1}	3.636 9	3.744 4	3.786 5	3.834 7
E_{S_2}	3.886 8	3.907 2	3.935 2	4.072 0
ΔE	0.083 3	0.014 1	0.044 85	0.110 05
δE	0.249 9	0.162 8	0.148 7	0.237 3
J	0.093 13	0.080 17	0.059 30	0.044 35

2. D/A 间扭曲角度

为了考察 D/A 间扭曲角度大小对 HLCT 态形成的影响，我们设计了 D-A 分子吩噁嗪–萘并噻二唑（PXZ-3-NZP, PXZ-10-NZP）[67]，如图 3-18(a) 和 (b) 所示。通过 D/A 间不同连接位点，构筑了具有不同扭曲角度的 D-A 分子：PXZ-10-NZP（$\theta_1=67.8°$；$\theta_2=42.0°$）；PXZ-3-NZP（$\theta_2=36.8°$）。由于 D/A 间扭曲角度的差异，PXZ-10-NZP 和 PXZ-3-NZP 分别形成了本质区别的激发态特征：前者为混合态，后者为 HLCT 态。由于两种分子的 D/A 基团完全相同，它们的 CT 态与 LE 态能量基本一致，因而能量因素几乎可以忽略[图 3-18(c) 和 (d)]。利用异激子耦合模型，同样评价了 CT 态与 LE 态之间的耦合强度 J，前者为 0.095eV，后者为 0.338eV。因此，从 PXZ-10-NZP 到 PXZ-3-NZP 分子，D/A 间扭曲角度变小，LE 和 CT 态间耦合显著增强，导致激发态（S_1）从混合态过渡到 HLCT 态特征。

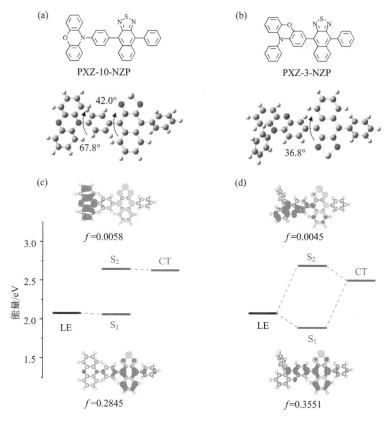

图 3-18　(a) PXZ-10-NZP 的分子结构与激发态几何（S_1）；(b) PXZ-3-NZP 的分子结构与激发态几何（S_1）；(c) PXZ-10-NZP 的激发态能级和跃迁特征（蓝色：空穴；绿色：电子）；(d) PXZ-3-NZP 的激发态能级和跃迁特征

3. D/A 给受电子能力

另一种调控 HLCT 态特征的途径是通过改变 D 或 A 基团的给受电子能力来实现[68]。如图 3-19 所示，选择吖啶(AC)作为 A 基团，依次以相同连接位点结合具有不同给电子能力的 D 基团：咔唑苯 CzP、三苯胺 TPA 和吩噻嗪 PTZ。量子化学计算结果表明，三个分子 CzP-1AC、TPA-1AC、PTZ-1AC 的 D/A 间扭曲角度均为 51°左右，基本可以排除 D/A 间扭曲角度的影响。通过对激发态能级结构、LE 和 CT 态间耦合等计算发现，随 D 基团给电子能力逐渐增强，CT 态能量逐渐下降。具备最小 LE 和 CT 态能量差的分子 TPA-1AC 表现出明显的等性杂化 HLCT 态特征。因此，改变 D 或 A 基团的给受电子能力主要通过能量因素来调控 HLCT 激发态性质的。值得一提的是，这样的等性杂化 HLCT 态的形成有效地改善了吖啶基团 $n \rightarrow \pi^*$ 跃迁禁阻特征，将吖啶原本不足 2%的荧光量子效率提升至 70%以上。

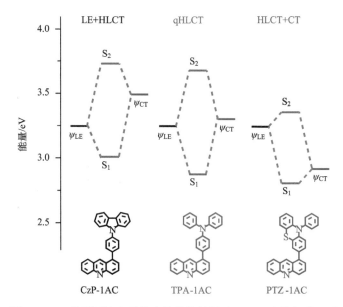

图 3-19　三种不同给电子能力的给体基团对 HLCT 态特征的影响

3.3.5　杂化局域-电荷转移激发态材料、器件与应用

1. 蓝色电致发光 HLCT 态材料

以三苯胺-菲并咪唑 h_1v_1 为基础结构，为了提高 S 激子产率，强吸电子氰基被引入增强 CT 组分。从 h_1v_1 到 H_1V_1，虽然薄膜荧光量子效率从 35%降低到 13%，但 S 激子利用效率从 16%升高到 85%，EQE 提高 2 倍[69]。进一步优化 HLCT 激

发态特征，在 H_1V_1 水平轴插入亚苯基成 H_2V_1，旨在保持 CT 成分，增加 LE 成分以提高荧光量子效率。实验证明，H_2V_1 薄膜的荧光量子效率提高到 40%，激子利用效率达 97%，实现了荧光量子效率和激子利用效率的同时提升，并获得高效率非掺杂纯蓝色荧光器件（图 3-20）：最大流明效率 10.5cd/A，EQE 达 7.8%，CIE(0.16, 0.16)。值得一提的是，激子利用效率高达 97%，大大突破了自旋统计 25%的限制，而且在高亮度下，器件效率滚降平缓，这些都不同于热活化延迟荧光（TADF）机制[64]。

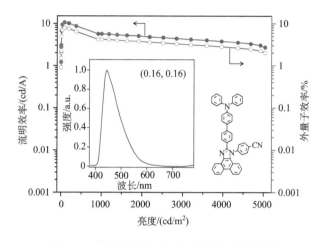

图 3-20　蓝光材料 H_2V_1 的电致发光器件性能

2. 绿色电致发光 HLCT 态材料

对三苯胺-苯并噻二唑(TPA-BZP)分子[60]做一个微小的结构改变，用给电子能力更弱的咔唑苯 CzP 取代三苯胺(TPA)基团得到 CzP-BZP[70]，削弱 D 基团的给电子能力，大幅度提高发光 HLCT 态中 LE 组分，在保持激子利用效率的同时，把固态荧光量子效率从 40%提高到 75%（图 3-21）。CzP-BZP 非掺杂 OLED 器件表现出优异性能：CIE 色坐标为(0.34, 0.60)，最大流明效率为 23.99cd/A，最大EQE 为 6.95%。

3. 红色电致发光 HLCT 态材料

利用氰基进一步增强三苯胺-萘并噻二唑(TPA-NZP)[71]分子中萘并噻二唑受体能力，得到深红光发射的 TPA-NZC 分子[72]。氰基取代增强了受体能力，虽然光谱产生 40nm 的红移，但是 LE 和 CT 态间能量靠近，促进了 HLCT 态形成，导致薄膜荧光量子效率的增加。TPA-NZC 的非掺杂电致发光器件表现出优异的近红外(near infrared，NIR)发光性能（图 3-22），发射波长为 $\lambda_{max} = 702$nm，最大 EQE 为 1.2%，CIE 色坐标为(0.69, 0.30)。同时，其掺杂器件发射深红光，CIE 色坐

标为 (0.66，0.34)，EQE 高达 3.2%，$\lambda_{max} = 656$nm。

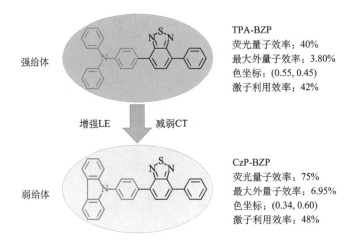

图 3-21　TPA-BZP 和 CzP-BZP 分子结构与器件性能比较

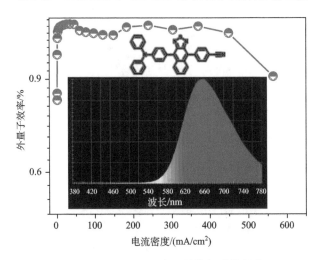

图 3-22　TPA-NZC 分子结构与器件性能

4. 刺激响应材料

HLCT 态材料由两种激发态组分组成，可以通过附加外界条件的方法掩蔽其中一个激发态组分，从而实现刺激响应下的荧光成分变化。以材料 H_2V_1 为例，其晶体中特殊的分子间弱氢键导致其三苯胺基团构型发生微小改变，使得材料发光仅体现局域态特征，体现为明显蓝移的发射。在增加外压时，可以出现特殊的压力导致荧光增强的现象，这是因为压力沿弱氢键方向作用，三苯胺构型恢复到稳定构型，激发态特征恢复（重新杂化）为荧光量子效率更高的杂化态（图3-23）[73]。除压力作用外，酸碱、温度等环境因素作用都可以改变 HLCT 态的发光特征，拓展了这类材料在智能传感器领域的应用。

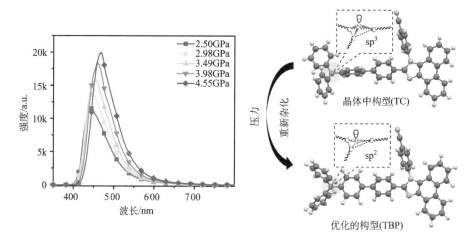

图 3-23　H_2V_1 的压力诱导荧光增强示意图。其中 TC 代表材料 H_2V_1 的三角锥（triangular cone）状构型，TBP 代表 H_2V_1 的三叶螺旋桨（three blade poropeller）状构型

从原理出发，提高电生三线态利用率的关键因素还有很多，如系间的自旋轨道耦合作用、系内的振动耦合作用及单、三线态间的重组能等，包括 CT 态组分因素在内，这些因素间还可能存在交互作用，实际上将它们及它们之间的关系全部解释清楚还有很长的路要走，对于这些因素的进一步研究与认识也是今后研究的重要课题。

3.4　有机 π-π 作用双（超）分子激发态

上面提及的中性自由基的双线态激发态、杂化局域-电荷转移激发态等都是分子内激发态的新概念。然而，在实际应用中，有机发光分子大多以聚集体（固态）形式出现，因此分子间激发态的研究非常重要，是超分子光电功能材料研究的关键问题。超分子聚集体是指分子以非共价相互作用及协同效应为基础构建起来的特殊有序堆积结构，因此超分子激发态研究比单分子激发态更加复杂和艰巨。双分子作用体系是最简单的超分子聚集体，无疑是研究超分子激发态的理想模型。两个同种分子的聚集体在激发态时相互作用增强，可以形成激基缔合物（excimer），而两个不同种分子则可以形成激基复合物（exciplex）。同种分子形成的激基缔合物更适合作为超分子激发态研究的模型。

3.4.1　激基缔合物的定义和特征

芘是最早被发现具有激基缔合物特征的有机分子。1954 年，Förster 和 Kasper 首次观察到芘在环己烷溶液中同时出现短波长和长波长发射带，长波长处出现的光谱具有红移、无精细结构、宽发射等特征[74]。随着芘在环己烷溶液中浓度的增加，发射光谱发生明显变化，但是吸收光谱仍与低浓度时保持一致，这说明基态分子以单分子形式独立存在，分子间没有关联作用，而激发态分子以二聚体形式存在，分子间具有强关联作用。根据这个特征，Stevens 和 Hutton 在 1960 年提出术语"激基缔合物"(excited dimer, excimer)，表示激发态下具有相互作用的二聚体，用来区分于基态下无相互作用的二聚体[75]。在 1975 年，Birks 将"激基缔合物"描述为"存在于激发态而在基态游离的二聚体"。这种"激基缔合物"定义适用于流体介质(液体或气体)条件，根据激基缔合物的定义，在基态时，两个分子之间没有相互作用，表现出与单体一样的吸收光谱；在激发态时，两个分子被强的相互作用稳定而能量降低，表现出红移、无精细结构和宽发射的光谱[76]。在流体介质中，两个分子可以调整相对位置(重叠面积和面间距离)以达到稳定的构型。当两个分子之间距离较近，光激发后，一个激发态分子能够与一个附近的基态分子相互作用形成激基缔合物，因此流体介质中激基缔合物的形成具有浓度依赖性，且激基缔合物的形成与解离存在动态平衡，这种激基缔合物称为"动态激基缔合物"。但是，不同于流体介质条件，在刚性介质中(如低温固体溶液、晶体等)，基态分子间已经存在相互作用，吸收光谱不再与单分子一致，动态激基缔合物的定义显然不再适用。

1958 年，Ferguson 发现芘晶体的发射光谱与高浓度芘环己烷溶液的长波长发射光谱是相近的，并指出芘晶体状态具有与溶液状态相似的发射特征[77]。芘分子在晶体中成对排列(面间距离为 3.53Å)，晶体发射光谱与芘环己烷溶液激基缔合物发射峰几乎没有差别，说明芘晶体发射是激基缔合物荧光。容易推断，芘晶体的激基缔合物荧光源于其内部的二聚体堆积而不是晶体本身。但是，芘激基缔合物构型与晶体中二聚体构型是不一样的，是晶体中二聚体相互靠近形成的。当激基缔合物衰减后，两个分子受晶格的限制不会发生游离。因此，1975 年，Birks 将"激基缔合物"的定义进行了轻微地修改，"存在于激发态而在基态发生离解的二聚体"，突出表现了二聚体在激发态稳定，而在基态不稳定的特点(无外界限制时二聚体就会离解)[76]。由上述描述可知，激基缔合物是存在相互作用的双分子激发态，而有机发光材料的关键问题就是激发态，特别是聚集体的激发态行为特征，所以激基缔合物为研究聚集体激发态提供了简单模型。

3.4.2　高效率和长寿命的 π-π 作用双分子发光

作为一种发光的激发态物种，激基缔合物面临的最大问题是其通常发光很弱，具有非常低的荧光量子效率，严重限制其进一步的扩展应用[78-81]。究其本质原因，一方面，激基缔合物发光态因电荷转移作用、对称性禁阻等导致辐射速率大大降低[82]；另一方面，固体中激基缔合物激发态结构的复杂性，激发态势能面交叉、激发态光化学反应、能量转移等因素导致非辐射跃迁概率大大增加，最终表现出严重的发光猝灭问题[83-85]。因此，激基缔合物的形成实际上一直是有机固体发光材料研究中所竭力克服和避免的。例如，在高效率有机 π-共轭发光材料分子结构设计中，为避免强 π-π 相互作用猝灭发光的问题，常常采用扭曲结构、支化结构、大位阻取代等方法克服和减弱分子间强 π-π 相互作用，目的在于消除或抑制能量更稳定、荧光量子效率大幅降低的激基缔合物陷阱态形成；另外，在高效率有机 π-共轭发光材料的固体应用中，多数采用掺杂技术阻止分子 π-π 聚集形成激基缔合物[78-81]。以上方法都是从如何阻止激基缔合物形成的角度出发，保证高效率的单分子发光。但是，激基缔合物发光具有特殊的发光性质和广泛的应用前景，因此从双分子激发态性质研究入手，建立分子(堆积)结构与发光性能之间的关系，使研究高效率超分子激发态成为可能。

如图 3-24 所示，2-(9-蒽基)噻蒽(2-TA-AN)在四氢呋喃溶液中发射峰位为424nm，荧光量子效率为 26%，荧光寿命为 2.03ns，呈现深蓝色单分子荧光。然而，它的晶体的发射峰位大幅度地红移到 526nm，表现出强的绿色发光，荧光量子效率高达 80%，以及较长的荧光寿命为 163.75ns。从溶液到晶体，2-TA-AN 的激发态特征出现了本质的变化。虽然晶体光谱的明显增宽且振动精细结构消失也属于 π-π 堆积带来的影响，但其荧光光谱峰值从溶液到晶体发生了 102nm 的大红移，明显超出一般 π-π 聚集堆积导致的红移范围，另外测试结果显示其荧光寿命增长了两个数量级，这有力地说明了在晶体中 2-TA-AN 确实形成了新的激发态。四氢呋喃溶液浓度逐渐增加的实验[图 3-24(c)]和水-四氢呋喃混合诱导聚集的实验[图 3-24(d)]都有激基缔合物的荧光光谱峰出现，并且与晶体的发射峰一致，确认了 2-TA-AN 晶体的激基缔合物发光[86]。

单晶 X 射线衍射实验证明 2-TA-AN 晶体中蒽基团是以面对面二聚体形式堆积(图 3-25)，两个蒽平面间距离为 3.466Å，是典型的 π-π 作用距离，π-π 重叠面积为 55.6%，并且蒽二聚体与周围蒽基团没有相互作用，即离散的蒽二聚体堆积。相比较之下，2-TA-AN 的同分异构体 1-TA-AN，在四氢呋喃溶液中的发射峰位为418nm，荧光量子效率<1%，且四氢呋喃溶液浓度逐渐增加的实验和水-四氢呋喃混合溶液诱导聚集的实验没有新的荧光谱带产生，这表明没有激基缔合物形成。1-TA-AN 晶体中蒽基团呈现典型的长程"鱼骨架"排列，属于蒽基团常见的堆积

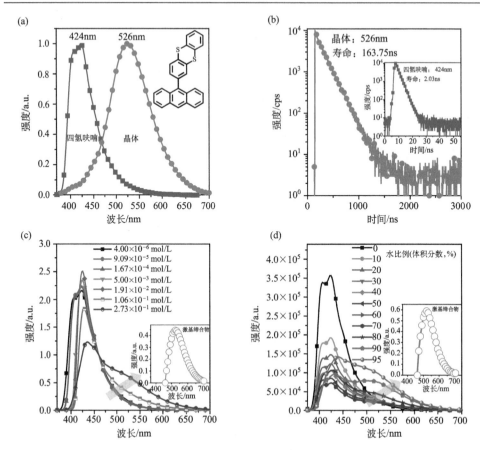

图 3-24　2-TA-AN 在四氢呋喃溶液和晶体中的荧光光谱(a)和时间分辨光谱(b)；2-TA-AN 在不同浓度四氢呋喃溶液中的荧光光谱(c)和在不同水含量(体积分数)的水–四氢呋喃混合溶液中的荧光光谱(d)

方式,并没有离散的蒽二聚体堆积出现,发射波长为452nm,荧光量子效率为40%。从两个异构体的发光现象来看,一方面,说明侧基的取代位置对蒽单元的堆积具有决定性的影响;另一方面,对蒽基团而言,离散的二聚体堆积形式的晶体荧光量子效率可以远远高于普通的长程"鱼骨架"排列,而80%的效率是当时激基缔合物荧光量子效率的最高水平[86]。这个实验现象给出的一个重要启示是,激基缔合物发光在光物理本质上可以实现高荧光量子效率。是一种高效率、长寿命有机固体发光的重要新途径。

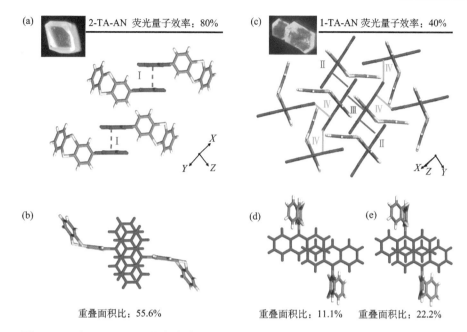

图 3-25　(a) 2-TA-AN 晶体中离散的蒽二聚体堆积(Ⅰ：3.466Å)和(b)二聚体的俯视图；
(c) 1-TA-AN 晶体中蒽的"鱼骨架"堆积(Ⅱ：3.579Å，Ⅲ：3.632Å，Ⅳ：3.204Å)及俯视图(d)
和(e)

　　双分子在基态时具有 π-π 相互作用，表现为激发光谱红移[86]。双分子作为整体被激发后形成激基缔合物，这个过程明显不同于传统的激基缔合物定义。"双分子发光"概念更能诠释这类材料(如 2-TA-AN 晶体)的发光特征，即相互作用的二聚体被激发后形成了激基缔合物。

　　理论计算方法对吸收过程(晶体构型下的激发态)和发射过程(激基缔合物构型下的激发态)的 NTO 计算表示，两种跃迁形式的空穴和电子都离域在两个蒽环上，并且轨道形状都极为相似，唯一的区别是发射 NTO 的电子轨道有明显的轨道重叠现象，表明形成的激基缔合物中单体间有较强的相互作用(图 3-26)。只根据 NTO 来判断激发态跃迁性质是非常困难的，可以结合两种跃迁过程的跃迁密度矩阵计算并且绘制出电子-空穴对二维彩图，对激发态过程进一步解析(正对角线方向上代表着 LE 性质跃迁，反对角线方向上代表 CT 性质跃迁)[87]。晶体结构下计算的吸收过程二维彩图中，高亮点主要集中在正对角线方向，说明此过程主要表现出二聚体中单分子的 LE 态跃迁过程。反观激基缔合物的发射过程，高亮点几乎是等量分布在正对角线和反对角线方向上，说明在激基缔合物中同时含有电子从一个单体向另一个单体跃迁的 CT 过程和单体本身的 LE 跃迁过程(图 3-26)。实验测得晶体表现为单指数寿命，表明激基缔合物发射态性质单一，并不是混合态，所以激基缔合物激发态亦是一种分子间的 HLCT 态，这种 HLCT 态相比于单分子更为复杂，是由四个激发态杂化构成，分别是单体自身的两个 LE 态和单体之间发生的两个分子间 CT 态。

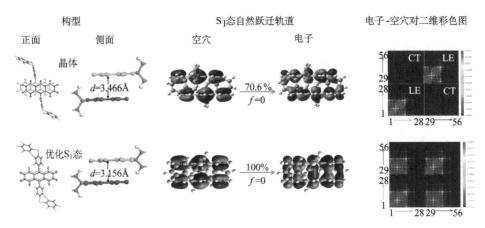

图 3-26　晶体构型和激发态构型下 S_1 态的跃迁性质（d 是 π-π 面间距离，f 是振子强度）

利用实验测得的荧光量子效率（η_{PL}）、荧光寿命（τ），代入计算公式（3-16）和式（3-17），可以定量评估单分子在溶液中和双分子在晶体中的辐射跃迁速率（k_r）和非辐射跃迁速率（k_{nr}）的数值：

$$k_r = \frac{\eta_{PL}}{\tau} \tag{3-16}$$

$$k_{nr} = \frac{1}{\tau} - k_r \tag{3-17}$$

与溶液相比，晶体的 k_r 和 k_{nr} 均降低了两个数量级，而且晶体的 k_{nr} 降得更低，导致 2-TA-AN 晶体表现出 80% 的高荧光量子效率和 163.75ns 的长寿命荧光（图 3-27）。从激发态结构和晶体堆积结构理解，晶体中被大幅度抑制的非辐射跃迁速率来源于两个方面：一方面，相对于基态时的双分子结构，双分子激发态是一个"压缩"的激发态，蒽平面间距离缩短，面外弯曲振动被大幅度抑制，整体的激发态结构刚性增强；另一方面，晶体结构中蒽二聚体的两个蒽基团之间有相互作用，形成近似于"静态激基缔合物"的过程不需要大幅度地调整二聚体的构型，加之，晶体中噻蒽基团的三维"互锁"网络堆积结构形成紧密堆积，这两个因素很大程度上抑制了无辐射失活过程。从能量转移角度考虑高效率蒽双分子发光的起因，时间分辨荧光实验测出 2-TA-AN 晶体的单指数衰减曲线，说明离散的二聚体堆积结构导致了单一的、纯净的双分子发光态。这种离散的二聚体堆积避免了低能量缺陷态——"暗态"的形成，不会发生非辐射能量转移（图 3-28）。因此，在固体中，激发态单一性是影响荧光量子效率至关重要的因素[86]。

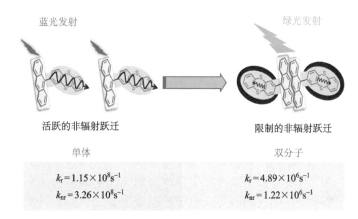

$$k_r = 1.15 \times 10^8 \text{s}^{-1} \qquad k_r = 4.89 \times 10^6 \text{s}^{-1}$$
$$k_{nr} = 3.26 \times 10^8 \text{s}^{-1} \qquad k_{nr} = 1.22 \times 10^6 \text{s}^{-1}$$

图 3-27 离散二聚体 π-π 堆积诱导高荧光量子效率的示意图

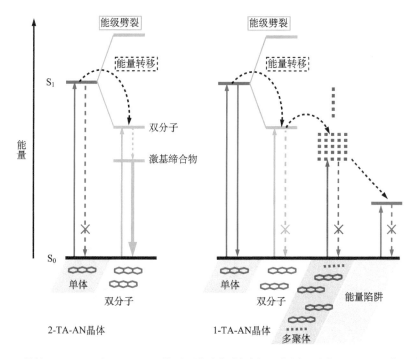

图 3-28 晶体 2-TA-AN 和 1-TA-AN 的不同发光机制过程示意图。晶体 2-TA-AN 中几乎为单一蒽的双分子发光(左)，没有缺陷结构的非辐射能量转移，因此荧光量子效率高；晶体 1-TA-AN 中长程"鱼骨架"排列形成多种聚集体，对应于多种不同的激发态间非辐射能量转移(右)，导致荧光量子效率较低

3.4.3　高效率 π-π 作用双分子发光的实验验证

在 3.4.2 节中,不同水含量的水-四氢呋喃混合溶剂诱导 2-TA-AN 分子聚集形成激基缔合物发射峰,95%水含量体系的激基缔合物发射峰最强且峰位与固态的一致,说明 2-TA-AN 分子聚集形成与固态一样的堆积结构。吸收光谱表明,体系的水含量从 80%以后有聚集行为出现,并且激基缔合物发射峰随着水含量增加而逐渐增强[86]。荧光量子效率的测试结果表明,水含量为 80%、90%和 95%的体系,它们的荧光量子效率表现为逐渐增加的趋势,分别为 10%、13%和 15%,说明二聚体的含量越多,荧光量子效率越高。因为水-四氢呋喃混合体系中的二聚体受周围溶剂分子和单体的运动影响及未完全形成二聚体的单体参与,使 95%水含量体系的荧光量子效率没有达到固态荧光量子效率数值。这个实验现象说明在结晶状态下二聚体成分越多,荧光量子效率越高,一旦达到离散的二聚体堆积,荧光量子效率达到最大。

间位溴苯单侧取代蒽的分子 ANP-*m*-Br(图 3-29)在四氢呋喃溶液中呈现深蓝色发光(发射峰位为 418nm),从二氯甲烷和甲醇的混合液中快速沉淀,收集到淡黄色粉末,紫外激发下呈明亮的绿光(发射峰位为 520nm)。采用缓慢蒸发二氯甲烷和甲醇混合液的方法培养晶体,在同一个培养晶体体系中得到了两种不同的晶体(图 3-30):一种是发蓝绿光(发射峰位为 479nm)的块状晶体 B,另一种是发绿光(发射峰位为 521nm)的梭状晶体 G[88]。

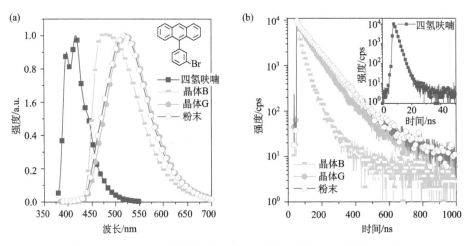

图 3-29　ANP-*m*-Br 不同状态下的(a)荧光光谱和(b)时间分辨光谱

通过单晶 X 射线衍射实验解析晶体 B 和晶体 G 的结构(图 3-30)。在晶体 B (2*a*×2*b*×2*c* 个晶胞内)中发现 1 对蒽二聚体,此蒽二聚体的面间距离为 3.518 Å,

重叠面积约为23%。然而晶体G中，8个晶胞中包含4个蒽二聚体，二聚体具有面间距离3.545Å和重叠面积约为26%。通过时间分辨荧光实验[图3-29(b)]，四氢呋喃溶液体现了1.81ns的短寿命，具有单分子荧光特征，晶体B和晶体G都表现出双指数衰减特性，其长寿命成分分别为54.69ns（45.05%）和95.47ns（61.65%）。晶体发射光谱的红移、宽峰、精细结构消失、长寿命特征，确定了晶体B和晶体G的激基缔合物荧光发射。ANP-*m*-Br粉末具有长达94.10ns的寿命，和晶体G具有相似的寿命成分(95.47ns)，粉末和晶体一样的发射光谱，说明二者有一样的激发态性质和一样的蒽二聚体堆积。不同的是，晶体G的荧光衰减曲线呈现两段式，不是纯净的激基缔合物发射态，这与晶体G中并非完全的二聚体堆积相符合，而粉末表现出单指数衰减特性，说明粉末中存在纯净的蒽二聚体堆积。因此，从晶体B到晶体G再到粉末，固体中蒽二聚体的浓度逐渐增加。测试荧光量子效率表明(图3-30)，晶体B为22%，晶体G为34%，粉末为49%，呈现出效率增加的趋势。这些实验数据说明，随着固体中蒽二聚体浓度的增加，荧光量子效率逐渐增加，也证实了离散的二聚体堆积结构确实有利于高效率、长寿命的双分子发光。

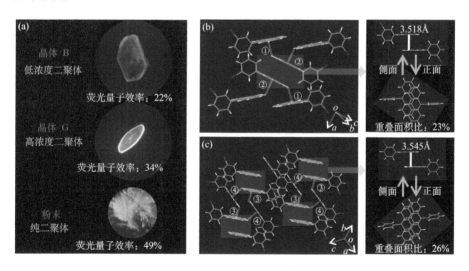

图3-30 （a）ANP-*m*-Br晶体和粉末的发光照片及荧光量子效率；(b)晶体B的堆积结构、二聚体的侧视图和俯视图；(c)晶体G的堆积结构、二聚体的侧视图和俯视图(①:3.346Å, 2.739Å, 2.925Å; ②:3.201Å, 2.747Å, 3.036Å; ③:3.098Å, 2.596Å, 2.922Å; ④: 3.569Å, 2.797Å, 2.934Å)

3.4.4 离散 π-π 二聚体堆积的分子设计与超分子构筑

蒽基团在常温常压下难以形成二聚体，而是以"鱼骨架"形式堆积[图

3-31(a)]。芳香基团芘由于增大了分子共轭，在固态下形成二聚体，但是二聚体与二聚体之间形成长程的"鱼骨架"堆积，并没有形成类似于 2-TA-AN 晶体的离散二聚体堆积，说明只有通过特定的分子设计才能形成离散的二聚体堆积。

　　研究离散的蒽二聚体的发光性质，可以从"分子结构—晶体堆积结构—发光性质"三者的联系出发，探索如何设计分子结构实现离散的二聚体堆积。观察已有的 2-TA-AN 和 ANP-*m*-Br 晶体中形成的二聚体堆积结构，2-TA-AN 和 ANP-*m*-Br 二聚体都是反向平行排列的。二聚体的反向平行排列需要合适大小和合适取向的空间位阻，两个蒽基团堆积后，侧基将蒽二聚体包围并排斥其他蒽基团继续进行长程的 π-π 聚集。从晶体中提取出单分子构象，沿着蒽基团的长轴或短轴观察，侧基(噻蒽或溴苯)明显偏向于蒽平面的一侧，这样的分子构象是有利于蒽基团反向平行排列的[89]。为了实现离散的蒽二聚体堆积结构，初步的分子设计原则如下：①设计的分子为 X-Y 结构类型[图 3-31(b)]，X 单元为二聚体中单体基团，选择为刚性平面 π-共轭基团如蒽，强 π-π 相互作用便于形成共面重叠的二聚体；②Y 单元为隔离基团，为折叠、扭曲、具有较大空间位阻的基团，且 Y 单元间也要有明显的分子间相互作用；③X 单元间强 π-π 相互作用优先主导分子间的 π-π 堆积，Y 单元仅仅用于隔离、包裹形成的 X-X 面对面 π-π 作用的二聚体[89]。

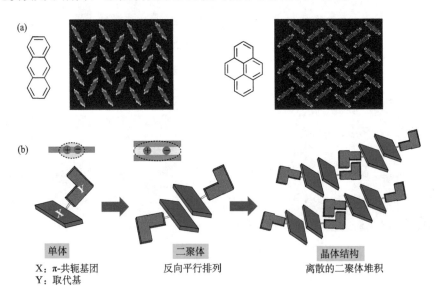

图 3-31　(a)蒽和芘晶体的堆积示意图；(b)离散二聚体堆积的分子设计原理示意图

　　为了验证上述分子设计原则，我们又合成了 9-苯基蒽(ANP)和对位溴苯取代的蒽(ANP-*p*-Br)两种材料，方便与 ANP-*m*-Br 进行比较[88]。其目的有两个：一是为了探究有无溴原子取代的情况对蒽二聚体形成的影响；二是研究溴原子的取代位置对蒽二聚体形成的影响。如图 3-32 所示，在没有溴原子的情况下，ANP 在四氢呋喃(10μmol/L)溶液、晶体和粉末中均表现出深蓝光发射，而且时间分辨荧光光谱证明，ANP 在四氢呋喃(10μmol/L)溶液、晶体和粉末中都有几纳秒的寿命。这些光物理现象明显不符合激基缔合物的特征。单晶 X 射线衍射实验明确指出，蒽基团在 ANP 晶体中表现出长程 π-π 堆积(3.706Å)，并无二聚体存在。同理，ANP-*p*-Br 与 ANP 表现出类似的结果，在晶体中也没有二聚体堆积。对 ANP-*m*-Br 而言，由于邻位氢的排斥作用，苯基与蒽平面存在较大的扭曲，间位溴的取代方式，保证溴原子在蒽平面的上方或下方，起到保护隔离蒽二聚体结构的作用。因此，ANP-*m*-Br 容易在固体中形成二聚体堆积结构。取代基的大小和取向非常重要，起到分离间隔每对反平行排列的 π-π 二聚体的作用。

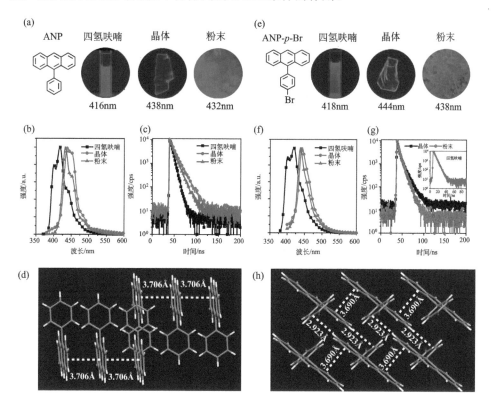

图 3-32　ANP 的分子结构和它的四氢呋喃溶液、晶体和粉末发光图片(a)，荧光光谱(b)，时间分辨光谱(c)和晶体堆积结构(d)；ANP-*p*-Br 的分子结构和它的四氢呋喃溶液、晶体和粉末发光图片(e)，荧光光谱(f)，时间分辨光谱(g)和晶体堆积结构(h)

根据以上分子设计原则可知，侧基的取向对 π 共轭基团的堆积有重要影响，侧基偏向于 π 平面一侧且侧基之间有明显的分子间作用力，有利于 π 共轭基团在固态下进行二聚体堆积。2017 年，我们报道了一例高效率蒽激基缔合物材料[90]，间位三苯胺与 9-位蒽相连的化合物 *m*TPA-AN，可以制备两种晶体（图 3-33）：一种蓝相晶体中蒽呈现 C—H···π 二聚体堆积，发射蓝光，峰位为 455nm，荧光量子效率为 8.1%，寿命为 13.7ns；另一种绿相晶体中蒽呈现 π-π 堆积，发射绿光，峰位在 507nm，寿命为 156.2ns，具有"三明治型"蒽激基缔合物的特征，但是荧光量子效率高达 76.7%。绿相晶体中蒽呈现离散二聚体堆积方式，加之受抑制的非辐射运动，使激基缔合物呈现高的荧光量子效率。然而，对位三苯胺修饰 9-位蒽的分子 TPA-AN 在晶体中只有长程的蒽 C—H···π 堆积，没有蒽激基缔合物特征，说明合理的分子设计和超分子理念可以实现固态下离散蒽二聚体 π-π 堆积。

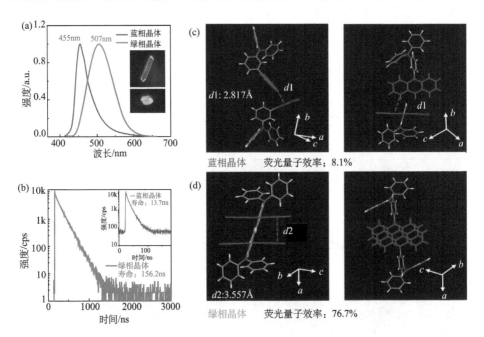

图 3-33　*m*TPA-AN 两种晶体的(a)荧光光谱、(b)时间分辨光谱、(c)蓝相晶体结构(左图为沿蒽长轴，右图为沿蒽短轴)和(d)绿相晶体结构(左图为沿蒽短轴，右图为沿蒽重叠方向)

3.4.5　双分子与超分子发光材料及应用

作为一类新型高效率发光材料，通过简单的结构调节即可实现全色发光是双分子与超分子发光材料产生应用价值的重要前提。采用上述分子和超分子设计思路，我们已经成功构筑了几个离散的 π-π 二聚体堆积结构(包括芘、蒽和花等)，并获得了高效率长寿命的双分子发光，而且通过调节二聚体中 π-单元的共轭平面大小及它们之间 π-π 相互作用的二聚体能级劈裂(分子内和分子间作用联合调控发光带隙)，实现了三基色(蓝、绿、红)的高效率双分子发光(图 3-34)。

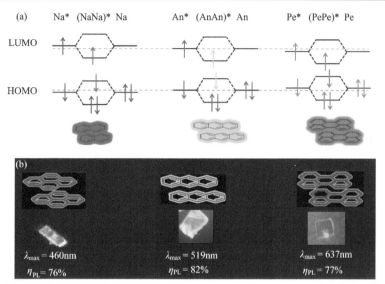

图 3-34　(a) 不同芳香基团的能级劈裂示意图 (Na: 萘，An: 蒽，Pe: 苝)；(b) 全光色二聚体晶体发
光 (λ_{max}: 最大发射波长，η_{PL}: 荧光量子效率)

　　离散的 π-π 二聚体堆积实现高效率、长寿命的双分子发光，主要归功于一种
特殊的分子间杂化局域-电荷转移 (HLCT) 激发态的形成。以实际应用为目标，我
们努力在无定形材料体系 (如薄膜和纳米粒子) 中实现高效率的双分子发光。而且，
这些双分子荧光材料在有机发光二极管、化学传感、生物成像等领域具有独特应
用。例如，上述化合物 mTPA-AN 的蓝色发光晶体在加热的刺激条件下可以直接
转化形成稳定的绿色发光晶体，并且转化后光物理性质完全同步 (图 3-35)，此性
质可以开发在信息存储和防伪等方面的应用[90]。

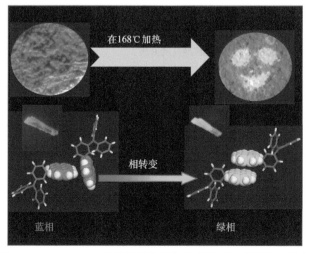

图 3-35　mTPA-AN 的蓝相晶体在加热条件下向绿相晶体转化

上述 π-π 双分子发光是来源于分子间 HLCT 激发态的发射，其发光颜色是随分子间 π-π 距离变化的。我们通过将离散二聚体 2-TA-AN 晶体结构和高压同步粉末 X 射线衍射技术结合，首次实验测定了蒽双分子发光激发态几何的 π-π 平面距离(d)[91]，如图 3-36 所示。该晶体在压力下呈现独特的光物理现象：荧光发射低压区首先保持不变，当压力达 1.7GPa 时开始逐渐红移，势能曲线理论模拟表明该红移的起点对应于双分子激发态的平衡几何。这样，通过高压光物理实验，我们成功确定了蒽双分子激发态平衡状态下的 π-π 距离为 3.330Å。这项工作不仅报道了双分子发光的独特压力行为，而且建立了实验测定 π-π 双分子激发态面间距离的方法，为芳香族 π-π 双分子激发态的理论和实验研究提供参考基准。

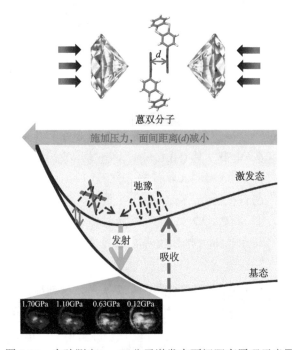

图 3-36　实验测定 π-π 双分子激发态面间距离原理示意图

本节重点介绍了一类高效率、长寿命的蒽双分子发光体系，具有典型的 π-π 作用，是在固体环境中形成的激基缔合物，其高荧光量子效率的结构本质源于固体中均一、离散的二聚体堆积。双分子增强发光的机理为：一方面，双分子激发态压缩的 π-π 作用距离（π-π 作用增强），增强了双分子体系刚性，大大降低了非辐射能量失活；另一方面，离散的二聚体堆积结构导致了单一的、纯净的双分子发光态，避免了低能量缺陷态——"暗态"的形成，有效抑制了非辐射能量转移。进一步，我们初步总结提出了构筑离散的蒽二聚体堆积结构的分子和超分子设计策略，即 π-核单元为单侧取代，选择大小和取向适当的取代基，担当分隔保护每

对反平行堆积的 π-π 二聚体的作用。进一步，通过调节二聚体中 π-单元的共轭平面大小及它们之间 π-π 相互作用的二聚体能级劈裂，实现了三基色(蓝、绿、红)的高效率双分子发光，并实现高效率双分子发光的一些独特应用。

3.5　总结与展望

本章从有机电致发光中激发态的自旋统计这一关键科学问题出发，提出了中性自由基发光双线态、杂化局域-电荷转移激发态以及双（超）分子激发态三种有机电致发光激发态新概念，并分别系统介绍了激发态的电子结构特征、光物理性质，讨论了材料的分子结构设计原理与电致发光器件性能，揭示了新概念激发态突破有机电致发光自旋统计限制的原理和途径。虽然上述新概念激发态的研究已经取得了阶段性成果，但它们在基础理论和材料体系等方面还有很多问题需要通过进一步研究来解决。例如，对于自由基发光材料体系，需要进一步扩展体系以提高自由基发光稳定性、实现全色发光、避免自由基聚集猝灭；对于杂化局域-电荷转移激发态体系，需要给出高能激发态间快速反向系间窜越过程的直接实验证据，进一步提高器件效率；对于超分子激发态体系，需要在双分子激发态基础上，进一步利用超分子相互作用(主要是 π-π 作用、氢键等)增大聚集体尺寸，调控激发态本质（激子束缚能和离域性），从而发展高效率超分子发光材料体系，实现光电器件应用。

随着有机电致发光领域的进一步发展，新概念激发态研究将成为低成本、高效率的新一代有机电致发光材料的创新源头，而单分子-双分子-超分子的激发态研究将进一步丰富有机电致发光材料体系，完善有机发光基础理论，并为应用创新提供新的可能。

参 考 文 献

[1] Tang C W, Vanslyke S A. Organic electroluminescent diodes. Appl Phys Lett, 1987, 51: 913-915.

[2] 樊美公, 姚建年, 佟振合, 等. 分子光化学与光功能材料科学. 北京: 科学出版社, 2009.

[3] Ma Y G, Zhang H Y, Shen J C, et al. Electroluminescence from triplet metal-ligand charge-transfer excited state of transition metal complexes. Synth Met, 1998, 94: 245-248.

[4] Baldo M A, O'brien D F, You Y J, et al. High efficiency phosphorescent emission from organic electroluminescent devices. Nature, 1998, 395: 151-154.

[5] Walters R, Tsai J, Mackenzie P B, et al. Complexes with tridentate ligands: US, 2005260449. 2005.

[6] 陶然, 乔娟, 段炼, 等. 蓝色磷光有机发光材料. 化学进展, 2010, 22: 2255-2267.

[7] Cao Y, Parker I D, Yu G, et al. Improved quantum efficiency for electroluminescence in

semiconducting polymers. Nature, 1999, 397: 414-417.

[8] Ho P K H, Kim J S, Burroughes J H, et al. Molecular-scale interface engineering for polymer light-emitting diodes. Nature, 2000, 404: 481-484.

[9] Shuai Z, Beljonne D, Silbey R J, et al. Singlet and triplet exciton formation rates in conjugated polymer light-emitting diodes. Phys Rev Lett, 2000, 84: 131-134.

[10] Wohlgenannt M, Tandon K, Mazumdar S, et al. Formation cross-sections of singlet and triplet excitons in π-conjugated compounds. Nature, 2001, 409: 494-497.

[11] Wilson J S, Dhoot A S, Seeley A J A B, et al. Spin-dependent exciton formation in π-conjugated compounds. Nature, 2001, 413: 828-831.

[12] Heeger A J, Sariciftci N S, Namdas E B. 半导体与金属性聚合物. 帅志刚, 曹镛, 译. 北京: 科学出版社, 2010.

[13] Yin S W, Chen L P, Xuan P F, et al. Field effect on the singlet and triplet exciton formation in organic/polymeric light-emitting diodes. J Phys Chem B, 2004, 108: 9608-9613.

[14] Zhen C G, Chen Z K, Liu Q D, et al. Fluorene-based oligomers for highly efficient and stable organic blue-light-emitting diodes. Adv Mater, 2009, 21: 2425-2429.

[15] Zhen C G, Dai Y F, Zeng W J, et al. Achieving highly efficient fluorescent blue organic light-emitting diodes through optimizing molecular structures and device configuration. Adv Funct Mater, 2011, 21: 699-707.

[16] Turro N J, Ramamurthy V, Scaiano J C. 现代分子光化学. 吴骊珠、佟振合、吴世康, 等译. 北京: 化学工业出版社, 2015.

[17] Sinha S, Rothe C, Guntner R, et al. Electrophosphorescence and delayed electroluminescence from pristine polyfluorene thin-film devices at low temperature. Phys Rev Lett, 2003, 90: 127402.

[18] Chiang C J, Kimyonok A, Etherington M K, et al. Ultrahigh efficiency fluorescent single and Bi‐layer organic light emitting diodes: The key role of triplet fusion. Adv Funct Mater, 2013, 23: 739-746.

[19] Endo A, Ogasawara M, Takahashi A, et al. Thermally activated delayed fluorescence from Sn^{4+}-porphyrin complexes and their application to organic light emitting diodes-A novel mechanism for electroluminescence. Adv Mater, 2009, 21: 4802-4806.

[20] Nakagawa T, Ku S Y, Wong K T, et al. Electroluminescence based on thermally activated delayed fluorescence generated by a spirobifluorene donor-acceptor structure. Chem Commun, 2012, 48: 9580-9582.

[21] Grabowski Z R, Rotkiewicz K, Siemiarczuk A. Dual fluorescence of donor-acceptor molecules and the twisted intramolecular charge transfer (TICT) states. J Lumin, 1979, 18: 420-424.

[22] Uoyama H, Goushi K, Shizu K, et al. Highly efficient organic light-emitting diodes from delayed fluorescence. Nature, 2012, 492: 234-238.

[23] Gomberg M. An instance of trivalent carbon: Triphenylmethyl. J Am Chem Soc, 1900, 22: 757-771.

[24] Schoepfle C, Bachmann W. Moses Gomberg 1866—1947. J Am Chem Soc, 1947, 69: 2921-2925.

[25] Tidwell T T. Wilhelm Schlenk: The man behind the flask. Angew Chem Int Ed, 2001, 40: 331-337.

[26] Schlenk W, Weickel T, Herzenstein A. Ueber triphenylmethyl und analoga des triphenylmethyls in der biphenylreihe. [Zweite mittheilung über "Triarylmethyle"]. Liebigs Ann Chem, 1910, 372: 1-20.

[27] Abe M. Diradicals. Chem Rev, 2013, 113: 7011-7088.

[28] Sun Z, Ye Q, Chi C, et al. Low band gap polycyclic hydrocarbons: From closed-shell near infrared dyes and semiconductors to open-shell radicals. Chem Soc Rev, 2012, 41: 7857-7889.

[29] Caneschi A, Gatteschi D, Rey P. The chemistry and magnetic properties of metal nitronyl nitroxide complexes. Prog Inorg Chem, 1991, 39: 331-429.

[30] Koivisto B D, Hicks R G. The magnetochemistry of verdazyl radical-based materials. Coordin Chem Rev, 2005, 249: 2612-2630.

[31] Power P P. Persistent and stable radicals of the heavier main group elements and related species. Chem Rev, 2003, 103: 789-810.

[32] Cirujeda J, Ochando L E, Amig J M, et al. Structure determination from powder X-ray diffraction data of a hydrogen-bonded molecular solid with competing ferromagnetic and antiferromagnetic interactions: The 2-(3, 4-dihydroxyphenyl)-α-nitronyl nitroxide radical. Angew Chem Int Ed, 1995, 34: 55-57.

[33] Hicks R G, Lemaire M T, Öhrstr M L, et al. Strong supramolecular-based magnetic exchange in π-stacked radicals. Structure and magnetism of a hydrogen-bonded verdazyl radical: Hydroquinone molecular solid. J Am Chem Soc, 2001, 123: 7154-7159.

[34] Armet O, Veciana J, Rovira C, et al. Inert carbon free radicals. 8. Polychlorotriphenylmethyl radicals: Synthesis, structure, and spin-density distribution. J Phys Chem, 1987, 91: 5608-5616.

[35] Ballester M. Inert free radicals (IFR): A unique trivalent carbon species. Acc Chem Res, 1985, 18: 380-387.

[36] Haze O, Corziliu B R, Smith A A, et al. Water-soluble narrow-line radicals for dynamic nuclear polarization. J Am Chem Soc, 2012, 134: 14287-14290.

[37] Morita Y, Suzuki S, Sato K, et al. Synthetic organic spin chemistry for structurally well-defined open-shell graphene fragments. Nat Chem, 2011, 3: 197-204.

[38] Proll P J, Sutcliffe L H. Kinetics of the decomposition of DPPH in some non-aqueous solvents. Trans Faraday Soc, 1963, 59: 2090-2098.

[39] Tebben L, Studer A. Nitroxides: Applications in synthesis and in polymer chemistry. Angew Chem Int Ed, 2011, 50: 5034-5068.

[40] Hustedt E J, Beth A H. Nitroxide spin-spin interactions: Applications to protein structure and dynamics. Annu Rev Biophys Biomolec Struct, 1999, 28: 129-153.

[41] Dane E L, Corzilius B R, Rizzato E, et al. Rigid orthogonal bis-TEMPO biradicals with improved solubility for dynamic nuclear polarization. J Org Chem, 2012, 77: 1789-1797.

[42] Kasub W, Marino A, Lorenc M, et al. Ultrafast photoswitching in a copper-nitroxide-based molecular magnet. Angew Chem Int Ed, 2014, 53: 10636-10640.

[43] Olankitwanit A, Kathirvelu V, Rajca S, et al. Calix [4] arene nitroxide tetraradical and

octaradical. Chem Commun, 2011, 47: 6443-6445.

[44] Ballester M, Riera-Figueras J, Rodriguez-Siurana A. Synthesis and isolation of a perchlorotriphenylcarbonium salt. Tetrahedron Lett, 1970, 11: 3615-3618.

[45] Ballester M, Rierafiguera J, Castaner J, et al. Inert carbon free radicals. I. Perchlorodiphenylmethyl and perchlorotriphenylmethyl radical series. J Am Chem Soc, 1971, 93: 2215-2225.

[46] Carilla J, Fajar L, Julia L, et al. Two functionalized free radicals of the tris(2, 4, 6-trichlorophenyl) methyl radical series. Synthesis, stability and EPR analysis. Tetrahedron Lett, 1994, 35: 6529-6532.

[47] Gamero V, Velasco D, Latorre S, et al. [4-(N-carbazolyl)-2, 6-dichlorophenyl] bis (2, 4, 6-trichlorophenyl) methyl radical an efficient red light-emitting paramagnetic molecule. Tetrahedron Lett, 2006, 47: 2305-2309.

[48] Velasco D, Castellanos S, López M, et al. Red organic light-emitting radical adducts of carbazole and tris(2, 4, 6-trichlorotriphenyl) methyl radical that exhibit high thermal stability and electrochemical amphotericity. J Org Chem, 2007, 72: 7523-7532.

[49] Castellanos S, Velasco D, Lopezcalahorra F, et al. Taking advantage of the radical character of tris(2, 4, 6-trichlorophenyl) methyl to synthesize new paramagnetic glassy molecular materials. J Org Chem, 2008, 73: 3759-3767.

[50] Peng Q, Obolda A, Zhang M, et al. Organic light-emitting diodes using a neutral π radical as emitter: The emission from a doublet. Angew Chem Int Ed, 2015, 54: 7091-7095.

[51] Kim S K, Yang B, Ma Y G, et al. Exceedingly efficient deep-blue electroluminescence from new anthracenes obtained using rational molecular design. J Mater Chem, 2008, 18(28): 3376-3384.

[52] Kim S K, Yang B, Park Y I, et al. Synthesis and electroluminescent properties of highly efficient anthracene derivatives with bulky side groups. Org Electron, 2009, 10(5): 822-833.

[53] Yang B, Kim S K, Xu H, et al. The origin of the improved efficiency and stability of triphenylamine-substituted anthracene derivatives for OLEDs: A theoretical investigation. ChemPhysChem, 2008, 9(17): 2601-2609.

[54] Tang S, Li W J, Shen F Z, et al. Highly efficient deep-blue electroluminescence based on the triphenylamine-cored and peripheral blue emitters with segregative HOMO-LUMO characteristics. J Mater Chem, 2012, 22 (10): 4401-4408.

[55] Li W J, Liu D D, Shen F Z, et al. A twisting donor-acceptor molecule with an intercrossed excited state for highly efficient, deep-blue electroluminescence. Adv Funct Mater, 2012, 22(13): 2797-2803.

[56] Pan Y Y, Li W J, Zhang S T, et al. High yields of singlet exciton in organic electroluminescence through two paths of cold and hot excitons. Adv Opt Mater, 2014, 2: 510-515.

[57] Zhang D, Duan L, Li C, et al. High-efficiency fluorescent organic light-emitting devices using sensitizing hosts with a small singlet-triplet exchange energy. Adv Mater, 2014, (29): 5050-5055.

[58] Zhang D, Zhao C, Zhang Y, et al. Highly efficient full-color thermally activated delayed

fluorescent organic light-emitting diodes: Extremely low efficiency roll-off utilizing a host with small singlet-triplet splitting. ACS App Mater Interfaces, 2017, 9(5): 4769-4777.

[59] Yao L, Yang B, Ma Y G. Progress in next-generation organic electroluminescent materials: Material design beyond exciton statistics. Sci Chin-Chem, 2014, 57: 335-345.

[60] Li W J, Pan Y Y, Yao L, et al. A hybridized local and charge-transfer excited state for highly efficient fluorescent OLEDs: Molecular design, spectral character, and full exciton utilization. Adv Opt Mater, 2014, 2(9): 892-901.

[61] Grabowski Z R, Rotkiewicz K, Retting W. Structural changes accompanying intramolecular electron transfer: Focus on twisted intramolecular charge-transfer states and structures. Chem Rev, 2003, 103: 3899-4031.

[62] Gao Y, Zhang S T, Pan Y Y, et al. Hybridization and de-hybridization between the locally-excited (LE) state and the charge-transfer (CT) state: A combined experimental and theoretical study. Phys Chem Chem Phys, 2016, 18(35): 24176-24184.

[63] Martin R L. Natural transition orbitals. J Chem Phys, 2003, 118: 4475-4477.

[64] Zhang S T, Yao L, Peng Q M, et al. Achieving a significantly increased efficiency in nondoped pure blue fluorescent OLED: A quasi-equivalent hybridized excited state. Adv Funct Mater, 2015, 25(11): 1755-1762.

[65] Lu T, Chen F W. Multiwfn: A multifunctional wavefunction analyzer. J Comput Chem, 2012, 33: 580-592.

[66] Völker S F, Schmiedel A, Holzapfel M, et al. Singlet-singlet exciton annihilation in an exciton-coupled squaraine-squaraine copolymer: A model toward hetero-J-aggregates. J Phys Chem C, 2014, 118: 17467-17482.

[67] Wang C, Li X L, Gao Y, et al. Efficient near-infrared (NIR) organic light-emitting diodes based on donor-acceptor architecture: An improved emissive state from mixing to hybridization. Adv Opt Mater, 2017, 5(20): 1700441.

[68] Zhou C J, Cong D L, Gao Y, et al. Enhancing the electroluminescent efficiency of acridine-based donor-acceptor materials: Quasi-equivalent hybridized local and charge-transfer state. J Phys Chem C, 2018, 122(32): 18376-18382.

[69] Zhang S T, Li W J, Yao L, et al. Enhanced proportion of radiative excitons in non-doped electro-fluorescence generated from an imidazole derivative with an orthogonal donor-acceptor structure. Chem Commun, 2013, 49(96): 11302-11304.

[70] Wang C, Li X L, Pan Y Y, et al. Highly efficient nondoped green organic light-emitting diodes with combination of high photoluminescence and high exciton utilization. ACS Appl Mater Interfaces, 2016, 8(5): 3041-3049.

[71] Li W J, Pan Y Y, Xiao R, et al. Employing ~100% excitons in OLEDs by utilizing a fluorescent molecule with hybridized local and charge-transfer excited state. Adv Funct Mater, 2014, 24: 1609-1614.

[72] Tang X H, Li X L, Liu H C, et al. Efficient near-infrared emission based on donor-acceptor molecular architecture: The role of ancillary acceptor of cyanophenyl. Dyes Pigments, 2018, 149: 430-436.

[73] Zhang S T, Dai Y X, Luo S Y, et al. Rehybridization of nitrogen atom induced photoluminescence enhancement under pressure stimulation. Adv Funct Mater, 2017, 27(1): 1602276.

[74] Förster T. Excimers. Angew Chem Int Ed, 1969, 8(5): 333-343.

[75] Stevens B, Hutton E. Radiative life-time of the pyrene dimer and the possible role of excited dimers in energy transfer processes. Nature, 1960, 186(4730): 1045-1046.

[76] Birks J B. Excimers. Rep Prog Phys, 1975, 38(8): 903-974.

[77] Ferguson J. Absorption and fluorescence spectra of crystalline pyrene. J Chem Phys, 1958, 28(5): 765-768.

[78] Hong Y, Lam J W Y, Tang B Z. Aggregation-induced emission: Phenomenon, mechanism and applications. Chem Commun, 2009, (29): 4332-4353.

[79] Hong Y, Lam J W Y, Tang B Z. Aggregation-induced emission. Chem Soc Rev, 2011, 40(11): 5361-5388.

[80] Mei J, Hong Y, Lam J W Y, et al. Aggregation-induced emission: The whole is more brilliant than the parts. Adv Mater, 2014, 26(31): 5429-5479.

[81] Mei J, Leug N L C, Kwork R T K, et al. Aggregation-induced emission: Together we shine, united we soar! Chem Rev, 2015, 115(21): 11718-11940.

[82] Brown K E, Salamant W A, Shoer L E, et al. Direct observation of ultrafast excimer formation in covalent perylenediimide dimers using near-infrared transient absorption spectroscopy. J Phys Chem Lett, 2014, 5(15): 2588-2593.

[83] Spata V A, Matsika S. Bonded excimer formation in π-stacked 9-methyladenine dimers. J Phys Chem A, 2013, 117(36): 8718-8728.

[84] Wu W F, Yuan S, She J J, et al. Bonded excimer in stacked cytosines: A semiclassical simulation study. Int J Photoenergy, 2015, 2015: 937474.

[85] Conti I, Nenov A, Hofinger S, et al. Excited state evolution of DNA stacked adenines resolved at the CASPT2//CASSCF/amber level: From the bright to the excimer state and back. Phys Chem Chem Phys, 2015, 17(11): 7291-7302.

[86] Liu H, Yao L, Li B, et al. Excimer-induced high-efficiency fluorescence due to pairwise anthracene stacking in a crystal with long lifetime. Chem Commun, 2016, 52(46): 7356-7359.

[87] Gao Y, Liu H, Zhang S, et al. Excimer formation and evolution of excited state properties in discrete dimeric stacking of an anthracene derivative: A computational investigation. Phys Chem Chem Phys, 2018, 20(17): 12129-12137.

[88] Liu H C, Cong D L, Li B, et al. Discrete dimeric anthracene stackings in solids with enhanced excimer fluorescence. Cryst Growth Des, 2017, 17(6): 2945-2949.

[89] Liu H C, Gao Y, Yang B. High-efficiency dimer fluorescence system based on π-π interaction between anthracenes: Recognition of excimer. Chin Sci Bull, 2017, 62(35): 4099-4112.

[90] Shen Y, Liu H C, Zhang S T, et al. Discrete face-to-face stacking of anthracene inducing high-efficiency excimer fluorescence in solids via a thermally activated phase transition. J Mater Chem C, 2017, 5(38): 10061-10067.

[91] Liu H C, Dai Y X, Gao Y, et al. Monodisperse π-π stacking anthracene dimer under pressure: Unique fluorescence behaviors and experimental determination of interplanar distance at excimer equilibrium geometry. Adv Opt Mater, 2018, 6: 1800085.

第4章 金属簇组装材料

张　皓

4.1　背　景　介　绍

4.1.1　金属纳米簇的概念与特点

金属纳米团簇简称金属簇，是一种由几个到几十个金属原子键连而成的超小纳米颗粒，其表面一般覆盖起稳定作用的有机小分子配体[1-3]。金属簇的直径仅有1～2nm，这一尺寸特点使其兼具纳米效应和分子效应。一方面，极小的尺寸赋予金属簇"量子尺寸效应"，表现出类分子的荧光性质；另一方面，较高的表面原子分布和比表面积导致"界面效应"，使金属簇在光电等方面表现出独特的物理化学性质(图 4-1)[4]。重要的是，金属簇是介于微观金属原子和宏观金属相之间的介观体系，拥有在二者之间乃至二者兼具的性质。例如，金属纳米粒子通常具有强的表面等离子体共振效应[5]，而纳米簇却表现出从紫外可见到近红外波长可调的荧光性能[6]，某些类型的金属簇不仅拥有强的表面等离子体共振，还拥有明亮的单粒子荧光[7,8]。

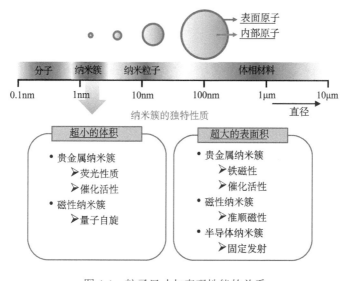

图 4-1　粒子尺寸与表观性能的关系

4.1.2　金属纳米簇的主要性质及应用

金属簇在催化、生物传感与成像、光电等领域都展现出重要的应用潜力[9]。人们最早关注的是它们的催化性质。金属簇具有超小的尺寸和高的比表面积、低的表面原子桥连数、更多的表面活性位点，因而展现出较高的催化活性。例如，过渡金属铜纳米簇在催化氧气还原反应中，表现出较高的活性[10]；小的金纳米簇可以高效地催化加氢[11]；金属簇/石墨烯复合物可以高效地降低催化过程中分解、团聚和烧结的发生，利于提高燃料电池阴极氧还原反应的催化活性[12]；银纳米簇可高效催化氯碳化合物的室温降解等[13]。近年来，金属簇的发光性能得到了更多关注，主要用于生物应用和光电材料领域[14-16]。

1. 金属簇的荧光性质和生物应用

金属簇的维度接近电子费米波长，原有的金属能级从连续变为分立，表现出类分子态的光学性质(图 4-2)[17]。结构明确的金属簇拥有特定的吸收特点，彼此之间可以从光谱上区分。例如，谷胱甘肽保护的金纳米簇在 400~1000nm 范围内展现几个独特的吸收峰，被认为来源于固体金的带内(sp←sp)或带间(sp←d)窜越[18]。进一步研究表面，金纳米簇的吸收峰源自带内窜越。随着金属核尺寸的减小，分立能级之间的距离增大，导致吸收峰发生蓝移[19]。由几个银原子组成的纳米簇的吸收光谱也展现电子的分立能级，而不是连续的等离子激发[20]。分立的电子过渡态是金属簇分子特性的重要标志。

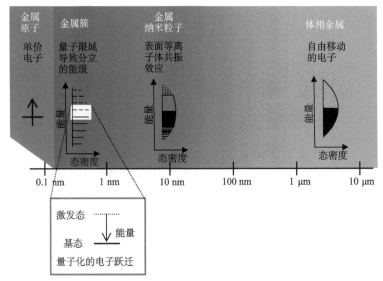

图 4-2　金属材料尺寸对能级的影响。体相金属材料和金属纳米粒子的能级是连续的，而金属簇的能级是分立的

　　金属簇的荧光特性最开始是用于生物成像领域[9]。这是因为相较于传统的有机荧光材料和半导体荧光材料，金属簇材料具有易于合成，荧光量子效率高，荧光光色可调节，斯托克斯位移大，光稳定性良好，毒性低等优势[6]。人们已经成功地制备出水溶性的荧光金属簇，并在不同的生物骨架中实现了表面修饰及光色调控[18]。研究较多的是金、银等贵金属簇，以及新兴的铜等过渡金属簇、二元或多元合金簇等。受生物应用导向，目前荧光金属簇的制备一般选择水相体系，使用硫醇、树枝状大分子、多肽和蛋白质、聚合物等配体，采取原位还原法制备[18]。另外一类方法选用不同的有机配体、还原剂原位还原或刻蚀金属纳米粒子制备，主要用于荧光机理研究[21]。

2. 金属簇的发光类型和调控手段

　　从本质上讲，金属簇的荧光发射性质源自电子的带间跃迁(电子占据的 d 能带—费米能级之上的 sp 能带，对应高能量可见光荧光)或带内跃迁(最高占据轨道 HOMO—最低未占轨道 LUMO，对应低能量近红外荧光)[22]，但金属簇的兴起时间尚短，与荧光量子点相比，目前还没有成熟的机理来解释金属簇的发光，其发光机理尚需完善。普遍认为，金属簇荧光主要来自两方面的贡献，其一是中心金属核，源自其量子尺寸效应，荧光受中心金属核尺寸大小影响；其二则是表面态，源自配体与中心核的相互作用，荧光受配体种类、簇构型及中心核电荷态影响[18,19,23]。

　　研究人员将荧光金属簇的发光机理归结为三种类型(图 4-3)[22]。类型Ⅰ对应的金属簇的荧光只依赖于中心核尺寸，与周围配体无关；类型Ⅱ对应的是金属簇的表面态发光，取决于配体与中心核的相互作用及核表面的电荷态；类型Ⅲ则对应的是小纳米粒子的荧光等离子晶域发光。对应前两种类型的金属簇荧光机理可知，金属簇荧光受中心核尺寸、组分、簇构型、金属价态、中心核氧化态、簇电荷态、表面包覆配体、聚集态(本章重点介绍的内容)、受限制情况及外界环境参数如溶剂、温度、离子强度和酸碱度等诸多因素影响。

　　一方面是尺寸影响。由于量子限域效应，荧光金属簇的光学性质体现出具有金属核尺寸依赖性的现象。也就是说，随着粒子尺寸的增加荧光能量降低，荧光峰位红移[6]。通过此机理可以看出对中心核进行异质原子掺杂可以提高荧光亮度并影响光色，因为引入较低的金属能级有利于激发态辐射跃迁，增强荧光，并且变化了的发光能级将对应新的荧光光色。另一方面是配体影响。金属簇的荧光并不完全遵循量子尺寸效应，有时也受配体种类影响。通常配体上的巯基与金属中心作用力较强，所以电荷可以由巯基硫原子转移到金属原子，就是所谓的配体到金属电荷转移(LMCT)或配体到金属-金属电荷转移(LMMCT)。强的金属-硫共价键可以影响金属簇的电子结构，进而影响金属簇荧光性质。相较于金属中心电子

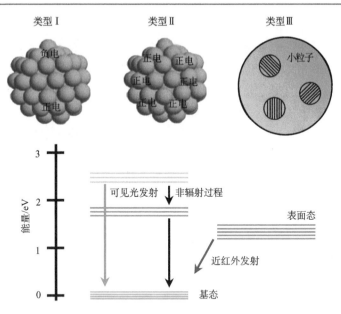

图 4-3　三种不同类型的荧光金属簇结构示意图和跃迁能级图

跃迁引起的荧光，由 LMCT/LMMCT 引起的荧光通常具有长荧光寿命，说明 LMCT/LMMCT 影响激子激发态弛豫动力学过程。一般来说，配体给电子能力越强，电荷由配体向金属中心核转移的越多，从而极大程度上增强荧光[24]。遵循这一原则，可以提供提高荧光亮度的三种策略，那就是增加配体给电子能力、提高金属中心核的电正性和利用含有富电子基团的包覆配体。此外，纳米簇中心核上表面配体的密度也影响金属簇的荧光。增大硫醇配体的密度可以增加 LMCT/LMMCT 的进行过程，进而增强荧光，并且密堆积的配体可以隔绝金属核与氧气的接触，减小荧光因氧化而发生的猝灭现象。第三方面是构型与电荷态影响。除了中心核与配体，金属簇的几何构型也影响其荧光性质[25]。纳米簇的氧化态也会影响其荧光性质。金属核的氧化态会影响金属中心核与配体的相互作用[26,27]。

所以根据不同的荧光类型，我们可以采用相应策略对荧光性质进行有目的调节，如增强荧光亮度及改变荧光光色可以采取以下方法：①更换不同种类的包覆配体；②调控金属核尺寸或将金属中心核掺杂异原子；③利用聚集/组装诱导增强荧光的方法(本章将重点介绍)；④刚化配体壳层；⑤改变外部环境如蒸汽、研磨、温度和压力等。

3. 金属簇在发光二极管领域中的应用

新型显示和照明技术已经融入人类日常生活的每一个环节。近半个世纪以来，开发可实用的高色域、高显色指数发光器件一直是化学、材料、电子等学科的研究热点。与传统光源如白炽灯和日光灯相比，发光二极管(LED)具有高流明效率、超快响应时间、宽的色温范围和运行温度范围、无低温重新启动等优势，在基础研究及产业界吸引了广泛关注[28]。市售的照明用 LED 通常是将颜色转换材料涂覆在蓝-紫光发射氮化铟镓/氮化镓芯片上制备而得。颜色转换层材料能够全部或部分将芯片发出的光转化成想要的可见光或白光发射。铽、铕、钇等稀土荧光材料是常用的颜色转换层材料，但它们的供应面临严重短缺，而且缺少循环利用的能力，对周围环境有害[29]。具有丰富化学结构和宽范围光谱发射性质的有机荧光分子是另外一种可供选择的替代物，但其易被光漂白的缺点限制了它们的进一步发展与应用[30]。半导体量子点也是一种有竞争力的颜色转换材料，但大多数量子点含镉、铅和汞等重金属[31]。随着制备技术的发展，越来越多的高性能荧光金属簇被创造出来，逐渐具备了应用在光电器件上的可能。根据荧光金属簇 LED 的发光机理，可以将 LED 划分为两类：一类是基于金属簇的电致发光器件。电致荧光过程分两步进行，空穴首先注入，然后电子回注到纳米簇激发态，进而复合辐射发光。尽管金属簇有潜力成为下一代量子点显示器件的荧光材料，但是目前几个成功案例的 LED 性能不高[32,33]。另一类是基于金属簇的光致发光器件。金属簇作为颜色转换材料，可以设计成单层或多层，由蓝光或紫外光 LED 芯片激发。经金属簇材料转换，能够产生可控光色的荧光，也可以混合不同光色的金属簇生成具有不同色温的白光[34-36]。相较于稀土元素及金、银等贵金属簇，铜更廉价，因此用铜簇用作 LED 的颜色转换材料更有意义。白光 LED 可以由蓝光发射的铜纳米簇与绿、红光发射的商用稀土荧光粉混合涂覆在紫外 LED 芯片上获得[37]。白光 LED 也可以通过混合蓝光与橙光发射的铜纳米簇获得，从而避免使用稀土材料[34]。

4.1.3　金属纳米簇的聚集诱导发光现象

超小的荧光金属簇材料易聚集。正常情况下，纳米粒子聚集会引起荧光猝灭现象，这是因为能量通过非辐射跃迁以共振能量转移的形式传递到周围密堆积的大的非荧光发射的纳米粒子上。特殊情况下，聚集也会导致荧光增强。2001 年，Tang 等发现有些荧光体在固态或聚集态形式存在着荧光显著增强，并将此种现象称为聚集诱导发光(AIE)效应，具有此类效应的荧光材料被称为 AIE 型材料[38]。AIE 经常被用来构筑高亮荧光分子，此种效应多见于有机分子中。令人惊喜的是，近年来 AIE 现象也在荧光金属簇中呈现，为制备强荧光金属簇材料提供了新的思路[39]。AIE 效应多见于硫醇包覆的金属簇，此类金属簇常呈现核壳结构，中心金属核为零价金属，外围包裹着金属有机复合物链段壳层。

对于荧光增强机理，荧光分子的聚集态会导致分子内的振动和转动受阻，减小非辐射能量损失，使荧光亮度得以提升[38]。对于金属有机复合物来说，荧光增强的来源主要是增强了亲金属相互作用，有利于激子辐射跃迁，而使荧光增强，与此同时分子内部运动受阻也存在于有机金属复合物中，亦有助于荧光增强[27]。由此便可理解金属簇的 AIE 现象，因为金属簇的壳层结构即为金属有机复合物链段，所以其荧光增强来源亦是聚集增强了亲金属相互作用。不同于 AIE 中有机物分子运动受限，在溶液中金属簇壳层中的配体仍然存在振转运动，所以需加额外手段进行限制，如利用氢键和静电作用力，将带相反电荷的金属簇固定在双层二维纳米薄层中等[40]。

由 AIE 引起的金属簇荧光增强具有如下特性：①壳层中配体越长，或配体上富电子基团越多，推电子能力越强，AIE 效应越明显；②长荧光寿命，此处金属簇荧光类似于金属有机复合物的磷光，是来源于配体与金属相互作用的 LMCT 过程，即金属中心三线态荧光；③大的斯托克斯位移[39]。

引起金属簇 AIE 效应的方法不是很多，主要有三类：①用化学方法改变溶剂的黏度和极性得到荧光样品的聚集体。②用物理方法改变金属簇溶液状态，包括加入不良溶剂使溶解度降低；加入对离子，利用静电力破坏溶液稳定性；改变溶液酸碱度，破坏酸碱平衡等。③借助金属簇及配体之间的弱相互作用，实现金属簇的可控聚集，获得自组装诱导荧光增强[41-43]。

AIE 的研究对荧光金属簇领域有诸多推动。首先研究过程中呈现了金属簇结构–性质的对应关系，如壳层中配体长度增长，自组装诱导荧光增强效应更明显；其次深入了解了金属簇的荧光机理，如亲金属作用增强有助于增强荧光并影响光色；最后为制备高亮荧光金属簇材料提供了理论与技术支持，使其适于实际应用，如得到稳定的荧光粉用于 LED 制备等。但金属簇聚集诱导发光的研究刚刚起步，诸多方面都有不足，值得继续探索[28]。

其中，自组装诱导增强金属簇荧光这一策略刚刚兴起，且调控手段灵活、潜力巨大。因此，以下篇幅我们将从金属簇自组装过程的调控、自组装诱导增强金属簇发光、全光谱发射的金属簇自组装材料制备及基于金属簇自组装材料的 LED 等四个方面，对这一策略进行详细介绍。

4.2　金属纳米簇组装材料的形貌调控

4.2.1　金纳米簇片状组装材料

尽管纳米粒子的二维组装已有大量报道，但使用更小尺寸纳米簇进行组装的报道却极少[44,45]。这是因为环境的热振动能已经堪比簇间相互作用，会导致已经组装的簇解体，或阻碍有序结构的形成。换个角度来看，纳米簇的自组装与结晶类似，组装过程也包括成核与生长两部分。如果沿着一维的特定生长被抑制，那么将有利于二维取向生长[46,47]。有报道表明半导体纳米簇会发生二维取向聚集形成层状中间体结构,最终形成片状纳米晶[48]。尽管这一发现属于二维纳米晶制备,但它为利用纳米簇去构造二维结构提供了新的思路。作为最常用的模型,这里选择疏水烷基硫醇包覆的金纳米簇作为研究对象去揭示二维组装过程。选取的胶体环境是极性不同的两种互溶的高沸点溶剂。在高温条件下,互溶溶剂会发生微相分离,产生层层堆叠结构作为软模板。同时,高温会激发簇间的疏水相互作用,驱动二维自组装结构的形成(图 4-4)[49]。

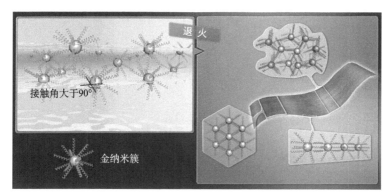

图 4-4　两相法制备金纳米簇二维自组装结构的示意图

金纳米簇是在二苄醚中利用十二烷基硫醇(DT)室温下还原三价金制备的,其组成为 $Au(0)_{11}Au(I)_4DT_{15}$。Au_{15} 簇平均直径为 (1.5 ± 0.3) nm,具有发光中心在 600nm 的强光致荧光。将液体石蜡加入到 Au_{15} 簇的二苄醚溶液中,140℃下退火处理后,Au_{15} 簇可以发生二维倾向的自组装行为。所得片状组装体宽约 300nm,长度为 200~1000nm(图 4-5)。高分辨透射电子显微镜(HRTEM)证实纳米片由分立的 Au_{15} 簇构成而非结晶的金,相邻簇间距为 (3.0 ± 0.3) nm,这一距离来源于金核与外围的 DT 分子。自由伸展的 DT 长度为 1.7nm,所以 Au_{15} 簇之间的距离是一个到两个 DT 分子的长度,表明在簇间 DT 分子是相互交叉存在的。基于透射电子显微镜(TEM)的观察,DT 分子与簇表面相切的角度约为 62°。原子力显微镜(AFM)表明纳米片的厚度为 1.68nm,这只比一个 Au_{15} 核稍大,但是比层内相邻簇间距要小,表明配体 DT 分子更倾向于分布在层内。此外,X 射线衍射(XRD)测试结果表明,有明显的 1 级峰出现在 2.4°和 2.7°,分别对应的间距为 3.6nm 和 3.2nm。XRD 两组峰表明有两个特征方向的簇间距存在。由此推断出 3.6nm 的间距对应于层内 Au_{15} 簇的排列,而 3.2nm 的间距来源于纳米片的堆积,表明层内簇间距比层间的大,有力地说明 DT 分子更倾向于分布在层内。

TEM 图像揭示了片状组装体由相间的有序和无序区组成,这与半导体片晶的成核与生长十分相似。在加热条件下,溶剂挥发会提高 Au_{15} 簇的局部浓度,因此导致聚集成核。该体系使用的溶剂是极性稍有不同的两互溶溶剂液体石蜡与二苄

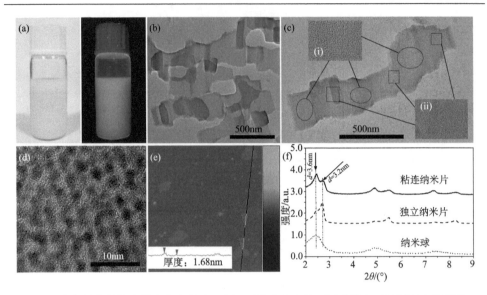

图 4-5　(a)金纳米簇的光学和荧光照片；(b)～(d)金纳米簇不同分辨率下的透射电镜照片，(c)中插图为原位放大照片；(e)金纳米簇的原子力显微镜照片；(f)金纳米簇的小角 X 射线衍射数据

醚。由于二苄醚与液体石蜡相比具有更高的极性，Au$_{15}$簇更易与二苄醚相溶，因此聚集成核主要发生在富含二苄醚的区域(图 4-4)。实验表明，片状组装结构只有在 Au$_{15}$簇浓度较高时才能得到。低浓度下自组装结构由片变为球，甚至无规聚集体。TEM 观察证明，纳米簇浓度主要影响簇的最初聚集方式，使后续的自组装沿着不同的路径发展。聚集行为的差异也侧面体现出二元溶剂的重要性。随着液体石蜡与二苄醚的比例逐渐降低，组装体的形貌由纳米片转化为双锥体，最后变为无规聚集体，导致这种差异的主要原因是液体石蜡和二苄醚的微相分离。理论模拟证明(图 4-6)，高温下液体石蜡和二苄醚之间存在层层堆叠的界面，能够作为软模板指引 Au$_{15}$簇的二维组装。在高的液体石蜡与二苄醚体积比和高的 Au$_{15}$簇浓度下更有利于形成微相片层[50]。

当几个 Au$_{15}$簇彼此靠近时，DT 分子链能产生新的构型，在 Au$_{15}$簇表面发生重新分布。提高液体石蜡与二苄醚比例，Au$_{15}$簇更容易与二苄醚相溶。Au$_{15}$簇在液体石蜡-二苄醚界面的表面能可以根据与液体石蜡或二苄醚的接触角估测(图 4-4)，如图所示接触角大于 90°，意味着能量上更有利于 Au$_{15}$簇存在于二苄醚中，这将促进簇聚集并形成纳米层。

此外，纳米片的形成必须突破一定的温度能垒，实验结果为 140℃。Au$_{15}$簇被 DT 包覆。与大多数疏水纳米材料自组装结构的例子相似，DT 分子链的交叉允许 Au$_{15}$簇通过疏水相互作用实现自组装。热力学决定自组装需要跨过一定的能

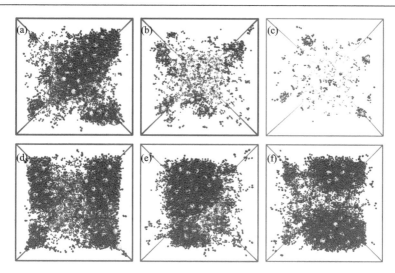

图 4-6 Au$_{15}$纳米簇自组装的耗散粒子动力学模拟。当液体石蜡与二苄醚比例为 7.5/1 时，降低 Au$_{15}$浓度，组装结构从纳米片[(a)，0.032mmol/L]变为纳米球[(b)，0.008mmol/L]和无规聚集体[(c)，0.002mmol/L]；当 Au$_{15}$浓度固定在 0.032mmol/L 时，降低液体石蜡与二苄醚的比例，组装结构从纳米片[(d)，5/1]变为双锥体[(e)，3.8/1]和无规则聚集体[(f)，2/1]

垒。长的烷基链可以贡献更强的疏水相互作用，但是需要更高的温度去触发。因此，140℃退火对于促进烷基链的运动是必要的。实验中，当温度稍高于 140℃时，浑浊的纳米片溶液会变澄清，表明在跨过能垒时烷基链的强活动性特点。DT 之间的疏水相互作用很强，有能力驱动 DT 在纳米片中重新分布。

最重要的是，强的疏水相互作用导致聚集的簇在 140℃时发生重组，最后产生纳米片。这样的重组包含两个方面：首先，纳米簇间的各向同性疏水作用与液体石蜡-二苄醚界面的表面张力相结合产生强的二维取向。其次，在粘连聚集体的边缘部分，簇被周围其他簇的限制作用变小，导致 Au$_{15}$簇有条件发生有序排列。相反，聚集体中簇的受限作用会变大，因此仍然保持无序状态。对于拥有低挥发率的溶剂体系来说，动力学较弱的 DT 链有利于簇在聚集体中重组，但是抑制了聚集体的毗连，从而形成孤立的纳米片。

4.2.2 金纳米簇组装材料的结构调控与组装动力学

尽管成功实现了 Au$_{15}$纳米簇的二维自组装，但是对组装结构的精准调控，尤其是探究二维自组装各向异性来源仍有待解决。为此，进一步以 Au$_{15}$纳米簇的二维自组装为模型，去更好地理解其组装动力学及组装材料结构控制。为了更好地监测 Au$_{15}$纳米簇自组装结构的演变过程，首先研究了室温条件下组装中间体的形态变化(图 4-7)$^{[50]}$。组装体系在室温下搅拌 24h 后，先观察到的是 Au$_{15}$纳米簇的一维自组装结构。将溶液加热到 90℃维持 5min，宽约 30nm、长约 50nm 的二维结构被观测到。在这些孤立的二维结构中，具有两个不同的 Au_{15} 纳米簇间距：分别平均为 2.2nm 和 3.6nm，可分别定义为 x 和 y。小角 XRD 清晰地显示了 2.44°峰位的出现，对应间距 y 为 3.6nm，与沿着 Y 轴方向的纳米簇有序排列一致。

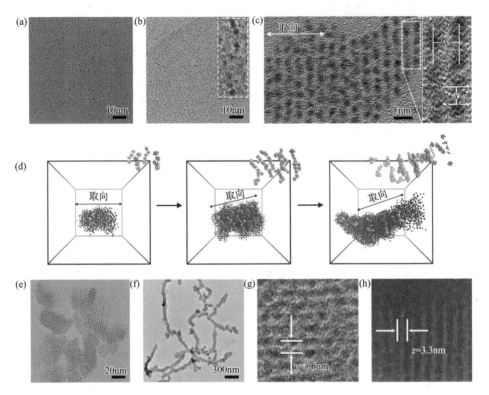

图 4-7　二苄醚中 Au_{15} 纳米簇随温度变化的自组装过程监测。(a)～(c) 分别为 Au_{15} 纳米簇在 25℃下 1h(a)、24h(b) 和 90℃下 5min(c) 时的透射电镜照片；(d) 为计算机模拟偶极诱导的 Au_{15} 纳米簇线性组装排列及随浓度增加的团聚行为；(e) 为独立的二维结构，是(c)的低分辨率透射电镜照片；(f)～(h) 为 Au_{15} 纳米簇在 140℃下 5min 的透射电镜照片，其中(f)、(g)为结构的正视图，(h)为侧视图

纳米簇各向异性排列主要是因为沿着 X 轴、Y 轴方向组装的驱动力不同。当 Au_{15} 纳米簇分散在非极性溶剂中时，纳米簇间的作用力主要涉及偶极力与范德华力。偶极力是各向异性的，而范德华力是各向同性的。此外，在长的距离范围内，偶极力比范德华力作用大。因此，与大多数纳米粒子的自组装过程类似，在偶极力引发下，Au_{15} 纳米簇先发生一维取向组装。考虑到金原子的排列及 DT 的分布，计算机辅助计算表明 $Au_{15}DT_{15}$ 的永久偶极矩为 13.27deb，可提供的能量为 3.8kJ/mol，比有序分子的偶极力（1.5kJ/mol）高，也比 25℃时的摩尔动能

(2.4kJ/mol)高，意味着 Au$_{15}$ 纳米簇间的偶极力足以驱动其一维自组装，最终导致空间距离 x 的产生。值得注意的是，即使在 90℃ 时，固有偶极提供的能量仍然比相应的摩尔动能(2.9kJ/mol)高。因此，距离 x 在高温下可以被保留。

　　Au$_{15}$ 纳米簇沿 X 轴方向上，相邻簇表面之间的距离只有 0.7nm，甚至比一个DT 伸展开的长度都短，表明相邻 Au$_{15}$ 纳米簇沿着 X 轴方向的空间位阻很大，排斥力足以驱动 DT 垂直于 X 轴方向发生重构(图 4-8)[50]。当几个 Au$_{15}$ 纳米簇彼此接触时，DT 能在簇的表面重新分布，主要归因于自组装过程中金—硫键长的变化。模拟结果进一步表明，尽管 Y 轴和 Z 轴的方向都富含 DT，但是相较于垂直于 X 轴的 Z 轴，DT 更倾向于沿着 Y 轴的方向分布。通过数学计算，DT 在纳米簇表面的接枝密度是不均匀的，沿着 Y 轴方向更高，这就导致不对称范德华力的产生。沿着 Y 轴方向，相邻 Au$_{15}$ 纳米簇上的 DT 之间有重叠，这提供了强的范德华力。

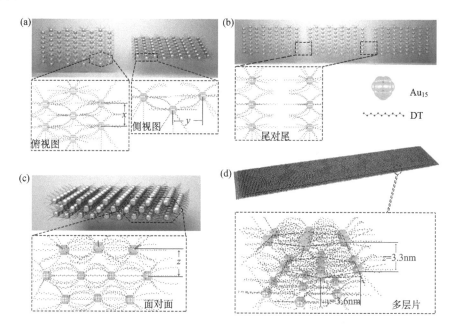

图 4-8　Au$_{15}$ 纳米簇自组装过程的结构示意图。(a)～(c)中描述了独立的小结构组装成多层结构的二次组装，其中包括独立结构中烷基链的分布(a)、尾对尾(b)和面对面(c)自组装；(d)多层结构中 Au$_{15}$ 纳米簇的空间排列

　　尽管在 90℃ 时，形成了小的孤立的二维结构，但是由于沿着 Y 轴及 Z 轴高的能量，这样的结构是不稳定的。为了获得稳定结构，Au$_{15}$ 的二苄醚溶液必须加热到 140℃，允许其沿着长、宽、高生长，最后成为多层的二维结构。TEM 和AFM 显示，二维结构的厚度为(100±20)nm，宽度为(150±20)nm，长度为 500～

2000nm。因为它们由小的二维结构聚集融合而成，所以最终的二维结构包含多种区域，意味着这些区域的尺寸及形状与初始的小的二维结构有关，这些小的二维结构可以被看作核。120℃和130℃时的 TEM 观察可以清晰地发现小的二维结构的接触与合并过程，它们的尾对尾，或面对面的接触。随后的生长阶段，会发生优先通过尾对尾继而面对面的方式去生长。尾对尾的组装沿着 Y 轴方向，面对面的组装沿着垂直于 Y 轴与 X 轴的 Z 轴方向。在最终形成的多层二维结构中，展现了一个新的 Au_{15} 纳米簇中心到中心的距离，3.3nm。结合 TEM 与小角 XRD 的数据，这一距离被认为是层间距 z，表明初始的 $x=2.2$nm 的距离在最终的多层二维结构中消失了，在 140℃加热处理的过程中 Au_{15} 纳米簇进行了重新排布。偶极相互作用的稳定性是依赖于温度的。在 140℃时，偶极相互作用的摩尔动能为 3.3kJ/mol，与永久偶极能 3.8kJ/mol 匹配。在范德华力增强的情况下，这个相对弱的偶极力已经不足以维持一维结构。在多层结构中存在两个簇间距，y 与 z，意味着有两种范德华力共存，即为层内强的作用力与层间弱的作用力，这与范德华材料的结构性质相一致。

为了得到单层的自组装结构，精细控制簇间作用力是关键，基本思路是在破坏层间作用的同时不破坏层内作用。受液相剥离法制备单层石墨烯的启发，考虑用溶剂的表面张力去抵消 Au_{15} 纳米簇自组装结构的层间范德华力。表面张力与范德华力应十分接近。通过计算，层间与层内范德华表面能分别为 15.6mJ/m^2 与 23.4mJ/m^2。这种情况下，二苄醚在 140℃时的表面张力高达 27.7mJ/m^2，不适合作溶剂产生单层结构。只有温度超过 250℃时，其表面张力才会降到 15.6mJ/m^2，但是这样高的温度会增加 DT 的构象熵，最终导致簇的无规聚集。为了解决这一问题，将 140℃表面张力为 15.4mJ/m^2 的液体石蜡引入到组装体系中。当二苄醚与液体石蜡体积比为 1/7.5 时，经 140℃ 60min 退火，成功得到单层的 Au_{15} 纳米簇自组装体。TEM 揭示了在二苄醚与液体石蜡混合溶液中，自组装结构由多层到少层再到单层的演变过程 (图 4-9)[50]。

Au_{15} 纳米簇自组装结构重组包含三方面内容：第一，140℃退火处理，激活了多层二维结构中 DT 的运动，允许 Au_{15} 纳米簇滑移重组。第二，二苄醚与液体石蜡混合溶剂的表面张力降低，这样可以通过溶剂剥落减小二维结构的厚度。第三，由于多层二维结构是由小的二维结构聚集在一起的，在特定区域的连接处其作用力较弱，因此在结构重组过程中，结构的解组装是可能的。值得注意的是，单层的层状结构是稳定的，在 140℃加热 5h 后仍然可以保持形貌。通过 144℃加热退火处理，进一步得到厚度可控的六方形貌的纳米片。升温可以降低溶剂的表面张力而增加 DT 的构象熵，因此加速了 Au_{15} 纳米簇的滑移重组及在弱的连接点处的解组装。

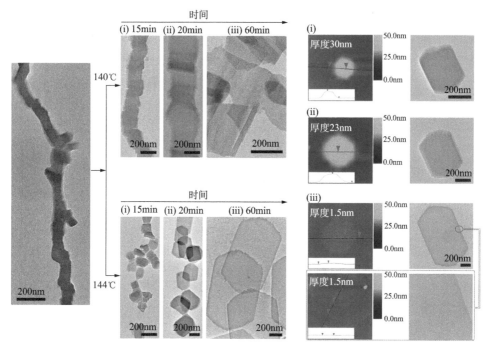

图 4-9　Au₁₅ 纳米簇自组装结构在 140℃和 144℃下，形貌随着退火时间变化的透射电镜照片；
右图为在 144℃下退火 15min、20min 和 60min 后金簇自组装结构逐渐变薄下的原子力显微镜
和透射电镜照片

在理解不对称组装驱动力来源及熵效应基础上，Au_{15} 纳米簇自组装结构的形貌得到进一步控制。例如，通过降低 Au_{15} 纳米簇的浓度及 142℃退火生成纳米树叶。另外，六方纳米片的长径比通过增加升温速率可由 1.6 调控到 4.9。增加升温速率意味着减短到达特定温度所需的时间，例如纳米片生长的 144℃，缩短的退火时间导致 Au_{15} 纳米簇在 Y 轴方向的融合不充分，进而产生高长径比的六方纳米片。

4.2.3　铜纳米簇组装材料

类似的调控还可以推广到铜纳米簇的自组装。例如，以铜纳米簇为结构基元，可以得到 1.3nm 和 26nm 两种不同厚度的自组装材料(图 4-10)[10]。厚度为 26nm 的铜纳米簇自组装材料在二苯醚与液体石蜡混合溶剂中制备。乙酰丙酮(Ac)铜为原料，DT 作为配体。产物是宽度为 50～120nm，长度为 10～20μm 的超长纳米线。HRTEM 和 AFM 表明结构基元是平均直径为 1.9nm 的铜纳米簇，组装的纳米线的厚度接近 26nm。质谱表明纳米线内部纳米簇的组成为 $Cu_{12}DT_8Ac_4$。X 射线光电子能谱(XPS)证实在 $Cu_{12}DT_8Ac_4$ 中 Cu(0) 与 Cu(I) 共存，包括 8 个 Cu(I) 原子与 4 个 Cu(0) 原子，这是因为 DT 与 Ac 对铜原子的配位能力不同，DT 与铜通过

铜—硫键具有更强的配位作用，而铜与 Ac 的铜—氧键相对较弱，因此铜与 DT 的配位生成 Cu(Ⅰ)，铜与 Ac 作用则生成 Cu(0)。将纳米线在 120℃退火 30min 后，TEM 与 AFM 数据显示其厚度从 26nm 大幅度下降到 1.3nm，生成了薄的纳米带，其宽度为 50～400nm，长度约 100μm。与纳米线相比，纳米带内部的簇直径从 1.9nm 下降到 1.3nm。质谱表明其组成由 $Cu_{12}DT_8Ac_4$ 变为 Cu_8DT_8。热重分析与傅里叶红外数据也表明退火之后脱去了 Ac。

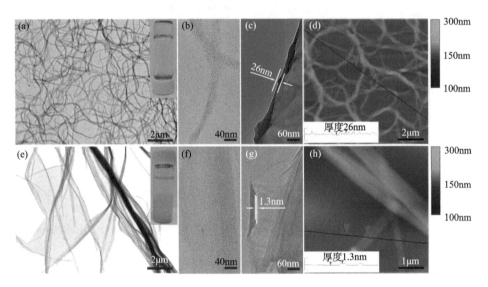

图 4-10　铜簇自组装纳米线(a～d)和纳米带(e～h)的结构表征

$Cu_{12}DT_8Ac_4$ 自组装成纳米线的过程是低温动力学控制过程。在 25～80℃的温度范围，纳米线均可形成。为了便于监测组装过程，选择较低的温度进行 TEM 观察。铜簇的自组装过程非常快，纳米线在 10min 内即可形成。首先形成的是直径 2nm 的 $Cu_{12}DT_8Ac_4$ 簇。综合考虑铜原子在铜簇内的排列、铜簇的构象，以及 DT 在铜簇表面的分布，计算机辅助计算表明 $Cu_{12}DT_8Ac_4$ 簇的永久偶极矩高达 19.6deb，提供的偶极能为 10.86kJ/mol，这比规整的分子间偶极-偶极能高。在强偶极力驱动下，铜纳米簇最先发生一维取向自组装成纳米线。之后，铜簇上 DT 之间的范德华力进一步加强这个组装结构。DT 的烷基链伸展开的长度为 1.7nm，能在纳米线内部簇间产生强的范德华力。另外，该纳米线易形成黏的溶胶材料，展现了铜簇之间强的相互作用。

纳米线热力学不稳定，在更高的退火温度下，可以得到厚度接近 1.3nm 的超薄条带结构。由于内部存在很强的范德华力，纳米带具有自支持特点。高浓度 DT 条件下，纳米带才会形成。增加 DT 的量可以加速结构向纳米带的转化进程。在这一过程中，DT 有利于加速 Ac 从 $Cu_{12}DT_8Ac_4$ 中移除，使之转化成 Cu_8DT_8。在结构重组的过程中降低了结构基元的复杂性，增强了纳米簇在带中排列的紧密性与有序性，这由小角 XRD 可以得到证实。计算机辅助计算表明，Cu_8DT_8 纳米簇结构对称性好，具有较低的偶极矩和偶极能。相较于 $Cu_{12}DT_8Ac_4$，Cu_8DT_8 偶极作用的大幅度降低打破了簇间的偶极力与范德华力之间的平衡，因此允许预组装的纳米簇发生重组。这一重组发生在极性稍有不同的二苄醚与液体石蜡混合溶剂中。在退火处理下，它们的微相分离产生片层界面，作为软模板指引重组沿着二维取向。

4.2.4　金属纳米簇组装材料的衍生物

　　从金属纳米簇二维组装材料出发，还可以衍生出很多二维半导体材料。例如，线状铜纳米簇组装结构经硫化处理后可以得到硫化铜纳米线，片状组装结构硫化处理后得到硫化铜纳米片等[51]。这一方法的优势是可以构筑一些难以直接制备的超薄二维半导体材料。其中，硫化钴是一种用于光解水的重要催化剂材料，但以

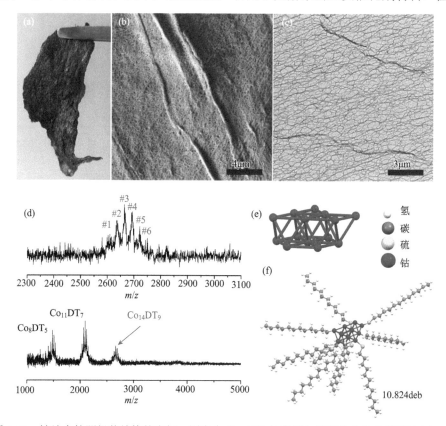

图 4-11　钴纳米簇预组装结构的表征。图中为 $Co_{14}DT_9$ 纳米簇与组装结构的光学照片(a)，扫描电镜照片(b)，透射电镜照片(c)和基质辅助激光解析电离飞行时间质谱数据(d)；(e)为 Co_{14} 核心的结构；(f)为 $Cu_{14}DT_9$ 的模拟结构

往方法很难制备出超薄的片状材料。先通过钴纳米簇预组装形成超薄二维结构，然后硫化成硫化钴的思路提供了一个简单有效的办法。实验上，在乙酰丙酮钴的二苄醚溶液中加入 DT，在 120℃磁力搅拌下加热 30min，经纯化和干燥处理，得到海绵状的片状固体。扫描电子显微镜（SEM）与 TEM 显示产物是连在一起的超长纳米线（图 4-11）[52]。HRTEM 显示结构基元是单个的纳米簇，平均直径为 1.8nm。结合质谱与热失重数据，纳米簇的成分确定为 $Co_{14}DT_9$。

　　超薄硫化钴纳米片是由海绵状的 Co_{14} 纳米簇组装结构在 400℃氮气保护下退火 2h 得到的，可以脱离胶体环境存在。图 4-12 为所得超薄硫化钴纳米片的 TEM 照片，显示出大面积的自支持纳米片结构，有大的侧向尺寸，可达到几微米。由于它们的柔性特征，折叠结构清晰可见。超薄硫化钴纳米片氯仿溶液具有良好的丁达尔效应，表明其在氯仿中，具有高度单分散特性。HRTEM 照片显示层状厚度为 0.96nm，等于硫化钴纳米片的单晶胞厚度。0.96nm 的单晶胞厚度也直接由AFM 数据验证。值得注意的是，超薄硫化钴纳米片无论是溶液状态还是粉末状态都是稳定的，这归功于碳元素的存在及对硫化钴纳米片表面的包覆作用。小角XRD、拉曼光谱及元素面扫描分析数据均检测到碳元素。

图 4-12　硫化钴纳米片的 TEM 照片。(a)为 Co_9S_8 纳米片的透射电镜照片；(b),(c)为其高分辨率的透射电镜照片

　　为了进一步揭示超薄硫化钴纳米片由 Co_{14} 纳米簇组装结构衍生而来的形成机理，TEM 用来监测时间依赖的形貌变化。初始状态会形成小的二维纳米盘，尺寸在 5nm 左右。随着反应的进行，小的二维纳米盘以自组装的方式，发生二维取向连接，熵驱动晶体生长，重构实现最小化的表面能，结果大的不对称的二维聚集体形成，一些堆叠错位和孔洞清晰可见。这些特点属于取向聚集生长模式。当反应超过 1.5h，不对称的二维聚集体经表面重构形成平整的层状结构，这进一步为取向聚集生长机理提供了证据。硫化作用来源于 DT 的分解，在形成超薄硫化钴纳米片过程中具有重要作用。只有在硫浓度较高时才能获得这些超薄的纳米片。

4.3　自组装诱导增强金属纳米簇发光

4.3.1　基于铜纳米簇的自组装诱导增强发光材料

金属纳米簇作为一种新型荧光材料，由于其独特的电子结构和类分子的发光性质，近些年受到了广泛的关注[53-56]。然而，获得高性能荧光纳米簇材料仍然具有挑战性。本节以 DT 包覆的铜纳米簇为模型，对比了组装前后荧光发射峰位和发光强度的变化[57]。结果表明，铜纳米簇由无序向有序组装转变后，会产生很强的荧光。荧光强度的提升归因于相邻纳米簇表面配体相互作用的增强，其抑制了与配体相关的激发态的非辐射跃迁，同时优化了基于 LMCT 及 LMMCT 辐射形式的能量转移。用于组装的铜纳米簇在二苄醚中制备，其尺寸为 (1.9 ± 0.2) nm，组成为 $Cu(0)_4Cu(I)_{10}DT_{10}$。铜纳米簇的紫外吸收光谱在 275nm 和 358nm 有两个明显的峰，这两个吸收峰来自铜—硫键杂化轨道向铜—铜键杂化轨道的转变，即在被占据的 3p-4s3d 杂化轨道与未被占据的 4s4p 杂化轨道之间的转换。

需要强调的是，孤立的铜纳米簇没有荧光，而自组装之后的铜纳米簇，其荧光强度明显增强(图 4-13)[57]。带状的自组装结构是通过铜纳米簇在二苄醚溶剂中 128℃退火 3h 得到的。退火处理有利于 DT 烷基链运动，从而通过偶极诱导的范德华相互作用，完成二维取向自组装。该自组装作用是金属纳米簇固有的特征，而自组装结构的形貌取决于纳米簇之间各种弱相互作用的协同，已经在 4.2 节详细介绍过。铜纳米簇具有较强的偶极相互作用，所以更倾向形成一维取向的自组装纳米带，而不是片状结构。纳米带的平均宽度为 50~200nm，长度为 1~2μm，厚度约 13.5nm。由于高的表面能，带状结构很容易形成平行或者扭曲、弯折的结构。TEM 表明，带状结构是组装体而非纳米晶体。在带中，铜纳米簇呈现出高度有序的排列，这可以从小角 XRD 谱图中看出。纳米带内部存在两种不同的纳米簇间距，分别是单层内纳米簇之间和纳米簇层层之间的距离，前者距离更大。间距 3.6nm 对应单层铜纳米簇内部的排列，而间距 3.4nm 对应的是组装体层与层的间距。

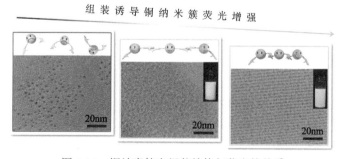

图 4-13　铜纳米簇自组装结构与荧光的关系

　　需要指出的是，组装前后铜纳米簇的尺寸和组成均保持不变，说明纳米簇组装过程中没有发生生长和降解，这一结论同样可以由光谱表征证实。尽管铜纳米簇的尺寸、组成、结构和吸收光谱没有发生变化，但是铜纳米簇的荧光在组装后显著增强。铜纳米簇组装体表现出很强的荧光，对应着蓝绿色的荧光发射。组装体的绝对荧光量子效率为 6.5%。结合长的激发态寿命和大的斯托克斯位移，铜纳米簇组装后的发光增强应该归因于金属核和表面配体的配位作用，也就是 LMCT 到 LMMCT 的过程。最终通过以金属为中心的三线态进行辐射跃迁。这种情况下，铜纳米簇从无规团聚到有序组装体，其中微小的变化引起了簇表面 DT 相互作用和 Cu(Ⅰ) 之间亲铜相互作用的变化。因此，组装诱导的荧光增强被归结为两个方面。其一，增强的簇间和簇内部的亲铜相互作用促进了激发态通过辐射跃迁回到基态。其二，分子间振动和转动的减少也促进了辐射跃迁。这两方面共同促进了荧光的增强。

　　为了更好地证明荧光增强源于自组装诱导，进一步制备了组装结构相对松散的片状自组装结构。组装后，铜纳米簇的尺寸和组成仍然没有发生变化。片的平均宽度为 200～600nm，长度为 0.4～2μm，厚度约 2.1nm。与带状结构相比，片是在更低的反应温度和更高的反应时间条件下制备。低温抑制了 DT 的烷基链运动，降低了其与相邻簇的缠绕，从而形成了更松散的组装结构。TEM 观察证实，纳米簇在片中松散排列，这一结果与小角 XRD 数据一致。由于纳米簇排列较为松散，片的荧光量子效率较低，为 3.6%，证实了荧光强度与组装体内簇的紧密程度相关。松散的组装结构减弱了簇间的亲铜相互作用，也不能抑制配体分子的振动和转动，无法抑制非辐射跃迁。

　　值得注意的是，在发光强度降低的同时，紧密性较差的自组装片的荧光发射峰会红移到 547nm，对应荧光颜色变为黄色。由于已经排除了尺寸效应对光谱红移的影响，所以该光谱移动被归结为亲铜相互作用平均间距的变化，即增加亲铜相互作用距离就会导致荧光蓝移，而降低距离会导致红移。体系中存在两种亲铜相互作用，一种是铜纳米簇内部的亲铜键，另一种是纳米簇之间的亲铜相互作用，后者拥有更大的距离，而且在形成紧密的组装结构之后才会产生。铜纳米簇从独立的单簇自组装成带后，其紧密性得到提升，会额外引入簇间的亲铜相互作用，从而使亲铜相互作用的平均距离增加，产生蓝绿色荧光。而对于纳米簇松散排列的片，纳米簇之间的亲铜相互作用比带状结构中的弱，所以其对亲铜相互作用平均距离的影响可以忽略不计。自组装结构由带状转入片状后，亲铜相互作用平均距离被缩短，导致荧光能量的减弱及光谱的红移。

　　退火温度可以控制铜纳米簇自组装的紧密性，从而实现对组装体发光颜色和强度的调控。当退火温度从 20℃增加到 120℃时，发光颜色从黄色变为蓝绿色，同时伴随荧光增强。按照前面的解释，更低的退火温度有利于产生松散的结构。

纳米簇表面配体之间弱的相互作用很难抑制配体分子的振动和转动，从而增加了激发态非辐射跃迁的比例，降低了发光强度。另外，起主导作用的簇内亲铜相互作用会缩短亲铜相互作用平均距离，导致发光红移。反之，高温会促进紧密组装结构的形成，从而提高发光强度并且发生蓝移。

纳米簇组装体紧密性和发光性质之间的关系也可以通过带和片的力致变色性质进一步解释。如图 4-14 所示，带状组装结构表现出类似有机和金属有机配合物的力致变色性质[57]。没有研磨、部分研磨和全部研磨的带状结构表现出明显的荧光差异。荧光量子效率由 6.5%降为 3.8%，发光颜色从蓝绿色变为黄色，对应的是荧光光谱 490nm 发射峰的减弱和 547nm 峰的出现。研磨并没有改变纳米簇的组成，这暗示了纳米簇组装体由有序向无序的转变，并由 TEM 和小角 XRD 的结果证实。对原本就结构松散的自组装片进行研磨，其颜色没有发生变化，进一步说明，研磨处理仅仅是引起致密组装铜纳米簇的无序化，进而改变配体与纳米簇之间的相互作用力。

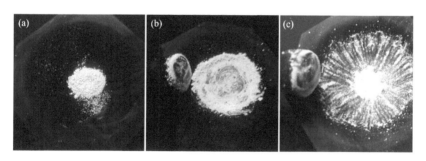

图 4-14　铜纳米簇自组装结构(a)研磨前、(b)研磨时和(c)研磨后的力致荧光变色照片

各种形态的纳米簇组装体也具有结构依赖的热致荧光变色行为。尽管室温下带状结构和片状结构的荧光发射明显不同，但是在液氮中，这一差异会消失。在 365nm 光激发下，初始蓝绿色荧光的带状结构发射峰由 490nm 移动到 517nm，表现为明亮的绿光。黄光片状结构的发射峰也从 547nm 移动到 517nm。带状结构和片状结构在低温下都发生明显的荧光增强。带状结构的荧光量子效率上升到20%。这样的热致变色是循环可逆的。低温下的荧光增强可以根据组装体中铜纳米簇与配体之间相互作用对温度的依赖来理解。在低温下，纳米簇间和纳米簇内的亲铜相互作用都被加强了。尤其是低温显著抑制了配体分子的振动和转动，有利于激子复合按照辐射跃迁途径进行。

4.3.2　铜纳米簇自组装材料的发光中心

为了明确金属纳米簇自组装材料的发光中心，仍然采取前述方法在二苄醚溶剂中制备 DT 包覆的铜纳米簇自组装纳米片，并在反应体系中加入乙醇，提供一个加速组装的液-液相反应体系。加入的乙醇可以与铜发生配位，部分改变铜原子的配位环境，进而改变铜纳米簇自组装纳米片的表面性质。甲醇在该体系中也起到了类似的作用，但是其他的溶剂则没有这样的作用。从 TEM 照片中可以看到组装的铜纳米簇以片状的形貌出现，其宽度为 50nm，长度为 200～300nm（图 4-15）。AFM 照片中显示出该纳米片的厚度仅为 2.1nm，表现出超薄的特征。从 HRTEM 照片中可以看出该纳米片是由尺寸在 1.9nm 左右的超小的纳米簇组成的，组成为 $Cu_{14}DT_{10}$。铜纳米簇组装成的纳米片的吸收在 250～400nm，这来源于铜-硫的 4s3d-3p 和铜-铜的 4s4p 杂化轨道的转换。在 365nm 紫外光激发下，该铜纳米簇自组装纳米片表现出亮黄色的荧光，其荧光发射峰在 550nm。测量 400～460nm 光激发下的荧光光谱，可以发现其有明显的激发依赖性。其绝对荧光量子效率为 15.4%，远远高于未组装的铜纳米簇及未加乙醇条件下组装的铜纳米簇。其强的荧光发射可以在溶液中保持至少两个月[58]。

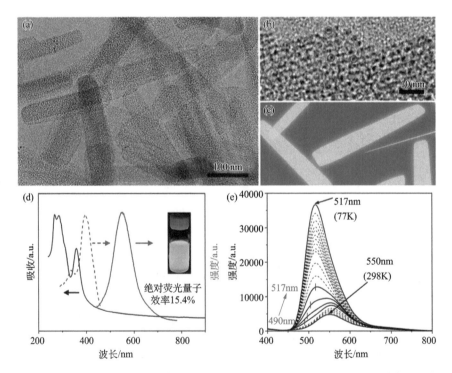

图 4-15　乙醇存在下制备的铜纳米簇自组装结构的表征。(a) 和 (b) 分别为铜纳米簇自组装纳米片的低分辨率和高分辨率透射电镜照片；(c) 纳米片示意图的俯视图和侧视图；(d) 从左至右为纳米片氯仿溶液稳态的吸收谱、激发谱和荧光发射光谱；(e) 纳米片从 77K 到 298K 温度依赖的荧光发射光谱

　　为了揭示荧光发射的起源，测试了铜纳米簇自组装纳米片随温度变化的荧光光谱。随着温度下降，纳米片的荧光强度增加，同时荧光光谱从 550nm 蓝移至517nm。另外，一个新的发射能带出现在 490nm 处，并随着温度降低至 77K 红移至 517nm 处。这个结果指出纳米片同时存在两种发射态。在室温下，490nm 处的发射态(T1 态)被 550nm 处的发射态(T2 态)所掩盖，然而在低温情况下 T1 态占据了发光的主导地位。

　　为了阐明 T1 和 T2 态的电子弛豫动力学,研究了室温稳态发射峰在 550nm 的T2 态,测试了 500~600nm T2 态发光的荧光寿命。所有的荧光寿命都是微秒级的，而且会随着发光波长的增加而延长。从数据来看，T2 态源自 LMMCT，是基于以金属为中心的三线态发光，而其在室温下的发光则会被大量的三线激发态的次能级间与配体相关的非辐射跃迁所抑制。当波长达到 570nm 时，会有一个明显的时间延迟，以至于激发态电子数量达到最高。这一现象一般不会发生在同一能态的次能级间的非辐射跃迁中，但是通常会存在于平行或等价的能态中。带着这样的疑问，解析了室温下时间分辨荧光发射光谱(TRES) T2 态的光谱分辨动力学。在较短的延迟时间时，490nm 处有一个清晰的能带出现，当延迟时间增加到 1.7μs 时，发射峰逐渐移动到 550nm。在 490nm 处的初始发射能带可以与 T1 态的发射波长很好吻合。

　　因此，490nm 处的 T1 态被认为是真正的 LMMCT 相关的三线态，而 550nm处的 T2 态则来自纳米片表面与金属缺陷相关的发光。金属缺陷通过提供额外的、更低的金属能级来影响 LMMCT 过程，这使激发态电子可以从 LMMCT 的三线态弛豫到金属缺陷相关的缺陷态，导致发光从 490nm 红移到 550nm。由于低温会通过降低激发态电子活性来抑制这个弛豫过程，所以只有在低温情况下才能观测到490nm 的三线态发光。在室温情况下，纳米片的发光主要归因于金属缺陷态，这个结论也可以从低温下的荧光寿命和 TRES 测试中得到进一步证实。低温情况下LMMCT 的三线态占据发光主导，而金属缺陷的贡献则可以忽略不计。另外，这也很好地解释了降温过程中 T1 三线态红移和 T2 缺陷态蓝移这样相反的发光移动现象。

　　为了进一步证实金属缺陷的作用，将铜纳米簇组装为微米尺寸的块状结构用以最少化金属缺陷。该块状组装体平均尺寸为 6μm，由 1.9nm 的 $Cu_{14}DT_{10}$ 组成。XPS 表明 Cu(Ⅰ)和 Cu(0)的比例为 1/0.4。有意思的是，该块状组装体发射峰在490nm 处，为蓝绿色荧光，其绝对荧光量子效率为 6.3%。在随温度变化的光谱测量中，只观测到一个在 490nm 处的能带。随着温度降低，发射峰会从 490nm 红移至 517nm。在室温下的 TRES 中，发射峰没有随着时间的延长发生明显移动，而且 450~540nm 的发光寿命几乎保持不变。所有的结果都证明在块状组装体中只有 490nm 的三线态发光，而不存在 550nm 处的 T2 态发光。这些进一步确认了T2 态发光依赖于超薄纳米片的表面特征，取决于金属缺陷的数量。

　　为了进一步证实金属缺陷促进聚集诱导发光和发光红移的可能性，模拟了单个 $Cu_{14}DT_{10}$ 尺度的分子电荷分布和带隙对配体包覆和金属缺陷的依赖关系 (图 4-16)[58]。通过自然键轨道(NBO)分析可知，不同的配体包覆和金属缺陷导致不同的带电量。在完全钝化的 $Cu_{14}DT_{10}$ 中并没有获得铜和硫原子更大的 NBO 电荷，但由于更大铜纳米簇的结构重组，出现在包覆更少的 $Cu_{14}DT_8$ 和 $Cu_{13}DT_9$ 中，这意味着产生了更多的带正电荷的 Cu(Ⅰ)用来最小化 $Cu_{14}DT_{10}$ 中的结构缺陷，与 XPS 中从纳米片到块状组装体 Cu(Ⅰ)与 Cu(0)之间的比例增加相一致。Cu(Ⅰ)的增多归因于超薄纳米片的各向异性，这可能使金属簇的电荷分布发生极化。在这种情况下，更大的 NBO 电荷代表铜和硫原子间更大的表面极化，可能会促进电荷分散并产生更高的荧光量子效率。与此同时，缺陷也会降低单簇尺度的能带能量，尽管带隙的移动仅仅是 0.05eV 到 0.17eV，但这与发射的红移是相对应的。密度泛函理论(DFT)的计算指出 $Cu_{14}DT_{10}$ 中少一两个铜原子或者 DT 配体，形成 $Cu_{13}DT_9$ 或者 $Cu_{12}DT_8$，都会使带隙变窄并且更接近于包覆更少的 $Cu_{14}DT_6$。

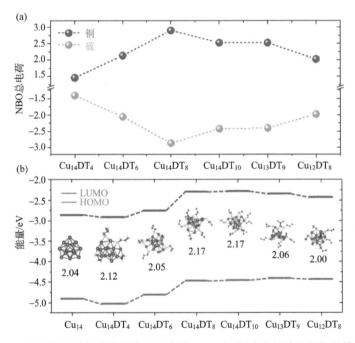

图 4-16　不同组成的铜纳米簇中铜和硫的 NBO 电荷(a)及前线轨道能量模拟(b)

　　以上研究表明，铜纳米簇自组装材料的强发光源自组装体表面的 Cu(Ⅰ)缺陷。由此给出铜纳米簇组装材料的发光机理，即组装体表面 Cu(Ⅰ)之间，以及 Cu(Ⅰ)与配体的电荷转移主导的三线态发光。具体的发光动力学研究和计算机模拟证实金属缺陷主要与 Cu(Ⅰ)有关，其通过影响 LMMCT 过程促进辐射跃迁，进一步证实金属缺陷相关的发射可以促进铜纳米簇的自组装诱导荧光增强和发光红移。作为金属簇自组装诱导发光的起源和控制的一个新发现,这一观点使进一步调整金属纳米簇的发光成为可能。

4.4　全光谱发射的铜纳米簇自组装材料

尽管发现自组装策略可显著增强和改善以铜纳米簇为代表的金属簇光致发光,制备全光谱发射的铜纳米簇自组装材料仍充满挑战。无论如何,这种自组装诱导下的发光都为进一步的光调控提供了新的机会,可作为良好的平台并结合以往调控有机小分子发光及半导体发光的方法,构建新颖的纳米簇发光材料。本节内容将通过调控缺陷、掺杂、配体、卤原子及簇间距等手段进一步改善铜纳米簇自组装材料的发光,最终获得全光谱发射的簇自组装材料。

4.4.1　缺陷调节的自组装诱导发光

在半导体领域,与缺陷相关的荧光机理及荧光调控方法已经比较成熟[59]。该策略也可以推广到对纳米簇自组装材料的发光调控[58]。由于超小的金属簇只包含十几个到几十个原子,在单簇上构建原子缺失或者悬键是十分困难的[60]。而金属簇自组装后,材料的体积变大,便于进行物理性质的集成,为构建缺陷荧光提供了机会[61]。一方面,组装抑制了配体的振动与转动,减小了能量损失,使缺陷态荧光更容易体现出来;另一方面,自组装材料的化学与光稳定性为容纳金属缺陷创建了有利条件。

4.3 节中,通过构建金属缺陷研究了纳米簇自组装材料的发光机理。该策略也可以用来调控荧光颜色。铜纳米簇自组装片状结构以 DT 作为配体,在二苄醚溶剂中 30℃制备。铜纳米簇的组成为 $Cu_{14}DT_{10}$。与之前的方法不同,在反应初始,加入极少量的水作为铜源的预溶剂,使得铜原子被水分子包围。有意思的是,荧光没有发生猝灭,反而制备出具有红光发射的自组装片状结构。与甲醇、乙醇作为预溶剂及纯二苄醚作为反应溶剂的方法相比,荧光发射发生大幅度红移,从 490nm 移动到 650nm(图 4-17)。

显然,采用的均相和异相反应体系是关键因素。无论是醇类还是水,作为铜的预溶剂能够改变铜离子的配位微环境,这种液-液反应体系很大程度上加速反应的进程。过快的反应会形成不完美的簇结构,因此有利于形成金属缺陷。考虑到之前的工作和理论计算,除了由于增加的 Cu(Ⅰ)促进激子通过辐射途径进行跃迁,金属缺陷能够产生额外的发光能级并窄化发光能带,导致荧光发射光谱红移。之前醇类引起的均相反应更容易在铜核内部形成深层缺陷,而水的引入形成了水油界面。在成簇的过程中,配体必须将铜纳米簇从水相拽入油相中,因此倾向于

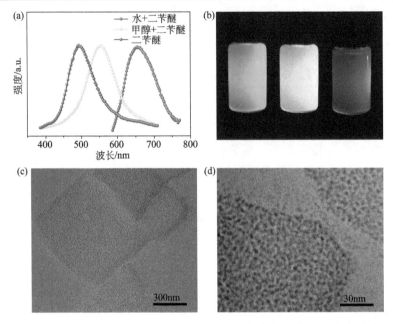

图 4-17　铜纳米簇自组装片在 30℃不同溶剂中反应的荧光发射光谱(a)和荧光照片(b)；(c)和
(d)为在 30℃时 200μL 水和 3mL 二苄醚为溶剂条件下制备的铜纳米簇自组装片的低分辨率和高
分辨率透射电镜照片

在配体与铜核接触的界面处形成表层缺陷。微秒级的长寿命结合大的斯托克斯位移表明荧光起源于 LMMCT 引起的本征态金属中心三线态辐射。而本征态的 LMMCT 决定金属中心三线态激子不可避免地会弛豫到金属缺陷相关的中间态，导致光色红移。因为表层缺陷通常具有浅金属能级，同时延长荧光寿命，所以非辐射跃迁过程的复杂性会增加，导致更多的能量损失和光谱红移。荧光寿命曲线也证实了这一机理。寿命的衰减曲线可以分成两个部分，第一部分的寿命长短对于三个体系来说是一样的，因为都源自本征态发射。但是第二部分寿命长短就存在极大的差异。缺陷态荧光明显增长了的寿命对应复杂的非辐射跃迁过程及中间态过程，说明在红光发射材料的结构中存在多能级中间态(图 4-18)。值得注意的

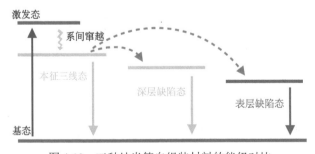

图 4-18　三种纳米簇自组装材料的能级对比

是，激发依赖性光谱也显示三种纳米簇自组装片状结构初始都具有多重发射态。在初始制备的蓝光发射材料中也存在缺陷态荧光，当刻意引入更多缺陷时，会表现出缺陷态决定的荧光。当金属缺陷量很少时，荧光主要由本征的金属中心三线态主导。但当金属缺陷被刻意构造时，缺陷态发射的贡献就明显增加。

　　三线态荧光与金属缺陷态荧光之间存在竞争关系。室温时，激子更倾向于在稳定的低能态进行辐射，因此缺陷态荧光是主体。为了证实缺陷态荧光有助于调控光发射颜色，室温时间分辨荧光发射光谱被用来检测中间态的激子转移过程。在较短的寿命 7.7μs 下，一个清晰的 490nm 的发射峰出现。随着寿命时间逐渐增加到 19.7μs，发射峰位置也逐渐移动到 650nm。初始 490nm 处的发射峰与本征态 LMMCT 决定的三线态相匹配。逐渐的，激子从本征态转移到缺陷态。因此，在室温条件下，缺陷态发光占主导地位。同样的变化趋势也发生在黄光发射的材料中。相比之下，来自于本征态的 LMMCT 决定的三线态蓝光发射材料并没有随着寿命时间的延长发生任何延化。所有的荧光发射寿命都是微秒级的，随着发光波长的增加寿命逐渐延长，黄光发射材料也是如此。但是，本征态发射保持不变。这与时间分辨荧光发射光谱相一致，用以区分不同的荧光发射机理。值得注意的是，红光发射的荧光材料寿命变化更大，表明其经历了更复杂的中间过程，证实了以上提到的荧光机理。为了充分证明荧光与超薄纳米层上的金属缺陷有关，进一步分析低温时间分辨荧光发射光谱与发光寿命，证明 LMMCT 决定的三线态在低温下是主体，而金属缺陷的贡献可以忽略不计。

　　荧光颜色的变化在温度依赖的荧光光谱分析中更加明显。随着温度的降低，三线态荧光的冷冻特性逐渐显现出来。发射光谱红移到 525nm，荧光强度由于 DT 分子的振转运动在低温下受到极大限制而显著提升，所有这些现象在以往的铜纳米簇研究中都是共性。然而，缺陷相关的荧光发射会经历两个阶段。起始阶段温度的突然降低导致发射光谱蓝移，发光强度稍有下降。这是由于在低温条件下，激发态电子的活性降低，弛豫过程受到禁阻，所以缺陷态荧光受到抑制，因此 LMMCT 决定的三线态荧光发射逐渐恢复。与此同时，减弱的配体振转尚不足以弥补缺陷荧光的损失，所以荧光亮度稍有下降。当温度进一步降低时，则遵循之前提到的本征态荧光低温下的变化特征。

　　接下来需要进一步证实深层缺陷与表层缺陷。由于表层缺陷通常对外部环境更为敏感，所以高的反应温度会逐渐消除缺陷，金属三线态荧光会逐渐完全取代金属缺陷态荧光，蓝光发射逐渐恢复，所以当升高反应温度时，由于缺陷的不稳定性，缺陷荧光会逐渐猝灭，使蓝色荧光显现出来。当反应在高温 60℃ 下进行时，红光发射材料仅需 20min 而黄光发射材料却需要将近 1h 才能让本征态发光颜色恢复。温度的影响对表层缺陷是巨大的，因此光色变化得更迅速(图 4-19)。

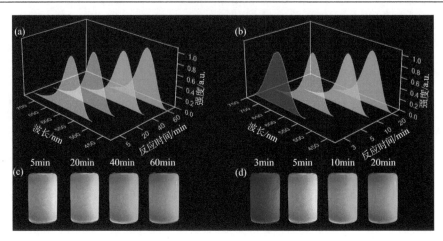

图4-19　(a),(b)分别为120℃不同时间条件下制备的黄光和红光铜纳米簇自组装片的荧光发射
光谱;　(c),(d)是其对应的荧光照片

表层缺陷对环境更为敏感也反映在离子吸附的影响上。一个有趣的现象是在反应进行的过程中,随着反应时间的延长,吸附的氯离子会使红光发射衰退。紧接着,当氯离子被去掉后,红光再一次显现出来。但是黄光发射材料并没有显示这一现象,表明深层缺陷并不容易受到影响。

进一步研究表明,只需简单改变预溶剂的种类与比例,发光颜色就可以在一定范围内调控。例如,水和甲苯之间的不同比例可以带来荧光光色的梯度变化。当水的比例增加时,更容易形成表层缺陷,结果荧光光谱出现更多的红移,激发光谱也展现两个发光中心。通过更换不同极性的预溶剂发现这一溶剂调控的现象是共性。当预溶剂的极性差别较大时,异相反应体系将会出现,生成红光发射的荧光材料。而拥有小极性差异的预溶剂会形成均相反应体系,产生黄光发射的荧光材料。这些结果再一次证实了以上提到的深层缺陷和表层缺陷的荧光机理,也从侧面证实是金属缺陷导致荧光光色的变化,而不是由预溶剂的特殊官能团与铜核之间有相互作用引起的。

4.4.2　金属掺杂调控自组装材料发光

既然 Cu(Ⅰ)缺陷及其类型能显著影响铜纳米簇自组装材料的荧光,引入其他金属的杂质能级应该也能实现荧光调控。因此,在制备铜纳米簇自组装材料时,引入少量的 Au(Ⅰ),尝试其对荧光的影响[62]。铜纳米簇自组装片以液体石蜡和二苄醚为溶剂,以 DT 为配体,在 50℃条件下制备。不同于之前的体系,铜是先溶解在四氢呋喃中后再加入到反应体系中的。在 365nm 紫外光激发下,铜纳米簇自组装片表现出明亮的蓝绿色荧光,其绝对荧光量子效率为 5.8%。Au(Ⅰ)掺杂的铜纳米簇自组装片是通过在反应体系中加入不同量的氯金酸制备得到的，掺杂的金占全部金属元素的摩尔比分别为 0.001%、0.003%、0.01%、0.03%、0.1%、0.3%、1%和 3%。随着金含量的增加，在 501nm 处的荧光发射峰逐渐减弱，在607nm 处的发射峰逐渐增强，荧光光色由蓝绿光变为黄光。同时，这些 Au（I）掺杂的铜纳米簇自组装片相对应的荧光量子效率分别为5.7%、5.3%、9.8%、12.4%、18.3%、23.5%、23.2%和 20.4%。很明显，金的掺杂使铜纳米簇自组装片的荧光显著增强并发生红移(图 4-20)。

图 4-20　不同金掺杂量对铜纳米簇自组装片发光的影响

　　由于当金的掺杂比例为 0.3%时，铜纳米簇自组装片可以获得最高的荧光量子效率，所以选取未掺杂和掺杂 0.3%金的自组装片进行对比，来研究掺杂的动力学和发光机理。掺杂前后的紫外可见吸收光谱没有偏移，暗示铜纳米簇本身并没有发生明显变化。在质谱的测试结果中，由于铜纳米簇与离子化试剂三氟乙酸钠和三氟乙酸银混合的特征峰分别在 1200 和 1285，可知铜纳米簇的分子量为 1176。经过计算可以得出铜纳米簇的组成为 Cu_9DT_3，同时通过计算可以得出其最稳定的结构。0.3%金掺杂的自组装片的质谱峰与未掺杂的相一致，这证实了铜纳米簇的组成保持不变。另外，TEM 照片中也可以看出金掺杂前后铜纳米簇的尺寸保持不变，都为(1.8±0.2)nm。这些结果意味着少量的金掺杂并不会改变自组装片中铜纳米簇的结构性质。

　　如上所述，金的掺杂使自组装片的荧光性质发生明显改变，所以金的掺杂动力学将对理解发光机理非常重要。从 TEM 照片中可看出，随着少量金的掺杂，自组装片的形貌从大的纳米片变为小的粘连的纳米带。然而，当金的掺杂量达到0.3%时，铜纳米簇的自组装结构遭到破坏。根据之前工作中得出的结论，铜纳米簇的自组装会抑制金属簇表面配体的振动和转动，从而增强荧光。在少量金掺杂时，尽管自组装片的尺寸会变小，但也保持了一定的二维组装形貌。所以，铜纳米簇组装增强荧光的性质仍然得到保持。然而由于金的原子半径大于铜，过量的金破坏了自组装片中铜纳米簇的排列，破坏了组装结构，因此降低了发光强度。这个发现也证实了金属簇组装结构的完整对于组装诱导发光的重要性。

　　AFM 测试可以看出自组装片的厚度大约为 183nm，远远大于铜纳米簇的直径，说明自组装片是一个多层的自组装结构。小角 XRD 数据指出未掺杂和掺杂

0.3%金的自组装片的衍射峰都在 2.50°和 2.61°,其对应的簇间距分别为 3.53nm 和
3.38nm。未掺杂的自组装片的二级和三级衍射峰分别为 5.02°、5.22°和 7.52°、7.85°。
0.3%金掺杂的自组装片的二级和三级衍射峰分别为 4.99°、5.21°和 7.48°、7.83°。
明显的两组小角 XRD 衍射峰意味着组装体中存在两种簇间距,也就是铜纳米簇
自组装片层内和层间的簇间距。由于层间簇间距小于层内簇间距,所以 3.53nm
和 3.38nm 分别对应的是层内和层间的簇间距。金掺杂后,层内和层间的簇间距
都发生少量的增加,这证实了金存在于自组装片的层内和层间。由于 0.3%金掺
杂后铜纳米簇的尺寸组成都没有发生变化,所以我们认为金没有与铜形成合金簇。

　　为了更好地研究金在组装体中的位置和状态,对自组装片进行元素分布表
征。从测试结果中可以看出,铜和金元素均匀地分散在自组装片中。由于每个铜
纳米簇拥有 9 个铜原子,而且金的掺杂量只有 0.3%,不可能生成金铜合金簇或者
单独的金簇,所以金一定被掺杂在整个自组装片中而不是在单个的铜纳米簇中。
从荧光显微镜中可以清晰地看到随着金掺杂发光颜色的变化。当金的掺杂量只有
0.003%和 0.01%时,可以同时看到蓝绿光和黄光发射,这意味着自组装片没能被
完全掺杂,只有掺杂有金的部分才会发射黄光,而未掺杂的位置仍然发射蓝绿光,
说明金的量太少并不足以提供足够多的金相关的发射中心来改变整个自组装片的
发光。当把金的掺杂量提高到 0.03%时,蓝绿色的发光几乎消失,这意味着金相
关的发射中心占据了主导。XPS 表征揭示了金的掺杂状态为 Au(Ⅰ),说明掺杂
的金是以一价金离子的状态存在的。金掺杂量为 0、0.3%和 1%时,金的实际含
量分别为 0%、0.4%和 1.3%。金的实际含量高于投料量是因为金具有更高的反应
活性。

　　结合长的荧光寿命、大的斯托克斯位移及降温时的荧光红移,可以确定自组
装片为典型的金属中心三线态发光,其发光来源于铜为中心的 LMCT 和 LMMCT,
定义为以铜为中心的三线态。该发光中心在 500nm 处,荧光寿命为 1.62μs。未掺
杂的自组装片的 TRES 指出,随着时间的延长荧光发生红移。自组装片在 500nm
处的发射峰并没有消失,而一个新的发射峰出现在 560nm 处。根据之前的研究,
这样的结果归因于自组装片大的表面积带来的 Cu(Ⅰ)缺陷,但是 Cu(Ⅰ)缺陷对
铜自组装片整体发光的影响非常弱,可以忽略不计,导致其绝对荧光量子效率只
有 5.8%。当金的掺杂量达到 0.3%时,自组装片表现出 4 倍的荧光增强和 100nm
的荧光红移。根据金属纳米簇的发光机理,掺杂的金引起了金-铜亲金属相互作用,
进而导致电荷从铜转移到金,这个新的辐射跃迁途径促进了激发态电子的辐射跃
迁。掺杂的金对自组装片电子结构产生影响,形成一个高效稳定的以金为中心的
能态,即 Au(Ⅰ)中心态,其来源于配体-铜-金电子转移,发射峰位于 600nm 左
右。由于金掺杂到自组装片中,电荷首先从配体转移到铜而后到金,这样的电子
转移过程降低了能量,所以掺杂后的荧光发生红移。相比于未掺杂的自组装片,

0.3%金掺杂的自组装片的 TRES 在 500～600nm 范围内发生了明显的变化。从归一化的 TRES 中可以看出同时存在两个发光态，铜为中心的三线态和 Au(Ⅰ)中心态，其对应的发射峰分别在 500nm 和 600nm 处。由于 Au(Ⅰ)中心态的发射强度非常高，Cu(Ⅰ)缺陷的发光可以忽略不计。尽管铜为中心的三线态的发射强度也很高，但是 Au(Ⅰ)中心态拥有长得多的发射时间，所以 0.3%金掺杂的自组装片荧光光色表现为黄色。需要注意的是，无论是否掺杂金，铜纳米簇自组装材料都同时拥有多种发射态，其表观的发光颜色取决于哪个发射态占据主导地位。由于 0.3%金掺杂的自组装片在 600nm 处拥有更长的发光时间和更高发光强度，所以其表现为中心在 600nm 处的黄光发射。金含量的增加使 Au(Ⅰ)中心态发光占据主导，导致荧光的增强和红移。另外，无论是否掺杂，自组装片的荧光光谱都是不对称的，这进一步证实了多种发光能态的同时存在。

进一步通过随温度变化的荧光光谱研究了 Au(Ⅰ)对应的发光。自组装片在低温下荧光发生红移，这是典型的 LMMCT 带来的三线态发光。由于在低温下配体的振动和转动会受到限制，这抑制了激发态电子的非辐射跃迁，所以理论上说随着温度的降低，以铜和 Au(Ⅰ)为中心的发光都会得到增强。但是，低温同样限制了电荷转移，也就阻滞了激发态电子从铜为中心的三线态到 Au(Ⅰ)中心态间的系间窜越(ISC)。由于发光强度取决于辐射跃迁效率的同时，也受到铜到金电荷转移的影响，所以随着温度降低，铜为中心的三线态的发射逐渐增强，而 Au(Ⅰ)中心态的发射则会先增强而后又减弱。因此，未掺杂的自组装片的发光强度会随着温度的降低而增大。而对于 0.3%金掺杂的自组装片，随温度的降低，500nm 处的铜为中心的三线态发光会不断增强，而 600nm 处的 Au(Ⅰ)中心态的发光会先增强而又后减弱。根据上面提到的发光机理，可以绘制出金掺杂的自组装片激发态电子弛豫动力学的示意图(图 4-21)[62]。

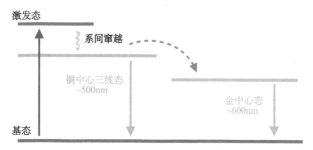

图 4-21　掺金前后铜纳米簇自组装片的能级变化

总的来说，Au(Ⅰ)中心态的发光强度要远高于铜为中心的三线态和 Cu(Ⅰ)缺陷。0.3%金掺杂自组装片后，其荧光量子效率提高 4 倍达到 23.5%。另外，金掺杂的自组装片的发光也要比荧光量子效率达到 15.4%的乙醇诱导缺陷的自组装片更稳定。在空气环境下，金掺杂的自组装片在溶液中和粉末状态下都可以保存6 个月以上。比较而言，带有 Cu(Ⅰ)缺陷的自组装片从溶液中分离后的发光强度会发生较快下降。其不稳定性归因于在空气中 Cu(Ⅰ)缺陷的不稳定。同时 Cu(Ⅰ)缺陷的电子结构类似于铜纳米簇核心中的 Cu(Ⅰ)和 Cu(0)，可以产生电子离域并因为 Cu(0)和 Cu(Ⅰ)之间较小的氧化还原电位差减弱了 Cu(Ⅰ)缺陷的作用。而 Au(Ⅰ)则作为杂原子存在于自组装片内的铜纳米簇之间。由于 Au(Ⅰ)和 Cu(0)之间电子结构和氧化还原电位差别明显，电子离域变得困难，所以 Au(Ⅰ)的掺杂要比 Cu(Ⅰ)缺陷态更稳定。在对比实验中，铂、镉、锰、银和锌也作为杂原子引入，但并没有使自组装片的发光增强或者偏移，这可能是因为只有金和铜之间的能级更匹配。

4.4.3　配体调控自组装材料发光

由于纳米簇的发光与配体的作用紧密相关，利用具有特殊电子结构的配体来调节发光颜色是很合理的。在纳米簇的制备过程中，与之前使用的烷基硫醇相比，芳香硫醇具有共轭的苯环结构，它的电子结构可以通过选择不同的取代基团灵活调节[35]。由芳香硫醇包覆的纳米簇通常展示出独特的电子结构、表面化学性质、电化学性质等。最重要的是，芳香硫醇包覆纳米簇可能会增加金属纳米簇的电子离域度，从而引起荧光光谱红移。因此，利用芳香硫醇作为包覆配体，制备了高亮及光色可调的红光发射的铜纳米簇自组装材料。详细研究表明随着配体给电子能力的增强，金属核与配体的轨道共轭杂化程度增加。随着发光能带的窄化，发射峰位实现红移。与之前的方法类似，铜纳米簇自组装材料在胶体溶液中制备。主要区别是用对位取代的苯硫酚(取代基团分别为氟、氯、溴、甲基和甲氧基)代替 DT(图 4-22)。TEM 照片显示，铜纳米簇自组装材料的形貌没有发生明显变化。HRTEM 照片表明自组装材料由平均直径为 1.7nm 的小簇组成。

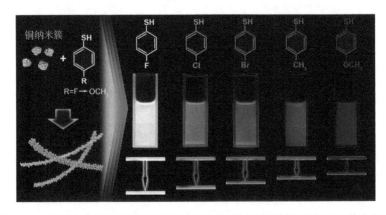

图 4-22　不同取代基团的苯硫酚包覆的铜纳米簇自组装材料的能级和荧光照片

　　由于量子尺寸效应，超小的铜纳米簇具有分子性质的分立的 HOMO 和 LUMO 能级及类分子的吸收与荧光性质，这一特性在纳米簇形成组装材料后也保留了下来。随着取代基团由氟到甲氧基给电子能力的增强，组装材料的发射峰位由 548nm 红移到 698nm，并且伴有大于 200nm 的斯托克斯位移。

　　为了揭示组装材料的荧光机理，对温度依赖的发射光谱进行了研究。随着温度的降低，组装材料的发光强度逐渐增大，但是发射峰位置并没有发生变化，这一结果与金属纳米簇本征态发光在不同温度下呈现的变化一致。在低温时，分子内配体的振转运动被极大限制，这有利于激发态的辐射跃迁，因此导致荧光增强。此外，条带结构的荧光寿命都在微秒范畴，表明辐射跃迁源自金属中心三线态即 LMCT 和 LMMCT。根据之前的研究，尺寸与配体是决定纳米尺度粒子物化性质的两个关键因素。由于金属中心核的尺寸与组分是相似的，所以纳米簇的荧光很大程度上依赖于配体的不同电子结构。配体与铜纳米簇中心核的轨道共轭杂化程度的差异很大程度上影响了 LMCT 及 LMMCT 过程，因此影响发光中心的发光能级。结果，组装材料的发光颜色可以通过控制芳香配体的给电子能力进行调节。

　　电化学循环伏安测试揭示了给电子能力不同的配体对杂化轨道能级的影响。结果表明，随着配体给电子能力的增强，HOMO 轨道能级逐渐上移，而 LUMO 轨道能级几乎固定不变。随着能带的窄化，发射峰位逐渐红移。理论计算结果有力地支持了这一变化。五种铜纳米簇的前线轨道分布坐落在铜核与配体上。其中，$Cu_9(4-F)_7$ 的 HOMO 与 LUMO 主要坐落在铜核上，而 4-氯包覆的纳米簇的 HOMO 主要坐落在配体上。4-溴与 4-甲氧基包覆的纳米簇的前线轨道更明显的与配体轨道相关。从计算单线态到三线态的垂直吸收能的结果可以看出，从 4-氟到 4-甲氧基是减小的趋势，这一趋势也证明了该想法，即铜核与配体之间更强的轨道共轭杂化能力将降低能带值。另外，随着模拟的不同纳米簇的能级值降低的方向，铜原子与配体数目的少量随机变化并没有明显的影响。因此，这些铜纳米簇光学性能的差异主要不是由纳米簇尺寸效应决定的。由于芳香配体种类不同引起的配体与铜核之间变化的作用力更多的应归因于不同能量变化，导致对它们电子结构的影响。

　　为了进一步证实这一机理，巯基丙酸与环己硫醇也作为配体去调节配体与铜核之间的共轭程度（图 4-23）。由于这两种配体不具有芳香苯环结构，所以电子的离域能力被极大弱化。结果，配体与铜核共轭能力的减弱致使荧光相较于以 4-氯苯硫酚为配体的样品蓝移。4-氯苄硫醇和苯乙硫醇被用来改变苯环与巯基基团之间的碳原子个数。随着碳原子数的增多，配体的共轭能力减弱，同样也导致荧光相较于以 4-氯苯硫酚为配体的样品蓝移。当使用苯乙硫醇时，由于配体与铜核的共轭能力过于微弱，所以几乎看不到荧光。

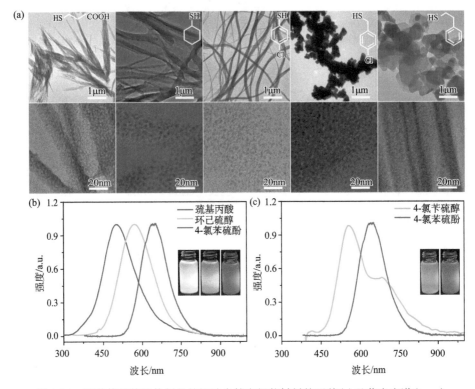

图 4-23　用其他巯基配体制备的铜纳米簇自组装材料的形貌(a)及荧光光谱(b，c)

　　自组装材料的荧光量子效率也依赖于芳香配体的取代基团。改变取代基团由氟到甲氧基，自组装材料的荧光量子效率由 15.6%下降到 3.0%，这一结果明显与之前报道的富电子基团能够增大纳米簇的发光强度不符。需要注意的是，纳米簇自组装材料的发光强度也依赖于纳米簇排列的紧致性，因为紧致性决定了配体的振转运动能力。随着取代基团由氟向甲氧基变化，自组装材料内纳米簇规整性降低，这意味着取代基团空间位阻的增加能够降低纳米簇排列的紧致性。纳米簇的疏松排列难以抑制源自配体振转运动引起的非辐射跃迁。随着氟到甲氧基空间位阻的增加，荧光寿命增长，表明存在更复杂的能量耗散过程与辐射跃迁过程竞争。

　　邻、间、对位取代的氯苯硫酚被选作配体去进一步研究取代基位置对配体共轭能力的影响。纳米簇尺寸、组分、形貌及自组装结构几乎一样。荧光光谱显示间位取代的氯苯硫酚包覆的自组装材料荧光相对于邻位及对位取代包覆的自组装材料光谱红移，而且增加间位取代基团的数目能更加促进红移的程度，这主要归因于取代效应带来的不同给电子能力。考察邻、间、对位取代氯苯硫酚的电负性共振结构可以发现，间位取代的氯苯硫酚因为其中一个共振式电负性位点直接与巯基相连，所以拥有最强的给电子能力，从而导致自组装材料光谱红移。因为纳米簇自组装结构在尺寸与形貌上是均一的，相较于非均一的纳米簇聚集体，它们展示幅度更小的光谱移动。比较邻、间、对位氯苯硫酚作为配体的自组装材料的荧光量子效率可知，由于对位取代的氯苯硫酚具有最小的空间位阻，所以对位取代的氯苯硫酚包覆的材料显示最高的荧光量子效率。

　　除了氯化铜、乙酸铜、硫酸铜、乙酰丙酮铜和硝酸铜等，其他铜源也被用来制备纳米簇自组装材料，并都展示红光发射，这意味着自组装材料的发射峰位置与铜源的类型无关，这一结果排除了铜源对自组装材料发光颜色的影响，证实了光谱变化主要来源于芳香硫醇配体的不同。另外，由氯化铜制备的条带拥有最规整的自组装结构和最明亮的发光，这主要归因于氯离子的易离去易吸附性质，导致自组装材料紧致连续，有益于激子辐射跃迁。

4.4.4　卤原子调控自组装材料发光

　　进一步考察卤原子种类对铜纳米簇自组装材料发光的影响，自组装材料的制备方法和前文相似。为了避免二价铜在发生氧化还原过程中产生的瞬时偶极导致的团簇尺寸不均匀，实验选取氯化亚铜、溴化亚铜和碘化亚铜三种卤化亚铜作为铜源，DT 作为配体，在 50℃ 条件下反应 2h 分别制备了红、黄、蓝三种不同荧光颜色的自组装材料(图 4-24)。TEM 观察发现三种铜纳米簇的组装体均为片状的组装结构，通过 AFM 测定片的厚度均约为 10nm。HRTEM 显示簇的尺寸约为 1.9nm。质谱证实三种铜纳米簇的结构均为 $Cu_4DT_3^+$，阴离子谱能明显观察到各卤素同位素峰，能够确定铜纳米簇的结构为 Cu_4DT_3X(X 为卤素)。XPS 表明铜纳米簇中铜硫卤素的比例均接近 $4:3:1$，铜的价态为 +1 价，进一步证实了铜纳米簇的结构为 Cu_4DT_3X。

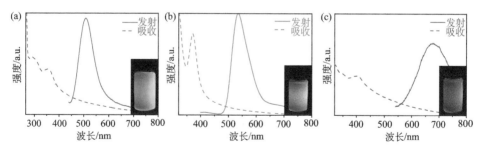

图 4-24　(a)为引入氯后铜纳米簇自组装材料的吸收光谱、荧光发射光谱和荧光照片。(b, c)则分别为引入溴和碘后相对应的光谱和照片

　　氯、溴、碘三种铜纳米簇的最佳激发波长分别为 360nm、382nm 和 405nm。因为本体系中铜纳米簇的荧光不具有激发依赖性，所以后续的测试均在 365nm 激发下完成。在 365nm 激发下，三种含有不同卤素的铜纳米簇的荧光发射峰位

分别为 495nm、571nm 和 690nm，也就是说随着卤素原子序数的增加，光谱发生明显红移。它们的荧光量子效率分别为 6.5%、7.2%和 6.8%，且有超过 150nm 的斯托克斯位移。硫酸铜、乙酸铜等含有其他阴离子的铜盐也被作为反应物来研究阴离子对光色的影响，但是除了含有卤素的铜盐以外，其余铜盐均得不到具有荧光性质的铜纳米簇。此外，紫外吸收光谱显示为多峰曲线，在 240~270nm 波段为硫醇配体峰，而在大于 300nm 的波段，三种铜纳米簇的吸收峰从氯到碘产生明显红移，即存在铜与不同卤素杂化轨道作用，卤素在发光进程中有着重要的作用。

　　为了探究铜纳米簇中卤素对光色影响的机理，进行了变温光谱的测试。由于低温较大程度地抑制了配体的振动和转动，有助于激发态到基态的辐射弛豫，所以随着温度降低，荧光强度逐渐增大。荧光光色均发生明显红移，说明该荧光来自铜纳米簇的本征态发光。因为铜纳米簇在低温下的荧光发射主要来自配体与配体间的高能能带，而铜纳米簇的配体均为 DT，并且在低温条件下光色均不相同，所以可以证明卤素对荧光发射有着明显的贡献。除此之外，还测定了铜纳米簇荧光在室温下的寿命，得到的寿命均在微秒级，因此可以将铜纳米簇的辐射弛豫归结于具有 LMCT 的三线态发光。由于卤素具有重原子效应，卤素重原子的高核电荷使得三线态荧光铜纳米簇的电子能级交错，有利于三线态荧光的自旋轨道耦合作用，从而使 $S_1 \rightarrow T_1$ 的系间窜越概率增大，使得三线态荧光量子效率增加，荧光寿命减少(图 4-25)。推算 HOMO 和 LUMO 轨道发现随着卤素原子序数的增大，HOMO 轨道能量增加，LUMO 轨道能级基本保持不变，即增大了辐射跃迁的能量，导致光谱产生红移。

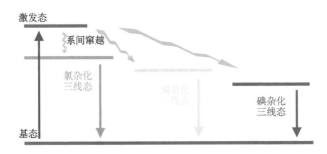

图 4-25　卤素重原子效应对铜纳米簇自组装材料能级的影响

　　为了验证卤素对铜纳米簇荧光的影响，选择反应后无荧光产生的乙酸铜和碱金属卤盐混合，并加入少量水做预处理作为实验组，同时选择不加水作为对照组，可以发现加入配体反应一段时间后实验组有微弱的荧光，且光色与上文提到的相同，而对照组仍无荧光，这是因为对照组中两种反应物不发生离子交换，得到的产物和仅用乙酸铜为铜源时形成的铜纳米簇的相同。而实验组中，乙酸铜和碱金属卤盐在溶液中产生不同程度的离子交换，即卤化铜参与反应，但由于离子交换程度较小，光亮度不是很强，这可以辅助证明卤素对发光颜色的影响。

进一步选择含有卤素的配体来验证卤素的存在形式。将氯化亚铜作为铜源，分别以 4-氯苯硫酚和 4-溴苯硫酚作为配体，得到的铜纳米簇具有红色荧光，且荧光发射峰位几乎相同。原因在于配体上的卤素离铜核较远，卤素上的电子云不直接与铜核的电子云重叠，电子主要通过 LMCT 进行跃迁，同时又因为芳香配体的共轭性较强，使电子平均化，较大程度降低了配体上卤素的作用。而对于卤盐存在下的铜纳米簇，除了配体的 LMCT 对光色的影响，卤原子的电子云也会与铜核重叠，使得与簇核键连的卤原子上的电子也会对光色产生影响，从而导致光色出现明显差异。

4.4.5　簇间距调控自组装材料发光

尽管已经部分解决了铜纳米簇自组装材料荧光强度不高、光色难调控的问题，但是难以实现铜纳米簇的全光谱发射仍然限制了高性能白光 LED 的设计与构筑。值得注意的是，聚集的金属纳米簇通常具有溶剂变色效应，也就是发光的变化极大程度上依赖于后处理过程中的溶剂氛围[63,64]。纳米簇的自组装也在胶体溶液中进行，只不过制得的组装体能从溶液中分离出来并保持原有的荧光性质[65]，表明在纳米簇自组装过程中巧妙地选择溶剂会改变其组装诱导发光性质，与其他影响因素结合，有望控制组装材料内纳米簇的空间分布及纳米簇间距。与溶剂变色效应不同，纳米簇间距及发光性质在形成自组装材料之后就固定了，产物材料具有稳定的组装诱导发光性质。因此，调控自组装材料内纳米簇的间距就能获得各种颜色的荧光发射。

参考前面的制备，先将氯化铜溶解在液体石蜡、二苄醚或者它们的混合液中，然后加入 4-溴苯硫酚作为配体和还原剂。反应混合物在 50℃加热 30min 直接生成铜纳米簇自组装材料。通过简单的更换反应溶剂，制备了具有不同发光颜色的铜纳米簇自组装材料[34]。在液体石蜡与二苄醚中制备的纳米簇的组分分别被确认为 Cu_6BTP_5 和 Cu_3BTP_2，这与理论预测的 Cu_n 簇稳定存在的形式 n=1～9 结果相符。Cu_6BTP_5 簇的吸收峰在 375nm，而 Cu_3BTP_2 簇的吸收峰在 325nm，这些吸收峰源自 4-溴苯硫酚到铜核的电子转移。随着纳米簇尺寸的减小，处于 300～450nm 的吸收峰呈现蓝移，而铜纳米簇自组装材料的荧光峰却发生红移。这一结果与金属簇通常的量子尺寸效应不相符，说明铜纳米簇自组装材料的发光颜色是由其他影响因素决定的而非尺寸。

为了弄清楚光色变化的原因，测试了铜纳米簇自组装材料的延迟荧光，数据显示荧光具有微秒级的长寿命。结合大的斯托克斯位移，铜纳米簇自组装材料的荧光可归为铜中心三线态的辐射跃迁，也就是依赖于由 4-溴苯硫酚上硫原子到铜核铜原子的 LMCT。此外，铜纳米簇自组装材料在不同波长下的荧光寿命及时间分辨荧光发射光谱在室温下是固定不变的，并且三种不同波长发射的荧光材料的寿命也是相近的。这些结果排除了缺陷对光色的影响，表明光色变化主要来源于外界因素对铜纳米簇金属中心三线态发光的影响。

　　小角 XRD 数据显示在液体石蜡与二苄醚中制备的自组装材料的衍射峰位置明显不同，在二苄醚中制备的自组装材料的簇间距明显比在液体石蜡中制备的小。由于在二苄醚中制备的自组装材料中的纳米簇彼此之间更近，所以相邻簇之间的亲铜相互作用更强。根据前面的介绍，增强的亲铜相互作用能够降低铜中心三线态的发光能级。因此，在二苄醚中制备的自组装材料展现更长波长的荧光发射（图 4-26）。

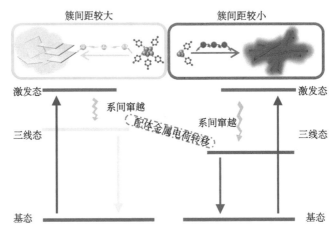

图 4-26　具有不同簇间距的铜纳米簇自组装材料的能级对比

　　为了证明上述观点，十八烯被选作溶剂来制备铜纳米簇自组装材料。十八烯的介电常数为 2.2，介于液体石蜡与二苄醚之间。相应地，所得自组装材料的小角 XRD 在 5.8°呈现一级衍射峰，对应的纳米簇间距为 1.52nm。自组装材料的形貌呈现细长的片状结构，展现出 570nm 的黄光发射。由于十八烯的介电常数更接近液体石蜡，所以自组装材料的簇间距、形貌及荧光发射情况与液体石蜡中制备的更相似。

　　自组装材料内部的簇间距及对应的发光颜色也受制备温度影响。尽管随着温度的增加组装材料形貌并没有发生明显变化，但是其发光颜色却明显蓝移。反应温度为 120℃时，在液体石蜡中制备的自组装材料荧光发射峰位在 521nm，在二苄醚中得到的则在 649nm。这一结果与之前的研究结果一致，即高温有利于形成较大簇间距的自组装结构，从而得到具有更高能量的荧光发射。

　　铜纳米簇自组装材料发光颜色对簇间距的依赖还可以通过材料的机械荧光

变色得到证实。研磨在二苄醚中制备的铜纳米簇自组装材料后，发光颜色由橘红光发射变为黄光发射。同时，簇间距由 1.30nm 增加到 1.41nm。而在液体石蜡中制备的自组装材料，研磨之后荧光峰位并没有变化。相应的，簇间距也没有发生变化。这一结果证实了自组装材料发光颜色由纳米簇间距决定的推测。由于在二苄醚中制备的自组装材料内部簇间距小，研磨处理会稍微增大纳米簇间距，由此导致发射峰蓝移。对于在液体石蜡中制备的自组装材料，内部纳米簇间距比在二苄醚中制备的大，因此簇间距并没有因为研磨发生明显变化，所以自组装材料的发光颜色也没有发生变化。

反应时间是决定纳米簇间距的另一因素(图 4-27)[34]。反应时间的长短会影响纳米簇组装过程的动力学与热力学作用及纳米簇间弱相互作用的平衡。当室温下在二苄醚中制备自组装材料时，其发光颜色会随着反应时间的延长由绿逐渐变红，材料形貌也由片状逐渐转变为带状。随时间变化的小角 XRD 表明，在反应 0.5h 后，自组装材料的一级衍射峰出现在 5.3°，对应的簇间距为 1.67nm。随着反应时间的延长，小角 XRD 图谱出现两套衍射峰，一级衍射峰分别出现在 5.3°和 7.0°。反应 6h 后，5.3°处的衍射峰几乎消失，而 7.0°处的峰仍然存在。这意味着随着自组装时间的延长，簇间距逐渐减小。此外，纳米簇的尺寸随着组装时间的延长而减小。从 0.5h 到 6h 的过程中，纳米簇组成由 Cu_6BTP_5 变为 Cu_3BTP_2。这归因于纳米簇自组装成核的过程中，4-溴苯硫酚反应活性的变化。与之前的方法相比，目前方法的一个优势是仅使用一种配体就能在全光谱范围内调控铜纳米簇自组装材料的发光颜色。

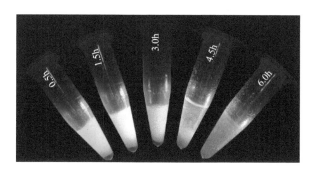

图 4-27　反应时间对铜纳米簇自组装材料发光颜色的影响

4.5　基于金属纳米簇自组装材料的 LED

根据器件结构,基于金属簇自组装材料的 LED 可分为光致发光和电致发光两类。前者将自组装材料覆盖在蓝紫光 LED 芯片上,作为颜色转换层得到各种单色光和白光器件。后者将材料作为发光活性层，通过直接的电子注入获得发光。由于金属簇自组装材料刚刚兴起，电致发光 LED 的例子极少，且发光效率不高，因此本节主要介绍基于金属簇自组装材料的光致发光 LED。

4.5.1　单色光及白光 LED

相对于有机发光材料和半导体纳米晶，铜纳米簇自组装材料具有低毒、易制备、廉价及可批量生产等优点，且制备好的铜纳米簇自组装材料具有极好的结构稳定性，在液体石蜡与二苄醚中制备的自组装材料即使在空气中暴露半年也可以保持原有的组装结构和高的荧光强度[57,62]。芳香硫醇包覆的自组装材料甚至在储存一年后，其发射峰位及发光强度都没有变化[35]。这是因为组装材料内部的纳米簇通过表面配体的穿插缠绕连接成一个彼此保护的整体，使其免受周围环境中水和氧气的侵蚀。另外，由于纳米簇已经形成了自组装材料，通常在混合不同发光颜色纳米尺度荧光单元时容易发生的共振能量转移现象得到了避免，这为设计构筑高性能白光 LED 提供了便利。根据需要，使用前面制备的全光谱发射铜纳米簇自组装材料可以灵活地构筑各种单色光及白光 LED。器件制备方法也很简单。例如，可以将自组装材料与聚二甲基硅氧烷(PDMS)前驱物混合，涂覆在市售 365nm 氮化镓 LED 芯片上，并在 60℃烘箱中固化 2h 制备。分别采用蓝、绿、黄和红光发射的自组装材料，成功构筑了蓝、绿、黄和红光单色光 LED。对应的色坐标分别为(0.21, 0.22)、(0.27, 0.48)、(0.43, 0.46)和(0.51, 0.31)。由于自组装材料具有良好的光色可控性，并且无共振能量转移，将蓝、绿、黄和红光材料按 2.5/0.5/1.2/1、2/0.7/1.3/1.2 和 1.7/0.6/1.5/1.3 的比例进行混合，就可以得到高性能的具有冷白、正白和暖白不同色温的白光 LED(图 4-28)。

4.5.2　器件构筑新方法

还可以引入一些其他方法控制不同发光颜色自组装材料在器件上的厚度和分布。例如，借助电泳沉积技术实现铜簇和金簇自组装材料的共沉积(图 4-29)[66]。其中，$Cu_{14}DT_{10}$ 和 $Au_{15}DT_{15}$ 簇组装材料按照前面的方法在有机溶剂中制备。铜簇自组装材料的平均厚度为 159nm，侧向尺寸高达数微米，在 365nm 紫外光激发下呈现蓝绿色荧光，其荧光发射峰在 491nm，半峰宽为 77nm，绝对荧光量子效率为 4.6%。金簇自组装材料为形貌规整的六边形片，长度为 2.5μm，宽度为 1.2μm，厚度为 162nm，在 365nm 紫外光激发下呈现红色荧光，其荧光发射峰在 601nm，半峰宽为 65nm，荧光量子效率为 1.1%。它们都能很好地分散在氯仿等有机溶剂中。

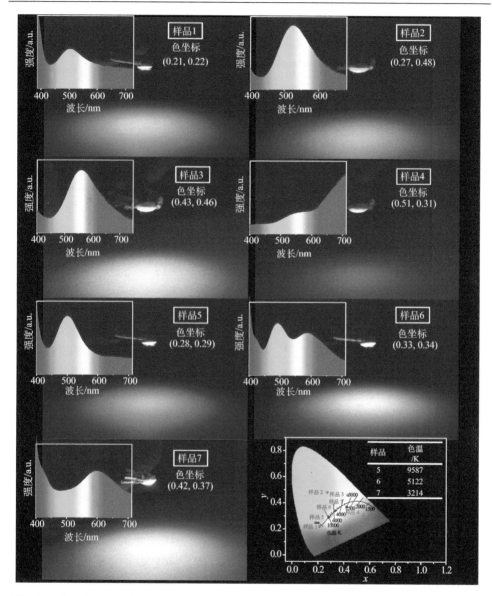

图 4-28　使用蓝、绿、黄和红光发射自组装材料构筑的单色光(样品 1~样品 4)及不同色温的
白光 LED(样品 5~样品 7)

　　为了制备铜簇自组装材料的电泳沉积薄膜，将铜簇自组装材料分散在三氯甲
烷中，在电极间距为 6.5mm、电压为 200 V 的条件下沉积 5min，最终在电极表面
得到平整的薄膜，在紫外光照射下呈现强的蓝绿光，与铜簇自组装材料完全吻合。
从 SEM 照片中，可以看到沉积的铜簇自组装材料平行于电极表面，处于一种面
对面堆积的状态，这归因于铜簇自组装材料大的侧向尺寸，导致面与面之间较强

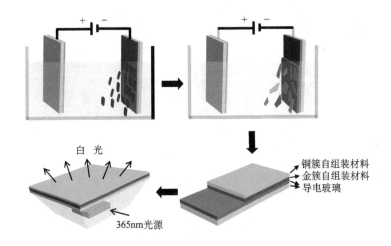

图 4-29　电泳共沉积铜簇和金簇自组装材料

的范德华相互作用。从电泳沉积薄膜截面的 SEM 照片中，可以看到面对面堆叠的铜簇自组装材料的总厚度为 20μm，这个厚度大约为 100 多层铜簇自组装材料的厚度。实验结果清晰地指出，通过电泳沉积，铜簇自组装材料可以很容易地在导电玻璃表面沉积出平整的薄膜。

　　为了确定适合电泳沉积的浓度范围，研究了浓度对铜簇自组装材料沉积速率的影响。关键就是在一个较大的范围内控制薄膜的厚度。在电极浸入液体面积不变的情况下，电泳沉积薄膜的厚度与其质量成正比，可以通过称量电泳沉积前后电极的质量变化来估算薄膜厚度。在理想条件下电泳沉积速率应该正比于材料的浓度。但实际情况，铜簇自组装材料的浓度会随沉积过程不断降低，导致在沉积过程中沉积速率不断下降。只有当初始浓度足够低且沉积速率也足够低的情况下，沉积速率才会几乎保持不变。

　　接下来研究工作电压对电泳沉积过程的影响。从沉积膜的光学和荧光照片可以看出电泳沉积薄膜拥有较高的平整度。当电压为 100V 时，在沉积 30min 内膜的质量增加十分缓慢。但是当电压升高到 500V 时，薄膜的初始沉积速率就十分迅速。由于随着铜簇自组装材料不断沉积到电极表面导致其溶液浓度降低，所以在 15min 后沉积速率也开始发生明显下降。由于在电极间距固定的情况下，电压正比于电场强度，所以沉积速率与电压成正比关系。基于这一实验结果，铜簇自组装材料的电泳沉积薄膜厚度可以通过调整电压和沉积时间来调节。进一步借助SEM 建立了薄膜厚度与质量之间的关系，确定了铜簇自组装材料薄膜的质量与厚度之间为线性关系。

　　金簇自组装材料的电泳沉积速率要明显小于铜簇，相同条件下仅能够得到很薄的薄膜。与铜簇自组装材料相比，金簇自组装材料的表面电势和侧向尺寸更低。在氯仿中，铜簇自组装材料的表面电势为 13mV，而金簇自组装材料的电势仅为 2.4mV。一方面，电泳迁移率是与电势成正比的，金簇自组装材料较低的电势导致其电泳迁移率低。另一方面，金簇自组装材料较小的侧向尺寸降低了面与面之间的范德华力，减少了面对面沉积的趋势，导致沉积效率降低。所以，金簇自组装材料的沉积量远远小于铜簇自组装材料。为了增加金簇自组装材料的沉积量，应该增加材料的电泳迁移率和浓度。由于电泳迁移率与介电常数成正比，在悬浮液中引入介电常数大于氯仿的溶剂将会提高电泳迁移率。在此情况下，氯仿的介电常数为 5.1，而丙酮的介电常数为 21.5。引入丙酮一方面通过增加溶剂介电常数提高了电泳迁移率。另一方面，由于丙酮极性较大，是金簇自组装材料的不良溶剂，会使其发生团聚，在一定程度上增大了电泳沉积构筑基元的尺寸，进而也使沉积效率得到增加。进一步增加金簇自组装材料的浓度，沉积量还会继续增加。

电泳沉积法可以拓展到铜簇和金簇两种自组装材料的共沉积。考虑到要将共沉积薄膜作为颜色转换层用于白光器件，红光的金簇自组装材料应该靠近发射峰在 365nm 的氮化镓芯片。一方面是因为金簇自组装材料的荧光量子效率较低，将其靠近光源有利于吸收更多的紫外光从而提高发光强度。另一方面，由于蓝绿光能量高于红光，由铜簇自组装材料吸收紫外光后发射的蓝绿光可能被金簇自组装材料吸收，为设计白光 LED 增加了难度。另外，金簇自组装材料的沉积效率要低于铜簇自组装材料，所以在共沉积实验中，应先沉积金簇自组装材料后沉积铜簇自组装材料。在得到的电泳沉积薄膜中，金簇自组装材料紧贴电极表面，而铜簇自组装材料则沉积在金簇自组装材料上方(图 4-30)。共沉积薄膜的结构可以通过小角 XRD 数据证实。由于铜簇自组装材料沉积在金簇自组装材料表面，所以共沉积薄膜中铜簇自组装材料的衍射峰更强。从共沉积薄膜截面的 SEM 照片中可以清晰地分辨出铜簇和金簇自组装材料。值得注意的是，尽管薄膜是通过两步方法制备的，其沉积动力学仍然与单独沉积一种自组装材料相同。另外，将沉积了金簇自组装材料的薄膜浸入到铜簇自组装材料的悬浮液中时，金簇自组装材料并没有脱落，这是因为铜簇自组装材料的侧向尺寸更大，沉积效率更高，会迅速沉积在金簇自组装材料的表面，起到保护作用。

LED 器件通过将电泳沉积的薄膜覆盖在 365nm 氮化镓芯片上得到。电泳沉积膜吸收了氮化镓芯片的 365nm 紫外光，发射出铜簇和金簇自组装材料的蓝绿色和红色的荧光，起到颜色转换层的作用。使用单色的电泳沉积薄膜作为颜色转换层时，得到的是单色光的 LED，红光和蓝绿光器件的色坐标分别为(0.55,0.35)和(0.21,0.43)。白光器件则是将铜簇和金簇自组装材料的共沉积膜作为颜色转换层，色坐标为(0.31,0.36)，色温为6577K，显色指数为88。

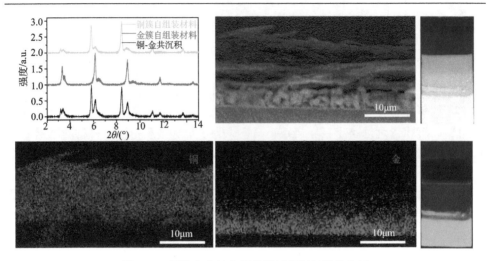

图 4-30　铜簇和金簇自组装材料共沉积膜的表征

4.6　总结与展望

自组装策略能够显著提高金属纳米团簇的稳定性，实现性能集成与优化，尤其是金属纳米簇的荧光特性在形成自组装结构后获得了显著增强。该自组装诱导增强发光的特性极大提高了金属纳米簇应用于照明、显示领域的潜力。与未组装的金属簇相比，自组装材料至少有三个优点：自组装后的金属簇与周围环境接触面积减小，提高了抗氧化能力和荧光稳定性；组装后的金属簇彼此紧密接触，限制了表面配体的振转运动，提高了发光强度；自组装技术灵活多变的特点为进一步调控金属簇的组装模式创造了机会，如对金属簇成分、配体、空间分布等的控制能够大范围调节发光颜色等。尽管已经取得了较好进展，金属簇自组装方法还有很多需要完善的地方。首先，目前用来组装的媒介为液体石蜡、二苄醚等有机溶剂。从环保角度，水应该是最理想的溶剂。未来研究应该侧重在水溶液中调控金属簇的组装。其次，还需要深入研究自组装材料的激发弛豫动力学。更深入的实验和计算机模拟有助于揭示发光的本质，用于优化组装材料的荧光发射波长、荧光量子效率、半峰宽等。最后，金属簇自组装材料最有前景的用途是电致发光类型的 LED，而目前的 LED 以光致发光为主。电致发光 LED 的设计与优化还存在很多技术难点，尚需逐一解决。这也是本领域研究人员下一步的研究要点。

参 考 文 献

[1]　Jin R, Zeng C, Zhou M, et al. Atomically precise colloidal metal nanoclusters and nanoparticles: Fundamentals and opportunities. Chem Rev, 2016, 116: 10346-10413.

[2] Lu Y, Chen W. Sub-nanometre sized metal clusters: From synthetic challenges to the unique property discoveries. Chem Soc Rev, 2012, 41: 3594-3623.

[3] Qian H, Zhu M, Wu Z, et al. Quantum sized gold nanoclusters with atomic precision. Acc Chem Res, 2012, 45: 1470-1479.

[4] Zeng C, Chen Y, Kirschbaum K, et al. Emergence of hierarchical structural complexities in nanoparticles and their assembly. Science, 2016, 354: 1580-1584.

[5] He L, Musick M D, Nicewarner S R, et al. Colloidal Au-enhanced surface plasmon resonance for ultrasensitive detection of DNA hybridization. J Am Chem Soc, 2000, 122: 9071-9077.

[6] Zheng J, Zhang C, Dickson R M. Highly fluorescent, water-soluble, size-tunable gold quantum dots. Phys Rev Lett, 2004, 93: 077402.

[7] Yu Y, Luo Z, Chevrier D M, et al. Identification of a highly luminescent $Au_{22}(SG)_{18}$ nanocluster. J Am Chem Soc, 2014, 136: 1246-1249.

[8] Zhou C, Yu J, Qin Y, et al. Grain size effects in polycrystalline gold nanoparticles. Nanoscale, 2012, 4: 4228-4233.

[9] Yuan X, Dou X, Zheng K, et al. Recent advances in the synthesis and applications of ultrasmall bimetallic nanoclusters. Part Part Syst Charact, 2015, 32: 613-629.

[10] Wu Z, Li Y, Liu J, et al. Colloidal self-assembly of catalytic copper nanoclusters into ultrathin ribbons. Angew Chem Int Edit, 2014, 53: 12196-12200.

[11] Li G, Jin R. Atomically precise gold nanoclusters as new model catalysts. Acc Chem Res, 2013, 46: 1749-1758.

[12] Yin H, Tang H, Wang D, et al. Facile synthesis of surfactant-free Au cluster/graphene hybrids for high-performance oxygen reduction reaction. ACS Nano, 2012, 6: 8288-8297.

[13] Bootharaju M, Deepesh G, Udayabhaskararao T, et al. Atomically precise silver clusters for efficient chlorocarbon degradation. J Mater Chem A, 2013, 1: 611-620.

[14] Biju V. Chemical modifications and bioconjugate reactions of nanomaterials for sensing, imaging, drug delivery and therapy. Chem Soc Rev, 2014, 43: 744-764.

[15] Tao Y, Li M, Ren J, et al. Metal nanoclusters: Novel probes for diagnostic and therapeutic applications. Chem Soc Rev, 2015, 44: 8636-8663.

[16] Wang Z, Chen B, Rogach A. Synthesis, optical properties and applications of light-emitting copper nanoclusters. Nanoscale Horiz, 2017, 2: 135-146.

[17] Diez I, Ras R. Fluorescent silver nanoclusters. Nanoscale, 2011, 3: 1963-1970.

[18] Zhang L, Wang E. Metal nanoclusters: New fluorescent probes for sensors and bioimaging. Nano Today, 2014, 9: 132-157.

[19] Jin R. Atomically precise metal nanoclusters: Stable sizes and optical properties. Nanoscale, 2015, 7: 1549-1565.

[20] Wu Z, Lanni E, Chen W, et al. High yield, large scale synthesis of thiolate-protected Ag-7 clusters. J Am Chem Soc, 2009, 131: 16672-16674.

[21] Jia X, Li J, Wang E. Cu nanoclusters with aggregation induced emission enhancement. Small, 2013, 9: 3873-3879.

[22] Yu P, Wen X, Toh Y, et al. Fluorescent metallic nanoclusters: Electron dynamics, structure, and

applications. Part Part Syst Charact, 2015, 32: 142-163.

[23] Chen L, Wang C, Yuan Z, et al. Fluorescent gold nanoclusters: Recent advances in sensing and imaging. Anal Chem, 2015, 87: 216-229.

[24] Wu Z, Jin R. On the ligand's role in the fluorescence of gold nanoclusters. Nano Lett, 2010, 10: 2568-2573.

[25] Shichibu Y, Negishi Y, Watanabe T, et al. Biicosahedral gold clusters $[Au_{25}(PPh3)_{10}(SC_nH_{2n+1})_5Cl_2]^{2+}$ ($n = 2-18$): A stepping stone to cluster-assembled materials. J Phys Chem C, 2007, 111: 7845-7847.

[26] Yuan Z, Peng M, He Y, et al. Functionalized fluorescent gold nanodots: Synthesis and application for Pb^{2+} sensing. Chem Commun, 2011, 47: 11981-11983.

[27] Luo Z, Yuan X, Yu Y, et al. From aggregation-induced emission of Au(Ⅰ)-thiolate complexes to ultrabright Au(0)@Au(Ⅰ)-thiolate core-shell nanoclusters. J Am Chem Soc, 2012, 134: 16662-16670.

[28] Liu Y, Yao D, Zhang H. Self-assembly driven aggregation-induced emission of copper nanoclusters: A novel technology for lighting. ACS Appl Mater Interfaces, 2018, 10: 12071-12080.

[29] Pust P, Weiler V, Hecht C, et al. Narrow-band red-emitting $Sr[LiAl_3N_4]$: Eu^{2+} as a next-generation led-phosphor material. Nat Mater, 2014, 13: 891-896.

[30] Li G, Shinar J. Combinatorial fabrication and studies of bright white organic light-emitting devices based on emission from rubrene-doped 4, 4'-bis(2, 2'-diphenylvinyl)-1, 1'-biphenyl. Appl Phys Lett, 2003, 83: 5359-5361.

[31] Dai Q, Duty C, Hu M. Semiconductor-nanocrystals-based white light-emitting diodes. Small, 2010, 6: 1577-1588.

[32] Kuttipillai P, Zhao Y, Traverse C, et al. Phosphorescent nanocluster light-emitting diodes. Adv Mater, 2016, 28: 320-326.

[33] Niesen B, Rand B. Thin film metal nanocluster light-emitting devices. Adv Mater, 2014, 26: 1446-1449.

[34] Ai L, Liu Z, Zhou D, et al. Copper inter-nanoclusters distance-modulated chromism of self-assembly induced emission. Nanoscale, 2017, 9: 18845-18854.

[35] Ai L, Jiang W, Liu Z, et al. Engineering a red emission of copper nanocluster self-assembly architectures by employing aromatic thiols as capping ligands. Nanoscale, 2017, 9: 12618-12627.

[36] Wang Z, Xiong Y, Kershaw S, et al. In situ fabrication of flexible, thermally stable, large-area, strongly luminescent copper nanocluster/polymer composite films. Chem Mater, 2017, 29: 10206-10211.

[37] Wang Z, Chen B, Susha A, et al. All-copper nanocluster based down-conversion white light-emitting devices. Adv Sci, 2016, 3: 1600182.

[38] Hong Y, Lam J, Tang B. Aggregation-induced emission: Phenomenon, mechanism and applications. Chem Commun, 2009, 29: 4332-4353.

[39] Goswami N, Yao Q, Luo Z, et al. Luminescent metal nanoclusters with aggregation-induced

emission. J Phys Chem Lett, 2016, 7: 962-975.

[40] Tian R, Zhang S, Li M, et al. Localization of Au nanoclusters on layered double hydroxides nanosheets: Confinement-induced emission enhancement and temperature-responsive luminescence. Adv Funct Mater, 2015, 25: 5006-5015.

[41] Kwok R, Leung C, Lam J, et al. Biosensing by luminogens with aggregation-induced emission characteristics. Chem Soc Rev, 2015, 44: 4228-4238.

[42] Qin A, Lam J, Tang L, et al. Polytriazoles with aggregation-induced emission characteristics: Synthesis by click polymerization and application as explosive chemosensors. Macromolecules, 2009, 42: 1421-1424.

[43] Yuan W, Lu P, Chen S, et al. Changing the behavior of chromophores from aggregation-caused quenching to aggregation-induced emission: Development of highly efficient light emitters in the solid state. Adv Mater, 2010, 22: 2159-2163.

[44] Gong J, Li G, Tang Z. Self-assembly of noble metal nanocrystals: Fabrication, optical property, and application. Nano Today, 2012, 7: 564-585.

[45] Xia Y, Nguyen T, Yang M, et al. Self-assembly of self-limiting monodisperse supraparticles from polydisperse nanoparticles. Nat Nanotechnol, 2011, 6: 580-587.

[46] Bouet C, Mahler B, Nadal B, et al. Two-dimensional growth of CdSe nanocrystals, from nanoplatelets to nanosheets. Chem Mater, 2013, 25: 639-645.

[47] Ithurria S, Dubertret B. Quasi 2D colloidal CdSe platelets with thicknesses controlled at the atomic level. J Am Chem Soc, 2008, 130: 16504-16505.

[48] Son J, Wen X, Joo J, et al. Large-scale soft colloidal template synthesis of 1.4 nm thick CdSe nanosheets. Angew Chem, 2009, 121: 6993-6996.

[49] Wu Z, Dong C, Li Y, et al. Self-assembly of Au-15 into single-cluster-thick sheets at the interface of two miscible high-boiling solvents. Angew Chem Int Edit, 2013, 52: 9952-9955.

[50] Wu Z, Liu J, Li Y, et al. Self-assembly of nanoclusters into mono-, few-, and multilayered sheets via dipole-induced asymmetric van der Waals attraction. Acs Nano, 2015, 9: 6315-6323.

[51] Liu J, Tian Y, Wu Z, et al. Analogous self-assembly and crystallization: A chloride-directed orientated self-assembly of Cu nanoclusters and subsequent growth of $Cu_{2-x}S$ nanocrystals. Nanoscale, 2017, 9: 10335-10343.

[52] Wu Z, Zou H, Li T, et al. Single-unit-cell thick Co_9S_8 nanosheets from preassembled Co_{14} nanoclusters. Chem Commun, 2016, 53: 416-419.

[53] Yuan X, Luo Z, Zhang Q, et al. Synthesis of highly fluorescent metal (Ag, Au, Pt, and Cu) nanoclusters by electrostatically induced reversible phase transfer. Acs Nano, 2011, 5: 8800-8808.

[54] Kawasaki H, Kosaka Y, Myoujin Y, et al. Microwave-assisted polyol synthesis of copper nanocrystals without using additional protective agents. Chem Commun, 2011, 47: 7740-7742.

[55] Patel S, Richards C, Hsiang J, et al. Water-soluble Ag nanoclusters exhibit strong two-photon-induced fluorescence. J Am Chem Soc, 2008, 130: 11602-11603.

[56] Yu Y, Li J, Chen T, et al. Decoupling the CO-reduction protocol to generate luminescent $Au_{22}(SR)_{18}$ nanocluster. J Phys Chem C, 2015, 119: 10910-10918.

[57] Wu Z, Liu J, Gao Y, et al. Assembly-induced enhancement of Cu nanoclusters luminescence with mechanochromic property. J Am Chem Soc, 2015, 137: 12906-12913.

[58] Wu Z, Liu H, Li T, et al. Contribution of metal defects in the assembly induced emission of Cu nanoclusters. J Am Chem Soc, 2017, 139: 4318-4321.

[59] Krause M, Mooney J, Kambhampati P. Chemical and thermodynamic control of the surface of semiconductor nanocrystals for designer white light emitters. ACS Nano, 2013, 7: 5922-5929.

[60] Wang C, Ling L, Yao Y, et al. One-step synthesis of fluorescent smart thermo-responsive copper clusters: A potential nanothermometer in living cells. Nano Res, 2015, 8: 1975-1986.

[61] Jia X, Li J, Wang E. Supramolecular self-assembly of morphology-dependent luminescent Ag nanoclusters. Chem Commun, 2014, 50: 9565-9568.

[62] Liu J, Wu Z, Tian Y, et al. Engineering the self-assembly induced emission of Au nanoclusters by Au(Ⅰ) doping. ACS Appl Mater Interfaces, 2017, 9: 24899-24907.

[63] Huang R, Wei Y, Dong X, et al. Hypersensitive dual-function luminescence switching of a silver-chalcogenolate cluster-based metal-organic framework. Nat Chem, 2017, 9: 689-897.

[64] Ling Y, Wu J, Gao Z, et al. Enhanced emission of polyethyleneimine-coated copper nanoclusters and their solvent effect. J Phys Chem C, 2015, 119: 27173-27177.

[65] Yahia-Ammar A, Sierra D, Mérola F, et al. Self-assembled gold nanoclusters for bright fluorescence imaging and enhanced drug delivery. ACS Nano, 2016, 10: 2591-2599.

[66] Liu J, Wu Z, Li T, et al. Electrophoretic deposition of fluorescent Cu and Au sheets for light-emitting diodes. Nanoscale, 2016, 8: 395-402.

第5章 光功能纳米晶与聚合物复合超分子材料

曾庆森 杨 柏

5.1 引 言

纳米晶是指尺寸为纳米级的金属、金属氧化物、半导体材料或碳的细小晶体，其尺寸至少有一维在 100nm 以内[1]。纳米晶是介于体相材料与分子间的物质，具有许多特殊的光、电、磁及催化等性能。纳米晶材料最具魅力的特点在于其物理和化学性质对其尺寸的强烈依赖性[2,3]。人们期待通过精确合成各种尺度及形状的纳米晶，再以其为构筑单元实现进一步的复合与组装，以强化材料的各类性能，并实现材料间性能的集成。由于纳米晶材料尺寸小，表面效应非常显著，实际应用中极易聚集，进而影响其光学和电学性能。因此，将纳米晶材料与聚合物组装成复合材料，既能维持纳米晶本身的特性，同时也可以结合聚合物材料的物理化学性质稳定、机械性能可调和易加工成型等优点，进一步强化复合材料功能的同时也增强了纳米材料的稳定性[4-8]。

复合材料的性质主要通过聚合物和纳米晶之间的相互作用来调控，尤其是超分子相互作用，如静电力、配位作用、范德华力、氢键等[9-12]。例如，在杂化发光材料中，多齿的聚合物配体通过配位作用可以钝化碲化镉(CdTe)纳米晶表面缺陷，增强发光效率[9]，聚合物也可以通过氢键和碳点作用而产生磷光[10]；在杂化光电材料中，复合材料的形貌影响电荷的转移和分离，通过在导电聚合物上引入极性基团，增强与纳米晶的配位作用，通过调控聚合物上的基团数量可以调节聚合物和纳米晶的组装结构来控制活性层形貌，从而获得最优的光电转换性能[11]；在杂化高折射率光学材料中，通过配位或者静电作用在纳米晶表面引入可聚合的表面活性剂，然后和单体共混聚合得到均匀的薄膜，纳米晶的引入增强复合材料折射率的同时还不影响薄膜的透光率[12]。

在本章中，主要介绍光功能纳米晶与聚合物的复合杂化材料，其中涉及的光功能纳米基元主要包含半导体纳米晶和碳基纳米点；不同功能复合材料的制备方法也不尽统一，不同维度复合材料也显现不同的光学性质；在发光、光电及高折射率光学杂化材料中，聚合物和纳米晶之间的相互作用，尤其是超分子作用，对杂化材料性质的调控起到重要作用。

5.2　光功能纳米基元的制备

5.2.1　半导体纳米晶

半导体种类非常丰富：一元的硅、锗等；二元的 II-VI 族 CdTe 和硫化锌(ZnS)等、III-V 族磷化铟(InP)等；三元的铜铟硫(CuInS$_2$)、钙钛矿等；四元的铜锌锡硫(Cu$_2$ZnSnS$_4$)等。当把这些材料做到纳米尺寸时，可以赋予材料更丰富的性质。由于纳米晶具有量子尺寸效应，其光学、电学性质可以通过调节尺寸来进行精细控制。例如硒化镉(CdSe)纳米晶，调节尺寸可以使荧光发射颜色由蓝色到红色[13]。调节纳米晶组分也可以调控其吸收及光电性质。例如，在 CdTe 纳米晶中引入汞离子(Hg^{2+})可以制备出具有近红外吸收的三元 CdHgTe 纳米晶，其吸收范围较CdTe 纳米晶有明显的红移，吸收光谱与太阳光谱匹配得更加全面，是很有潜力的光电材料[14]；ZnS 纳米晶吸收在紫外光区，表面出很好的可见光区透过性，因此常被用作无机填充组分来增加聚合物材料的折射率[12]。有些小分子配体对纳米晶不同晶面的吸附能力是不同的，利用这点可以有效地控制不同晶面的生长速度，从而可以制备出不同形状的纳米晶[15,16]。不同形状的纳米晶在控制太阳能电池的活性层形貌上有着重要的作用，如四针状 CdTe 纳米晶，在制备活性层后，总有一端垂直于基底，这样的取向更加有利于电荷向两极的定向传输[17]。

纳米晶的合成方法大体分为有机相合成和水相合成两类，有机相合成方法相对比较成熟，理论也比较完善。关于有机相纳米晶合成的相关工作开展得也相对要早[18-20]。纳米晶的制备过程一般可以分为两个阶段，一个是成核，另一个是生长。任何影响这两个阶段的因素都会影响最后得到的纳米晶的性质。在有机相纳米晶合成中，彭笑刚等对纳米晶的成核及生长做了详尽的研究，逐渐地丰富了有机相纳米晶的合成理论[19,20]。然而水相过程合成纳米晶相对来说发展得较晚，主要原因是水溶液中的环境较为复杂，离子强度、pH 等因素都会影响纳米晶成核或生长，这就导致在水溶液中同时存在多种作用力[21,22]。纳米晶生长过程中会有范德华力、库仑引力和库仑斥力共同作用。纳米晶表面也同时存在着配体层、吸附层和扩散层，不同层的作用力有着显著的区别，这些都直接影响纳米晶的生长[23]。同时由于丰富的表面作用力的存在，水相合成的纳米晶更容易与带有电荷的小分子或者聚合物进行组装，从而赋予纳米晶更为丰富的物理化学性质。

5.2.2　碳基纳米点

早在 2004 年,碳点材料就被报道出来,是从碳纳米管的裂解物中提取出来[24]。直到 2010 年之后,发光碳点的研究引起越来越广泛的关注。碳基纳米点一般是指具有良好发光性质、尺寸小于 10nm 的零维碳材料，通常具有易合成、成本低、原料来源广泛、无毒且生物相容性好等特点，因此可以广泛地应用于生物医学、传感检测、催化等诸多领域[25]。由于大量不同种类的碳点被报道出来，其概念也发生了较明显的拓展。可以说，碳点已经是对这一类荧光碳材料比较全面的一个定义。广义上讲，碳点是指尺寸小于 20nm 的具有荧光性质的碳颗粒。碳点的化学结构可以是 sp^2 和 sp^3 的杂化碳结构，具有单层或多层石墨结构，也可以是聚合物类的聚集颗粒。根据其结构主要可分为：石墨烯量子点(GQDs)和碳化聚合物点(CPDs)。石墨烯量子点是指具有单层或小于 5 层石墨烯的碳核结构，以及边缘键连的化学基团[26]。石墨烯量子点的尺寸具有典型的各向异性，横向尺寸大于纵向的高度，具有典型的碳晶格结构。碳化聚合物点通常是球状结构，可以分为晶格明显的碳纳米点和无晶格的碳纳米点。碳化聚合物点这个概念比较契合其形成过程，一般碳化聚合物点的原料都是高官能度的小分子或者聚合物，经过脱水缩合交联成核生成聚合物簇，进一步碳化形成碳化聚合物点[10]。如图 5-1 所示，以聚合物为原料合成碳化聚合物点，随着水热温度的升高和反应的进行，聚合物的交联和碳化程度逐渐增强，碳化聚合物点的聚合物性质逐渐减弱，碳核态逐渐显现，生成具有晶格的碳点[27]。碳化聚合物点表面具有丰富的官能团，有很好的修饰能力和聚合物的相容性，结合其相对更低的毒性和更好的光稳定性，在聚合物杂化光功能材料领域具有很强的潜在应用价值。

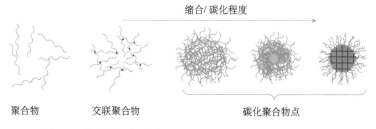

图 5-1 聚合物、交联聚合物与碳化聚合物点的结构示意图

5.3 纳米晶/聚合物复合超分子材料的制备方法及性质

纳米晶具有优异的光学和电学性质，与聚合物复合又可以带来以下优点：①稳定纳米晶，限制它们的聚集，从而保护它们的功能；②提高复合材料的加工性；③如果聚合物具有光、电等功能，就不仅可以起到稳定纳米晶的作用，还可以利用纳米晶与聚合物之间的相互作用来增强纳米晶的功能或实现纳米晶与聚合物之间功能的集成，这对于发展小、轻、薄、高性能的新一代电子设备是重要的。

在聚合物纳米杂化材料制备过程中，根据不同的材料和功能，现已发展出多种制备纳米晶/聚合物复合超分子材料的方法。

5.3.1　纳米晶/聚合物复合超分子材料的制备方法

1. 直接共混法

最简单也是最早发展起来的方法是直接分散法。直接分散法又称直接共混法，即先合成出各种形态的纳米晶，再通过各种方式与聚合物复合，制备聚合物基纳米复合材料。利用该方法制备的复合材料在电致发光、光伏太阳能电池以及温敏材料等领域已有应用，有的已经达到产业化生产[5,28]。该方法虽然简单，纳米晶与材料的合成是分步进行的，纳米晶的形态、尺寸均可控制，但整个活性层的形貌只能靠分子间的范德华力调控。由于无机纳米晶具有较高的表面自由能，易于自发团聚，在利用直接分散法制备纳米晶/聚合物复合材料过程中不可避免地会出现纳米晶的团聚现象，导致纳米晶在聚合物中分散不均匀，丧失或部分丧失其特有的功能和作用。

2. 原位生成法

原位生成法是无机纳米晶不预先制备，而是在反应中就地生成的一种方法[29]。该法主要用于制备过渡金属硫系化合物或卤化物/聚合物复合材料。将基体与金属离子预先组成前驱体，使金属离子在聚合物中均匀、稳定分散，然后暴露在对应阴离子组分的气体或溶液中，原位反应生成纳米晶。其中第一步是控制纳米晶大小和均匀分散的关键，基体中要有稳定金属离子的几何因素(如空隙)或化学组成结构。可以通过对聚合物基体分子结构的设计、剪裁来控制纳米晶的粒径及分散性。嵌段共聚物和聚合物共混物的相分离行为也有助于半导体团簇在形成过程中的分散。

3. 层层组装法

层层组装法是由 Decher 发展起来的[30]，这是一种利用带相反电荷的聚电解质在基片上交替沉积制备薄膜的一种方法，驱动力通常为静电力，它的简便与普适性使其可以应用在许多领域。经过不断完善和发展，其无论是在理论还是实际应用等方面都得到深入的研究。近年来，层层组装技术也被应用在纳米晶与聚合物组装方面，所制备的复合材料具有电致发光的性质[31]。其缺点是仅适合制备膜材料，如果制备体相材料则有一定困难。

4. 溶胶-凝胶法

溶胶-凝胶法始于 1846 年 Ebelmen 和 Graham 对正硅酸乙酯在酸性条件下水解形成玻璃状材料二氧化硅(SiO_2)的研究[32]。所谓溶胶-凝胶技术是指烷氧基金属化合物在溶液中水解、缩合成溶胶液，然后除去溶剂转化为凝胶，最终制得固体氧化物或其他固体化合物的方法。溶胶-凝胶过程中水解和缩合反应一般是同时进行的，水解、缩合的每一步都产生小分子副产物，如醇、水，这些小分子化合物从体系中的离去是导致网络形成和材料形成过程中高收缩率的主要原因。

5. 表面接枝法

纳米晶与聚合物介质间共价键的形成是避免产生相分离的有效方法。对于有机金属法制备的纳米晶，常用手段是通过配体交换，利用静电力或者配位作用在纳米晶表面部分组装上有可聚合功能基团的分子，通过它们与聚合物单体共聚，形成稳定的结构。具体的聚合方式有自由基聚合、转移聚合、活性聚合等[33]。表面接枝方法还可以实现聚合物对单个纳米晶的包覆。由于形成交联的聚合物保护层，纳米晶与外界环境几乎完全隔绝，使复合纳米晶具有超强的抗酸碱、氧化和光氧化能力[34]。如果在纳米晶表面接枝上生物大分子或具有生物亲和能力的聚合物，就可以让功能纳米晶直接参与生物体内的代谢，扩展纳米晶材料在生命科学中的应用，因此很多有化学或生物研究背景的人员正在从事这一方面的探索。但是，表面接枝必须经过配体交换这一步，该步骤不但复杂，而且会大幅度破坏半导体纳米晶的荧光性能。实验表明，非核壳结构半导体纳米晶经配体交换后，荧光会被全部猝灭；核壳结构纳米晶经配体交换后，荧光强度降低一半。尽管如此，该方法用于聚合物修饰金属氧化物纳米晶还是非常成功的。

5.3.2　纳米晶/聚合物一维复合材料

纳米线、纳米棒、纳米管等材料由于其本身独特的量子性质，在纳米电子器件、纳米传感器、纳米激光材料、太阳能电池以及纳米光电子等方面得到了深入的研究[16]。人们采用不同的方法制备了各种各样的纳米晶/聚合物一维复合材料。例如，崔铁钰等以黄色氧化铅和甲基丙烯酸为原料合成了层状结构的甲基丙烯酸铅有机金属盐，然后通过层状结构的甲基丙烯酸铅在热乙醇中先溶解再析出的方法即可以获得有机重金属盐(甲基丙烯酸铅)纳米线，采用 γ 射线对单体纳米线进行辐照，即可在保持原有纳米线形貌的前提下使甲基丙烯酸铅纳米线聚合，获得聚甲基丙烯酸铅纳米线，该方法还可以避免其他试剂的引入，最后向聚甲基丙烯酸铅纳米线通入硫化氢气体，在聚合物中原位硫化生成硫化铅(PbS)纳米晶，即构造出 PbS 纳米晶/聚合物复合纳米线[35]。聚合物侧链上的羧基和 PbS 存在配位，稳定 PbS 的同时也能阻止纳米晶的聚集。

Saraf 等以在溶液中具有项链结构的聚电解质为模板，在项链的每一个珠内可以合成单分散性好的硫化镉(CdS)纳米晶，从而构造出珠链型一维复合材料，该材料展现出电致发光的性质[36]。Emrick 等以二元嵌段共聚物为模板，实现了 CdSe 纳米棒的有序组装[37]，进一步对 CdSe 纳米棒进行表面修饰和配体交换两步反应，直接在其表面接枝聚噻吩，该材料显示出纳米棒对聚噻吩明显的荧光猝灭作用，向一维棒状复合材料光伏性质的提高迈进一步[38]。此外，李敏杰等通过静电纺丝的方法制备了 CdTe/聚乙烯醇(PVA)复合材料，由于在纺丝过程中溶剂的快速挥发，使得聚合物链段迅速凝固，CdTe 纳米晶没有时间聚集，可以均匀分散在聚合物纤维中，抑制了纳米晶之间的荧光共振能量转移，有效解决了纳米晶与聚合物复合过程中的聚集问题[39]。

5.3.3　纳米晶/聚合物二维复合材料

在对各种尺度纳米材料的精确合成、复合和组装过程中，科研工作者一直期待能在超薄膜、多层膜、超晶格这一尺度上强化材料的光、电等性能，并且实现相互之间功能的转换，在化工、医药、环境等传统和新兴工业中开拓出新的领域。因此，近年来发展出不同的方法，制备了不同光功能的复合薄膜材料。

张皓等发展了一种以自组装沉积膜为桥梁研究纳米晶表面结构的方法。在 CdTe 纳米晶的制备过程中，起稳定作用的巯基丙酸使纳米晶表面带有负电荷，利用它与聚电解质——聚二甲基二烯丙基氯化铵(PDDA)间的静电相互作用使之交替沉积组装成 CdTe 纳米晶复合膜。这种自组装方法沉积的复合薄膜既避免了溶液中杂离子的干扰，又最大程度上保持了纳米晶的表面结构，可用于纳米晶表面结构的精准研究。随后又利用羧基和吡啶基团在组装过程中的作用，采用聚丙烯酸为中介物，有效增强了 CdTe 纳米晶与咔唑/吡啶共聚物(Co-VCz-4VP)在固/液界面上的作用力。通过控制咔唑/吡啶在共聚物中的比例，以及聚丙烯酸在 CdTe 溶液中的浓度，实现了发光 CdTe 纳米晶和非离子型含吡啶共聚物在超薄膜中的可控沉积[40]。

除此之外，马东阁等采用将 CdSe/CdS 核壳纳米晶直接共混到聚乙烯基咔唑中的简单方法，制备了纳米晶/聚合物复合白光材料[41]。Wei 等将含有树枝状结构的聚芴衍生物与表面修饰了苯硫醇的 CdS 复合，得到的材料无论是荧光还是电致发光的效率均提高了两倍以上[42]。Chang 等将层层组装和光刻技术相结合，通过调节沉积顺序和采用不同大小的纳米晶来得到不同程度的荧光共振能量转移，从而获得不同发光颜色的复合材料[43]。Kotov 等利用层层组装技术构筑了纳米晶与聚合物的纳米彩虹[44]。Klar 等同样利用纳米晶与聚合物的层层组装技术以及纳米晶之间的荧光共振能量转移获得红光量子效率提高了四倍以上的复合薄膜[45]。Jang 等采用界面聚合的方法制备了高量子效率的 CdS/聚甲基丙烯酸甲酯 (PMMA)复合材料[46]。

除了组装聚合物纳米晶发光薄膜，杂化材料在光电转换器件上也有潜在的重要应用。Lin 等在 CdSe 纳米晶表面接枝导电聚合物聚噻吩从而获得了在光伏材料领域具有潜在应用的复合材料[47]。Wei 等通过将 CdSe 纳米晶受限到聚苯乙烯与聚乙烯基吡啶二元嵌段聚合物中获得了较高的电子传输速率[48]。Greenham 等利用聚芴衍生物与 CdSe 纳米晶共混，获得了光电转换效率为 2.4%的光伏复合材料[49]。Wang 等通过层层组装技术将聚对苯乙炔衍生物与 CdSe 纳米晶共价键进行连接，同样获得了光伏材料，光电转换效率为 0.71%[50]。

除了使用层层组装和表面接枝技术构筑聚合物纳米复合薄膜外，杨柏等结合表面引发原子转移自由基聚合(ATRP)反应，聚合一种新的单体——甲基丙烯酸铅，建立了一种直接可控制备交联的无机纳米晶/聚合物复合薄膜的方法[51]。利用表面引发原子转移自由基聚合反应直接在基底上生长出含金属离子的聚合物膜层，其中聚合物是通过共价键作用与基底直接键合，因而膜层与基底之间结合力增强，还可以通过改变聚合时间来准确控制膜层的厚度。由于膜层是交联的，因而具有较高的化学、热稳定性和表面硬度，而且紧密交联的聚合物网络可阻止膜内生成的无机纳米晶的聚集，使其均匀分布。因此，采用这种方法在基底表面聚合这种单体不仅可以有效克服传统方法聚合甲基丙烯酸铅所遇到的困难，而且还能够利用其聚合物是交联的这一特性来提高聚合物膜层的性能，从而拓展这类单体的应用范围。

此外，纳米晶/聚合物杂化材料在高折射率光学材料上的研究也受到科研工作者的重视。吕长利等将不同含量的含铅前驱体引入到聚合物基材中，设计合成了一系列高折射率 PbS/聚合物纳米复合薄膜材料[52]。首先在水相中(pH=5～8.5)合成了巯基乙醇络合的含铅有机前驱体，这种前驱体在二甲亚砜(DMSO)中有较好的溶解性，然后将其引入到异氰酸根封端的聚氨酯齐聚物中制备不同前驱体含量的复合薄膜，最后用硫化氢气体处理得到 PbS/聚氨酯纳米复合薄膜。这类材料的优点是：所制备的 PbS 纳米晶/聚合物复合薄膜的机械性能和热性能较好，使这类材料在高折射率光学涂层及构造减反射方面具有潜在的应用价值；原位生成的 PbS 纳米晶通过共价键固定在聚合物网络中，增加了 PbS 纳米晶的稳定性；利用这种方法合成的纳米复合薄膜材料的折射率连续可调；所用的含铅前驱体为非离子型，将其引入到聚合物中再经原位生成 PbS 纳米晶后，没有不必要的杂质存在于聚合物基材中，因此无须复杂的除离子过程。可以通过 TEM 观察到一个有趣的现象：纳米晶在聚合物中的相行为与所加入的含铅有机前驱体的量相关。当其质量分数低于 26.3%时,PbS 纳米晶可以在聚合物中形成大小均一粒径小于 100nm 的聚集体；而质量分数大于 59.3%时，粒径约为 3nm 的 PbS 可以均匀分散在聚合物基体中。同时，随着含铅有机前驱体量的增加，所得到的 PbS/聚氨酯纳米复合薄膜的折射率也在增加，当质量分数达到 67%时，PbS/聚氨酯纳米复合薄膜的折射率为 2.06。这种方法的建立为具有功能性的金属纳米晶与聚合物的复合提供了一条有效途径。

除了上面介绍的发光、光电、高折射率光学薄膜材料外，Rogach 等通过喷墨印刷的技术构筑了 CdTe/PVA 复合的微观图案[53]。Colvin 等利用两亲性聚合物与纳米晶进行复合，形成生物相容性非常好的复合材料[54]。Leach 等将不同大小的 CdSe 纳米晶复合到聚合物基体中，利用 CdSe 荧光的变化来作为气体纳米感应器[55]。Gupta 等发现将 CdSe 纳米晶与聚合物复合后，当聚合物破损时，纳米晶可以聚集在破损处，说明这种材料具有自修复的功能[56]。

5.3.4　纳米晶/聚合物体相复合材料

纳米晶/聚合物二维复合材料一般都是在基底上组装，而体相材料的构建是可以脱离基底的。纳米晶由于其高的表面能而倾向于聚集，导致在聚合物基体中分相，从而影响材料的各项功能。在膜材料的制备中，可以控制纳米晶的大小，使纳米晶在聚合物中均匀分布。制备高含量纳米晶的透明复合物体相材料的工艺慢慢得到优化。

张皓等设计制备了一些两亲性有机小分子可聚合表面活性剂——4-乙烯基苄基-十八烷基-二甲基氯化铵（OVDAC），利用季铵盐上的正电荷与表面带负电的 CdTe 纳米晶进行组装，将水相 CdTe 纳米晶转移到油相。然后将纳米晶分散在单体中，经过聚合获得 CdTe 纳米晶/聚合物体相发光材料。整个过程如图 5-2 所示，该方法提供了一种从水溶性纳米晶出发，制备荧光纳米晶/聚合物复合材料的简便途径，不但适用于苯乙烯，也适用于包括甲基丙烯酸甲酯在内的其他自由基聚合单体。如果用不能聚合的表面活性剂也可以实现纳米晶向有机相的转移，并保持其原有荧光，但在接下来的聚合过程中，发生严重的相分离，样品变得浑浊，荧光显著猝灭，在透射电镜下可观察到纳米晶的团聚。由此可见，可聚合表面活性剂对于提高纳米晶和聚合物的相容性至关重要。这种相容性是通过纳米晶表面的可聚合基团与聚合物介质间形成的共价键而实现的，经本体聚合得到稳定的、具有较高发光效率的体相 CdTe 纳米晶复合材料[57]。此外，　Kim 等首次制备了 ZnO/聚甲基丙烯酸甲酯体相复合材料，该材料展现出非常强的紫外屏蔽能力[58]。

5.3.5　纳米晶/聚合物复合微球

纳米微球由于自身具有很好的光、电、磁和催化性质，尤其是可以作为自组装周期性功能材料的构筑单元而备受关注[59]。在这个领域里，主要面临的挑战是

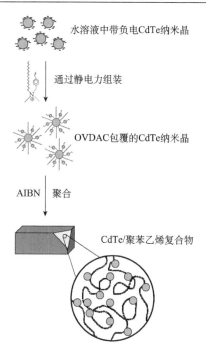

图 5-2　CdTe/聚苯乙烯体相复合材料的制备过程。CdTe：碲化镉；AIBN：
偶氮二异丁腈；OVDAC：4-乙烯基苄基-十八烷基-二甲基氯化铵

在纳米微球表面可控包覆有机聚合物层。崔铁钰等通过表面引发原子转移自由基聚合和气/固反应，建立了一种可控制备无机纳米晶/聚合物复合材料的方法，进一步将该方法从宏观平面拓展到微观曲面上、从均聚反应拓展到共聚反应，成功地制备了发光 CdS 半导体纳米晶/聚合物单层和多层复合的纳米核壳结构材料，实现了纳米晶功能的集成，整个过程如图 5-3 所示。二甲基丙烯酸镉单体的两个碳碳双键聚合后形成交联体系，因而所制备的核壳微球具有较高的热稳定性和表面硬度；金属离子又为聚合后原位生成无机纳米晶提供了条件，生成的纳米晶与聚合物以共价键形式相连，使纳米晶在聚合物分子链中稳定存在；而且紧密交联的聚合物网络可进一步阻止膜内生成的无机纳米晶的聚集，使其均匀分布。由于原子转移自由基聚合过程的可控性，还可以在二氧化硅纳米微球表面制备不同成分和结构的功能性壳层结构[60]。

　　纳米晶与聚合物进行层层组装的前提是要求纳米晶的表面带有功能性的基团。有些纳米晶的表面在制备过程中就直接带有功能基团，而更多种类的纳米晶需要进行表面修饰，如将有机小分子、二氧化硅、聚电解质等修饰在纳米晶的表面，使其可以与其他物质存在较强的相互作用，然后利用层层组装技术将其组装在聚合物基体中。但是，对纳米晶进行表面修饰是一个比较复杂的过程。首先，

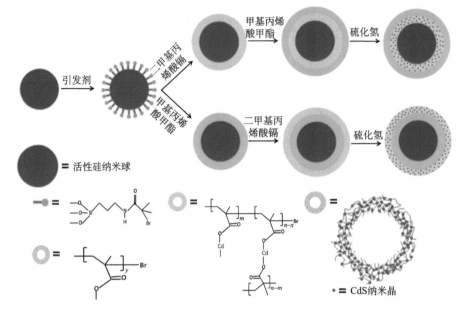

图 5-3　硅球表面生长硫化镉(CdS)/嵌段共聚物壳结构的过程示意图

纳米晶在溶液中并不是以很稳定的状态存在，表面的组成和结构对纳米晶溶液的稳定性具有十分重要的作用，在进行表面修饰时，纳米晶表面组成和结构的改变会对纳米晶在溶液中的稳定性带来影响，而且并不是所有种类的纳米晶都可以进行表面修饰，这些因素在一定程度上限制了层层组装技术在纳米晶组装中的应用[61]。针对以上问题，张俊虎等探索了一种新的纳米晶的层层组装方法。将磺化聚苯乙烯微球浸泡在硝酸银水溶液中进行离子交换；将制得的含有银离子的磺化聚苯乙烯微球溶解在 N,N-二甲基甲酰胺(DMF)中可以得到含有 Ag 纳米晶的磺化聚苯乙烯微球；将这样的微球通过离心从 DMF 溶液中分离出来，然后重新分散溶解在水溶液中，在水溶液中磺化聚苯乙烯微球的表面带有负电荷，利用层层组装技术可以将带有 Ag 纳米晶的聚合物微球组装在基片表面。在组装过程中，聚合物微球既是纳米晶的稳定剂，也是纳米晶组装的载体，具有双重作用。

　　Gao 等利用可聚合表面活性剂将水溶性纳米晶转移到油相，而后利用改进的微乳液聚合的方法制备了多元 CdTe/聚苯乙烯荧光微球，聚苯乙烯微球为纳米晶提供了一个很好的环境，可以稳定并保护其荧光[62]。Ballauff 等在具有温敏效应的聚合物中原位生成 Ag 纳米晶，制备了对温度敏感的复合材料[59]。李亚栋等利用微乳油滴作为模板，将纳米晶通过低沸点溶剂的蒸发进行组装，制备了由纳米晶组成的微球[63]。

5.4　纳米晶/聚合物复合超分子发光材料

　　光功能纳米晶具有优异的发光特性,所以其与聚合物复合材料的一个重要应用方向就是发光材料。在复合材料中,超分子作用力对材料发光性质的调控起到重要作用。纳米晶与聚合物之间的相互作用对复合材料的发光性质产生直接影响。例如,在杂化体相发光材料的制备中,需要在聚合物和纳米晶之间引入静电力来限制纳米晶的聚集,从而保证薄膜的均匀性和透光性[57]。除了纳米晶与聚合物的静电作用以外,还存在纳米晶与纳米晶之间的作用,包括静电排斥力、范德华力、氢键等;纳米晶与聚合物之间也存在非静电力的相互作用,这些作用力对复合材料的性质有重要影响。本节将着重介绍利用这些作用力对纳米基元发光性质的调控:聚多酸通过静电力配位在 CdTe 纳米晶表面,不仅钝化了表面缺陷,提升了发光效率,还提升了胶体溶液的稳定性[9];通过静电力将不同尺寸的 CdTe 纳米晶组装在咔唑类聚合物上构筑成白光发射复合材料,成功制备出电致白光发射的二极管器件[64];可聚合的配体通过静电力配位在钙钛矿纳米晶表面,自身交联或与单体聚合形成稳定的发光复合物,并应用于高效的发光二极管器件[65];通过向碳点中引入聚合物来调控碳点之间及碳点和聚合物之间的 π-π 堆积、氢键等超分子作用力,获得不同发光颜色的复合物以及磷光材料[10,66]。

5.4.1　多聚羧基对 CdTe 纳米晶的表面修饰

　　在水溶液中用巯基小分子作稳定剂,直接合成纳米晶具有很大优势。巯基小分子可以兼有羧基、氨基、羟基等功能性基团,从而使纳米晶带有它们的功能性。由于羧酸基团与很多分子都存在相互作用,带有羧基的巯基小分子修饰的纳米晶尤其重要。制备高质量的 CdTe 纳米晶是后续复合组装成光学器件的前提。纳米晶的高比表面积使其表面存在大量的悬挂键,如果不能完美地钝化这些悬挂键,表面会形成大量的复合中心,从而降低纳米晶的发光效率。在水溶液中用巯基小分子作稳定剂,以共价键或配位键组装在纳米晶表面可以有效减少 CdTe 表面的悬挂键,稳定纳米晶的同时,减少了缺陷,提升了其发光效率。张皓等首先建立了对纳米晶表面结构演化的系统研究方法,并通过选用不同结构的巯基羧酸、多聚羧酸,考察了羧基表面修饰对 CdTe 纳米晶光致发光性质的影响。实验发现,纳米晶表面的 Cd^{2+} 可以同时与巯基、羧基配位。向巯基丙酸稳定的 CdTe 纳米晶溶液中加入聚丙烯酸(PAA),CdTe 纳米晶的荧光量子效率和稳定性都有所提升。因为 PAA 中的羧基与纳米晶表面的 Cd^{2+} 具有较强的配位能力,这是由于每一个 PAA 链上都有多个配位点。纳米晶表面的配位结构如图 5-4 所示。PAA 链通过羧基与 CdTe 纳米晶表面裸露的 Cd^{2+} 配位,缠绕在纳米晶周围,钝化了表面悬挂键,同时可以起到稳定剂的作用[9]。

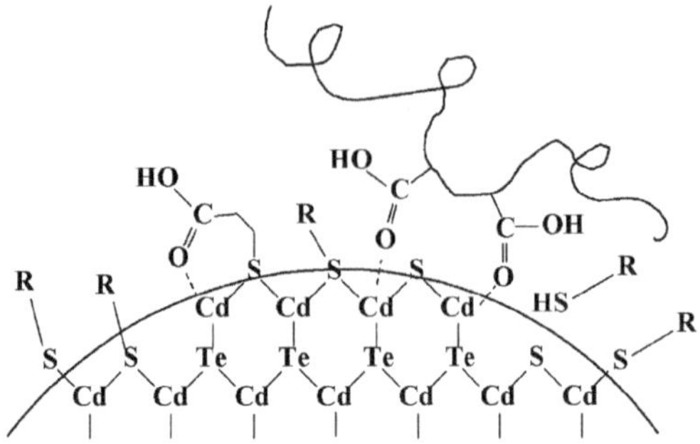

图 5-4　聚丙烯酸(PAA)和巯基丙酸(MPA)共同修饰碲化镉纳米晶表面的结构示意图

5.4.2　CdTe 纳米晶/咔唑类聚合物组装白光材料

在 5.3 节中讲到，铵盐类表面活性剂通过静电作用可以和羧基类配体稳定的 CdTe 纳米晶组装，从而将水溶性 CdTe 纳米晶转移到油相中。基于此，孙海珠等开发了一种利用咔唑类两亲性共聚物与 CdTe 纳米晶复合来制备白光电致发光器件的方法[64]。对于粒径大小不同的 CdTe 纳米晶，都可以用聚合物实现由水相到油相的转移。因此，通过向聚合物中复合两种不同发光颜色的纳米晶，利用咔唑与聚合物的电子转移，成功制备出白光复合材料，其过程如图 5-5 所示。由于咔唑基团发蓝光，只要向聚合物中加入两种分别发绿光和红光的 CdTe 纳米晶，即可以获得白光材料。调节两种纳米晶的比例，当绿光与红光纳米晶的比例为 1:4 时，复合物发光色坐标为(0.34, 0.38)，处于白光区。与在同一聚合物链上接枝三种不同发色团的方法相比，该方法比较简便；与直接共混的方法相比较，该方法由于纳米晶与聚合物之间存在静电力，复合材料比较稳定且不存在相分离的问题。对器件性能的测试表明，器件发光颜色纯，且不随电压的变化而发生改变。为了进一步提高材料的发光性能，通过直接在聚乙烯基咔唑上修饰两亲性基团，缩短咔唑与 CdTe 纳米晶之间的距离，将复合物荧光量子效率提高了 50%。虽然，这一方法并不涉及配体交换等严重猝灭纳米晶荧光的过程，但是静电作用也会对纳米晶的发光产生影响。静电作用除了可以促使复合物形成以外，还可以在复合物形成的瞬间在纳米晶的表面引入缺陷，产生纳米晶的表面态发光。并且咔唑基团与纳米晶之间的电子转移也会改变纳米晶的本征态荧光寿命。如果能充分利用纳米晶与聚合物之间的这些相互作用，就可以设计出功能更丰富的复合材料。

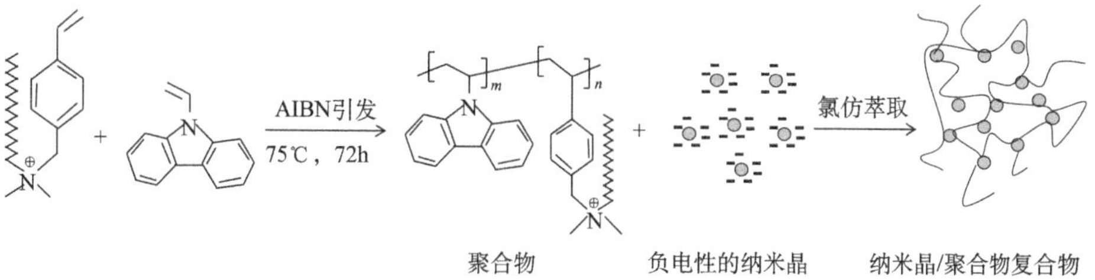

图 5-5　白光 CdTe 纳米晶/聚合物复合物的合成路线。AIBN：偶氮二异丁腈

5.4.3　稳定的钙钛矿纳米晶/聚合物复合发光材料

　　钙钛矿纳米晶是近两年新兴的发光材料，是整个纳米发光材料领域的研究热点。钙钛矿纳米晶具有发光半峰宽窄、荧光量子效率高、发射峰位随尺寸和组分可调并覆盖整个可见光区、易于合成等众多优势，因此在光电子器件领域有非常重要的应用前景[67,68]，但其缺点也很明显——稳定性差。不同于传统的共价型半导体材料，钙钛矿是离子晶体，因此很容易与水反应而发生分解。解决其稳定性差是实现应用必须面对的问题。孙海珠等利用一种可聚合的配体 4-乙烯基苄基-十八烷基-二甲基氯化铵（OVDAC）作为稳定剂来合成甲胺铅溴（MAPbBr$_3$）钙钛矿纳米晶[65]，配体分子上的季铵盐通过静电力吸附在纳米晶表面来稳定纳米晶，同时还能够钝化纳米晶的表面缺陷，提升纳米晶的发光效率，如图 5-6 所示。将合成的纳米晶溶于苯乙烯等单体中聚合成本体的复合材料，纳米晶在聚合物中分

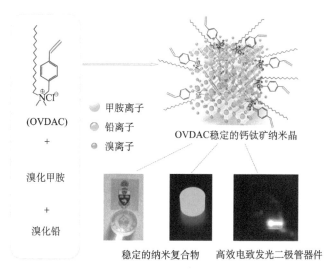

图 5-6　可聚合配体修饰的甲胺铅溴钙钛矿纳米晶及其聚合物复合材料在高效发光二极管中的应用。OVDAC：4-乙烯基苄基-十八烷基-二甲基氯化铵

布均匀，没有严重聚集。所得材料可以在水溶液中直接浸泡 90 天以上，荧光没有任何衰减，成功解决了其在水或者极性溶剂中不稳定的问题；并且利用可聚合表面活性剂在纳米晶之间的交联反应，制备出高效发光器件，该器件的发光效率在报道时，是基于杂化钙钛矿纳米晶的最高效率。随后，基于类似的思想，Pan 等利用可聚合的表面活性剂丙烯酸来辅助合成铯铅卤素($CsPbX_3$，X=Cl、Br、I) 纳米晶，然后将其溶于单体聚合物得到体相聚合物复合材料，所制备的复合材料具有很好的水稳定性，并且调节卤素的组分可以得到不同发光颜色的复合材料[69]。

5.4.4　碳点/聚合物复合超分子发光材料

碳点具有易合成、成本低、原料来源广泛、无毒且生物相容性好等特点，因此可以广泛地应用于发光二极管、生物医学、传感检测、光催化等诸多领域，但是碳点在固态下荧光会猝灭，极大限制了其在固态或薄膜中的应用。这种聚集诱导的荧光猝灭现象，主要认为是由于碳点间 π-π 堆积作用引起的能量转移，类似有机发光染料和小分子的猝灭机理[66]。因此，调节碳点之间的超分子相互作用，抑制 π-π 堆积作用即可合成出固态不猝灭的碳点，同时可以使碳点与聚合物杂化形成复合物，通过聚合物来调控碳点和碳点、聚合物和碳点之间的超分子相互作用，实现复合薄膜发光颜色的调节。

冯唐略等以氨基水杨酸和柠檬酸为原料水热合成出溶液态黄绿光发射的碳化聚合物点(CPDs)[66]。该方法合成出的 CPDs 固态下荧光不猝灭，相比于溶液态发光，固态 CPDs 发光红移至呈橙红色，他们将这种反常现象归结为固态下超分子交联作用。将 CPDs 分散在聚乙烯醇(PVA)中复合，发现随着 CPDs 浓度的提升，固态薄膜的颜色从蓝光逐渐红移至橙红光，这也体现了聚合物对 CPDs 之间相互作用力的调节作用。将以上得到的不同发光颜色 CPDs/聚合物复合薄膜作为颜色转换层与氮化镓芯片结合制备出不同发光颜色的 LED 器件，如图 5-7 所示。邵杰人等使用马来酸和乙二胺为原料，通过微波法也实现了不需要其他基质辅助就具有红色固态荧光的 CPDs，固态荧光量子效率高达 8.5%，是目前报道的固态发光效率最高的 CPDs[70]。利用该种新型 CPDs 固态荧光和浓度依赖荧光的性质，将不同浓度的 CPDs 与光固化剂共混作为 LED 的颜色转换层，通过改变超分子相互作用来调节 CPDs 的发光波长，制备了蓝光、绿光、黄光、红光及白光的 LED 器件，白光器件的色坐标是(0.31,0.31)。

CPDs 表面带有丰富的极性基团，因此其可以与水溶性聚合物共混而不发生相分离。聚合物除了能够调节 CPDs 之间的相互作用来改变 CPDs 的发光颜色，还能够和 CPDs 之间形成超分子相互作用来改变 CPDs 的发射。夏春雷等将水溶性 CPDs 与 PVA 复合制成薄膜，这种薄膜展现出室温磷光性质，发射峰在 500nm 的绿光[10]。这种复合薄膜的磷光寿命达到 572.7ms，磷光发射肉眼可见且稳定性较好。值得注意的是，单独的 CPDs 薄膜不具备室温磷光的性质，所以复合薄膜产生磷光被认为是 CPDs 通过超分子相互作用(氢键和范德华力)被固定在 PVA 基质中，抑制了非辐射跃迁，促进了三线态电子的产生及发射，从而实现了磷光发射。

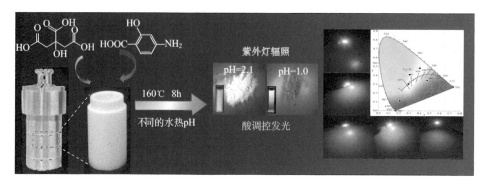

图 5-7　氨基水杨酸和柠檬酸水热合成固态橙红光碳化聚合物点及其聚乙烯醇复合物在多色发光二极管上的应用

5.5　聚合物/纳米晶复合超分子光电材料

半导体纳米晶除了具有优异的发光性质外，还有极佳的光电性能，因此被广泛应用于太阳能电池领域[68,71]。聚合物/纳米晶杂化太阳能电池因为结合了聚合物高吸光度、柔性轻便以及易加工的特性和纳米晶高迁移率、宽吸收、易调节的带隙能级的优势而受到广泛关注。在本节中，先介绍聚合物/纳米晶杂化太阳能电池的原理以及基本表征；然后重点阐述聚合物和纳米晶之间的相互作用，尤其是超分子作用，包括配位、范德华力、静电力等对聚合物/纳米晶活性层形貌的调控，以及形貌对电荷转移传输和器件性能的影响；最后重点讲述水溶液加工的聚合物/纳米晶杂化太阳能电池所取得的重要进展。

5.5.1　聚合物/纳米晶杂化太阳能电池的基本原理及表征

最初的聚合物电池使用的受体为富勒烯衍生物，但是这种材料最大的缺点是光吸收贡献很少。为了解决这个问题，研究人员提出用无机纳米晶来替代富勒烯[18]。因此，聚合物/纳米晶杂化太阳能电池的工作原理与最初的聚合物电池类似[72]。如图 5-8 所示，太阳能电池工作的第一步是光激发产生激子，然后激子扩散到聚合物和纳米晶的界面发生解离。解离后，电子和空穴传输到电极被提取。但是需要注意聚合物富勒烯电池与聚合物/纳米晶杂化太阳能电池的不同。对于光吸收而言，前者基本上全是由聚合物贡献，后者由聚合物和纳米晶共同贡献。对于激子解离也就是电荷转移，前者主要发生聚合物向富勒烯的电子转移，而且转移是接近完全的；后者既发生聚合物向纳米晶的电子转移，又发生纳米晶向聚合物的空穴转移，但是两个转移通常都是不完全的。电荷转移的不完全进一步带来载流子传输方式的不同，前者是严格的聚合物传输空穴，富勒烯传输电子；后者是聚合物和纳米晶共同传输空穴，纳米晶单独传输电子。

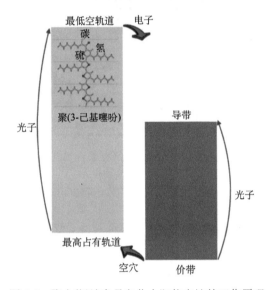

图 5-8　聚合物/纳米晶杂化太阳能电池的工作原理

　　衡量聚合物/纳米晶杂化太阳能电池最重要的参数之一是其光电转换效率(PCE)，定义为电池的最大输出功率(P_m)和太阳光入射强度(P_{in})的比值。其数值可由公式(5-1)计算。为了便于相互比较和与实际的太阳光相比拟，人们定义了标准的太阳能电池测试条件：太阳偏离头顶 46.8°，空气质量为 AM 1.5 G 条件下的地表太阳光强，此时的太阳光强为 100mW/cm^2，温度为 25℃。

$$PCE = J_{sc} \times V_{oc} \times FF / P_{in} \tag{5-1}$$

其中，J_{sc} 为短路电流密度，V_{oc} 为开路电压，FF 为填充因子。

　　典型的 J-V 曲线如图 5-9 所示，J_{sc} 是器件在正负极短路情况下的电流密度，主要取决于器件活性层对光的吸收、活性层材料的载流子迁移率和活性层形貌等因素。V_{oc} 为器件在外电路为开路时所能提供的最大电压，杂化器件的 V_{oc} 主要取决于给体聚合物的 HOMO 能级与受体纳米晶导带能级之差，并成正比关系，同时也受活性层形貌和电极材料等因素影响。FF 为器件最大输出功率 P_m 与 $V_{oc} \cdot J_{sc}$ 的比值，是衡量器件整体性能的重要标志，因此能影响填充因子的因素有很多。

从材料本身的属性(载流子迁移率,吸收和能级匹配程度等)到器件的制备(器件的结构，界面层的修饰等)都能影响填充因子的好坏。

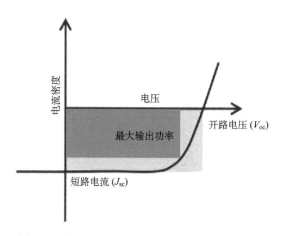

图 5-9　太阳光照射下典型的电流密度-电压曲线

5.5.2　超分子作用力调控活性层形貌与光电性能

活性层薄膜的微观形貌控制是一个关键的科学问题，主要影响载流子的分离和传输[73]。微观形貌的控制主要是相分离的控制和双连续通道的构筑。相分离较大时有利于载流子传输，但给受体界面的减少会降低激子解离效率；相分离较弱时有利于激子解离，但双连续通道很难实现，不利于载流子的传输。所以聚合物和纳米晶的比例非常重要，如果其中一种组分过量，会导致另一种组分不能形成连续相，从而导致载流子的传输受阻[74]。2009 年，Janssen 等使用电子断层技术建立了一种对活性层三维形貌的表征方法，所使用的模型体系是聚(3-己基噻吩-2,5-二基)(P3HT)和氧化锌(ZnO)纳米晶体相异质结构，这种三维形貌构建技术可以有效地分辨聚合物和纳米晶的相聚集形态[75]。如图 5-10(a)～(c)所示，该工作中研究了三种不同厚度的 P3HT/ZnO 体相异质结的三维形貌，发现随着厚度从57nm 增加到 167nm，ZnO 纳米晶的体积分数由 13%±4%增加到 21%±8%；结合激子湮灭实验发现 P3HT 的激子解离效率也大幅度提升[图 5-10(d)～(f)]，从 40%提高到 83%，因此光电转换效率也逐渐增加，这主要得益于短路电流的提升。

P3HT/ZnO 体相异质结中只能靠范德华力来调控活性层形貌，P3HT 和 ZnO之间这种较弱的相互作用导致 P3HT 较低的激子解离效率[11]。在活性层厚度为57nm 时，仅仅只有 40%的激子解离效率，即使膜厚增加到 167nm，依然有 17%的激子不能解离而猝灭损失，这大大限制了器件的内量子效率和短路电流。基于此，在 P3HT 侧链引入酯基合成其衍生物，聚{(3-己基噻吩-2,5-二基)-[3-(2-乙酰

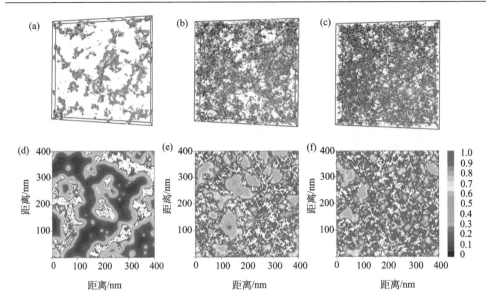

图 5-10　(a)～(c) P3HT/ZnO 复合薄膜的三维形貌图；(d)～(f) P3HT/ZnO 复合薄膜截面的激子解离效率图。活性层厚度：(a) 和 (d) 57nm；(b) 和 (e) 100nm；(c) 和 (f) 167nm

氧基乙基) 噻吩-2,5-二基]}(P3HT-E)，分子结构式如图 5-11(a) 所示。酯基能够和 ZnO 配位，增强聚合物和 ZnO 纳米晶的相互作用，更有利于电荷的转移和分离。在活性层厚度仅为 50nm 时，聚合物的激子解离效率就高达 94%。这种强相互作用的引入也极大影响了活性层的形貌，从原子力照片和三维形貌图像可以看出，只有弱相互作用的 P3HT/ZnO 薄膜相分离较为严重[图 5-11(b)]，聚合物和纳米晶各自聚集尺寸较大，而存在较强相互作用的 P3HT-E/ZnO 薄膜中，聚合物和 ZnO 纳米晶相分离尺寸较小，共混的更加均匀[图 5-11(c)]。因此这种改进的 P3HT-E/ZnO 体相异质结薄膜在 50nm 时光电转换效率就达到 0.83%，而具有相同厚度的 P3HT/ZnO 器件的光电转换效率仅为 0.22%。但是当活性层厚度增加到 117nm 时，P3HT-E/ZnO 杂化太阳能电池的光电转换效率反而下降到 0.74%。这是由于聚合物和纳米晶相互作用增强后会影响聚合物的堆积，大大降低了聚合物的载流子迁移率。在膜厚小时，载流子需要传输的距离短，激子解离效率的提高起主要作用；在膜厚大时，载流子需要传输的距离长，迁移率的降低起主要作用。基于此，Chou 等进一步改性了聚合物的结构，只在端基接上氨基合成了聚{[4,4′-双 (2-乙基己基)- 二噻吩并[3,2-b:2′,3′-d]噻咯]-2,6-二基-(2,1,3-苯并噻二唑)-4,7-二基}(PSBTBTNH$_2$)[17]。这样既可以增加聚合物和纳米晶之间的相互作用，加强电荷的分离和转移；同时还避免了侧链引入极性基团所引起的过度相分离的问题，保证了载流子的有效传输。因此，PSBTBTNH$_2$ 与多支状 CdTe 纳米晶共混作活性层的杂化太阳能电池的光电转换效率达到 3.2%。

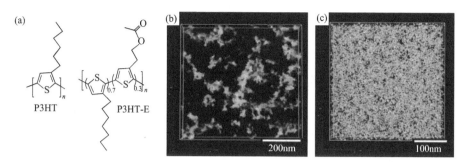

图 5-11　P3HT 和 P3HT-E 的分子结构式(a)及其对应的 ZnO 复合薄膜的三维形貌图(b, c)[11]

5.5.3　水溶液加工的聚合物/纳米晶杂化太阳能电池

从 5.5.2 节中可以看出，活性层形貌对器件的光电转换效率至关重要，相分离既需要足够小来保证聚合物中激子的有效解离，同时相分离又要足够大来维持有效的电荷传输。除了在聚合物和纳米晶之间的相互作用力来调控之外，制备薄膜所使用的溶剂也至关重要。这种形貌较难控制的本质原因是有机聚合物材料和无机纳米晶材料极性存在差别，纳米晶表面活性剂的存在会提升与聚合物的相容性，但是聚合物和纳米晶溶解性依然存在不同，因此在活性层溶液的制备中，往往双溶剂是必需的。一种是纳米晶的良溶剂(甲苯、正己烷等)，一种是聚合物的良溶剂(氯苯、氯仿等)，而且两种溶剂的比例非常重要[76]，但是由于两种溶剂的沸点存在差别，挥发速度不同，造成形貌相对控制较为困难，并且有机溶剂存在毒性和污染的问题，不利于电池器件大规模制备，因此采用绿色溶剂水作单一溶剂来制备聚合物/纳米晶杂化薄膜是一个具有前景和挑战的方向。

1. 水溶性聚合物前驱体/纳米晶的杂化太阳能电池

由于水相聚合物/纳米晶杂化太阳能电池存在诸多问题，如材料选择受限，成膜后带电基团难以去除而成为电荷捕获中心等，导致水相杂化太阳能电池的器件效率一直较低，难有较大突破[77-79]。2011 年，于伟利等利用水相的聚对苯撑乙烯(PPV)前驱体和巯基乙胺稳定的 CdTe 纳米晶制备出聚合物/纳米晶复合薄膜[80]。PPV 前驱体和 CdTe 纳米晶的结构如图 5-12(a)和(b)所示，两者表面均带有正电荷，所以保证其在水溶液中能够共混溶解而不聚沉。水相的 PPV 前驱体在成膜后通过加热退火脱除带电的四氢噻吩基团，保证了聚合物共轭结构的形成[图5-12(a)]，同时消除了电荷的捕获中心。在退火过程中，包覆在 CdTe 纳米晶表面的配体巯基乙胺能够完全脱除，同时伴有纳米晶的融合生长，从 3nm 左右长到

20nm, 大大提高 CdTe 光吸收范围的同时增加了载流子迁移率。如图 5-12(c) 的透射电子显微镜照片所示, 经过一步退火, 最终形成有效的双连续结构, 相分离尺寸合理, 有利于电荷的分离和传输。以 ITO/PEDOT:PSS/PPV:CdTe/ZnO/Al 为器件结构构筑了光电转换效率为 2.14%的杂化太阳能电池, 其中 ITO 是氧化铟锡; PEDOT:PSS 是聚(3,4-乙烯二氧噻吩)/聚苯乙烯磺酸盐。通过对器件结构的改进, 制备了反式结构的 ITO/TiO$_2$/PPV:CdTe/MoO$_3$/Au 杂化太阳能电池将光电转换效率提升到3.61%[81]。在电子传输层 TiO$_2$ 和聚合物/纳米晶共混层之间引入一单层CdTe纳米晶可以增加整个电池器件的光吸收, 因此基于新型结构 ITO/TiO$_2$/CdTe/PPV:CdTe/MoO$_3$/Au 的电池器件短路电流大幅度提升, 光电转换效率也达到 4.76%[82]。后来经过器件结构的优化, 构筑了双边体相异质结构, 光电转换效率达到 6%以上, 超过油相溶剂制备的杂化太阳能电池效率[83]。

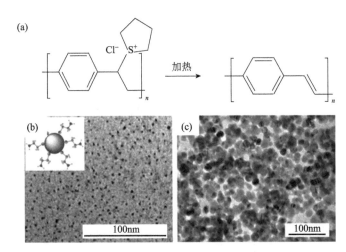

图 5-12　(a)PPV 和(b)CdTe 纳米晶的结构图以及(c)二者复合物退火后的形貌图

2. 聚噻吩乙烯撑(PWTV)/CdTe 杂化体系的相互作用力及器件性能研究

虽然水溶液加工的聚合物/纳米晶杂化薄膜比较有效地解决了油相双溶剂杂化体系的相分离问题, 但是 PPV 和 CdTe 之间只能靠弱的范德华力来调节形貌以及电荷转移。因此, 进一步增加聚合物和纳米晶之间的相互作用力有利于获得更高效的电荷转移、更优的活性层形貌。魏皓桐等将 PPV 主链上的苯环替换成稠环噻吩合成了新型的水溶性聚合物聚噻吩乙烯撑(PWTV)[84]。如图 5-13(a)和(b)所示, 首先通过理论计算模拟了 PWTV 重复单元和 CdTe 单晶之间的相互作用, 计算结果发现 PWTV 噻吩环上的 S 原子可以与 CdTe 纳米晶形成配位作用, 但是由于聚合物分子链的限制, 以及纳米晶表面空间位阻的影响, 二者之间只能以次级键的形式完成相互作用，这种弱配位作用属于超分子作用力范畴，计算可得键长约为 0.3nm，这种弱相互作用力既可以有效地防止有机相和无机相之间的相分离，保证均一平整的表面形貌，又可以诱导给受体在成膜时保留一定程度的相分离，确保载流子传输路径的畅通。

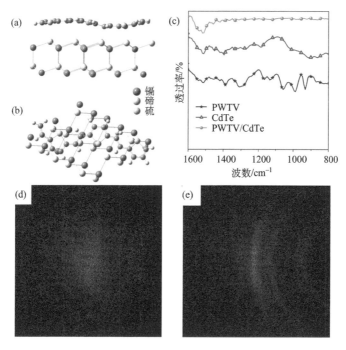

图 5-13 聚噻吩乙烯撑(PWTV)和碲化镉(CdTe)之间相互作用力的研究：(a)和(b)利用密度泛函理论构建的 PWTV 和 CdTe 复合物理论模型；(c)CdTe、PWTV 以及 PWTV/CdTe 复合物的傅里叶变换红外光谱；(d)PWTV 的二维 X 射线衍射谱图；(e)PWTV/CdTe 的二维 X 射线衍射谱图

通过红外光谱进一步确认了次级键的存在，从图 5-13(c)中可以看出，在引入 CdTe 纳米晶后，PWTV 在大约 1000cm^{-1} 处碳硫键的伸缩振动峰明显消失。由于测试的样品经过退火后纳米晶表面的配体已经脱去，这为聚合物的配位提供了条件，因此 C—S 键伸缩振动峰的消失理应归属于聚合物与纳米晶配位造成的结果。在实验上进一步地证明了这种超分子弱相互作用次级键的存在。为了验证这种次级键并不会影响杂化薄膜的结晶性能，对 PWTV[图 5-13(d)]和复合物[图 5-13(e)]进行二维 X 射线衍射表征，从图中可以看出，引入次级键后由于纳米晶结晶性能使得杂化薄膜整体的结晶性都得到提高，也就是说这种弱相互作用并不会破坏杂化薄膜的结晶性能。当考虑聚合物分子链上的多个重复单元时，再次对 PWTV 聚合物的分子链进行分子轨道理论模拟计算，发现聚合物分子链的电子在

被激发的状态下，也就是在最低空轨道能级(LUMO)中，噻吩上的硫原子是会富集电子的，噻吩上的硫原子在与 CdTe 纳米晶配位后，富集的电子应该很容易从聚合物链上的硫原子转移到 CdTe 纳米晶上，从而完成电荷转移和电荷分离。这就是说，聚合物噻吩单元提供的配位相互作用有效地促进了电荷转移，降低了电荷转移的势垒。最终，基于这种 PWTV/CdTe 杂化体系的光电转换效率达到 4.3%。

3. 微乳液法制备的水相聚合物/纳米晶杂化太阳能电池

受限于水相聚合方法的种类，水溶性的导电聚合物数量并不是很多。为了将本身难溶于水的高效导电聚合物应用在水溶液中，"油转水"的微乳液法应运而生。姚诗雨等利用表面活性剂组装的 P3HT 纳米点和巯基乙胺(MA)包覆的 CdTe 纳米晶制备了水相聚合物/无机杂化太阳能电池，得到 4.32% 的光电转换效率[85]。实验中将 P3HT 和聚(苯乙烯-*co*-马来酸酐)(PSMA) 共混的四氢呋喃溶液滴到水溶液中，分子式如图 5-14(a)所示。通过超声和通氮气使四氢呋喃挥发，从而再沉淀得到 2.09nm 左右可溶于水的 P3HT 纳米点[图 5-14(b)]。接下来将 PSMA 包覆的 P3HT 纳米点与 MA 包覆的 CdTe 纳米晶共混制备器件，并通过优化聚合物纳米点和纳米晶的质量比和退火温度以及退火时间，在 265℃ 退火下得到相分离最优的双通道结构，有利于电荷的分离和传输，同时得到该体系中最优的光电转换效率4.32%[图 5-14(c)]。这种微乳液法制备水相聚合物/纳米晶复合薄膜的方法，理论上可以将多种窄带隙、高空穴迁移率的聚合物应用于水相杂化太阳能电池中，可以很大程度上拓宽水相杂化太阳能电池中聚合物的选择性，具有较大的研究价值。

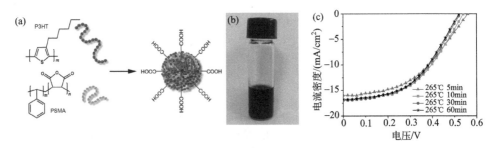

图 5-14　水溶性 P3HT 纳米点及其杂化太阳能电池的制备：(a)P3HT 和聚(苯乙烯-*co*-马来酸酐)(PSMA)分子结构以及形成水溶性胶束的结构示意图；(b)PSMA 包覆的 P3HT 水溶液实物图；(c)太阳能电池性能曲线

4. 纳米晶偶极修饰提升器件的开路电压

CdTe 纳米晶的吸收边在 825nm，为了更多利用太阳光中的近红外光部分，引入汞离子(Hg^{2+})合成三元的 CdHgTe 纳米晶能够有效地将吸收边扩展到 1000nm

之后。为了调节纳米晶的能级结构，对 CdHgTe 纳米晶表面进行偶极修饰。用一层十二烷基三甲基溴化铵(DTAB)小分子通过静电力相互作用进行组装，实现了 CdHgTe 纳米晶表面的有效包覆。这就在纳米晶表面产生了一个偶极矩的增量[86]，如图 5-15 所示。为了验证这种偶极矩增量对器件性能的影响，制备了典型的平面异质结太阳能电池器件，器件结构是 ITO/PEDOT:PSS/PPV/CdHgTe/TiO$_x$/Al。从紫外光电子能谱中可以算出，CdHgTe 的价带能级在修饰后由–5.3eV 提升到–5.0eV，由于其吸收并未在修饰后发生改变，即其带隙并未发生明显的改变，依旧是 1.3eV，所以导带能级也同时提升了 0.3eV，为–3.7eV。CdHgTe 纳米晶在修饰后其导带能级与 PPV 聚合物的最高占有轨道(HOMO)能级之差由原来的 1.1eV 增加到现在的 1.4eV，使得能获得的最大开路电压值增加。在未进行修饰时，器件的开路电压仅为 0.8V，修饰后相同条件制备的器件的开路电压平均值达到 1.4V，最高值达到 1.46V，达到单层器件的最高开路电压。通过优化 PPV 层的厚度发现器件的开路电压始终高于 1V，较高的开路电压得益于纳米晶能级结构的改变，但是在纳米晶表面修饰的过程中进行 DTAB 小分子的偶极修饰，导致纳米晶的导电性能有一定的下降，短路电流较低，器件效率不高。较高的开路电压说明用偶极修饰的办法可以改变纳米晶的能级结构，可以影响器件的最终效果，具有一定的指导意义。后来，采用 PPV 与 CdHgTe 纳米晶共混的体相异质结来制备太阳能电池器件，光电转换效率达到 1.5%，其中 800～1000nm 的近红外光对光电流的贡献超过 11.4%。通过再进一步优化聚合物的组分，基于聚[(3,4-二溴-2,5-噻吩撑乙烯)-对苯撑乙烯)](PBTPV)与 CdHgTe 纳米晶的杂化太阳能电池光电转换效率达到 2.7%[87]。

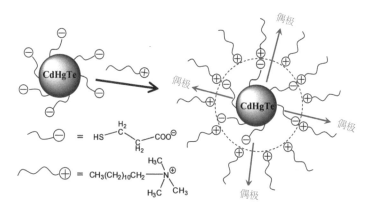

图 5-15　镉汞碲(CdHgTe)纳米晶的偶极修饰示意图

5. "后扩散法"构筑的聚合物/纳米晶体相异质结

一般聚合物/纳米晶杂化层是通过混合溶液一步旋涂制备的，活性层的形貌调控是一个难点，需要准确调控聚合物和纳米晶之间的超分子作用力来获得最优相分离，从而达到最佳的电荷转移和分离的性能。除此之外，水相 CdTe 杂化太阳能电池体系通常需要 300℃ 以上的高温来使纳米晶表面的配体脱除，并使纳米晶融合生长，而这样的高温通常又会对聚合物造成分解破坏。基于此，杜晓航等提出了后扩散法制备聚合物/无机纳米晶体相异质结太阳能电池[88]。制备过程如下，首先向 MA 包覆的水相 CdTe 溶液中加入少量的十六烷基三甲基溴化铵（CTAB），再旋涂混合溶液。CTAB 是一种常见的表面活性剂，当浓度超过临界胶束浓度（CMC）时可以自组装形成胶束。向 CdTe 纳米晶中加入的 CTAB 量刚好超过 CMC（3.02×10^{-4} mol/L），并充分振荡 CdTe 和 CTAB 的混合溶液促进胶束生成。在旋涂混合膜之后，形成有 CTAB 胶束占位的 CdTe 膜。接下来进行 300℃ 以上的高温退火，一方面，促进 CdTe 纳米晶配体的脱除和晶体的生长；另一方面，又可以使 CTAB 胶束完全分解，同时留下孔洞。然后把 P3HT 等聚合物的溶液滴在带有孔洞的 CdTe 膜上，聚合物在渗透填补缝隙的同时，与 CdTe 形成体相异质结。这种分两步沉积纳米晶和聚合物层的方法避免了无机纳米晶和聚合物的相容性问题，而且能分别优化两层的退火温度，同时极大地拓宽了聚合物的选择范围。用该法以 CdTe/P3HT 作为活性层制备的器件达到 6.36% 的光电转换效率，是现阶段报道的聚合物/纳米晶杂化太阳能电池的最高值。

5.6　纳米晶/聚合物复合超分子高折射率光学材料

高折射率的光学材料由于其广泛的实际应用价值，可用作发光二极管的封装材料、深紫外刻蚀材料、人工角膜、光波导材料、减反射涂层等，因此引起众多科研工作者的广泛关注[89]。传统高折射率光学树脂存在较大的局限性，如折射率不高且可调范围小、耐候性差、环境污染问题等。传统高折射率光学材料由于其本身结构的限制，使得其折射率的可调控范围局限于 1.3～1.7，大大限制了其在需求更高折射率材料光电领域的应用。例如，对于高亮 LED 器件的制备，由于封装材料折射率（1.4～1.6）与灯芯之间的折射率（2.5～3.5）存在着很大的不匹配性，使得光输出效率大大降低，对于这类器件，理想封装材料的折射率应至少在 1.8 以上[90]。近年来，很多的研究报道表明，将具有高折射率的无机纳米晶引入到聚合物中能够有效地提高材料的折射率，并可以得到具有高折射率的杂化光学材料[91,92]。由于传统的无机纳米晶具有一定的刚性，将高含量的无机纳米晶引入到聚合物中势必会影响材料的整体机械性能，如材料的柔韧性等。另外，制备这种具有高折射率的透明聚合物杂化光学材料所面临的一个挑战就是如何将具有高折射率的无机纳米晶引入到聚合物相中而不产生相分离。通常来讲，如果将较大尺寸的无机纳米晶引入到聚合物中时，会直接影响材料的光学透明性，而小于 20nm 的无机纳米晶又由于比较大的表面能，容易团聚而间接影响材料的光学透明性。一个解决方案就是通过在聚合物和纳米晶之间引入相互作用来调控复合材料的形貌以及相分离，从而达到最优的光学性能。这些纳米晶通过有机单体小分子对无机纳米晶进行表面改性而得到，有机单体小分子在无机纳米晶和聚合物之间起到一个连接的作用，一端通过配位键、静电引力以及氢键等作用力吸附到无机纳米晶表面或者与无机纳米晶产生化学键，而另一端则通过未反应的化学官能团与聚合物之间产生相互作用以降低无机纳米晶与聚合物之间的界面能。

为了使得纳米晶/聚合物杂化光学材料在可见光区保持良好的光学透过性，就需要解决可聚合纳米晶与聚合物之间的相容性问题，因此如何使得这些纳米晶的优异性能以杂化材料的形式反映出来，就需要这些纳米晶与聚合物之间有一定的键连关系。根据可聚合纳米晶不同的表面配体情况，将合成方法分为直接接枝聚合法以及嫁接聚合法，如图 5-16 所示。

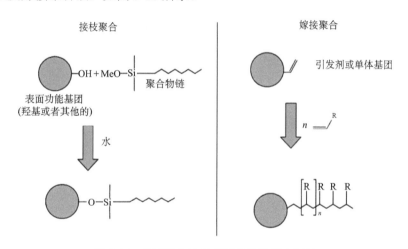

图 5-16 从可聚合纳米晶制备光学复合材料

5.6.1 可聚合硫化锌纳米晶体相杂化光学材料

在 5.3 节中讲到 PbS/聚合物杂化高折射率光学材料的制备，但是由于 Pb 的毒性限制了这类复合材料的应用推广，并且由于 PbS 的带隙较窄，在可见光区有一定的吸收系数，因此影响薄膜的透光性。ZnS 纳米晶由于其较高的折射率(在 620nm 处 n=2.36)以及在 400～1400nm 具有比较低的吸收系数，因而使得其常被用作制备高折射率杂化光学材料的无机填料，进而被应用于各种光学领域[93,94]。在过去几十年里，关于将 ZnS 纳米晶引入到聚合物中来制备高折射率杂化光学材料的报道有很多。其中一大难点就是：如何调控薄膜中含有高比例的无机 ZnS 纳米晶组分来提高复合材料的折射率，同时保证纳米晶不发生聚集来维持薄膜的光学透性。

一般采取的措施是在纳米晶和聚合物之间引入相互作用来阻止纳米晶的聚集。

张国彦等发展了一种简便的方法来制备含有 ZnS 纳米晶的体相杂化光学材料，制备过程如图 5-17 所示[12]。选用 N,N-二甲基丙烯酰胺(DMAA)作为单体和溶剂，选用苯基丙烯酸(PA)作为修饰剂和共聚单体，因为 PA 本身具有较高的折射率，同时 PA 可以通过配位作用来修饰和稳定 ZnS 纳米晶，表面还有未反应的双键官能团继续与单体 DMAA 反应形成聚合物。为了证明修饰分子 PA 和 Zn^{2+} 之间存在相互作用，对 PA 和含锌前驱体 $Zn(PA)_2$ 进行了红外和核磁表征。通过对比样品 PA 和含锌前驱体 $Zn(PA)_2$ 的红外谱图，发现在 $Zn(PA)_2$ 中苯基和乙烯基的特征吸收峰波数均略高于样品 PA。这可能是由于 PA 与 Zn^{2+} 之间存在着相互作用，使得苯基和乙烯基的吸收振动峰向高波数方向移动。从样品 $Zn(PA)_2$ 中发现羧酸根离子的振动吸收峰位于 $1641cm^{-1}$ 和 $1545cm^{-1}$，与 PA 上羧酸基团的红外吸收峰位置($1693cm^{-1}$)有所不同，说明 PA 上的羧酸基团在与 Zn^{2+} 作用后以羧酸根的形式存在。从核磁谱图中可以看出，在样品中苯环上氢的化学位移在 7.20～7.49ppm 处，乙烯基上氢的化学位移在 5.73～6.13ppm，与 PA 中的化学位移相比，这些基团的化学位移处在高场位置，这都是由于 PA 与 Zn^{2+} 之间相互作用的结果，这一点与红外的结果相一致。另外，PA 的羟基位于 12.85ppm 的化学位移在样品 $Zn(PA)_2$ 中消失了，说明 PA 与 Zn^{2+} 形成了含锌前驱体的络合物。而出现在样品 $Zn(PA)_2$ 中 12.81ppm 处的化学位移，信号比较弱，这是吸附在 Zn^{2+} 表面的 PA。通过红外和核磁谱图的分析可以看出，PA 和 Zn^{2+} 形成了一个含锌络合物。将上述络合物与硫代乙酰胺在 DMAA 溶剂中反应，生成 PA 修饰的 ZnS 纳米晶，尺寸分布均一，纳米晶直径 4～5nm。上述反应液不需要提纯，可直接加入引发剂聚

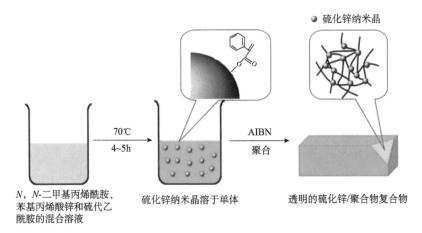

图 5-17 一步法制备 ZnS 纳米晶/聚合物杂化高折射率材料。AIBN：偶氮二异丁腈

合来制备聚合物纳米杂化高折射率材料。基于这种可聚合的 ZnS 纳米晶，制备了厚度为 3mm 的光学体相材料，材料在可见光区具有很好的透光性。当 ZnS 纳米晶在聚合物中的含量达到 11.1%时，体相材料的折射率由纯聚合物的 1.527 提高到 1.598。

上面讲述的这种方法虽然简单，但是由于 ZnS 纳米晶的表面修饰不足，使纳米晶的含量最高只达到 11.1%，复合材料的折射率受到限制。吕长利等开发了一种提高无机组分的制备方法[95]。首先合成了巯基乙醇修饰的 ZnS 纳米晶，尺寸分布在 2～5nm。经过修饰后的纳米晶在 N, N-二甲基丙烯酰胺单体中的溶解度可高达 80%。他们采用 γ 射线辐照聚合法，这种方法提供了温和的反应条件以及快速的凝胶化过程，从而防止纳米晶在体相材料内部产生密度梯度，影响光学性质。基于以上思路，最终成功制备了具有高含量 ZnS 纳米晶的高折射率透明体相聚合物材料。当 ZnS 的质量分数达到 50%时，复合材料的折射率可以达到 1.63。这一方法的建立为制备高性能的纳米复合材料提供了又一新的思路。

5.6.2　可聚合石墨烯量子点/聚合物杂化光学材料

碳材料具有较高的折射率、廉价无毒且易进行表面修饰，从而与聚合物可以很好地融合，因此研究人员也将碳纳米材料与聚合物复合杂化来制备高折射率材料。Wu 等成功地将纳米级的商用碳纳米晶引入到聚酰亚胺中，得到一系列折射率可调的纳米杂化薄膜材料[96]。结果表明，纳米杂化薄膜的折射率随着碳纳米晶含量的增加而明显提高，但是由于商用碳纳米晶的尺寸比较大，很难得到高含量碳纳米晶以及高透光率的杂化材料。石墨烯具有较高的折射率(n: 2.6～3)以及比较低的密度，因此将石墨烯量子点(GQDs)作为无机填充组分引入到聚合物中，有望进一步提高材料的折射率。张国彦等以氧化石墨烯为原料，通过溶剂热方法在 DMAA 中 200℃热裂解，过滤提纯得到表面修饰有双键的可聚合 GQDs。这种 GQDs 尺寸为 3～5nm，GQDs 表面修饰有 DMAA，而且表面具有未反应完的双键基团，这既解决了 GQDs 在聚合物中的分散性问题，而且为 GQDs 与单体的进一步聚合提供了条件。基于这种 GQDs，制备了厚度为 1μm 左右的薄膜，通过调节 GQDs 在聚合物中的含量，实现了折射率在 1.516～1.976 之间的调节[图 5-18(a)]，而且具有很好的透光率[图 5-18(b)]。然后再将聚合物选为 DMAA 和苯乙烯(St)的共聚物时，发现薄膜的折射率达到 2.058。当以这种可聚合的 GQDs 制备厚度为 0.3mm 的自支持薄膜材料时，发现 GQDs 的层状结构有利于材料延展性的提高。

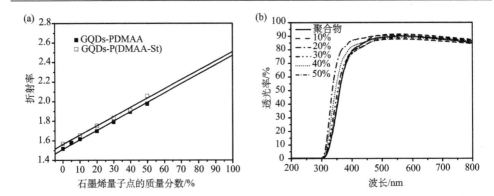

图 5-18　不同 GQDs 含量的聚合物复合材料的(a)折射率变化曲线和(b)透过光谱。
GQDs-PDMAA：石墨烯量子点/聚 N,N-二甲基丙烯酰胺复合薄膜；GQDs-P(DMAA-St)：石墨
烯量子点/聚(N,N-二甲基丙烯酰胺-苯乙烯)复合薄膜

5.6.3　可聚合硅纳米晶/聚合物杂化光学材料

相对于 ZnS 纳米晶和石墨烯量子点，硅纳米粒子无毒、生物相容性好、产量大且相对低廉，更重要的是硅纳米晶在 620nm 处具有非常高的折射率(3.91)[97,98]。Papadimitrakopoulos 等用物理方法将 20～40nm 的硅纳米晶引入到明胶中，虽然折射率得到了很大的提高，但是由于硅纳米晶与明胶之间没有化学键作用，使得其应用受到限制[99]。同时由于硅纳米晶在空气中表面极易被氧化出一层二氧化硅薄膜，因此如何通过一种简单的化学方法，将均一的、没有被氧化的纳米级硅粒子引入到聚合物中，成为科研工作者们所面临的一个挑战。张国彦等发展了一种简单有效的方法将硅纳米晶引入到聚合物中，制备了具有超高折射率的透明复合材料[100]。首先利用聚合物单体苯乙烯(St)和二乙烯基苯(DVB)作为合成硅纳米晶的溶剂，制备了 St 和 DVB 修饰的硅纳米晶，然后将这种可聚合的硅纳米晶引入到聚合物中，通过紫外固化得到含有硅纳米晶的复合薄膜材料。

图 5-19 是硅纳米晶在聚合物中理论质量分数分别为 10%、30%和 50%的 TEM 图片。从图中可以看出，硅纳米晶成功引入到聚合物中，而且硅纳米晶在聚合物中具有很好的分散性，即使在高含量的情况下，也没有出现纳米晶团聚现象，这也就为薄膜材料具有良好的透光率提供了前提条件。从原子力显微镜(AFM)照片中看出所得到的复合薄膜具有比较良好的平整性，薄膜的表面平整性随着硅纳米晶含量的增加而下降，从侧面说明硅纳米晶被成功地引入到聚合物相中。从所有样品的高度图可以看出，复合材料薄膜具有很好的表面平整性，从相图中可以看出两相之间没有出现明显的分离现象，说明硅纳米晶在聚合物中分散比较均匀，没有出现团聚现象，与 TEM 的分析结果一致。

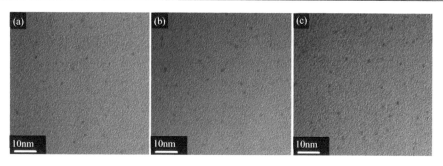

图 5-19　不同质量分数的硅纳米晶/聚合物复合薄膜的 TEM 照片：(a) 10%, (b) 30%, (c) 50%

从透过光谱中可以看出，所有样品在可见光区域(400～800nm)均具有较好的透光率，而且在 550nm 处样品的透光率均在 78 %以上[图 5-20(a)]，复合材料的透光率在 350～400nm 出现急剧下降的趋势，这一结果表明所制备的材料对于紫外光的吸收有一定的效果。复合薄膜材料的透光率，与 Si 纳米晶的尺寸以及在聚合物中的分散性有很大的关系。根据光散射定律可知，10nm 以下的 Si 纳米晶造成的光散射现象是非常小的，可以忽略不计，而且由于 Si 纳米晶表面被单体St 和 DVB 所修饰，保证了 Si 纳米晶在聚合物单体溶剂中的分散性。TEM 和 AFM图片也可以说明纳米晶的良好分散性对最终薄膜材料的透光率起关键作用。在室温条件下，用棱镜耦合仪对所得不同 Si 纳米晶含量的复合薄膜材料在 632.8nm 处的折射率进行测试，复合薄膜的折射率与不同 Si 纳米晶含量的关系如图 5-20(b)所示。从图中可以看出，与纯的聚合物相比，复合薄膜材料具有较高的折射率，而且折射率随着 Si 纳米晶含量的增加呈线性增加，当 Si 纳米晶的理论含量达到50%时，折射率由原来纯聚合物的 1.548 增加到 2.312。由此可以看出，将 Si 纳米晶引入到聚合物中对复合薄膜材料折射率的增加起关键作用，而且提高幅度明显。

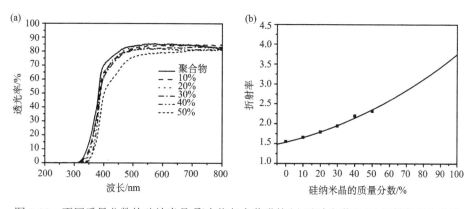

图 5-20　不同质量分数的硅纳米晶/聚合物复合薄膜的(a)透过光谱和(b)折射率变化曲线

最后对材料进行力学性能分析，发现少量 Si 纳米晶的引入对材料的柔韧性有一定的提高，当含量到达 15% 以上时，Si 纳米晶的引入对材料的刚性有很大的提高。通过对比 Si 纳米晶和复合薄膜的微观结构以及对样品进行断截面分析，并结合理论模拟，发现刚性球形的 Si 纳米晶是材料刚性提高的主要原因。

对于光学材料，不仅需要较高的折射率和透光率，同时也需要具有良好的机械性能。纳米级别的 GQDs 和 Si 纳米晶能够很大程度提高材料的折射率，同时 GQDs 的添加使得材料有一定的延展性，Si 纳米晶则主要提高材料的刚性。考虑到石墨烯这种材料在可见光区具有很大的光吸收系数，若要保持材料的透明性，则不宜过多引入。Si 纳米晶则相对具有较小的光吸收系数，可以大量引入来提高整体材料的折射率。因此，通过 Si 纳米晶来提高材料的折射率，在保持材料透明性的前提下，通过调节 GQDs 和 Si 纳米晶的含量来平衡材料的力学性能。将 GQDs 和 Si 纳米晶混合在一起，可以制备一系列含有 GQDs 和 Si 纳米晶的自支持杂化材料[101]，通过调节二者在聚合物中的比例，平衡材料的光学性能和力学性能，并最终得到一系列各种性能均优异的聚合物杂化光学材料，将这些材料组合成折射率渐变的多层复合材料来封装 LED 灯泡，大幅提升光输出效率，最高光输出效率达到 67.7%。

5.7　总结与展望

纳米晶与聚合物复合推动了光功能纳米晶材料的应用和发展，尤其是在发光、光电和高折射率光学材料上，复合材料都展现出二者功能的集成和增强，都有重要的应用前景。虽然纳米晶与聚合物的复合方法还不够完善，还需要解决从实验室研究向产品转化过程中的一系列问题，但毫无疑问，这种方法所解决的纳米材料功能稳定及调节问题是其他方法无法替代的。另外，可以看到，这类复合材料的应用在很大程度上将依赖能否进一步控制获得及调节复合物的微结构，而微结构的调控更依赖于聚合物和纳米晶之间的相互作用，尤其是超分子作用。现今在这一领域中，更有意义的工作将是调控纳米晶在复合物中的几何形貌，尤其是实现纳米晶在复合物中亚结构的可控，从而达到最优性能。

参 考 文 献

[1] Weller H. Colloidal semiconductor Q-particles: Chemistry in the transition region between solid state and molecules. Angew Chem In Ed, 1993, 32: 41-53.

[2] Zhang H, Wang D, Yang B, et al. Manipulation of aqueous growth of CdTe nanocrystals to fabricate colloidally stable one-dimensional nanostructures. J Am Chem Soc, 2006, 128: 10171-10180.

[3] Zhou D, Lin M, Liu X, et al. Conducting the temperature-dependent conformational change of macrocyclic compounds to the lattice dilation of quantum dots for achieving an ultrasensitive nanothermometer. ACS Nano, 2013, 7: 2273-2283.

[4] Chen Z, Liu F, Zeng Q, et al. Efficient aqueous-processed hybrid solar cells from a polymer with a wide bandgap. J Mater Chem A, 2015, 3: 10969-10975.

[5] Fan Z, Zhang H, Yu W, et al. Aqueous-solution-processed hybrid solar cells from poly (1, 4-naphthalenevinylene) and CdTe nanocrystals. ACS Appl Mater Interfaces, 2011, 3: 2919-2923.

[6] Raja S N, Bekenstein Y, Koc M A, et al. Encapsulation of perovskite nanocrystals into macroscale polymer matrices: Enhanced stability and polarization. ACS Appl Mater Interfaces, 2016, 8: 35523-35533.

[7] Meyns M, Peralvarez M, Heuer-Jungemann A, et al. Polymer-enhanced stability of inorganic perovskite nanocrystals and their application in color conversion leds. ACS Appl Mater Interfaces, 2016, 8: 19579-19586.

[8] Ghimire S, Sivadas A, Yuyama K I, et al. Quantum dot-polymer conjugates for stable luminescent displays. Nanoscale, 2018, 10: 13368-13374.

[9] Zhang H, Zhou Z, Yang B, et al. The influence of carboxyl groups on the photoluminescence of mercaptocarboxylic acid-stabilized CdTe nanoparticles. J Phys Chem B, 2003, 107: 8-13.

[10] Xia C, Tao S, Zhu S, et al. Hydrothermal addition polymerization for ultrahigh-yield carbonized polymer dots with room temperature phosphorescence via nanocomposite. Chem Eur J, 2018, 24: 11303-11308.

[11] Oosterhout S D, Koster L J A, van Bavel S S, et al. Controlling the morphology and efficiency of hybrid ZnO: Polythiophene solar cells via side chain functionalization. Adv Energy Mater, 2011, 1: 90-96.

[12] Zhang G, Zhang J, Yang B. Fabrication of polymerizable ZnS nanoparticles in *N*, *N'*-dimethylacrylamide and the resulting high refractive index optical materials. Poly Chem, 2013, 4: 3963.

[13] Talapin D V, Rogach A L, Kornowski A, et al. Highly luminescent monodisperse CdSe and CdSe/ZnS nanocrystals synthesized in a hexadecylamine-trioctylphosphine oxide-trioctylphospine mixture. Nano Lett, 2001, 1: 207-211.

[14] Sun H Z, Zhang J H, Tian Y, et al. Multifunctional composites obtained by incorporating nanocrystals into decorated PVK polymers. J Nanomater, 2007, 2007: 1-7.

[15] Zhou R, Stalder R, Xie D, et al. Enhancing the efficiency of solution-processed polymer: Colloidal nanocrystal hybrid photovoltaic cells using ethanedithiol treatment. ACS Nano, 2013, 7: 4846-4854.

[16] Huynh W U, Dittmer J J, Alivisatos A P. Hybrid nanorod-polymer solar cells. Science, 2002, 295: 2425-2427.

[17] Chen H C, Lai C W, Wu I C, et al. Enhanced performance and air stability of 3.2% hybrid solar cells: How the functional polymer and CdTe nanostructure boost the solar cell efficiency. Adv Mater, 2011, 23: 5451-5455.

[18] Greenham N C, Peng X, Alivisatos A P. Charge separation and transport in conjugated-polymer/semiconductor-nanocrystal composites studied by photoluminescence quenching and photoconductivity. Phys Rev B, 1996, 54: 17629.

[19] Peng X. Band gap and composition engineering on a nanocrystal (BCEN) in solution. Acc Chem Res, 2010, 43: 1387-1395.

[20] Mahler B, Lequeux N, Dubertret B. Ligand-controlled polytypism of thick-shell CdSe/CdS nanocrystals. J Am Chem Soc, 2010, 132: 953-959.

[21] Han J, Zhang H, Sun H, et al. Manipulating the growth of aqueous semiconductor nanocrystals through amine-promoted kinetic process. Phys Chem Chem Phys, 2010, 12: 332-336.

[22] Wang C, Zhang H, Zhang J, et al. Ligand dynamics of aqueous CdTe nanocrystals at room temperature. J Phys Chem C, 2008, 112: 6330-6336.

[23] Zhang H, Liu Y, Zhang J, et al. Fine-tuning the surface functionality of aqueous luminescent nanocrystals through surfactant bilayer modification. Langmuir, 2008, 24: 12730-12733.

[24] Xu X, Ray R, Gu Y, et al. Electrophoretic analysis and purification of fluorescent single-walled carbon nanotube fragments. J Am Chem Soc, 2004, 126: 12736-12737.

[25] Zhu S, Song Y, Zhao X, et al. The photoluminescence mechanism in carbon dots (graphene quantum dots, carbon nanodots, and polymer dots): Current state and future perspective. Nano Research, 2015, 8: 355-381.

[26] Zhu S, Zhang J, Qiao C, et al. Strongly green-photoluminescent graphene quantum dots for bioimaging applications. Chem Commun, 2011, 47: 6858-6860.

[27] Zhu S, Wang L, Zhou N, et al. The crosslink enhanced emission (CEE) in non-conjugated polymer dots: From the photoluminescence mechanism to the cellular uptake mechanism and internalization. Chem Commun, 2014, 50: 13845.

[28] Kuila B K, Garai A, Nandi A K. Synthesis, optical, and electrical characterization of organically soluble silver nanoparticles and their poly(3-hexylthiophene) nanocomposites: Enhanced luminescence property in the nanocomposite thin films. Chem Mater, 2007, 19: 5443-5452.

[29] Sheng W, Kim S, Lee J, et al. In-situ encapsulation of quantum dots into polymer microspheres. Langmuir, 2006, 22: 3782-3790.

[30] Decher G. Fuzzy nanoassemblies: Toward layered polymeric multicomposites. Science, 1997, 277: 1232-1237.

[31] Gao M, Sun J, Dulkeith E, et al. Lateral patterning of CdTe nanocrystal films by the electric field directed layer-by-layer assembly method. Langmuir, 2002, 18: 4098-4102.

[32] Hench L L, West J K. The sol-gel process. Chem Rev, 1990, 90: 33-72.

[33] Lin Y, Skaff H, Boker A, et al. Ultrathin cross-linked nanoparticle membranes. J Am Chem Soc, 2003, 125: 12690-12691.

[34] Guo W, Li J J, Wang Y A, et al. Luminescent CdSe/CdS core/shell nanocrystals in dendron-boxes: Superior chemical, photochemical and thermal stability. J Am Chem Soc, 2003, 125: 3901-3909.

[35] Cui T, Cui F, Zhang J, et al. From monomeric nanofibers to PbS nanoparticles/polymer composite nanofibers through the combined use of gamma-irradiation and gas/solid reaction. J

Am Chem Soc, 2006, 128: 6298-6299.

[36] Maheshwari V, Saraf R F. Mineralization of monodispersed CdS nanoparticles on polyelectrolyte superstructure forming an electroluminescent "necklace-of-beads". Langmuir, 2006, 22: 8623-8626.

[37] Zhang Q, Gupta S, Emrick T, et al. Surface-functionalized CdSe nanorods for assembly in diblock copolymer templates. J Am Chem Soc, 2006, 128: 3898-3899.

[38] Zhang Q, Russell T P, Emrick T. Synthesis and characterization of CdSe nanorods functionalized with regioregular poly (3-hexylthiophene). Chem Mater, 2007, 19: 3712-3716.

[39] Li M, Zhang J, Zhang H, et al. Electrospinning: A facile method to disperse fluorescent quantum dots in nanofibers without forster resonance energy transfer. Adv Funct Mater, 2007, 17: 3650-3656.

[40] Zhang H, Zhou Z, Liu K, et al. Controlled assembly of fluorescent multilayers from an aqueous solution of CdTe nanocrystals and nonionic carbazole-containing copolymers. J Mater Chem, 2003, 13: 1356-1361.

[41] Xuan Y, Pan D, Zhao N, et al. White electroluminescence from a poly (n-vinylcarbazole) layer doped with CdSe/CdS core-shell quantum dots. Nanotechnology, 2006, 17: 4966-4969.

[42] Chou C H, Wang H S, Wei K H, et al. Thiophenol-modified CdS nanoparticles enhance the luminescence of benzoxyl dendron-substituted polyfluorene copolymers. Adv Funct Mater, 2006, 16: 909-916.

[43] Lin Y W, Tseng W L, Chang H T. Using a layer-by-layer assembly technique to fabricate multicolored-light-emitting films of CdSe@CdS and CdTe quantum dots. Adv Mater, 2006, 18: 1381-1386.

[44] Mamedov A A, Belov A, Giersig M, et al. Nanorainbows: Graded semiconductor films from quantum dots. J Am Chem Soc, 2001, 123: 7738-7739.

[45] Franzl T, Klar T A, Schietinger S, et al. Exciton recycling in graded gap nanocrystal structures. Nano Lett, 2004, 4: 1599-1603.

[46] Jang J, Kim S, Lee K J. Fabrication of CdS/pmma core/shell nanoparticles by dispersion mediated interfacial polymerization. Chem Commun, 2007, 26: 2689-2691.

[47] Xu J, Wang J, Mitchell M, et al. Organic-inorganic nanocomposites via directly grafting conjugated polymers onto quantum dots. J Am Cheml Soc, 2007, 129: 12828-12833.

[48] Li C P, Wei K H, Huang J Y. Enhanced collective electron transport by CdSe quantum dots confined in the poly (4-vinylpyridine) nanodomains of a poly (styrene-b-4-vinylpyridine) diblock copolymer thin film. Angew Chem, 2006, 45: 1449-1453.

[49] Wang P, Abrusci A , Wong H M P, et al. Photoinduced charge transfer and efficient solar energy conversion in a blend of a red polyfluorene copolymer with CdSe nanoparticles. Nano Lett, 2013, 6: 17899-1793.

[50] Liang Z Q, Dzienis K L, Xu J, et al. Covalent layer-by-layer assembly of conjugated polymers and CdSe nanoparticles: Multilayer structure and photovoltaic properties. Adv Funct Mater, 2006, 16: 542-548.

[51] Wang J-Y, Chen W, Liu A-H, et al. Controlled fabrication of cross-linked nanoparticles/polymer

composite thin films through the combined use of surface-initiated atom transfer radical polymerization and gas/solid reaction. J Am Chem Soc, 2002, 124: 13358-13359.

[52] Lü C, Guan C, Liu Y, et al. PbS/polymer nanocomposite optical materials with high refractive index. Chem Mater, 2005, 17: 2448-2454.

[53] Tekin E, Smith P J, Hoeppener S, et al. Inkjet printing of luminescent CdTe nanocrystal-polymer composites. Adv Funct Mater, 2007, 17: 23-28.

[54] Yu W W, Chang E, Falkner J C, et al. Forming biocompatible and nonaggregated nanocrystals in water using amphiphilic polymers. J Am Chem Soc, 2007, 129: 2871-2879.

[55] Potyrailo R A, Leach A M. Selective gas nanosensors with multisize CdSe nanocrystal/polymer composite films and dynamic pattern recognition. Appl Phys Lett, 2006, 88: 134110.

[56] Gupta S, Zhang Q L, Emrick T, et al. Entropy-driven segregation of nanoparticles to cracks in multilayered composite polymer structures. Nat Mater, 2006, 5: 229-233.

[57] Zhang H, Cui Z, Wang Y, et al. From water-soluble CdTe nanocrystals to fluorescent nanocrystal-polymer transparent composites using polymerizable surfactants. Adv Mater, 2003, 15: 777.

[58] Li S, Toprak M S, Jo Y S, et al. Bulk synthesis of transparent and homogeneous polymeric hybrid materials with ZnO quantum dots and PMMA. Adv Mater, 2007, 19: 4347.

[59] Lu Y, Mei Y, Drechsler M, et al. Thermosensitive core-shell particles as carriers for Ag nanoparticles: Modulating the catalytic activity by a phase transition in networks. Angew Chem, 2006, 45: 813-816.

[60] Cui T, Zhang J, Wang J, et al. CdS-nanoparticle/polymer composite shells grown on silica nanospheres by atom-transfer radical polymerization. Adv Funct Mater, 2005, 15: 481-486.

[61] Zhang J H, Bai L T, Zhang K, et al. A novel method for the layer-by-layer assembly of metal nanoparticles transported by polymer microspheres. J Mater Chem, 2003, 13: 514-517.

[62] Yang Y, Wen Z, Dong Y, et al. Incorporating CdTe nanocrystals into polystyrene microspheres: Towards robust fluorescent beads. Small, 2006, 2: 898-901.

[63] Bai F, Wang D, Huo Z, et al. A versatile bottom-up assembly approach to colloidal spheres from nanocrystals. Angew Chem, 2007, 119: 6770-6773.

[64] Sun H, Zhang J, Zhang H, et al. Pure white-light emission of nanocrystal-polymer composites. Chem Eur J, 2006, 7: 2492-2496.

[65] Sun H, Yang Z, Wei M, et al. Chemically addressable perovskite nanocrystals for light-emitting applications. Adv Mater, 2017, 29(34): 1701153.

[66] Feng T, Zeng Q, Lu S, et al. Color-tunable carbon dots possessing solid-state emission for full-color light-emitting diodes applications. ACS Photonics, 2017, 5: 502-510.

[67] Liu H, Wu Z, Shao J, et al. $CsPb_xMn_{1-x}Cl_3$ perovskite quantum dots with high Mn substitution ratio. ACS Nano, 2017, 11: 2239-2247.

[68] Zeng Q, Zhang X, Feng X, et al. Polymer-passivated inorganic cesium lead mixed-halide perovskites for stable and efficient solar cells with high open-circuit voltage over 1.3 V. Adv Mater, 2018, 30(9): 1705393.

[69] Pan A Z, Wang J L, Jurow M J, et al. General strategy for the preparation of stable luminous

nanocomposite inks using chemically addressable CsPbX$_3$ peroskite nanocrystals. Chem Mater, 2018, 30: 2771-2780.

[70] Shao J, Zhu S, Liu H, et al. Full-color emission polymer carbon dots with quench-resistant solid-state fluorescence. Adv Sci, 2017, 4: 1700395.

[71] Chen Z L, Zeng Q S, Liu F Y, et al. Efficient inorganic solar cells from aqueous nanocrystals: The impact of composition on carrier dynamics. Rsc Adv, 2015, 5: 74263-74269.

[72] Spanggaard H, Krebs F C. A brief history of the development of organic and polymeric photovoltaics. Sol Energy Mat Sol C, 2004, 83: 125-146.

[73] Saunders B R, Turner M L. Nanoparticle-polymer photovoltaic cells. Adv Colloid Interface Sci, 2008, 138: 1-23.

[74] Beek W J E, Wienk M M, Janssen R A J. Efficient hybrid solar cells from zinc oxide nanoparticles and a conjugated polymer. Adv Mater, 2004, 16: 1009-1013.

[75] Oosterhout S D, Wienk M M, van Bavel S S, et al. The effect of three-dimensional morphology on the efficiency of hybrid polymer solar cells. Nat Mater, 2009, 8: 818-824.

[76] Liu Z, Sun Y, Yuan J, et al. High-efficiency hybrid solar cells based on polymer/PbS$_x$Se$_{1-x}$ nanocrystals benefiting from vertical phase segregation. Adv Mater, 2013, 25: 5772-5778.

[77] Wang M, Wang X. PPV/TiO$_2$ hybrid composites prepared from PPV precursor reaction in aqueous media and their application in solar cells. Polymer, 2008, 49: 1587-1593.

[78] Qiao Q, McLeskey J T. Water-soluble polythiophene/nanocrystalline TiO$_2$ solar cells. Appl Phys Lett, 2005, 86: 153501.

[79] Baeten L, Conings B, D'Haen J, et al. Fully water-processable metal oxide nanorods/polymer hybrid solar cells. Sol Energy Mat Sol C, 2012, 107: 230-235.

[80] Yu W L, Zhang H, Fan Z X, et al. Efficient polymer/nanocrystal hybrid solar cells fabricated from aqueous materials. Energy Environ Sci, 2011, 4: 2831-2834.

[81] Chen Z L, Zhang H, Yu W L, et al. Inverted hybrid solar cells from aqueous materials with a PCE of 3.61%. Adv Energy Mater, 2013, 3: 433-437.

[82] Chen Z L, Zhang H, Du X H, et al. From planar-heterojunction to n-i structure: An efficient strategy to improve short-circuit current and power conversion efficiency of aqueous-solution-processed hybrid solar cells. Energy Environ Sci, 2013, 6: 1597-1603.

[83] Jin G, Chen N N, Zeng Q S, et al. Aqueous-processed polymer/nanocrystal hybrid solar cells with double-side bulk heterojunction. Adv Energy Mater, 2018, 8: 1701966.

[84] Wei H, Jin G, Wang L, et al. Synthesis of a water-soluble conjugated polymer based on thiophene for an aqueous-processed hybrid photovoltaic and photodetector device. Adv Mater, 2014, 26: 3655-3661.

[85] Yao S, Chen Z, Li F, et al. High-efficiency aqueous-solution-processed hybrid solar cells based on P3HT dots and CdTe nanocrystals. ACS Appl Mater Interfaces, 2015, 7: 7146-7152.

[86] Wei H T, Sun H Z, Zhang H, et al. Achieving high open-circuit voltage in the PPV-CdHgTe bilayer photovoltaic devices on the basis of the heterojunction interfacial modification. J Mater Chem, 2012, 22: 9161-9165.

[87] Jin G, Wei H T, Na T Y, et al. High-efficiency aqueous-processed hybrid solar cells with an

enormous herschel infrared contribution. ACS Appl Mater Interfaces, 2014, 6: 8606-8612.

[88] Du X, Zeng Q, Jin G, et al. Constructing post-permeation method to fabricate polymer/nanocrystals hybrid solar cells with PCE exceeding 6%. Small, 2017, 13: 1603771.

[89] Ma H, Jen A K Y, Dalton L R. Polymer-based optical waveguides: Materials, processing, and devices. Adv Mater, 2002, 14: 1339-1365.

[90] Kim J K, Chhajed S, Schubert M F, et al. Light-extraction enhancement of GaInN light-emitting diodes by graded-refractive-index indium tin oxide anti-reflection contact. Adv Mater, 2008, 20: 801.

[91] Vaia R A, Maguire J F. Polymer nanocomposites with prescribed morphology: Going beyond nanoparticle-filled polymers. Chem Mater, 2007, 19: 2736-2751.

[92] Zhang H, Han J, Yang B. Structural fabrication and functional modulation of nanoparticle-polymer composites. Adv Funct Mater, 2010, 20: 1533-1550.

[93] Cheng Y, Lü C, Lin Z, et al. Preparation and properties of transparent bulk polymer nanocomposites with high nanophase contents. J Mater Chem, 2008, 18: 4062.

[94] Guan C, Lu C L, Cheng Y R, et al. A facile one-pot route to transparent polymer nanocomposites with high ZnS nanophase contents via in situ bulk polymerization. J Mater Chem, 2009, 19: 617-621.

[95] Lü C, Cheng Y, Liu Y, et al. A facile route to ZnS-polymer nanocomposite optical materials with high nanophase content via γ-ray irradiation initiated bulk polymerization. Adv Mater, 2006, 18: 1188-1192.

[96] Xue P, Wang J, Bao Y, et al. Synergistic effect between carbon black nanoparticles and polyimide on refractive indices of polyimide/carbon black nanocomposites. New J Chem, 2012, 36: 903.

[97] Mastronardi M L, Henderson E J, Puzzo D P, et al. Small silicon, big opportunities: The development and future of colloidally-stable monodisperse silicon nanocrystals. Adv Mater, 2012, 24: 5890-5898.

[98] Liu P, Na N, Huang L, et al. The application of amine-terminated silicon quantum dots on the imaging of human serum proteins after polyacrylamide gel electrophoresis (PAGE). Chem Eur J, 2012, 18: 1438-1443.

[99] Papadimitrakopoulos F, Wisniecki P, Bhagwagar D E, Mechanically attrited silicon for high refractive index nanocomposites. Chem Mater, 1997, 9: 2928-2933.

[100] Zhang G Y, Zhang H, Wei H T, et al. Creation of transparent nanocomposite films with a refractive index of 2. 3 using polymerizable silicon nanoparticles. Part Part Syst Charact, 2013, 30: 653-657.

[101] 张国彦. 可聚合纳米粒子的设计合成与高折射率聚合物杂化光学材料. 长春: 吉林大学, 2014.

第6章 离子簇超分子复合物的组装与功能化

吴立新 李 豹

多金属氧簇作为一类合成方便、结构明确的纳米尺度大阴离子，其合成化学具有多方面扩展性，为获得更多的功能应用提供了诱人的发展前景。最近的研究显示，稀土取代的磁性多金属氧簇作为一类单分子磁子具有用于量子计算的潜力，经过石墨烯复合的多金属氧簇具有高的离子导电性，一些含钼和硒的多金属氧簇则显示出对植物生长的促进作用，而发挥这些性质离不开对簇结构的控制和操纵。因此，多金属氧簇的离子复合和有机共价修饰必将在获得新的超分子组装材料中发挥不可或缺的作用。通过水热合成的方法，多金属氧簇利用与有机组分的配位作用占据金属有机骨架结构，这样的组装结构使得多金属氧簇在用于不对称催化时具有非常高的对映体选择性。利用原位制备或者后修饰，处于自由态的多金属氧簇可以通过离子和表面作用进入金属有机骨架结构中，实现高效催化。以广泛使用的三联吡啶钌为染料敏化剂，含钴的多金属氧簇展现出很高的光解水能力。尽管仍然有争议，多金属氧簇作为无机非贵金属纳米簇所具有的价格便宜、容易制备和耐光照等特性使人们认识到多金属氧簇在能源领域的重要性。多金属氧簇的功能表现更加激发了对获取其自组装性质和规律的兴趣。本章以多金属氧簇为基本的构筑单元，介绍我们自己和国内外同行在过去十几年里在自组装领域取得的成果，期望从一些典型事例的描述中获取对多金属氧簇自组装体系的组装结构与性能间关系的认识，从而为发展基于这类无机簇的自组装功能材料提供有益的启发。

6.1 组装体、预组装体和复合构筑基元

6.1.1 超分子化学与自组装

超分子化学是研究分子间作用力与作用关系的科学[1]。虽然人们很早就认识到分子间的相互作用会带来物理的和化学的性质变化，如具有相同分子量和链结构类型的醇比醚有更高的沸点主要是因为醇分子间存在较强的氢键相互作用。再如生物体中广泛存在的遗传物质 DNA 的双螺旋链，蛋白质的高级结构等，都存在多种分子间相互作用。然而超分子体系作为化学概念以及被众多研究领域用以控制分子堆积和排列方式的系统认识则是在 1978 年法国科学家 J. M. Lehn 明确提

出以后逐渐发展和深化的[2,3]。特别是近年来，超分子化学不仅促进了化学自身的进步和领域内的交叉融合，如无机超分子配位化合物[4]、有机化学中的分子识别与分子机器[5]、高分子体系中的超分子聚合物等[6]，也扩展到其他相关科学研究领域，如环境和能源[7]、化学生物学[8]和精准医学等[9]。

　　与此同时，自组装作为一个重要概念在化学领域也得到了快速发展。自组装通常被理解为自发形成有序结构的过程，当组装基元为分子及分子尺度的化学物质时，这种自发产生的有序分子聚集又被称为分子自组装[10]。相对于超分子化学更侧重于分子间相互作用力与作用方式产生的分子自组织，当前分子自组装研究关注的重点则是更多地从分子组装体的结构认识发展到为可能的功能应用提供认识基础。自组装与超分子化学从不同角度研究分子的结合行为，但是很明显，这两个概念仍然具有共同的研究目标，都表现出蓬勃的生命力和广泛研究价值，在很多情况下科学工作者对此并不加以严格区分。通过分子组装形成的超分子体系可以具有完全不同于组装基元的全新性能，使分子识别与主客体化学[11]、生物有机化学[12]、液晶[13]、超分子组装体与分子器件[14]显示出强大的应用潜力，为设计新颖功能材料提供了一条新途径。

　　典型的分子间相互作用包括配位作用、氢键、范德华力等非共价键作用，它们都可以被用于构筑分子组装体。类似于典型的分子间作用力，动态共价键具有可逆形成和解离以及存在平衡态等特点，也被发展为构筑分子组装体的作用方式。对于完整的离子对体系，正负电荷之间的静电力(库仑力)是一种强的相互作用。与氢键、配位和共价作用不同，静电作用没有方向性和饱和性，其键能甚至可以达到 100～350kJ/mol，与共价键的强度相当。由于易受环境极性条件影响，这种作用力也很容易解离。基于静电相互作用，一些高级的超分子结构可以被设计合成并能稳定存在和调控，从而为实现特定的功能关联提供有利条件，成为目前超分子自组装和纳米尺度材料制备领域中行之有效的策略之一[15]。与静电力有所不同，氢键作用除了具有较高的键能外，还具有饱和性和方向性，更有利于促进小分子的有序排列，因而也在超分子化学中得到广泛的应用[16]。根据给体和受体的所属关系，氢键可以分为分子内氢键和分子间氢键。而根据给受体之间电负性的差异和距离，氢键可以分为强、中、弱三个层次。此外，依据给体和受体数目的不同，还可以将氢键分为一重、二重甚至多重氢键结构。氢键是一种非常常见的非共价作用力，在生物体系中广泛存在，在生命遗传中扮演着极其重要的角色。相比于静电力和氢键作用，范德华力的键能较小，一般小于 5kJ/mol，也没有方向性和饱和性，但是在化学体系特别是有机分子体系中存在更为普遍，是产生于原子和分子间的色散力、诱导力以及取向力的总和。除以上作用力外，在某些特殊体系中，还有其他分子间作用力也发挥重要作用。在共轭体系中，π-π 相互作用对分子的堆积结构具有重要的影响，可以利用面对面和边对面两种作用模式获得

H-聚集体和 J-聚集体[17]。在碱金属离子与冠醚等大环分子络合时，冠醚氧原子上的孤对电子与带有正电荷的阳离子发生离子–偶极相互作用，从而得到稳定超分子结构。在金属阳离子(如 Fe^{2+}、Co^{2+} 等)与环戊二烯单元形成夹心型络合物时，其作用力为阳离子-π 相互作用。此外，偶极–偶极相互作用、主客体识别、金属配位作用和疏水相互作用、电荷转移、C—H…π 作用、卤键、甚至金属—金属键等也是促进小分子形成超分子组装体的重要作用力。实际上，多数超分子组装过程都不是由单一作用力驱动完成的，往往是多种相互作用通过多层次作用方式协同的结果。

利用分子间的非共价键作用，简单的有机小分子可以通过超分子组装获得有序的组装体。由于小分子结构和作用力的多样性，超分子组装体的结构也是多种多样。从广义上来说，这些结构单元可以包括离子、基团、分子、大分子、分子聚集体、纳米粒子及宏观材料等。自组装方法在功能材料制备、生物医药以及分子催化等领域表现出巨大的应用前景，也吸引了越来越多的研究者开始研究自组装的过程，不断地拓展自组装的应用[18]。

6.1.2　组装的过程控制和预组装体

分子组装是有序堆积过程，虽然主要受到分子间作用力和组分结构的影响，也与起始存在状态和制备条件相关，总的来说还是多种因素决定着组装的进程和最终组装结构。从动态过程考虑，组装体的形成并不是一步完成的，而是各个组分先对各自的状态进行调整，使相互之间的作用力处在有利的方向，在超分子化学中把这个过程称为预组织。预组织的特点体现了超分子体系的协同特性，通过协同作用，形成有一定方向性和选择性的作用力。这一过程虽然终将达到热力学平衡，但是仍然可以通过动力学控制使组装结构停留在所设定的阶段。这一过程有些类似于分子合成的过渡态，但与大部分分子合成不同，对预组织的条件控制可以更容易地获得不同的组装结构。

组装过程可以人为地划分为两个阶段，第一步是活化过程，即小分子的构象进行重新排列以提高相互之间结合位点的匹配性，同时减小各结合位点之间的不利作用，降低能垒，对于有溶剂化作用的分子，排除溶剂的过程也将同时发生；第二步是组装过程，即形成组装体的各部分之间互补作用位点结合，形成稳定的组装结构。整个结合过程的自由能是不利的重组能与有利的结合能之间克服了熵变后的差值，而此时组装体内部小分子之间的作用位点必须是互补性的。在这个过程中，如果小分子是预组织过的，即重组过程不发生明显的构象变化，重组能就可以变得比较小，从而对形成预期的组装结构有利。一般情况下，刚性配体较难进行构象改变去形成预组装结构。相对而言，柔性配体的构象较易调整，形成预组装体所需的能量较低。对于二组分体系来说，两个组分达到最优的预组织需要满足以下几点：①几何上匹配的互补成键；②从能量角度讲，其络合态处于最低的自由能状态；③与溶剂化状态相比，极性的成键点作用较弱。对于堆积结构，这一过程可以理解为堆积密度的最小化。当然，对于具体的研究体系，起主导作用的因素还要进一步分析。

6.1.3　构筑基元对组装结构和性质的导向作用

J. M. Lehn 在其 2002 年的著作中[19]已经对构筑基元在形成组装结构时的作用进行了精辟阐述，即构筑基元的几何结构和在设定的物理化学环境条件下作用力与作用方式决定了其所能产生的堆积方式和结构。因此，构筑基元的选定对获得特定的组装结构和由此产生的性质非常重要，不仅决定了其在组装结构中的存在状态，而且也将自身的物理化学性质带进组装结构中。由此，可以在组装体中表现构筑基元的功能性质，亦可以通过分子间相互作用调节构筑基元的存在状态和组分间的作用关系，进而实现对构筑基元功能性质的调控。在多组分体系中，不同类型构筑基元通过分子间作用力按设计要求结合在一起，便可建立起组分间的有机联系，实现组分间的性质协同和调控，从而获得单一组分自身无法实现的性质表现。

6.2　多金属氧簇及其超分子复合物

6.2.1　多金属氧簇结构及性质

多金属氧簇是一类纳米尺度无机大阴离子簇（从接近 1nm 到几纳米），一般由高价态具有 d^0 或 d^1 电子构型的前过渡金属离子（M = W、Mo、V、Nb、Ta 等）氧化物八面体如{MoO_6}通过共点、共边或共面等不同共用氧原子方式连接而形成[20]。多金属氧簇具有丰富的组成和多样的结构类型，目前已经扩展到由更宽范围过渡金属以及主族元素组成的金属氧化物分子簇，如铁、钴、镍、锰、锗、钛等，甚至包括锕系金属如铀离子等[21]。随着多金属氧簇化学的发展，其拓扑结构类型不断增加（图 6-1），比较常见的包括杂原子与金属离子比例为 1∶12 的球形 Keggin 结构[$XM_{12}O_{40}]^{n-}$（其中"X"表示杂原子，"M"表示金属离子，"n"表示化学式中的电荷数，下同）、2∶18 的椭球形 Wells-Dawson 结构[$X_2M_{18}O_{62}]^{n-}$、1∶6 的圆盘形 Anderson-Evans 结构[$XM_6H_mO_{24}]^{n-}$，以及不含杂原子的八面体 Lindqvist 结构[$M_6O_{19}]^{n-}$等。杂原子 X 对多金属氧簇的性质有重要的影响，一般为主族元素，包括 Si、P、S、Ge、Se、B、Al 和 Ga 等。部分过渡金属如 V、Fe 和 Co 等也可以作为杂原子。在 pH 较高的溶液中，多金属氧簇会失去一个或多个金属氧{MO_6}八面体，发生部分解离，形成缺位结构。缺位的位置可以被过渡金属或稀土金属离子所占据，形成取代型的多金属氧簇。另外，Müller 等在高核钼簇的合成方面做出了卓越的贡献，得到一系列含有上百个重原子的高核簇，其中最高核为长度达到接近 6.0nm 的椭球形{Mo368}簇[22]。最新的报道中也成功实现了迄今为止最大的铌簇{Nb288}的合成，直径达到 4.3nm，为新的高核金属氧簇合成开拓了新的方向[23]。伴随着合成方法的改进(水热合成法、微波辅助合成法、流动化学法等)，大量具有新颖结构的多金属氧簇亦不断地被合成出来。同时，电喷雾离子化质谱等新表征方法的引入，为多金属氧簇的组装过程提供了更加深入的认识[24]。可控和分子设计已经成为多金属氧簇合成化学的主流。在与量子计算、光电转换、水裂解和有机污染物去除，以及抗菌和抗肿瘤等领域的交叉过程中，多金属氧簇的组成调节、多维和网络化、有机修饰、高效催化及仿生研究成为多金属氧簇化学研究的新前沿和热点[25,26]。

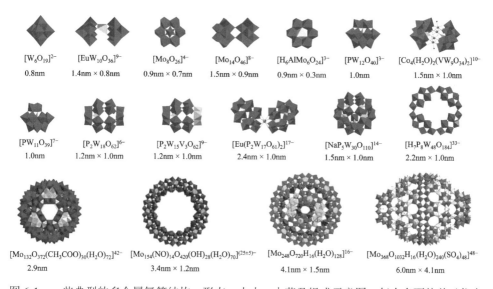

$[W_6O_{19}]^{2-}$
0.8nm

$[EuW_{10}O_{36}]^{9-}$
1.4nm × 0.8nm

$[Mo_8O_{26}]^{4-}$
0.9nm × 0.7nm

$[Mo_{14}O_{46}]^{8-}$
1.5nm × 0.9nm

$[H_6AlMo_6O_{24}]^{3-}$
0.9nm × 0.3nm

$[PW_{12}O_{40}]^{3-}$
1.0nm

$[Co_4(H_2O)_2(VW_9O_{34})_2]^{10-}$
1.5nm × 1.0nm

$[PW_{11}O_{39}]^{7-}$
1.0nm

$[P_2W_{18}O_{62}]^{6-}$
1.2nm × 1.0nm

$[P_2W_{15}V_3O_{62}]^{9-}$
1.2nm × 1.0nm

$[Eu(P_2W_{17}O_{61})_2]^{17-}$
2.4nm × 1.0nm

$[NaP_5W_{30}O_{110}]^{14-}$
1.5nm × 1.0nm

$[H_7P_8W_{48}O_{184}]^{33-}$
2.2nm × 1.0nm

$[Mo_{132}O_{372}(CH_3COO)_{30}(H_2O)_{72}]^{42-}$
2.9nm

$[Mo_{154}(NO)_{14}O_{420}(OH)_{28}(H_2O)_{70}]^{(25\pm5)-}$
3.4nm × 1.2nm

$[Mo_{248}O_{720}H_{16}(H_2O)_{128}]^{16-}$
4.1nm × 1.5nm

$[Mo_{368}O_{1032}H_{16}(H_2O)_{240}(SO_4)_{48}]^{48-}$
6.0nm × 4.1nm

图 6-1 一些典型的多金属氧簇结构、形态、大小、电荷及组成示意图，每个多面体单元代表一个金属氧多面体

多金属氧簇具有丰富的化学组成、多样的结构以及方便的结构可扩展性，成为开发功能纳米材料的平台。多金属氧簇的典型性质是它的电子结构，不仅可以在几纳米直径的簇表面容纳几个到几十个非定域的负电荷，而且其可变价态的金属离子具有优异的氧化还原特性，能够可逆地分步或同时得到或者失去多个电子，而簇本身的骨架结构依然保持不变[27]。在光性质上，多金属氧簇的还原过程会伴随着颜色的变化，并将处于还原状态的多金属氧簇称为杂多蓝。因此，多金属氧簇本身亦是一类出色的无机光致变色和电致变色材料。多金属氧簇拥有良好的电化学性质，它对电子和质子都具有很强的传输和储存能力，而且通过改变杂原子

和配位原子，可以有效地调节多金属氧簇的氧化还原电势[28]。在化学性质上，多金属氧簇是一种多功能催化剂，以质子为反离子及存在 Zr、Ti 杂化时可以作为酸催化剂，在光照条件下和负载原子氧后可以作为氧化还原催化剂。稀土金属离子占据缺位的多金属氧簇中存在从氧配体到金属的电荷转移，使稀土多金属氧簇具有强的荧光特性。与引入稀土发光离子相类似，将各种具有顺磁性的过渡金属离子和稀土离子嵌入到多金属氧簇单元中，还可以使多金属氧簇显示出各种有趣的磁性质。除此之外，研究人员还发现了多金属氧簇的抗病毒和抗肿瘤性质。总之，多金属氧簇具有其他化合物难以媲美的特殊结构和功能特性，使其在作为超分子组装构筑基元的同时，也将其相关的功能性质程序化到组装体中。

6.2.2　多金属氧簇离子复合物预组装体

多金属氧簇的精确化学结构和形态使其特别适合作为超分子组装的构筑基元。然而由于其通常以晶态形式存在，且只在一定 pH 范围内稳定，大的表面电荷数通常条件下表现为排斥性，限制了多金属氧簇作为单一组分的自组装。借助电荷相互作用，目前已经发展出一些有效的办法提高组装能力，例如在带相反电荷的固体基底或两相界面实现多金属氧簇的界面组装[29,30]，在阳离子表面活性剂双层结构膜内进行离子渗透组装，以及与聚电解质的交替层层组装[31-33]。然而这些组装方法都离不开原有的界面带电层支持，而且在组装过程中无法进行定量控制和固定结合比。将含有功能基团的有机组分共价结合到多金属氧簇上是一种有效方法，但是一方面能够进行有机共价修饰的簇不多，另一方面会降低功能性簇的选择范围[34]。因此，发展不依赖基底的辅助，实现多金属氧簇作为独立基元的组装能力更有利于实现结构和功能调控。一个有效的策略是采用自身同样具有自组装能力的两亲性有机阳离子来代替多金属氧簇周围原有的抗衡离子，得到基于离子相互作用的多金属氧簇超分子复合物。复合物中多金属氧簇作为核，两亲性有机阳离子通过静电相互作用覆盖在簇的表面。在完全的静电中和状态下，每个复合物中的有机和无机组分都是确定的。这种确定的比例关系使得复合物组装体中多金属氧簇亦可以按组装结构设计进行精确定位，实现多组分体系中无法实现的预组装体对组装结构的调控作用。

在实际应用中，有机季铵盐常被用作抗衡离子降低多金属氧簇在溶液中的溶解度，从而加速其结晶。Venturello 等首次使用带有烷基链的阳离子表面活性剂作为相转移剂，将多金属氧簇转入到有机相，用于均相催化反应[35]。虽然他们对形成的离子复合物没有进行详细的存在状态研究，但这一开创性工作开启了使用带有疏水烷基链阳离子与多金属氧簇复合的研究与应用。Faulkner 等认识到多金属氧簇的电荷在超分子组装中的重要意义，最早利用层层组装的方法实现了多金属氧簇和有机聚电解质在电极表面的共沉积[36]。Kurth 和 Volkmer 等则首先将多金属氧簇超分子复合物铺展到气/液界面并制备了 LB 膜[37]。

比较常用的制备多金属氧簇离子复合物的方法主要包括两相包覆法和单相包覆法[38]。两相包覆法是将不溶于水的两亲性有机阳离子溶于氯仿等弱极性溶剂中，同时将多金属氧簇溶于水中，通过逐渐加入的方法将水溶液加入到有机溶液中。充分搅拌后，多金属氧簇表面抗衡离子被处于相界面的有机阳离子替换而转移到有机相中，同时有机阳离子组分的反离子转移到水相，与多金属氧簇原有的抗衡阳离子组成无机盐。在有机相中形成的超分子复合物不溶于水，利用简单蒸干溶剂的方法即可获得多金属氧簇超分子复合物。单相包覆法是指将具有较强极性的阳离子有机组分溶于水，再与多金属氧簇的水溶液直接混合或相互滴加，由于电荷中和导致生成的复合物不再溶于水而形成沉淀，用水清洗沉淀粗产物以去掉附着的无机盐就可以得到多金属氧簇超分子复合物。除这两种方法外，还有一种不常用但是有效的方法是将在水中溶解性均较差的多金属氧簇和有机组分复合，利用固相研磨使两相充分接触，再用有机溶剂萃取，水洗掉残余的无机盐，即可以实现多金属氧簇和有机阳离子的复合。晶体结构研究证明，多金属氧簇超分子复合物形成过程中的主要驱动力是静电作用和范德华力的协同。制备的复合物可以通过核磁、红外光谱、质谱、光电子能谱、热失重和元素分析等手段确定化学组成及有机分子和多金属氧簇之间的静电相互作用。在多数情况下，多金属氧簇原有的抗衡离子可以被有机阳离子全部取代，达到电荷中和的状态。在某些情况下，受溶解性、加入比例、浓度和搅拌时间、温度和有机阳离子大小等因素的影响，也存在不完全取代的情况，生成的多金属氧簇超分子复合物仍带有部分未被替代的抗衡离子。所获得的多金属氧簇超分子复合物具备刚柔、亲疏水、有机/无机杂化等特点，较高的分子量使其在某种程度上更像一类超大分子。与共价作用不同的是，有机阳离子在多金属氧簇表面有一定的自由度，极大地提高了复合物在超分子组装上的灵活性。同时，多金属氧簇超分子复合物的浸润性、有机相容性和黏性等完全不同于裸露的多金属氧簇，可以很容易地将其通过浇筑和 LB技术等制备成有序的薄膜，从而实现在组装体中对多金属氧簇的组装结构控制。考虑到多金属氧簇在有机阳离子两亲分子表面的组装和最终所形成的组装结构，溶液中多金属氧簇表面静电结合的确定数量的有机阳离子可以视为这类两组分组装体的预组装体。

6.2.3　多金属氧簇超分子复合物的结构性质

如图 6-2 所示，利用静电相互作用得到的表面活性剂包覆的多金属氧簇超分子复合物具有以下结构特点：①具有化学结构可修饰性和组成确定性，无机多金属氧簇阴离子核和有机阳离子两亲分子包覆层都可以根据组装需要进行分别修饰，原理上这样的两组分复合物具有任意的组合方式；②当阴离子簇的电荷数较少时，可以被看作是簇表面分散了有机阳离子，而当簇表面电荷数足够多，结合阳离子两亲分子并形成完整的表面有机外壳时，则表现为单分子反胶束结构；③因为静电复合过程排除了各自的反离子，同时由于簇表面结合的有机阳离子的疏水性，复合物此时只溶解在有机介质中并具有静电结合力的稳定性；④多金属氧簇表面负离子与结合的阳离子两亲分子之间具有离子对特性，由于簇表面电荷的非定域特点，有机组分在簇表面可以自由移动并受到其组装性质的影响，通过控制多阴离子簇的电荷数和有机组分阳离子头的表面积可以调控复合物构筑基元的可变形性和两亲性；⑤根据复合物的极性，有机阳离子的疏水性和多金属氧簇的亲水性可以使得到的静电超分子复合物在不同溶剂中或两相界面处产生相分离；⑥静电超分子复合物的自组装结构和各种功能性质可以通过分别修饰有机和无机组分来引入到复合物预组装体构筑基元中，并在组装体中实现有机和无机组分间的功能协同。

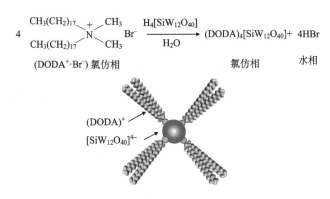

图 6-2　溶解在有机相的表面活性剂(DODA·Br)通过静电(离子)作用包覆水相中的无机多金属氧簇($H_4[SiW_{12}O_{40}]$)，形成超分子复合物(DODA$_4$[SiW$_{12}$O$_{40}$])的过程和结构示意图

　　基于以上这些特性，多金属氧簇超分子复合物可以作为一种新的分子构筑基元。对多金属氧簇超分子复合物的物理化学性质认识为将多金属氧簇引入到不同纳米结构的软材料体系中带来前所未有的机会。值得强调的是，相对于其他组装方式，多金属氧簇与有机组分的复合及复合物的再组装是目前实现多金属氧簇化合物功能的最佳选择，这样的体系在多金属氧簇化学中亦成为新的研究方法。

6.3　多金属氧簇超分子复合物组装结构与组装机理

6.3.1　界面组装与溶液组装

　　由于静电相互作用的非方向性和表面电荷的非定域性，多金属氧簇超分子复合物的结构形态表现出相当的柔性，在界面张力的作用下可以随周围环境介质的不同而改变其形态结构并表现出多样的组装性质。例如，多金属氧簇超分子复合物在溶液中可以自组装形成具有不同排列结构的组装体，这些不同的组装结构既与两种构筑基元本身的化学结构性质有关，又受外部环境条件的影响，如溶液浓度、离子强度、酸碱度、温度等[39,40]。另外，多金属氧簇超分子复合物的两亲性引起的形态变化也可以发生在界面组装过程中。与溶液中的分子自组装有所不同，由于受基底二维空间的影响，界面上分子组装处于受限状态，从而可以产生特殊结构的组装体[41, 42]。

利用界面组装方法，复合物可以方便地在气/液界面发生相分离并进而形成有序排列。将双十八烷基胺通过静电相互作用包覆的 Keggin 结构 $H_3[PMo_{12}O_{40}]$ 复合物铺展到气/液界面形成界面分子层，利用 LB 技术得到有机/无机超薄膜。粉末 X射线衍射和偏振红外光谱表征结果都表明所形成的膜为高度有序的层结构，其层间距为 4.4nm，且复合物有机组分中烷基链呈取向有序排列，进一步证明有机组分在无机簇表面发生自适应相分离。膜中簇结构保持稳定并表现出光致变色性质和变色可逆性，而膜中有机组分的堆积结构保持不变。利用簇的光致变色还原态性质，可以原位制备金和银纳米粒子，并在层结构内呈均匀分布[43]。

不仅是界面吸附，通过溶剂浇筑的方法获得自组装膜结构也是实现多金属氧簇超分子复合物界面组装的重要手段之一。以双十八烷基二甲铵阳离子(DODA$^+$)与不同类型的多金属氧簇复合为例，当选择常见的 Keggin 和 Wells-Dawson 型多金属氧簇$[PMo_{12}O_{40}]^{3-}$和$[P_2Mo_{18}O_{62}]^{6-}$时，将所制备的复合物的氯仿溶液浇筑到固体基底上，有机和无机组分的亲疏水相分离产生的无机簇位于中间、有机两亲分子对称分布于簇两侧的反向双层组装体，在二维方向上形成复合物的有序组装(图 6-3)[44]。

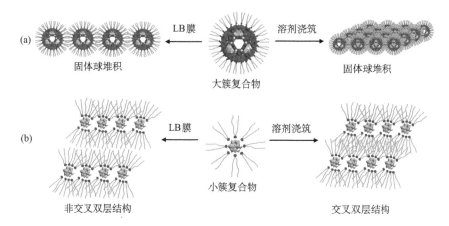

图 6-3　相同表面活性剂包覆不同尺寸多金属氧簇形成的超分子复合物在气/液界面和溶液条件下的球堆积结构(a)和相分离形成反向双层膜结构(b)示意图[44,45]

多金属氧簇与有机阳离子表面活性剂的预组装超分子复合物对形成的组装体结构的精确性起到了决定性作用，因为通过表面活性剂和多金属氧簇的简单混合不仅得不到同样的组装结构，而且获得的结构完整性和均一性亦无法控制。

用同样的表面活性剂包覆过渡金属离子取代的夹心型多金属氧簇 $[Cu_4(H_2O)_2(As_2W_{15}O_{56})_2]^{16-}$ 得到的复合物也可以用于制备固体表面浇筑膜[45]。粉末 X 射线衍射结果表明该复合物的浇筑膜也为层状结构，层间距为 3.6nm，而且相分离产生的烷基链取向排列中存在层间烷基链交叉排列，用以弥补烷基链截面积与多金属氧簇侧面投影面积的匹配，其交叉长度可达 1.6nm。通过控制溶剂的挥发速率则可以改变堆积密度，从而可以形成具有不同层结构的浇筑膜。有意思的是，当用 DODA·Br 包埋一系列含铕的多金属氧簇时则形成荧光型有机/无机复合物[46,47]。这些复合物固态时的非交叉和交叉烷基链堆积结构可以用来控制簇中稀土离子的光物理性质，如非交叉链结构膜可以获得长的发光寿命，交叉链结构膜则可以得到短的发光寿命。

多金属氧簇超分子复合物在界面产生的相分离现象引出了新的问题，即相分离双层结构是在溶剂挥发过程产生的，还是溶液中已经存在相同的组装结构。2000 年，Kurth 等将 DODA·Br 包覆大簇 $(NH_4)_{21}[H_3Mo_{57}V_6(NO)_6O_{183}(H_2O)_{18}]$ 和 $(NH_4)_{42}[Mo_{132}O_{372}(CH_3COO)_{30}(H_2O)_{72}]$，获得了大尺度多金属氧簇超分子复合物[37]。核磁、红外光谱、拉曼光谱、紫外可见光谱、元素分析、透射电子显微镜以及 X 射线衍射等手段对此类复合物组装结构的详细表征证明其为由亲疏水作用诱导的含有部分烷基链交叉的刚性球密堆积结构。

而利用同样的阳离子表面活性剂包覆小尺寸（直径为 1.0nm）近似球形的 $[SiW_{12}O_{40}]^{4-}$ 簇时，动态光散射表明复合物在有机相中并非是单分散的，其聚集行为表现出溶剂极性依赖性[39]。向组装体的氯仿溶液中加入甲醇能够增加烷基链间相互作用，使烷基链堆积更紧密，复合物的相变温度明显升高，表现出增强的稳定性。在加入少量甲醇稳定下，组装体很好地保持了形态稳定性。利用透射电镜对氯仿溶液中形成的复合物聚集体进行结构表征可以发现，其组装结构为反向双层囊泡状结构。减少甲醇加入量可以看到反向囊泡状结构开始变得不稳定，没有甲醇加入时则不能得到完整的聚集体。这一过程可以理解为与水相体系相反，在溶剂挥发过程中，因为氯仿体系中烷基链间的疏水作用力不够强，导致囊泡状结构破坏。但是相分离产生的多金属氧簇间的亲水相互作用仍然保持，反向双层结构还仍然存在。由此可以断定，纯氯仿溶液浇筑得到的双层膜，来源于溶液中的组装结构在溶剂挥发过程中"洋葱"相囊泡破坏而形成的平面化铺展。

当将多金属氧簇由四个电荷的 Keggin 结构替换为两个电荷的 Lindqvist 结构 $[Mo_6O_{19}]^{2-}$ 时，分别利用单十八烷基三甲铵阳离子和双十八烷基二甲铵阳离子包覆多阴离子，得到两种对称线形结构的离子复合物[48,49]。在低介电常数溶剂中，离子复合物自组装成简单的平直带状结构。有趣的是，随着溶剂介电常数的增加，其对簇间相互作用产生的影响和对烷基链间相互作用产生的影响发生了不同步。相比于簇间静电排斥作用减小产生的簇间距收缩，烷基链间压缩产生的距离变化较小，因而烷基链占有的空间相对偏大，为平衡体积差异，烷基链部分堆积发生扭曲，形成非手性多金属氧簇超分子复合物的螺旋组装结构(图 6-4)。将多金属氧簇通过电化学还原为多电荷阴离子后，扭曲消失，又恢复平直带状结构。根据库仑定律，溶剂介电常数控制的组装形貌演变是由有机阳离子与无机阴离子之间静电作用力的改变所调节的。溶剂介电常数的增加会减弱有机表面活性剂阳离子与无机多金属氧簇阴离子之间的库仑相互作用，同时阴离子簇之间的静电排斥力也会随之减弱，多金属氧簇之间的距离会随之变小，这种情况下长烷基链与多金属氧簇之间的体积不匹配导致的对称性破坏使得复合物组装成不对称的螺旋组装体。利用这种研究策略可以为非手性多金属氧簇的不对称自组装及其组装结构调控提供有效的控制手段。

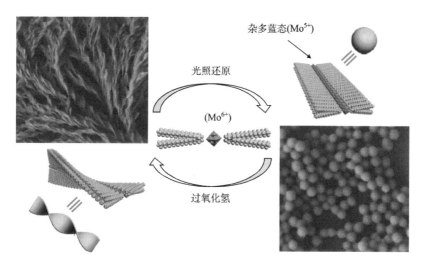

图 6-4　多金属氧簇超分子复合物(DODA)$_2$[Mo$_6$O$_{19}$]氧化态螺旋带状结构组装体和还原态球形结构组装体及其可逆氧化还原调控[48,49]

6.3.2　超分子复合物的组装结构与组分匹配原理

对含不同表面电荷多金属氧簇超分子复合物自组装结构研究表明，簇表面单位面积拥有的阳离子数对复合物的组装结构有重要影响。复合物中组分间匹配关系可以从带有四条烷基链的树枝状表面活性剂 N-(3',5'-双[3,5-]双(庚氧基)苄氧基)苄基-N,N,N-三甲基铵溴化物(D)包覆的一系列具有相近直径(约 1.0nm)但拥有不同表面电荷数(4，5，8和12)的多金属氧簇超分子复合物的组装性质得到证明[50]。复合物中表面有机阳离子的数量随多金属氧簇表面的电荷数增加而增多。对于电荷数较低的多金属氧簇来说，其所形成的复合物 $D_4[SiW_{12}O_{40}]$ 和 $D_5[BW_{12}O_{40}]$ 中，有机阳离子在簇表面占有的总表面积较小，有足够的剩余空间使有机组分在界面能驱动下产生非对称和对称的线性亲疏水相分离态，从而进一步自组装形成反向双层结构的带状或囊泡状组装体。而当多金属氧簇表面电荷较多时，复合物 $D_7(Na/K)[SiW_{11}O_{39}]$ 和 $D_{10}Na_2[P_2W_{15}O_{56}]$ 中有机阳离子组分的增加需要占据更多簇表面，相分离扩展成中心为簇的平面盘状结构。这种形状的复合物最有利的组装结构为圆柱状，而更为紧密的堆积为六方柱排列。显然，有机阳离子在簇表面占有的表面积决定了复合物相分离后的复合物形态及进一步形成的组装结构。这一规律符合表面活性剂和高分子溶液中自组装的堆积参数理论($P = v/(a_0 \cdot l_0)$，a_0:分子截面积，l_0:分子长度，v:体积)。在多金属氧簇的近似球模型中，所有簇可以分为六个相等的面。如图 6-5 所示，当簇表面有机组分占有率小于或等于 1/3 时，亲疏水分离导致有机组分以线形排列在多金属氧簇的一侧或相对的两侧，此时在有机溶剂中反向的双层纳米结构将更有利于减小表面张力并成为主要的堆积方式。当有机组分的表面占有率大于 1/3 但是小于 2/3(四个赤道面全覆盖)时，产生盘状相分离，并进一步面对面堆积形成柱状结构。而当表面占有率大于或等于 2/3 时，由于剩余的表面积太小，难以发生完全相分离或者相分离无法形成有利的堆积方式，其结果是形成有部分界面交叉的紧密堆积刚性球结构。多

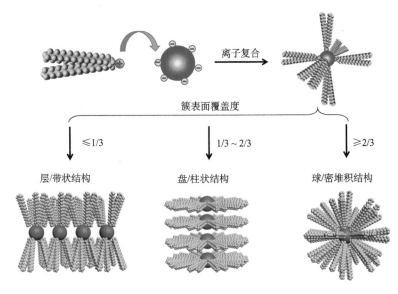

图 6-5　有机组分阳离子在多金属氧簇表面的覆盖度与相分离及形成的
多种组装结构关系示意图[38]

金属氧簇超分子复合物的这种组装机理可以很好地解释文献报道的巨型和小多阴离子簇与有机阳离子复合后的组装结构差异。从这一规律加以扩展，弯曲和扭曲的组装结构也可以很好地解释为多金属氧簇超分子复合物组分间不匹配导致的相分离堆积方式。当然，多金属氧簇表面被占用(或残差)面积与簇的大小和电荷、有机组分的横截面积以及溶剂极性密切相关，定量关系需要根据实际的簇表面积计算。

6.4　多金属氧簇超分子复合物微反应器

6.4.1　多金属氧簇的催化原理

由于多金属氧簇具有可调节的酸性和氧化还原性质，高的热稳定性，对光电刺激的响应性等特点，对其催化性质的研究一直是多金属氧簇化学的核心内容之一，60%以上多金属氧簇领域的专利都与其催化性质有关[51]。多金属氧簇中含有质子、氧原子以及金属等多个活性位点，可以作为多功能催化剂[52,53]。当多金属氧簇的抗衡离子为质子时，是一种强固体酸，可以用于布朗斯特酸促进的酸催化反应。多金属氧簇表面的氧原子，尤其是位于缺位位置的氧原子具有很高的电负性，从而有足够的碱性与酸反应，甚至是与有机组分中较为活泼的质子反应。也就是说，这样的多金属氧簇表面氧原子可以作为碱催化反应的活性中心。除了酸碱催化反应外，多金属氧簇的金属部分在所有氧化反应中都具有活性，是有效的氧化剂，甚至在温和的条件下也能表现出快速的可逆的多电子氧化还原过程，而骨架结构保持不变。多金属氧簇的端基氧可以结合活性氧形成过氧桥并且可以转移到底物中实现催化氧化。这种酸性、碱性和氧化还原性质可以通过改变多金属氧簇化学组成及结构等方法而进行大范围调控。到目前为止，应用较多的还是多金属氧簇的催化氧化反应。

多金属氧簇作为催化剂具有多方面的优点：①可从原子/分子的层面来设计簇结构，从而获得理想的酸碱性和氧化还原性质；②可在分子水平上对反应过程进行表征，有利于获得明确的催化机理；③根据簇的结构特点，可以选择特定的反应区域；④在同时得到或失去多个电子的情况下保持簇结构不变。到目前为止，已经有多个以多金属氧簇为催化剂的反应实现了工业化，包括 2-丁烯水合得到相应醇[54]，氧气氧化异丁醛成异丁酸[55]，四氢呋喃的聚合[56]，胺化酮类到亚胺[57]，氧气氧化乙烯成乙酸[58]，乙酸与乙烯酯化成乙酸乙酯[59]等。

尽管多金属氧簇表现出多方面的催化性能，但一些关键问题仍然限制它们在不同催化环境中的应用。例如，由于多金属氧簇对 pH 敏感，它们的催化反应通常在限制范围内进行以保持骨架的稳定性；多金属氧簇自身不溶于弱极性溶剂，在非极性有机介质中直接用作催化剂通常分散性不理想，不能提供满意的效率；作为纯固体催化剂的分散性以及作为非均相催化剂掺入固相载体的能力不强等。因此，对多金属氧簇进行适当修饰，从而改善其使用条件是一种有效途径。虽然对多金属氧簇直接进行共价修饰在某些特殊情况下有效，但改变了的电子结构对催化活性有影响，不是优选的策略[60]。并且对大多数多金属氧簇来说，直接进行有机共价修饰并不容易。所以，在不改变多金属氧簇结构的条件下实现多种环境中的催化应用具有重要意义。

所有多金属氧簇的一个共同特征是作为含氧酸的缩合产物，簇结构都带有多个负电荷。通过使用疏水性有机阳离子代替多金属氧簇原有的抗衡离子，使形成的有机/无机静电超分子复合物不再溶于水，而是溶于极性和/或非极性的有机溶剂，可以将其作为均相催化剂在有机相中使用。通过这种方法获得的复合物可以最大限度地维持多金属氧簇原有的电子结构和骨架结构，而不影响其催化活性，因此多金属氧簇超分子复合物既是组装的构筑基元，也是催化剂。

6.4.2　多金属氧簇超分子复合物组装体作为微反应器

对有机阳离子包覆的多金属氧簇超分子复合物在溶液中的聚集行为研究证明复合物并不是单分散的，而是以有序组装体的形式存在。对于大尺寸簇来说，紧密的覆盖使表面活性剂阳离子以无序的方式分散在簇表面，复合物形成类似于刚性球的堆积结构。而用相同的表面活性剂包覆具有较低表面电荷数目的小尺寸簇时，不完全的表面覆盖导致有机组分在簇表面产生相分离，进而组装形成多金属氧簇位于反向双层中间的"洋葱"相结构，这种组装结构可以起到微反应器的作用，也可以作为模板用于原位制备特定形态的金属纳米粒子。在牺牲试剂(还原剂)存在的条件下，多金属氧簇通过紫外光照射还原形成杂多蓝，从而具有了还原性，即使在关闭光源时亦能将加入的 Au、Ag、Pt 等贵金属离子还原到零价，原位得到金属纳米粒子。例如，用质子化的双十二烷基胺(DDAH)包覆 Keggin 型 $[PMo_{12}O_{40}]^{3-}$ 簇在有机相形成超分子复合物反向囊泡结构(图 6-6)，在加入甲醇和紫外光照条件下，复合物中多金属氧簇上部分 Mo^{6+} 变为 Mo^{5+}[43]。此时溶剂起到关键作用，一方面甲醇促进复合物形成稳定的组装体，另一方面在光照条件下，甲醇充当了牺牲试剂。动态光散射和透射电镜结果都表明复合物已经形成直径约为 200nm 的组装体。X 射线衍射(XRD)数据证实球形组装体具有厚度约为 2.7nm 的层状亚结构。观察到的层间距远小于单个烷基链的全反式构象长度和阴离子簇直径的加和值，表明两个相邻层之间存在烷基链的部分无序和相互交叉。簇表面的有机组分结构不会阻挡溶液中的底物跨过有机层。在囊泡双层结构中间逐渐还原贵金属离子时，可以得到不常见的花状纳米粒子。

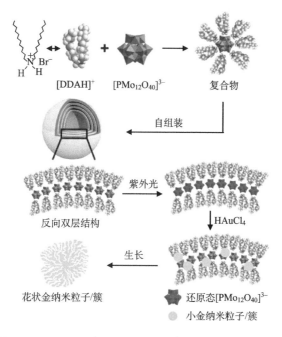

图 6-6　双十二烷基胺阳离子 DDAH$^+$包覆[PMo$_{12}$O$_{40}$]$^{3-}$多金属氧簇得到的复合物组装体原位还原制备花状金纳米结构示意图[43]

采用类似的策略，系列单链阳离子表面活性剂，十二烷基三甲基铵（DTMA）、十四烷基三甲基铵（TTMA）、十六烷基三甲基铵（HTMA）和十八烷基三甲基铵（OTMA）包覆 Keggin 型结构磷钨酸盐，得到超分子复合物催化剂（DTMA）$_3$PW$_{12}$O$_{40}$、（TTMA）$_3$PW$_{12}$O$_{40}$、（HTMA）$_3$PW$_{12}$O$_{40}$ 和（OTMA）$_3$PW$_{12}$O$_{40}$[61]。与在氯仿（或二氯甲烷）及其与甲醇混合溶液中的球形组装体不同，这些多金属氧簇超分子复合物在丁酮和 1-丁醇的混合物（体积比 2∶1）中形成半管状和纤维状组装体，但其反向双层排列结构仍然与球形组装体中相同。红外光谱中可以清楚地看到 CH$_2$ 的不对称和对称伸缩振动峰出现在 2922cm^{-1} 和 2851cm^{-1} 处，可以推断出烷基链在双层结构的内部仍然呈现一定的有序堆积状态。对于两种链长较短的表面活性剂形成的复合物，其内部双层结构之间的距离为 2.6～2.7nm，而另外两种具有较长烷基链的复合物层间距则增加到 3.4～3.8nm，与理想链长相比，这些实验结果说明相邻双层之间的烷基链间有部分交叉。从高效液相色谱的数据可以看出，这些多金属氧簇组装体作为微反应器对底物的氧化不受烷基链长度和组装结构形态的影响。在这种组装体催化剂中负载上一定量的四氧化三铁磁性纳米粒子后，还可实现组装体微反应器的回收再利用。

与异相催化相比，以多金属氧簇超分子复合物作为均相催化剂具有更大的比表面积和更好的催化效率，但是如何实现方便的回收和再利用是面临的主要问题之一。对多金属氧簇超分子复合物表面进行适当修饰为解决这一难题提供了有益的思路。方法之一是对阳离子组分进行结构修饰，将光敏基团偶氮苯引入到阳离子表面活性剂的疏水末端，在与高催化活性的多金属氧簇 $Na_{12}[WZn_3(H_2O)_2(ZnW_9O_{34})_2] \cdot 46H_2O$ 进行离子复合后，得到的静电超分子复合物中多金属氧簇催化中心处在内核，偶氮光敏基处在外表面，簇与偶氮基之间为疏水烷基链[62]。由于反式偶氮基呈弱极性，复合物整体表现为疏水性质，在甲苯溶剂中主要以分散态存在，而在极性溶剂中溶解性降低并以球形密堆积状态存在。由于偶氮基在紫外光照(365nm)条件下发生从反式结构到顺式结构的转变，并且这种转变使复合物的表面极性增大，在甲苯溶液中溶解性减小并促使复合物由分散态向组装体转化。而在可见光照(450nm)下，偶氮基的顺式结构回到反式结构，组装体解聚，复合物又回到单分散态。依据类似的变化性质，这类复合物在极性溶剂中光控的组装与解组装过程与非极性溶剂中相反。这种光控组装与解组装可以用来控制催化反应的转化。另外，利用表面偶氮基的极性变化，还可以实现复合物在甲苯相完成催化氧化染料分子吩噻嗪后，在紫外光照条件下自发地向水相中转移，而在分离出降解产物和加入新的反应物后又可以通过可见光照实现自发相转移回到甲苯相，再次完成有机相中的反应和水相分离，以及有机相再催化的循环过程(图6-7)。由于光照过程的高异构化效率和相转移效率(大于99.5%)，同时水溶性的多金属氧簇催化中心在复合物组装体中由于中间疏水层的保护作用而不会与表面活性剂脱离，这种催化循环可以进行多次，使得整个循环过程减少了分离与纯化步骤。这一方法的优点是复合物组装体在溶液中同时具有均相催化的高效率和异相催化容易分离的特性，为发展基于分子组装的超分子催化剂提供了新实例。显而易见的是，这种复合物组装体相转移催化亦可以在水相进行，从而可以发展出光响应可逆的多相催化与多相分离的分子组装体系。

为获得高产率手性分子，发展新的不对称催化剂是一条重要途径并且得到越来越多的关注。多金属氧簇虽然具有优良的催化性能，但应用到不对称催化反应当中的实际例子相对较少，原因主要在于多金属氧簇本身的结构性质欠缺，具有高催化活性的多金属氧簇作为纳米尺度催化剂难以保持催化位点相对于底物的手性影响。主要原因在于：首先，多数手性多金属氧簇结构在溶液中不够稳定，易发生消旋；其次，对于纳米尺寸的多金属氧簇来说，表面通常会同时具有多个催化位点，让这些位点同时具有手性是困难的。因此，利用多金属氧簇的优秀催化性能进行高选择性不对称催化，以及利用不对称诱导效应增强多金属氧簇表面的手性微环境，是多金属氧簇化学面临的新挑战。为解决这一难题，用带有双手性中心的手性有机阳离子包覆具有高催化活性的非手性夹心型多金属氧簇 $Na_{12}[WZn_3(H_2O)_2(ZnW_9O_{34})_2] \cdot 46H_2O$，以得到的对映体纯超分子复合物(图6-8)作为不对称反应的催化剂代表了一种新的思路[63]。该复合物在催化反应溶液中聚

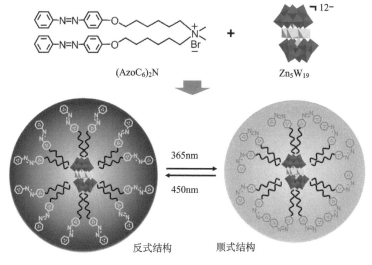

$(C_{38}H_{48}N_5O_2)_9Na_3[WZn_3(H_2O)_2(ZnW_9O_{34})_2]$，分子量：10 474.3

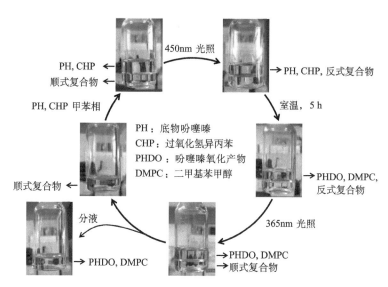

图 6-7　偶氮基修饰的表面活性剂包覆多金属氧簇超分子复合物制备与光催化降解有机物及其催化剂光控自动分离和循环再利用示意图[62]

集形成球形组装体来固定反应位点的手性。由于有机阳离子头为较大的苯环而非柔性的烷基链，占有的簇表面积大，所得到的组装体内部结构为复合物简单密堆积。当以此组装体进行不对称催化氧化非手性硫醚时，不完全氧化的亚砜产物的对映体过量 *ee* 值达到 72%。动力学研究表明，手性选择性来源于原料硫醚的不对称氧化和产物亚砜到砜的氧化动力学拆分两个过程，并且反应后期第二个过程对立体选择性的贡献大于第一个过程。这个研究同时发现，尽管催化中心发生在多金属氧簇上，表面有机阳离子手性中心的覆盖密度能够直接影响反应的立体选择性。复合物的紧密堆积可以更进一步增加多金属氧簇表面手性中心的覆盖密度，从而提高复合物的手性诱导作用，增加手性选择性。这种聚集结构在一定程度上有效地实现了多金属氧簇多催化位点的手性，展现出非手性簇的不对称催化性能。多金属氧簇外围的手性微环境还可以通过改变手性有机阳离子来调控，通过这种方法也可以大幅度提高多金属氧簇不对称催化反应的立体选择性。

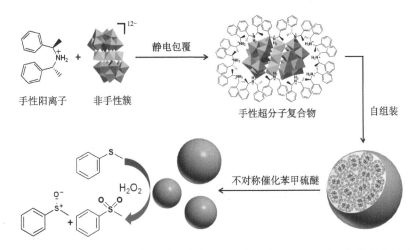

图 6-8　手性有机阳离子包覆非手性多金属氧簇$[WZn_3(H_2O)_2(ZnW_9O_{34})_2]^{12-}$得到的超分子复合物组装与不对称催化苯甲硫醚示意图[63]

6.4.3　多金属氧簇超分子复合物组装体的固载及其催化氧化

作为均相催化剂和可相转移的均相催化剂，有机阳离子包覆的多金属氧簇超分子复合物对溶液中的底物表现出高催化效率，但大多数情况下反应体系依然需要复杂的分离步骤。因此，开发可保持催化剂活性，同时更易于从反应体系中回收并且加以重复使用的方法也是非常重要的。一个可行的策略是将上述多金属氧簇超分子复合物负载到固体基质上进行催化反应，并且在反应后通过快速过滤分离达到重新利用。

在溶胶-凝胶方法中，将烷氧基金属或金属盐等前驱体在一定的条件下水解缩合成溶胶（sol），然后经溶剂挥发或加热使溶胶转化为网状结构的氧化物凝胶（gel）的过程，是实现纳米构筑基元组装和功能化的重要手段。溶胶-凝胶方法的反应条件温和，可以用来制备含有熔点低或高温易分解的有机功能分子杂化材料。这种方法易于对组分进行调整和定量掺杂，可以有效地控制杂化体的组成，获得多组分氧化物材料。溶胶–凝胶方法的另一个优势是能够使添加组分达到微米级、纳米级甚至分子级的均匀分散，有效地控制复合结构。

　　考虑到多金属氧簇超分子复合物在催化过程中的优势，为了提高多金属氧簇在载体中的稳定性和分散性，在阳离子表面活性剂的疏水末端引入羟基可以巧妙地解决这个问题[64]。当用羟基修饰后的表面活性剂包覆具有催化性质的多金属氧簇时，得到的超分子复合物就形成羟基化的外表面。有趣的是，羟基的引入部分减弱了复合物的组装能力，在与正硅酸乙酯共同水解反应时，羟基的共价键合进一步抑制了复合物自身的聚集并将复合物以单分散的方式共价键合到二氧化硅凝胶载体中。该方法不仅保护了多金属氧簇的催化性质，而且在载体中以完全分散状态存在。与裸簇的复合不同，外围的有机组分在多金属氧簇催化中心周围形成疏水的微环境，大大提高了亲水的多金属氧簇与疏水的有机底物之间的相容性。这一结构特性促进了疏水底物在催化中心疏水微环境中的富集和反应，有利于催化过程中对底物的吸附、氧化和驱动生成的亲水氧化产物离开催化中心(图 6-9)。这样的超分子协同作用展现出准液相催化的特点，大大提高了催化活性与效率。在催化含硫底物时，反应温度低、时间短、过氧化氢利用率大大提高。控制反应

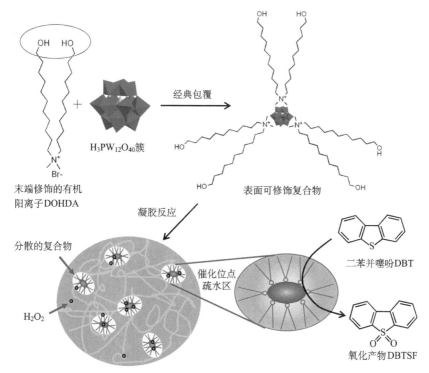

图 6-9　羟基修饰表面活性剂包覆多金属氧簇超分子复合物在二氧化硅凝胶中的分散组装和催化含硫底物示意图[64]

条件，既可以实现完全氧化含硫底物到砜，也可以控制只氧化到中间产物亚砜。将通过这一途径所得到的超分子复合物微反应器扩展到催化其他底物，如用于烯烃环氧化和醇氧化，也得到类似的效果。这种杂化催化剂回收简单，由于静电相互作用很好地稳定了多金属氧簇，不需任何处理便可重复利用。

利用手性表面活性剂包覆多金属氧簇制备的复合物催化剂实现均相体系中的立体选择性催化的方法具有普遍性，同样的策略也可以通过固载的方式来实现，从而获得更加稳定的多金属氧簇手性微环境。同时在烷基链末端修饰羟基和在阳离子端修饰手性基团，复合物的圆二色谱证明非手性多金属氧簇在手性阳离子的作用下产生了诱导手性光学活性[65]。利用溶胶–凝胶方法将该手性复合物与正硅酸乙酯水解缩合，就可以共价负载到二氧化硅基质中（图 6-10），而负载含量可以用调节手性复合物与正硅酸乙酯比例的方法加以控制。相比于单纯手性复合物，固载后的手性复合物在仲醇的手性氧化拆分催化反应中 ee 值显著提高（3% vs. 15%）。粉末 X 射线衍射和高分辨透射电镜测试表明固载含量的提高导致手性复合物在基质中的存在形式发生变化，从含量较低时的分散态到含量较高时形成有序组装态。复合物外围的手性表面活性剂在有序堆积中趋向更加紧密排列，使多金属氧簇表面催化位点周围的手性密度进一步提高。通过选择不同底物和控制催化反应条件，ee 值可以提高到 89%。相比于溶液组装体中多金属氧簇手性复合物，固载后的手性催化具有更高的立体选择性，而且随着多金属手性复合物固载含量的增加，手性 ee 值也相应提高。一个可能原因是有机组分末端羟基固载在基质中的方式提高了多金属氧簇表面催化位点手性微环境的稳定性，从而提高了非手性多金属氧簇在催化底物时产物的立体选择性。这一思路可以很好地理解以多金属氧簇为节点的金属有机骨架化合物在不对称催化时的更高选择性。

除二氧化硅可以作为固载基质外，离子液体也是一类重要的基质。通过静电相互作用将聚乙二醇桥接的离子液体硼酸盐阳离子与 $Na_7PW_{11}O_{39}$ 静电结合，得到离子液体包覆的多金属氧簇超分子复合物催化剂[66]。因为复合物中多金属氧簇表面的离子性特征，复合物可以通过共沉淀法进一步与带负电荷的聚电解质羧甲基纤维素钠结合。这种负载了多金属氧簇超分子复合物的杂化聚合物在乙基醚中以 H_2O_2 为氧化剂可以对顺式环辛烯进行环氧化，并且催化剂易于通过过滤得到分离，并能进一步完成催化再循环。将上述步骤进行简化，通过将两种离子液体聚合制备适当交联的阳离子共聚物单体，然后再与阴离子簇 $[PW_{12}O_{40}]^{3-}$ 混合，通过共沉淀获得聚电解质包覆的多金属氧簇超分子复合物并通过聚合物的静电作用稳定（图 6-11）。在优化条件下，通过添加 H_2O_2 水溶液，10min 内环辛烯即可在负载了多金属氧簇的超分子复合物乙腈溶液中 70℃ 条件下氧化成环氧产物，转化率达到 98.5%。复合催化剂通过快速过滤可以得到恢复，并且对其他烯烃也具有类似的催化活性。相比之下，以纯的多金属氧簇为催化剂时，催化转化率变得非常低。

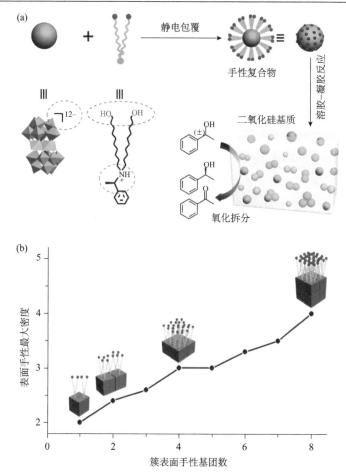

图 6-10　(a) 含手性头基表面活性剂包覆的多金属氧簇超分子复合物在二氧化硅载体中的不对称催化氧化及 (b) 其组装结构与手性选择性的关系[65]。图 (b) 纵坐标为单个簇表面手性阳离子数目的六分之一

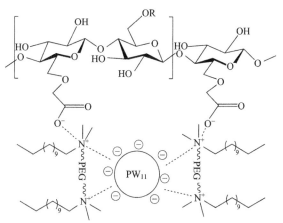

图 6-11　离子液体包覆的多金属氧簇超分子复合物及其在聚电解质羧甲基纤维素钠中的静电复合[66]

6.5　多金属氧簇超分子复合物液晶

6.5.1　液晶自组装

　　液晶是分子或纳米尺度化学物质自组装形成的既有液体流动性又具有晶体有序性的分子组装体软物质，液晶中分子排列的典型特征为长程有序，短程无序[67]。液晶组装体的排列方式因液晶基元的结构和形态差异而呈现多种多样的特点，在光学显微镜下整体表现出光学织构。根据形成条件和调节方式不同，液晶可以分为热致液晶和溶致液晶。依据液晶基元的化学结构不同，又可分为小分子液晶、配合物液晶、离子液晶、高分子液晶、超分子液晶、杂化液晶，以及纳米粒子液晶等。改变环境物理条件，液晶的各个相态之间发生可逆转变。对于热致液晶来说，随着温度的上升，液晶分子从晶态转变为液晶态，组装结构总体上发生从相对有序到相对无序的变化，直至成为无序的各向同性液态流动相。

　　由于液晶基元在液晶结构中的位置变化和取向有序排列方式的差异，液晶相可以有多种形式。利用分子性质和化学结构类型变化，已经成功地将液晶分子发展成一类重要材料，如高分子液晶被用于增强纤维，小分子液晶则广泛用于信息传输、传感、刺激响应以及显示等领域[68]。除了对分子几何结构和介晶基元类型进行修饰，借鉴超分子化学的概念，将分子间相互作用引入液晶分子设计中亦大大丰富了液晶材料的种类和性质[69]。在早期引入金属配位和氢键的基础上，卤键、离子键、电荷转移相互作用等也都被用于液晶体系中控制相结构。将高分子与小分子通过氢键和离子相互作用结合构筑的液晶体系使复合体系液晶获得了新发展。近十几年来，利用分子间作用力将无机纳米粒子/纳米簇用于有机/无机杂化液晶的工作也有报道，被称为簇基超分子液晶[70]。这类液晶的基本制备方法是以金、银和金属氧化物簇为核，将有机组分通过配位结合到簇表面并以形成的杂化体作为液晶基元。纳米杂化复合体系既丰富了液晶结构，也为纳米材料的应用提供了更复杂的微环境和应用潜力。这是因为：第一，纳米粒子的引入并在液晶相表现的各向异性为构筑磁性和发光液晶材料带来方便条件；第二，纳米粒子可以改变有机分子液晶的介电行为；第三，从自组装角度改变了对制备器件具有决定作用的有序和流动性；第四，可以调控和改变液晶相和加工性。因为体系相对简单，修饰方便，在已知的杂化液晶中有关金纳米粒子的报道最多。在材料性能上，大部分其他类型与金纳米粒子体系相似。然而，这类体系需要在表面进行共价修饰，而球形粒子表面修饰在形成液晶时需要大量表面基团发生弯曲，不利于获得位置和取向有序。此外，纳米粒子通常不具有单一尺寸分布特点，难以获得小分子那样的精确结构一致性。与纳米粒子相比，纳米簇的化学组成确定，结构均一，形态一致，是更有利的液晶结构杂化基元。然而一般的纳米簇都存在表面修饰和稳定性问题。与此相比，多金属氧簇不需要表面共价结合稳定剂，其表面阴离子可以通过静电作用的方式结合带相反电荷的有机组分(图 6-12)。因此，表面活性剂静电包覆的多金属氧簇超分子复合物自组装膜结构研究表明这一体系具有非常有利的结构优势。利用表面静电相互作用特性，吴立新研究组将多金属氧簇基的杂化超分子复合物发展并成为一类新的超分子液晶体系[71]。

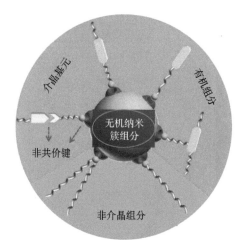

图 6-12　用于液晶材料以无机纳米离子簇为核包覆各种结构类型有机阳离子的超分子复合物示意图[71]

6.5.2　超分子复合物液晶结构

超分子复合物作为一个整体的各向异性在形成液晶时变得非常重要。为了加强超分子复合物中有机组分相互作用，在有机分子中引入共轭基团是有效且简单的方法。图 6-13 中列出了一系列经过改造的有机组分[71]。当将偶氮苯基嵌入的双链阳离子表面活性剂 L1 与 $[Tb(SiW_{11}O_{39})_2]^{13-}$ 结合形成大分子量(约 19 224.0)的超分子复合物时，光学显微镜观察表明其形成热致液晶[72]。液晶相具有在高温下撤掉剪切力后快速回复原来织构、在低温下黏度增大和外压下产生形变的性质。大的分子量和复合物间相分离后的亲水相互作用使复合物的液晶行为更类似高分子液晶体系，而且单独的表面活性剂组分的液晶性质仍保留在复合物的液晶性质中。变温 X 射线衍射表征结合组分分子几何结构拟合表明大部分复合物在液晶相都形成类似于溶液自组装的相分离态的近晶相结构。变温红外光谱证明，在温度升高过程中，低温区的相变主要来源于有机组分从有序到无序的相变，而且烷基链长增加会降低进入液晶区的温度，但是基本不会影响到液晶相到各向同性相的转变温度。高温区的相变来源于复合物自身的特性，主要对应于复合物之间的位置从有序到无序转变过程。对应地，多金属氧簇的电荷数增加会使清亮点温度上升。这种影响主要来自复合物分子量的增加使得复合物间的相互位置变化更难，因为在电荷完全中和的条件下，多金属氧簇上电荷增加意味着表面覆盖的有机阳离子数目增加。然而，分子量的增加并不影响低温区表面活性剂阳离子的液晶相变行为。类似的变化同样存在于金属–硒/卤簇$[Re_6Se_8(CN)_6]^{n-}$（$n=3,4$）静电超分子复合物的液晶行为中[73]。尽管双链型表面活性剂包覆的多金属氧簇超分子复合物体系主要呈现近晶相结构，表面电荷和共轭基团的变化仍能对近晶相层内结构的有序性产生影响，形成近晶 A、B 或 C 相。

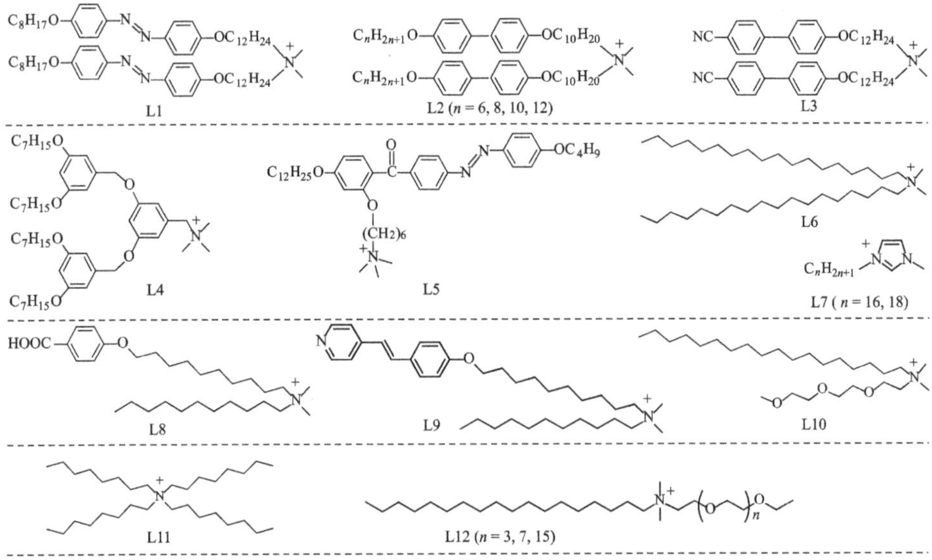

图 6-13　具有与多金属氧簇形成超分子复合物热致液晶能力的阳离子两亲分子[71]

　　对物理混合掺杂来说，液晶相结构主要来源于主成分，而掺杂组分含量提高到一定比例时就会使主成分失去液晶性。在超分子体系中，每一个组分都成为不可或缺的组成部分。超分子复合物作为基元整体，不仅可以引入非液晶基元多金属氧簇组分，还可以通过改变组分结构和组成比例来调控液晶结构，大大减少共价合成整体所带来的困难。例如，通过对有机组分中介晶基元偶氮基的部分质子化，改变复合物中作用力关系，与未质子化的复合物更有序的近晶 B 相相比，则可以得到层内无序但取向有序的近晶 A 相和近晶 C 相。更进一步地改变有机组分结构，将阳离子基团从端基移到分子的中间，其与多金属氧簇形成的超分子复合物倾向于形成柱状结构，而多金属氧簇位于柱的中间并与阳离子基结合。这一相分离态不利于纵向和侧向的排列，取而代之的是在每个复合物上的取向排列。因此，与单纯的阳离子组分相比，复合物能够形成向列相结构，为增加液晶的流动性提供了有利的相结构。

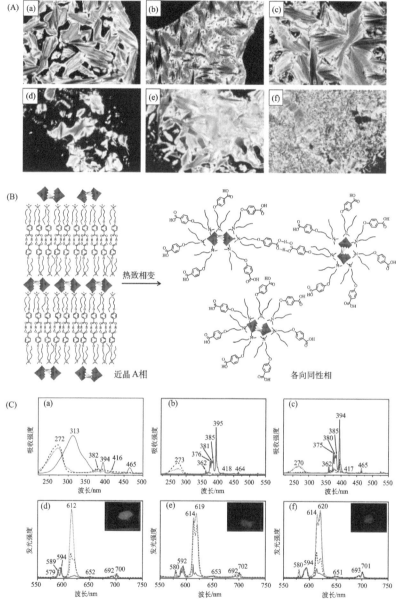

图 6-14　(A) *N*-12-(4-苯甲酸)十二烷氧基-*N*-十二烷基-*N*,*N*-二甲基溴化铵(CDDA)在(a)160℃，
(b)130℃，(CDDA)$_8$H(EuW$_{10}$O$_{36}$)(H$_2$O)$_3$(SEP-1)在(c)148℃，(CDDA)$_9$H$_2$[Eu(PW$_{11}$O$_{39}$)$_2$](H$_2$O)$_5$
(SEP-2)在(d)140℃，(CDDA)$_{11}$H$_2$[Eu(SiW$_{11}$O$_{39}$)$_2$](H$_2$O)$_5$(SEP-3)在(e)138℃和(f)120℃的偏光显
微镜照片；(B) SEP-1 在加热条件下的相变过程；(C)(a) Na$_9$EuW$_{10}$O$_{36}$(PM-1)和 SEP-1,(b) K$_{11}$Eu
(PW$_{11}$O$_{39}$)$_2$(PM-2)和 SEP-2,(c) K$_{13}$Eu(SiW$_{11}$O$_{39}$)$_2$(PM-3)和 SEP-3 的激发光谱,(d) PM-1 和 SEP-1,
(e) PM-2 和 SEP-2,(f) PM-3 和 SEP-3 的发射光谱。图中蓝色实线代表 PM-1、PM-2 和 PM-3 的固态
粉末，黑色和红色虚线分别代表 SEP-1、SEP-2 和 SEP-3 的固态粉末和液晶结构。(d)～(f)中的插图
分别为 245nm 光照条件下 SEP-1、SEP-2 和 SEP-3 液晶结构的光学照片[76]

即使有机组分不含有介晶基元，只要选择合适的多金属氧簇，所形成的超分子复合物也可以具有液晶性，如当有机组分为 L7 时，其与 $[PW_{12}O_{40}]^{3-}$ 和 $[BW_{12}O_{40}]^{5-}$ 仍能形成近晶 B 相[74]。更多具有液晶性质的有机组分和多金属氧簇复合体系可以通过类似的方法建立，如经典的双链表面活性剂与 $[Mo_{132}O_{372}(H_2O)_{72}(CH_3COO)_{30}]^{42-}$ 簇结合可以获得复合物为盘形堆积而层内呈六方排列的结构[75]。以氢键组成的介晶基元也可以诱导多金属氧簇超分子复合物形成近晶相[76]。有机和无机组分通过静电超分子复合物用于形成液晶结构的方法具有普遍性，一系列纳米尺度阴离子簇用同样的方法也可以获得类似的液晶相结构[77]。

6.5.3　超分子复合物液晶功能性

通过离子替换和结构修饰，稀土离子配位的多金属氧簇具有发光性质。这种发光性质不仅在超分子复合物溶液体系、聚合物和无机二氧化硅中得到很好保持和用于检测，也可以引入到液晶相中，获得具有发光性质的液晶材料。与有机发光基团在升温后发光强度明显下降不同，无机多金属氧簇对稀土离子配位产生的配体到金属（O→W LMCT）的电荷转移发光表现出较高的温度稳定性（图 6-14）。在发光的液晶体系中，为避免来自共轭介晶基元的光谱干扰和可能的猝灭效应，复合物中的介晶基元被巧妙地去掉并在外表面接枝羧基，利用复合物间形成的氢键环形二聚体强化复合物的外围烷基链间相互作用，诱导液晶相形成[76]。由于表面包覆避免了水的结合产生的猝灭作用，发光多金属氧簇 $Na_9EuW_{10}O_{36}$、$K_{11}Eu(PW_{11}O_{39})_2$ 和 $K_{13}Eu(SiW_{11}O_{39})_2$ 与 L16 阳离子两亲分子形成的复合物发光量子效率在液晶态均比复合物在室温下和裸簇时更高，而且 $I_{(0\to2)}/I_{(0\to1)}$ 值在液晶态相对于簇自身和复合物亦增加，呈现大的各向异性。在扩展的体系中，Molard 等利用同样的方法，用含有介晶基元的阳离子有机分子包覆 $A_m(M_6X_8^iL_6^a)$ [A = 阳离子，m=电荷数；M = Mo, Re；X^i = Cl, Br, I, Se；L^a = Cl, Br, I, CN, $OCOC_nF_{2n+1}$（n=1, 2, 3)]，得到的超分子复合物同样表现出簇的发光性质，可用于电化学开关[77]。

6.6　多金属氧簇超分子复合物生物成像及光热治疗

6.6.1　多金属氧簇超分子复合物的水相转移

磁共振成像(MRI)的基本原理是将人体置于三维梯度磁场中，将收集到的氢核(主要是水分子氢)磁矩弛豫信号转化为图像。磁矩在 z 轴上的分量由最小恢复到最大的纵向弛豫时间(T_1)较短的部位在图像中表现为更亮，而横向弛豫时间(T_2)较短的部位则表现为更暗[78]。由于人体内各组织和器官的组成、体液的含量、密度和流速均不相同，各部位都有特征的 T_1、T_2 值，在图像中的对比度也不尽相同。当器官发生病变时，体内的生理环境也会发生相应的改变，这些变化都可能影响磁共振成像信号。与其他医学成像技术相比，磁共振成像能够提供高对比度的三维解剖学图谱，获得更丰富的诊断信息[79]。更重要的是，它是一种无损伤的安全检查手段，无放射性污染，使成像介入治疗成为可能。随着这一技术的不断完善和广泛应用，如何进一步提高成像分辨率及对比度逐渐成为一个重要课题。已有的商品化造影剂表现还不够理想，因此发展新的磁性材料作为造影剂用在磁共振检测上，通过减少附近水分子弛豫时间的方法，达到增加信号对比度的目的成为重要科学问题。

多金属氧簇的多样化合成可以将更多的过渡金属离子(Fe, Co, Ni, V 和稀土离子等)结合到簇结构中，产生的附加性质除氧化还原和发光外，很重要的表现之一是磁性。根据引入的金属离子不同，磁性质表现也不同，可以是铁磁性、反铁磁性、顺磁性及超顺磁性。近年来，一些新颖磁性质如单分子磁子、自旋失措、自旋玻璃态行为的多金属氧簇也被证实为具有潜力的磁性纳米多阴离子簇，可以用于磁共振成像材料。然而，由于多金属氧簇本身能够与生物小分子如氨基酸、蛋白质等产生相互作用，以及在生理环境中可能发生分解从而出现非预期生理毒性，将裸簇用于生物成像时存在不确定性。为了保持多金属氧簇的成像性同时强化结构稳定性，以有机组分包覆簇表面是有效的途径之一，这还需解决有机组分包覆之后的复合物水溶性、生物相容性以及离子包覆稳定性问题。已报道的方法是在季铵阳离子表面活性剂的疏水末端引入寡聚乙二醇单甲醚片段，这样在包覆多金属氧簇后复合物表面带有亲水性基团，从而使复合物既可以溶解在水体系中，又因为聚乙二醇分子的生物相容性和疏蛋白作用而减弱可能的复合物毒性[80]。在复合物结构设计中，中间的疏水链段被用来保证有机阳离子与多金属氧簇间具有足够强的离子相互作用，增加静电复合物的结构稳定性。在已报道的复合物体系中，在生理条件下和 0.5mol/L 的氯化钠溶液中，动态光散射和 ^{1}H NMR 实验结果都表明复合物的稳定性未受影响。

6.6.2 多金属氧簇超分子复合物组装结构与磁共振成像

利用两相共混相转移法，将有机阳离子组分(EO$_{12}$BphC$_{10}$NC$_{12}$)Br 溶解于氯仿相，同时将 K$_{13}$[Gd(β-SiW$_{11}$O$_{39}$)$_2$](缩写为 Gd-POM)溶于水中，将两相混合并搅拌后，有机相中的溴离子转移到水相，而多金属氧簇组分经离子替换转移到有机相，与有机阳离子形成超分子复合物(图 6-15)[80]。将有机溶剂除去便得到复合物(EO$_{12}$BphC$_{10}$NC$_{12}$)$_{12}$K[Gd(SiW$_{11}$O$_{39}$)$_2$](缩写为 EGdPH)，其中有一个 K$^+$未被完全替换掉。复合物虽然是从有机相得到，但是仍然可以溶解在水溶液中并保持其结构稳定性。由于有疏水的中间链段，复合物在 $6×10^{-4}$mmol/L 浓度下形成 60~200nm 的囊泡状聚集体，其组装结构为多金属氧簇作中间层、外表面为聚乙二醇单甲醚的对称双层。利用弛豫速率公式(6-1)和式(6-2)计算结合实验结果得到聚集态的纵向弛豫速率：

$$R_1^{obs} = r_1^{n.a} \times c_{Gd} + R_1^{d} \tag{6-1}$$

$$R_1^{obs} = r_1^{n.a} \times cac + r_1^{a} \times (c_{Gd} - cac) + R_1^{d} \tag{6-2}$$

式中，R_1^{obs} 为复合物溶液中水分子的质子纵向弛豫速率的测量值 $(R_1 = 1/T_1)$，R_1^{d} 为水分子的固有质子纵向弛豫速率，$r_1^{n.a}$ 为非聚集状态复合物的纵向弛豫效率，c_{Gd} 为复合物的摩尔浓度，cac 为临界聚集浓度。根据计算结果(图6-16)，相对于分散态的弛豫速率变化，聚集态时弛豫速率大大减小，一个可能原因是紧密聚集的双层结构不利于水分子的透过和交换作用。因此具有高水分子透过性的有机层对获得高的弛豫速率有利。

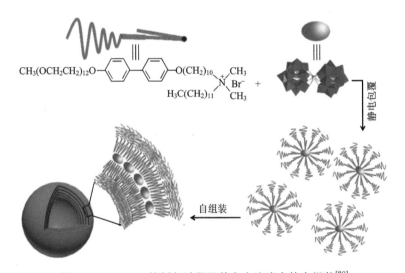

图 6-15　EGdPH 的制备过程及其在水溶液中的自组装[80]

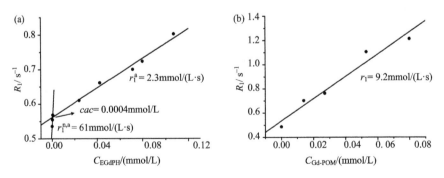

图 6-16　纵向弛豫速率与造影剂 EGdPH(a)和 Gd-POM(b)浓度的关系曲线，其中 $D_2O : H_2O =$
1 : 9，测试温度为 25℃，频率为 500MHz[80]

6.6.3　多金属氧簇超分子复合物多功能成像

树枝状分子具有扇形结构，其枝杈形态使得分子即使在紧密排列中亦存在缝隙，这一特征可以用于改变环境水分子到多金属氧簇核间的透过性。将阳离子树枝状分子的末端引入三缩乙二醇单甲醚单元后，包覆所形成的静电多金属氧簇超分子复合物中同样具有亲水表面且这样的表面增加了组装体的生物相容性。随着代数的增加，单个电荷阳离子占据的表面积大大增加，在多金属氧簇表面负电荷数较少的情况下，也可以实现对簇表面的完全覆盖而无法产生相分离，最终使得复合物由相分离聚集态转变为单分散态而更有利于提高弛豫速率。另外，增加的疏水中间层有利于负载离子型两亲分子，同时簇与有机层之间的离子界面增加了负载分子的吸附稳定性。对于三代树枝状阳离子(图 6-17)包覆顺磁性多金属氧簇 $K_{13}[Gd(\beta_2\text{-}SiW_{11}O_{39})_2]$ 形成的超分子复合物 $(D\text{-}3)_{13}[Gd(\beta_2\text{-}SiW_{11}O_{39})_2]$ 来说，它在水相中具有良好的溶解性，动态光散射证明其约为 5.6nm 的单分散状态[81]。透析结合吸收光谱表征证明复合物在水溶液中可以负载多达 5 个罗丹明 B 分子并同时呈现负载和分散稳定性。由于负载的染料分子既含有疏水基团又带有正电荷，可以稳定吸附在多阴离子簇表面和疏水的中间层，因此在生理条件下和小于 0.5mol/L 的氯化钠溶液中不会产生染料分子泄漏。体外实验证明这种负载了染料分子的超分子复合物具有较低的细胞毒性，能够很容易地进入细胞内部。小鼠体内实验表

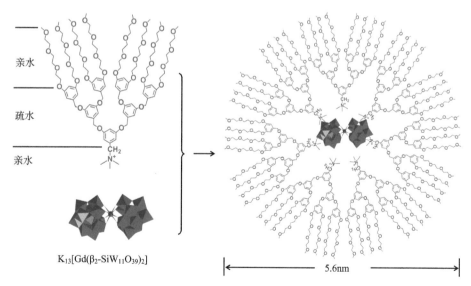

图 6-17　末端接枝三缩乙二醇单甲醚树枝状阳离子包覆顺磁性多金属氧簇
$K_{13}[Gd(\beta_2\text{-}SiW_{11}O_{39})_2]$ 形成的超分子复合物 $(D\text{-}3)_{13}[Gd(\beta_2\text{-}SiW_{11}O_{39})_2]$ 结构示意图[81]

明，相对于商品化的 Gd 配合物，复合物不仅表现出更大的弛豫速率和肝脏成像性质，以及更长的体内循环时间(最强对比度出现在尾静脉注射后约 65min)，而且与体内荧光成像结果完全一致(图 6-18)。因此，这类复合物可以作为磁共振和荧光双功能成像剂。

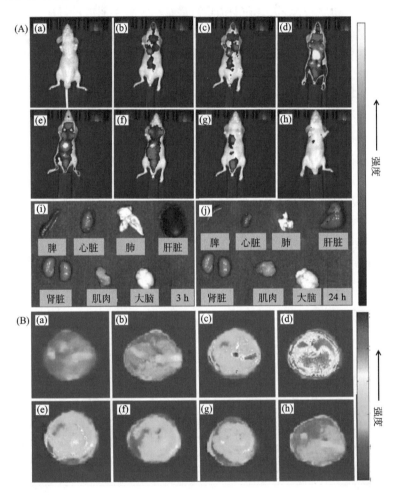

图 6-18　负载了罗丹明 B 的超分子复合物在小鼠体内的荧光成像(A)：随时间(a) 0min、(b) 5min、(c) 30min、(d) 60min、(e) 90min、(f) 120min、(g) 150min、(h) 180min 变化，3h(i) 和 24h(j) 的器官代谢成像；在肝脏部位磁共振成像(B)：体内成像对比度随时间(a) 0min、(b) 5min、(c) 30min、(d) 60min、(e) 90min、(f) 120min、(g) 150min、(h) 180min 的变化[81]

6.6.4　多金属氧簇超分子复合物生物成像与一体化治疗

多金属氧簇中处于最高价态的金属离子如 Mo^{6+}、V^{5+} 等被还原到低价态如

Mo^{5+}、V^{4+}时，配体到金属的电荷转移跃迁能级变化使得多金属氧簇在可见或近红外区出现吸收。处于还原态的多金属氧簇一般显蓝色，也被称为杂多蓝。因多金属氧簇的荧光很弱，用这一区间吸收波长进行光照时激发能以热的形式释放出来，产生光热效应。一些 Mo 簇水溶液光照 5min 内温度可以上升到 70℃左右，光热转换效率可达 33%以上，与金纳米粒子的转换效率相近[82]。因此，处于还原态的多金属氧簇可以用于热成像和光与化学一体化治疗中。用于光热治疗的杂多蓝的制备方法主要有两种，一种是将高氧化态的多金属氧簇通过光照、加入还原剂或电化学方法还原到低氧化态，另一种是直接制备低氧化态的多金属氧簇。这两种方法得到的多金属氧簇都可以用于成像和光热治疗。

　　含有多个还原态金属离子的多金属氧簇，如大的 Mo 簇 $[Mo_{132}O_{372}(CH_3COO)_{30}(H_2O)_{72}]^{42-}$（$Mo_{132}$）、$[Mo_{154}(NO)_{14}O_{420}(OH)_{28}(H_2O)_{70}]^{(25\pm5)-}$（$Mo_{154}$）和 $[Mo_{176}O_{528}H_{16}(H_2O)_{80}]^{16-}$（$Mo_{176}$）等，具有精美的笼形和环形拓扑结构以及均一的纳米尺度（2.5～3.5nm）。将这类大簇用末端含有三缩乙二醇单甲醚的树枝状阳离子进行静电包覆，得到的超分子复合物和含较小簇的复合物具有类似的溶液分散性质和生物相容性，也可以很容易地负载化疗药物阿霉素（Dox）[83]。这种负载了药物的超分子复合物表现出多功能性质，在接种了肿瘤的小鼠尾静脉注射一定剂量的复合物后，热成像结果显示肿瘤部位具有明显的富集和成像作用（图 6-19）。

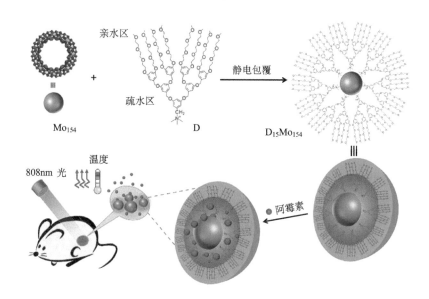

图 6-19　末端接枝三缩乙二醇单甲醚树枝状阳离子包覆具有近红外吸收的环形多金属氧簇 Mo_{154} 形成的超分子复合物包载化疗药物 Dox 后的体内注射、光热治疗及药物释放过程示意图[83]

而在对小鼠进行激光照射(808nm)并控制局部温度不超过 52℃后，2 周内肿瘤大大缩小。对比实验证明，负载了阿霉素药物的实验组比只有复合物的对照组有更好的肿瘤抑制作用，而在没有光照的条件下，即使负载了阿霉素药物，对肿瘤的治疗效果也不如光热结合化学治疗的作用。

6.7　多金属氧簇超分子复合物界面层用于有机太阳能器件

6.7.1　多金属氧簇超分子复合物在聚合物太阳能电池方面的应用

多金属氧簇由于其高度可调的结构特性、易接受电子的能力以及可在水或醇中加工等特点，可以作为一类低成本环境友好的阴极界面层(CIL)材料[84,85]。但由于其一些本征缺点，如 pH 稳定范围较窄、多为晶态、不易加工等，使其不适用于制备低成本、大面积、高效率、长寿命的太阳能电池。通过离子替换的方法，用阳离子表面活性剂包覆的多金属氧簇超分子复合物则可以克服这些缺点，同时保留多金属氧簇自身的优势，具有制备简单高效，在成膜过程中与活性层有更好的兼容性和黏附性等特点，可以作为一类新型的 CIL 材料。而且与氧化锌相比，这类材料不需要进行热退火，简化了器件的制作步骤。

利用带有四个相同长度烷基链的季铵盐阳离子表面活性剂(TA)包覆 Keggin 型多金属氧簇，通过调节烷基链的长度，制备得到四种多金属氧簇超分子复合物，即 $\{[CH_3(CH_2)_{n-1}]_4N\}_4[SiW_{12}O_{40}]$ ($n = 2, 4, 8, 10$)，简写为 TA-SiW$_{12}$，其结构如图 6-20(a)所示[86]。以这四种复合物作为 CIL，通过将其甲醇溶液旋涂到活性层 PTB7∶PC$_{71}$BM[PTB7 为聚苯并二噻吩衍生物，PC$_{71}$BM 为富勒烯衍生物，两者结构式见图 6-20(b)]上，制备得到具有如图 6-20(c)所示结构的聚合物太阳能电池。结果表明，烷基链的长度对器件的转换效率有重要的影响，但并不是单一的正相关关系，而是随着烷基链长度的增加，转换效率先增加后降低[图 6-20(d)]，并且所有器件均在 CIL 厚度为 8nm 时具有最高的转换效率。其中利用链长为 8 个碳原子的多金属氧簇超分子复合物(TOA-SiW$_{12}$)制备的器件具有最高的开路电压、短路电流和填充因子，从而取得最高的能量转换效率(9.1%)。接触角测试表明，TOA-SiW$_{12}$ 与 PTB7∶PC$_{71}$BM 表面的接触角最小(83.59°)，从而可以获得良好的成膜性。原子力显微镜图像显示，相比于其他长度烷基链的多金属氧簇超分子复合物，TOA-SiW$_{12}$ 在活性层表面能形成密堆积的、均匀分布的具有周期结构的粒状簇。这样的组装结构有利于增加器件对光的利用率，减少激子的复合损失，从而获得高的能量转换效率。

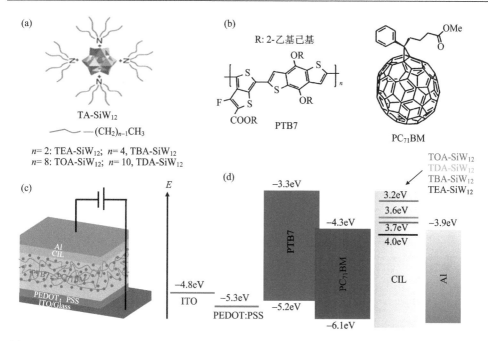

图 6-20　(a) 四种 TA-SiW$_{12}$ 的结构示意图；(b) PTB7 和 PC$_{71}$BM 的结构示意图；(c) 聚合物太阳能电池结构示意图；(d) 聚合物太阳能电池各组分能级示意图[86]

6.7.2　多金属氧簇超分子复合物的界面相互作用

如上所述，以 TOA-SiW$_{12}$ 为 CIL 的聚合物太阳能电池表现出较高的能量转换效率，并且相比于传统的 CIL 材料还具有价格低廉(低于 1 美元/g)，制备简单，绿色环保(溶剂为乙醇和水)以及产率较高(超过 90%)等特点，从而有望在工业中得到广泛的应用。为进一步提高其能量转换效率，需要对其机理进行详细阐释以更好地优化器件结构。通过电流密度–电压特征曲线，瞬态光电流特征曲线，载流子迁移率以及电容–电压特征曲线等手段对聚合物太阳能电池进行表征，结果表明 TOA-SiW$_{12}$ 的引入能提供高的内建电场，高的载流子浓度和迁移率，更好的电荷抽取能力[87]。X 射线光电子能谱(XPS)和紫外光电子能谱(UPS)的研究表明 TOA-SiW$_{12}$ 不仅可以通过界面偶极降低金属阴极的功函数，而且还可以通过阴极界面材料接受电子的本质属性来掺杂金属阴极或者其他电子给体。由于阴极金属与 TOA-SiW$_{12}$ 中的 [SiW$_{12}$O$_{40}$]$^{4-}$ 通过 M—O 配位键结合，从而吸附在金属表面，与此同时，(C$_8$H$_{17}$)$_4$N$^+$ 基团的四个烷基链被推向远离阴极金属表面的一侧，如图 6-21 所示。这种组装结构的 CIL 能同时提升电子的浓度以及电子的载流子迁移率，并且导电率也能提高几个数量级。基于这一结论，当选择较为活泼的 Al 作为阴极时，TOA-SiW$_{12}$ 作为 CIL，PTB7-Th:PC$_{71}$BM 为活性层的聚合物太阳能电池器件中可以获得高达 10.1%的能量转换效率。

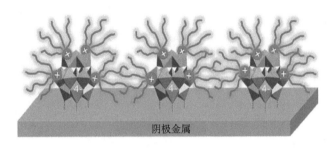

阴极金属

图 6-21   TOA-SiW$_{12}$ 在金属电极上的自组装示意图[87]

多金属氧簇超分子复合物具有易溶于极性溶剂，成膜性好，电子迁移率和导电性高，电子亲和能力强，稳定性高，能有效降低阴极功函数等优点，有望成为一类有产业化前景的新颖的聚合物太阳能电池阴极界面层材料。在对其机理进行全面认识的基础上，通过选择具有不同无机核和外围阳离子表面活性剂的方法，可以在现有基础上结合器件的优化，获得更高的能量转换效率。

6.8   多金属氧簇构筑骨架结构自组装分离膜

6.8.1   静电力和主客体识别驱动的二维单层骨架结构

与传统的分子筛体系不同，金属离子与有机配体通过配位得到的金属有机骨架结构具有可充分调节孔道结构的特性和高的比表面积，在孔结构利用方面表现出更广泛的应用潜力。目前，最为常见的金属有机骨架材料主要由多齿有机配体与过渡金属离子等配位中心结合而成。经过二十年的蓬勃发展，通过改变有机配体和配位中心离子，研究者们设计并合成了大量具有特殊孔道结构和选择性内表面的金属有机骨架结构，并展现了其在高效负载、储氢、气体选择性吸附等方面的实际应用价值。除配位键外，氢键和主客体识别作用等也被用于超分子有机骨架结构的构筑[88]。这种连接方式的改变不仅丰富了作用力的选择性、骨架结构的多样性，还赋予了骨架结构不同的性质表现。然而，由于结合方式的变化带来的复杂性，这类非配位超分子有机骨架的自组装研究仍然需要获得更多发展，而静电相互作用则是还未得到很好利用但却是非常重要和极具潜力的作用力之一。

多金属氧簇作为一类结构丰富、功能多样的单分子簇，也被用于骨架结构体系。目前多金属氧簇相关的骨架结构化合物主要是将其作为客体组装到孔道中，作为配位中心的报道主要是通过水热的方法强制形成配位键结合。然而，原理上多金属氧簇也可以通过静电结合其他离子组分获得骨架结构组装体。相对于配位键的角度和配位数的精确可控性，以离子键作为结合力制备有机骨架在可为组装结构带来柔性和可加工性的同时还面临着诸多的挑战。离子键合的主要问题在于对方向性、饱和性、尺度匹配性和结合稳定性的控制。

　　通过前述离子键作为多金属氧簇超分子组装体的驱动力研究，只要合理控制有机离子组分，形成的静电复合物在有机相和水相都可以稳定存在。第一个有关多金属氧簇离子相互作用构筑的骨架结构组装体借助了多种作用力。将 $[Mn(OH)_6Mo_6O_{18}]^{3-}$ 簇两端共价连接上偶氮基，形成两端含有客体组分中间为盘形簇离子的线性结构，然后在簇离子上结合两个阳离子 β-环糊精，形成离子复合物。

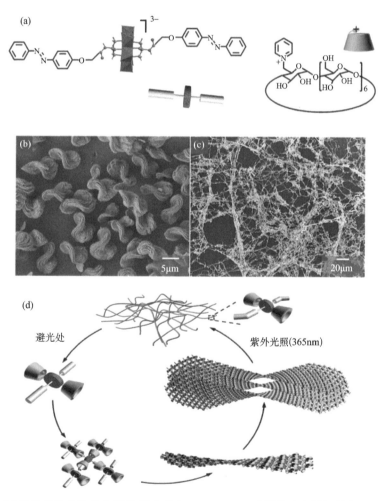

图 6-22　(a) 双边共价修饰的安德森-伊文思(Anderson-Evans)结构多金属氧簇与 β-环糊精吡啶盐阳离子结合；(b) 和 (c) 形成的离子复合物在溶液发生 2+2 识别后的溶液组装体解组装后的电镜图；(d) 复合物的层状网络结构组装体与光控解组装和避光条件下再组装循环转变示意图[90]

由于环糊精作为亲水基，其外表面与偶氮基有排斥作用，在电荷作用下处于线性结构的垂直方向上[89]。这样一个复合物空间结构有利于偶氮基作为客体组分与环糊精空腔的识别作用。处在垂直方向的主客体不利于复合物自己的结合作用，但是空间上非常有利于复合物之间的主客体结合形成正交的二维骨架结构。X 射线衍射给出了典型的立方体心结合方式，对应于中间层的多金属氧簇结点处于上下两层的孔结构中心，如图 6-22 所示[90]。

这种通过离子作用和主客体识别连接的超分子骨架结构还产生了一个诱导手性放大作用。由于环糊精空腔内部的手性在形成骨架结构后，刚性网络连接使得整个二维层结构发生特定方向的扭曲，在进一步形成多层结构的过程中会沿着扭曲的方向生长，从而获得相同螺旋方向的组装体。而偶氮基作为客体具有的另一个特性是可以通过光异构化作用对网络结构解组装，从而可以实现组装和解组装的可逆调控。

6.8.2　二维单层离子骨架结构构筑及其纳米分离膜

上述半离子结点连接的骨架结构证明这一概念可以扩展到完全的离子键结合方式。根据上述结果所获得的经验，对应于金属有机骨架结构化合物，多金属氧簇的表面电荷可以起到配位数的作用，但是方向性需要新的控制方式。在离子键不具备方向性控制因素的条件下，对确定尺度的多金属氧簇来说，利用表面空间位阻限制可以实现对方向的调节。由于 α-环糊精的小口端直径与球形多金属氧簇的大小接近，加之识别阳离子客体后离子头可以位于小口端的中央，有利于对方向进行控制。当以含有中间柔性间隔基团的双头偶氮基客体阳离子与 α-环糊精结合时，形成的超分子准轮烷具有大尺度的离子头，加入球形多金属氧簇 $[PW_{11}VO_{40}]^{4-}$ 后由于离子相互作用，准轮烷的末端被离子键封住，如图 6-23 所示。这样，完全的电荷中和产生了以簇离子为结点，以准轮烷为桥连配体的离子有机/无机骨架结构。原子力显微镜结构表面给出了与环糊精大口端相近的 1.5nm 片层厚度，表明形成了单分子组装体[91]。进一步的 X 射线衍射和透射电镜表征结果给出了平面正方形骨架结构和 3.7nm 的边长，刚好符合分子结构拟合结果。已经有报道证明环糊精的小口端与多金属氧簇具有较强的相互作用，加之离子作用，由于正方形排列条件下环糊精端口之间可以保持在 0.28nm 的距离，处于氢键的范围内，因此环糊精在簇表面的平面正方形排列比四面体排列有更高的稳定性。这一判断也被后来的研究结果所证实[92]。

虽然以离子相互作用为结合力，所得到的单层有机/无机超分子骨架结构仍然保持了较高的组装体稳定性，在 0.5mol/L 的氯化钠溶液中不会发生解组装，在一定 pH 范围内亦可保持其结构。由于形成的单层骨架结构组装体单片可以达到 10μm 左右，能够通过简单的抽滤过程加工成膜，增加致密性而结构不被破坏。

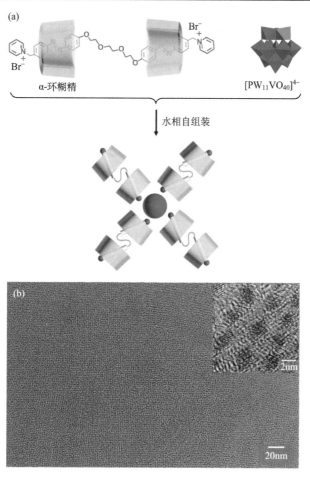

图6-23　(a) α-环糊精识别的含偶氮基双头阳离子准轮烷与多金属氧簇[PW₁₁VO₄₀]⁴⁻在水相等电荷比条件下的自组装骨架结构示意图；(b) 骨架结构单层组装体的透射电镜及其局部放大图，黑色区域为多金属氧簇[91]

这为这类离子有机/无机骨架结构的应用提供了有利条件。当膜厚度为 400nm 左右时，所制备的抽滤膜表现出尺度过滤性能。以两种不同尺度的纳米粒子的分离为例，把直径约为 4.4nm 的发红光的 (610nm) CdTe 纳米粒子与直径约为 3.3nm 的发绿光 (533nm) 的 CdTe 纳米粒子混合在一起后，通过所制得的二维骨架结构超分子膜，在一定压力条件下，小尺度的纳米粒子完全通过，而大尺度纳米粒子则被截留在膜上。将膜上的纳米粒子和滤液中的纳米粒子分别做发射光谱测试，与混合前各自的发射光谱完全一致，证明混合液被完全分离。从纳米粒子的透射电镜表征中也能看出，发绿光纳米粒子在过滤后粒径分布较过滤前变窄，而且大粒子消失。动态光散射也表明粒子平均尺度保持不变，而分布有一定窄化。

在骨架结构表征中给出的正方形孔的边长为 3.7nm，说明纳米粒子尺度分离的实现是由孔结构大小决定的。进一步对另一种发绿光的 CdTe 纳米粒子(约4.0nm)的分离实验发现其也无法通过滤膜，证明分离的确来源于孔结构的分离。这些实验结果亦表明，孔结构在抽滤成膜时并不会堵塞，在上述使用膜厚不变条件下通量保持在 75%。对分离膜的多种水溶液分离实验表明，中性小分子、离子型小分子和小尺度粒子如 α-环糊精、β-环糊精、γ-环糊精等完全可以通过滤膜，但聚电解质对膜具有明显的破坏作用。有趣的是，在将膜破坏之后仍能通过简单的超声重新得到骨架结构并再次制备成膜。

6.9　总结与展望

从上述介绍中，我们可以发现，多金属氧簇既是一类优异的结构基元，可以通过静电结合与有机组分形成超分子复合物，又是一类功能基元，在复合物和组装体中发挥其自身难以实现的光致变色、液晶、催化微反应器、多功能成像与治疗、界面材料以及结合了主客体识别和静电相互作用的柔性骨架结构材料等功能作用。在这些体系中，为实现多金属氧簇结构调控和功能化的有机组分设计以及在组装过程中担负的协同增强组装性质作用、复合体系组装过程中的主要驱动力和作为功能主体的无机簇是发展这类超分子组装材料的核心因素。这三方面因素的组合为实现各种功能化应用带来了几乎是没有限制的选择方式和途径，唯有想象力的局限会抑制我们所要获得材料的完美性。有一些明显的迹象预示以多金属氧簇超分子复合物为构筑基元会有新的发展，利用无机簇与生物小分子结合可望用于调节和控制生物大分子的结构和行为。多金属氧簇与含有碱性端基的生物分子如多肽和蛋白质的结合将促进其作为抑制剂达到限制蛋白质纤维化和某些病毒蛋白复制的作用。控制多金属氧簇在组装结构中的精确取向具有重要价值，可为将簇基单分子磁子发展成可加工材料提供有用的技术基础。利用多金属氧簇与有机阳离子的结合稳定性以及离子键的特点，抑制有机组分间的疏水相互作用，能够方便地得到更多二维甚至三维柔性骨架结构，为解决金属有机骨架超分子组装体的柔性化和快速制备成膜问题提供新途径。大规模制备具有骨架结构的纤维具有重要价值，采用同样方法不仅可以增强超分子纤维的稳定性，还可以利用孔结构的界面张力实现纤维膜表面的亲疏水性变换，从而有望发展表面性质可控的分离膜。

参　考　文　献

[1] Lehn J M. Supramolecular chemistry: From molecular information towards self-organization and complex matter. Rep Prog Phys, 2004, 67: 249-265.

[2] Lehn J M. Cryptates: The chemistry of macropolycyclic inclusion complexes. Acc Chem Res, 1978, 11: 49-57.

[3] Lehn J M. Cryptates: Inclusion complexes of macropolycyclic receptor molecules. Pure Appl Chem, 1978, 50: 871-892.

[4] Liao P Q, Huang N Y, Zhang W X, et al. Controlling guest conformation for efficient purification of butadiene. Science, 2017, 356: 1193-1196.

[5] Pluth M D, Raymond K N. Reversible guest exchange mechanisms in supramolecular host-guest assemblies. Chem Soc Rev, 2007, 36: 161-171.

[6] Lehn J M. Supramolecular polymer chemistry-scope and perspectives. Polym Int, 2002, 51: 825-839.

[7] Radivojevic I, Varotto A, Farley C, et al. Commercially viable porphyrinoid dyes for solar cells. Energy Environ Sci, 2010, 3: 1897-1909.

[8] Hannon M J. Supramolecular DNA recognition. Chem Soc Rev, 2007, 36: 280-295.

[9] Webber M J, Langer R. Drug delivery by supramolecular design. Chem Soc Rev, 2017, 46: 6600-6620.

[10] Lehn J M. Perspectives in supramolecular chemistry—from molecular recognition towards molecular information processing and self-organization. Angew Chem Int Ed, 1990, 29: 1304-1319.

[11] Guo D S, Liu Y. Calixarene-based supramolecular polymerization in solution. Chem Soc Rev, 2012, 41: 5907-5921.

[12] Liu Z, Qiao J, Niu Z W, et al. Natural supramolecular building blocks: From virus coat proteins to viral nanoparticles. Chem Soc Rev, 2012, 41: 6178-6194.

[13] Li W, Yin S Y, Wang J F, et al. Tuning mesophase of ammonium amphiphile-encapsulated polyoxometalate complexes through changing component structure. Chem Mater, 2008, 20: 514-522.

[14] Appel E A, del Barrio J, Loh X J, et al. Supramolecular polymeric hydrogels. Chem Soc Rev, 2012, 41: 6195-6214.

[15] Faul C F J, Antonietti M. Ionic self-assembly: Facile synthesis of supramolecular materials. Adv Mater, 2003, 15: 673-683.

[16] Schmuck C, Wienand W. Self-complementary quadruple hydrogen-bonding motifs as a functional principle: From dimeric supramolecules to supramolecular polymers. Angew Chem Int Ed, 2001, 40: 4363-4369.

[17] Ghosh S, Li X Q, Stepanenko V, et al. Control of H- and J-type pi stacking by peripheral alkyl chains and self-sorting phenomena in perylene bisimide homo- and heteroaggregates. Chem Eur J, 2008, 14: 11343-11357.

[18] 沈家骢. 超分子层状结构—组装与功能. 北京: 科学出版社. 2004.

[19] Lehn J M. Toward complex matter: Supramolecular chemistry and self-organization. Proc Natl Acad Sci U S A, 2002, 99: 4763-4768.

[20] Pope M T, Müller A. Polyoxometalate chemistry : An old field with new dimensions in several disciplines. Angew Chem Int Ed, 1991, 30: 34-48.

[21] Long D L, Burkholder E, Cronin L. Polyoxometalate clusters, nanostructures and materials: From self assembly to designer materials and devices. Chem Soc Rev, 2007, 36: 105-121.

[22] Müller A, Beckmann E, Bögge H, et al. Inorganic chemistry goes protein size: A Mo_{368} nano-hedgehog initiating nanochemistry by symmetry breaking. Angew Chem Int Ed, 2002, 41: 1162-1167.

[23] Wu Y L, Li X X, Qi Y J, et al. $\{Nb_{288}O_{768}(OH)_{48}(CO_3)_{12}\}$: A macromolecular polyoxometalate with close to 300 niobium atoms. Angew Chem Int Ed, 2018, 57: 8572-8576.

[24] Wilson E F, Miras H N, Rosnes M H, et al. Real-time observation of the self-assembly of hybrid polyoxometalates using mass spectrometry. Angew Chem Int Ed, 2011, 50: 3720-3724.

[25] Bijelic A, Rompel A. The use of polyoxometalates in protein crystallography—An attempt to widen a well-known bottleneck. Coord Chem Rev, 2015, 299: 22-38.

[26] Zhang J W, Huang Y C, Li G, et al. Recent advances in alkoxylation chemistry of polyoxometalates: From synthetic strategies, structural overviews to functional applications. Coord Chem Rev, 2019, 378: 395-414.

[27] Sadakane M, Steckhan E. Electrochemical properties of polyoxometalates as electrocatalysts. Chem Rev, 1998, 98: 219-238.

[28] Yamase T. Photo- and electrochromism of polyoxometalates and related materials. Chem Rev, 1998, 98: 307-326.

[29] Clemente-León M, Agricole B, Mingotaud C, et al. Toward new organic/inorganic superlattices: Keggin polyoxometalates in Langmuir and Langmuir-Blodgett films. Langmuir, 1997, 13: 2340-2347.

[30] Jiang M, Zhai X D, Liu M H. Fabrication and photoluminescence of hybrid organized molecular films of a series of gemini amphiphiles and europium(Ⅲ)-containing polyoxometalate. Langmuir, 2005, 21: 11128-11135.

[31] Liu S, Kurth D G, Bredenkötter B, et al. The structure of self-assembled multilayers with polyoxometalate nanoclusters. J Am Chem Soc, 2002, 124: 12279-12287.

[32] Moriguchi I, Fendler J H. Characterization and electrochromic properties of ultrathin films self-assembled from poly(diallyldimethylammonium) chloride and sodium decatungstate. Chem Mater, 1998, 10: 2205-2211.

[33] Caruso F, Kurth D G, Volkmer D, et al. Ultrathin molybdenum polyoxometalate-polyelectrolyte multilayer films. Langmuir, 1998, 14: 3462-3465.

[34] Proust A, Thouvenot R, Gouzerh P. Functionalization of polyoxometalates: Towards advanced applications in catalysis and materials science. Chem Commun, 2008: 1837-1852.

[35] Venturello C, Alneri E, Ricci M. A new, effective catalytic system for epoxidation of olefins by hydrogen peroxide under phase-transfer conditions. J Org Chem, 1983, 48: 3831-3833.

[36] Ingersoll D, Kulesza P J, Faulkner L R. Polyoxometallate-based layered composite films on electrodes. J Electrochem Soc, 1994, 141: 140-147.

[37] Kurth D G, Lehmann P, Volkmer D, et al. Surfactant-encapsulated clusters (SECs): $(DODA)_{20}(NH_4)[H_3Mo_{57}V_6(NO)_6O_{183}(H_2O)_{18}]$, a case study. Chem Eur J, 2000, 6: 385-393.

[38] Li B, Li W, Li H L, et al. Ionic complexes of metal oxide clusters for versatile self-assemblies.

Acc Chem Res, 2017, 50: 1391-1399.

[39] Li H L, Sun H, Qi W, et al. Onionlike hybrid assemblies based on surfactant-encapsulated polyoxometalates. Angew Chem Int Ed, 2007, 46: 1300-1303.

[40] Yan Y, Li B, Li W, et al. Controllable vesicular structure and reversal of a surfactant-encapsulated polyoxometalate complex. Soft Matter, 2009, 5: 4047-4053.

[41] Bao Y Y, Bi L H, Wu L X, et al. Preparation and characterization of Langmuir-Blodgett films of wheel-shaped Cu-20 tungstophosphate and DODA by two different strategies. Langmuir, 2009, 25: 13000-13006.

[42] Xu M, Li H L, Zhang L Y, et al. Charge and pressure-tuned surface patterning of surfactant-encapsulated polyoxometalate complexes at the air-water interface. Langmuir, 2012, 28: 14624-14632.

[43] Li H L, Yang Y, Wang Y Z, et al. In situ fabrication of flower-like gold nanoparticles in surfactant-polyoxometalate-hybrid spherical assemblies. Chem Commun, 2010, 46: 3750-3752.

[44] Zhang T R, Feng W, Fu Y Q, et al. Self-assembled organic-inorganic composite superlattice thin films incorporating photo- and electro-chemically active phosphomolybdate anion. J Mater Chem, 2002, 12: 1453-1458.

[45] Bu W F, Fan H L, Wu L X, et al. Surfactant-encapsulated polyoxoanion: Structural characterization of its Langmuir films and Langmuir-Blodgett films. Langmuir, 2002, 18: 6398-6403.

[46] Bu W F, Li H L, Li W, et al. Surfactant-encapsulated europium-substituted heteropolyoxotungstates: Structural characterizations and photophysical properties. J Phys Chem B, 2004, 108: 12776-12782.

[47] Bu W F, Wu L X, Zhang X, et al. Surfactant-encapsulated europium-substituted heteropolyoxo-tungatate: The structural characterization and photophysical properties of its solid state, solvent-casting film, and Langmuir-Blodgett film. J Phys Chem B, 2003, 107: 13425-13431.

[48] Zhang J, Li W, Wu C, et al. Redox-controlled helical self-assembly of a polyoxometalate complex. Chem Eur J, 2013, 19: 8129-8135.

[49] Zhang J, Chen X F, Li W, et al. Solvent dielectricity-modulated helical assembly and morphologic transformation of achiral surfactant-inorganic cluster ionic complexes. Langmuir, 2017, 33: 12750-12758.

[50] Yang Y, Wang Y Z, Li H L, et al. Self-assembly and structural evolvement of polyoxometalate-anchored dendron complexes. Chem Eur J, 2010, 16: 8062-8071.

[51] Katsoulis D E. A survey of applications of polyoxometalates. Chem Rev, 1998, 98: 359-388.

[52] Mizuno N, Misono M. Heterogeneous catalysis. Chem Rev, 1998, 98: 199-218.

[53] Wang S S, Yang G Y. Recent advances in polyoxometalate-catalyzed reactions. Chem Rev, 2015, 115: 4893-4962.

[54] Izumi Y. Hydration/hydrolysis by solid acids. Catal Today, 1997, 33: 371-409.

[55] Misono M, Nojiri N. Recent progress in catalytic technology in Japan. Appl Catal, 1990, 64: 1-30.

[56] Aoshima A, Tonomura S, Yamamatsu S. New synthetic route of polyoxytetramethyleneglycol

by use of heteropolyacids as catalyst. Polym Adv Technol, 1990, 1: 127-132.

[57] Armor J N. New catalytic technology commercialized in the USA during the 1990s. Appl Catal A: Gen, 2001, 222: 407-426.

[58] Sano K I, Uchida H, Wakabayashi S. A new process for acetic acid production by direct oxidation of ethylene. Catal Surv Japan, 1999, 3: 55-60.

[59] Howard M J, Sunley G J, Poole A D, et al. New acetyls technologies from BP chemicals. Stud Surf Sci Catal, 1999, 121: 61-68.

[60] Yu H, Ru S, Dai G Y, et al. An efficient iron (III)-catalyzed aerobic oxidation of aldehydes in water for the green preparation of carboxylic acids. Angew Chem Int Ed, 2017, 56: 3867-3871.

[61] Nisar A, Zhuang J, Wang X. Construction of amphiphilic polyoxometalate mesostructures as a highly efficient desulfurization catalyst. Adv Mater, 2011, 23: 1130-1135.

[62] Yang Y, Zhang B, Wang Y Z, et al. A photo-driven polyoxometalate complex shuttle and its homogeneous catalysis and heterogeneous separation. J Am Chem Soc, 2013, 135: 14500-14503.

[63] Wang Y Z, Li H L, Qi W, et al. Supramolecular assembly of chiral polyoxometalate complexes for asymmetric catalytic oxidation of thioethers. J Mater Chem, 2012, 22: 9181-9188.

[64] Qi W, Wang Y Z, Li W, et al. Surfactant-encapsulated polyoxometalates as immobilized supramolecular catalysts for highly efficient and selective oxidation reactions. Chem Eur J, 2010, 16: 1068-1078.

[65] Shi L, Wang Y Z, Li B, et al. Polyoxometalate complexes for oxidative kinetic resolution of secondary alcohols: Unique effects of chiral environment, immobilization and aggregation. Dalton Trans, 2014, 43: 9177-9188.

[66] Hua L, Chen J H, Chen C, et al. Immobilization of polyoxometalate-based ionic liquid on carboxymethyl cellulose for epoxidation of olefins. New J Chem, 2014, 38: 3953-3959.

[67] Geelhaar T, Griesar K, Reckmann B. 125 years of liquid crystals--a scientific revolution in the home. Angew Chem Int Ed, 2013, 52: 8798-8809.

[68] Sergeyev S, Pisula W, Geerts Y H. Discotic liquid crystals: A new generation of organic semiconductors. Chem Soc Rev, 2007, 36: 1902-1929.

[69] 晏华. 超分子液晶. 北京: 科学出版社, 2000.

[70] Li W, Wu L. Hybrid liquid crystals from the self-assembly of surfactant-encapsulated polyoxometalate complexes. Chin J Chem, 2015, 33: 15-23.

[71] Li W, Wu L. Liquid crystals from star-like clusto-supramolecular macromolecules. Polym Int, 2014, 63: 1750-1764.

[72] Li W, Bu W F, Li H L, et al. A surfactant-encapsulated polyoxometalate complex towards a thermotropic liquid crystal. Chem Commun, 2005: 3785-3787.

[73] Molard Y, Ledneva A, Amela-Cortes M, et al. Ionically self-assembled clustomesogen with switchable magnetic/luminescence properties containing $[Re_6Se_8(CN)_6]^{n-}$ ($n = 3, 4$) anionic clusters. Chem Mater, 2011, 23: 5122-5130.

[74] Lin X, Li W, Zhang J, et al. Thermotropic liquid crystals of a non-mesogenic group bearing surfactant-encapsulated polyoxometalate complexes. Langmuir, 2010, 26: 13201-13209.

[75] Floquet S, Terazzi E, Hijazi A, et al. Evidence of ionic liquid crystal properties for a DODA$^+$ salt of the keplerate [Mo$_{132}$O$_{372}$(CH$_3$COO)$_{30}$(H$_2$O)$_{72}$]$^{42-}$. New J Chem, 2012, 36: 865-868.

[76] Yin S Y, Sun H, Yan Y, et al. Hydrogen-bonding-induced supramolecular liquid crystals and luminescent properties of europium-substituted polyoxometalate hybrids. J Phys Chem B, 2009, 113: 2355-2364.

[77] Molard Y. Clustomesogens: Liquid crystalline hybrid nanomaterials containing functional metal nanoclusters. Acc Chem Res, 2016, 49: 1514-1523.

[78] Cheon J, Lee J H. Synergistically integrated nanoparticles as multimodal probes for nanobiotechnology. Acc Chem Res, 2008, 41: 1630-1640.

[79] Villaraza A J, Bumb A, Brechbiel M W. Macromolecules, dendrimers, and nanomaterials in magnetic resonance imaging: The interplay between size, function, and pharmacokinetics. Chem Rev, 2010, 110: 2921-2959.

[80] Wang Y, Zhou S, Kong D, et al. Self-assembly and alterable relaxivity of an organic cation-encapsulated gadolinium-containing polyoxometalate. Dalton Trans, 2012, 41: 10052-10059.

[81] Zhang S M, Zheng Y M, Yin S Y, et al. A dendritic supramolecular complex as uniform hybrid micelle with dual structure for bimodal in vivo imaging. Chem Eur J, 2017, 23: 2802-2810.

[82] Huang X, El-Sayed I H, Qian W, et al. Cancer cell imaging and photothermal therapy in the near-infrared region by using gold nanorods. J Am Chem Soc, 2006, 128: 2115-2120.

[83] Zhang S M, Chen H B, Zhang G H, et al. An ultra-small thermosensitive nanocomposite with a Mo$_{154}$-core as a comprehensive platform for NIR-triggered photothermal-chemotherapy. J Mater Chem B, 2018, 6: 241-248.

[84] Palilis L C, Vasilopoulou M, Douvas A M, et al. Solution processable tungsten polyoxometalate as highly effective cathode interlayer for improved efficiency and stability polymer solar cells. Sol Energy Mater Sol Cells, 2013, 114: 205-213.

[85] Douvas A M, Makarona E, Glezos N, et al. Polyoxometalate-based layered structures for charge transport control in molecular devices. ACS Nano, 2008, 2: 733-742.

[86] Chen Y C, Zhang S M, Peng Q M, et al. Effect of alkyl chain length of the ammonium groups in SEPC-CIL on the performance of polymer solar cells. J Mater Chem A, 2017, 5: 15294-15301.

[87] Chen Y C, Wang S, Xue L W, et al. Insights into the working mechanism of cathode interlayers in polymer solar cells via [(C$_8$H$_{17}$)$_4$N]$_4$[SiW$_{12}$O$_{40}$]. J Mater Chem A, 2016, 4: 19189-19196.

[88] Zhang K D, Tian J, Hanif D, et al. Toward a single-layer two-dimensional honeycomb supramolecular organic framework in water. J Am Chem Soc, 2013, 135:17913-17918.

[89] Yan Y, Wang H B, Li B, et al. Smart self-assemblies based on a surfactant-encapsulated photoresponsive polyoxometalate complex. Angew Chem Int Ed, 2010, 49: 9233-9236.

[90] Yue L, Ai H, Yang Y, et al. Chiral self-assembly and reversible light modulation of a polyoxometalate complex via host-guest recognition. Chem Commun, 2013, 49: 9770-9772.

[91] Yue L, Wang S, Zhou D, et al. Flexible single-layer ionic organic-inorganic frameworks towards precise nano-size separation. Nat Commun, 2016, 7: 10742.

[92] Falaise C, Moussawi M A, Floquet S, et al. Probing dynamic library of metal-oxo building blocks with γ-cyclodextrin. J Am Chem Soc, 2018, 140: 11198-11201.

第7章 蛋白质组装材料

罗　全　侯春喜　李秀梅　刘俊秋

7.1　蛋白质组装概述

自然选择与进化不仅创造了各种生命活动所必需的生物大分子，还赋予它们彼此特异性结合的性质，使其能自组装形成结构精巧且功能复杂的动态、自适应的功能体系[1]。从结构高度有序的蛋白质聚集体(如病毒衣壳，微管，肌动蛋白微丝和鞭毛)到具有特殊拓扑结构的核酸链(如 DNA 双螺旋，RNA 三螺旋和 G-四联体)，甚至是更复杂的核小体与核糖体，生物大分子通过自组装形成多种多样的同源和异源复合物，以获得单体分子无法实现的高级功能，如基因折叠、肌肉收缩、蛋白质合成，以及遗传信息存储与传输等。受自然界启发，通过合理设计操控生物大分子，自下而上精确构筑形貌多样的纳米结构，以模拟生命体的组装微体系，将有望发展新型的生物功能材料[2]。

相较于其他生物大分子，蛋白质是自然界最为多样化的结构单元，它由 20 种氨基酸聚合形成多肽链，并通过氢键、静电、范德华力等弱相互作用力折叠形成具有规则形状的空间构象，以产生特定的生物功能[3]。由于氨基酸序列具有可编码性，这些独特结构彼此间还能发生特异性识别，并利用其互补性和对称性，实现高度程序化的自组装，进而形成完整的细胞器和亚细胞结构，最终产生生命的基本单元——细胞(图 7-1)。因此，蛋白质作为构筑基元，既有生物大分子的特殊功能，又有合成分子的多样性，是构建生物功能材料的理想之选。

蛋白质自组装是彼此间多重非共价弱相互作用力协同驱动的结果，往往其加和效应不亚于共价键，并且具有方向性、选择性和可逆性等突出特点。因此，将蛋白质自组装形成的各种周期性排布结构，结合其生物功能和组装体微环境，为新一代生物活性材料的发展提供了可能。另外，理解蛋白质组装的深层机理也为各种与蛋白质聚集相关的疾病，如阿尔茨海默病、帕金森病和其他神经退行性疾病的治疗提供了新的思路[4]。然而，由于蛋白质结构具有各向异性、柔性和复杂性，这使得精确操控蛋白质发生选择性识别，并确保其聚集生长方向变得十分困难。不仅如此，各种环境因素，如 pH、温度、离子强度、溶剂等也会严重影响蛋白质结构的稳定性，进一步增加蛋白质操控的难度[5]。这些不利因素组合在一起，使得蛋白质组装研究极具挑战性。

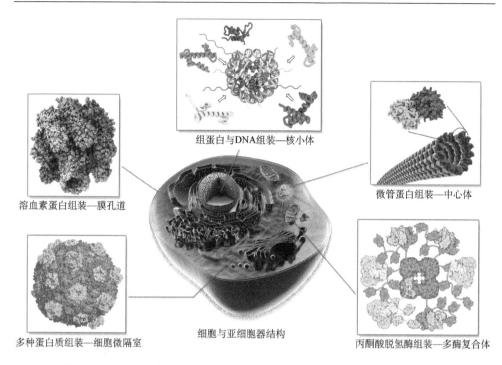

组蛋白与DNA组装—核小体

溶血素蛋白组装—膜孔道

微管蛋白组装—中心体

多种蛋白质组装—细胞微隔室

细胞与亚细胞器结构

丙酮酸脱氢酶组装—多酶复合体

图 7-1　蛋白质通过程序化自组装形成各种亚细胞结构，最终产生生命结构
与功能的基本单元——细胞

蛋白质自组装的早期研究主要集中在发展多种蛋白质组装新方法和新策略，随后基于蛋白质组装体的高级结构和内在性质，通过表面功能化发展了生物传感、生物催化、医学诊断与治疗等各类生物材料，推动其在生物医学相关研究领域的应用[6]。目前，运用生物工程技术改造蛋白质，驱动蛋白质-蛋白质发生选择性识别，仍是蛋白质组装策略的重要手段之一。然而，运用该方法构建和调控蛋白质组装体的纳米结构，需要对蛋白质-蛋白质相互作用界面进行深度分析和精准设计。近年来，随着超分子化学的快速发展，化学方法进一步丰富了蛋白质组装策略，获得了很多令人鼓舞的结果。利用化学/生物技术或两者组合的方法，将具有较高结合能力的识别元件精确装配至蛋白质表面，便可调控蛋白质组装的热力学和动力学过程。

本章详细介绍各类蛋白质自组装的新方法和新策略，包括模板诱导蛋白质自组装、蛋白质-配体相互作用驱动蛋白质自组装、主客体识别驱动蛋白质自组装、金属螯合作用诱导蛋白质自组装、静电相互作用诱导蛋白质自组装、多肽与聚合物调节蛋白质自组装，以及共价诱导蛋白质自组装，设计从纤维状、管状结构至环状、层状、笼状和纳米晶等多维、多层次蛋白质纳米结构。围绕蛋白质组装过程的本质与规律，进一步探讨可控自组装的基本原理及其调控机制。最终，依据蛋白质的特殊功能、组装结构和组装特性，列举多种以生物学功能为导向的半合成或杂化蛋白质组装体的设计思路，并研究其结构与功能关系，为化学、生命、医学和材料等学科的交叉发展提供普适性的指导。

7.2　蛋白质组装驱动力

7.2.1　模板诱导蛋白质自组装

1. 生物分子模板

生物分子经历长期的进化过程，可按照一定的配对规则，通过分子间多重非共价弱相互作用的协同效应，组装形成结构复杂多样的生物材料，这种精确无误的装配能力，是人工设计难以达到的。因此，合理利用 DNA 和蛋白质等生物分子的自组装特性，可精确操控组装过程，设计各种复杂的蛋白质组装体。

DNA 纳米技术由于其结构的可设计性、可预测性和高保真性，成为近年来研究蛋白质程序化组装的热点方法之一。按照其组装原理大致可分为两类：①基于成熟的 DNA 折纸技术，通过设计各种适配体标记的 DNA 纳米结构为模板，利用蛋白质与适配体之间的相互作用使其在纳米尺度上有序排列。由于适配体在组装结构上的位置都是确定的，因此这些位点可作为蛋白质探针，精确编辑蛋白质在空间上的位置和间距。例如，Yan 等采用 A、B、C、D 四种双交叉 DNA 多链结构模块，其中 B 和 D 模块分别修饰凝血酶适配体和血小板衍生生长因子（PDGF）适配体，通过 DNA 折纸技术将其组装成二维矩形阵列，使 B 和 D 模块表面的适配体分别以约 64nm 和 32nm 的间距排布[图 7-2（a）]。原子力显微镜（AFM）可以清晰观察到，当加入凝血酶后，凝血酶适配体处会因为结合凝血酶导致其高度增加 $0.7\sim2.0$nm，表明凝血酶可以稳定地结合在 DNA 纳米结构的表面。随后，向该体系中加入 PDGF，通过其与相应适配体的结合，便可得到 PDGF 与凝血酶间隔排布的周期性二维蛋白质纳米阵列。通过改变适配体在二维 DNA 结构表面的精确位置，还可很容易地调控蛋白质组装形貌，使之形成约 100nm 的"S"形结构，这充分体现了 DNA 折纸技术在操控蛋白质组装方面的精度优势[7]。②基于 DNA 链互补杂交，诱导蛋白质自组装。该方法通过将单链寡核苷酸与蛋白质的巯基、氨基或羧基发生化学反应，定点修饰在蛋白质表面，利用 DNA 碱基互补配对，诱导蛋白质组装形成有序纳米结构。Aida 等最近报道了 DNA 调节下可逆组装与解组装的蛋白质纳米管[8]。利用半胱氨酸-马来酰亚胺的"点击化学"反应，他们在圆筒状的伴侣蛋白 GroEL 的顶端选择性修饰多条 DNA 链，并利用 DNA 链的互补作用，使 GroEL 首尾相连，组装形成蛋白质纳米管[图 7-2（b）]。当使用部分互补的 DNA 链诱导 GroEL 组装，尽管也能形成热力学稳定的纳米管，但由于 DNA

链不完全互补配对，很容易通过加入完全互补的单链 DNA 竞争结合 GroEL 表面修饰的 DNA 链，从而将 GroEL 纳米管切割成单体。

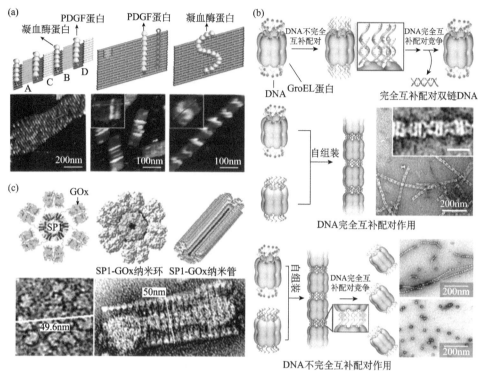

图 7-2　（a）结合 DNA 折纸术和蛋白质-适配体相互作用，模板化组装蛋白质形成二维矩形和"S"形阵列；（b）基于 DNA 链不完全/完全互补杂交，诱导蛋白质组装与解组装；（c）利用 SP1 蛋白自组装性质，通过基因融合模板化驱动 GOx 自组装，形成环状或管状组装体

　　相较于 DNA 折纸技术的复杂设计，以天然蛋白质组装体为模板驱动目标蛋白自组装的研究具有基因编码简单、装配容易、稳定性高等优点。该策略使用基因重组技术，将目标蛋白与载体蛋白的 N/C 末端融合，利用载体蛋白自身的自组装性质带动目标蛋白组装，形成与载体蛋白相似的组装结构。例如，以环状的十二聚体蛋白 SP1 作为模板，通过基因融合的方法将葡萄糖氧化酶（GOx）连接到 SP1 的 N 末端[9]。在 SP1 组装成环的过程中，GOx 蛋白酶也会随着 SP1 迁移、组装，形成纳米环结构[图 7-2（c）]。此外，透射电镜（TEM）观察还发现，环状 SP1 会倾向于彼此堆叠形成管状结构，因而该融合蛋白也会受 SP1 该性质的影响，进一步聚集形成蛋白质纳米管。受组装结构的影响，SP1-GOx 融合蛋白的酶学性质更为稳定，在 65℃下其半衰期为天然 GOx 蛋白酶的 10 倍。但是，由于该方法需要借助基因融合来实现，而融合蛋白极易在包涵体中表达，因此大大限制了该策略的应用范围。

　　生物分子模板为精确锚定蛋白质提供了理想化的骨架。然而，以 DNA 模板为例，构筑复杂的纳米结构往往需要合成多条片段，按照精确的计量比混合组装，以便控制蛋白质识别结合，其生物合成成本较高，而且多组分的共组装也容易引起较高的组装错误率。

2. 化学分子模板

近年来，随着纳米材料科学的发展，以无机纳米粒子、高分子聚合物、有机-无机杂化材料和超分子组装体等化学分子作为模板，诱导蛋白质组装的研究也不断涌现。种类繁多且结构多样的化学分子模板进一步丰富了蛋白质组装体的形貌，也推动了蛋白质组装体朝着多功能化方向发展。

化学合成的纳米粒子具有显著的电学、磁学和光学性质，将其与生物材料相结合有望构筑出新型的功能生物纳米材料。以金纳米粒子（AuNPs）为例，将其作为模板，通过配体交换或与配体的特异性相互作用，便可诱导蛋白质发生自组装。Hayashi 等将血红素配体分子共价修饰于 AuNPs 表面，利用血红素蛋白的底物结合空腔与血红素之间的蛋白质-配体相互作用，使多个血红素蛋白结合在 AuNPs 表面形成非共价复合物，并进一步以 AuNPs 作为交联点，利用血红素蛋白突变体的二聚化或自组装性质，构筑了树枝状和交联的网状结构[图 7-3 (a)][10]。相似的，以偶联了镍离子螯合的氮川三乙酸（Ni-NTA）的 AuNPs 作为模板，便可将修饰有一个组氨酸标签（His-tag）的 DNA 结合蛋白（Dps）纳米笼通过金属配位作用组装在其表面[图 7-3 (b)][11]。利用化学计量比和 AuNPs 尺寸的变化，还可对组装体的组分和结构进行精确调控。

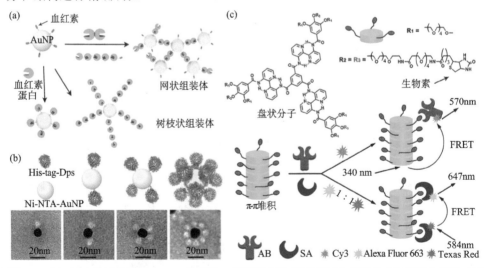

图 7-3　(a) 以血红素修饰的 AuNPs 为模板，通过蛋白质-配体相互作用诱导血红素蛋白组装成树枝状或网状组装体；(b) AuNPs 模板化调控 DNA 结合蛋白自组装及其组装体透射电镜图；(c) 通过盘状分子 π-π 堆积组装和蛋白质-配体相互作用，操控 SA 和 AB 蛋白自组装，产生 FRET 效应

超分子组装结构由于其动态可调的特点,是构筑生物材料的理想模板。作为一个典型的例子,Brunsveld 等合成了一种自身发荧光的盘状分子,并利用其自组装性质,操控蛋白质在其组装体表面有序排布[12]。由于该分子在水中可通过 π-π 堆积作用形成具有强荧光发射的纳米纤维,因此只需预先在盘状分子的外围化学修饰生物素(biotin),其组装后的纳米纤维便可作为模板固定链霉亲和素(SA)或抗生物素抗体(AB)[图 7-3(c)]。通过盘状荧光供体分子和标记于 SA 上的 Cy3 荧光受体分子之间的荧光共振能量转移(FRET)现象,证明 SA 与模板发生结合,而标记于不同荧光染料(Alexa Fluor 633 和 Texas Red)的 SA 之间也存在显著的 FRET 现象,表明蛋白质分子彼此靠近,紧密地排列在模板表面。相似的,如果将盘状分子外围修饰的生物素替换为 2-氨基-6-(苄氧基)嘌呤(BG),也可将 SNAP-tag 蛋白标记的青色/黄色荧光蛋白通过 BG 与 SNAP-tag 的共价结合作用组装在其纳米纤维的表面。动态混合两种荧光蛋白连接的盘状分子发现,体系的 FRET 现象会随着时间的增加而增强,表明盘状分子在纳米纤维中可发生动态交换或重组,导致不同荧光蛋白彼此靠近而影响 FRET。

尽管化学分子模板法已成功诱导蛋白质组装形成不同层次的组装体结构,但随着研究的深入,组装结构的复杂性和操控精度也不断提升,这对合成分子的尺寸、结构、性质和表面官能团的分布提出了更高要求,会进一步增加化学模板分子合成的难度。

7.2.2　蛋白质-配体相互作用驱动蛋白质自组装

自然界的受体蛋白可与配体分子发生特异性的非共价相互作用,这对于蛋白质发挥其生理功能至关重要。典型的蛋白质-配体相互作用包括亲和素-生物素相互作用、脱辅基蛋白质-辅因子相互作用、酶-抑制剂相互作用和凝集素-糖相互作用等,其多样性、高亲和性和可逆性为人们在体外控制蛋白质自组装提供了丰富的途径。

Hayashi 等基于血红素-血红素蛋白相互作用,构筑了一系列蛋白质组装体系[13]。他们以细胞色素 $b562$(Cyt-$b562$)为构筑基元,在其底物结合口袋的背面定点突变半胱氨酸并在此位点共价修饰血红素衍生物。修饰后的蛋白质经历一系列的酸致变性-复性过程脱去自身口袋中的血红素,再通过蛋白质-蛋白质之间的血红素-血红素口袋相互作用,头尾相连自发组装形成蛋白质组装体[图 7-4(a)]。受天然血红素竞争结合的影响,蛋白质组装体发生解离,进而揭示了该组装驱动力的可逆性[14]。

生物素-SA 是自然界已知的最强蛋白质-配体相互作用力,其结合常数高达 10^{15}L/mol[15]。Ringler 和 Schulz 首次报道了基于生物素-SA 相互作用装配蛋白质的例子[16]。他们选择 C_4 对称的四聚体 L-鼠李糖-1-磷酸醛缩酶(RhuA)作为组装基元，对其进行多次定点突变去除干扰性的半胱氨酸巯基，并在 RhuA 的侧表面重新引入另外两个半胱氨酸，用于修饰八个生物素配体。在生物素-SA 相互作用的驱动下，生物素标记的 RhuA 四聚体与 D_2 对称的 SA 四聚体发生特异性结合，形成平面网状或棒状组装结构。此外，凝集素-糖的特异性相互作用也在构建多维蛋白质晶体方面做出了突出贡献。以四聚的伴刀豆凝集素 A(ConA) 和大豆凝集素 (SBA) 为构筑基元，通过合成一条合适长度的连接链连接罗丹明 B(RhB) 与糖分子，利用糖分子与 ConA 和 SBA 的蛋白质-配体相互作用，以及 RhB 分子间的 π-π 堆积作用，便可诱导凝集素蛋白组装成二维片层和一维管状结构[图 7-4 (b) 和 (c)][17,18]。

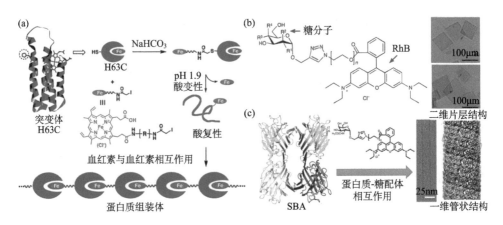

图 7-4　(a) 血红素与血红素蛋白相互作用诱导血红素蛋白头尾相连，形成线性组装体；基于蛋白质-糖配体相互作用和 RhB 分子间的 π-π 堆积作用，驱动 ConA 和 SBA 蛋白组装成的片层 (b) 和管状结构(c)

　　蛋白质-配体相互作用具有亲和力强和选择性高的突出特点，结合化学合成配体的多样性，在操控蛋白质组装方面具有天然优势。在某些体系中，如凝集素蛋白，由于该策略不需要对蛋白质表面进行任何化学修饰和改造，保证了组装体中蛋白质结构与功能的完整性，为生物活性组装材料的发展提供了可能。

7.2.3　主客体识别驱动蛋白质自组装

　　类似于蛋白质-配体相互作用，一些人工合成的大环分子也能选择性识别结合客体分子，并具有特异性强、亲和性高和可逆性好等特点，因而为蛋白质组装方法学开辟了新的思路。然而，该策略在实际应用过程中仍需要满足两个条件：首先，主客体识别过程能在水溶液中进行；其次，其结合常数需足够高，足以驱动蛋白质彼此识别结合。在众多的大环分子中，环糊精和葫芦脲由于其综合性能突出，因而是蛋白质组装驱动力的最佳选择。

　　环糊精因其疏水空腔能与各种生物相关的客体分子结合，较早被应用于蛋白质组装研究。Brunsveld 课题组利用 β-环糊精(β-CD)与石胆酸(LAs)的主客体相互作用，其结合常数约为 10^{-7}mol/L，成功诱导青色荧光蛋白(CFP)和黄色荧光蛋白(YFP)自组装形成二聚体，并通过蛋白质间的 FRET 效应证明了主客体相互作用操控蛋白质选择性识别的能力[19]。随后，该课题组又基于葫芦[8]脲(CB[8])与荧光蛋白末端融合的苯丙氨酸-甘氨酸-甘氨酸(FGG)三肽之间的特异性识别作用，成功地构筑了类似的荧光蛋白二聚体，并可通过加入竞争性客体分子甲基紫精使其解聚[图 7-5(a)][20]。相较于 β-CD ，CB[8]具有更大的疏水空腔，并可通过几何互补、疏水作用和偶极作用，以极高的结合常数(1.5×10^{11}L^2/mol^2)与两个 FGG 三肽结合，形成稳定的主客体复合物。最近，刘俊秋等同样运用基因融合技术将 FGG 三肽连接在谷胱甘肽硫转移酶(GST)二聚体的 N 末端，在 CB[8]与 FGG 三肽三元复合作用的诱导下，使 GST 组装成更大尺寸的一维蛋白质纳米线[21]。通过进一步将恢复蛋白(Rn)与 FGG-GST 融合，他们还赋予了该蛋白质纳米线 Ca^{2+}响应的性质，获得了结构可伸缩的蛋白质纳米弹簧[图 7-5(b)][22]。研究表明，蛋白质纳米弹簧在多次伸缩循环后，其结构仍保持不变，很好地模拟了天然肌肉的伸缩行为。除了基因融合方法，该研究组还合成了马来酰亚胺功能化的 FGG 三肽，通过马来酰亚胺基团与蛋白质表面的半胱氨酸反应，将 FGG 客体分子修饰于蛋白质表面的任意位置，从而大大拓展了主客体作用在蛋白质组装体系中的应用范围[23]。

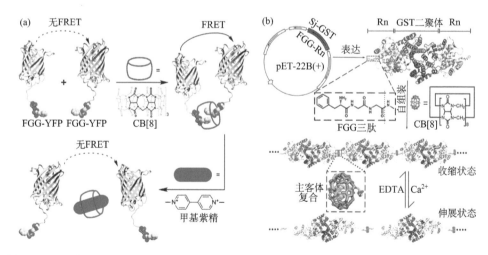

图 7-5 (a) 基于 CB[8]与 FGG 三肽的主客体复合，可逆调控荧光蛋白二聚化；(b) 利用 Rn 蛋白的 Ca^{2+}响应变构特性，以及 CB[8]-FGG 主客体诱导的蛋白质组装，构筑可伸缩的 Rn-GST 融合蛋白纳米弹簧

主客体相互作用在驱动蛋白质组装方面具有很多优势：①就空间结构而言，它们的尺寸相对较小，在修饰过程中往往不会对蛋白质结构和功能造成很大影响；

②众多的主客体对具有较宽的结合常数范围，可以满足不同蛋白质的组装需求；③主客体相互作用的可逆性为蛋白质组装体的形成与解离，实现其动态调控提供了可能。然而，由于大多数主客体识别主要依赖于疏水效应，有时大环分子也会与蛋白质表面的疏水残基结合，因而会对蛋白质组装过程产生干扰。

7.2.4　金属螯合作用诱导蛋白质自组装

金属配位作用在天然蛋白质体系中扮演着非常关键的角色，它不仅参与许多重要的生物过程(如光合作用、酶催化反应和基因复制与转录等)，还可诱导蛋白质形成稳定的组装体或瞬态复合物，是蛋白质组装的理想驱动力。在蛋白质自组装研究中，金属配位作用有着独特的优势：一方面，金属离子特别是 Ni^{2+}、Cu^{2+} 和 Zn^{2+}，能与 His、Cys、Asp、Glu 等多种氨基酸以配位键结合，并展现出极高的结合强度和方向性，有助于设计几何对称的蛋白质超结构；另一方面，快速的配体替换确保了热力学稳定组装结构的形成。

Tezcan 研究组开展了一系列蛋白质金属配位化学的设计工作，成功构筑了结构多样的蛋白质组装体。早期研究主要利用金属配位作用获得结构明确的寡聚蛋白晶体，其设计核心是在蛋白质表面螺旋结构的 i 和 $i+4$ 位置创建双组氨酸配体，通过其与金属离子的配位结合，固定蛋白质与蛋白质的相对位置。以四螺旋束结构的 Cyt-b562 蛋白为例，依据其晶体结构，在 C_2 对称的相互作用界面嵌入 2 对双组氨酸配体(His59/His63 和 His73/His77)，得到其突变体 MBPC-1[24]。在 Zn^{2+} 诱导下，MBPC-1 可彼此嵌入形成 V 形的二聚体结构，并进一步组装成四聚体(Zn_4: MBPC-1$_4$)[图 7-6(a)]。晶体结构分析还发现，改变金属离子诱导，会产生不同几何对称性的蛋白质寡聚体，如 MBPC-1 结合 Cu^{2+} 和 Ni^{2+} 后，可分别形成 C_2 对称的二聚体和 C_3 对称的三聚体，表明金属配位作用具有方向性，可在一定程度上操控蛋白质自组装行为[25]。然而，要想实现更为精准的控制，还需结合蛋白质识别界面的其他相互作用，调控其组装热力学。例如，Zn_4: MBPC-1$_4$ 四聚体中 MBPC-1 的 His73/His77 双组氨酸配体与另一个 MBPC-1 的 His63，以及第三个 MBPC-1 的 Asp74 配位结合。如果将 MBPC-1 中的 Asp74 替换(D74A)，并在其附近 62 位点引入新的天冬氨酸(R62D)，创建突变体 MBPC-2[26]。同样在 Zn^{2+} 诱导下，MBPC-2 也能形成 V 形的二聚体，进而组装成为四聚体(Zn_4:MBPC-2$_4$) [图 7-6(b)]。不同于 Zn_4:MBPC-1$_4$ 四聚体，Zn_4:MBPC-2$_4$ 四聚体中 MBPC-2 的 His73/His77 双组氨酸配体会与另一个 MBPC-2 的 His63，以及第三个 MBPC-2 的 His59 配位结合。对比两种蛋白质四聚体不难发现，尽管 Zn^{2+} 采用不同的四配位方式，但都形成 D_2 几何对称的四聚体结构，然而由于蛋白质界面处截然不同的盐桥作用，又会影响蛋白质-蛋白质非共价相互作用方式，导致其形成各自热力学上最稳态的四聚体构象。基于对蛋白质寡聚体中金属配位键的理解，最近该研究组通过对 MBPC-1 进一步改造，在其表面引入更多的金属配位位点，成功地操控了 MBPC-1 突变体组装成一维至三维的管状、片状和立方晶结构，其细节会在随后 7.3.4 节中的"组装的热力学与动力学调控"作详细介绍[27]。

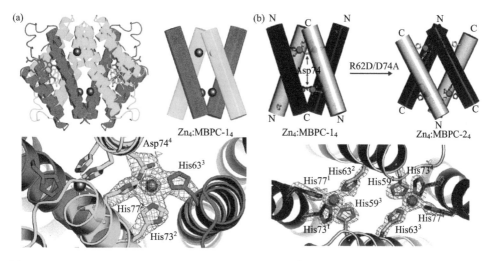

图 7-6　(a) Zn$_4$: MBPC-1$_4$ 四聚体晶体结构及其相应的 Zn^{2+} 配位环境；(b) 通过 R62D/ D74A 双突变，改变 Zn$_4$: MBPC-1$_4$ 组装方式，构筑的新 Zn$_4$: MBPC-2$_4$ 四聚体及其 Zn^{2+} 配位环境

与其他驱动力相比，金属配位作用具有结合强度高、几何对称性好、组装方向性强等特点，在设计构建更加复杂精细的蛋白质组装结构方面具有突出优势，但该策略对 pH、离子浓度和计量比等组装条件要求严格，否则容易导致配体与金属离子发生错配，严重影响组装结构。从另一方面来看，这种环境的敏感性也赋予了其组装体动态、可逆的性质。

7.2.5　静电相互作用诱导蛋白质自组装

蛋白质特异性识别过程中，带相反电荷的氨基酸(如 Lys 和 Glu)之间的静电吸引力是主要驱动力之一，它对于天然蛋白质复合物的形成至关重要。静电相互作用是一种远程的弱相互作用力，可通过调节 pH 和离子强度等外界条件来可逆调节其强度，从而控制蛋白质组装行为。

笼状蛋白以其独特的结构特点和电荷分布，成为近年来研究静电相互作用诱导蛋白质自组装的理想模型。利用带反相电荷的纳米粒子驱动笼状蛋白质自组装最为简单有效，Kostiainen 研究组将表面带负电荷的铁蛋白笼作为组装基元，通过合成带正电荷的聚酰胺-胺型树枝状聚合物(PAMAM)与其共组装，得到极其规整的二元蛋白质超晶格材料[图 7-7(a)][28]。值得注意的是，该组装体的结构表现出显著的尺寸效应。PAMAM 树枝状分子代数的改变会直接影响蛋白质分子的粒径比，进而影响二元晶体的晶格参数。此外，获得的晶体对溶液离子强度极其敏感，据此可以调控晶体的组装与解组装。通过调整聚合物尺寸和溶液离子强度对获得的晶格结构和晶格参数进行系统分析，为进一步理解静电组装提供了独特的视角。

　　除了蛋白笼外，刘俊秋研究组以十二聚的环状热稳定蛋白（SP1）作为构筑基元，以静电相互作用作为驱动力，成功构筑了一系列功能性的无机蛋白杂化纳米线。由晶体结构可知，直径约为 11nm 的环状 SP1 蛋白的上下表面分布着大量在中性条件下带负电荷的天冬氨酸和谷氨酸，加之其高度对称的结构，非常适合于静电相互作用诱导自组装研究[29]。通过合成三种不同尺寸且表面带正电荷的量子点（QDs：QD1，3～4nm; QD2，5～6nm; QD3，~10nm），利用正负电荷静电相互作用，便可形成 SP1 与量子点的夹心结构重复单元。由于量子点尺寸差异所导致的作用方式不同，小尺寸的 QD1 和 QD2 可与 SP1 共组装形成线性和束状结构，而大尺寸的 QD3 会同时结合多个 SP1，以 QD3 作为交联点形成网络状结构。由于量子点在蛋白质组装体中为规则排布，如果将 SP1 与两种不同尺寸的量子点共组装，量子点之间便可发生 FRET 效应，因而可以模拟自然的"光捕获天线"。类似地，该课题组还进一步验证了表面带正电的中心交联胶束（CCMs）[30]和第五代聚酰胺胺树枝状分子（PD5）[31]也能成功诱导 SP1 发生静电组装，形成线性组装体结构[图 7-7(b)]。

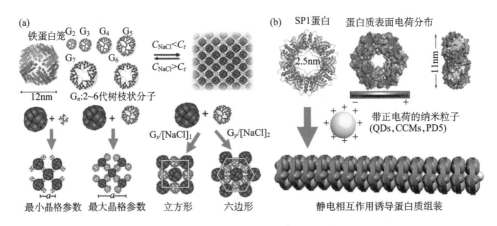

图 7-7　（a）表面带负电荷的铁蛋白笼与表面带正电荷的 PAMAM 树枝状分子通过静电组装，获得规整的二元蛋白质超晶格材料，且 PAMAM 的代数可影响二元晶体的晶格参数 a，通过改变溶液的离子强度，还可调控晶体的组装与解组装；（b）基于球形纳米粒子的静电诱导作用，构筑 SP1 蛋白质纳米线

　　综上所述，静电相互作用具有长程、可调的性质，因此对蛋白质组装过程的操控也相对简单。然而，该驱动力在实际应用中仍存在两大难题：①静电相互作

用是多种带电基团的协同效应,无法对其进行量化分析。②需要规则形貌的蛋白质组装基元,并在保持蛋白质结构不变的前提下对蛋白质表面进行大范围改造,调整表面电荷分布。相对而言,非特异性的静电相互作用在蛋白质组装方向和排布的微调控性能上也弱于其他策略。

7.2.6　多肽调节蛋白质自组装

α-螺旋和 β-折叠是蛋白质最主要的两种二级结构,尽管在蛋白质界面相互作用时其单个结构不具备高亲和性,但当它们成束地组合在一起,往往展现出较强的作用力,足以驱动蛋白质识别结合。另外,氨基酸序列的可编码性,也确保了其在作用过程中几何结构互补的精确性,因而可诱导天然蛋白质形成各种聚集体结构。本节通过介绍淀粉样纤维和卷曲螺旋,利用重新设计和修饰的二级结构域,发展生物启发的蛋白质组装策略。

卷曲螺旋是蛋白质寡聚化的重要结构域,其经典类型被定义为由疏水(H)、极性(P)和带电(C)氨基酸组成的“HPPHCPC”七肽重复序列:a 和 d 位氨基酸构成疏水核心,在维持卷曲螺旋方面起关键作用,而 e 和 g 位通常为带电氨基酸,可使螺旋间形成盐桥,产生多聚体。卷曲螺旋二聚体是最常见的寡聚形式,通过将卷曲螺旋结构域融合至蛋白质末端,Ghosh 等成功地构建了基于蛋白酶组装体的生物传感器[32]。将两种不同的卷曲螺旋分别融合至裂解的荧光素酶片段(CFluc 和 NFluc)的 N/C 末端,当利用蛋白酶切断其中一个荧光素酶片段末端成对的卷曲螺旋时,两段荧光素酶片段会由于卷曲螺旋重新配对而形成一个完整的荧光素酶,从而实现其催化活性的复苏[图 7-8(a)]。此外,二聚化的卷曲螺旋还可设计为亲水性嵌段,以构建温度响应自组装的重组蛋白两亲性分子[33]。将富含精氨酸的亮氨酸拉链(Z_R)序列和富含谷氨酸的亮氨酸拉链(Z_E)序列分别融合至水溶性荧光蛋白(mCherry 或 EGFP)和疏水性弹性蛋白样多肽(ELP)末端,制备出 Z_R-ELP、mCherry-Z_E 和 EGFP-Z_E 三种双嵌段融合蛋白。在 4℃下混合后,通过调整组分和浓度,它们可利用较强的 Z_E/Z_R 异源二聚化作用和弱的 Z_R/Z_R 同源二聚化作用,室温组装成 mCherry-Z_E、EGFP-Z_E、mCherry-Z_E/EGFP-Z_E 和 mCherry-Z_E(封装 EGFP- Z_E)四种囊泡[图 7-8(b)]。由于弹性蛋白具有独特的温度响应行为,因而该囊泡还在药物封装和递送中显示出巨大的应用潜力。

β-折叠结构可通过分子内的氢键和疏水作用,在体内形成稳定的淀粉样纤维结构。模拟其堆叠模式,对类似结构域的序列进行改造,Matsuura 研究组报道了首个基于番茄丛矮病毒(TBSV)的 β-环肽设计中空球形组装体的例子[34]。β-环肽是由三个 β-折叠片形成的 C_3 对称结构,其末端具有较强的黏性,可互补结合,驱动 β-环肽在水中聚集形成类病毒纳米囊泡[图 7-8(c)]。此外,利用共价或非共价方法连接构筑的多重 β-折叠片,也为进一步丰富蛋白质组装形貌提供了可能。

例如，Ueno 和 Collier 研究组基于 β-螺旋(gp5βf)的二聚和末端融有 β-折叠片蛋白的分级组装，分别构建了稳定的生物纳米管和纳米纤维[35,36]。这些研究表明，β-折叠结构在组合过程中具有很好的灵活性，可以满足蛋白质组装结构多样化设计的需求。

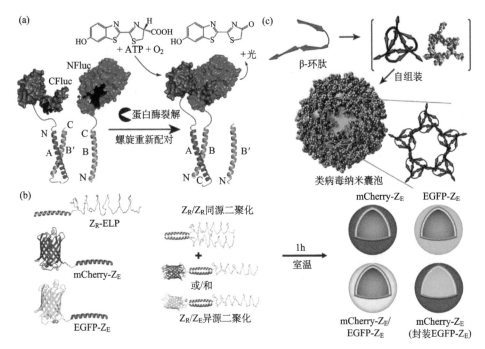

图 7-8　(a) 卷曲螺旋二聚化配对重组荧光素酶片段，复苏其生物活性；(b) 双嵌段融合蛋白 Z_R-ELP、mCherry-Z_E 和 EGFP-Z_E 通过卷曲螺旋同源或异源二聚化作用，室温组装成空心囊泡；(c) β 环肽通过其末端结构域的互补结合，自组装形成类病毒纳米囊泡

7.2.7　聚合物调节蛋白质自组装

制备聚合物与蛋白质的偶联物，调控蛋白质的自组装行为大致可分为两类：①聚合物先组装成有序的纳米结构，再作为模板诱导蛋白质组装。该方法通常需要在聚合物纳米结构的表面预设特定的官能基团，以便特异性地偶联目标蛋白质分子。②将蛋白质与聚合物通过非共价或共价连接，形成"巨双亲性分子"，随后自组装形成有序的纳米结构。本节主要介绍第二类蛋白质-聚合物杂化自组装体系及其组装策略。

天然受体-配体相互作用是蛋白质-聚合物常见的非共价偶联方法之一。基于生物素-SA 的选择性结合，Stayton 等将生物素修饰的疏水性聚 N-异丙基丙烯酰胺(PNIPAM)聚合物非共价"嫁接"到亲水性 SA 蛋白上，研究该杂化体系的自组装行为，并利用聚合物对温度变化的刺激响应性，实现了组装结构的可逆调控[图 7-9(a)][37]。当低于最低临界共溶温度(LCST)时，PNIPAM 为亲水性的，偶联物保持水溶性。当温度高于 LCST 时，PNIPAM 由亲水性变为疏水性，可形成巨双亲性分子，进而聚集成特定大小的纳米颗粒。通过调节巨双亲性分子的浓度、聚合物的分子量以及加热速率，纳米颗粒的尺寸可精确控制在 250~900nm 范围内。与纯 PNIPAM 的聚集体相比，制得的蛋白质-聚合物纳米颗粒表现出更好的稳定性，其组装形貌能维持超过 16h 而不发生进一步聚集，并可通过改变温度可逆操控其组装与解组装行为。此外，Nolte 等通过将疏水性聚苯乙烯(PS)共价修饰至高铁血红素(FP)的羧基上，利用辣根过氧化物酶(HRP)与其辅因子 FP 之间的结合作用，也成功地构筑了蛋白质-聚合物巨双亲性分子，并组装成直径为 80~400nm 的囊泡状结构[图 7-9(b)][38]。

最近，Mann 等运用共价偶联方法制备的蛋白质-聚合物杂化分子，可在油/水界面自组装成大尺寸的蛋白质囊泡，能较好地模拟细胞的某些性质，如客体分子封装、选择性渗透、基因导向蛋白质的合成和膜门控内化酶的催化[39]。首先，通过将巯基噻唑啉活化的 PNIPAM 聚合物共价连接在牛血清白蛋白(BSA)表面的氨基上，制备 BSA-NH₂-PNIPAM 巨双亲性分子。随后，利用该偶联物的自组装性质，形成直径为 25~50μm 的蛋白质囊泡[图 7-9(c)]。该囊泡具有较强的稳定性，在室温下放置几个星期仍能维持原有的组装状态，其超薄的膜结构经真空干燥处理也能保持完整。这种方法具有很好的普适性，可用于各种蛋白质组装基元，如肌红蛋白或血红蛋白经同样处理，也可获得相似的蛋白质组装体结构。

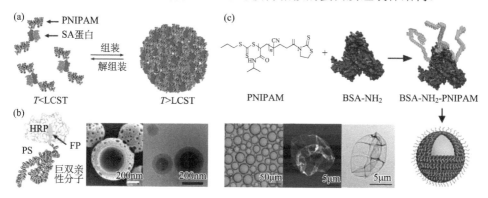

图 7-9　(a) 基于生物素-SA 的非共价结合，构筑温敏型 PNIPAM 自组装纳米粒子；(b) 基于 HRP 与 FP 的非共价作用，构筑 HRP-PS 巨双亲性分子，以及其组装后的扫描电镜(SEM)和 TEM 表征图；(c) 通过共价连接，构筑 BSA-NH₂-PNIPAM 巨双亲性分子，以及其组装后囊泡结构的光镜、AFM 和 TEM 表征图

聚合物分子由于其尺寸的独特优势和性质的多样性，如亲疏水性和刺激响应性等，成为设计巨双亲性分子，调控其组装行为的理想工具，为发展智能生物材

料开辟了新的途径。目前，蛋白质表面位点选择性修饰聚合物仍是该领域的难点问题，这需要发展温和、高效的蛋白质偶联方法，以及通过合理设计避免聚合物对蛋白质自身结构与功能的影响。

7.2.8 共价诱导蛋白质自组装

　　蛋白质表面分布着丰富的极性氨基酸，可提供羧基、氨基、酚羟基、羟基、巯基等官能团用于化学交联，驱动蛋白质组装。特别是半胱氨酸，它在蛋白质中的含量极低，是选择性修饰中最为常用的靶标氨基酸。理论上通过定点突变半胱氨酸，便可在蛋白质表面任何需要的位置实现交联，操控蛋白质自组装行为。

　　迄今为止，基于半胱氨酸的氧化还原反应，许多典型的蛋白质纳米结构已经被成功构建出来。例如，Heddle 等基于十一聚的环状 TRAP 蛋白，通过对其上下表面的 V69 和 E50 两个位点进行突变，定点引入半胱氨酸用于氧化交联反应，并借助蛋白质彼此间疏水相互作用，成功制备了稳定的微米级蛋白质纳米管[40]。在纳米管的形成过程中，还原剂二硫苏糖醇(DTT)作为一个两头含巯基的桥连分子，可同时与 V69C 和 E50C 的巯基发生反应形成二硫键，使 TRAP 蛋白以"头对头"模式排列成纳米管[图 7-10(a)]。

　　除了半胱氨酸共价交联方法，酶促蛋白交联由于其具有催化效率高、反应条件温和、选择性强等特点，近年来在蛋白质组装领域也逐渐受到人们的关注。基于 HRP 体外催化酪氨酸高效偶联的反应，刘俊秋等利用 C_6 对称的环状 SP1 蛋白作为构筑基元，通过在蛋白质表面合适的位点引入酪氨酸，成功构建了一维蛋白质纳米管和二维蛋白质纳米片[41]。在该体系中，环状 SP1 蛋白上下表面设计的酪氨酸经酶促共价偶联后，会层层堆叠形成管状结构，而侧表面引入的酪氨酸交联后，则使 SP1 沿着水平方向各向同性生长，最终组装形成结构致密、高度有序的二维片层结构[图 7-10(b)]。然而，由于天然 HRP 自身尺寸较大，不易作用在蛋白质组装基元的特定位点，发挥高效催化作用，从而限制了 SP1 组装体的尺寸。随后该课题组又利用小分子催化剂 $Ru(bpy)_3^{2+}$ 替代 HRP，在过硫酸铵存在的条件下，成功实现了对组装体尺寸的进一步提升[42]。更有趣的是，$Ru(bpy)_3^{2+}$ 只有在光照条件下才能特异性催化酪氨酸偶联，因而可通过光诱导蛋白质"生长"的方法，精确控制蛋白质组装体的尺寸。

　　目前，已报道的共价诱导蛋白质自组装的研究相对较少，然而该组装方法对于生物功能材料的开发却至关重要，这是由于其组装结构往往表现出较高的稳定性，便于后期处理与应用。此外，随着动态共价键的发展与引入，还可利用环境变化，操控蛋白质组装与解组装行为，为制备智能蛋白质纳米材料提供了源源不断的灵感。

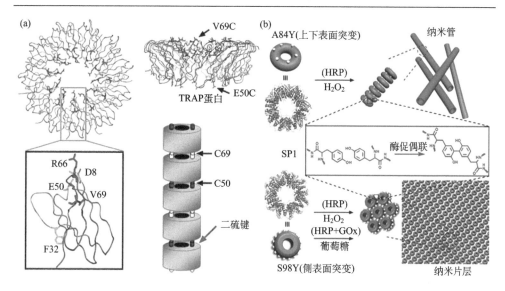

图 7-10　(a) TRAP 蛋白通过分子间二硫键共价交联成蛋白质纳米管；(b) 通过改变 SP1 蛋白的酪氨酸突变位点，利用酶催化共价交联反应，构建管状和片状的 SP1 蛋白纳米结构

7.3　蛋白质组装体结构与调控

7.3.1　一维蛋白质组装体

　　天然纤维状蛋白质，如角蛋白、胶原蛋白、弹性蛋白和肌球蛋白等，可通过自组装形成机械力学性能优异的线性结构，是生命体的重要支架和保护成分。受天然纤维状蛋白质非共价聚合原理的启发，通过模块化组装蛋白质重复单元，便可构建头-尾、头-头或尾-尾相连的线性蛋白质超分子聚合物，获得其一维组装体结构。

　　目前，基于几何对称的蛋白质二聚体及其结构域的自组装研究是设计蛋白质纳米线的有效途径之一。早在 2001 年，Yeates 等就利用一段半刚性的螺旋序列，通过基因融合将同为二聚体的 M1 基质蛋白与羧酸酯酶连接，控制两种蛋白质对称轴垂直平行而不相交，使之能沿着 X 轴方向发生二聚化，进而生长形成纤维状的蛋白质聚集体[图 7-11 (a)][43]。通过透射电镜分析表明，这种线性蛋白质聚集体的侧链与侧链会进一步相互作用，组装形成更大尺寸的束状和网络状结构，模拟自然界蛋白质纤维的再组装过程。除了这种异源融合蛋白质的自组装，也可以选择 C_2 对称的同源蛋白质二聚体作为构筑基元。以 GST 为例，由于其 N 末端位于 GST 二聚体的两侧，因此运用基因工程技术在其 N 末端嫁接一段由 6 个组氨酸（His6-tag）组成的肽片段，在镍离子诱导下 His6-tag 会彼此配位结合，促使 GST

二聚体自组装形成蛋白质纳米线[44]。相似地，如果将 His6-tag 替换为苯丙氨酸-甘氨酸-甘氨酸(FGG)三肽，利用葫芦[8]脲与 FGG 的三元超分子复合作用，也可操控 GST 发生一维线性自组装[21]。

此外，如果不考虑蛋白质的对称因素，也可通过选择性化学修饰或基因工程技术，在蛋白质表面定点修饰外源性的识别元件，在一维方向创造蛋白质二聚的条件，克服蛋白质自身结构的不足，驱动其彼此识别结合，形成线性蛋白质超分子聚合物。典型地，Hayashi 等通过在 Cyt-b562 蛋白表面的 His63 位点做定点突变，引入半胱氨酸残基。随后，借助点击化学反应将碘乙酰胺连接的血红素分子修饰在突变位点，并利用血红素与 Cyt-b562 活性中心空腔的特异性结合作用，使蛋白质发生聚集形成纤维状结构，其聚合度可达到 20 左右[14]。尺寸排阻色谱和 AFM 进一步证实，Cyt-b562 组装体的聚合度受其表面修饰的连接链长短的影响，过长或过短均不利于蛋白质自组装，容易引起蛋白质链自身环化或柔性降低等问题。另外，将具有高度特异性寡聚能力的卷曲螺旋结构域融合至蛋白质的 N/C 末端，利用 N/C 末端结构的柔性和卷曲螺旋之间的缠绕结合作用，便可控制蛋白质发生一维组装[图 7-11(b)]。例如，将 35 个氨基酸的 LZ10 卷曲螺旋基因序列分别连接至肌联蛋白 Ig27 序列的两端，所表达的融合蛋白由于 LZ10 之间的同源二聚化作用，能以 N-C、C-C 和 N-N 端三种不同的几何连接方式，使 Ig27 蛋白聚集形成纳米纤维[45]。考虑到 LZ10 序列的可编码性，还可将半胱氨酸残基插入 LZ10 序列末端，在其发生二聚化后形成二硫键，进一步加强彼此相互作用。单分子力谱测试结果发现，力学信号对应卷曲螺旋解拉链过程以及过度拉伸过程，分别为 10pN 和 25pN，表明所构建的蛋白质软纤维材料具有一定的弹性和强度。

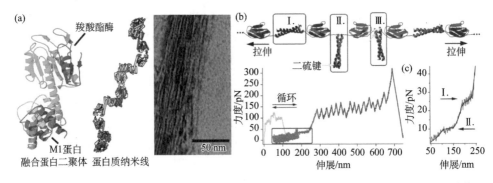

图 7-11　(a)基于几何对称性蛋白质的二聚化作用，驱动融合蛋白自组装形成一维线性结构，并进一步侧面组装成束状结构(TEM 图)；(b)利用蛋白质 N/C 末端结构的柔性和卷曲螺旋之间的缠绕结合作用，使非对称性蛋白质组装成具有一定力学强度的纳米线；(c)图(b)框中部分的放大图

7.3.2　二维蛋白质组装体

一维线性蛋白质组装体的构筑相对简单，其结构也缺乏多样性，难以适应不同生物材料的设计需求。充分利用组装基元的几何对称性和外源性识别元件的驱动力，合理控制蛋白质-蛋白质之间的相互作用，可在分子水平改变蛋白质组装过程的方向与秩序，使其组装体结构从一维向二维，甚至更高维度拓展。

环状蛋白质组装体是活细胞中起始微管成核与延伸的重要组分，它能作为模板结构帮助微管蛋白快速聚合，形成微管纤维。在体外，研究蛋白质聚合与环化过程从 2004 年开始便陆续有人报道。Belcher 等首次发现工程改造后的双功能 M13 病毒能自组装形成纳米环状结构[46]。在该设计中，M13 病毒的两端被分别修饰上抗链霉亲和素肽和 His6-tag，同时将镍离子结合的氮川三乙酸化合物（Ni-NTA）修饰至链霉亲和素四聚体表面作为连接链，利用抗链霉亲和素肽与链霉亲和素之间的高特异性结合，以及 His6-tag 与 Ni-NTA 之间极强的金属配位作用（$K_d = 10^{-13}$mol/L），诱导 M13 病毒形成环状组装体[图 7-12(a)]。然而，单功能化抗链霉亲和素肽的 M13 病毒在同样条件下却只能观察到线性组装结构，表明双驱动力协同作用在控制蛋白质组装方向中的重要性。另外，基于基因融合的二氢叶酸还原酶二聚体（$DHFR_2$）与化学连接的甲氨蝶呤二聚体（MTX_2-C_9）之间的蛋白质-配体识别作用，Wagner 等也成功地制备了一种环状蛋白质组装体[47]。由于该体系中双配体化合物在溶液中能形成一种稳定的折叠构象，可诱导微摩尔级浓度的蛋白质单体彼此靠近，发生较强的蛋白质-蛋白质相互作用，因此明显降低了配体浓度依赖的蛋白质自组装行为。更为重要的是，通过改变 $DHFR_2$ 蛋白酶之间连接链的长短与组分，利用蛋白质链的构象柔性与连接链的热力学行为，调节其环-线组装结构之间的平衡，还可获得尺寸在 8～20nm 范围内可控的高稳定性蛋白质纳米环。

设计支化的识别元件或采用几何对称的蛋白质寡聚体，可进一步增加组装基元的复杂性，推动组装结构向更大尺寸的二维平面或网络结构发展。例如，在前面提到的 Cyt-b562 蛋白在血红素配体分子的诱导下发生线性组装的过程中，只需在其溶液中添加一个苯环 1,3,5 位修饰有血红素的支化分子，便可改变其组装体形貌，获得非常规整的蛋白质网络结构[图 7-12(b)][48]。另外，如果合理布局两个相邻融合蛋白单体的几何对称轴，控制蛋白质界面高特异性和方向性的识别作用，也可制备结构可预测的二维片层蛋白质结构，甚至是蛋白质晶体。Sinclair 等通过将 D_2 对称的链霉亲和素结合肽（Streptag I）或 C_2 对称的卷曲螺旋 Lac21E/K 肽融合至 D_4 对称的氨基乙酰丙酸脱氢酶（ALAD）的 C 末端，利用链霉亲和素的诱导作用或 Lac21E/K 肽的二聚化，控制融合蛋白形成二维组装结构，并在 TEM 下观察到分辨率至少为 18Å 的片层晶格阵列[图 7-12(c)][49]。在融合蛋白设计中，需要保证不同蛋白质亚基共享一个几何对称轴，只留下一个自由度用于控制组装生长方向。最近，Tezcan 等还研究了二维蛋白质纳米晶结构的动态行为。他们将 C_4 对称的 RhuA 蛋白通过单/双突变引入半胱氨酸或组氨酸，制备了 ^{C98}RhuA、$^{H63/H98}$RhuA 和 $^{F88/C98}$RhuA 三种突变体，利用突变体之间的单/双二硫键或金属配位作用，控制其自组装形成具有不同孔隙结构的二维片层蛋白质纳米晶[50]。对比 $^{H63/H98}$RhuA 和 $^{F88/C98}$RhuA 突变体，由于 ^{C98}RhuA 的片层结构是通过柔性较强的单个二硫键连接而成，因此 ^{C98}RhuA 可采取不同的转动构象态，导致其片层孔隙结构可精确调控。依据 ^{C98}RhuA 转动角度的变化（17°～80°），TEM 观察到其孔隙可形成 1.0～4.4nm 多种尺寸的不同形貌。

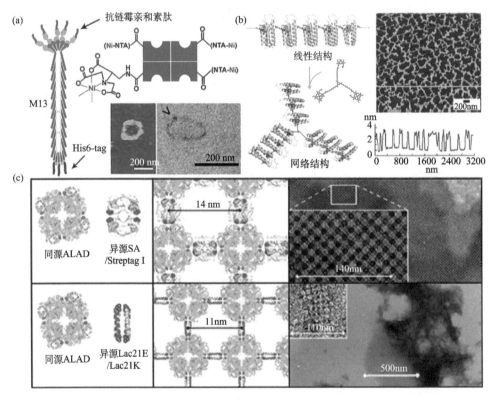

图 7-12　（a）通过金属配位和蛋白质-配体结合的协同作用，双功能的 M13 病毒可自组装形成环状结构；（b）利用合成的血红素支化分子与 Cyt-b562 蛋白的结合作用，诱导其自组装形成网络状结构；（c）通过 SA 与 Streptag I 肽的结合作用或 Lac21E/K 肽的二聚化作用，操控 ALAD 融合蛋白组装成二维结构

7.3.3 三维蛋白质组装体

尽管蛋白质二维结构的成功构筑表明在可控蛋白质组装方面取得了一定成果，然而要构筑更复杂多样的三维蛋白质组装体仍是一种挑战，这不仅需要考虑几何对称性和驱动力，还涉及设计规则、操控精度、组装基元的稳定性和热力学控制等重要因素。

天然的蛋白质寡聚体具有丰富的点群对称性，其对称态结构往往具有更低的自由能，有利于保持蛋白质整体结构的稳定性。利用这些寡聚蛋白的结构特征，并采取特殊的设计规则精确控制其融合蛋白相邻结构域的相对空间位置，便可获得各种高阶蛋白质组装体。例如，Arai 等运用"纳米多面体"设计规则，将两个寡聚蛋白融合体组装成至少三种以上完全不同的纳米结构[51]。以二聚的棒状 WA20 蛋白和三聚的 β-螺旋桨状 Foldon 蛋白分别作为组装的框架结构和交联点，依据 $P32$ 和 $P23$ 几何限制，通过小角 X 射线散射分析，证实了该融合蛋白可形成六聚的桶状结构，十二聚的四面体结构，以及更大尺寸的十八、二十四、三十二聚体结构[图 7-13(a)]。依据这种对称融合设计策略，Yeates 研究组成功构建了迄今为止最大的立方形多孔纳米笼，它由 24 个亚基组成，内外直径分别为 13nm 和 23nm[52]。为获得目标组装结构，他们将三聚的 2-酮-3-脱氧-6-磷酸半乳糖酸醛缩酶（KDPGal）与二聚的 FkpA 蛋白通过一段短的 α-螺旋融合连接，并确保 FkpA 蛋白二重对称轴与 KDPGal 醛缩酶三重对称轴的夹角为 $36.5°$，恰好满足构建八面体对称性立方体的几何需求[图 7-13(b)]。然而，由于 α-螺旋连接链内在的结构柔性，会导致融合蛋白产生异构性，从而影响组装结果，因此 TEM 和质谱分析还发现另外两种蛋白质组装体形式，即 12 个亚基的四面体结构和 18 个亚基的三棱柱结构。

随着计算生物学的迅猛发展，在原子水平研究蛋白质相互作用机制已成为可能，其计算结果可指导蛋白质界面的改造，精确操控其识别行为，从头设计构筑三维蛋白质组装体。不同于上述对称融合设计策略，计算辅助设计可创造一个全新的蛋白质相互作用界面，控制其自组装过程，因而在构筑更为精巧的蛋白质组装结构方面展现出无限潜力。最近，该方法被成功地应用于制备笼状的蛋白质组装体，以模拟病毒衣壳结构。基于 Rosetta 软件的几何对接计算结果，Baker 等将 C_3 对称的蛋白质三聚体作为组装基元，按照一定的对称性在空间进行堆砌，在其表面创建高度互补且低能量的识别界面，并利用该界面高强度的结合作用，驱动三聚体蛋白质按照预定方向组装，形成 12 个亚基的四面体和 24 个亚基的八面体两种笼状蛋白质组装结构[图 7-13(c)][53]。该方法精度非常高，实际得到的组装体晶体结构与理论模拟结果相比，误差仅为 0.85Å。使用类似的组装策略，该课题组又将异源的蛋白质三聚体和蛋白质二聚体的结合取向进行了精确控制，诱导其共组装形成 T33 和 T32 几何对称的双四面体蛋白笼，这有力地证明了计算精度对于三维蛋白质组装结构设计的指导作用[图 7-13(d)][54]。

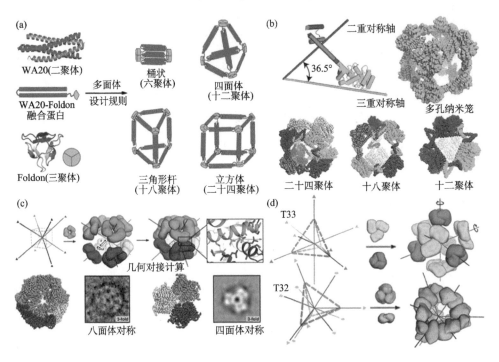

图 7-13 （a）基于"纳米多面体"设计规则构筑的 WA20-Foldon 融合蛋白可自组装形成多种多面体结构；（b）依据特定对称轴夹角设计的 KDPGal-FkpA 融合蛋白，可对称组装成立方形多孔纳米笼；（c）计算设计的蛋白质界面相互作用，可驱动其自组装形成四面体和八面体笼状结构；（d）同样运用计算设计策略，异源的蛋白质三聚体和二聚体可共组装形成 T33 和 T32 几何对称的双四面体蛋白笼

　　基于上述的组装结果我们不难发现，组装基元的构象柔性也会在一定程度上影响三维蛋白质组装成功与否，因此设计更为刚性且包含多个连接点的组装基元可为蛋白质组装过程提供稳定的框架结构和多个生长延伸自由度。Mao 研究组通过合成三种不同类型的 DNA 链，包括长的 DNA 链（L）、中等长度的 DNA 链（M）和短的 DNA 链（S），利用 DNA 片段间的碱基互补配对形成不同对称性的星形结构，继而组装成稳定的四面体、八面体和二十面体一系列 DNA 多面体结构，用于模板导向链霉亲和素（SA）蛋白程序化组装[55]。为了实现 SA 在 DNA 空间三维结构上的精准排布，首先将 S 链的 5′端修饰上生物素，再通过生物素与 SA 之间的特异性结合作用，使 SA 三价结合并锚定在多面体的每一个面上，构筑结构明确的三维蛋白质/DNA 杂化结构。不仅如此，通过调节蛋白质组装过程中的热力

学与动力学，人们也可以很好地控制蛋白质组装体在二维和三维结构之间转换，相关细节我们将会在 7.3.4 节中做详细讨论。

7.3.4　蛋白质组装结构的调控

1. 环-线结构转换与调控

早在 20 世纪 30 年代，Kuhn 等便引入了有效浓度(C_{eff})的概念，尝试建立连接链的长度与成环概率之间的关系，阐明聚合过程中环-线结构转换与调控的机制。C_{eff} 可以看作由连接链连接两条链的末端，其中一条链末端在另一条链末端附近的局部浓度，以便量化分子内与分子间相互作用哪个更具优势。由于 C_{eff} 取决于连接链的长度和构象柔性，改变这些值将会给蛋白质超分子聚合带来显著影响。此外，其他因素如连接链的应力和寡聚组装体之间的特异性非共价相互作用也在聚合过程中扮演着关键角色。

结合上述理论与之前示例中双配体化合物(bis-MTX)诱导 DHFR$_2$ 成环的结果，将有利于加强人们对环-线竞争机制的理解[图 7-14(a)]。在该体系中，将 DHFR$_2$ 中的连接链由 1 个氨基酸变为 3、7 或 13 个氨基酸，其组装结果会随着链长和组分的变化发生明显改变[47]。由 13 个氨基酸连接的 DHFR$_2$ 主要形成二聚体，包含少量的三聚、四聚和五聚体，7 个氨基酸连接的 DHFR$_2$ 则形成二聚至七聚的环状组装体，而 3 个氨基酸连接的 DHFR$_2$ 几乎全为四聚体和更大的聚集体，其中四聚体绝大多数为环状结构。相比之下，1 个甘氨酸连接的 DHFR$_2$ 可形成六聚以上的环状组装体，如将其替换为苏氨酸，则有更多的五聚和六聚环状结构。这些结果表明，一维线性蛋白质组装过程中存在明显的环-线结构动态平衡，而缩短连接链可以干扰这一平衡，使组装结构朝着环状结构转变。此后，Meijer 等又通过量化分析更为深入地研究了该调控机制[56]。他们将核糖核酸酶(RNase)消解成 S 蛋白与 S 肽，通过一条柔性的聚乙二醇链将两者连接，再利用 S 蛋白和 S 肽之间较强的非共价相互作用($K_a \approx 7 \times 10^6$ L/mol)诱导其结合形成完整的 RNase，并进一步自组装为环-线结构。当聚乙二醇的链长由 18 个单元缩短为 5 个单元时，其 C_{eff} 由 8mmol/L 变为 0.7mmol/L。随后，通过理论计算模型、排阻色谱分析与质谱表征，确定了这些组装体的分布情况，揭示了连接链长度、单体有效摩尔浓度和多聚环状组装体浓度三者的关系，其计算方程式如下：

$$[C_i] = EM_1 i^{-5/2} x^i$$

式中，C_i 表示多聚环状组装体的浓度，EM_1 为两个组装基元的有效摩尔浓度，而 i 和 x 分别是聚合度与非成环部分蛋白质链中末端连接所占比例，上述结果将为未来环状蛋白质组装行为的研究提供充分的理论指导。

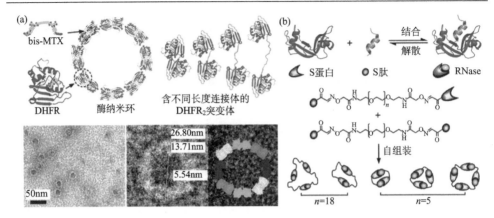

图 7-14　(a) 基于环-线竞争机制，bis-MTX 和 DHFR 通过蛋白质-配体相互作用自组装形成蛋
白质纳米环；(b) 量化分析 S 蛋白与 S 肽超分子聚合的环-线竞争机制

2. 多重驱动力协同组装与调控

天然环状蛋白质组装体是由蛋白质单体通过界面作用，按照一定的曲率紧密
堆积而成，该过程往往不涉及环-线竞争机制中蛋白质表面连接链的修饰与调控。
近年来，通过人为操控蛋白质界面间的多重弱相互作用协同，使彼此不能相互结
合的蛋白质单体或寡聚体发生特异性识别结合，继而生长成环状结构，可完美地
模拟自然界蛋白质的精准组装行为，揭示其内在的组装机制与调控规律。

通过对日本血吸虫的谷胱甘肽硫转移酶(sjGST)进行定点突变，引入组氨酸
残基，刘俊秋研究组利用金属离子与组氨酸的配位作用，以及蛋白质界面间的其
他弱相互作用，成功地构筑了紧密堆积的纳米环结构[57]。借助计算机模拟技术，
他们首先对 GST 二聚突变体(sjGST-2His)可能的四聚结合方式进行虚拟筛选，确
定了具有较低结合自由能的蛋白质-蛋白质相互作用界面。基于该蛋白质界面的结
构与相互作用力的详细分析，明确了参与维持该四聚构象的作用力主要为以精氨
酸、赖氨酸、天冬氨酸和谷氨酸为主的静电相互作用。为进一步加强其界面作用，
通过将 Cys137 定点突变为组氨酸，使 His137 与相邻的 His138 形成一个双组氨酸
金属螯合位点，且该位点在 GST 二聚体中的相对位置为"V"形。通过向 sjGST-2His
的水溶液中添加镍离子，以金属离子诱导作用作为主要驱动力，蛋白质-蛋白质界
面间的静电相互作用作为次要驱动力，彼此协同调控蛋白质聚集，使其沿着预先
设计的曲率方向生长，紧密堆叠成环状结构[图 7-15(a)]。AFM 可以清晰地观察
到该纳米环的直径为(367±10)nm，并且捕捉到不同生长阶段的弧形中间态组装
体，结合动态光散射对组装动力学测试的结果，有力地证明了该 GST 纳米环是经
历一个自下而上的组装过程形成的[图 7-15(b)]。

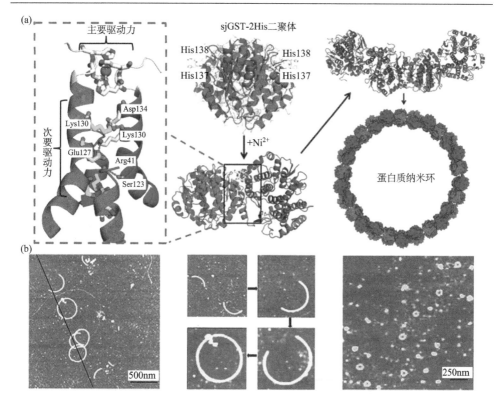

图 7-15　（a）金属螯合作用与蛋白质界面静电作用协同驱动 GST 突变体组装为环状结构，并可利用盐离子屏蔽静电作用改变纳米环尺寸；（b）AFM 表征的大环结构及其自下而上的组装过程，以及小环结构

　　由于 GST 突变体组装的驱动力之一为蛋白质界面间的静电相互作用，很容易通过调节溶液的盐离子浓度对其进行屏蔽，使蛋白质界面的作用仅存在金属配位作用而失去协同效应变得弱化，因此蛋白质界面结合处会变得松散，导致其生长方向的曲率发生改变，从而形成直径更小的纳米环。AFM 和 TEM 进一步证实了在浓度高于 50mmol/L 的氯化钠溶液中，sjGST-2His 可形成直径为(96 ± 5)nm 的环状组装体。优于之前的环-线竞争调控机制，该调控方法在结构操控方面更为精确，因而所形成的环状组装体的尺寸非常均一。

3. 组装的热力学与动力学调控

　　自然界生物分子组装是在动力学与热力学控制下自发形成有序聚集体的过程。蛋白质也不例外，其组装结构也会受到热力学与动力学的协同调控。众所周知，蛋白质组装过程的驱动力为非共价弱相互作用，它决定了组装体的热力学稳态结构。然而，在不同的溶剂环境中，如不同的 pH、温度、离子等动力学因素影响下，这些弱相互作用会发生改变，使蛋白质组装在远离热力学平衡态的条件下发生，从而形成不同的组装结构。

最近，Tezcan 等报道了一个动力学/热力学调控蛋白质组装的经典案例，可控制备了从一维至三维的组装体结构[27]。Cyt-b562 是由四个 α-螺旋组成的圆筒状蛋白质，早期研究发现，带有两个双组氨酸金属螯合位点(His59/His63 和 His73/His77) 的 Cyt-b562 突变体(MBPC-1)可在过量金属离子诱导下形成大尺寸的聚集体。受此启发，他们提出如果在 MBPC-1 表面定点突变更多的金属配位位点，将有可能操控 MBPC-1 彼此结合的取向，使蛋白质组装成预定结构。基于 Rosetta 软件的设计，10 个新的突变位点，包括 Lys27Glu、Asp28Lys、Thr31Glu、Arg34Leu、Leu38Ala、Asn41Leu、His59Arg、Asp66Ala、Val69Met 和 Leu76Ala 被引入 MBPC-1 中，形成 RIDC3 突变体。当 Zn^{2+} 存在时，RIDC3 可形成 C_2 几何对称的二聚体，其结构不同于 MBPC-1 的四聚体，并具有以下特征：①蛋白质二聚体界面含有高(B1：His73，His77 和 His63)和低(B2：Ala1，Asp39)两种结合能力的 Zn^{2+} 配位位点；②B1 位点为三个 His 形成的开放式金属配位位点，允许另一个 RIDC3 二聚体中的 Glu81 参与结合配位，形成多聚体；③二聚体界面中心突变的疏水氨基酸稳定界面相互作用，而界面周边突变的极性氨基酸则有利于几何特异性设计。晶体分析表明，Rosetta 预测的 RIDC3 模型与实际晶体结构的偏差小于 0.6Å，且能在 Zn^{2+} 过量时形成一维的配位聚合物。随后他们又进一步研究了自组装过程的动力学与热力学可控性。

通过调节 Zn^{2+} 和 RIDC3 的浓度以及 pH，RIDC3 的组装结构会发生明显改变。在高[Zn]∶[RIDC3]比例或 pH 下，B1 位点会完全去质子化，有利于 RIDC3 二聚体彼此结合并快速成核，所形成的组装体小片段能卷曲成一维螺旋纳米管结构；当 pH 调至 8.5 时，可以清晰观察到管状结构的中间态，即纳米管末端仍有未卷曲的二维片层结构；当 pH 降低至 5.5 时，B1 位点会部分质子化，在低[Zn]∶[RIDC3]比例下，蛋白质组装成核的动力学过程变得很慢，因此会产生大量的大尺寸二维片层结构。另外，由于 RIDC3 的等电点为 5.3，在 pH = 5.5～6.0 时，RIDC3 几乎不带电荷，因此蛋白质二维片层结构之间没有排斥力，有利于其再次堆叠，形成三维组装体(图 7-16)。

作为一种较为常规的调控方法，利用外部环境的变化合理调节蛋白质间的相互作用力，便可从动力学和热力学上对蛋白质组装体结构进行调控，其操作简单且组装形貌多样化。然而，该方法也存在较大的局限性，即无法实现精准调控。

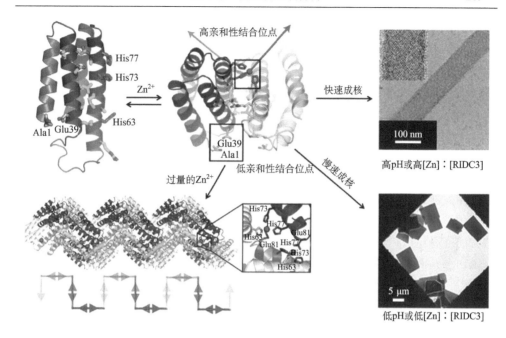

图 7-16　细胞色素蛋白突变体(RIDC3)在过量 Zn^{2+} 调节的金属螯合作用下，自组装形成一维线性聚合物，并可通过调控其组装动力学与热力学过程，获得一维螺旋纳米管、二维片层和三维晶体结构

7.4　基于蛋白质组装体构筑生物功能材料

　　蛋白质通过自组装可形成各种结构精美、功能丰富且形态多样的微观结构，它们是制备生物材料的重要物质基础。基于蛋白质组装结构的有序性，以及特定氨基酸残基官能基团的反应活性，很容易通过选择性修饰技术，将无机纳米粒子、药物分子、荧光染料和抗体分子等多种功能分子修饰在其表面，形成周期性阵列，发挥其集合效应，拓展蛋白质组装体在材料科学和生物医学领域的应用价值。此外，蛋白质组装基元还具有独特的优势，如结构相对稳定且明确、环境刺激响应灵敏、高特异性配体识别以及出色的催化性能等，结合其组装结构的微环境和外源性功能基团的活性，可进一步改进蛋白质组装材料的生物功能。本节将重点围绕生物传感、生物催化、生物医学诊断与治疗等材料展开介绍，阐明其设计原理及其优异性能。

7.4.1　生物传感材料

　　发展新型的生物传感器是蛋白质组装在生物医学诊断与检测领域的一个重

要应用。通常，生物传感器涉及探针与靶标的识别，识别信号转换和物理信号输出三个关键技术，而蛋白质组装体由于其比表面积大和表面活性氨基酸残基丰富，可通过生物交联法选择性修饰信号分子或纳米粒子(如荧光分子，QDs，AuNPs等)，对复杂环境中的靶标分子进行高特异性识别结合，并通过电子转移或FRET实现识别信号转换。

　　某些天然蛋白质，如淀粉样蛋白和超级双胸蛋白(Ubx)，能聚集沉积形成稳定成熟的纤维，非常适合于生物传感相关研究。例如，Sasso等利用生物素-SA的相互作用，将GOx修饰于乳清蛋白纳米纤维(WPNFs)的表面，之后又利用2-亚氨基硫烷盐酸盐使WPNFs表面巯基化，用于将其固定在AuNPs或金电极表面，制备了一种电化学生物传感器[图 7-17(a)][58]。循环伏安法研究表明，相对GOx修饰的裸金电极，这种蛋白质组装体功能化的金电极在修饰GOx后可明显提升其对葡萄糖检测的效果，且灵敏度高、稳定性好。

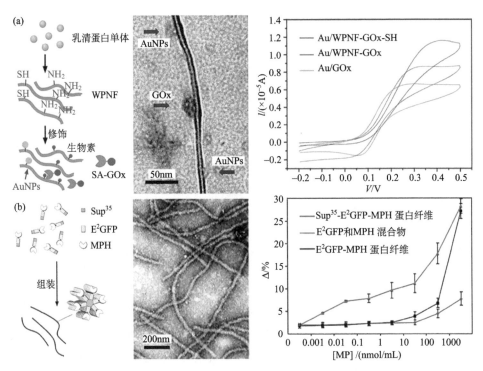

图 7-17　(a) 修饰有 GOx 和 AuNPs 的 WPNFs 应用于电化学生物传感器；(b) Sup[35]-E[2]GFP-MPH 融合蛋白纤维应用于荧光生物传感体系

　　运用基因融合技术，也能实现酶与荧光蛋白在淀粉样蛋白纤维表面的有序排列。由于该方法不损失酶学活性，因而常被用于光学生物传感领域的研究。张先恩等报道了基于甲基对硫磷水解酶(MPH)、突变型绿色荧光蛋白(F64L/S65T/T203Y/L231H)(E²GFP)和淀粉样蛋白片段(Sup³⁵)融合蛋白纤维制备的荧光生物传感体系[图 7-17(b)][59]。它可通过探测 MPH 催化产生 H⁺来检测农药甲基对硫磷(MP)。进一步研究证实，Sup³⁵-E²GFP-MPH 蛋白纤维的酶学活性最高，比自由 MPH 的活性高 3 倍，比 E²GFP-MPH 体系的活性高 10.4%。由于蛋白质线性组装结构提供的局部微环境，使得该生物传感体系比非组装的 E²GFP-MPH 体系高 10^4 倍。

7.4.2　生物催化材料

细胞中，天然酶往往通过自组装形成多酶复合体或亚细胞区室，使酶与酶之间临近，实现多酶协同作用。运用理论计算、化学偶联和生物工程等技术，将酶的辅因子、关键催化组件或整个酶分子精确地引入蛋白质组装结构中，便可模拟天然的多酶组装策略，获得高效的催化活性和底物选择性。

将天然酶催化元件特异性地嵌入蛋白质中，可赋予其新的催化功能，而蛋白质组装过程又能完成多酶集成，进一步提升其催化效率。Ueno 等发现多聚蛋白质组装体可以作为一个牢固的平台，共价连接多个金属配合物，以建立人工多酶组装体系[60]。通过 β-螺旋融合蛋白[(gp5βf)₃]₂组装形成的纳米管表面突变 Lys 和 Cys，利用选择性化学修饰便可将铼(Re-MI)和钌(Ru-OSu)配合物分别连接在两个突变位点上，构建高效的光还原酶(gp-ReRu)[图 7-18(a)]。活性测试结果表明，其光催化 CO_2 还原的能力比相应单体的混合物更高。运用基因工程方法，同样可以实现催化位点在蛋白质中的精准嵌入。刘俊秋等基于计算模拟结果，将天然谷胱甘肽过氧化物酶(GPx)的催化残基——硒代半胱氨酸(Sec)和底物识别残基——精氨酸(Arg)通过缺陷型表达和定点突变技术，引入烟草花叶病毒衣壳蛋白(TMV)单体中，成功设计和构建了一种高效的人工硒酶[61]。在不同的 pH 条件下，TMV 单体可进一步自组装，形成盘状(pH=7.0)和管状组装结构(pH=5.5)，获得催化效率和稳定性均优于天然酶的超分子硒酶[图 7-18(b)]。

蛋白质组装结构所产生的微环境，也为改进其催化性质带来新的契机。例如，Roelfes 等利用半胱氨酸交联方法，把 Cu(Ⅱ)配体精确嵌入自组装的乳球菌多药耐药性调节蛋白(LmrR)二聚体的疏水孔道中[图 7-18(c)][62]。有趣的是，该人工金属酶催化狄尔斯-阿尔德反应的对映体过量产率高达 97%，这可能归因于蛋白质组装体提供的手性微环境。此外，一些球形的天然蛋白质组装体，如铁蛋白、热休克蛋白和病毒衣壳蛋白等，由于其封闭的内腔微环境，可作为纳米反应器用于有机合成反应。Abe 等构筑的铑-(降冰片二烯)·去铁蛋白[Rh(nbd)·apo-Fr]纳米笼由于其空间限制，能可控合成聚(苯乙炔)聚合物，其分子量分布为$(13.1\pm1.5)\times10^3$，明显比 [Rh(nbd)Cl]₂ 合成的该聚合物分子量分布 $[(63.7\pm4)\times10^3]$ 更窄

[图 7-18(d)][63]。此外，利用豇豆褪绿斑驳病毒(CCMV)衣壳蛋白 pH 响应的组装与解组装过程，还可实现对 HRP 的封装与释放，在单分子水平研究封闭空间内酶的催化行为[64]。

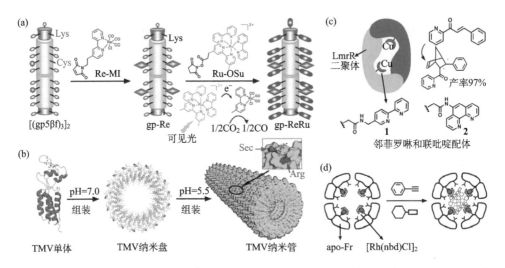

图 7-18 (a) 基于 Re(Ⅰ)和 Ru(Ⅱ)配合物修饰的融合蛋白组装体构筑高效光还原酶；(b) 将天然 GPx 活性中心引入 TMV 单体中，并利用其不同 pH 条件下的自组装性质，获得稳定且高效的盘状或管状超分子硒酶；(c) 利用 LmrR 二聚体疏水空腔的手性微环境，通过嵌入 Cu(Ⅱ)配体，构筑人工金属酶实现不对称催化；(d) 基于铁蛋白笼的限域空腔结构设计人工金属酶，实现苯乙炔可控催化聚合

7.4.3 生物医学诊断与治疗材料

在生物医学诊断与治疗过程中，由于检测样品和体内环境的复杂性，对检测标记物的灵敏度，以及材料的生物相容性、生物降解性、靶向性和刺激响应性等提出了更高要求。相较于其他组装体系，蛋白质源于自然，其结构与性质的先天优势结合功能分子的活性，更有利于充分发挥其集成性能，提高检测灵敏度和治疗效果，使之转化应用于生物医学研究。

针对生物医学诊断应用，大多数设计策略依赖于通过蛋白质组装精确控制诊断分子的位置与取向。例如，Mao 等制备了一种周期性排列的蛋白质阵列，它能高特异性和高亲和性结合靶标分子，用于诊断研究[65]。在该设计中，抗荧光素抗体可通过 DNA 模板化组装，固定在由 9 条 DNA 单链形成的单元格边长 19nm 的网格结构上，制备二维方形蛋白质阵列[图 7-19(a)]。其中，两个荧光素分子作为抗原，先修饰在组装结构交叉点的中心区域上，再利用抗原-抗体相互作用，将抗荧光素抗体固定在 DNA 纳米结构表面的抗原上。由于抗荧光素抗体分子能以一个较好的取向在溶液中形成高密度的组装体,因而比固定在基底的抗体分子在诊断应用方面更具优势。

　　另一类更具体内诊断应用前景的设计策略是将功能蛋白质通过基因融合,展示在天然蛋白质组装体的表面。Rehm 研究组证明了该策略在细菌体内检测的可行性[66]。绿色荧光蛋白(GFP)的 N 末端可修饰四种短肽序列(如 AVTS,FHKP,LAVG 和 TS),而 C 末端可融合聚羟基丁酸酯(PHB)合成酶(PhaC),以及外源性功能蛋白[如麦芽糖结合蛋白或免疫球蛋白 G(IgG)结合域]。当存在 PhaC 的底物时,该融合蛋白可在重组大肠杆菌中组装成纳米粒子,并受 N 端结构域的调节,将功能蛋白展示在其表面用于亲和性诊断测试[图 7-19(b)]。为实现对疾病靶标的超灵敏检测,相似的策略也被运用于构筑表面展示有谷氨酸脱羧酶(GAD$_{65}$)的人

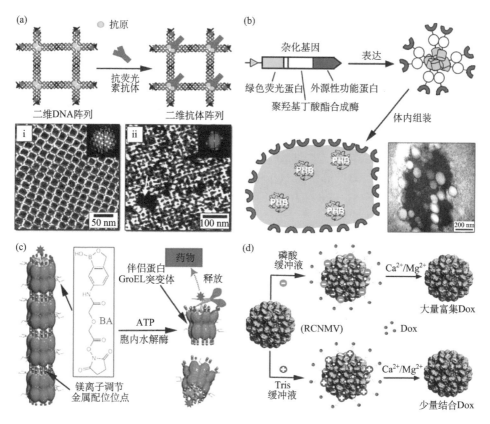

图 7-19　(a) DNA 模板化组装高密度抗体阵列及其 AFM 形貌图(i:抗原修饰的 DNA 纳米结构,ii:抗体阵列结构),应用于免疫诊断;(b) 基因融合 GFP 和功能蛋白,实现其体内组装(TEM图),应用于亲和性诊断测试;(c) 镁离子调节的 GroEL 组装体,可在 ATP 和水解酶作用下,实现对药物分子的可控释放;(d) 环境响应型 RCNMV 粒子,通过可逆开启/关闭其表面孔道,对 Dox 药物进行可控释放

铁蛋白重链(hFTNH)纳米粒子[67]。由于 hFTNH 杂化纳米粒子由 24 个亚基组成，因此其表面分布有多个 GAD_{65}，可用于探测 I 型糖尿病的靶标分子——抗 GAD_{65} 抗体，且灵敏度为 4~9 个数量级，优于传统的免疫分析法。借助这种多亚基蛋白质纳米粒子在三维展示功能多肽或蛋白质方面的优势，Park 等又将 His6-tag 和葡萄球菌 A 蛋白的 B 结构域串联重复单元(SPA_B)通过基因工程高密度展示在乙型肝炎病毒(HBV)纳米粒子的表面，用于选择性结合镍离子和肌钙蛋白抗体，以控制抗体分子的取向，最大化捕获肌钙蛋白靶标分子，构筑灵敏度比传统酶联免疫法高 6~7 个数量级的传感体系[68]。

在生物医学治疗应用方面，蛋白质组装体具有尺寸均一且分布适宜的特点，便于细胞胞吞摄取，制备载药体系。此外，其性质多样，表面易于功能化，也为载体的设计提供了很大的灵活性。典型的，各种天然的蛋白质组装体，如豇豆花叶病毒(CPMV)、犬细小病毒(CPV)和热激蛋白(HSP)等可利用其独特的笼状空腔结构和表面丰富的活性基团，有效地连接和封装各类药物分子，用于药物投送研究。其他成功的例子，如玉米蛋白质纳米粒子包含大量的疏水氨基酸，可封装伊维菌素、香豆素和 5-氟尿嘧啶等药物或生物活性分子，且药物缓释过程长达 9 天，能有效抑制胸癌细胞的增殖[69]。此外，噬菌体 MS2 病毒样纳米粒子(VLPs)很容易通过基因工程或化学偶联修饰上靶向分子，却不影响其内化 siRNA 和 RNA 连接分子的能力，非常适合于细胞内靶向药物投送研究[70]。Ashley 等证明了修饰靶向肽的 MS2 VLPs 对肝癌细胞 Hep3B 的选择性比其他细胞高 10^4 倍，因而当其空腔加载 QDs、阿霉素(Dox)或蓖麻毒素 A 链时，很容易通过荧光检测研究其选择性肿瘤细胞杀伤效果[71]。

另外，借助蛋白质组装体的环境响应性构象转变，还能进一步操控载药体系的释放过程，优化其治疗效果。例如，伴侣蛋白 GroEL 突变体在镁离子调节下能自组装形成管状的纳米载体，当其内外表面功能化硼酸(BA)化合物和酯键连接的药物分子时，可用于细胞穿透和药物封装研究[72]。细胞体内实验研究表明，在 ATP 作用下，GroEL 构象会发生改变，暴露出酯键连接的药物分子，再经胞内水解酶水解，便可实现药物分子的可控释放[图 7-19(c)]。除了 ATP 响应的载体，其他环境响应性蛋白质组装体也能应用于智能载药体系的设计。以红三叶草坏死花叶病毒(RCNMV)为例，它在不同的 pH 缓冲液和离子浓度条件下，可通过开启或关闭其表面孔道，可逆调节基于静电相互作用加载的抗癌药物 Dox 的释放过程[图7-19(d)][73]。由于 RCNMV 对 pH 和离子的敏感性与癌细胞内生理微环境相关联，因而在生物医学治疗方面展现出较好应用潜力。

7.4.4　其他功能材料

除上述生物医学相关应用外，利用蛋白质组装体的几何对称性，以及结构易操控与修饰的特点,还可在微观尺度下对金属纳米粒子的空间位置进行精确编辑,制备具有光学或光电性质的生物-无机纳米杂化材料。基于半胱氨酸与金的共价交联,Paik 等将 AuNPs 包被一层突变有半胱氨酸的淀粉样蛋白(Syn-C),随后在该结构上再覆盖第二层野生型的淀粉样蛋白(WT-Syn),以控制 AuNPs 的组装行为[74]。经环己烷和 pH 诱导重排后,AuNPs 伴随着淀粉样纤维的形成而紧密排列,组装一定间距(2.02~14.52nm)的链式结构,从而有利于彼此间的电子转移,表现出十分优异的光电导性质。另外,利用病毒状蛋白(VP1)组装形成的粒子(VNPs)的空间结构,操控 AuNPs 的三维组装也不难实现。例如,张先恩等制备的猿猴病毒40(SV40)的 A74C 突变体,可形成二十面体对称结构[75]。在 SV40 VNPs 封装 QDs 后,再利用金硫键将 AuNPs 挂载在其表面,仅需改变 AuNPs:QD-VNPs 的比例,便可精确控制 AuNPs 在 VNPs 表面的数量、间距与分布,导致其产生表面等离子体共振(SPR)耦合效应而发生红移,该现象也同时被 AuNPs 排布对 QDs 荧光强度的显著影响所证实[图 7-20(a)]。通过进一步优化蛋白质组装策略,该课题组还制备了非对称两面性 AuNPs/QD-VNPs 纳米结构,并利用引入的组氨酸标签,实现功能化 QDs 和 AuNPs 蛋白质组装体的分离与纯化,这些研究充分体现了蛋白质组装体在模板化诱导金属纳米粒子自组装方面的独特优势[76]。

　　基于蛋白质组装体多样的生物化学性质,一些具有优异生物降解能力、力学性能和黏附性质的生物材料也被陆续报道。Seki 等利用高能带电粒子的辐射效应,使人血清白蛋白(HSA)沿着离子径迹轨迹进行交联,形成一维蛋白质线性结构[图 7-20(b)][77]。由于 HSA 对胰蛋白酶敏感,可在其 C 末端的赖氨酸和精氨酸处切断,并且表面可修饰生物素用于结合荧光分子(Alexa Fluor 488)修饰的 SA 或 HRP 连接 SA,因而这种 HSA 纳米线具有较好的酶学降解和多功能化拓展能力。另外,以淀粉样蛋白作为构筑基元,通过两步制备方法:①自组装形成高度刚性的蛋白质纤维,②将纤维浇筑成膜,并加入增塑剂增加其延展性,便可获得一种易于加工的自支持蛋白膜[78]。三点弯曲实验表明,其力学强度达到角蛋白和胶原蛋白等天然材料的水平,杨氏模量为 5~7GPa[图 7-20(c)]。由于其他功能分子(如荧光分子)可混入该蛋白膜中进行有序排布,因而可赋予该生物膜材料新的性质,拓展其应用范围。最近,Timothy 等还将淀粉样蛋白 CsgA 与贻贝足蛋白(Mfps)融合,通过 CsgA 自组装成核,外围分布 Mfps,利用其各自的生物化学性质,制备了一种新型的水下胶黏剂,其水下黏附能达到 20.9mJ/m²,比目前最强的水下蛋白胶黏剂高约 1.5 倍[图 7-20(d)][79]。综上所述,蛋白质性质的多样性使其在构建新型生物功能材料方面具有巨大潜力。

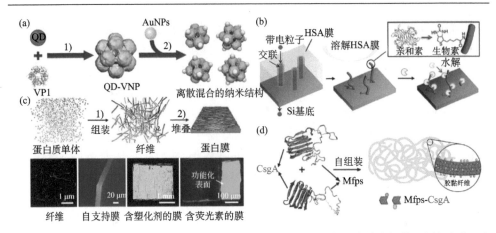

图 7-20　(a) 利用 SV40 蛋白粒子的空间结构，实现对 AuNPs 的三维精准组装，制备生物–无机杂化材料；(b) 通过辐射交联反应，制备可生物酶降解的 HSA 蛋白纤维材料；(c) 基于淀粉样蛋白组装形成的自支持膜，通过分子掺杂制备功能化膜材料；(d) 基于 CsgA-Mfps 融合蛋白的自组装与生物化学性质，制备具有强黏附性的水下胶黏剂

7.5　总结与展望

　　自然界中，生物大分子所展示的高度自组装特性是生命体组织结构与特殊功能的基础。本章节通过系统总结蛋白质自组装领域近二十年来在分子设计策略、组装方法学、组装原理与调控机制，以及组装体功能开发等方面取得的显著成就，由简至繁、层层深入地揭示了蛋白质组装基元间弱相互作用的本质与协同规律，为操控蛋白质的选择性识别，调节其自下而上的自组装行为，制备从一维至三维的多层级仿生微/纳结构，创建具有生物活性、环境友好的功能材料奠定了基础。

　　蛋白质自组装是一门年轻但却极富挑战的新兴科学，是现在以及未来分子自组装领域的重要研究课题之一。首先，相较于其自组装体系，种类繁多的蛋白质由于其空间结构独特且明确，便于分子设计和表面定点修饰，为构建各种新奇结构且复杂功能的生物材料提供了无限可能。其次，尽管随着研究的深入，已发现一些蛋白质组装的新现象，并掌握其组装性质与规律，然而要真正做到天然体系组装过程中的高效率、高精度、自纠错、自修复和环境自适应，仍是今后相当长时间内蛋白质可控组装的核心问题。此外，发展新的理论模拟与计算方法，建立组装过程中实时检测的新技术，在分子以上层次研究蛋白质界面多重弱相互作用，实现对组装结构与性能的预测尚需进一步完善，且蛋白质组装生物功能材料在生物体内的稳定性、毒性和生物降解性等问题仍待解决。上述研究涉及多个学科的交叉融合，迫切需要不同专业背景的学者共同参与，推动该领域的快速发展。

参 考 文 献

[1] Marsh J A, Hernández H, Hall Z, et al. Protein complexes are under evolutionary selection to assemble via ordered pathways. Cell, 2013, 153 (2): 461-470.

[2] Whitesides G M, Grzybowski B. Self-assembly at all scales. Science, 2002, 295 (5564): 2418-2421.

[3] Goodsell D S, Olson A J. Structural symmetry and protein function. Annu Rev Biophys Biomol Struct, 2000, 29: 105-153.

[4] Roychaudhuri R, Yang M, Hoshi M M, et al. Amyloid beta-protein assembly and alzheimer disease. J Biol Chem, 2009, 284 (8): 4749-4753.

[5] Schulenburg C, Hilvert D. Protein conformational disorder and enzyme catalysis. Top Curr Chem, 2013, 337: 41-67.

[6] Luo Q, Hou C X, Bai Y S, et al. Protein assembly: Versatile approaches to construct highly ordered nanostructures. Chem Rev, 2016, 116 (22): 13571-13632.

[7] Chhabra R, Sharma J, Ke Y G, et al. Spatially addressable multiprotein nanoarrays templated by aptamer-tagged DNA nanoarchitectures. J Am Chem Soc, 2007, 129 (34): 10304-10305.

[8] Kashiwagi D, Sim S, Niwa T, et al. Protein nanotube selectively cleavable with DNA: Supramolecular polymerization of "DNA-appended molecular chaperones". J Am Chem Soc, 2018, 140 (1): 26-29.

[9] Heyman A, Levy I, Altman A, et al. SP1 as a novel scaffold building block for self-assembly nanofabrication of submicron enzymatic structures. Nano Lett, 2007, 7 (6): 1575-1579.

[10] Onoda A, Ueya Y, Sakamoto T, et al. Supramolecular hemoprotein-gold nanoparticle conjugates. Chem Commun, 2010, 46 (48): 9107-9109.

[11] Ma L Z, Li F, Fang T, et al. Controlled self-assembly of proteins into discrete nanoarchitectures templated by gold nanoparticles via monovalent interfacial engineering. ACS Appl Mater Interf, 2015, 7 (20): 11024-11031.

[12] Müller M, Petkau K, Brunsveld L. Protein assembly along a supramolecular wire. Chem Commun, 2011, 47 (1): 310-312.

[13] Oohora K, Onoda A, Hayashi T. Supramolecular assembling systems formed by heme-heme pocket interactions in hemoproteins. Chem Commun, 2012, 48 (96): 11714-11726.

[14] Kitagishi H, Oohora K, Yamaguchi H, et al. Supramolecular hemoprotein linear assembly by successive interprotein heme-heme pocket interactions. J Am Chem Soc, 2007, 129 (34): 10326-10327.

[15] Green N M. Avidin. Adv Protein Chem, 1975, 29: 85-133.

[16] Ringler P, Schulz G E. Self-assembly of proteins into designed networks. Science, 2003, 302 (5642): 106-109.

[17] Sakai F, Yang G, Weiss M, et al. Protein crystalline frameworks with controllable interpenetration directed by dual supramolecular interactions. Nat Chem, 2014, 5: 4634.

[18] Hu Q D, Tang G P, Chu P K. Cyclodextrin-based host-guest supramolecular nanoparticles for delivery: From design to applications. Acc Chem Res, 2014, 47 (7): 2017-2025.

[19] Uhlenheuer D A, Wasserberg D, Nguyen H, et al. Modulation of protein dimerization by a supramolecular host-guest system. Chem - Eur J, 2009, 15(35): 8779-8790.

[20] Nguyen H D, Dang D T, van Dongen J L J, et al. Protein dimerization induced by supramolecular interactions with cucurbit[8]uril. Angew Chem Int Ed, 2010, 49(5): 895-898.

[21] Hou C X, Li J X, Zhao L L, et al. Construction of protein nanowires through cucurbit[8]uril-based highly specific host-guest interactions: An approach to the assembly of functional proteins. Angew Chem Int Ed, 2013, 52(21): 5590-5593.

[22] Si C Y, Li J X, Luo Q, et al. An ion signal responsive dynamic protein nano-spring constructed by high ordered host-guest recognition. Chem Commun, 2016, 52(14): 2924-2927.

[23] Li X M, Bai Y S, Huang Z P, et al. A highly controllable protein self-assembly system with morphological versatility induced by reengineered host-guest interactions. Nanoscale, 2017, 9(23): 7991-7997.

[24] Salgado E, Faraone-Mennella J, Tezcan F A. Controlling protein-protein interactions through metal coordination: Assembly of a 16-helix bundle protein. J Am Chem Soc, 2007, 129(44): 13374-13375.

[25] Salgado E N, Lewis R A, Mossin S, et al. Control of protein oligomerization symmetry by metal coordination: C2 and C3 symmetrical assemblies through Cu II and Ni II coordination. Inorg Chem, 2009, 48(7): 2726-2728.

[26] Salgado E N, Lewis R A, Faraone-Mennella J, et al. Metal-mediated self-assembly of protein superstructures: Influence of secondary interactions on protein oligomerization and aggregation. J Am Chem Soc, 2008, 130(19): 6082-6084.

[27] Brodin J D, Ambroggio X I, Tang C, et al. Metal-directed, chemically tunable assembly of one-, two- and three-dimensional crystalline protein arrays. Nat Chem, 2012, 4(5): 375-382.

[28] Liljestrom V, Seitsonen J, Kostiainen M A. Electrostatic self-assembly of soft matter nanoparticle cocrystals with tunable lattice parameters. ACS Nano, 2015, 9(11): 11278-11285.

[29] Miao L, Han J S, Zhang H, et al. Quantum-dot-induced self-assembly of cricoid protein for light harvesting. ACS Nano, 2014, 8(4): 3743-3751.

[30] Sun H C, Zhang X Y, Miao L, et al. Micelle-induced self-assembling protein nanowires: Versatile supramolecular scaffolds for designing the light-harvesting system. ACS Nano, 2016, 10(1): 421-428.

[31] Sun H C, Miao L, Li J X, et al. Self-assembly of cricoid proteins induced by "soft nanoparticles": An approach to design multienzyme-cooperative antioxidative systems. ACS Nano, 2015, 9(5): 5461-5469.

[32] Shekhawat S S, Porter J R, Sriprasad A, et al. An autoinhibited coiled-coil design strategy for split-protein protease sensors. J Am Chem Soc, 2009, 131(42): 15284-15290.

[33] Park W M, Champion J A. Thermally triggered self-assembly of folded proteins into vesicles. J Am Chem Soc, 2014, 136(52): 17906-17909.

[34] Matsuura K, Watanabe K, Matsuzaki T, et al. Self-assembled synthetic viral capsids from a 24-mer viral peptide fragment. Angew Chem Int Ed, 2010, 49(50): 9662-9665.

[35] Yokoi N, Inaba H, Terauchi M, et al. Construction of robust bio-nanotubes using the controlled

self-assembly of component proteins of bacteriophage T4. Small, 2010, 6 (17): 1873-1879.

[36] Hudalla G A, Sun T, Gasiorowski J Z, et al. Gradated assembly of multiple proteins into supramolecular nanomaterials. Nat Mater, 2014, 13 (8): 829-836.

[37] Kulkarni S, Schilli C, Müller A H E, et al. Reversible meso-scale smart polymer-protein particles of controlled sizes. Bioconjugate Chem, 2004, 15 (4): 747-573.

[38] Boerakker M J, Hannink J M, Bomans P H H, et al. Giant amphiphiles by cofactor reconstitution. Angew Chem Int Ed, 2002, 41 (22): 4239-4241.

[39] Huang X, Li M, Green D C, Williams D S, et al. Interfacial assembly of protein-polymer nano-conjugates into stimulus-responsive biomimetic protocells. Nat Chem, 2013, 4: 2239.

[40] Miranda F F, Iwasaki K, Akashi S, et al. A self-assembled protein nanotube with high aspect ratio. Small, 2009, 5 (18): 2077-2084.

[41] Zhao L L, Zou H Y, Zhang H, et al. Enzyme-triggered defined protein nanoarrays: Efficient light-harvesting systems to mimic chloroplasts. ACS Nano, 2017, 11 (1): 938-945.

[42] Zhao L L, Li Y J, Wang T T, et al. Photocontrolled protein assembly for constructing programmed two-dimensional nanomaterials. J Mater Chem B, 2018, 6 (1): 75-83.

[43] Padilla J E, Colovos C, Yeates T O. Nanohedra: Using symmetry to design self assembling protein cages, layers, crystals, and filaments. Proc Nat Acad Sci, 2001, 98 (5): 2217-2221.

[44] Zhang W, Luo Q, Miao L, et al. Self-assembly of glutathione S-transferase into nanowires. Nanoscale, 2012, 4 (19): 5847-5851.

[45] Dietz H, Bornschlögl T, Heym R, et al. Programming protein self assembly with coiled coils. New J Phys, 2007, 9: 424-432.

[46] Nam K T, Peelle B R, Lee S W, et al. Genetically driven assembly of nanorings based on the M13 virus. Nano Lett, 2004, 4 (1): 23-27.

[47] Carlson J C T, Jena S S, Flenniken M, et al. Chemically controlled self-assembly of protein nanorings. J Am Chem Soc, 2006, 128 (23): 7630-7638.

[48] Kitagishi H, Kakikura Y, Yamaguchi H, et al. Self-assembly of one- and two-dimensional hemoprotein systems by polymerization through heme-heme pocket interactions. Angew Chem Int Ed, 2009, 48 (7): 1271-1374.

[49] Sinclair J C, Davies K M, Vénien-Bryan C, et al. Generation of protein lattices by fusing proteins with matching rotational symmetry. Nat Nanotechnol, 2011, 6 (9): 558-562.

[50] Suzuki Y, Cardone G, Restrepo D, et al. Self-assembly of coherently dynamic, auxetic, two-dimensional protein crystals. Nature, 2016, 533 (7603): 369-373.

[51] Kobayashi N, Yanase K, Sato T, et al. Self-Assembling nano-architectures created from a protein nano-building block using an intermolecularly folded dimeric de novo protein. J Am Chem Soc, 2015, 137 (35): 11285-11293.

[52] Lai Y T, Reading E, Hura G L, et al. Structure of a designed protein cage that self-assembles into a highly porous cube. Nat Chem, 2014, 6 (12): 1065-1071.

[53] King N P, Sheffler W, Sawaya M R, et al. Computational design of self-assembling protein nanomaterials with atomic level accuracy. Science, 2012, 336 (6085): 1171-1174.

[54] King N P, Bale J B, Sheffler W, et al. Accurate design of co-assembling multi-component

protein nanomaterials. Nature, 2014, 510(7503): 103-108.

[55] Zhang C, Tian C, Guo F, et al. DNA-directed three-dimensional protein organization. Angew Chem Int Ed, 2012, 51(14): 3382-3385.

[56] Bastings M M C, de Greef T F A, van Dongen J L J, et al. Macrocyclization of enzyme-based supramolecular polymers. Chem Sci, 2010, 1(1): 79-88.

[57] Bai Y S, Luo Q, Zhang W, et al. Highly ordered protein nanorings designed by accurate control of glutathione S-transferase self-assembly. J Am Chem Soc, 2013, 135(30): 10966-10969.

[58] Sasso L, Suei S, Domigan L, et al. Versatile multi-functionalization of protein nanofibrils for biosensor applications. Nanoscale, 2014, 6(3): 1629-1634.

[59] Leng Y, Wei H P, Zhang Z P, et al. Integration of a fluorescent molecular biosensor into self-assembled protein nanowires: A large sensitivity enhancement. Angew Chem Int Ed, 2010, 49(40): 7243-7246.

[60] Yokoi N, Miura Y, Huang C Y, et al. Dual modification of a triple-stranded beta-helix nanotube with Ru and Re metal complexes to promote photocatalytic reduction of CO_2. Chem Commun, 2011, 47(7): 2074-2076.

[61] Bos J, Fusetti F, Driessen A J M, et al. Enantioselective artificial metalloenzymes by creation of a novel active site at the protein dimer interface. Angew Chem Int Ed, 2012, 51(30): 7472-7475.

[62] Hou C X, Luo Q, Liu J L, et al. Construction of GPx active centers on natural protein nanodisk/nanotube: A new way to develop artificial nanoenzyme. ACS Nano, 2012, 6(10): 8692-8701.

[63] Abe S, Hirata K, Ueno T, et al. Polymerization of phenylacetylene by rhodium complexes within a discrete space of apo-Ferritin. J Am Chem Soc, 2009, 131(20): 6958-6960.

[64] Comellas-Aragones M, Engelkamp H, Claessen V I, et al. A virus-based single-enzyme nanoreactor. Nat Nanotechnol, 2007, 2(10): 635-639.

[65] He Y, Tian Y, Ribbe A E, et al. Antibody nanoarrays with a pitch of similar to 20 nanometers. J Am Chem Soc, 2006, 128(39): 12664-12665.

[66] Jahns A C, Maspolim Y, Chen S X, et al. In vivo self-assembly of fluorescent protein microparticles displaying specific binding domains. Bioconjugate Chem, 2013, 24(8): 1314-1323.

[67] Lee S H, Lee H, Park J S, et al. A novel approach to ultrasensitive diagnosis using supramolecular protein nanoparticles. Faseb J, 2007, 21(7): 1324-1334.

[68] Park J S, Cho M K, Lee E J, et al. A highly sensitive and selective diagnostic assay based on virus nanoparticles. Nat Nanotechnol, 2009, 4(4): 259-264.

[69] Podaralla S, Perumal O. Preparation of zein nanoparticles by pH controlled nanoprecipitation. J Biomed Nanotechnol, 2010, 6(4): 312-317.

[70] Molino N M, Wang S W. Caged protein nanoparticles for drug delivery. Curr Opin Biotechnol, 2014, 28: 75-82.

[71] Ashley C E, Carnes E C, Phillips G K, et al. Cell-specific delivery of diverse cargos by bacteriophage MS2 virus-like particles. ACS Nano, 2011, 5(7): 5729-5745.

[72] Biswas S, Kinbara K, Niwa T, et al. Biomolecular robotics for chemomechanically driven guest delivery fuelled by intracellular ATP. Nat Chem, 2013, 5(7): 613-620.

[73] Cao J, Guenther R H, Sit T L, et al. Loading and release mechanism of red clover necrotic mosaic virus derived plant viral nanoparticles for drug delivery of doxorubicin. Small, 2014, 10(24): 5126-5136.

[74] Lee D, Choe Y J, Choi Y S, et al. Photoconductivity of pea-pod-type chains of gold nanoparticles encapsulated within dielectric amyloid protein nanofibrils of alpha-synuclein. Angew Chem Int Ed, 2011, 50(6): 1332-1337.

[75] Li F, Gao D, Zhai X M, et al. Tunable, discrete, three-dimensional hybrid nanoarchitectures. Angew Chem Int Ed, 2011, 50(18): 4202-4205.

[76] Li F, Chen Y H, Chen H L, et al. Monofunctionalization of protein nanocages. J Am Chem Soc, 2011, 133(50): 20040-20043.

[77] Omichi M, Asano A, Tsukuda S, et al. Fabrication of enzyme-degradable and size-controlled protein nanowires using single particle nano-fabrication technique. Nat Commun, 2014, 5: 3718.

[78] Knowles T P J, Oppenheim T W, Buell A K, et al. Nanostructured films from hierarchical self-assembly of amyloidogenic proteins. Nat Nanotechnol, 2010, 5(3): 204-207.

[79] Zhong C, Gurry T, Cheng A A, et al. Strong underwater adhesives made by self-assembling multi-protein nanofibres. Nat Nanotechnol, 2014, 9(10): 858-866.

第8章 动态超分子自组装及超分子纳米机器

李明洙 王艳秋

8.1 引 言

通过各种非共价键协同作用的小分子构筑基元自组装是超分子化学领域中具有挑战性的研究课题[1]。利用非共价相互作用的可逆性，人们制备了有趣的具有刺激响应性的动态结构[2,3]。自组装基本构筑单元的典型实例包括脂质分子[4]、表面活性剂[5]、超两亲物质[6]、嵌段分子[7]、超支化聚合物[8]、肽衍生物[9]和无机/有机络合物[10]。其中，由芳香棒和亲水链段组成的刚-柔嵌段分子是构造自组装结构的潜在候选者[11]。根据其分子拓扑结构和形状，刚-柔嵌段分子可以自组装成不同的体相结构，如层状、柱状、立方和多边形圆柱相[12-16]。除了体相纳米结构外，芳香族嵌段和亲水性树枝状分子的两亲性结合，为在水溶液中开发有趣的组装体提供了新的可能性[17-20]。

水中的自组装体在创造生物材料方面具有很大的优势，包括组织再生、药物传递和离子通道调节等[21-23]。对于水溶液中自组装的两亲性的刚-柔分子，由于各个部分的结构柔性反差，芳香的棒状部分和亲水的树枝状分子具有很强的相分离形成它们各自子空间。界面能驱使刚-柔模块自组装形成非常有序的排列。此外，基于刚性芳香部分的各向异性取向和不相容性引起的微相分离，最终形成热力学稳定的超分子结构——刚性疏水的核心被柔性亲水的链包围[24-27]。通常情况下，这种单分散的刚-柔分子能够表现出高度可重复的和可预测的自组装行为。

最近，通过调节由芳香单元和低聚醚树枝状分子组成的刚-柔分子的疏水和亲水部分之间的相对体积分数，人们发展了各种水溶液的组装体，如管、环、多孔囊泡和螺旋纤维[28-33]。重点放在这些水溶性自组装的两个特征上：一个特征是众所周知的环氧乙烷链段的最低临界共溶温度(LCST)性质，表现出温度响应的可逆水合-脱水转变；另一个是刚性芳香棒单元的排列和取向，当局部环境发生微小变化时，它们倾向于快速转变成它们的平衡态[34]。小的环境变化将显著影响芳香棒的排列模式，从而影响超分子组装体的最终结构。把这两个特征结合到一个分子中使自组装纳米结构能够通过改变它们的形状或宏观特性来响应不同的刺激，如某些客体、pH、溶剂、温度、光[35]、磁场[36]和氧化还原[18]。

本章重点关注动态超分子组装体在亲水环境中刚-柔嵌段分子自组装的最新进展。首先强调具有动态切换行为的管状组装体和二维片层结构，其次扩展这种自组装概念以构建生物相容的超分子结构，包括肽纳米结构和碳水化合物组装体，以及它们的生物学意义。

8.2　水溶液自组装动态超分子纳米管

8.2.1　纳米管的开-关转换

自然界中微管的蛋白质孔隙是高度动态的，在组装和解组装之间连续转换，这一行为引发了许多重要的细胞功能，例如组织细胞内的结构，细胞内转运，以及通过可逆聚合响应细胞信号的纤毛和鞭毛运动[37,38]。在其他蛋白质孔隙中，开-关运动导致各种重要过程，如离子输送、信号传导和代谢活动[39-41]。受自然系统的启发，一个具有挑战性的目标是如何赋予合成孔组装体可转换的功能[42-45]。事实上，合成管状孔隙远未达到在打开和关闭状态之间可逆动态转换的程度[46,47]。

在自然界中实现复杂的蛋白质组装体需要创建具有可控功能的动态纳米结构。芳香构筑单元的自组装为构建具有响应功能的动态纳米结构提供了简捷的手段[48,49]。与基于氢键或配位相互作用的自组装体系不同[46,47]，非特异性芳香相互作用允许相邻的芳香结构单元响应于环境变化而彼此重新排列，从而导致可转换的纳米结构[50-52]。

分子 1[图 8-1(a)]由盘状和低聚醚部分构成，在水溶液中形成的纳米管具有最低临界共溶温度，通过温度刺激构建动态自组装体[53]。在室温下，环氧乙烷链与水形成氢键，因此是亲水的。然而，在最低临界共溶温度之上，由于低聚醚链和水分子之间的氢键断裂，低聚醚链将脱水，从而显示出疏水性质。因此，环氧乙烷链会收缩形成分子球，增强了表面能并使水溶性纳米结构变得可转换。

透射电镜显示管状物具有均匀的 9.0nm 外径，其特征在于由白色外围隔开的黑色内部，推测盘状两亲化合物自组装形成纤维，纤维组装形成管[图 8-1(b)]。由于管壁上低聚醚链的受热脱水，分子 1 形成的纳米管表现出热响应性质。分子 1 水溶液的温度依赖性在约 40℃时显示出明显的相变，表明具有伸展构象的低聚醚链在加热时脱水收缩形成球状构象。小球横截面积的增加和疏水相互作用的增强，将影响大环的堆叠模式。这体现在加热时最大吸收波长红移和荧光增强[图 8-2(a)]。在室温下，盘状大环垂直于纤维轴堆叠，以使芳香相互作用最大化。然而，在加热时，脱水低聚醚小球之间的空间拥挤，将使盘的正向堆叠不稳定。为了减轻界面处的空间拥挤，盘与盘之间通过相对滑动并沿着纤维轴的法线倾斜，以获得更大的界面区域[图 8-2(c)]，从而降低总自由能。有趣的是，分子倾斜伴随着加热–冷却循环的强圆二色谱信号的可逆诱导[图 8-2(b)]。分子 **1** 对映体的组装体表现出具有镜像关系的相反圆二色谱信号，表明分子手性传递到自组装结构中。

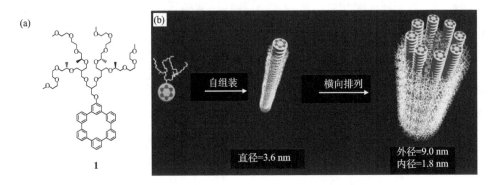

图 8-1　（a）分子 **1** 结构式；（b）纤维和管状结构的示意图

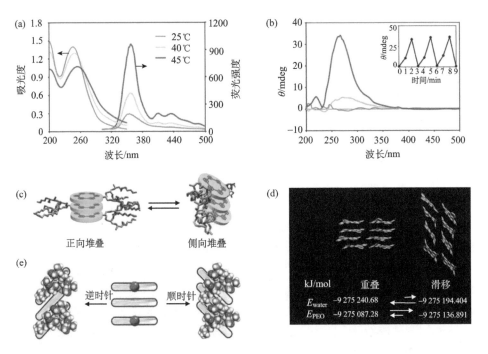

图 8-2　分子 **1** 自组装纳米管的热响应特性。（a）不同温度下的紫外–可见吸光光谱和荧光光谱；（b）分子 **1** 在 0.03%（质量分数）水溶液中的圆二色谱，θ：圆二色谱测得的摩尔椭圆率（mdeg），插图为波长 260nm 处，在加热–冷却循环下圆二色谱信号强度；（c）分子 **1** 在正向堆叠和侧向堆叠之间可逆转换示意图；（d）基于八聚体在正向堆叠和侧向堆叠模式之间的热物理性质模拟示意图；（e）顺时针倾斜和逆时针倾斜之间的分子动力学模拟图

盘状大环分子的倾斜导致管的横截面积急剧收缩，这一现象可通过透射电镜直接观察到。在加热分子 **1** 的水溶液时，观察到直径为 6.1nm 的纤维状结构[图 8-3(a)]，表明高温时纳米管的外径比室温时纳米管外径的尺寸缩减 32%。通过冷冻透射电镜观察结果显示纳米结构的直径变为 3.5nm[图 8-3(a)，插图]，进一步证明加热时管的横截面显著减小。对染色样品进行更仔细的观察，发现收缩的纳米管似乎缺乏中空的暗色内部，表明热调节使得纳米管的内部孔隙收缩闭合。用亲水性的云母基底在完全干燥状态下测得的原子力显微镜图像也证实了纳米管的收缩[图 8-3(b)]。室温样品图像显示出纳米管的直径为 8.7nm，而高温样品图像显示直径缩小至 5.6nm。孔隙的开闭[图 8-3(c)]以及所有的光谱变化在加热-冷却循环中是完全可逆的。

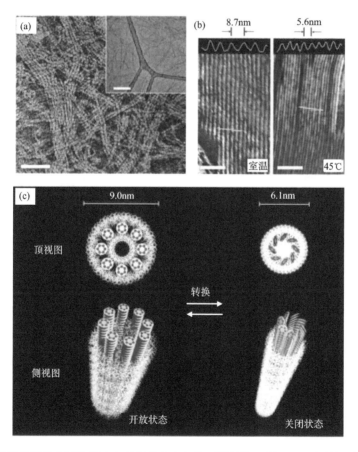

图 8-3　纳米管状结构在开放状态和关闭状态之间的可逆转换。(a)0.01%(质量分数)分子 **1** 的水溶液在 45℃下的负染色透射电镜图和冷冻透射电镜图(插图)，标尺：50nm；(b)0.01%(质量分数)分子 **1** 的水溶液在 25℃和 45℃下的原子力显微镜相图，标尺：50nm；(c)分子 **1** 组装的纳米管状结构在开放状态和关闭状态可逆转换示意图

管状孔的开-关转换可用于包裹生物分子并在水溶液中进行非生物脱水。腺苷一磷酸(AMP)被包裹到分子 **1** 形成的管中进行脱水生成环状腺苷一磷酸(cAMP)，环状腺苷一磷酸是在许多不同生物中介导细胞内信号转导的重要的第二信使[54]。包裹腺苷一磷酸后加热，用液相色谱图中鉴定出对应于环状腺苷一磷酸的色谱峰，峰强度在 3h 内逐渐增加，证明脱水环化反应在水溶液中成功地进行[图 8-4(b)]。在分离未被包裹的游离的腺苷一磷酸时，可以通过管状孔的开-关循环转换来调节反应[图 8-4(c)]。随着加热-冷却循环次数的增加，环化产物的量逐渐增加，表明游离的腺苷一磷酸在打开状态下扩散到管内，然后在关闭状态下不断发生反应。

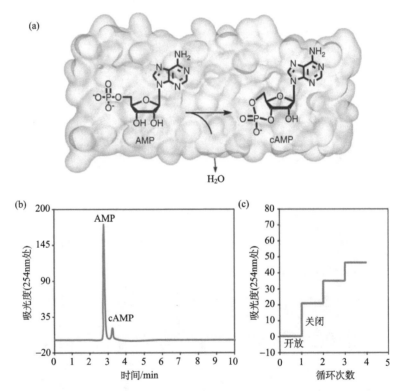

图 8-4　腺苷一磷酸环化脱水反应。(a)纳米管在开放和关闭状态下腺苷一磷酸环化脱水反应示意图；(b)环化脱水反应的高效液相色谱图；(c)纳米管开放-关闭状态的多次可逆循环增加环状产物的量

8.2.2　片层结构卷曲成纳米管

在生物系统中，扁平结构的动态折叠在启动生物功能中起着至关重要的作

用[55]。微管是一个典型的例子，它通过由细胞信号触发的侧向连接的原丝片的侧向闭合可逆地形成[43]。这种动态运动产生了许多重要的细胞功能，例如细胞内的结构组织和细胞内的运输。李明洙等设计合成了两亲性分子 **2**，其自组装成的扁平带状结构能够折叠成中空的纳米管，通过识别所需的生物分子并捕获到管的内部(图 8-5)[56]。

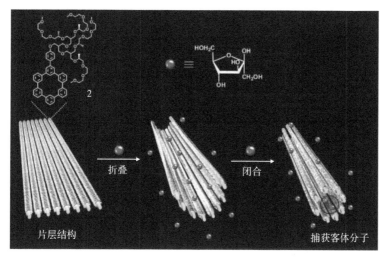

图 8-5　环状两亲性分子 **2** 的结构式及片层结构纳米材料折叠闭合捕获客体分子的示意图

两亲性分子 **2** 组装成片层结构，具有约 28nm 的均匀宽度和几百纳米的长度[图 8-6(a)]。放大的图像显示[图 8-6(a)，插图]，带状物由纵向纤维组成，规则间距为 3.6nm，表明带状组装体源于约 8 个纤维的侧向结合，类似于侧向结合的微管原丝片[55]。使用具有甲醇溶液的冷冻透射电镜也证实了扁平纳米结构的存在，进一步证明了聚集体在本体溶液中以平面带状结构存在[图 8-6(b)]。分子 **2** 的原子力显微镜图像显示出厚度为 3.5nm 的平面带，这与交叉双分子排列的预期厚度一致[图 8-6(c)]。这些测试结果表明，在自组装过程的初始阶段，芳香族大环化合物彼此堆叠形成由直径为 3.6nm 的低聚醚链包围的长纤维。然而，根据分子模型，纤维的芳香族骨架并未完全被低聚醚链包围。多条纤维通过侧向相互作用进一步组装，产生宽度约为 26nm 的平面带状结构。

当平面带状结构处在不良溶剂环境中时，围绕在芳香族柱状支架周围动态的低聚醚链预计会使平面带状结构折叠以降低表面张力[57]。因此，通过加入碳水化合物而使得由低聚醚包覆的带状结构更疏溶剂，平面带状结构将自发地折叠成闭合的纳米管。

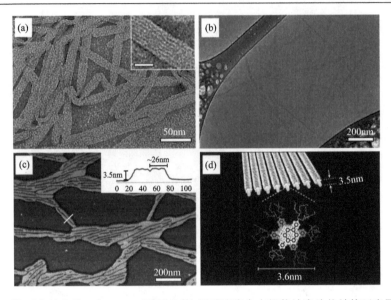

图8-6　环状两亲性分子 **2** 在 0.01%（质量分数）甲醇溶液中自组装纳米片状结构示意图。(a)负染色透射电镜图，插图为局部放大图，插图标尺：20nm；(b)冷冻透射电镜图；(c)原子力显微镜图，插图为白线部分高度图；(d)环状两亲性分子 **2** 由纳米纤维聚集成片状结构示意图

　　通过加入果糖卷起带状结构后，将包裹的果糖用凝胶色谱柱分离(图 8-7)。监测洗脱物的组分以测量每个部分中的果糖量。这些带状结构通过添加果糖自发地弯曲成具有约 8nm 外径的闭合纳米管。纳米管的形成伴随着溶液中果糖的自发捕获。这种结构折叠产生的纳米级容器有可能被用于捕获特定生物分子，并将它们运输到特定的靶向位置。

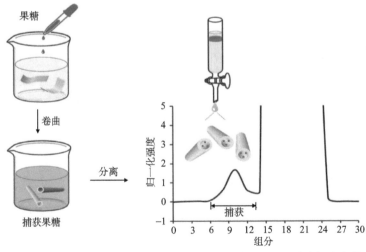

图 8-7　纳米片状结构卷曲成纳米管状结构，捕获果糖客体分子并进行分离的示意图

8.2.3 客体驱动纳米纤维膨胀成空心纳米管

具有可逆膨胀-收缩运动的纳米管可以通过弯曲的芳香构筑单元的自组装来构建，这种构筑单元的顶点是低聚醚树枝状结构[58]。内角为 120° 弯曲的刚性部分容易聚合在一起形成六聚体大环，分子之间的滑动赋予纳米管可变的直径，从而形成动态的纳米管。当弯曲的芳香构筑单元内部引入官能团时，该分子能够形成纳米纤维并伴随芳香核的功能化。纳米纤维将客体分子通过主客体相互作用封装在其内部，伴随着封闭的纳米结构的膨胀(图 8-8)。分子 **3** 含有弯曲的芳香单元，在内部位置含有间位吡啶单元，在其顶点上具有亲水性低聚醚树枝状分子。透射电镜图像显示分子 **3** 形成具有约 5nm 的均匀直径和数百纳米长度的纳米纤维(图 8-9)，表明二聚体彼此堆叠形成由树枝状链包围的纳米纤维。用吡啶官能化的芳香核形成纳米纤维可以通过氢键和疏水相互作用包裹疏水的客体分子，如苯基苯酚[59]。实际上，纳米纤维溶液很容易将苯基苯酚溶解在水溶液中并保留它们的一维结构。在将苯基苯酚加入到分子 **3** 的水溶液中时，325nm 处的最大吸收峰红移，当加入 1∶1 摩尔比的客体分子时，红移最大，即使加入超过 1∶1 摩尔比的客体分子，最大吸收峰的位置不再随着改变[图 8-10(a)]。该结果表明分子 **3** 与苯基苯酚的摩尔比为 1.0，这意味着苯基苯酚与吡啶单元形成氢键。当加入苯基苯酚后，与加入客体分子前的溶液相比，两种溶液的圆二色光谱在芳香部分的光谱范围内呈现显著的科顿效应[图 8-10(b)]。加入客体分子后，纳米纤维的外径尺寸显著增加。当将 1∶1 摩尔比客体分子加入到分子 **3**(0.01%，质量分数)的溶液中

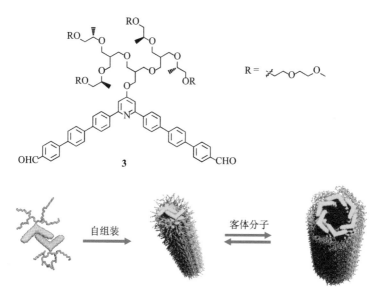

图 8-8　分子 **3** 的分子结构式及纳米纤维在客体分子的刺激下膨胀为纳米管的示意图

时，图像显示外径为 8nm 的细长物体[图 8-10(c)]，证明客体分子的包裹使纳米纤维的直径从 5nm 增加到 8nm。值得注意的是，干态的透射电镜图像显示两个白色线条，具有内部空腔的管状结构[60]。这些结果表明，氢键结合的客体分子触发纳米纤维膨胀成管状结构。

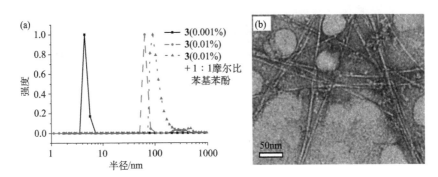

图 8-9　(a)分子 **3** 在不同浓度下的动态光散射图；(b)分子 **3** 在浓度为 0.001%（质量分数）水溶液中所测的透射电镜图

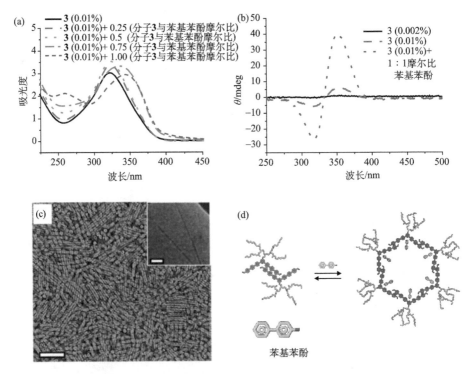

图 8-10　(a)分子 **3** 在不同苯基苯酚浓度下的紫外-可见吸收光谱；(b)分子 **3** 在不同条件下的圆二色谱图；(c)分子 **3** 与苯基苯酚摩尔比为 1∶1 条件下的透射电镜图，插图为冷冻透射电镜图，标尺：50nm；(d)苯基苯酚触发分子 **3** 的堆积转变示意图

在透射电镜中，去除客体分子后显示出细的纳米纤维结构，证明客体分子能够诱导纳米纤维可逆的膨胀。这种自组装纳米结构的独特膨胀现象，为利用自组装手段模拟烟草花叶病毒系统的协同作用构建含有双链 DNA 的人工病毒提供了新方法[61]。

8.2.4　DNA 及其管状组装体外壳的协同机械运动

自组装分子 **4** 和分子 **5** 由内角为 120°的弯曲的芳香部分和在其顶点接枝的亲水性低聚醚树枝状分子组成，能够形成直径可变的非共价六聚体大环来适应客体分子尺寸的变化[62]。分子 **4** 和分子 **5** 的共组装体可以通过吡啶鎓离子和磷酸根离子之间的静电相互作用来包裹双链 DNA 分子(图 8-11)。在中性 pH(7.4)条件下将

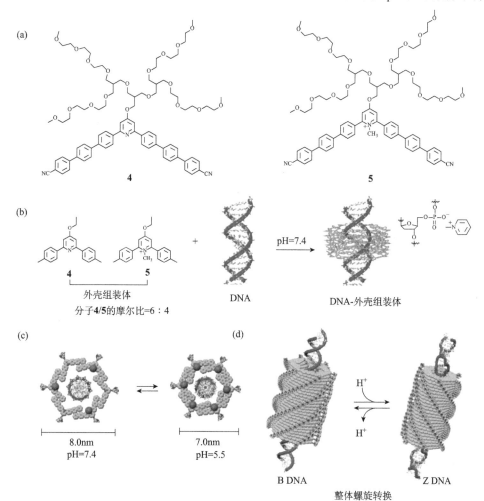

图 8-11　(a)分子 **4** 和分子 **5** 的结构图；(b)在 pH=7.4 条件下 DNA-外壳组装体示意图；(c)在 pH=7.4 和 pH=5.5 条件下可逆自组装示意图；(d)由 pH 变化触发的 DNA-外壳组装体的整体螺旋转换示意图，B DNA 和 Z DNA 分别表示左手螺旋和右手螺旋

分子 **4** 和分子 **5** 的混合溶液(**4/5** 摩尔比为 6∶4)加入到天然鲑鱼 DNA 溶液中，圆二色光谱在非手性芳香分子光谱范围内的较长波长处显示出负的科顿效应(图 8-12)。通过将包覆分子的含量增加至吡啶/磷酸盐比例为 1.0，圆二色光谱信号变得更加明显[图 8-12(a)]。透射电镜显示形成微米长的棒状物体，直径约为 8nm[图 8-12(b)]。

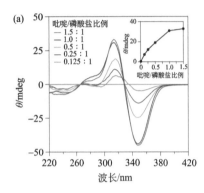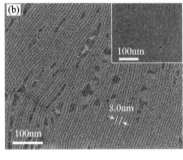

图 8-12　(a)在不同吡啶和磷酸盐摩尔比条件下，涂层分子自组装的圆二色谱图，插图为在 313nm 波长处的圆二色谱图；(b)在 pH=7.4 条件下，DNA-涂层组装体的透射电镜图，插图为冷冻透射电镜图

　　外径的尺寸表明外壳组装体由六聚体大环的管状堆叠形成，在腔内含有 DNA。嵌入在外壳组装体中的 DNA 的拉曼光谱在 pH 为 7.4 时显示出以 676cm^{-1} 为中心的特征带[图 8-13(a)]，与标准的右手 B 构象 DNA 的光谱一致。该结果表明，即使在中性条件下将其限制在外壳组装体内部之后，DNA 分子的手性也保持不变。李明洙等在完全干燥的云母片上测定了 DNA-外壳组装体的原子力显微镜图像[图 8-13(b)][63]。棒状聚集体显示出右手螺旋结构，表明 DNA 的螺旋性信息传递到涂层组装体，从而产生具有与经典右手螺旋 DNA 相同手性的螺旋涂层组装体。

　　由于分子 **4** 中吡啶单元的 pK_a 值为 5.8，较低的 pH 将导致吡啶单元质子化，因此在组装体内部有更多正电荷。增加正电荷可以提供更高的 DNA 亲和力，减少 DNA 磷酸基团之间的静电排斥，相对于右手 B 构象能够稳定左手 Z 构象[64]。虽然 Z 构象 DNA 具有较低的构象熵[65,66]，但增强的多价结合使两种构象的 DNA 相对稳定性被反转。在 pH=5.5 下 DNA-外壳组装体的拉曼光谱显示出与 Z 构象相关的 620cm^{-1} 特征谱带[图 8-13(a)]，表明 DNA 采用左手螺旋构象[67]。该结果证明 pH 变化触发了外壳组装体中受限 DNA 的螺旋性从右手螺旋转换为左手螺旋。在将 pH 降低到 5.5 时，与较长波长的芳香部分相关的圆二色光谱信号从负的最大值反转为强烈的正向科顿效应[图 8-13(c)]，表明外壳组装体的螺旋变为相反的手性。 pH 5.5 的原子力显微镜图像显示外壳组装体采用左手螺旋构象[图 8-13(b)]，表明在 pH 的刺激下，DNA-外壳组装体产生了手性反转的协同运动。

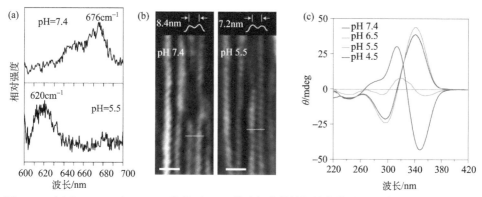

图 8-13　(a)在 pH=7.4 和 pH=5.5 条件下 DNA-外壳组装体的拉曼光谱图；(b)在 pH=7.4 和 pH=5.5 条件下的原子力显微镜相图，标尺：20nm；(c)DNA-外壳组装体在不同 pH 条件下的圆二色谱图

　　因为核内体的 pH 约为 5.5，所以 DNA-外壳组装体的手性反转可以发生在细胞吞噬作用转运进入细胞期间。在 DNA-外壳组装体被转运后，细胞内荧光分布显示几乎所有细胞都被染色[图 8-14(a)]，同时显示蓝色(外壳组装体)和红色(DNA)荧光[图 8-14(b)，(c)]。荧光显微镜图像使用核内体标记物来显示 DNA-外壳组装体和核内体的共定位，表明 DNA-外壳组装体在转运到细胞期间累积在核内体中。使用透射电镜进一步证实 DNA-外壳组装体转运到细胞中[图 8-14(d)]。超薄切

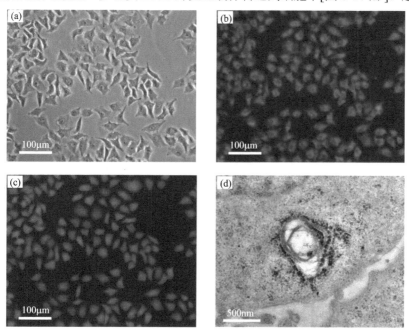

图 8-14　(a)DNA-涂层组装体处理宫颈癌细胞 24h 后的荧光显微镜图像；(b)最大激发波长在 340～380nm 处的荧光显微镜图像；(c)最大激发波长在 510～560nm 处的荧光显微镜图像；(d)DNA-涂层组装体进入宫颈癌细胞的透射电镜图

片的图像显示纤维状 DNA-外壳组装体通过细胞吞噬作用有效地进入细胞,并积聚在细胞质中,最可能是核内体。在细胞内,纤维状结构被保持而没有任何明显的结构塌陷,表明外壳组装体有效地保护嵌入的 DNA 免于在核内体环境下降解。由于核内体的 pH 较低,DNA-外壳组装体转运到宫颈癌细胞(HeLa)中伴随着螺旋反转。转运前 DNA-外壳组装体的圆二色光谱显示强信号,在 350nm 处具有负的科顿效应,表明在细胞外环境中右手螺旋结构稳定存在。然而,在与细胞一起处理时,圆二色光谱信号从负值反转为正科顿效应,表明 DNA-外壳组装体的螺旋性在转移到核内体中时转换成相反的手性。DNA-外壳组装体的螺旋性转换中的协同运动由核内体的低 pH 驱动。这一结果使人们能更好地理解高能量构象异构体 Z DNA 的生物学作用[68]。

8.3　动态二维纳米片的超分子组装

8.3.1　面上接枝芳香两亲性分子形成可转换的纳米多孔片状结构

芳香结构单元的分子自组装是构建动态纳米结构的有效方法,可以通过改变它们的形状或者宏观性质来响应外部刺激[6]。在这种情况下,可以通过对分子模块进行合理设计,调节它们之间的多种非共价相互作用。这些相互作用的方向性在控制自组装结构的形状方面起着至关重要的作用[2,69]。侧向接枝的棒状构筑单元通过在自组装过程中单向引导芳香棒状分子形成一维纳米纤维[70]。各向异性胶束在溶剂中定向生长形成低维超分子结构[71],例如,具有亲水侧面的疏水扁球形胶束相互堆叠形成一维纳米纤维[72]。另外,亲水性部分在上下两侧的疏水性芳香棒束通过边与边的相互作用在本体溶液中形成自由悬浮的二维结构[33]。芳香相互作用强度的降低导致所得的平面纳米片形成二维网络结构。二维结构的构筑需要对分子构筑单元进行合理设计才能够进行二维生长。一种可能性是二维分子结构单元的并列排列,如平面盘状芳香分子。尽管如此,大多数扁平芳香两亲性分子通过面对面相互作用堆叠在一起形成纳米纤维[73]。为了阻止连续的一维芳香堆积,可以在芳香结构的平面上引入柔性链。平面上引入的柔性链使扁平芳香部分侧向排列并且在二维方向上生长而不是传统的一维芳香堆叠生长(图 8-15)。分子6 在稀水溶液中自组装成纳米多孔片[图 8-16(a)]。值得注意的是,高分辨透射电镜图像显示纳米片包含平面内纳米孔,平均孔直径约为 4nm[图 8-16(a),插图]。低放大倍率图像显示平面的纳米片在黑暗背景下具有粗糙表面。更高放大倍率的图像显示粗糙表面由均匀的胶束和纳米孔组成[图 8-16(b),插图],因此表明纳米片通过小胶束的横向缔合而形成。测得胶束和孔的直径分别为 3.5nm 和 3～5nm。胶束直径约为分子长度的两倍,表明胶束是由芳香部分面对面堆叠而形成的二聚体。

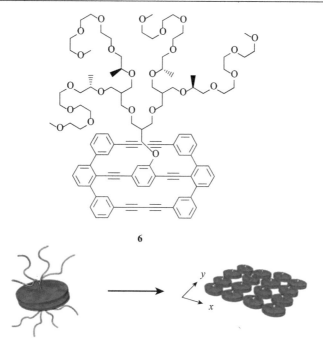

6

图 8-15 分子 **6** 结构图和通过成对堆积形成的扁平胶束的二维生长示意图

基于成对面对面堆叠芳香分子的二维纳米片可以在水溶液中通过 π-π 堆积相互作用来包裹平面的芳香客体分子，如晕苯[图 8-16(c)]。每个两亲性分子最大的晕苯包裹量为 0.5。该结果意味着扁平的共轭芳香类客体分子通过疏水和 π-π 堆积相互作用夹在二聚体胶束的两个芳香平面之间。自组装形成多孔纳米片的这种有趣行为源于两亲性分子刚性平面芳香部分的面对面堆叠。成对平面芳香单元的面对面堆叠使得扁平芳香类客体分子的夹层型嵌入成为可能。以这种方式，在保持二维形状的情况下可以在打开和关闭状态之间动态转换(图 8-17)。这种独特的超分子结构具有动态转换的特性，可为同时具有生物和光电功能智能材料的设计提供新的策略。

当二维纳米片状结构包裹弯曲的芳香类客体分子如碗烯时，平面纳米片将转变成高度弯曲的囊泡结构(图 8-18)。透射电镜图像显示，在纳米片溶液[图 8-19(b)]中加入弯曲的碗烯客体后，在弯曲的客体分子插入后，膜结构完全转变为均匀的囊泡胶束[图 8-19(c)]，平均直径为 57nm，这与动态光散射实验结果[图 8-19(a)]一致。 扫描电子显微镜实验进一步证实了这一结果，表明形成了具有约 60nm 直径十分均匀的球形物体[图 8-19(d)]。以上结果表明，弯曲客体分子的插入迫使大尺寸的膜结构破裂成小胶束，碗烯横向排列在球壳内部。

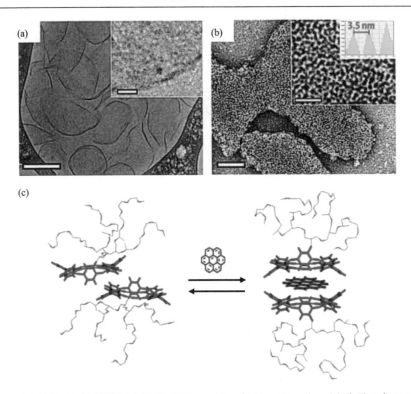

图 8-16 　(a) 分子 **6** 的冷冻透射电镜图 （200μmol/L；标尺：200nm）；(b) 分子 **6** 在 100μmol/L 溶液中的负染色透射电镜图(标尺：100nm)。(a)和(b)的插图为放大的图像(标尺：20nm)。(c) 不含晕苯的二聚体胶束和含有晕苯的二聚体胶束的分子模拟图

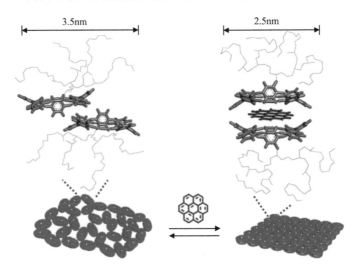

图 8-17 　通过晕苯客体分子的刺激而控制纳米孔在开放与关闭状态之间的转换示意图

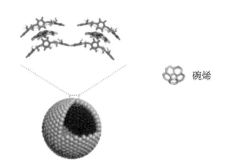

图 8-18 分子 **6** 形成的二维纳米片状结构包裹碗烯形成的囊泡

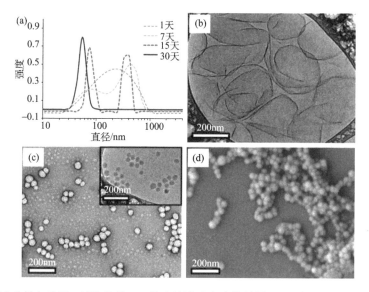

图 8-19 (a)碗烯与分子 **6** 摩尔比为 1/2 的水溶液动态光散射图；(b)分子 **6** 的水溶液冷冻透射电镜图；碗烯与分子 **6** 摩尔比为 1/2 的水溶液放置一个月后的(c)透射电镜图和(d)扫描电子显微镜图,(c)的插图为冷冻透射电镜图

超分子囊泡可以作为光催化剂用于降解有机染料分子，因为插入的碗烯客体可以作为共轭分子 **6** 产生电子的受体[74]。李明洙等研究了囊泡水溶液中光催化降解荧光素的性质[75]。在阳光照射期间，可见区域中 490nm 处的吸收峰强度逐渐降低，而紫外区域中的峰保持不变[图 8-20(a)]。这些结果表明荧光素容易在囊泡内降解[图 8-20(b)]，同时在该实验条件下分子 **6** 是稳定的。为了对比，李明洙等在包裹碗烯客体分子之前用膜溶液进行了光催化活性实验。在相同的阳光照射条件下，490nm 处的峰强度保持不变，表明分子 **6** 的组装体不能实现光催化降解。

超分子囊泡的光催化活性可以理解为抑制碗烯激发态的重组[76]。这反映在增强的荧光强度和超分子囊泡的荧光寿命上。在 401nm 处激发时，超分子囊泡结构相对于没有碗烯的膜的荧光强度增加了 1.5 倍[图 8-20(c)]，这代表碗烯的插入抑制了重组。时间分辨荧光实验可以用来研究在 401nm 激发时的激发态动力学[图 8-20(d)]。超分子囊泡溶液的荧光衰减曲线表现出多重指数衰减，寿命比膜溶液长，表明碗烯客体分子的插入抑制了重组，从而引发光催化活性。这种具有光活性的动态超分子囊泡在解决未来能量转换问题方面具有广泛的应用潜力。

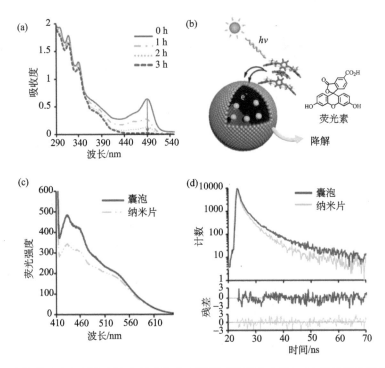

图 8-20　(a)将荧光素包封在囊泡中并在阳光下照射后的吸收光谱；(b)荧光素光催化降解示意图；(c)在 401nm 的激发波长下，分子 **6** 的水溶液(50mmol/L)包裹碗烯的发射光谱(红色实线)和不包裹碗烯(绿色点划线)的发射光谱；(d)在 401nm 的激发波长下，分子 **6** 的水溶液(50mmol/L)包裹碗烯(红色线)和不包裹碗烯(绿色线)的荧光衰减(计数)，拟合残差的分布显示在底部

8.3.2　具有分子泵行为对映体筛选的手性多孔纳米片

芳香族大环本质上是有孔的结构，因此它们是构造具有均一纳米孔材料的理想候选者[77]。当两个大环堆积时，两个大环之间的扭转破坏镜像对称，产生手性腔[78]。

　　分子 **7** 自组装成二聚体胶束，二聚体胶束又在甲醇中二维生长形成平面纳米片结构[图 8-21(b)]。用冷冻透射电镜观察到具有直边的纳米片状物，其横向尺寸范围从亚微米到几微米，表明纳米片是稳定的且独立分散在溶液中(图 8-22)。从放置时间更长的溶液获得的高分辨率图像显示出均匀尺寸的纳米聚集体，直径为 1.9nm，以短程二维六方堆积[图 8-22(c)]。透射电子衍射实验进一步通过三个最大强度的衍射环证明，初级聚集体的中心呈现略宽的空间分布[图 8-22(d)]。假设以二维六方堆积，一级 *d* 间距表明聚集体间距为 1.96nm，这与胶束尺寸一致。原子力显微镜分析显示纳米片非常平整且均匀，厚度为 2.8nm[图 8-22(e)]。该厚度与从透射电镜图像获得的横向尺寸一致，并结合分子 **7** 的尺寸，共同表明一级结构由两个分子组成，其中芳香族大环彼此面对面堆积。另一个需要考虑的重要方面是手性从低聚醚树枝状结构传递到非手性大环化合物的能力。根据相同的对称性破缺原理，两个大环的扭曲堆积将产生具有手性腔的二聚体超分子结构。实际上，**7S** 的甲醇溶液显示出很强的圆二色谱信号(图 8-23)，表明堆叠的大环二聚体采用扭曲堆积，产生手性超结构。**7R** 的组装体表现出相反的手性信号，具有完美的镜像关系，表明树枝状部分的手性传递到环状部分，进一步自组装形成均一手性多孔纳米片结构。

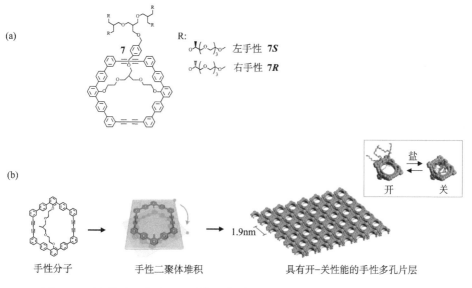

图 8-21　(a)芳香环状分子 **7** 结构示意图；(b)分子 **7** 二聚体组装成均一孔状
纳米片层结构示意图

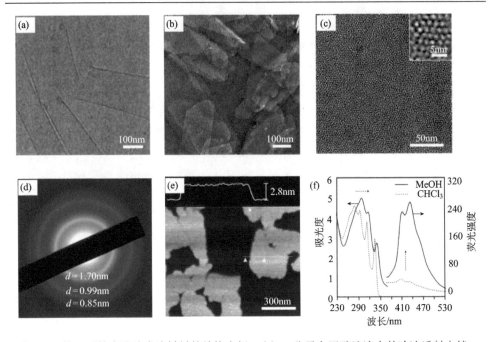

图 8-22　均一手性多孔纳米片材料的结构表征。(a)**7S** 分子在甲醇溶液中的冷冻透射电镜；(b)**7S** 分子在甲醇溶液中的干态负染色透射电镜图；(c)**7S** 分子在甲醇溶液中放置一周后的高分辨透射电镜图，插图为放大的图片；(d)选区的透射电子衍射图；(e)**7S** 分子在甲醇溶液中的原子力显微镜图片以及截面图；(f)**7S** 分子在甲醇溶液和氯仿溶液中的紫外-可见吸收光谱和荧光光谱(激发波长为 293nm)

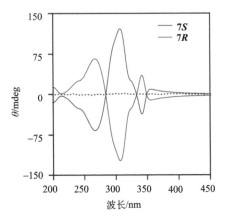

图 8-23　**7S** 分子和 **7R** 分子在甲醇溶液中的圆二色谱图

　　均一手性多孔纳米片在外消旋混合物的溶液中仅识别一种对映体。李明洙等首先选择分子大小与孔大小相当的疏水性带有保护基团的色氨酸作为客体分子[图 8-24(a)][79]，纳米孔对色氨酸客体的捕获率大于 96%，表明与三维手性多孔材料不同，二维纳米片结构能够保留亚单元孔隙而不影响客体分子捕获[80]。

李明洙等通过手性高效液相色谱来监测多孔纳米片捕获对映体的选择性，发现与 D-色氨酸客体相关的峰，但没有与 L 型对映体相关的峰，证明 **7S** 的多孔纳米片能够捕获 D 型客体分子，与 L 型客体分子相比，D 型客体分子被优先捕获[图 8-24(a)]，这些结果证实了纳米片中二聚体大环孔具有均一手性。有趣的是，在纳米孔捕获对映体后，加入盐导致孔隙闭合同时将捕获的客体分子从孔隙中挤出[图 8-24(b)]。

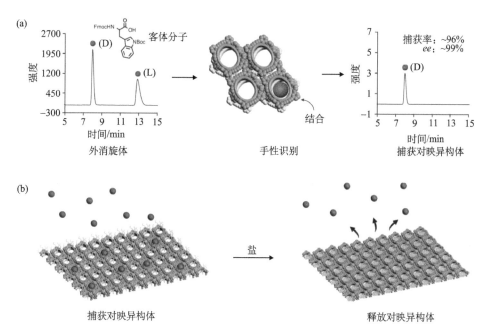

图 8-24　(a)手性纳米片状结构对外消旋体的手性分离；(b)手性纳米片状结构对对映异构体的捕获-释放过程示意图

二维多孔纳米片结构自发地形成对映体筛选膜，该膜选择性地高效吸附一种对映体。然而，三维手性多孔材料依赖外消旋体和孔壁之间的多种相互作用而吸附客体[81]。李明洙等构筑的这种二维多孔材料对对映体的高效分离能力,使之有望发展成为一种有效的分离方法。

8.3.3　二维多孔异质结构的组装与解组装

pH 驱动的动态二维多孔异质结构，是通过纳米管状大环分子的组装-解组装转换以及在其自分类纳米片表面上的分散形成的。共组装体由形成管状结构的分子 **8** 和能够形成平坦二维片状结构的分子 **9** 组成[24]。在中性(pH=7.4)水溶液中混合时，分子 **8** 和 **9** 分别自组装为纳米管和二维纳米片。将 pH 降低至 5.5 时，分子 **8** 自组装形成的纳米管分解成大环结构，以六方晶格形式自发地分散在分子 **9** 形成的纳米片表面上，进而形成二维多孔异质结构(图 8-25)。有趣的是，二维多孔异质结构能够从混合溶液中选择性吸附球形的富勒烯，从而将富勒烯与平面形状的晕苯分离。

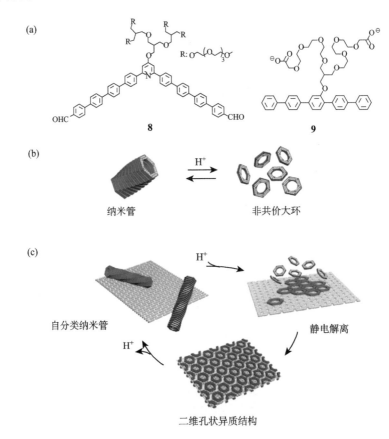

图 8-25　(a)分子 **8** 和 **9** 的结构式；(b)pH 响应使得纳米管解离形成非共价大环；(c)在 pH=7.4 时，分子 **8** 和 **9** 分别组装成纳米管和纳米片，在 pH=5.5 时共组装形成二维孔状异质结构的示意图

将 pH 降至 5.5 时，透射电镜观察到纳米管解离形成二维六方排列的多孔结构，中心距为 6.5nm(图 8-26)，略小于管状尺寸直径。该结果表明，纳米管分解成大环基本结构单元，在带负电的表面上沉积形成紧密堆积的二维六方结构。pH =5.5 时，原子力显微镜图像显示平整的纳米片结构，厚度从 2.8nm 增加到 4.0nm。厚度的增加值约为分子 **8** 厚度的两倍，表明大环结构在纳米片的顶部和底部表面有序的横向排列。高分辨率原子力显微镜图像显示孔的面内六方排列，两个相邻六

边形的中心距离为 6.3nm，与透射电镜的结果一致。该结果表明，在较低 pH 下纳米管解离成单个大环，其以静电作用平行地分散在纳米片层表面，具有紧密堆积的二维六边形对称性。基于这些结果，可以表明形成二维多孔异质结构的可能机理如图 8-25(c)所示。在中性条件下 **8** 和 **9** 的混合溶液同时存在两种不同的自组装结构，即纳米管和纳米片。然而，在降低 pH 时，由于纳米管内部的质子化，形成管的大环堆叠会松动[82]。因此，纳米管解离成大环，在带负电的二维表面上分散，产生二维六边形有序的多孔异质结构。

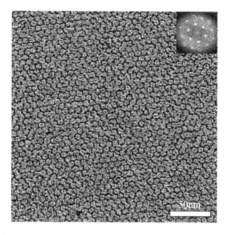

图 8-26　**8/9** 摩尔比=0.5 的混合溶液在 pH=5.5 时的透射电镜图，插图为二维傅里叶变换的六方结构

　　具有芳香空腔的二维有序多孔结构显示出芳香分子包裹的形状选择性(图 8-27)。纳米片能够容易地包裹球形客体，如富勒烯，与平面的客体分子晕苯形成鲜明对比。在客体分子晕苯存在的情况下，平面芳香中心将定向在带电表面的边缘上。由于空间不匹配，客体与腔的相互作用不足以使晕苯客体分子被包裹在腔内。因此，多孔异质结能够用作过滤器仅捕获球形分子。

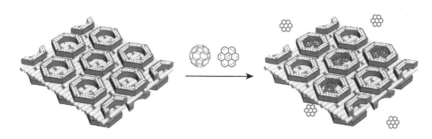

图 8-27　具有形状选择性的二维多孔异质结构吸附客体分子的示意图

8.3.4 大环异构体选择性组装成静态和动态纳米片

二维纳米结构的构建是一个引人注目的目标，因为它们在纳米技术和生物技术等领域具有广阔的应用前景，但在不使用二维模板的情况下进行合成具有挑战性[83]。通过溶液自组装构建平面二维芳香结构单元可以制备具有极高纵横比的平面纳米结构，如圆盘状分子和芳香大环[84]，以及许多金属有机骨架[85]。当刚性芳香核的几何形状为 C_3 对称时，平面芳香部分通过侧向氢键相互作用自组装[86]或主客体复合[87]形成稳定的单层纳米结构。纳米纤维的横向缔合是构建平面二维纳米结构的另一种方法。例如，具有疏水侧面的亲水性纳米纤维通过侧向疏水相互作用横向缔合来形成平面结构[88]。

与静态二维结构相比，当具有不同的上下表面时，扁平结构能够卷起以形成诸如卷轴的弯曲结构[89]。例如，两种不同聚合物片材料组成的双层聚合物在外界溶剂或者是温度的变化下由于具有不同膨胀行为可以进行折叠[90]。由于纳米片两个表面的接枝密度不同，具有接枝各向异性的纳米片卷曲形成管状结构[91]。图 8-28 展示了基于蒽的几何大环异构体选择性自组装形成的静态和动态纳米片（图 8-28）。两种异构体通过在水溶液中形成的初级纳米纤维横向缔合自组装成二维纳米片状结构。基于顺式几何形状的大环异构体形成静态纳米片，而反式单体自组装成动态卷曲纳米片，其在热刺激下可逆展开。卷曲的动态转换特性归因于

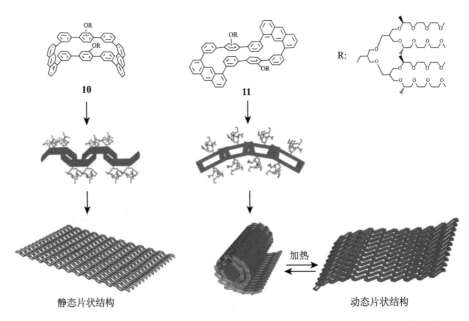

图 8-28 顺式和反式大环异构体的分子结构图及静态片状结构和动态片状结构示意图

两个相邻芳香族大环堆叠的可逆扭转，这是由于由低聚醚树枝状基团侧基的加热脱水引起的由亲水性至疏水性环境变化。此外，两种异构体的混合物溶液表现出自分类组装行为，即两种异构体在单一体系中独立地自组装成不同的超分子聚集体，平面纳米片和折叠的纳米卷轴，而不会相互影响。由于自分类组装产生的超分子组装体具有相当大的形状和尺寸差异，能够容易地将一种异构体与另一种异构体分开。这一结果不仅为静态和动态转换纳米材料的设计提供了新的想法，而且还提供了一种简便分离几何异构体的方法。

8.4　具有动态结构变化的 α-螺旋肽组装

8.4.1　螺旋肽的定向组装

许多重要的生物学功能源自于蛋白质的分子识别。例如蛋白质与生物分子的结合以及蛋白质二级结构的确定都被归为识别领域[92,93]。α-螺旋结构是蛋白质识别领域中常见的二级结构[94]。在生物系统的启发下，许多研究都集中在研发稳定的 α-螺旋以模拟原始蛋白质之间的相互作用[95]。然而，将短肽折叠成溶液中的 α-螺旋结构，因为稳定相互作用和相邻螺旋转角上酰胺之间氢键的焓增益不足以补偿肽链折叠所涉及的熵成本，因此具有一定的局限性[96]。这里李明洙等报道了一种新的方法——通过其线性前体（分子 **12**）的大环化来使短肽采用稳定的 α-螺旋结构[97]。当更多疏水性氨基酸残基被引入肽的结构中时，螺旋结构迫使环状分子采用片形两亲性（facially amphiphilic）构象（图 8-29）。所得到的环状分子的两亲性折叠导致通过分立胶束的定向组装形成起伏的纳米纤维。环状多肽 **13** 具有 KAALKLAAK 序列，并且当形成螺旋结构时，分子中的三个氨基被置于螺旋的同一面。此外，已知通过疏水相互作用的亮氨酸残基可用于在螺旋的一侧提供疏水表面[98]。从垂直螺旋轴的视图中（图 8-29）可以看到该设计的片形两亲性。引入基于乙二醇的连接基团 *N*-(9-芴甲氧羰基-8-氨基-3,6-二氧杂辛基) 琥珀酰胺酸作为柔性连接单元[99]，使用固相合成方法进行环化反应可以实现高合成效率。与其未显示明显聚集行为的线性对应物相反，环状多肽自组装成纤维结构，同时保持了疏水性多肽部分的 α-螺旋构象[图 8-30(a)]。独特的纳米纤维沿纤维轴具有规则的波动，直径为 6~7nm，长度为几百纳米。仔细检查样品发现沿纤维轴的各个物体是扁圆形而不是圆形[图 8-30(a)，插图]，表明波动起因于胶束的堆积。

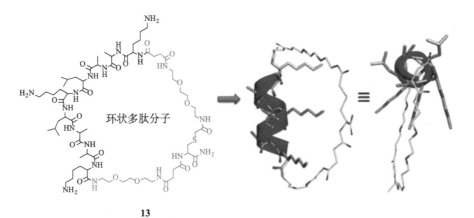

$H_2N-K-A-A-L-K-L-A-A-K-$ ... 线性多肽分子

12

环状多肽分子

13

图 8-29 分子 **12** 和分子 **13** 结构图以及 α-螺旋结构示意图

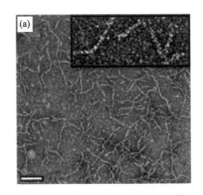

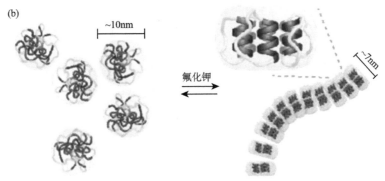

(a)

~10nm

氟化钾

~7nm

(b)

图 8-30 (a)环状多肽在氟化钾溶液中的透射电镜图, 标尺: 100nm; (b)胶束和纳米纤维之间
转变的示意图

从这些观察结果来看，肽片段 α-螺旋结构的诱导似乎是形成波状纳米纤维的主要驱动力。在由于盐析效应而提供更疏水环境的氟化钾溶液中，肽链有利于折叠成 α-螺旋。借助于这种盐析效应，得到的螺旋肽 **13** 彼此以平行取向形成扁平胶束，其中疏水性亮氨酸残基位于内部，赖氨酸单元与亲水性连接单元位于外部。螺旋肽的这种各向异性堆积排列导致扁圆形胶束具有由 α-螺旋核心产生的更疏水的顶部和底部。为了减少胶束的疏水部分在水环境中的暴露，扁球形胶束彼此堆叠以形成波状纳米纤维[图 8-30(b)]。

8.4.2　用于对映体捕获的可逆 α-螺旋肽

大多数短 α-螺旋肽都不能在无规卷曲和螺旋状态之间进行动态构象转换，因为螺旋构象通过共价或非共价键合来稳定，这与动态运动是不相容的[100-104]。因此，基于 α-螺旋肽的自组装的挑战是如何赋予动态转换功能及其构象[105]。考虑到蛋白质的结构转化起源于肽链的构象变化[106]，设计能够产生环境诱导构象变化的 α-螺旋肽是构建动态多肽纳米结构的理想靶标。为了应对这一挑战，用低聚醚树枝状分子接枝短 α-螺旋肽将驱使无规卷曲构象折叠成 α-螺旋结构，而由于低聚醚链的热脱水，α-螺旋结构又可自组装成具有明确定义的肽纳米结构[70,107]。

实际上，多肽分子 **14**[图 8-31(a)]基于 α-螺旋肽的平面膜自组装成囊泡，其在组装和解组装状态之间经历由热开关触发的可逆切换(图 8-31)。自组装结构由杆状 α-螺旋肽的横向缔合组成，这种自组装起到对映选择性膜的作用。而且，中空的囊泡对热信号具有一定的响应性，通过温度刺激，囊泡可以自发地捕获外消旋分子，并通过优先扩散规律，选择性地释放捕获的对映体分子。形成的 α-螺旋肽是由具有高螺旋倾向的 KKK(FAKA)$_3$FKKK 氨基酸序列组成的[108]。为了赋予肽链热响应特征，通过赖氨酸和低聚醚树枝状分子的点击化学反应将低聚醚树枝状分子对称地接枝到肽链中。在某一温度以上，肽的无规线团构象将转变成 α-螺旋构象[图 8-31(e)]。

脱水的低聚醚树枝状分子与疏水性残基(如肽骨架的丙氨酸和苯丙氨酸)具有较强的相互作用，以减少与水接触的表面积。另外，树枝状低聚醚链也会与带电荷的赖氨酸发生强烈的相互作用。这些相互作用使低聚醚树枝状分子对肽/水相互作用起到屏蔽作用，以减小水对肽氢键的影响，通过加热使 α-螺旋结构达到稳定状态。

侧向接枝的棒状 α-螺旋肽将彼此平行排列以自组装成平面纳米结构，其中螺旋肽平行于二维平面[20,25]。在包含氟化钾的水溶液中，**14** 不形成任何明显的聚集体。加热后，肽分子 **14** 自组装成囊泡，其透射电镜、扫描电镜及动态光散射实验表明囊泡的平均直径约为 90nm[图 8-31(b)～(e)]。

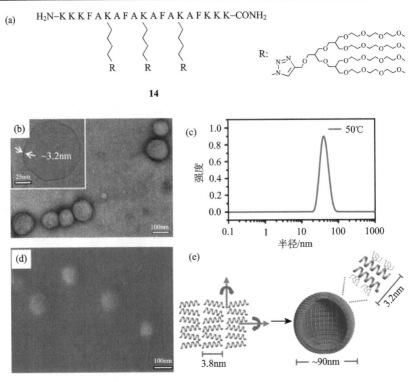

图8-31　(a)多肽分子 **14** 的结构图；(b) **14** 的透射电镜和冷冻透射电镜图像(插图)；(c) 50℃下，分子 **14** 在 5mmol/L 氟化钾溶液中的动态光散射图；(d)扫描电镜图；(e)分子 **14** 自组装成囊泡的示意图

　　因为囊泡壁由与壁平面平行的棒状 α-螺旋肽阵列组成，在螺旋肽之间形成的空隙将是手性的[109]。因此，囊泡壁起到对映选择性膜的作用。某一种构型的对映体优先穿过膜[27]。为了证实囊泡壁的对映选择性渗透性，李明洙等在室温下向 **14** 的溶液中加入外消旋的 1-(4-溴苯基)乙醇[110]。溶液加热至 55℃时，肽分子自组装成中空囊泡，同时在囊泡内部捕获外消旋物[图 8-32(a)]。通过囊泡壁的渗透是手性选择性的，其中两种包封的对映体浓度随着渗透时间的增加而降低。值得注意的是，(R)-对映体比(S)-对映体渗透得更快[图 8-32(b)]。分离 3h 后，手性选择性似乎达到最大值(ee，以％给出) 12%。该结果表明外消旋分子自发性地通过囊泡壁并被包封在囊泡内部，然后选择性地释放出(R)-对映体。对映异构体的优先渗透表明囊泡壁具有手性环境，这归因于螺旋肽的横向排列。这些结果表明，由 **14** 形成的中空囊泡可以在加热时通过膜壁的形成自发地捕获外消旋混合物，并手性选择性地释放客体分子穿过囊泡壁。考虑到大多数膜纳米结构不能可控封装[81,111,112]，而肽膜的显著特征是它们通过组装-解组装转换实现时外消旋分子的捕获并手性选择性地释放捕获的分子，可以预见，这种独特的肽膜将为探索蛋白质、基因和药物可

控捕获和释放的生物医学应用提供机会。

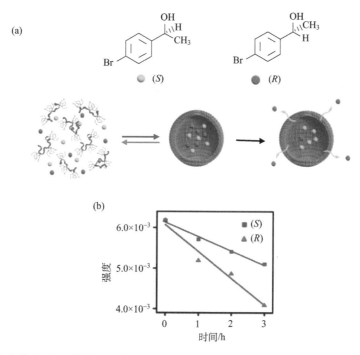

图 8-32　(a)多肽分子 **14** 捕获和分离外消旋 1-(4-溴苯基)乙醇的示意图；(b)多肽分子 **14** 组装
的手性膜选择性渗透

8.4.3　具有手性膜的 α-螺旋肽囊泡作为手性选择性纳米反应器

鉴于折叠的螺旋肽是内在的手性二级结构，因此其自组装形成的膜是构建手性膜的理想材料之一[72,113-116]。例如，具有低聚醚侧链的疏水性短肽聚集到具有手性空隙的囊泡膜中产生 α-螺旋构象。然而，囊泡表现出低手性区分能力，阻碍了囊泡被用作高效手性选择性纳米反应器，很可能是由于囊泡内壁的手性肽层被非手性聚合物覆盖。

有趣的是，把疏水性芳香片段侧向接枝到亲水性 α-螺旋肽上将产生高效的手性选择性囊泡，这是因为具有手性空隙的 α-螺旋肽层暴露于外部环境。棒状 α-螺旋肽 **15**(图 8-33)的横向缔合形成了囊泡的膜结构，囊泡壁具有高效手性选择性。芘基团在囊泡壁的内部，囊泡膜本质上是多孔的，螺旋肽排列之间具有手性空隙[117,118]。更重要的是，因为每种对映体的扩散速率显著不同，客体穿过囊泡壁是手性选择性的。

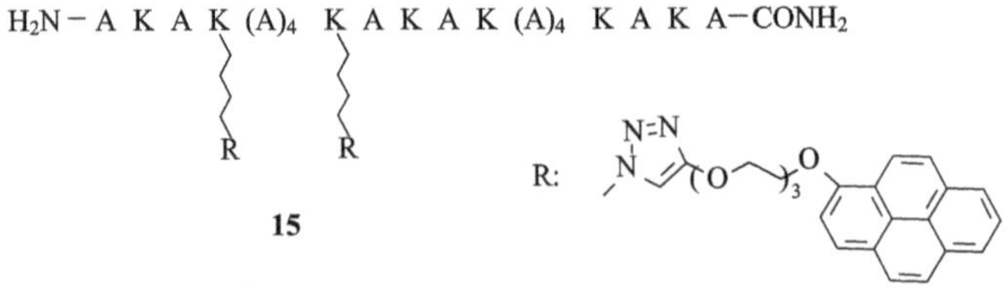

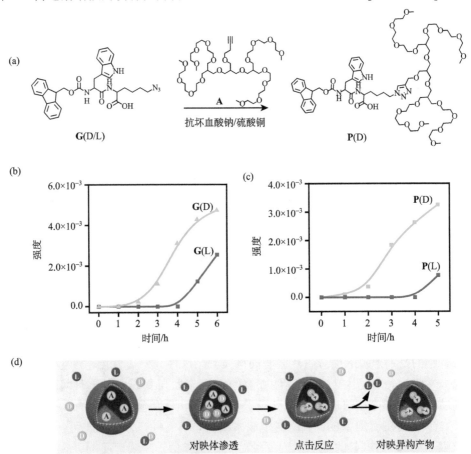

$$H_2N-A\ K\ A\ K\ K\ (A)_4\ K\ A\ K\ A\ K\ (A)_4\ K\ A\ K\ A-CONH_2$$

15

图 8-33　多肽分子 **15** 的结构示意图

选择性扩散使得肽囊泡可用于手性纳米反应器。为了探索肽囊泡作为手性选择性纳米反应器的能力，选择 N_3 取代的色氨酸-赖氨酸二肽 **G** 与炔烃官能化的亲水树枝状分子 **A** 进行点击反应[图 8-34(a)]，因为二肽 **G** 在 4h 渗透时显示出完美的手性选择性[图 8-34(b)]。手性高效液相色谱分析显示，与产物 **P**(D) 相关的峰在 4h 内逐渐增强而没有任何明显相反对映体产物 **P**(L) 的痕迹[图 8-34(c)]，证明

图 8-34　(a)客体分子 **G** 和树枝状炔烃分子 **A** 的点击反应；(b)不同扩散时间下，客体分子 **G** 每种对映体的渗透图；(c)包裹的对映体生成产物的高效液相色谱图；(d)囊泡纳米反应器内手性选择性包裹和进一步化学转化的示意图

囊泡膜仅允许外部环境中的 D-对映体进入内部以进行点击反应。因为炔烃和叠氮基团之间的点击反应在另一种对映体(L-形式)进入反应空间之前快速发生,所以该反应能够在长达 4h 内产生高对映体纯度的产物。4h 后,由于 L-对映体开始发生点击反应,导致反应产物的对映体纯度降低。该结果表明因为外消旋混合物选择性地进入肽囊泡的内部,所以该囊泡可以用作高效手性选择性纳米反应器[图8-34(d)]。这种独特的囊泡结构形成的反应空间将为手性拆分、药物运输和细胞内生物分子的手性选择性修饰提供新的机会。

8.5　具有响应性的糖纤维用以调控细胞增殖

存在于细胞表面的糖类化合物具有调节许多生物过程的功能,如细胞生长、免疫应答和病毒与细菌引起的炎症等,这些对于生物体的健康和患病状态都是非常重要的[118]。为了调节多种生物过程,需要多价糖类配体,因为单价配体很难被糖类结合蛋白识别[119]。多价配体以高的亲和力和强的特异性结合受体蛋白能力而成为强有力的抑制剂,因为它们呈现多重复制的受体结合表位,对结合具有很高的协同作用[120-122]。在适当的大分子支架上同时呈现的糖类化合物表位,可增强受体靶向的亲和力。典型的实例包括寡糖、含糖聚合物和糖基树枝状聚合物,其表现出多种和协同的受体结合特性[123]。尽管在多价糖类化合物配体中取得了这些进步,但是将传感和可转换的特性结合到多价系统中用于外部控制生理过程是十分困难的[124]。这很可能是因为它们大多都太灵活以致无法在活化态和非活化态之间进行动态切换并保持结构的完整性。由两亲性糖类模块构筑的非共价超分子组装体,通过形成动态多价支架为解决这些局限性提供了简便手段[23,125-128]。李明洙等已经开发出大量的基于两亲性模块自组装形成的超分子纳米结构,如囊泡、胶束及不同尺寸和功能的纳米纤维。例如,含有糖类化合物单元的多肽两亲物形成的糖纳米条带,能使特定的细菌细胞凝集[129,130]。碟形糖类模块形成的超分子柱状组装体也在细菌表面结合凝集素[131]。棒状分子结构提供了用于多价糖类纳米结构的超分子支架的另一个实例。李明洙等发现由棒状分子自组装形成的被糖类化合物包覆的纳米结构,可以通过对分子结构的细微调整实现对自组装体形貌的控制,进而实现对细菌细胞的生物活性进行调节[115,131]。此外,棒状分子组装基元的结晶度在控制糖类包覆的纳米纤维的长度方面起着至关重要的作用[130,133]。而且,糖类包覆的纳米纤维由于表面糖类的结合性质使得纤维的长度对菌落的形成和细菌的增殖都具有显著影响。然而,大多数糖纤维组装体不能在与细菌结合或不与细菌结合的状态之间动态转换,不能模拟生物相互作用的复杂动力学,所以在精确调节生物活性的方面还差得很远[134]。对此问题的研究策略是将侧向接枝低聚醚树枝状分子的两亲性棒状荧光分子与糖类两亲物共组装,从而使糖纤维具有荧光并通过低聚醚链的受控脱水产生热响应功能。

荧光糖纤维在加热刺激下，将实现糖在纤维表面暴露或被低聚醚链覆盖这两种状态的可逆转换，从而完成对特定细菌的捕获和释放。温度响应的纳米纤维通过调控糖与蛋白质之间的多重相互作用来调控细胞的增殖，进而对细菌的增殖具有调节作用[图 8-35(c)]。这种具有响应功能的荧光糖纤维由基于糖单元的棒状化合物 16 和基于低聚醚树枝状分子的棒状化合物 17 组成。透射电镜显示，16 和 17 共组装形成长达微米级的纤维，平均直径为 6nm[图 8-35(b)]，与之前未加入糖类两亲物所组装成的纳米纤维的尺寸相似，这表明共组装体的长度不影响纳米结构和横向尺寸。

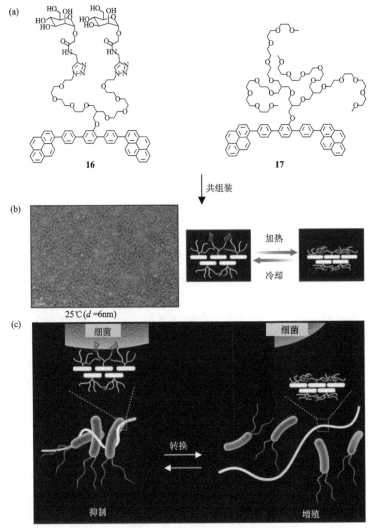

图 8-35　(a) 16 和 17 的结构式；(b) 16 和 17 共组装的透射电镜图，标尺：100nm；(c) 纳米纤维结合和释放细菌以调节其增殖的可逆转换示意。*d*:直径

化合物 **16** 和化合物 **17** 共组装纳米纤维的重要特征是对配体密度容易且可重复的控制。多价配体的结合表位密度在与蛋白质受体的结合活性方面起关键作用[135]。含有 50%(摩尔分数) **17** 的共组装纳米纤维表现出对热触发具有响应性。实际上,共组装纳米纤维水溶液的透过率在约 35℃出现明显相变[图 8-36(a)],表明具有伸

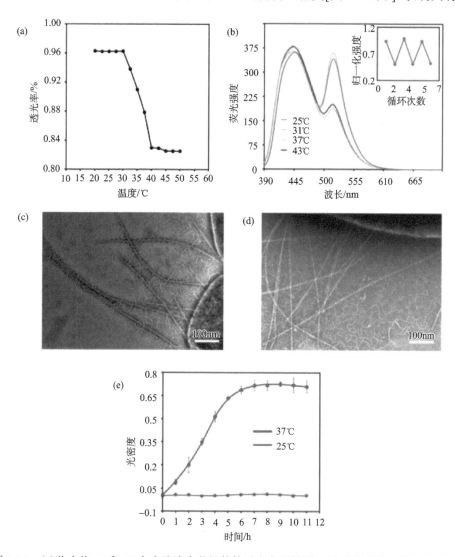

图 8-36　(a)化合物 **16** 和 **17** 在水溶液中共组装的透光率测量图;(b)共组装纳米纤维在不同温度下的荧光光谱,插图是 520nm 处荧光强度的可逆转换循环;共组装纳米纤维在 25℃(c)和 37℃(d)时与细菌相互作用的透射电镜图; (e)在共组装两亲性纳米纤维的存在下,根据大肠杆菌在 600nm 处的光密度绘制的生长曲线

展构象的低聚醚链在加热时脱水而收缩。透射电镜[图 8-36(c)]显示纳米纤维的结构保持不变,即使在 37℃ 以上也具有良好的分散性,这表明即使在低聚醚链脱水后,共组装的纳米纤维也十分稳定而没有进一步的聚集。然而,纳米纤维的直径从 6nm 减小到 5nm,表明纤维表面上的低聚醚链因脱水而收缩[102],说明在温度高于相变温度时,甘露糖表位会被纳米纤维表面上脱水的低聚醚树突覆盖。

当大肠杆菌在室温下与共组装的纳米纤维一起培养时,观察到大的荧光细菌菌落。然而,在加热至 37℃ 时,菌落消失,表明共组装的纳米纤维与细菌细胞的结合活性在加热时丧失。该结果与用刀豆蛋白的荧光共振能量转移实验获得的结果一致。为了进一步证实纳米纤维的可逆性结合,李明洙等在加热时用共组装的纳米纤维溶液(其中 **17** 的摩尔分数为 50%)进行透射电镜分析[图 8-36(d)][136]。在室温下,图像显示纳米纤维缠绕在菌毛上,表明共组装的纳米纤维与菌毛上的甘露糖结合蛋白有强结合。与此形成鲜明对比的是,加热至 37℃ 时,可以看出纳米纤维与菌毛脱离,再次证明纳米纤维的结合活性在加热时会丧失。接下来通过光密度检测在共组装纳米纤维存在下大肠杆菌的增殖速率[图 8-36(e)]。室温下,在 11h 内光谱测量不会导致光密度值的任何变化,表明纳米纤维在实验时间内有效地抑制了细菌增殖。值得注意的是,37℃ 的溶液显示出正常的细菌生长曲线,表明该温度下纳米纤维不会抑制细菌的增殖。

这些结果可以理解为热响应性纳米纤维表面上甘露糖表位的可逆表达。加热时,低聚醚树枝状结构在纳米纤维表面上的疏水性收缩强制地将甘露糖表位覆盖[130]。因此,纳米纤维与细菌之间的多价相互作用减弱,不能抑制细菌增殖。然而,冷却后,低聚醚树枝状结构的重新水合导致甘露糖表位暴露于蛋白质受体,恢复足够强的多价相互作用而使细菌聚集以抑制细菌增殖。

8.6　总结与展望

刚-柔嵌段两亲性分子的自组装是强大工具,可以用来在水溶液中构筑各种动态纳米结构,包括胶束、囊泡、纳米环、多孔胶囊、螺旋纤维和纳米管以及二维平面等。芳香两亲性分子的最显著特征源于棒状的各向异性取向、低聚醚链的最低临界共溶温度以及两个链段的相分离。因此,可以通过改变微环境来改变纳米组装体的结构与性质。虽然这些研究结果为理解动态自助装的驱动力提供了非常重要的指导意义,但是在合理设计芳香部分寻求精细运动方面,仍然需要进行持续的研究工作,尤其是应该探索除了温度响应之外自组装结构对各种类型外部刺激的动态响应。

具有生物活性基团(多肽和糖类化合物)的水溶性纳米组装在探索生物模拟、离子运输、客体释放以及细菌凝集和增殖调节方面显示出重要的潜力。这些性质可以为自组装纳米结构作为生物材料的开发提供新的机遇。水溶性纳米组装体的尺寸和形态对其生物学功能有重要影响。因此，应能以直观的方式来控制生物活性纳米组装体的物理性质。在这方面，具有生物活性的芳香两亲性分子组装体及其响应性质可以用于探索未知的生物过程并多方面扩展生物材料的应用。

另一个需要解决的重要问题是如何将非平衡态特性应用于人工组装体以创建新颖的功能。自然界中的蛋白质组装基本上是动态的，需要连续的能量输入以保持其活性。通过能量输入，蛋白质组装体可表现出各种复杂的功能。从自然界转向人工系统，大多数超分子组装体存在于最稳定状态，这种状态不具备这些复杂行为。人工系统的静态特征严重限制了其模仿复杂的生物动态行为。将生物结构的非平衡态引入人工系统将为动态组装体的创建提供一种新的方法，动态组装体所能提供的性质将远超出静态组装体。然而，实现这一目标需要由静态平衡态向动态非平衡态的转化，这仍然是一个巨大的挑战。

参 考 文 献

[1] Aida T, Meijer E W, Stupp S I. Functional supramolecular polymers. Science, 2012, 335: 813-817.

[2] Yan X, Wang F, Zheng B, et al. Stimuli-responsive supramolecular polymeric materials. Chem Soc Rev, 2012, 41: 6042-6055.

[3] Cui Y, Kim S N, Naik R R, et al. Biomimetic peptide nanosensors. Acc Chem Res, 2012, 45: 696-704.

[4] Davis J T, Spada G P. Supramolecular architectures generated by self-assembly of guanosine derivatives. Chem Soc Rev, 2007, 36: 296-313.

[5] Reynhout I C, Cornelissen J J L M, Nolte R J M. Synthesis of polymer-biohybrids: From small to giant surfactants. Acc Chem Res, 2009; 42: 681-692.

[6] Wang C, Wang Z, Zhang X. Amphiphilic building blocks for self-assembly: From amphiphiles to supra-amphiphiles. Acc Chem Res, 2011, 45: 608-618.

[7] Hong D-J, Lee E, Lee J-K, et al. Stepped strips from self-organization of oligo (p-phenylene) rods with lateral dendritic chains. J Am Chem Soc, 2008, 130: 14448-14449.

[8] Liu Y, Yu C, Jin H, et al. A supramolecular janus hyperbranched polymer and its photoresponsive self-assembly of vesicles with narrow size distribution. J Am Chem Soc, 2013, 135: 4765-4770.

[9] Swanekamp R J, DiMaio J T M, Bowerman C J, et al. Coassembly of enantiomeric amphipathic peptides into amyloid-inspired rippled β-sheet fibrils. J Am Chem Soc, 2012, 134: 5556-5559.

[10] Li B, Zhang J, Wang S, et al. Nematic ion-clustomesogens from surfactant-encapsulated polyoxometalate assemblies. Eur J Inorg Chem, 2012, 2013: 1869-1875.

[11] Tao Y, Zohar H, Olsen B D, et al. Hierarchical nanostructure control in rod-coil block copolymers with magnetic fields. Nano Lett, 2007, 7: 2742-2746.

[12] Lee M, Cho B-K, Zin W-C. Supramolecular structures from rod-coil block copolymers. Chem

Rev, 2001, 101: 3869-3892.

[13] Ryu J-H, Oh N-K, Zin W-C, et al. Self-assembly of rod-coil molecules into molecular length-dependent organization. J Am Chem Soc, 2004, 126: 3551-3558.

[14] Kim J-K, Hong M-K, Ahn J-H, et al. Liquid-crystalline assembly from rigid wedge-flexible coil diblock molecules. Angew Chem Int Ed, 2005, 44: 328-332.

[15] Tschierske C. Liquid crystal engineering--new complex mesophase structures and their relations to polymer morphologies, nanoscale patterning and crystal engineering. Chem Soc Rev, 2007, 36: 1930-1970.

[16] Liu F, Chen B, Baumeister U, et al. The triangular cylinder phase: A new mode of self-assembly in liquid-crystalline soft matter. J Am Chem Soc, 2007, 129: 9578-9579.

[17] Lim Y-B, Moon K-S, Lee M. Rod-coil block molecules: Their aqueous self-assembly and biomaterials applications. J Mater Chem, 2008, 18: 2909-2918.

[18] Kim H, Jeong S-M, Park J-W. Electrical switching between vesicles and micelles via redox-responsive self-assembly of amphiphilic rod-coils. J Am Chem Soc, 2011, 133: 5206-5209.

[19] Gilroy J B, Lunn D J, Patra S K, et al. Fiber-like micelles via the crystallization-driven solution self-assembly of poly(3-hexylthiophene)-block-poly (methyl methacrylate) copolymers. Macromolecules, 2012, 45: 5806-5815.

[20] Seo S H, Chang J Y, Tew G N. Self-assembled vesicles from an amphiphilicortho-phenylene ethynylene macrocycle. Angew Chem Int Ed, 2006, 45: 7526-7530.

[21] Shimizu T, Masuda M, Minamikawa H. Supramolecular nanotube architectures based on amphiphilic molecules. Chem Rev, 2005, 105: 1401-1444.

[22] Rosi N L, Mirkin C A. Nanostructures in biodiagnostics. Chem Rev, 2005, 105: 1547-1562.

[23] Lim Y-B, Moon K-S, Lee M. Recent advances in functional supramolecular nanostructures assembled from bioactive building blocks. Chem Soc Rev, 2009, 38: 925-934.

[24] Han K-H, Lee E, Kim J S, et al. An extraordinary cylinder-to-cylinder transition in the aqueous assemblies of fluorescently labeled rod-coil amphiphiles. J Am Chem Soc, 2008, 130: 13858-13859.

[25] Kim J-K, Lee E, Lee M. Nanofibers with tunable stiffness from self-assembly of an amphiphilic wedge-coil molecule. Angew Chem Int Ed, 2006, 45: 7195-7198.

[26] Huang L, Hu J, Lang L, et al. "Sandglass"-shaped self-assembly of coil-rod-coil triblock copolymer containing rigid aniline-pentamer. Macromol Rapid Commun, 2008, 29: 1242-1247.

[27] Ryu J-H, Hong D-J, Lee M. Aqueous self-assembly of aromatic rod building blocks. Chem Commun, 2008, 99: 1043-1054.

[28] Yoo Y-S, Choi J-H, Song J-H, et al. Self-assembling molecular trees containing octa-*p*-phenylene: From nanocrystals to nanocapsules. J Am Chem Soc, 2004, 126: 6294-6300.

[29] Bae J, Choi J-H, Yoo Y-S, et al. Helical nanofibers from aqueous self-assembly of an oligo (*p*-phenylene)-based molecular dumbbell. J Am Chem Soc, 2005, 127: 9668-9669.

[30] Ryu J-H, Lee M. Transformation of isotropic fluid to nematic gel triggered by dynamic bridging of supramolecular nanocylinders. J Am Chem Soc, 2005, 127: 14170-14171.

[31] Yang W-Y, Lee E, Lee M. Tubular organization with coiled ribbon from amphiphilic rigid-flexible macrocycle. J Am Chem Soc, 2006, 128: 3484-3485.

[32] Kim J-K, Lee E, Huang Z, et al. Nanorings from the self-assembly of amphiphilic molecular dumbbells. J Am Chem Soc, 2006, 128: 14022-14023.

[33] Kim J-K, Lee E, Jeong Y-H, et al. Two-dimensional assembly of rod amphiphiles into planar networks. J Am Chem Soc, 2007, 129: 6082-6083.

[34] Smith G D, Bedrov D. Roles of enthalpy, entropy, and hydrogen bonding in the lower critical solution temperature behavior of poly (ethylene oxide)/water solutions. J Phys Chem B, 2003, 107: 3095-3097.

[35] Hirose T, Irie M, Matsuda K. Self-assembly of photochromic diarylethenes with amphiphilic side chains: Core-chain ratio dependence on supramolecular structures. Chem Asian J, 2009, 4: 58-66.

[36] Shklyarevskiy I O, Jonkheijm P, Christianen P C M, et al. Magnetic deformation of self-assembled sexithiophene spherical nanocapsules. J Am Chem Soc, 2005, 127: 1112-1113.

[37] Tanaka S, Sawaya M R, Yeates T O. Structure and mechanisms of a protein-based organelle in Escherichia coli. Science, 2010, 327: 81-84.

[38] Gadsby D C. Ion channels versus ion pumps: The principal difference, in principle. Nat Rev Mol Cell Biol, 2009, 10: 344-352.

[39] Gouaux E. Principles of selective ion transport in channels and pumps. Science, 2005, 310: 1461-1465.

[40] Latham M P, Sekhar A, Kay L E. Understanding the mechanism of proteasome 20S core particle gating. Proc Natl Acad Sci USA, 2014, 111: 5532-5537.

[41] Lander G C, Estrin E, Matyskiela M E, et al. Complete subunit architecture of the proteasome regulatory particle. Nature, 2012, 482: 186-191.

[42] Szyk A, Deaconescu A M, Spector J, et al. Molecular basis for age-dependent microtubule acetylation by tubulin acetyltransferase. Cell, 2014, 157: 1405-1415.

[43] Conde C, Cáceres A. Microtubule assembly, organization and dynamics in axons and dendrites. Nat Rev Neurosci, 2009, 10: 319-332.

[44] Szymański W, Yilmaz D, Koçer A, et al. Bright ion channels and lipid bilayers. Acc Chem Res, 2013, 46: 2910-2923.

[45] Kowalczyk S W, Kapinos L, Blosser T R, et al. Single-molecule transport across an individual biomimetic nuclear pore complex. Nat Nanotechnol, 2011, 6: 433-438.

[46] Yu S, Azzam T, Rouiller I, et al. "Breathing" vesicles. J Am Chem Soc, 2009, 131: 10557-10566.

[47] Hoersch D, Roh S-H, Chiu W, et al. Reprogramming an ATP-driven protein machine into a light-gated nanocage. Nat Nanotechnol, 2013, 8: 928-932.

[48] Percec V, Dulcey A E, Balagurusamy V S K, et al. Self-assembly of amphiphilic dendritic dipeptides into helical pores. Nature, 2004, 430: 764-768.

[49] Fukino T, Joo H, Hisada Y, et al. Manipulation of discrete nanostructures by selective modulation of noncovalent forces. Science, 2014, 344: 499-504.

[50] Bhosale S, Sisson A L, Talukdar P, et al. Photoproduction of proton gradients with π-stacked fluorophore scaffolds in lipid bilayers. Science, 2017, 313: 84-86.

[51] Coleman A C, Beierle J M, Stuart M C A, et al. Light-induced disassembly of self-assembled vesicle-capped nanotubes observed in real time. Nat Nanotechnol, 2011, 6: 547-552.

[52] Hunter C A, Lawson K R, Perkins J, et al. Aromatic interactions. J Chem Soc, Perkin Trans 2, 2001, 0: 651-669.

[53] Kumar M, Sekhon S S. Role of plasticizer's dielectric constant on conductivity modification of PEO-NH$_4$F polymer electrolytes. European Polymer J, 2002, 38: 1297-1304.

[54] Knighton D R, Zheng J H, Eyck Ten L F, et al. Structure of a peptide inhibitor bound to the catalytic subunit of cyclic adenosine monophosphate-dependent protein kinase. Science, 1991, 253: 414-420.

[55] Reynwar B J, Illya G, Harmandaris V A, et al. Aggregation and vesiculation of membrane proteins by curvature-mediated interactions. Nature, 2007, 447: 461-464.

[56] Shen B, He Y, Kim Y, Wang Y, et al. Spontaneous capture of carbohydrate guests through folding and zipping of self-assembled ribbons.Angew Chem Int Ed,2016, 55: 2382-2386.

[57] Nelson J C. Solvophobically driven folding of nonbiological oligomers. Science, 1997, 277: 1793-1796.

[58] Kim H-J, Kang S-K, Lee Y-K, et al. Self-dissociating tubules from helical stacking of noncovalent macrocycles. Angew Chem Int Ed, 2010, 49: 8471-8475.

[59] Lee M, Cho B-K, Kang Y-S, et al. Hydrogen-bonding-mediated formation of supramolecular rod-coil copolymers exhibiting hexagonal columnar and bicontinuous cubic liquid crystalline assemblies. Macromolecules, 1999, 32: 8531-8537.

[60] Shao H, Seifert J, Romano N C, et al. Amphiphilic self-assembly of an n-type nanotube. Angew Chem Int Ed, 2010, 49: 7688-7691.

[61] Hernandez-Garcia A, Kraft D J, Janssen A F J, et al. Design and self-assembly of simple coat proteins for artificial viruses. Nat Nanotechnol, 2014, 9: 698-702.

[62] Huang Z, Kang S-K, Banno M, et al. Pulsating tubules from noncovalent macrocycles. Science, 2012, 337: 1521-1526.

[63] Kim Y, Li H, He Y, et al. Collective helicity switching of a DNA-coat assembly.Nat Nanotech,2017, 12: 551-556.

[64] Choi J, Majima T. Conformational changes of non-B DNA. Chem Soc Rev, 2011, 40: 5893-5909.

[65] Sugiyama H, Kawai K, Matsunaga A, et al. Synthesis, structure and thermodynamic properties of 8-methylguanine-containing oligonucleotides: Z-DNA under physiological salt conditions. Nucleic Acids Research, 1996, 24: 1272-1278.

[66] Barone G, Longo A, Ruggirello A, et al. Confinement effects on the interaction of native DNA with Cu(II)-5-(triethylammoniummethyl) salicylidene ortho-phenylendiiminate in C(12)E(4) liquid crystals. Dalton Trans, 2008, 99: 4172-4178.

[67] Benevides J M, Thomas G J. Characterization of DNA structures by Raman spectroscopy: High-salt and low-salt forms of double helical poly(dG-dC) in H$_2$O and D$_2$O solutions and

application to B, Z and A-DNA. Nucleic Acids Research, 1983, 11: 5747-5761.

[68] Herbert A, Rich A. Left-handed Z-DNA: Structure and function. Genetica, 1999, 106: 37-47.

[69] Kim H-J, Kim J-K, Lee M. Self-assembly of coordination polymers into multi-stranded nanofibers with tunable chirality. Chem Commun, 2010, 46: 1458-1460.

[70] Huang Z, Lee H, Lee E, et al. Responsive nematic gels from the self-assembly of aqueous nanofibres. Nat Commun, 2011, 2: 459.

[71] Tang Z, Zhang Z, Wang Y, et al. Self-assembly of CdTe nanocrystals into free-floating sheets. Science, 2006, 314: 274-278.

[72] Lee E, Kim J-K, Lee M. Tubular stacking of water-soluble toroids triggered by guest encapsulation. J Am Chem Soc, 2009, 131: 18242-18243.

[73] Kastler M, Pisula W, Wasserfallen D, et al. Influence of alkyl substituents on the solution- and surface-organization of hexa-peri-hexabenzocoronenes. J Am Chem Soc, 2005, 127: 4286-4296.

[74] Zoppi L, Martin-Samos L, Baldridge K K. Effect of molecular packing on corannulene-based materials electroluminescence. J Am Chem Soc, 2011, 133: 14002-14009.

[75] Kim Y, Lee M. Supramolecular capsules from bilayer membrane scission driven by corannulene.Chem Eur J, 2015, 21: 5736-5740.

[76] Yamaji M, Takehira K, Mikoshiba T, et al. Photophysical and photochemical properties of corannulenes studied by emission and optoacoustic measurements, laser flash photolysis and pulse radiolysis. Chem Phys Lett, 2006, 425: 53-57.

[77] Iyoda M, Shimizu H. Multifunctional π-expanded oligothiophene macrocycles. Chem Soc Rev, 2015, 44: 6411-6424.

[78] Lee S, Chen C-H, Flood A H. A pentagonal cyanostar macrocycle with cyanostilbene CH donors binds anions and forms dialkylphosphate [3] rotaxanes. Nat Chem, 2013, 5: 704-710.

[79] Sun B, Kim Y, Wang Y, et al.Homochiral porous nanosheets for enantiomer sieving. Nat Mater, 2018, 17: 599-604.

[80] Würthner F, Kaiser T E, Saha-Möller C R. J-aggregates: From serendipitous discovery to supramolecular engineering of functional dye materials. Angew Chem Int Ed, 2011, 50: 3376-3410.

[81] Xie R, Chu L-Y, Deng J-G. Membranes and membrane processes for chiral resolution. Chem Soc Rev, 2008, 37: 1243-1263.

[82] Choudhury T D, Rao N V S, Tenent R, et al. Homeotropic alignment and director structures in thin films of triphenylamine-based discotic liquid crystals controlled by supporting nanostructured substrates and surface confinement. J Phys Chem B, 2011, 115: 609-617.

[83] Sakamoto J, van Heijst J, Lukin O, et al. Two-dimensional polymers: Just a dream of synthetic chemists? Angew Chem Int Ed, 2009, 48: 1030-1069.

[84] Kissel P, Erni R, Schweizer W B, et al. A two-dimensional polymer prepared by organic synthesis. Nat Chem, 2012, 4: 287-291.

[85] Peng Y, Li Y, Ban Y, et al. Metal-organic framework nanosheets as building blocks for molecular sieving membranes. Science, 2014, 346: 1356-1359.

[86] Hisaki I, Nakagawa S, Ikenaka N, et al. A series of layered assemblies of hydrogen-bonded,

hexagonal networks of C3-symmetric π-conjugated molecules: A potential motif of porous organic materials. J Am Chem Soc, 2016, 138: 6617-6628.

[87] Zhang K D, Tian J, Hanifi D, et al. Toward a single-layer two-dimensional honeycomb supramolecular organic framework in water. J Am Chem Soc, 2013, 135: 17913-17918.

[88] Lee E, Kim J-K, Lee M. Lateral association of cylindrical nanofibers into flat ribbons triggered by "molecular glue". Angew Chem Int Ed, 2008, 47: 6375-6378.

[89] Studart A R. Biologically inspired dynamic material systems. Angew Chem Int Ed, 2015, 54: 3400-3416.

[90] Schmidt O G, Eberl K. Nanotechnology: Thin solid films roll up into nanotubes. Nature, 2001, 410: 168.

[91] Han M, Hyun J, Sim E. Self-rolled nanotubes with controlled hollow interiors by patterned grafts. Soft Matter, 2015, 11: 3714-3723.

[92] Tan R, Chen L, Buettner J A, et al. RNA recognition by an isolated α helix. Cell, 1993, 73: 1031-1040.

[93] Ross N T, Katt W P, Hamilton A D. Synthetic mimetics of protein secondary structure domains. Philos Trans R Soc A: Mathem Phys Eng Sci, 2010, 368: 989-1008.

[94] Nick Pace C, Martin Scholtz J. A helix propensity scale based on experimental studies of peptides and proteins. Biophys J, 1998, 75: 422-427.

[95] Lee B-C, Chu T K, Dill K A, et al. Biomimetic nanostructures: Creating a high-affinity zinc-binding site in a folded nonbiological polymer. J Am Chem Soc, 2008, 130: 8847-8855.

[96] Kelso M J, Hoang H N, Appleton T G, et al. The first solution stucture of a single α-helical turn. A pentapeptide α-helix stabilized by a metal clip. J Am Chem Soc, 2000, 122: 10488-10489.

[97] Sim S, Kim Y, Kim T, et al. Directional assembly of α-helical peptides induced by cyclization. J Am Chem Soc, 2012, 134: 20270-20272.

[98] Gentz R, Rauscher F, Abate C, et al. Parallel association of Fos and Jun leucine zippers juxtaposes DNA binding domains. Science, 1989, 243: 1695-1699.

[99] Song A, Zhang J, Lebrilla C B, et al. A novel and rapid encoding method based on mass spectrometry for "one-bead-one-compound" small molecule combinatorial libraries. J Am Chem Soc, 2003, 125: 6180-6188.

[100] Spokoyny A M, Zou Y, Ling J J, et al. A perfluoroaryl-cysteine S(N)Ar chemistry approach to unprotected peptide stapling. J Am Chem Soc, 2013, 135: 5946-5949.

[101] Ousaka N, Sato T, Kuroda R. Intramolecular crosslinking of an optically inactive 3(10)-helical peptide: Stabilization of structure and helix sense. J Am Chem Soc, 2008, 130: 463-465.

[102] Fremaux J, Mauran L, Pulka-Ziach K, et al. α-Peptide-oligourea chimeras: Stabilization of short α-helices by non-peptide helical foldamers. Angew Chem Int Ed, 2015, 54: 9816-9820.

[103] White S J, Johnson S D, Sellick M A. The influence of two-dimensional organization on peptide conformation. Angew Chem Int Ed, 2015, 54: 974-978.

[104] Azzarito V, Long K, Murphy N S, et al. Inhibition of α-helix-mediated protein-protein interactions using designed molecules. Nat Chem, 2013, 5: 161-173.

[105] Kim W, Thévenot J, Ibarboure E, et al. Self-assembly of thermally responsive amphiphilic

diblock copolypeptides into spherical micellar nanoparticles. Angew Chem Int Ed, 2010, 49: 4257-4260.

[106] Gosser Y, Hermann T, Majumdar A, et al. Peptide-triggered conformational switch in HIV-1 RRE RNA complexes. Nat Struct Biol, 2001, 8: 146-150.

[107] Kim Y, Kang J, Shen B, et al. Open-closed switching of synthetic tubular pores. Nat Commun, 2015, 6: 8650.

[108] Marqusee S, Robbins V H, Baldwin R L. Unusually stable helix formation in short alanine-based peptides. Proc Natl Acad Sci USA, 1989, 86: 5286-5290.

[109] Li C, Cho J, Yamada K, et al. Macroscopic ordering of helical pores for arraying guest molecules noncentrosymmetrically. Nat Commun, 2015, 6: 8418.

[110] Chen X, He Y, Kim Y et al. Reversible short α-helical peptide assembly for controlled. Capture and selective release of enantiomers.J Am Chem Soc,2016, 138: 5773-5776.

[111] Shimomura K, Ikai T, Kanoh S, et al. Switchable enantioseparation based on macromolecular memory of a helical polyacetylene in the solid state. Nat Chem, 2014, 6: 429-434.

[112] Sueyoshi Y, Fukushima C, Yoshikawa M. Molecularly imprinted nanofiber membranes from cellulose acetate aimed for chiral separation. J Membrane Sci, 2010, 357: 90-97.

[113] Kimura S, Kim D-H, Sugiyama J, et al. Vesicular self-assembly of a helical peptide in water. Langmuir, 1999, 15: 4461-4463.

[114] Holowka E P, Sun V Z, Kamei D T. Polyarginine segments in block copolypeptides drive both vesicular assembly and intracellular delivery. Nat Mater, 2007, 6: 52-57.

[115] Lee D-W, Kim T, Park I-S, et al. Multivalent nanofibers of a controlled length: Regulation of bacterial cell agglutination. J Am Chem Soc, 2012, 134: 14722-14725.

[116] Lim Y-B, Moon K-S, Lee M. Stabilization of an alpha helix by beta-sheet-mediated self-assembly of a macrocyclic peptide. Angew Chem Int Ed, 2009, 48: 1601-1605.

[117] Chen X, He Y, Kim Y, et al. Reversible, short α-peptide assembly for controlled capture and selective release of enantiomers. J Am Chem Soc, 2016, 138: 5773-5776.

[118] Imberty A, Varrot A. Microbial recognition of human cell surface glycoconjugates. Curr Opin Struct Biol, 2008, 18: 567-576.

[119] Bertozzi C R, Kiessling L L. Chemical glycobiology. Science, 2001, 291: 2357-2364.

[120] Wittmann V, Pieters R J. Bridging lectin binding sites by multivalent carbohydrates. Chem Soc Rev, 2013, 42: 4492-4503.

[121] Compain P, Decrocq C, Iehl J, et al. Glycosidase inhibition with fullerene iminosugar balls: A dramatic multivalent effect. Angew Chem Int Ed, 2010, 49: 5753-5756.

[122] Gingras M, Chabre Y M, Roy M, et al. How do multivalent glycodendrimers benefit from sulfur chemistry? Chem Soc Rev, 2013, 42: 4823-4841.

[123] Gestwicki J E, Cairo C W, Strong L E, et al. Influencing receptor-ligand binding mechanisms with multivalent ligand architecture. J Am Chem Soc, 2002, 124: 14922-14933.

[124] Kim I-B, Wilson J N, Bunz U H F. Mannose-substituted PPEs detect lectins: A model for Ricin sensing. Chem Commun, 2005, 98: 1273-1275.

[125] Thomas G B, Rader L H, Park J, et al. Carbohydrate modified catanionic vesicles: Probing

multivalent binding at the bilayer interface. J Am Chem Soc, 2009, 131: 5471-5477.

[126] Petkau K, Kaeser A, Fischer I, et al. Pre- and postfunctionalized self-assembled π-conjugated fluorescent organic nanoparticles for dual targeting. J Am Chem Soc, 2011, 133: 17063-17071.

[127] Uhlenheuer D A, Petkau K, Brunsveld L. Combining supramolecular chemistry with biology. Chem Soc Rev, 2010, 39: 2817-2826.

[128] Lim Y-B, Park S, Lee E, et al. Tunable bacterial agglutination and motility inhibition by self-assembled glyco-nanoribbons. Chem Asian J, 2007, 2: 1363-1369.

[129] Lim Y-B, Park S, Lee E, et al. Glycoconjugate nanoribbons from the self-assembly of carbohydrate-peptide block molecules for controllable bacterial cell cluster formation. Biomacromolecules, 2007, 8: 1404-1408.

[130] Müller M K, Brunsveld L. A supramolecular polymer as a self-assembling polyvalent scaffold. Angew Chem Int Ed, 2009, 48: 2921-2924.

[131] Kim B-S, Hong D-J, Bae J, et al. Controlled self-assembly of carbohydrate conjugate rod-coil amphiphiles for supramolecular multivalent ligands. J Am Chem Soc, 2005, 127: 16333-16337.

[132] Ryu J-H, Lee E, Lim Y-B, et al. Carbohydrate-coated supramolecular structures: Transformation of nanofibers into spherical micelles triggered by guest encapsulation. J Am Chem Soc, 2007, 129: 4808-4814.

[133] Chan Y-T, Moorefield C N, Newkome G R. Synthesis, characterization, and self-assembled nanofibers of carbohydrate-functionalized mono- and di (2,2':6',2''- terpyridinyl) arenes. Chem Commun, 2009, 36: 6928-6930.

[134] Lutz J-F, Weichenhan K, Akdemir Ö, et al. About the phase transitions in aqueous solutions of thermoresponsive copolymers and hydrogels based on 2-(2-methoxyethoxy) ethyl methacrylate and oligo (ethylene glycol) methacrylate. Macromolecules, 2007, 40: 2503-2508.

[135] Cairo C W, Gestwicki J E, Kanai M, et al. Control of multivalent interactions by binding epitope density. J Am Chem Soc, 2002, 124: 1615-1619.

[136] Na G, He Y, Kim Y, et al. Switching of carbohydrate nanofibers for regulating cell proliferation. Soft Matter, 2016, 12: 2846-2850.

第9章 自修复超分子材料

孙俊奇　李懿轩　沈家骢

9.1 引　　言

　　自然界中的生物体经过亿万年的进化已经能够适应自身所生存的环境,并能够对于环境的变化进行智能反馈[1]。当生物体受到损伤时,它们可以自发地利用自身的物质和能量对受损处进行修复,从而有效提高自身的生存概率以及延长自身寿命[2-5]。例如,动物的骨骼在受到损伤后可以利用自身的循环系统向受损处输送修复骨组织所需要的物质,修复受损的骨骼;蚯蚓的身体即使被切断以后也可以再生;荷叶则可以通过在表面不断释放蜡质结晶材料以保持其超疏水自清洁的性质。仿照生物体的自我修复功能,人们发展了诸多人造自修复材料。与生物体类似,人造自修复材料受到损伤后可自发地或在一定外界刺激(如热、光、压力等)下利用材料内部的物质和能量对损伤进行物质补充和作用力重建,实现自我修复[2,6-16]。

　　根据自修复材料制备方法的不同可将自修复材料分为外援型[6-9,12-15]和本征型两类[11,17-33]。外援型自修复材料依赖于封装在材料内部的修复剂实现修复,而本征型自修复材料则是通过材料内部的可逆作用所发生的断裂-重组来实现对损伤的修复。相对于外援型自修复材料,本征型自修复材料由于不涉及修复剂的封装表现出易于制备的优点。更为重要的是,本征型自修复材料由于其内部可逆作用能够发生断裂-重组的特性能够同时赋予材料可降解、可重塑和可循环再生的性能。大力发展可修复、可循环利用的新型人造材料将对解决当今社会物质大量消耗造成的资源短缺和环境污染问题起到至关重要的作用。

　　发展可用于制备本征型自修复材料的分子间相互作用(即修复推动力)对于丰富自修复材料的种类、提高自修复材料的机械性能和开发功能性自修复材料至关重要。目前,基于具有可逆断裂-重组功能的可逆共价键的自修复材料已经取得了长足的发展。人们所熟知的可逆反应,如 Diels-Alder (DA)环加成反应[34-36]和二硫键交换反应[37-39]等已经被广泛地用于制备自修复材料。超分子作用力是指分子间的非共价相互作用,如静电相互作用[19,28,29,40-43]、氢键[32,33,44-48]、卤键[49]、金属配位键[20,50-54]、主客体相互作用[55-57]、π-π 相互作用[58,59]、疏水-疏水作用[60]等。与基于可逆共价键的自修复材料相比,基于超分子作用所制备的自修复超分子材料由于内部作用力一般为弱相互作用力,因此在热力学上可逆性更好,具有快速高效的断裂-重组性能。并且,在自修复超分子材料体系中同时引入多种具有强弱差异的作用力,可以实现强弱不同作用力的协同作用,从而提高自修复超分子材料的机械性能。此外,功能性分子的引入更加有利于制备功能型自修复超分子材料,使其在信息科学、材料科学、生命科学、能源科学、医药学和环境科学等领域具有广阔的应用前景。

9.2　自修复材料的制备方法与分类

9.2.1　自修复材料的制备方法

自修复材料是一种仿生智能材料,它在一定刺激条件下,可以通过内部的物质迁移实现受损结构和功能的修复。目前,人们已经成功制备了多种具有自修复性能的功能材料,如结构自修复材料、超疏水自修复材料、导电自修复材料、防腐自修复材料及多种功能集成的自修复材料等。随着自修复材料相关研究的不断深入,自修复材料的制备方法也被人们广泛研究。根据在制备过程中是否需要包埋修复剂,可以将自修复材料分为外援型自修复材料和本征型自修复材料。

1. 外援型自修复材料

利用外援型方法制备的自修复材料称为外援型自修复材料。外援型方法制备自修复材料的一般过程是:将修复剂封装在微容器(如微胶囊、微管路等)中,再将微容器均匀地分散到主体材料中。当材料受到损伤后,可以通过释放主体材料中包埋的修复剂来修复机械损伤,恢复材料原有的结构和功能。根据封装修复剂的方法不同,可以将外援型方法分为微胶囊法、微管路法和其他封装方法。

1)微胶囊法

微胶囊法是一种被广泛研究的外援型自修复材料的制备方法,一般是通过将封装有修复剂的微胶囊填充在主体材料(一般为树脂基聚合物)中以制备自修复复合材料。当材料受到应力产生裂纹时,分布在裂纹扩展方向上的微胶囊发生破裂。在毛细力作用下,胶囊中包埋的修复剂释放到损伤处,在一定条件下发生聚合反应,进而修复损伤(图 9-1)。

White 等根据上述机理首次提出如图 9-1(a)所示的微胶囊填充型自修复体系[61]。在该体系中,修复单体被封装在微胶囊中,而催化剂则被直接分散在主体材料中。当材料受到损伤时,被释放的修复单体会在催化剂作用下聚合,进而修复损伤。这个体系实现了材料内部裂纹修复,从而防止材料内部裂纹进一步扩展,提高了材料的稳定性和使用寿命。但是，在材料主体中直接分散催化剂的方法一方面会使催化剂受主体材料或外界环境影响而降低催化效率，另一方面催化剂可能会影响主体材料的性能或限制主体材料的选择。为了解决这个问题，人们发展了如图9-1(b)所示的双重微胶囊体系[9,62]。这种方法将修复剂和催化剂分别进行封装，解决了催化剂的不稳定性以及其与主体材料之间的相互限制问题。此外，Caruso 等还发展了不需要催化剂辅助的微胶囊填充型自修复体系[图 9-1(c)][63-66]。他们将封装有溶剂的微胶囊包埋在环氧基体中，当胶囊破裂，释放出来的溶剂会使环氧基体材料溶胀，在溶剂作用下，高分子链段在裂纹面运动穿插，使得裂纹修复。通过选用不同的微胶囊体系和微胶囊芯材等，优化材料制备工艺，人们已经成功地利用微胶囊法制备了结构自修复材料[62,63]、金属防腐自修复材料[12,65]、导电自修复材料和透明性自修复材料[67,68]。

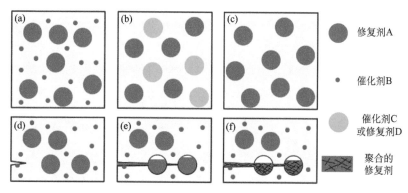

图 9-1　(a)～(c)基于微胶囊的自修复材料示意图：(a)需要催化剂的单种微胶囊自修复材料示意图，修复剂 A 封装在微胶囊中，催化剂 B 直接分散在主体材料中；(b)含有双重微胶囊的自修复材料示意图，两种微胶囊中分别负载修复剂 A 和催化剂 C 或修复剂 D；(c)不需要催化剂的单种微胶囊自修复材料示意图。(d)～(f)需要催化剂的单种微胶囊自修复材料的损伤修复过程：(d)材料产生裂纹；(e)裂纹扩展到微胶囊表面，微胶囊破裂，修复剂释放；(f)修复剂分子在催化剂作用下发生聚合反应固化，修复裂纹

2)微管路法

由于微胶囊中的修复剂是有限的，耗尽后无法再生，因此在同一损伤位置的修复次数较少，限制了自修复材料的实际应用。为了进一步提高其修复能力，人们仿照动物体内血管的结构，发展了微管路法。根据微管路的结构，可将微管路法分为一维微管路法和三维微管路法。

利用一维微管路法制备自修复材料的一般过程是：首先将修复剂封装在空心玻璃纤维或碳纳米管中[69,70]，随后对玻璃纤维或碳纳米管进行封装，再将装载修复剂的玻璃纤维或碳纳米管与主体材料复合，就得到基于一维微管路填充型自修复材料。一维微管路填充型自修复材料结构如图 9-2(a)所示，当材料受到损伤，微管路会在应力下破裂，修复剂会沿裂纹释放，并黏合裂纹，实现损伤修复。

三维微管路法则是利用直接自组装的方法制备三维空心微管路，随后将修复剂负载到三维微管路中，再将含有修复剂的三维微管路复合到基体材料中[图9-2(b)]。含有三维微管路自修复材料的修复机理与微胶囊型自修复材料的修复机理相似，当三维微管路填充型自修复材料受到损伤时，在应力作用下，裂纹扩展到纤维管路表面，导致管路破裂，管路中的修复剂在毛细力作用下释放，实现损伤修复。由于三维微管路是连通管路，当某一位置再次受到损伤时，管路中其他位置的修复剂可以沿着管路重新补充到该受损部位，实现同一位置损伤的多次修复。White 等利用这种方法实现了同一位置的 7 次损伤修复[14]。

为了进一步提高三维微管路填充型自修复材料的修复能力，人们利用自组装方法制备出三维互穿微管路网络填充型自修复材料[图 9-2(c)]。三维互穿微管路网络填充型自修复材料在同一位置的修复次数可多达 30 次[15]，但是制备三维互穿微管路网络填充型自修复材料的工艺相对复杂。此外，受到制备方法的限制，制备三维互穿微管路网络填充型自修复材料时，可供选择的原材料有限，限制了三维互穿微管路网络填充型自修复材料的实际应用。

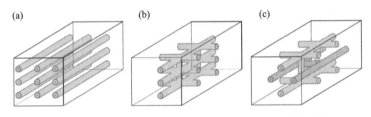

图9-2　微管路填充型自修复材料示意图：(a)一维微管路填充型自修复材料；(b)三维微管路填充型自修复材料；(c)三维互穿微管路网络填充型自修复材料

3)其他封装方法

除了上述提到的微胶囊法和微管路法，人们也尝试了用其他类型的微容器来装载修复剂，以制备外援型自修复材料。例如，Möhwald 等利用介孔二氧化硅装载金属防腐剂[71]，并利用层层组装方法对介孔二氧化硅进行封装以防止金属防腐剂溢出。随后，将封装好的介孔二氧化硅混入到防腐涂层中，从而得到具有金属防腐自修复能力的涂层。当涂层受到损伤后，暴露出来的金属会发生腐蚀，由此引起的 pH 变化会引发介孔二氧化硅中金属防腐剂的释放，最终阻止金属进一步腐蚀，并修复涂层的金属防腐能力。此外，在不借助任何封装材料或可装载修复剂微容器的情况下，直接将低表面能物质或金属防腐剂装载到主体材料中，也可实现超疏水或金属防腐自修复材料的制备[21,72-74]。

2. 本征型自修复材料

外援型自修复材料的制备过程和工艺复杂，通常需要借助埋植技术(微胶囊/空心纤维/微管路技术)，优化催化聚合反应条件，且存在修复剂耗尽和催化剂失活等问题，限制了外援型自修复材料的实际应用。相反地，本征型自修复材料的修复过程主要是依赖材料内部的可逆共价键和超分子作用力，其修复机理是：当材料受到损伤时，材料内部的可逆作用力可以自发地或在一定外界刺激下部分打开，促使材料获得较好的流动性，并将损伤处填平。同时，损伤处的可逆作用力的动态重组使得损伤得到有效的修复。由于不需要修复剂，本征型自修复材料的制备过程避免了复杂的修复剂封装过程，其修复能力也不会受到修复剂耗尽的限制，可以在同一位置实现损伤的多次修复。根据本征型自修复材料在修复损伤过程中依赖的作用力类型，可以将本征型自修复材料分为基于可逆共价键的本征型自修复材料和基于超分子作用力的本征型自修复材料。

1) 基于可逆共价键的本征型自修复材料

基于可逆共价键的本征型自修复材料通常可以在外界的光、热、磁、微波和化学环境变化等刺激下实现共价键的可逆断裂和生成。常用于制备本征型自修复材料的可逆反应有 DA 反应[34-36]和二硫键交换反应[37-39]等。DA 反应实质上是共轭双烯与取代烯烃的环加成反应。受热后环加成产物会发生逆 DA 反应(即环分解反应)，从而重新回到初始原料。Wudl 等利用单体 1(端基为呋喃的四臂小分子)与单体 2(端基为马来酰亚胺的三臂小分子)，通过呋喃与马来酰亚胺之间的 DA 反应聚合得到透明的自修复聚合物材料[34]。该研究中所采用的分子结构和它们的可逆化学反应方程式如图 9-3(a)所示。在修复实验测试中，他们发现将结构损伤后的材料置于 120℃的环境中 2h，材料的伤口得以修复，修复效率可达 41%[图 9-3(b)]。若进一步升高修复温度至 150℃，该材料的修复效率可以提高到 50%以上。由于该材料的修复性能来源于 DA 反应及其逆反应，理论上材料可以在同一位置实现多次修复。

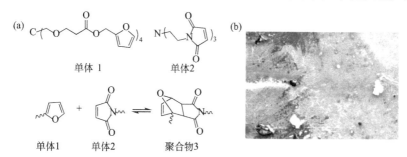

图9-3　(a)单体1和单体2的化学结构式及它们的DA反应方程式；(b) 修复后的样品表面SEM照片，左侧为刚修复完的表面，存在一条白色的"疤痕"，右侧为修复后用刮刀刮过的表面，损伤处的样品表面已经完全融合

　　虽然基于可逆 DA 反应制备的本征型自修复材料的机械性能一般较高，但引发 DA 反应的逆反应所需温度相对较高，导致基于 DA 反应的本征型自修复材料的修复条件较为苛刻。因此，人们开发了一些基于反应条件更温和的可逆共价键的本征型自修复材料。东华大学陈大俊等合成了一种主链含有可逆二硫键的自修复聚氨酯材料[38]，合成过程如图 9-4(a)所示。该自修复聚氨酯材料具有优异的形状记忆功能，只需将受到划痕损伤后的材料在 80℃的条件下加热 5min，划痕就会在自身形状记忆效应的作用下完全消失[图 9-4(b)]。持续加热 4h 后，材料的机械性能可完全恢复。与其他的基于可逆共价键的本征型自修复材料的修复机理相同，该聚氨酯材料优异的修复性质依赖于损伤处二硫键的可逆断裂与重组。

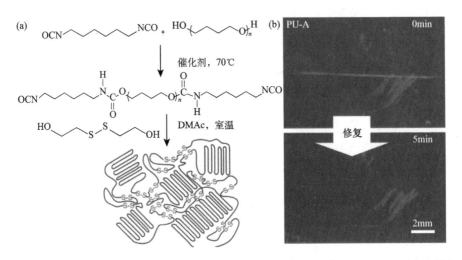

图 9-4　(a)含有二硫键的聚氨酯合成过程示意图；(b)刚划伤后的样品表面 SEM 照片和其在 80℃
热台上加热 5min 之后的表面 SEM 照片

　　随着多种类型的可逆共价键的不断发展，在室温下即具有可逆性质的二硫键交换反应[75]、碳碳双键交换的烯烃复分解反应[76]和二芳基苯丙呋喃酮分子的自由基交换反应等也被用于设计和制备本征型自修复材料。除了温度响应型的可逆共价键，人们还开发了对紫外光和 pH 等刺激具有响应性的可逆共价键以制备自修复材料，如在不同紫外光下可进行光二聚和光裂解的香豆素[77]，在紫外光甚至可见光下可进行链段重组的秋兰姆二硫键[78]和 pH 响应的硼酸酯键[79]等。

　　2)基于超分子作用力的本征型自修复材料

　　由于破坏可逆共价键的能量相对较高，基于可逆共价键的自修复材料的修复条件一般相对苛刻。相比之下，超分子作用力的强度相对较弱而且通常处在动态平衡状态下。因此，超分子作用力有望用于制备修复条件温和的自修复材料。常见超分子作用力有静电相互作用、氢键、金属配位键、主客体识别作用等。

阴阳离子间的静电相互作用常用来驱动分子间的自组装。基于静电相互作用的自组装体系对环境中的离子强度变化具有一定的响应性，因此离子间的静电相互作用常被用于设计制备本征型自修复材料。离子液体自带平衡离子，可以直接用来设计制备基于静电相互作用的本征型自修复材料[80-82]。孙俊奇等通过调控咪唑类聚离子液体的平衡阴离子的尺寸，开创性地发展了一类可修复机械损伤的聚离子液体材料[82]。他们将咪唑类离子液体单体（平衡阴离子为溴离子，IL/Br）与丙烯酸乙酯（EA）共聚得到聚离子液体的共聚物（PIL/Br-co-PEA），并通过离子交换反应将 Br⁻替换为大尺寸的二（三氟甲基磺酰）亚胺离子（TFSI⁻），分子结构如图 9-5所示。当聚离子液体中平衡离子由 Br⁻替代为 TFSI⁻时，材料可在 55℃的加热条件下放置 7.5h 实现对损伤的完全修复，修复后的样品具有良好的拉伸性[图9-5（a）]。作为对比，当材料内部的平衡阴离子为 Br⁻时，即使在 150℃的高温下，材料也无法实现自我修复[图 9-5（b）]。除此之外，他们还研究了其他平衡离子对于材料修复性能的影响，如三氟甲基磺酸根（Tf⁻）和二（氟磺酰）亚胺离子（FS⁻）等。结合修复测试及计算机模拟的结果，得出如下结论：聚离子液体材料的修复性能可以通过改变其平衡阴离子的尺寸进行调控，阴离子的尺寸越大越有利于损伤修复。

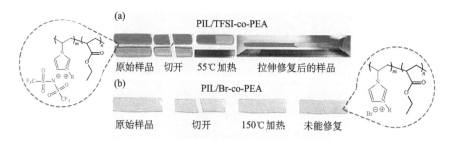

图 9-5　（a）经染色的共聚物 PIL/TFSI-co-PEA 被切开，将不同颜色的两部分挤压在一起，再在
55℃条件下放置 7.5h，材料的结构和力学性能完全修复；（b）在 150℃高温下，切开后的
PIL/Br-co-PEA 共聚物无法完成修复

氢键是一种弱的分子内或分子间相互作用，在加热甚至室温条件下，不同的氢键基团之间就可以进行动态交换。正是利用氢键这种动态的特性，人们制备了多种基于氢键相互作用的本征型自修复材料[32,33,44,83-85]。其中，法国 Arkema 公司的 Leibler 等在基于氢键相互作用制备超分子自修复材料方面做出了开拓性的工作[45]。如图 9-6 所示，他们通过尿素与低分子量的二元、三元脂肪酸的缩聚反应制备了具有氢键缔合基团的化合物，并通过它们之间的大量氢键作用制备了基于氢键相互作用的自修复超分子材料。通过向上述材料中加入 11%（质量分数）的塑化剂（十二烷），可以将其玻璃化转变温度降到室温以下，从而得到具有自修复性

能的超分子橡胶。当该超分子橡胶遭受损伤或被切成两段时，只需要将伤口轻轻接触并置于室温条件下，即可修复损伤并恢复自身机械性能。

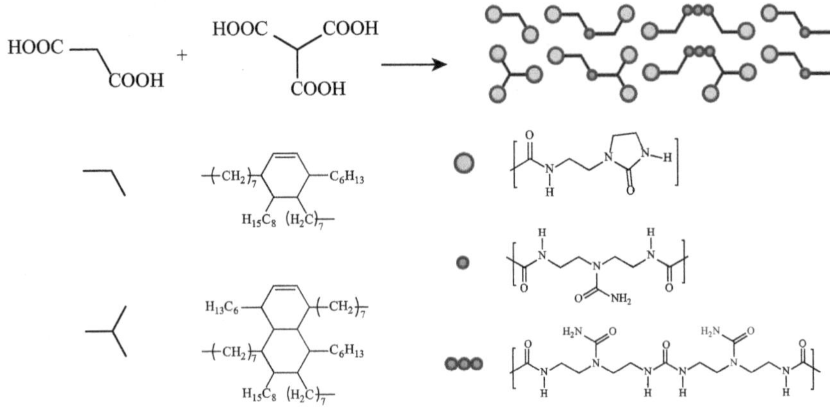

图 9-6　自修复超分子橡胶的合成过程：二元脂肪酸和三元脂肪酸首先与二乙撑三胺进行缩聚反应，然后再与尿素进行反应，得到一系列含有氢键作用基团的寡聚物

　　氢键相互作用的高动态性赋予了材料优异的修复性能，但同时也降低了材料的机械性能。为了提高基于氢键相互作用的自修复材料的机械性能，管治斌等设计了一种具有相分离结构的自修复超分子热塑性弹性体[33]。如图 9-7(a) 所示，他们设计了一种以刚性的聚苯乙烯作为主链、末端带有酰胺基团的聚丙烯酸酯为其柔性侧链的聚合物分子刷。经过极性溶剂处理后，该聚合物分子刷会通过自组装形成核壳纳米结构，其中聚苯乙烯为核，柔性的聚丙烯酸酯构成壳层。由于壳层中柔性链段所包含的酰胺基团之间可形成氢键相互作用，最终所形成的聚合物材料会具有相分离结构。其中，分散相为相对较硬的聚苯乙烯，它可以显著地增加材料的机械性能(杨氏模量可达 36MPa)。连续相为含有氢键作用基团的柔性链，有助于赋予材料自修复的性能[图 9-7(b)]。修复测试表明，无须任何外界刺激，将切断后的材料相互接触 24h 后即可修复损伤并恢复自身机械性能。除此之外，基于含有 2-脲基-4[1H]-嘧啶酮(UPy)的多重氢键体系也被用来设计制备自修复材料，相对于单重氢键体系，多重氢键体系的机械性能更为优异。

　　金属离子与螯合基团的配位作用也常被用于设计制备本征型自修复材料[20,50-54,86]。其中，具有紫外光响应的金属-超分子聚合物受到人们的广泛关注[50]。美国凯斯西储大学的 Rowan 等利用锌离子和吡啶基团的配位作用制备了自修复金属-超分子聚合物材料。他们在无定形的聚(乙烯-co-丁烯)分子两端接枝 2,6-二(2-苯并咪唑基)吡啶基团，并将所得产物与二价锌离子配位，从而得到线性金属-超分子聚合物[图 9-8(a)][50]。在紫外光或者加热等条件刺激下，锌离子与吡啶基

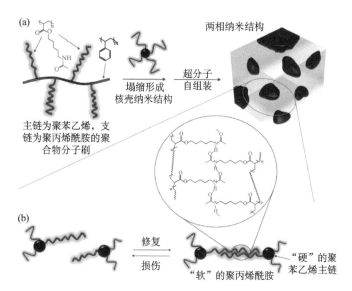

图 9-7 (a)聚合物分子刷的分子结构和聚合物分子刷自组装得到的两相结构示意图；(b)聚合物分子刷自修复材料的修复机理示意图

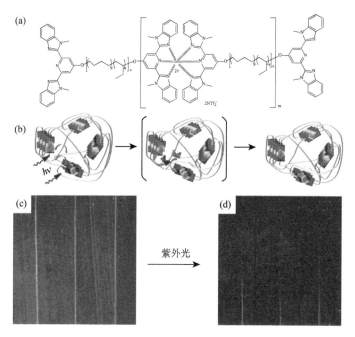

图 9-8 (a)金属-超分子聚合物；(b)金属-超分子聚合物自修复材料的自修复机理；(c)金属-超分子聚合物材料被划伤；(d)金属-超分子聚合物材料在紫外光作用下修复损伤

团的配位作用会被部分打开[图 9-8(b)]，促使材料获得较高的流动能力，并将损伤处填平。撤去紫外光或者停止加热后，金属与配体之间配位作用的动态重组使得损伤得到有效的修复。为了验证材料的修复性能，他们将厚度为 250～400μm 的金属-超分子聚合物膜划伤，划痕深度为膜厚的 50%～70%[图 9-8(c)]。当用波长为 320～390nm，功率为 950mW/cm^2 的紫外灯对损伤的材料照射 30s 后，划痕即可以完全修复[图 9-8(d)]。他们利用该金属-超分子聚合物的光热转换性能实现了金属-超分子聚合物的自我修复。相对于温度和 pH 等刺激手段，光刺激更加精准且可实现远程操控。因此，光响应自修复材料具有重要的应用前景。此外，人们还利用铁离子或铜离子与螯合基团的配位作用制备了具有自修复性能的超分子水凝胶[51-54]，拓宽了金属配位作用在自修复材料领域的研究内容。

　　主客体体系中，主体分子可以和客体分子在一定条件下形成包合物。大多数情况下，主体分子和客体分子之间的包合作用是可逆的。正是利用这个特性，人们设计制备了基于主客体识别作用的本征型自修复材料[55-57]。如图 9-9(a)和(b)所示，

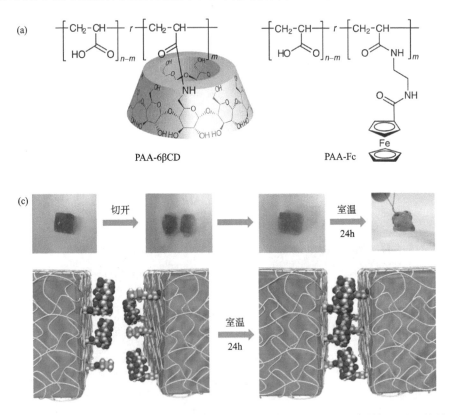

图 9-9　(a)接枝 β-环糊精的 PAA 分子结构；(b)接枝二茂铁的 PAA 分子结构；(c)环糊精-二茂铁(Fc)超分子水凝胶的损伤与修复过程的数码照片和示意图

Harada 等将分别接枝有 β-环糊精和二茂铁分子的聚丙烯酸(PAA)在溶液中进行混合,通过 β-环糊精和二茂铁之间的主客体识别作用制备了本征型自修复水凝胶[55]。修复测试表明,无须任何外界刺激,将切断后的水凝胶材料相互接触 24h,断面处的 β-环糊精和二茂铁的主客体识别作用即可重新形成,从而修复损伤并恢复自身机械性能[图 9-9(c)]。另外,基于冠醚的主客体体系[56]以及主客体识别作用增强的电荷转移体系[57,87]也被大量用来制备本征型自修复水凝胶。

通过在聚合物及其复合材料的分子结构中引入具有动态特性的 π-π 作用和疏水-疏水作用也可以实现材料的自我修复[58-60,88]。吉林大学刘凤岐等和德国克劳斯塔尔工业大学 Oguz Okay 等都在基于疏水-疏水作用的自修复水凝胶材料方面做了出色的工作[60,89,90]。他们制备的基于疏水-疏水作用的本征型自修复水凝胶具有优异的拉伸性能,且该水凝胶在受到损伤后不需要加热等刺激手段,只需要将断面轻轻挤压在一起,即可实现损伤修复。

9.2.2 自发型和非自发型自修复材料

根据材料的修复过程是否需要人工手段介入,可以将自修复材料分为自发型自修复材料和非自发型自修复材料。一般地,自发型自修复材料的修复过程依赖于在室温下即可发生的化学反应及物理相互作用,无须人工手段干预,可自发完成。例如,Cho 等报道了一种基于微胶囊技术的自发型自修复材料[6]。他们将修复剂分子端羟基聚二甲基硅氧烷(HOPDMS)和聚二乙氧基硅氧烷(PDES)混合液体与包裹有催化剂分子二月桂酸二丁基锡(DBTL)的聚脲醛树脂微胶囊一起分散在乙烯基酯基材中。在没有接触到催化剂分子 DBTL 时,修复剂分子 HOPDMS 和 PDES 能够稳定存在,不会发生任何化学反应。当材料受到损伤产生裂纹时,包裹有催化剂分子 DBTL 的微胶囊破裂,催化剂分子 DBTL 从微胶囊中释放出来,与修复剂分子 HOPDMS 和 PDES 接触,在室温下即可引发聚合反应,实现损伤修复。芳香基苯并呋喃酮二聚体(DABBF)是芳香基苯并呋喃酮通过偶联反应所形成[18]。室温下,DABBF 可以分解为两个稳定的自由基并可逆形成二聚体,整个过程无须任何刺激手段就能够自发地进行。Imato 等制备了含有 DABBF 单元的三维网状聚氨酯类聚合物,并将此聚合物在二甲基甲酰胺(DMF)中浸泡溶胀后得到高分子有机凝胶。该高分子有机凝胶在受到损伤后,不需要任何刺激手段,就可以通过 DABBF 的分解与二聚反应进行自由基交换,实现损伤修复。

相反地,非自发型自修复材料在室温下是化学惰性的,无法自发发生化学反应。它们的修复过程通常需要外界刺激手段辅助,如加热、光照或一定湿度等刺激。热塑性/热固性混合树脂材料是一种通过加热实现损伤修复的非自发型自修复材料,在加热条件下,热塑性树脂材料可以通过熔融扩散到伤口表面修复损伤。例如,在聚己内酯/环氧树脂复合材料中,环氧树脂和聚己内酯分别作为"砖块"

和"水泥"，当材料受到损伤时，可以通过加热到一定温度，使聚己内酯融化并流动到损伤部位，实现伤口的黏合，进而修复损伤。同时，一些动态可逆反应如可逆 DA 反应、π-π 相互作用和可逆 N—O 键等可以用来设计制备热诱导修复的非自发型自修复材料[34-36,91]。相比于加热和调控环境湿度等刺激手段，光照刺激更加精准，且可以通过远程操控来诱发材料的自修复过程。因此，光响应自修复材料具有重要的应用前景。例如，Matyjaszewski 等受到可逆加成-断裂链转移聚合反应体系中光引发剂重排反应的启发，合成了一种含有三硫代碳酸酯的有机高分子凝胶(溶剂为乙腈)[92]。小分子模拟实验证明，在紫外光照射下，三硫代碳酸酯基团之间可以通过 C—S 键断裂重组发生自由基交换反应。当将含有三硫代碳酸酯的高分子凝胶切断后，只需将其断面相互接触同时浸泡在乙腈中，在氮气氛围下紫外光照射 4h，断开的凝胶即可完整地融合在一起，实现损伤修复。

　　尽管非自发型自修复材料的修复过程需要人工手段干预，但并不意味着非自发型自修复材料在实际应用中没有优势。例如，可以通过控制反应条件如加热温度、光照时间等良好地控制非自发型自修复材料的修复过程。然而，自发型自修复材料的修复过程是自发进行的，难以进行人为的干预与调控。此外，自发性自修复材料还要求材料中存在高化学活性的反应基团或材料本身具有高运动能力，然而高化学活性和高运动能力同时也意味着材料不稳定，制备和存储也都十分困难。因此，非自发型自修复材料和自发型自修复材料都各有各自的优势和需要克服的问题，都是自修复材料领域内的重要研究课题。

9.3　自修复膜材料

　　聚合物膜材料可以保护基底或赋予基底特定性能，如特殊的表面浸润性、透明性、抗菌、防腐蚀、抗黏附、防雾以及导电等性能。然而，聚合物膜材料在使用过程中由于受到紫外光辐射、温湿度变化和机械应力等刺激，导致聚合物膜材料表面甚至整个材料发生化学或物理损伤并丧失材料原有的功能而无法继续使用，对我们的生产生活造成严重影响。通过合理的分子设计和结构组成，赋予聚合物膜材料以自修复功能可以有效解决聚合物膜材料稳定性差的难题。

9.3.1　自修复超疏水膜材料

　　近年来，人造仿生超疏水膜材料在众多领域中展现出巨大的应用前景[93,94]。人们常通过在具有微米/纳米复合结构的粗糙表面上沉积一层低表面能物质来实现超疏水膜材料的构筑[21,23,31,95]。然而，人造仿生超疏水膜在实际应用中仍面临稳定性差的问题，例如在太阳光漂白或机械刮擦作用下，人造仿生超疏水膜容易失去超疏水功能[96-98]。受自然界生物体自修复能力的启发，赋予人造超疏水膜以自修复功能，可以有效延长人造超疏水膜的使用寿命，从而获得性能稳定的超疏水膜材料。孙俊奇等率先提出基于"装载-释放"原理制备自修复超疏水膜的方法[21]。他们首先在溶液中预组装聚烯丙基胺盐酸盐(PAH)和磺化聚醚醚酮(SPEEK)得到带正电的 PAH-SPEEK 复合物。而后，通过静电力相互作用，通过 PAH-SPEEK复合物与聚丙烯酸(PAA)交替沉积，制备具有微米/纳米复合结构和通透微孔结构的层层组装多孔聚电解质膜。然后通过化学气相沉积方法将低表面能的全氟辛基三乙氧基硅烷(POTS)负载到层层组装膜的表面和内部，得到具有自修复功能的超疏水膜材料[图 9-10(a)]。如图 9-10(b)中的表面 SEM 照片所示，该超疏水膜具有粗糙多孔的微米/纳米复合结构，这为低表面能物质的大量负载提供了先决条件。当该超疏水膜材料的超疏水功能受到化学或物理损伤后，只需要将失去超疏水功能的膜放在具有一定湿度的环境中一段时间，储存在多孔膜内部的低表面能的POTS 分子在就会在自由能的驱使下自发地向膜表面迁移从而恢复膜的超疏水功能。并且，该自修复超疏水膜材料可实现多次的损伤修复[图 9-10(c)]。随后，更加高效和方便的喷涂方法被用来快速地制备自修复超疏水膜。孙俊奇等在交替喷涂 PAH-SPEEK 复合物和 PAA 的多层膜上继续喷涂全氟辛基磺酸锂及 POTS 就得

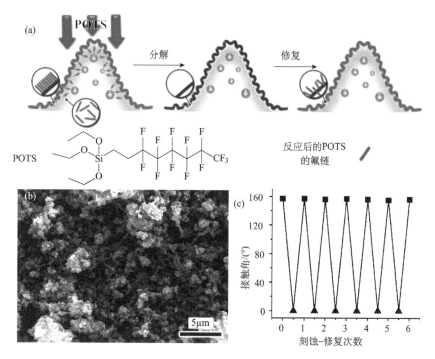

图 9-10　(a)自修复超疏水膜的工作原理示意图；(b)生长在硅片表面的(PAH-SPEEK/PAA)$_{60.5}$膜的表面 SEM 照片；(c)氧等离子体破坏的超疏水膜(▲)和修复后膜(■)的接触角

到自修复超疏水膜。与之前的工作相比，该方法可以大幅缩短制备时间，有望实现自修复超疏水膜的大规模制备。此外，当该自修复超疏水膜经历多次破损-修复过程，由于低表面能修复剂的消耗会使修复能力丧失，此时可以通过重新喷涂POTS 的方式补充修复剂，快速便捷地恢复自修复超疏水膜的自修复性质。

　　超疏水涂层具有优异的防水及自清洁能力，已经被广泛地应用于织物领域，衍生出了各种防水、免洗面料。除超疏水织物以外，各种功能织物也备受关注，如抗菌织物[31]、阻燃织物[23]、导电织物[99]等。然而，这些功能织物常常面临着遇水以及洗涤不稳定的难题，难以长期使用。考虑到自修复超疏水涂层长效防水的特点，可以将其应用于功能织物的保护，提升功能织物的长效稳定性和长期使用性。例如，为了解决阻燃织物的阻燃涂层洗涤不稳定的问题，孙俊奇等突破性地将自修复超疏水功能与阻燃功能相结合，制备出一种自修复超疏水阻燃织物[23]。他们使用简单的连续浸泡过程在棉布上先后沉积支化聚乙烯亚胺(bPEI)、聚磷酸铵(APP)以及全氟癸烷修饰的低聚倍半硅氧烷(F-POSS)，获得具有自修复超疏水功能的阻燃棉布。如图 9-11(a)和(b)所示，该棉布在火源移除后表现出非常好的火焰自熄灭性，可以有效地避免火焰在织物上蔓延。虽然阻燃剂 APP 易溶于水且对酸、碱非常敏感，超疏水涂层的存在有效地隔绝了 APP 与水以及酸液、碱液的接触，提高了阻燃涂层的稳定性，并且超疏水功能赋予棉布以自清洁的能力，灰尘等污染物可以很容易地用水冲洗掉，避免了 APP 在水洗时脱落。当该棉布的超

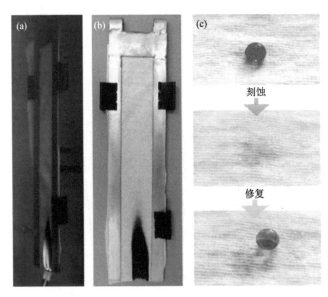

图 9-11　(a)涂覆有 F-POSS/APP/bPEI 的织物被点燃；(b)经过燃烧后的织物仅有 10cm 长度处被火焰烧黑；(c)当织物的超疏水功能受到化学或者物理损伤时，将该织物在潮湿环境中放置一段时间，受损的超疏水功能就可以恢复

疏水功能受到化学或者物理损伤时，将该棉布在潮湿环境中放置一段时间，包裹在膜内部的低表面能分子会自发地翻转到织物表面以降低涂层的表面能，修复受损的超疏水功能[图 9-11(c)]，从而实现对阻燃功能的长期保护。

　　人们除了关注织物功能外，也关注织物的美观性，如织物是否具有鲜艳的颜色等。然而，兼顾安全性、功能性以及稳定性的染色涂层却难以获得。其中，不同功能之间的协同作用是制作这种多功能织物的关键。使用环境友好的银纳米粒子(AgNPs)染色的织物既具有鲜艳的颜色，又具有广谱的抗菌性[100,101]，可以兼顾织物的功能性与美观性。然而，银纳米粒子与织物之间的作用力非常弱，所以银纳米粒子染色的织物色牢度很低。为了解决这一问题，孙俊奇等利用浸蘸的方法，依次将 bPEI、不同粒径和形状的银纳米粒子以及 F-POSS 沉积在织物上[31]。获得的织物不仅具有鲜艳的颜色，而且具有令人满意的超疏水能力[图 9-12(a)～(c)]。与 AgNPs/bPEI 修饰的织物相比，F-POSS/AgNPs/bPEI 修饰的织物水洗色牢度和干摩擦色牢度都有非常明显的提升。这是由于 F-POSS 可以作为阻隔层和保护层，防止银纳米粒子在水洗过程中脱落，也防止其与摩擦头直接接触，从而提高银纳米粒子染色织物的水洗色牢度和干摩擦色牢度。超疏水功能的引入不会影响织物的抗菌能力，该多功能织物仍然可以有效地抑制细菌的繁殖[图 9-12(d)]。自修复超疏水功能对于延长功能织物的使用寿命具有重要意义。当织物的超疏水能力被氧等离子体刻蚀后，织物表面浸润性变为超亲水，表面能升高，将织物放在室内环境(温度 25℃，相对湿度 55%)中 30min，包裹的疏水的 F-POSS 分子会迁移到织物表面，形成一层新的 F-POSS，降低涂层的表面能，从而恢复其受损的超疏水性质，并且这样的刻蚀-修复过程可以重复多次。经过 16 个周期的刻蚀-修复过程以后，织物的超疏水性能仍能得以保持[图 9-12(e)]。这是因为 F-POSS 分子不仅沉积在织物表面，也渗透到多孔织物的内部。当表面的低表面能物质被分解或摩擦掉之后，原本超疏水的膜层表面暴露出大量的亲水分子，导致织物亲水。将超疏水表面放置在温度 25℃、相对湿度 55%的环境中，织物内部包埋的 F-POSS 分子便在自由能的驱动下迁移到亲水织物的表面，降低织物的表面能，进而修复超疏水性能。此外，该自修复超疏水彩色织物也具有很好的柔软性，原始织物的弯曲刚度为 $4.3 \times 10^{-2} cN \cdot cm^2/cm$，F-POSS/AgNPs/PEI 织物的弯曲刚度为 $4.9 \times 10^{-2} cN \cdot cm^2/cm$，与原始织物相比，超疏水织物的弯曲刚度并没有明显的变化，这是由于 F-POSS/AgNPs/bPEI 多层膜只是修饰在单独的织物纤维上，并没有阻塞纤维之间的间隙，所以 F-POSS/AgNPs/bPEI 织物依然具有很好的柔软性和舒适性。

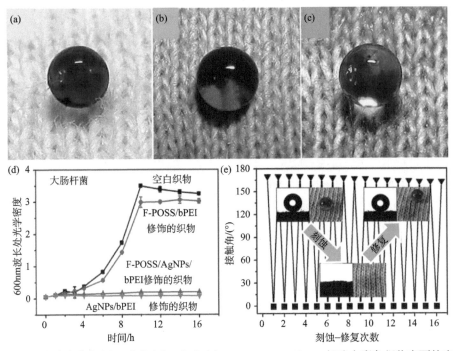

图 9-12　水滴在黄色(a)、蓝色(b)、红色(c)F-POSS/AgNPs/bPEI 超疏水彩色织物表面的光学
照片；(d)大肠杆菌在单纯的织物及 F-POSS/bPEI、F-POSS/AgNPs/bPEI 和 AgNPs/bPEI 修饰的
织物上的生长曲线；(e)水滴在织物表面的接触角随刻蚀(■)-修复(▼)过程的改变，插图为水滴
在刚制备的(上左)、氧等离子体刻蚀的(下)以及修复以后的(上右)F-POSS/AgNPs/bPEI 修饰的
织物表面的光学照片

　　正如上文所述，织物材料正不断朝着多功能化以及智能化迈进[102]。近年来，
健康和医疗检测引起了越来越多的关注，智能可穿戴电子设备也随之成为科学研究
的热点。纺织品通常具有足够大的表面积以及更优异的穿着舒适度。因而，具有良
好导电性质的织物材料在电磁屏蔽、可穿戴电子器件等方面具有重要的应用价值。
然而由于导电织物具有多孔的结构和较高的表面能，所以其表面很容易被水或油润
湿而影响其使用[103,104]。孙俊奇等将自修复超双疏性能与高导电性能相结合，制备了
稳定的具有高导电性的自修复超双疏织物[99]。具体做法如下：首先将 PAH 和
(NH₄)₂PdCl₄ 基于静电作用力在织物表面交替沉积，构筑 PAH/(NH₄)₂PdCl₄ 复合
膜，获得具有催化作用的涂层。随后，将(PAH/(NH₄)₂PdCl₄)₇ 修饰的织物浸泡在
含有硫酸铜、酒石酸钠钾和甲醛的碱性溶液中，在 $PdCl_4^{2-}$ 的催化作用下在织物表
面原位还原得到由铜粒子构成的致密的导电膜，最后将织物浸泡在 F-POSS 和
POTS 的乙醇溶液中，获得具有自修复超双疏能力的高导电 F/Cu/PAH 织物，织物
的表面方块电阻约为 0.33Ω/sq，水、油酸、牛奶以及咖啡在其表面的接触角分别
为 166°、155°、162° 以及 152°[图 9-13(a)]。低表面能物质的修饰显著地提高了织

物的抗腐蚀性和水洗稳定性。F/Cu/PAH 修饰的织物在 pH 1 或 pH 14 的溶液中浸泡 100h 以后依然能够保持良好的导电性，表面方块电阻分别约为 0.44Ω/sq 和 0.57Ω/sq，而未经低表面能物质修饰的 Cu/PAH 织物在 pH 1 或 pH 14 的溶液中浸泡 2h 以后，就会失去导电能力，这是因为低表面能物质可以形成良好的保护层，防止腐蚀性液体对铜层的破坏[图 9-13(b)]。与此同时，织物的超双疏性质也可以在浸泡腐蚀性液体的过程中保持稳定。当 F/Cu/PAH 修饰的织物在腐蚀液体中浸泡 100h 以后，织物的超双疏性质稍稍下降，但是将织物在 135℃ 条件下加热 5min 后，织物会恢复到原始的超双疏效果[图 9-13(c)]。另外，得益于织物的高导电性，该织物表现出令人满意的电磁屏蔽和电加热能力。在 8~12GHz 的频率范围内平均电磁干扰屏蔽效能约为 20.8dB，可以与商品化的电磁干扰屏蔽织物相媲美。该织物超双疏性质的修复也可以通过通电的方式进行，在施加 1.0V 电压的情况下，只需要 110s，该织物就可以升温至 142℃，保持通电 5min，氧等离子刻蚀导致的受损的超双疏性质就可以完全恢复，并且这一刻蚀-修复过程可以重复 10 次以上[图 9-13(d)]。

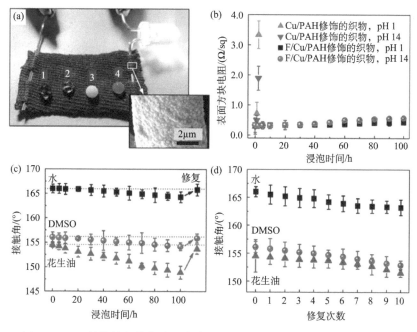

图 9-13　(a)F/Cu/PAH 修饰的织物作为导线连接在 1.5V 的直流电源上用于点亮小灯泡，水(1)、油酸(2)、牛奶(3)和咖啡(4)在 F/Cu/PAH 修饰的织物上，插图是 F/Cu/PAH 修饰的织物的 SEM 图片；(b)Cu/PAH 修饰的织物和 F/Cu/PAH 修饰的织物的表面方块电阻随浸泡时间的变化；(c)水、DMSO 和花生油在 F/Cu/PAH 修饰的织物上的接触角随浸泡时间的变化；(d)不同次数的刻蚀-电致修复后水、DMSO 和花生油在织物表面的接触角

9.3.2　划痕自修复膜

由于附着在基底上的膜材料的运动会受到基底的限制,因此如何设计与制备能够修复宽划痕损伤的自修复膜材料是一个巨大的挑战。另外,功能膜材料的修复需要在重建结构完整性的同时修复其原有的特殊功能,因此对膜材料的设计提出了更高的要求。层层组装是一种方便、灵活、可精确调控膜结构及组成的功能性膜材料的制备方法。通过合理地调控层层组装膜中的作用力强弱,可以实现宽划痕自修复膜的制备。进一步地,继续通过调节膜的组成和组装参数,结合其他功能材料,实现了具有透明、防雾、抗黏附和导电等功能的自修复膜材料的制备。接下来,对划痕自修复膜材料的研究进展进行详细介绍。

孙俊奇等基于静电以及氢键相互作用构筑了一系列具有修复划痕能力的聚电解质层层组装膜材料[40,105-107]。在早期工作中,他们以 pH 为 10.5 的 bPEI 和 pH 为 3 的 PAA 为组装基元,经过 30 个周期的沉积过程制备了平均厚度为$(34.1\pm3.3)\mu m$ 的 $(bPEI10.5/PAA3)_{30}$ 膜(聚合物后的数字代表组装溶液的 pH,30 代表组装周期数)[40]。为了测试其修复能力,他们利用手术刀在 $(bPEI10.5/PAA3)_{30}$ 膜表面制造了约 $50\mu m$ 宽且深达硅基底的划痕[图 9-14(a)和图 9-14(b)],并将其浸泡到水中。浸泡仅 10s 后,受损的层层组装膜即展现出明显的修复趋势,完全修复划痕也仅需 5min[图 9-14(c)和图 9-14(d)]。纳米压痕测试表明,$(bPEI10.5/PAA3)_{30}$ 膜在干燥状态下和在水中的杨氏模量分别为 (11.8 ± 2.1) GPa 和 (0.44 ± 0.10) MPa。这是因为,在水中时,$(bPEI10.5/PAA3)_{30}$ 膜能够吸收大量的水,从而导致 bPEI 与 PAA 之间的静电作用被部分破坏,使得 $(bPEI10.5/PAA3)_{30}$ 膜获得高流动性,促使划痕的断面相互接触。同时,bPEI 和 PAA 链段在断面处的相互扩散以及它们之间静电相互作用的动态重组使得划痕损伤得到快速有效地修复。通过控制组装条件制备出具有相对高离子交联密度的 $(bPEI6.5/PAA3)_{300}$ 膜,对比实验表明,在具有高离子交联密度的 $(bPEI6.5/PAA3)_{300}$ 膜中,bPEI 的穿插行为明显弱于具有相对低离子交联密度的 $(bPEI10.5/PAA3)_{30}$ 膜。将具有高离子交联密度和低聚电解质穿插运动能力的 $(bPEI6.5/PAA3)_{300}$ 膜在水中浸泡 24h,仍然不能实现对划痕的修复。因此,该研究表明,聚电解质层层组装膜的修复能力不仅依赖材料内部的非共价键相互作用的动态性,更与聚电解质在膜内的穿插和运动能力有很大关联。

在众多的聚合物膜材料中,具有高度透明性的膜材料在各种光学和显示设备中以及作为保护材料都有着重要的应用。这些涂层在保护玻璃基底的同时也赋予其各种各样优异的功能。然而,透明膜材料在使用过程中常常会受到机械刮擦等损伤,从而导致其透明性必然大大降低,影响正常使用。同时,受损的透明功能涂层会丧失自身的功能特性,造成整个材料失效。因此,赋予透明膜材料自修复

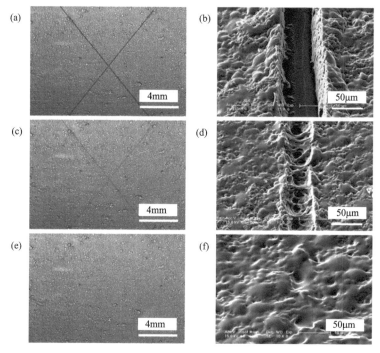

图 9-14　具有 50μm 宽划痕的低离子交联密度 (bPEI10.5/PAA3)$_{30}$ 膜在水中浸泡不同时间的表面
SEM 图片：在水中浸泡 0s(a,b)、10s(c,d) 和 5min(e,f)

的性能是延长其使用寿命、提高材料功能可靠性的最有效的方式之一[41,108,109]。孙俊奇等通过降低制膜溶液的浓度和聚合物的分子量，通过在玻璃或石英等基底上交替沉积 pH 为 8.5 的 bPEI 和 pH 为 5.5 的 PAA 30.5 个周期，成功制备了透明的厚度为 (17.8 ± 0.5) μm 的 (bPEI/PAA)$_{30.5}$ 自修复材料[41]。过后通过浸泡的方法向透明自修复 bPEI/PAA 膜内引入包覆有抗菌剂三氯生(triclosan)的 CTAB 胶束，得到具有抗菌功能的透明自修复膜 triclosan-(bPEI/PAA)$_{30.5}$。由于 CTAB 胶束尺寸较小，因此负载 CTAB 胶束后的 triclosan-(bPEI/PAA)$_{30.5}$ 膜仍然透明[图 9-15(a)]。为了验证其修复能力，他们利用砂纸对膜进行打磨处理。受损的膜表面产生大量的划痕，引起了光散射，造成膜透过性显著降低(透过率低于 40%)，膜下面的字母变得模糊不清[图 9-15(b)]。将膜浸泡在水中修复 30min 后，膜表面重新平整，透过率恢复到约 85%，膜下面的字母也变得清晰可见[图 9-15(c)]。并且，triclosan-(bPEI/PAA)$_{30.5}$ 膜可以多次修复受损的透明性。此外，由于膜中含有抗菌剂三氯生，triclosan-(bPEI/PAA)$_{30.5}$ 膜对大肠杆菌(革兰氏阴性菌)和枯草芽孢杆菌(革兰氏阳性菌)的生长均表现出明显的抑制作用[图 9-15(d)]。膜中的三氯生在水中释放过程可持续 25 天，可以预见其抗菌性在空气中能够实现长时间的保持。这个实验第一次在真正意义上实现了透明性自修复膜的制备，并同时实现了透明自修复膜材料的功能化，在保证该膜透明性不变的同时引入了抗菌功能，提高了该膜在显示器件、人机接触界面等领域的实用性，也为制备功能性透明自修复膜材料提供了思路。

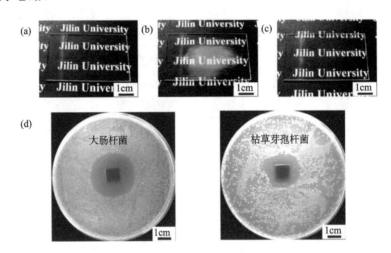

图 9-15　(a)沉积在玻璃基底上的 triclosan-(bPEI/PAA)$_{30.5}$ 膜；(b)膜表面经过砂纸打磨，透过率明显下降；(c)受损的膜在水中修复之后恢复了透明性；(d)大肠杆菌(革兰氏阴性菌)和枯草芽孢杆菌(革兰氏阳性菌)的生长被 triclosan-(bPEI/PAA)$_{30.5}$ 膜释放的三氯生抑制

　　一些日常生活中常见的透明光学材料，如汽车挡风玻璃、浴室镜以及眼镜等材料需要长久保持自身的高度透明性，但由于材料所处环境的温度与湿度剧烈变化时，水汽就会在其材料表面凝结成雾，导致材料的光透过性降低甚至危及使用者的生命安全。因此，在透明的光学材料表面构筑具有防雾功能的透明自修复膜尤为重要。为解决这一问题，孙俊奇等通过浸蘸提拉成膜的方式制备了自修复防雾防霜 PVA-Nafion 复合物膜[110]。使用 NaOH 对得到的 PVA-Nafion 复合物膜进行处理后，可以促进 PVA 产生微晶，提升 PVA-Nafion 膜在水中的稳定性。为了验证 PVA-Nafion 膜的防雾防霜能力，他们将在–20 ℃环境中冷冻处理后的 PVA-Nafion 膜置于室温环境中(20 ℃、相对湿度 40%)以及沸水(50 ℃、相对湿度 100%)上方。观察发现，PVA-Nafion 膜表面无任何霜和雾的形成，仍保持良好透明[图 9-16(a)、(b)]。PVA-Nafion 膜优异的防雾和防霜能力，是由于 PVA 与水分子之间的氢键相互作用均匀分散所吸收的水分子，从而防止水分子在其表面聚集成雾滴或凝结成冰。PVA-Nafion 膜被砂纸打磨破坏后，其透明性可以在水中浸泡 5min 后完全恢复[图 9-16(c)]。除此之外，PVA-Nafion 膜还可以修复宽度为自身厚度 10 倍的划痕损伤[图 9-16(d)]，这种优异的自修复能力来源于 PVA 和 Nafion 之间氢键相互作用的动态性以及聚合物链段在水中高的运动性。

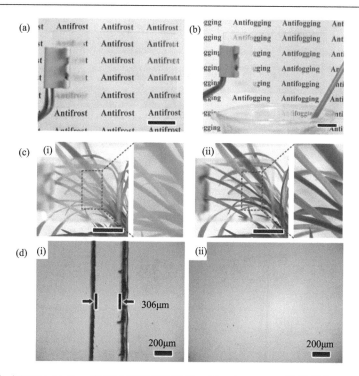

图 9-16 (a),(b)PVA-Nafion 膜的防霜和防雾性能：将 PVA-Nafion 膜放置在-20℃下冷冻 1h，随后分别放置在 20℃、相对湿度为 40%(a)和 50℃、相对湿度为 100%(b)的环境中；(c)PVA-Nafion 膜在经过打磨损伤后(i)与修复后(ii)的数码相片；(d)PVA-Nafion 膜经过划痕损伤后(i)与修复后(ii)的光学显微镜照片

由于超分子作用力的高度可逆性，自修复膜材料的机械性能一般比较差。因此，增强自修复膜材料的机械强度具有十分重要的意义。孙俊奇等首先报道了利用纳米粒子增强自修复膜材料的方法[105]。在该报道中，他们利用包含大小两种分子量的 bPEI 混合物和包含大小两种分子量的 PAA 混合物交替沉积，制备了 PAA/bPEI 层层组装膜。在利用 NaCl 水溶液对 PAA/bPEI 膜进行退火处理后，将 PAA/bPEI 膜先后浸泡在 CaCl$_2$ 和 Na$_2$CO$_3$ 的水溶液中，在膜中原位形成 CaCO$_3$ 纳米粒子，得到具有高机械强度的自修复膜 CaCO$_3$-A-(PAA/bPEI)$_{30}$。原位形成的 CaCO$_3$ 纳米粒子尺寸仅为 7~9nm，在膜中的质量分数为 5.3%。CaCO$_3$ 纳米粒子在膜中均匀分散，既保持了膜的透明性，又增强了膜的机械性能[图 9-17(a),(b)]。CaCO$_3$-A-(PAA/bPEI)$_{30}$ 膜的硬度可达(0.95±0.15)GPa，这一数值是 A-(PAA/bPEI)$_{30}$ 膜硬度的 3.4 倍。磨损实验表示，CaCO$_3$-A-(PAA/bPEI)$_{30}$ 膜具有优异的抗刮擦性能，在 12kPa 的压力下，经过 1000 个周期的亚麻布摩擦后，膜表面没有产生任何肉眼可见的划痕[图 9-17(c)]。同时，紫外可见光谱证明打磨后的 CaCO$_3$-A-(PAA/bPEI)$_{30}$ 膜的透过率并未有明显下降，仍保持在较高的水平[图 9-17(d)]。相比之下，

A-(PAA/bPEI)$_{30}$ 膜的透过率则大大降低[图 9-17(d)]。此外，CaCO$_3$-A-(PAA/bPEI)$_{30}$ 膜可以在水的辅助下修复打磨造成的损伤以及宽度为 100μm 的划痕损伤，并恢复其原有透明性[图 9-17(d)~(f)]。CaCO$_3$-A-(PAA/bPEI)$_{30}$ 膜的划伤-修复过程可以在同一个位置重复多次，经过 5 次划伤-修复过程以后，Ca^{2+} 在该区域的分布与修复之前没有明显区别，说明该修复过程并没有导致 CaCO$_3$ 纳米粒子溶出，因此膜的机械性质也得以保持。由于层层组装膜具有可以在非平面基底上构筑的优点，这种具有自修复功能的高机械强度且高透明性的 CaCO$_3$-A-(PAA/bPEI)$_{30}$ 膜可以作为显示屏、光学器件等的长效抗刮擦保护膜。

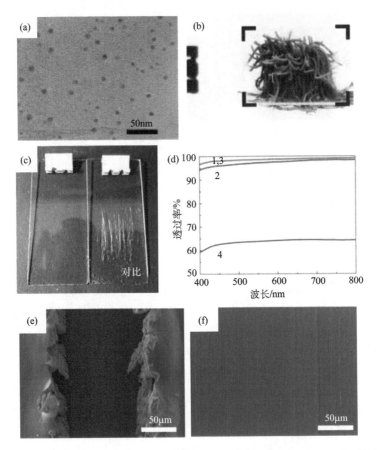

图 9-17　(a) CaCO$_3$-A-(PAA/bPEI)$_{30}$ 的 TEM 图片；(b) CaCO$_3$-A-(PAA/bPEI)$_{30}$ 的光学照片；(c) CaCO$_3$-A-(PAA/bPEI)$_{30}$ (左侧) 和 A-(PAA/bPEI)$_{30}$ (右侧) 经过 1000 个周期的亚麻布摩擦后的光学照片；(d) CaCO$_3$-A-(PAA/bPEI)$_{30}$ 和 A-(PAA/bPEI)$_{30}$ 的透射光谱，曲线 1：原始的 CaCO$_3$-A-(PAA/bPEI)$_{30}$ 膜，曲线 2：摩擦后的 CaCO$_3$-A-(PAA/bPEI)$_{30}$ 膜，曲线 3：修复后的 CaCO$_3$-A-(PAA/bPEI)$_{30}$ 膜，曲线 4：摩擦后的 A-(PAA/bPEI)$_{30}$ 膜，(e) 具有 100μm 宽划痕的 CaCO$_3$-A-(PAA/bPEI)$_{30}$ 膜；(f) 在去离子水中修复后的 CaCO$_3$-A-(PAA/bPEI)$_{30}$ 膜

正如上文所述,在聚合物中均匀分散纳米填料,如石墨烯、蒙脱土和纤维素纳米晶等是提高本征型自修复聚合物机械强度的有效方法[111],但纳米填料的引入在提高聚合物力学强度的同时,限制了聚合物链的扩散能力,因而大大降低了聚合物的修复性能[112]。为了解决这一矛盾,孙俊奇等通过调控分子间相互作用和聚合物链段运动能力的方法,制备了兼具高机械强度和高修复效率的聚合物-石墨烯复合膜材料[106]。他们将修饰有环糊精的石墨烯(RGO-CD)与接枝有二茂铁的bPEI(bPEI-Fc)混合,得到 bPEI-Fc&RGO-CD 复合物。随后,利用 bPEI-Fc&RGO-CD 复合物与 PAA 进行层层组装 45 个周期,得到石墨烯增强的聚电解质层层组装膜(PAA/bPEI-Fc&RGO-CD$_{0.04}$)$_{45}$,其杨氏模量高达 17.2GPa[图 9-18(a)]。当RGO-CD 在膜中的添加比例为 0.04 时,膜的模量以及硬度达到最大值[图9-18(b)]。当膜受损需要修复时,可以将受损膜浸泡在浓度为 70mmol/L 的过氧化氢中,膜中的二茂铁会被过氧化氢氧化,进而破坏其与环糊精基团的主客体作用,从而大大提高膜中聚合物链的运动能力,实现划痕的高效、快速修复[图9-18(c)、(d)]。修复完成后,再利用浓度 70mmol/L 的谷胱甘肽溶液对膜中被氧化的二茂铁进行还原处理,重建石墨烯和环糊精基团间的主客体相互作用,从而恢复膜材料的机械性能。

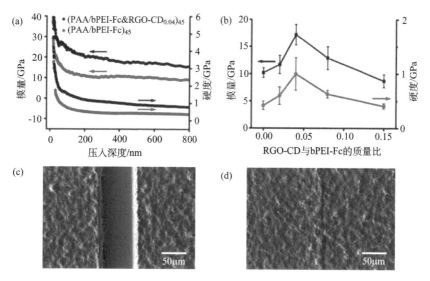

图 9-18 (a)(PAA/bPEI-Fc&RGO-CD$_{0.04}$)$_{45}$ 膜和(PAA/bPEI-Fc)$_{45}$ 膜的杨氏模量以及硬度的对比;(b)RGO-CD 在膜中的含量对(PAA/bPEI-Fc&RGO-CD)$_{45}$ 膜的杨氏模量以及硬度的影响;(c)、(d)表面带有划痕的膜受损时,将受损膜浸泡在浓度为 70mmol/L 的双氧水中,膜中的二茂铁会被过氧化氢氧化,进而破坏其与环糊精基团的主客体作用,膜中聚合物链的运动能力大大提高,实现划痕的高效、快速修复

抗黏附膜由于可以在其表面结合水分子形成水膜，从而能够有效地防止细菌、细胞和蛋白质等生物污染物在医疗设备、食品包装和水净化系统表面上黏附[113-115]。在使用过程中，抗黏附膜难免会受到意外划伤从而会暴露基底材料，丧失抗黏附功能。因此，为了延长其使用寿命以及提高其可靠性，赋予抗黏附膜修复划痕损伤的能力是至关重要的。为解决这一问题，孙俊奇等首次利用聚乙二醇(PEG)接枝的 bPEI (bPEI-PEG)和透明质酸(HA)通过层层组装的方法制备了具有抗蛋白质及细胞黏附功能的自修复聚合物膜[107]。经过 40.5 个周期的组装，(bPEI-PEG/HA)$_{40.5}$膜的厚度可以达到$(26.0 \pm 1.1)\,\mu m$。为了提高膜在生理条件下的稳定性，他们利用聚乙二醇二羧酸对 (bPEI-PEG/HA)$_{40.5}$ 膜进行交联。交联处理后，在生理盐水中(0.9% NaCl, pH 7.4)浸泡 14 天，bPEI-PEG/HA 膜厚度仅下降约 9%。蛋白黏附实验表明，(bPEI-PEG/HA)$_{40.5}$膜具有优异的抗蛋白黏附能力，在牛血清白蛋白的溶液中浸泡 7 天后，膜表面的蛋白黏附量依旧保持在较低的水平[图 9-19(a)]。作为对照，不含有 PEG 的 (bPEI/HA)$_{40.5}$膜在浸泡 7 天后，表面的蛋白黏附量明显高于(bPEI-PEG/HA)$_{40.5}$ 膜[图 9-19(a)]。同时，小鼠胚胎成纤维细胞黏附实验表明，(bPEI-PEG/HA)$_{40.5}$膜的细胞黏附与玻璃基底相比下降了 96.7%[图 9-19(b)]。上述结果说明，(bPEI-PEG/HA)$_{40.5}$膜优异的抗蛋白和细胞黏附的性质源于膜表面大量的 PEG。得益于 bPEI-PEG 和 HA 链段的高度运动性以及它们之间的可逆静电和氢键相互作用，受损的 bPEI-PEG/HA 膜只需要在生理盐水中浸泡 5min，就能够完全修复约 100μm 宽的划痕损伤[图 9-19(c)、(d)]。且修复过的区域依然具有优异的抗黏附性能[图 9-19(e)、(f)]。进一步的，孙俊奇等利用部分水解的聚-2-乙基-2-噁唑啉(PEtOx-EI)和 PAA 通过层层组装技术制备出能够修复机械损伤的可修复抗黏附膜[CL-(PAA/PEtOx-EI-7%)$_{100}$，7%代表聚-2-乙基-2-噁唑啉的水解产率][116]。由于 PEtOx 中的酰胺基团可以与水形成氢键从而生成阻碍污染物黏附的物理屏障，CL-(PAA/PEtOx-EI-7%)$_{100}$膜具有优异的抑制革兰氏阴性菌(大肠杆菌)和革兰氏阳性菌(枯草芽孢杆菌)黏附的性质。此外，CL-(PAA/PEtOx-EI-7%)$_{100}$膜可以多次修复宽度为几十微米的机械损伤，从而保持其原有的抗黏附性质。

导电膜材料在能源、电子器件等领域具有重要的应用，但是导电膜材料在使用过程中，经常由于超负荷使用、老化以及外力刮擦而产生难以修复的微裂痕，引发电路短路或电子元件受损，从而导致电子器件稳定性下降[25]。赋予导电膜材料自修复性能，可以减少电子元件的更换和电路维护费用，有效提高电路的稳定性和安全性。孙俊奇等首次报道了一种以"修复传导"为工作机制的导电自修复膜[28]。在该工作中，他们使用层层组装技术，以静电相互作用和氢键为驱动力，在基底上交替沉积 bPEI 和 PAA/聚透明质酸混合物(PAA-HA)，制备了水辅助修复的自修复聚电解质多层膜。而后在聚电解质多层膜表面滴涂具有高长径比银纳

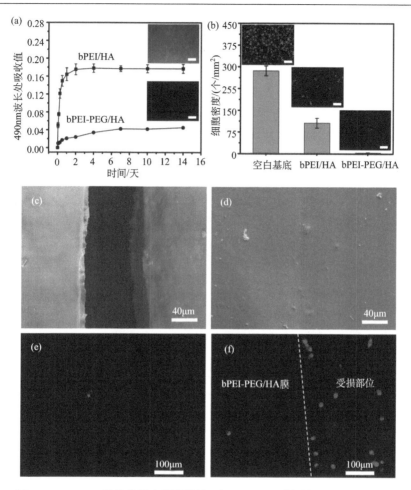

图 9-19　(a) bPEI-PEG/HA 膜的抗蛋白黏附性能，与 bPEI/HA 膜相比，bPEI-PEG/HA 膜在相同
条件下明显黏附了更少的蛋白质分子；(b) bPEI-PEG/HA 膜的抗细胞黏附性能，细胞培养处理
后，玻璃基底、bPEI/HA 膜和 bPEI-PEG/HA 膜表面黏附的细胞密度依次降低；(c) 受损的
bPEI-PEG/HA 膜和 (d) 在生理盐水中浸泡 5min 后的 bPEI-PEG/HA 膜；(e) 修复后的
bPEI-PEG/HA 膜仍具有优异的抗细胞黏附性能；(f) bPEI-PEG/HA 膜受损后，受损部位又变得
易被细胞黏附

米线 (AgNWs) 的乙醇分散液，得到具有双层结构的 AgNWs/(bPEI/PAA-HA)$_{50}$ 膜。
制备好的 AgNWs/(bPEI/PAA-HA)$_{50}$ 膜具有良好的导电性和弯曲稳定性，通过四
探针法测得所制备的导电膜的表面方块电阻仅为 0.38Ω/sq，且可作为导体点亮
LED 灯泡 [图 9-20(a)]。为了验证 AgNWs/(bPEI/PAA-HA)$_{50}$ 膜的水辅助自修复能
力，他们用刀片在连入电路中的膜表面制造一个深达基底的划痕，导致电路断路，
LED 灯熄灭。而后在 AgNWs/(bPEI/PAA-HA)$_{50}$ 膜的受损处滴加去离子水，该膜

就可自行修复划痕损伤，同时恢复原有的导电性能，使 LED 灯重新被点亮[图9-20(a)]。SEM 照片显示了该 AgNWs/(bPEI/PAA-HA)$_{50}$ 膜在水辅助下的划痕修复过程，如图 9-20(b)～(d)所示。更重要的是，AgNWs/(bPEI/PAA-HA)$_{50}$ 膜下层的(bPEI/PAA- HA)$_{50}$聚合物膜可将自身修复损伤的能力完美地传递给 AgNWs 层[图 9-20(e)]，最终恢复原有的导电性能。修复后的导电膜可恢复 95%的导电性能，并可实现多次的损伤修复。

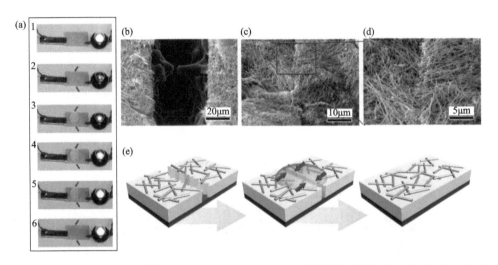

图9-20　(a)与 LED 灯串联的 AgNWs/(bPEI/PAA-HA)$_{50}$多层膜的修复过程：（a1)制备的多层膜；(a2)多层膜被划伤；(a3～a5) 滴加去离子水以完成修复过程；(a6)修复过程完成后水滴被移除；箭头表明切口的位置。(b)AgNWs/(bPEI/PAA-HA)$_{50}$多层膜划伤及(c, d)修复后的 SEM图片；(e)AgNWs/(bPEI/PAA-HA)$_{50}$多层膜在水作用下的修复过程示意图

　　相对于在基底和聚合物溶液的界面上形成复合膜的层层组装方法而言，聚合物在溶液中的直接复合更有利于提高聚合物链段在复合材料内部的物理缠结，尤其是当聚合物分子量较高时[117]。这种聚合物链段的高度缠结对于提高材料的机械强度有着至关重要的作用。因此，孙俊奇等利用聚合物在溶液中直接复合的方法快速制备了具有高弹性的 PAA-聚环氧乙烷(PEO)自修复导电膜材料[118]，制备方法如图 9-21(a)所示。由于 PAA 和 PEO 链段的高度缠结以及它们之间的氢键相互作用，PAA-PEO 自修复膜具有高度的交联性以及良好的机械性能，其拉伸强度和韧性分别可达约 6.4MPa 以及 22.9kJ/m^2。同时，材料内部的可逆氢键相互作用可以在外力下动态断裂和重组，从而赋予其超高的拉伸性(拉伸至原长的 35 倍)、优异的回复性和自修复性能。该自修复膜的修复条件温和，在湿润的环境中即可完全修复机械损伤，且修复后样品的机械性能与受损之前完全一致。由于该自修复膜具有良好的柔性，在其表面沉积 AgNWs 可以方便地制备出具有高导电能力的

柔性自修复导电膜。当 AgNWs/PAA-PEO 膜受到划伤致使导电性下降时,可通过刺激 PAA-PEO 复合物膜的修复进而带动 AgNWs 层的导电性修复。如图 9-21(b)中的扫描电子显微镜照片可以看出,断开的 AgNWs 层能够在 PAA-PEO 复合物膜的带动下重新接触,进而实现导电性的修复。AgNWs/PAA-PEO 柔性导电膜在弯折形变较大时仍能保持很好的导电性,且可以在同一位置多次重复修复导电性。与传统的层层组装方法相比,这种利用聚合物在溶液中直接复合的方法简单快速,有望实现膜的大批量制备。同时,这种自修复柔性导电膜在柔性电子器件领域具有广泛的应用前景。

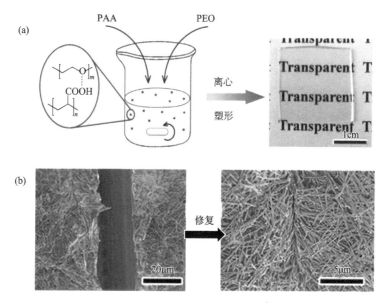

图 9-21 (a)透明 PAA-PEO 复合物弹性体的制备;(b)AgNWs/PAA-PEO 膜在受到损伤和修复后的表面 SEM 照片

9.4 自修复体相聚合物

迄今为止,尽管用来构筑自修复超分子材料的修复推动力和制备方法已经取得了长足的发展。其中,超分子凝胶和弹性体材料由于分子链段在室温下具有较高的运动能力,因此一般能够在温和的条件下实现修复。然而,较高的分子运动能力也往往意味着材料的机械性能较低。因此,发展能够在温和条件下实现修复的高强度自修复超分子材料是亟待解决的难题。另外,具有特殊功能的超分子材料在新能源、医用材料和航空航天等领域内具有重要的应用价值,发展功能性自修复超分子材料无疑将大大提高功能超分子材料的稳定性和使用寿命。综上,发展具有高强度(如高断裂强度、高模量、高韧性等)及特殊功能自修复超分子材料是这一领域未来发展的重要方向。

9.4.1 自修复水凝胶与弹性体

水凝胶是一种具有三维空间网状结构,以水为分散介质的高分子网络体系,一般的水凝胶含水量在50%(质量分数)以上。提高水凝胶中三维空间网络的交联密度,能够制备出具有高强度的水凝胶[119]。高强度水凝胶由于能够承受一定的应力,在生物体组织替代材料如软骨和组织工程支架等领域有重要应用。然而提高三维空间网络的交联密度,同时也意味着水凝胶中分子链运动能力的降低,降低了水凝胶的修复性能。因此制备具有自修复功能的高强度水凝胶是一个巨大的挑战。

通过向材料内部引入具有不同强度的超分子作用力可以有效地调节超分子自修复材料的机械性能。相对于静电相互作用,氢键的强度较弱,因此氢键可以在材料受到外力作用时作为牺牲键,起到耗散能量的作用,提高材料的强度和韧性。最近,孙俊奇等基于带相反电荷单体的一步聚合反应并经过透析,制备了具有高机械强度、高韧性及良好导电性的自修复水凝胶材料[119]。他们将带正电的含脲基的乙烯基咪唑类离子液体单体(urea-IL)和带负电的甲基丙烯酸3-磺酸丙酯钾盐(SPMA)在紫外光照下通过一步无规共聚方法制备了P(urea-IL-SPMA)聚两性电解质水凝胶,其内部结构和作用力如图 9-22(a)所示。将所得水凝胶在水中进行透析以除去凝胶中的抗衡离子,透析3天后的P(urea-IL-SPMA)水凝胶具有优异的机械性能,其断裂强度、断裂伸长率以及韧性分别可达 1.3MPa、720%和6.7MJ/m^3[图 9-22(b)]。相比之下,不含脲基的 P(VBI-SPMA)水凝胶由于内部缺少氢键相互作用,其具有较低的断裂强度、断裂伸长率以及韧性,分别为 0.8MPa、320%和1.8MJ/m^3[图 9-22(b)]。可见,在拉伸过程中,P(urea-IL-SPMA)水凝胶中的氢键作用起到了很好的能量耗散作用,提高了 P(urea-IL-SPMA)水凝胶的强度和韧性。由于静电力以及氢键相互作用均为可逆相互作用,P(urea-IL-SPMA)水凝胶在断裂后,只需将断面置于室温下接触24h即可实现材料的修复并恢复其原有的机械强度,修复效率可达 91%[图 9-22(c)]。如图 9-22(d)所示,对于宽度为3mm、厚度为 1.7mm 的 P(urea-IL-SPMA)水凝胶,修复后仍能够承载 500g 的砝码而不损坏。另外,由于 P(urea-IL-SPMA)水凝胶在透析后凝胶内部仍然保留了足够量的抗衡离子,所以该水凝胶具有良好的室温离子电导率,其电导率可达 3S/m,且经修复后的 P(urea-IL-SPMA)水凝胶也可以恢复原来的电导率(2.9S/m)。

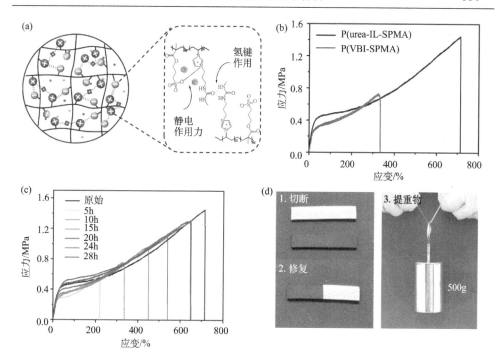

图 9-22　（a）P（urea-IL-SPMA）水凝胶内部结构及作用力；（b）P（urea-IL-SPMA）水凝胶和
P（VBI-SPMA）水凝胶的机械性能对比；（c）P（urea-IL-SPMA）水凝胶的拉伸性能随修复时间的
变化；（d）P（urea-IL-SPMA）水凝胶的自修复性能展示

　　弹性体材料在受力发生大变形后，撤去外力，弹性体能够迅速回复其初始形
状和尺寸，在电子材料、汽车行业、医疗行业、通信器材等领域内具有重要的应
用。与水凝胶类似，弹性体材料内部也具有三维交联网络。对于自修复超分子弹
性体材料，其内部交联网络的交联作用力一般为超分子作用力，如氢键等。一般
地，为了获得大的形变能力，要求弹性体材料内三维交联网络具有低交联密度。
相反地，为了获得更大的回弹能力，则要求弹性体材料内三维交联网络具有高交
联密度。因此，如何通过合理设计使高形变能力和优异的回弹性能在自修复弹性
体材料中同时实现是一个难题。

　　具有强弱差异的配位键可以通过协同作用，实现高拉伸变形性和高回弹性的
完美统一。南京大学李承辉与斯坦福大学鲍哲南合作，利用配位键设计合成了一
种可高度拉伸的新型自修复弹性体[20]。他们利用氨基封端的聚二甲基硅氧烷
（H_2N-PDMS-NH_2）高分子与 2,6-吡啶二甲酰胺（H_2pdca）反应得到 2,6-吡啶二甲酰
胺封端的 PDMS（H_2pdca-PDMS），再向体系中引入一定量的 Fe^{3+}，就得到自修复
Fe-Hpdca-PDMS 弹性体。如图 9-23（a）所示，Fe-Hpdca-PDMS 弹性体中的 H_2pdca
可提供多个配位点与金属配位，可以得到多个不同强度的配位键。由于强配位键

与弱配位键位置相邻，当 Fe-Hpdca-PDMS 弹性体受到拉伸作用时，体系中的弱配位键优先断开起到能量耗散作用，而强配位键仍然得以保持使材料不致断裂，因此 Fe-Hpdca-PDMS 弹性体具有非常好的拉伸性和回弹性。研究发现，Fe-Hpdca-PDMS 弹性体在被拉伸至原长的 45 倍以后，在室温下只需要 1h 就可以恢复到原来的长度。当改变 Fe^{3+} 与配体的比例后，该材料甚至可以拉伸到原长的 100 倍也不会断裂[图 9-23(b)]。另外，由于材料内部强配位键与弱配位键的结合导致配位结构具有高度动态性，因此材料受损后在室温下无须任何外界刺激即可完全修复，修复后的样品仍然具有良好的拉伸性能和弹性[图 9-23(c)]。

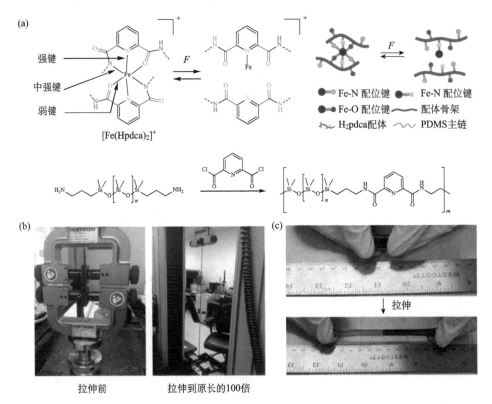

图 9-23　(a)聚二甲基硅氧烷弹性体中 2,6-吡啶二甲酰胺与 Fe^{3+}的配位示意图及聚二甲基硅氧烷弹性体的合成路线图；(b)聚二甲基硅氧烷弹性体的拉伸性能；(c)聚二甲基硅氧烷弹性体修复后宏观拉伸性能

9.4.2　高强度自修复体相材料

正如前面提到的，高机械强度和自修复功能是一对难以协调的矛盾，制备能够在温和条件下实现损伤修复的高强度自修复材料更是难上加难。但是，得益于

超分子作用力的可逆性和超分子作用力之间的协同作用，通过合理调控超分子作用力强度、类型和作用力方向可以有效调节自修复超分子材料的机械性能，有望实现具有在温和条件下损伤修复功能的高强度超分子材料的制备。

在基于氢键作用的自修复聚合物复合物材料中引入室温下可逆的动态共价键，能够在很大程度上弥补高强度聚合物材料链段运动能力低造成的修复和循环利用性能差的问题，这是制备具有高效修复和可循环利用性能的高强度聚合物复合材料的最有效的方法之一。最近，孙俊奇等设计合成了一种新型的高度可逆的氮配位硼氧六环动态共价键[120]。不同于以往的硼氧六环结构，氮配位硼氧六环能够在室温下可逆地打开与重构。他们利用该动态共价键，实现了高强度氢键聚合物复合物材料室温下的高效自修复和重塑。首先，他们将邻醛基苯硼酸与氨基封端聚丙二醇反应，再经还原与脱水步骤，制备了室温下具有自修复和可重塑性能的氮配位硼氧六环交联的聚丙二醇聚合物网络（N-boroxine-PPG），但其拉伸强度只有约 0.19MPa。然后，利用聚丙烯酸（PAA）上的羧酸基团和 N-boroxine-PPG 上的仲胺基团间的氢键作用将它们复合，如图 9-24（a）所示，成功制备了在室温即可实现自修复和结构重塑且具有高机械强度的透明聚合物复合物（N-boroxine-PPG/PAA）。当 N-boroxine-PPG/PAA 中 PAA 的质量分数为 10% 时（记作 N-boroxine-PPG/PAA$_{10\%}$），该复合物的拉伸强度和杨氏模量分别约为 3.4MPa 和 15.3MPa。由于氮配位硼氧六环和氢键在室温下具有高度的可逆性，受到机械损伤的 N-boroxine-PPG/PAA$_{10\%}$复合物材料在室温下放置 6h 就可以实现力学强度的高效修复，其修复效率可达约 99%[图 9-24（b）和（c）]。如图 9-24（e）所示，将 N-boroxine-PPG/PAA$_{10\%}$复合物碎片中加入少量乙醇，在 0.4kPa 的压力下就可实现材料的重新塑形。通过调控 PAA 在 N-boroxine-PPG/PAA 复合物中的质量分数，可以制备出一系列强度可控的室温下具有自修复与可循环利用性能的 N-boroxine-PPG/PAA 复合物。当增加复合物中 PAA 的质量分数至 40% 时，N-boroxine-PPG/PAA$_{40\%}$复合物的拉伸强度和杨氏模量分别可提升至约 12.7MPa 和 112.5MPa，并且该复合物仍然可以在室温下实现高效修复[图 9-24（d）]。同时，对于机械强度较高的 N-boroxine-PPG/PAA$_{40\%}$复合物，经历 5 次切碎-重塑后，仍能恢复到原来的力学强度[图 9-24（f）]。在这个工作中，氮配位硼氧六环动态共价键具有以下三方面的优异特性：①能够在室温下可逆打开与重构，具有高的可逆性；②具有三重交联位点，可以实现高的交联密度；③氮配位硼氧六环上的仲胺基团可以基于氢键作用与其他基团实现复合。这一工作将为制备同时具有自修复和可循环利用性能的高强度聚合物材料提供一条新的途径。

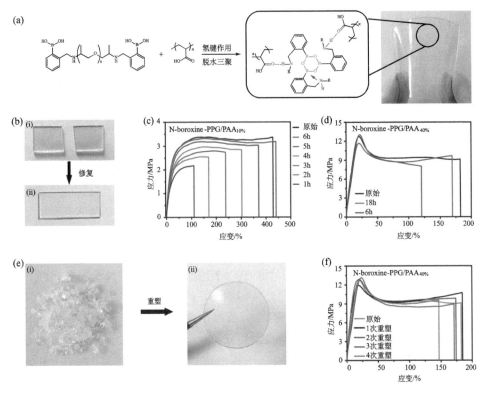

图 9-24　　(a) N-boroxine-PPG/PAA 的制备过程及 N-boroxine-PPG/PAA$_{10\%}$ 膜的照片；
(b) N-boroxine-PPG/PAA$_{10\%}$ 复合物的修复过程实物图：(i) 复合物被切成两块；(ii) 完全修复的
复合物；(c) N-boroxine-PPG/PAA$_{10\%}$ 的原始拉伸曲线及修复 1～6h 后的拉伸曲线；(d) N-boroxine-
PPG/PAA$_{40\%}$ 的原始拉伸曲线及修复 6h、18h 后的拉伸曲线；(e) N-boroxine-PPG/PAA$_{10\%}$ 的重塑
实物图：(i) 复合物被切成小碎块，(ii) 在室温下，0.4kPa 的压力下复合物重塑后的实物图；
(f) N-boroxine-PPG/PAA$_{40\%}$ 的原始拉伸曲线及多次重塑后的拉伸曲线

　　除了调节材料内部作用力的强度和类型，调节超分子材料中作用力的方向也
可以有效调节超分子材料的机械性能。日本东京大学的相田卓三(Takuzo Aida)研
究团队通过在材料中引入非线性锯齿形氢键阵列制备了具有高机械强度和自修复
能力的醚-硫脲聚合物[44]。他们首先通过一步缩聚法制备了具有较低分子量的醚-
硫脲聚合物 TUEG3[图 9-25(a)]，其数均分子量(M_n)和质均分子量(M_w)分别为
9 500 和 22 300。由于 TUEG3 聚合物结构中硫脲基团之间可以形成高密度氢键网
络，且这种非线性锯齿形氢键阵列并不会引发结晶，因此材料既具有高机械强度，
又有一定的韧性。通常，高密度氢键网络的引入会使得聚合物体系倾向于形成规
整结构的结晶或聚合物簇结构，从而导致聚合物材料韧性降低，影响其力学性能。
如图 9-25(a)所示的 UEG3 分子，它与 TUEG3 具有同样的分子结构，但是由于

UEG3 内部存在规则且高密度的氢键网络，导致 UEG3 聚合物内部存在结晶。而 TUEG3 结构表征测试显示其呈无定形态，玻璃化转变温度为 27℃。理论分析表明 TUEG3 聚合物体系中氢键阵列非线性锯齿形排列方式是其呈现无定形态的关键[图 9-25(a)]。这一结构特征使得聚合物具有较高的弹性模量和机械强度，在力学性能测试中聚合物体系能够被拉伸至 393%，弹性模量约为 1.4GPa，断裂强度为 31.7MPa。高密度氢键不仅保证了聚合物的力学性能，而且由于氢键易于断裂和重新形成，因此聚合物具备自修复功能。为了验证 TUEG3 聚合物的自修复性能，他们将片状 TUEG3 聚合物在 45℃下剪为两段，冷却 10min 后，再将两块材料的断面通过施加一定压力(0.2MPa)接触 30s，修复后的材料就可以提起 300g 的砝码[图 9-25(b)～(e)]。此外，降低修复的温度至室温(24℃)，断裂的 TUEG3 聚合物在 1.0 MPa 应力下经过 6h 也能完全恢复其初始力学性能。即使在较低的环境温度下(12℃)，TUEG3 聚合物仍然能够修复部分力学性能。通过对比还发现，在受压条件下，TUEG3 体系中的醚单元能够促进氢键对的交换，降低聚合物链滑移的能垒，进而实现断裂部分的快速愈合。这样快速的氢键交换使得 TUEG3 具有非常优越的修复能力。该工作首次制备了在室温下具有快速自愈能力的高强度聚合物材料，对于研发室温自修复材料具有重大意义，在新型环境友好型材料的开发和应用方面具有广阔的应用前景。

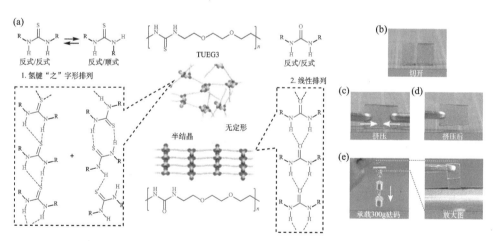

图 9-25　(a)TUEG3 聚合物主体中硫脲基团之间以及 UEG3 聚合物主体中脲基之间的氢键相互作用示意图。(b)～(e)片状 TUEG3 聚合物的损伤及修复过程：(b)片状 TUEG3 聚合物在 45℃下用剪刀剪为两段；(c, d)冷却 10min 后，施加一定的压力(0.2MPa)将两块材料的断面互相接触 30s；(e)修复后的 TUEG3 聚合物可以提起 300g 的砝码且完好无损

9.4.3　功能性自修复体相材料

具有电学、生物学或抗逆性等功能的材料在能源、医药、航空航天等领域有着重要的应用价值。赋予功能性超分子材料以修复能力，可提高这些材料的安全性、稳定性以及使用寿命，是自修复材料发展的一个极其重要的目标，这也对"资源节约型、环境友好型社会建设"具有重要的现实意义。但是，材料的功能来源于材料内部特殊的分子及拓扑结构。因此，自修复功能性材料的设计与制备的难点在于：在保持甚至提高材料本身的功能和机械性能的前提下，经过巧妙的分子设计赋予材料以修复能力。目前，科学家们已经报道了多种具有特定功能的自修复材料，如原子氧防护材料、导电材料、电极材料、形状记忆材料等。这类材料在修复结构损伤的同时可恢复其原有的功能，不仅大大延长了其使用寿命，也提高了材料的稳定性。功能性自修复超分子材料的发展经历了一个从修复单一功能到修复集成功能的历程，并将最终发展为全方位一体化修复的功能性器件。在本节中，将对一些功能性自修复超分子体相材料的典型例子进行具体介绍。

具有强度高、质量轻等优点的聚合物材料是航天工业发展的重要支撑[121,122]。聚合物材料在近地轨道随航天器服役时，通常需要涂覆原子氧防护涂层以抵御遍布于宇宙空间中原子氧的侵蚀[123-125]。但是，涂层在苛刻的空间环境下很容易发生开裂等物理损伤，从而导致其防护效果的退化甚至丧失[123]。而航天器一旦入轨运行，于航天器上服役的材料又难以被更换。因此，制备具有自发修复损伤功能的原子氧防护材料，对保障航天器的飞行安全具有十分重要的意义。孙俊奇等首次利用超分子聚合物的热动态性报道了一种可"自发"修复物理损伤的原子氧防护材料[126]。在该报道中，他们以 UPy 接枝的笼型聚倍半硅氧烷(POSS)为单体(UPy-POSS)，以 UPy 之间的四重氢键为组装驱动力，组装得到一种具有三维交联结构的超分子聚合物[图 9-26(a)]。后经过热压处理，即可将超分子聚合物牢固涂覆在聚酰亚胺、聚苯硫醚等聚合物的表面，形成致密透明的具有一定厚度的超分子涂层。超分子聚合物超高的交联度使涂层呈现出优异的机械强度，其杨氏模量与聚酰亚胺相当，可达 4.5GPa。最重要的是，材料表面的 UPy-POSS 被原子氧侵蚀后会转化为一层致密的、具有卓越原子氧防护能力的二氧化硅钝化层，进而避免了内部物质继续被原子氧侵蚀[图 9-26(a)]。UPy-POSS 之间的氢键赋予了该原子氧防护材料以优异的修复能力。如图 9-26(b)所示，当破损的 UPy-POSS 材料在 80℃下加热 2min 后，其表面深达基底的裂纹可被完全修复。而航天器在近地轨道上被阳光照射时，其表面温度可达 100℃。因此，当航天器一旦飞行到受太阳照射的一侧，受损的 UPy-POSS 原子氧防护材料就可被"自发而迅速"地修复。该工作艺术性地结合了 POSS 分子的原子氧防护能力以及超分子聚合物良好的加工和修复能力，并借助空间独特的温度特点，制备出具有"自发"修复深达基底损伤能力的原子氧防护材料。该工作不仅对保证航天器安全运行具有十分重要的意义，也为自修复材料的开发提供了一条崭新的思路。

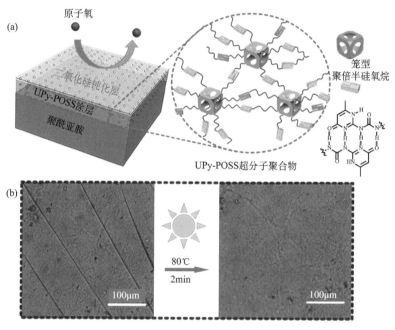

图 9-26 (a) UPy-POSS 超分子聚合物涂层结构及工作原理示意图；(b) 龟裂的 UPy-POSS 超分子聚合物涂层修复前后的显微镜照片

聚合物黏合剂是锂离子电池硅阳极的重要构成成分，它可以将活性物质牢固黏接在金属集流体上。然而，黏合剂在电池充放电过程中会随着锂离子的嵌入和脱出产生很大程度的膨胀而出现开裂，进而造成电极的损毁[127,128]。因此，赋予聚合物黏合剂自修复性能即赋予电极自修复性能，这对提高锂离子电池的安全性具有十分重要的意义。鲍哲南和崔毅等报道了一种具有自修复功能的高性能硅阳极。在该报道中，他们通过对二亚乙基三胺与二元脂肪酸和三元脂肪酸的缩聚反应，制备了基于氢键相互作用的自修复聚合物材料[SHP，图 9-27(a)][127]。将碳黑纳米粒子(CB)均匀地分散到 SHP 中以增加其导电性，即制得电导率达 0.25S/cm 的聚合物黏合剂(SHP/CB)。实验证明，SHP/CB 具有良好的修复能力，将被切断的 SHP/CB 重新接触 1min 后，材料的机械损伤和消失的导电性即可被有效地修复。电池测试表明，使用 SHP/CB 所制备的自修复硅阳极的容量达到 2617mA·h/g，达到了标准石墨阳极容量的 6 倍[图 9-27(b)]。SHP/CB 具有良好的延展性和优异的黏合性，使得该黏合剂能够在很大程度上避免因使用过程中体积变化而出现的破损。更重要的是，黏合剂高效的自修复能力能够及时修复硅阳极上小概率出现的损伤

[图 9-27(c)]。这种具有自修复能力的电极，为高稳定性、长寿命、高性能锂离子电池的制造铺平了道路。

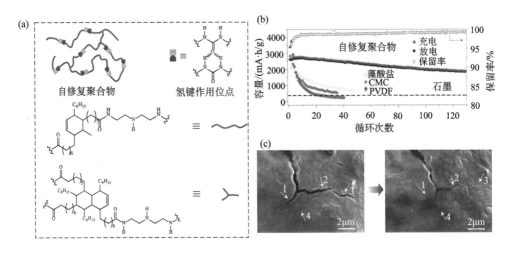

图 9-27　(a)自修复聚合物材料的化学结构，红色线表示聚合物主链，深蓝色及浅蓝色模块表示氢键作用位点；(b)采用不同聚合物黏合剂制备的硅阳极的容量及保留率：包括 SHP/CB、藻酸盐、聚偏二氟乙烯(PVDF)、羧甲基纤维素(CMC)黏合剂，所有样品在 0.1C 的充放电倍率下进行测试，灰色虚线表示石墨电极的理论容量；(c)自修复硅阳极在电化学循环过程中损伤与修复的 SEM 照片：左图为聚合物层在嵌锂过程中产生的微裂痕，箭头指示微裂痕的位置；右图为 5h 后聚合物层上微裂痕的修复情况

　　质子交换膜是燃料电池(氢氧燃料电池、甲醇燃料电池等)中传输质子的通道，也起到阻止阴阳两极的氧化剂(氧气)和燃料(甲醇，氢气)相互接触的作用，是电池内部的重要组成部件[129,130]。然而，一旦质子交换材料在工作时产生孔洞或裂痕等损伤，就会导致氧化剂和燃料的接触而大大降低电池的性能，甚至导致电池爆炸[129]。因而，赋予质子交换材料修复机械损伤的能力，对保证其在工作状态下的结构完整具有重要的意义。孙俊奇等利用 Nafion 和 PVA 之间的氢键作用，制备了一种基于氢键作用可自修复的 Nafion-PVA 复合物[131]。再将该材料浸泡在醛基苯甲酸(CBA)的 DMF 溶液中，在 PVA 主链上接枝疏水的苯甲酸基团，复合物的稳定性显著增加，即制备得到新型的具有特定厚度的自修复质子交换材料[CBA/Nafion-PVA，图 9-28(a)]。与常用的 Nafion 材料相比，CBA/Nafion-PVA 材料具有优异的机械性能，其断裂强度和伸长率分别可达约 20.3MPa 和 380%。CBA/Nafion-PVA 材料在 80℃水中的质子传导率可达 0.11S/cm，比 Nafion 膜高20%。装配 CBA/Nafion-PVA 材料的电池比装配 Nafion 材料的电池展现出更好的电池性能，其最高功率密度和最高电流密度分别达到 68.7mW/cm² 和 222mA/cm²

[图 9-28(b)]。更为重要的是，CBA/Nafion-PVA 材料在温度为 80℃，浓度为 2mol/L 的甲醇水溶液中，贯穿于整个材料的孔洞可被完全修复，并恢复自身原有的质子传导率、甲醇阻隔能力及电池性能[图 9-28(b)和(c)]。而这种修复条件与甲醇燃料电池的工作条件相同，这意味着一旦损伤发生其可自发修复损伤。自修复性能的引入大大地提高了质子交换材料以及甲醇燃料电池的使用寿命和可靠性。同时，所用于制备自修复 CBA/Nafion-PVA 材料的物质都是商业化的材料，且制备过程十分简单、无须复杂的仪器设备，这些都十分有利于其大规模的生产。这项工作为制备具有优异电池性能的燃料电池开辟了新的思路。

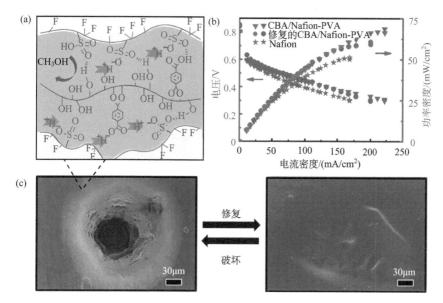

图 9-28　(a)CBA/Nafion-PVA 膜的结构与组成；(b)Nafion 膜、原始的以及损伤修复后的 CBA/Nafion-PVA 膜的甲醇燃料电池的电池性能；(c)CBA/Nafion-PVA 膜的孔洞损伤与修复的 SEM 照片

9.5　总结与展望

综上所述，自修复超分子膜材料和体相材料的研究在修复的推动力、材料机械性能的提升以及功能化等方面都取得了长足的发展。目前，已经成功利用超分子作用力构筑了一系列自修复超疏水膜材料和划痕自修复膜材料，并成功推广上述体系，发展了一系列功能集成自修复膜材料和高机械性能自修复膜材料，成功实现了膜材料结构完整性和功能性的同时修复。通过调节超分子体相材料中的作用力强度、方向和引入特殊的功能性基团，成功制备了具有特殊力学性能和特殊

功能的自修复超分子体相材料。然而，自修复超分子材料在基础研究和应用研究方面仍然需要进一步加强。其中，如何通过精确调控材料的分子结构而协调材料中的分子间相互作用和分子运动能力来实现材料修复性和机械性能的综合提升仍然是自修复超分子材料研究中的重要命题。再者，如何实现材料的自发修复或在温和条件下的修复是自修复超分子材料研究所追求的目标。同时，设计构筑对损伤具有响应感知性能并能够实现反馈性快速修复的高性能自修复材料对于其实际应用意义重大。此外，如何针对不同的功能器件，实现器件中结构和功能的一体化协同修复将会是自修复材料发展的重要目标。总之，自修复超分子材料的快速发展已经大大缩小了化学、材料科学、机械制造、生物学等学科之间的距离，自修复超分子材料将为未来新型人造材料与功能器件的设计带来创新性的变革。自修复材料是创新、协调、绿色的新发展理念在材料科学领域的重要体现，对社会的可持续发展具有深远意义。

参 考 文 献

[1] Capadona J R, Shanmuganathan K, Tyler D J, et al. Stimuli-responsive polymer nanocomposites inspired by the sea cucumber dermis. Science, 2008, 319: 1370-1374.

[2] Blaiszik B J, Kramer S L B, Olugebefola S C, et al. Self-healing polymers and composites. Annu Rev Mater Res, 2010, 40: 179-211.

[3] Martin P. Wound healing--aiming for perfect skin regeneration. Science, 1997, 276: 75-81.

[4] Singer A J, Clark R A F. Cutaneous wound healing. N Engl J Med, 1999, 341: 738-746.

[5] Odland G, Ross R. Human wound repair. J Cell Biol, 1968, 39: 135-168.

[6] Cho S, Andersson H, White S, et al. Polydimethylsiloxane-based self-healing materials. Adv Mater, 2010, 18: 997-1000.

[7] Toohey K S, Hansen C J, Lewis J A, et al. Delivery of two-part self-healing chemistry via microvascular networks. Adv Funct Mater, 2010, 19: 1399-1405.

[8] Keller M, White S, Sottos N. A self-healing poly(dimethyl siloxane) elastomer. Adv Funct Mater, 2010, 17: 2399-2404.

[9] Cho S H, White S R, Braun P V. Self-healing polymer coatings. Adv Mater, 2010, 21: 645-649.

[10] Liu X, Zhou L, Liu F, et al. Exponential growth of layer-by-layer assembled coatings with well-dispersed ultrafine nanofillers: A facile route to scratch-resistant and transparent hybrid coatings. J Mater Chem, 2010, 20: 7721-7727.

[11] Kuroki H, Tokarev I, Nykypanchuk D, et al. Stimuli-responsive materials: Stimuli-responsive materials with self-healing antifouling surface via 3D polymer grafting. Adv Funct Mater, 2013, 23: 4593-4600.

[12] Shchukin D G, Zheludkevich M, Yasakau K, et al. Layer-by-layer assembled nanocontainers for self-healing corrosion protection. Adv Mater, 2010, 18: 1672-1678.

[13] Wu D Y, Meure S, Solomon D. Self-healing polymeric materials: A review of recent developments. Prog Polym Sci, 2008, 33: 479-522.

[14] Toohey K S, Sottos N R, Lewis J A, et al. Self-healing materials with microvascular networks. Nat Mater, 2007, 6: 581-585.

[15] Hansen C J, Wu W, Toohey K S, et al. Self-healing materials with interpenetrating microvascular networks. Adv Mater, 2010, 21: 4143-4147.

[16] Syrett J A, Becer C R, Haddleton D M. Self-healing and self-mendable polymers. Poly Chem, 2010, 1: 978-987.

[17] Zheng P, Mccarthy T J. A surprise from 1954: Siloxane equilibration is a simple, robust, and obvious polymer self-healing mechanism. J Am Chem Soc, 2012, 134: 2024-2027.

[18] Imato K, Nishihara M, Kanehara T, et al. Self-healing of chemical gels cross-linked by diarylbibenzofuranone-based trigger-free dynamic covalent bonds at room temperature. Angew Chem In Ed, 2012, 51: 1138-1142.

[19] Luo F, Sun T L, Nakajima T, et al. Oppositely charged polyelectrolytes form tough, self-healing, and rebuildable hydrogels. Adv Mater, 2015, 27: 2722-2727.

[20] Li C H, Wang C, Keplinger C, et al. A highly stretchable autonomous self-healing elastomer. Nat Chem, 2016, 8: 618-624.

[21] Li Y, Li L, Sun J. Bioinspired self-healing superhydrophobic coatings. Angew Chem In Ed, 2010, 49: 6129-6133.

[22] Chen K, Zhou S, Wu L. Self-healing underwater superoleophobic and antibiofouling coatings based on the assembly of hierarchical microgel spheres. ACS Nano, 2016, 10: 1386-1394.

[23] Chen S, Li X, Li Y, et al. Intumescent flame-retardant and self-healing superhydrophobic coatings on cotton fabric. ACS Nano, 2015, 9: 4070-4076.

[24] Liao M, Wan P, Wen J, et al. Wearable, healable, and adhesive epidermal sensors assembled from mussel-inspired conductive hybrid hydrogel framework. Adv Funct Mater, 2017, 27: 1703852.

[25] Zhang S, Cicoira F. Water-enabled healing of conducting polymer films. Adv Mater, 2017, 29: 1703098.

[26] Rong Q, Lei W, Chen L, et al. Anti-freezing, conductive self-healing organohydrogels with stable strain-sensitivity at subzero temperatures. Angew Chem In Ed, 2017, 56: 14159-14163.

[27] Li Y, Chen S, Wu M, et al. Rapid and efficient multiple healing of flexible conductive films by near-infrared light irradiation. ACS Appl Mater Interfaces, 2014, 6: 16409-16415.

[28] Li Y, Chen S, Wu M, et al. Polyelectrolyte multilayers impart healability to highly electrically conductive films. Adv Mater, 2012, 24: 4578-4582.

[29] Xiang Z, Zhang L, Yuan T, et al. Healability demonstrates enhanced shape recovery of graphene oxide-reinforced shape memory polymeric films. ACS Appl Mater Interfaces, 2017, 10: 2897-2906.

[30] Xu F, Li X, Li Y, et al. Oil-repellent antifogging films with water-enabled functional and structural healing ability. ACS Appl Mater Interfaces, 2017, 9: 27955-27963.

[31] Wu M, Ma B, Pan T, et al. Silver-nanoparticle-colored cotton fabrics with tunable colors and durable antibacterial and self-healing superhydrophobic properties. Adv Funct Mater, 2016, 26: 569-576.

[32] Tee B C, Wang C, Allen R, et al. An electrically and mechanically self-healing composite with pressure- and flexion-sensitive properties for electronic skin applications. Nat Nanotech, 2012, 7: 825-832.

[33] Chen Y, Kushner A M, Williams G A, et al. Multiphase design of autonomic self-healing thermoplastic elastomers. Nat Chem, 2012, 4: 467-472.

[34] Chen X, Dam M A, Ono K, et al. A thermally re-mendable cross-linked polymeric material. Science, 2002, 295: 1698-1702.

[35] Castelnuovo G, Bellezza G, Giuliani H I. A healable, semitransparent silver nanowire-polymer composite conductor. Adv Mater, 2013, 25: 4186-4191.

[36] Heo Y, Sodano H A. Self-healing polyurethanes with shape recovery. Adv Funct Mater, 2015, 24: 5261-5268.

[37] Kim S M, Jeon H, Shin S H, et al. Superior toughness and fast self-healing at room temperature engineered by transparent elastomers. Adv Mater, 2017, 30: 1705145.

[38] Xu Y, Chen D. A novel self-healing polyurethane based on disulfide bonds. Macromol Chem Phys, 2016, 217: 1191-1196.

[39] Lai Y, Kuang X, Zhu P, et al. Colorless, transparent, robust, and fast scratch-self-healing elastomers via a phase-locked dynamic bonds design. Adv Mater, 2018, 30: 1802556.

[40] Wang X, Liu F, Zheng X, et al. Water-enabled self-healing of polyelectrolyte multilayer coatings. Angew Chem In Ed, 2011, 50: 11378-11381.

[41] Xu W, Yan W, Shuai B, et al. Optically transparent antibacterial films capable of healing multiple scratches. Adv Funct Mater, 2014, 24: 403-411.

[42] Gu Y, Zacharia N S. Self-healing actuating adhesive based on polyelectrolyte multilayers. Adv Funct Mater, 2015, 25: 3785-3792.

[43] Reisch A, Roger E, Phoeung T, et al. On the benefits of rubbing salt in the cut: Self-healing of saloplastic PAA/PAH compact polyelectrolyte complexes. Adv Mater, 2014, 26: 2547-2551.

[44] Yanagisawa Y, Nan Y, Okuro K, et al. Mechanically robust, readily repairable polymers via tailored noncovalent cross-linking. Science, 2018, 359: 72-76.

[45] Cordier P, Tournilhac F, Soulié-Ziakovic C, et al. Self-healing and thermoreversible rubber from supramolecular assembly. Nature, 2008, 451: 977-981.

[46] Noack M, Merindol R, Zhu B, et al. Light-fueled, spatiotemporal modulation of mechanical properties and rapid self‐healing of graphene-doped supramolecular elastomers. Adv Funct Mater, 2017, 27: 1700767.

[47] Yan W, Li T, Li S, et al. Healable and optically transparent polymeric films capable of being erased on demand. ACS Appl Mater Interfaces, 2015, 7: 13597-13603.

[48] Guo W, Li X, Xu F, et al. Transparent polymeric films capable of healing millimeter-scale cuts. ACS Appl Mater Interfaces, 2018, 10: 13073-13081.

[49] Tepper R, Bode S, Geitner R, et al. Polymeric halogen-bond-based donor systems showing self-healing behavior in thin films. Angew Chem In Ed, 2017, 56: 4047-4051.

[50] Burnworth M, Tang L, Kumpfer J R, et al. Optically healable supramolecular polymers. Nature, 2011, 472: 334-338.

[51] Holten-Andersen N, Harrington M J, Birkedal H, et al. pH-induced metal-ligand cross-links inspired by mussel yield self-healing polymer networks with near-covalent elastic moduli. Proc Natl Acad Sci USA, 2011, 108: 2651-2655.

[52] Sarmah K, Pandit G, Das A B, et al. Steric environment triggered self-healing Cu^{II}/Hg^{II} bimetallic gel with old Cu^{II}-Schiff base complex as a new metalloligand. Cryst Growth Des, 2016, 17: 368-380.

[53] Feldner T, Häring M, Saha S, et al. Supramolecular metallogel that imparts self-healing properties to other gel networks. Chem Mater, 2016, 28: 3210-3217.

[54] Shao C, Chang H, Wang M, et al. High-strength, tough, and self-healing nanocomposite physical hydrogels based on the synergistic effects of dynamic hydrogen bond and dual coordination bonds. ACS Appl Mater Interfaces, 2017, 9: 28305-28318.

[55] Nakahata M, Takashima Y, Yamaguchi H, et al. Redox-responsive self-healing materials formed from host-guest polymers. Nat Commun, 2011, 2: 511-516.

[56] Zhang M, Xu D, Yan X, et al. Self-healing supramolecular gels formed by crown ether based host-guest interactions. Angew Chem In Ed, 2012, 124: 7117-7121.

[57] Ji L, Tan C S Y, Yu Z, et al. Tough supramolecular polymer networks with extreme stretchability and fast room-temperature self-healing. Adv Mater, 2017, 29: 1605325.

[58] Vaiyapuri R, Greenland B W, Colquhoun H M, et al. Molecular recognition between functionalized gold nanoparticles and healable, supramolecular polymer blends-a route to property enhancement. Poly Chem, 2013, 4: 4902-4909.

[59] Fox J, Wie J J, Greenland B W, et al. High-strength, healable, supramolecular polymer nanocomposites. J Am Chem Soc, 2012, 134: 5362.

[60] Tuncaboylu D C, Sahin M, Argun A, et al. Dynamics and large strain behavior of self-healing hydrogels with and without surfactants. Macromolecules, 2012, 45: 1991-2000.

[61] White S R, Sottos N R, Geubelle P H, et al. Autonomic healing of polymer composites. Nature, 2001, 409: 794-817.

[62] Park J, Braun P V. Coaxial electrospinning of self-healing coatings. Adv Mater, 2010, 22: 496-499.

[63] Caruso M M, Blaiszik B J, White S R, et al. Full recovery of fracture toughness using a nontoxic solvent-based self-healing system. Adv Funct Mater, 2010, 18: 1898-1904.

[64] Jackson A C, Bartelt J A, Braun P V. Transparent self-healing polymers based on encapsulated plasticizers in a thermoplastic matrix. Adv Funct Mater, 2015, 21: 4705-4711.

[65] Jadhav R S, Hundiwale D G, Mahulikar P P. Synthesis and characterization of phenol-formaldehyde microcapsules containing linseed oil and its use in epoxy for self-healing and anticorrosive coating. J Prog Polym Sci, 2011, 119: 2911-2916.

[66] Samadzadeh M, Boura S H, Peikari M, et al. Tung oil: An autonomous repairing agent for self-healing epoxy coatings. Prog Org Coat, 2011, 70: 383-387.

[67] Blaiszik B J, Kramer S L B, Grady M E, et al. Autonomic restoration of electrical conductivity. Adv Mater, 2012, 24: 398-401.

[68] Odom S A, Caruso M M, Finke A D, et al. Restoration of conductivity with TTF-TCNQ

charge-transfer salts. Adv Funct Mater, 2010, 20: 1721-1727.

[69] Dry C, Corsaw M. A comparison of bending strength between adhesive and steel reinforced concrete with steel only reinforced concrete. Cement Concrete Res, 2003, 33: 1723-1727.

[70] Trask R S, Bond I P. Biomimetic self-healing of advanced composite structures using hollow glass fibres. Smart Mater Struct, 2006, 15: 704-710.

[71] Latnikova A, Grigoriev D O, Hartmann J, et al. Polyfunctional active coatings with damage-triggered water-repelling effect. Soft Matter, 2011, 7: 369-372.

[72] Andreeva D V, Fix D, Möhwald H, et al. Self-healing anticorrosion coatings based on pH-sensitive polyelectrolyte/inhibitor sandwichlike nanostructures. Adv Mater, 2010, 20: 2789-2794.

[73] Zhou H, Wang H, Niu H, et al. Robust, self-healing superamphiphobic fabrics prepared by two-step coating of fluoro-containing polymer, fluoroalkyl silane, and modified silica nanoparticles. Adv Funct Mater, 2013, 23: 1664-1670.

[74] Wang H, Xue Y, Ding J, et al. Durable, self-healing superhydrophobic and superoleophobic surfaces from fluorinated-decyl polyhedral oligomeric silsesquioxane and hydrolyzed fluorinated alkyl silane. Angew Chem In Ed, 2011, 50: 11433-11436.

[75] Rekondo A, Martin R, Ruizdeluzuriaga A, et al. Catalyst-free room-temperature self-healing elastomers based on aromatic disulfide metathesis. Mater Horiz, 2014, 1: 237-240.

[76] Lu Y X, Guan Z. Olefin metathesis for effective polymer healing via dynamic exchange of strong carbon-carbon double bonds. J Am Chem Soc, 2012, 134: 14226-14231.

[77] Banerjee S, Tripathy R, Cozzens D, et al. Photoinduced smart, self-healing polymer sealant for photovoltaics. ACS Appl Mater Interfaces, 2015, 7: 2064-2072.

[78] Amamoto Y, Otsuka H, Takahara A, et al. Self-healing of covalently cross-linked polymers by reshuffling thiuram disulfide moieties in air under visible light. Adv Mater, 2012, 24: 3975-3980.

[79] Chen Y, Wang W, Wu D, et al. Injectable self-healing zwitterionic hydrogels based on dynamic benzoxaborole-sugar interactions with tunable mechanical properties. Biomacromolecules, 2018, 19: 596-605.

[80] Chen S, Zhang B, Zhang N, et al. Development of self-healing d-gluconic acetal-based supramolecular ionogels for potential use as smart quasisolid electrochemical materials. ACS Appl Mater Interfaces, 2018, 10: 5871-5879.

[81] Sun N, Gao X, Wu A, et al. Mechanically strong ionogels formed by immobilizing ionic liquid in polyzwitterion networks. J Mol Liq, 2017, 248: 759-766.

[82] Guo P, Zhang H, Liu X, et al. Counteranion-mediated intrinsic healing of poly (ionic liquid) copolymers. ACS Appl Mater Interfaces, 2018, 10: 2105-2113.

[83] Zhang H J, Sun T L, Zhang A K, et al. Tough physical double-network hydrogels based on amphiphilic triblock copolymers. Adv Mater, 2016, 28: 4884-4890.

[84] Song Y, Liu Y, Qi T, et al. Towards dynamic, but supertough healable polymers via biomimetic hierarchical hydrogen bonding interaction. Angew Chem In Ed, 2018, 57: 13838-13842.

[85] Jeon I, Cui J, Illeperuma W R, et al. Extremely stretchable and fast self-healing hydrogels. Adv

Mater, 2016, 28: 4678-4683.

[86] Hong G, Zhang H, Lin Y, et al. Mechanoresponsive healable metallosupramolecular polymers. Macromolecules, 2013, 46: 8649-8656.

[87] Liu J, Scherman O A. Cucurbit[n]uril supramolecular hydrogel networks as tough and healable adhesives. Adv Funct Mater, 2018, 28: 1800848.

[88] Burattini S, Colquhoun H M, Fox J D, et al. A self-repairing, supramolecular polymer system: Healability as a consequence of donor-acceptor π-π stacking interactions. Chem Commun, 2009, 44: 6717-6719.

[89] Yang M, Liu C, Li Z, et al. Temperature-responsive properties of poly(acrylic acid-co-acrylamide) hydrophobic association hydrogels with high mechanical strength. Macromolecules, 2010, 43: 10645-10651.

[90] Zhu Y, Radlauer M R, Schneiderman D K, et al. Multiblock polyesters demonstrating high elasticity and shape memory effects. Macromolecules, 2018, 51: 2466-2475.

[91] Yuan C E, Zhang M, Rong M. Application of alkoxyamine in self-healing of epoxy. J Mater Chem A, 2014, 2: 6558-6566.

[92] Amamoto Y, Kamada J, Otsuka H, et al. Repeatable photoinduced self-healing of covalently cross-linked polymers through reshuffling of trithiocarbonate units. Angew Chem In Ed, 2011, 50: 1660-1663.

[93] Gao X, Yan X, Yao X, et al. The dry-style antifogging properties of mosquito compound eyes and artificial analogues prepared by soft lithography. Adv Mater, 2010, 19: 2213-2217.

[94] Liu K, Jiang L. Bio-inspired self-cleaning surfaces. Annu Rev Mater Res, 2012, 42: 231-263.

[95] Li Y, Chen S, Wu M, et al. All spraying processes for the fabrication of robust, self-healing, superhydrophobic coatings. Adv Mater, 2014, 26: 3344-3348.

[96] Spaeth M, Barthlott W. Lotus-effect: Biomimetic super-hydrophobic surfaces and their application. Adv Sci Technol, 2008, 60: 38-46.

[97] Zhou H, Wang H, Niu H, et al. Superstrong, chemically stable, superamphiphobic fabrics from particle-free polymer coatings. Adv Mater Interfaces, 2015, 2: 1400559.

[98] Peng S, Yang X, Tian D, et al. Chemically stable and mechanically durable superamphiphobic aluminum surface with a micro/nanoscale binary structure. ACS Appl Mater Interfaces, 2014, 6: 15188-15197.

[99] Li X, Li Y, Guan T, et al. Durable, highly electrically conductive cotton fabrics with healable superamphiphobicity. ACS Appl Mater Interfaces, 2018, 10: 12042-12050.

[100] Tang B, Zhang M, Hou X, et al. Coloration of cotton fibers with anisotropic silver nanoparticles. Ind Eng Chem Res, 2012, 51: 12807-12813.

[101] Kelly F M, Johnston J H. Colored and functional silver nanoparticle-wool fiber composites. ACS Appl Mater Interfaces, 2011, 3: 1083-1092.

[102] Zeng W, Shu L, Li Q, et al. Fiber-based wearable electronics: A review of materials, fabrication, devices, and applications. Adv Mater, 2014, 26: 5310-5336.

[103] Yao X, Song Y, Jiang L. Applications of bio-inspired special wettable surfaces. Adv Mater, 2011, 23: 719-734.

[104] Wang H, Zhou H, Gestos A, et al. Robust, electro-conductive, self-healing superamphiphobic fabric prepared by one-step vapour-phase polymerisation of poly (3, 4-ethylenedioxythiophene) in the presence of fluorinated decyl polyhedral oligomeric silsesquioxane and fluorinated alkyl silane. Soft Matter, 2012, 9: 277-282.

[105] Li Y, Chen S, Li X, et al. Highly transparent, nanofiller-reinforced scratch-resistant polymeric composite films capable of healing scratches. ACS Nano, 2015, 9: 10055-10065.

[106] Xiang Z, Zhang L, Li Y, et al. Reduced graphene oxide-reinforced polymeric films with excellent mechanical robustness and rapid and highly efficient healing properties. ACS Nano, 2017, 11: 7134-7141.

[107] Chen D, Wu M, Li B, et al. Layer-by-layer-assembled healable antifouling films. Adv Mater, 2015, 27: 5882-5888.

[108] Wang Y, Li T, Li S, et al. Antifogging and frost-resisting polyelectrolyte coatings capable of healing scratches and restoring transparency. Chem Mater, 2015, 27: 8058-8065.

[109] Gerth M, Bohdan M A, Fokkink R G, et al. Supramolecular assembly of self-healing nanocomposite hydrogels. Macromol Rapid Commun, 2014, 35: 2065-2070.

[110] Li Y, Fang X, Wang Y, et al. Highly transparent and water-enabled healable antifogging and frost-resisting films based on poly (vinyl alcohol)-Nafion complexes. Chem Mater, 2016, 28: 6975-6984.

[111] Wang Q, Mynar J L, Yoshida M, et al. High-water-content mouldable hydrogels by mixing clay and a dendritic molecular binder. Nature, 2010, 463: 339-343.

[112] Qi X, Lei Y, Zhu J, et al. Stiffer but more healable exponential layered assemblies with boron nitride nanoplatelets. ACS Nano, 2016, 10: 9434-9445.

[113] Bai T, Sun F, Zhang L, et al. Restraint of the differentiation of mesenchymal stem cells by a nonfouling zwitterionic hydrogel. Angew Chem In Ed, 2014, 53: 12729-12734.

[114] Jiang S, Cao Z. Ultralow-fouling, functionalizable, and hydrolyzable zwitterionic materials and their derivatives for biological applications. Adv Mater, 2010, 22: 920-932.

[115] Banerjee I, Pangule R C, Kane R S. Antifouling coatings: Recent developments in the design of surfaces that prevent fouling by proteins, bacteria, and marine organisms. Adv Mater, 2011, 23: 690-718.

[116] Li Y, Pan T, Ma B, et al. Healable antifouling films composed of partially hydrolyzed poly (2-ethyl-2-oxazoline) and poly (acrylic acid). ACS Appl Mater Interfaces, 2017, 9: 14429-14436.

[117] Yilgor I, Eynur T, Yilgor E, et al. Contribution of soft segment entanglement on the tensile properties of silicone–urea copolymers with low hard segment contents. Polymer, 2009, 50: 4432-4437.

[118] Wang Y, Liu X, Li S, et al. Transparent, healable elastomers with high mechanical strength and elasticity derived from hydrogen-bonded polymer complexes. ACS Appl Mater Interfaces, 2017, 9: 29120-29129.

[119] Long T, Li Y, Fang X, et al. Salt-mediated polyampholyte hydrogels with high mechanical strength, excellent self-healing property, and satisfactory electrical conductivity. Adv Funct

Mater, 2018 28 (44): 1804416.

[120] Bao C, Jiang Y J, Zhang H, et al. Room-temperature self-healing and recyclable tough polymer composites using nitrogen-coordinated boroxines. Adv Funct Mater, 2018, 28: 1800560.

[121] Watson K A, Palmieri F L, and Connell J W. Space environmentally stable polyimides and copolyimides derived from [2, 4-bis(3-aminophenoxy)phenyl]diphenylphosphine oxide. Macromolecules, 2000, 35: 4968-4974.

[122] Chen J, Ding N, Li Z, et al. Organic polymer materials in the space environment. Prog Aerosp Sci, 2016, 83: 37-56.

[123] Fischer H R, Tempelaars K, Kerpershoek A, et al. Development of flexible LEO-resistant PI films for space applications using a self-healing mechanism by surface-directed phase separation of block copolymers. ACS Appl Mater Interfaces, 2010, 2: 2218-2225.

[124] Dever J A, Bruckner E J, Rodriguez E. Synergistic effects of ultraviolet radiation, thermal cycling and atomic oxygen on altered and coated Kapton surfaces. Washington DC: NASA Technical Memo 105363/Report AIAA-92-0794, National Aeronautics and Space Administration, 1992.

[125] Miller S K R. Degradation of spacecraft materials in the space environment. Mrs Bulletin, 2010, 35: 20-24.

[126] Wang X, Li Y, Qian Y, et al. Mechanically robust atomic oxygen-resistant coatings capable of autonomously healing damage in low earth orbit space environment. Adv Mater, 2018, 30: 1803854.

[127] Wang C, Wu H, Chen Z, et al. Self-healing chemistry enables the stable operation of silicon microparticle anodes for high-energy lithium-ion batteries. Nat Chem, 2013, 5: 1042-1048.

[128] Chen Z, Wang C, Lopez J, et al. High-areal-capacity silicon electrodes with low-cost silicon particles based on spatial control of self-healing binder. Adv Energy Mater, 2015, 5: 1401826.

[129] Mehmood A, Scibioh M A, Prabhuram J, et al. A review on durability issues and restoration techniques in long-term operations of direct methanol fuel cells. J Power Sources, 2015, 297: 224-241.

[130] Neburchilov V, Martin J, Wang H, et al. A review of polymer electrolyte membranes for direct methanol fuel cells. J Power Sources, 2007, 169: 221-238.

[131] Li Y, Liang L, Liu C, et al. Self-healing proton-exchange membranes composed of nafion-poly (vinyl alcohol) complexes for durable direct methanol fuel cells. Adv Mater, 2018, 30: 1707146.

第10章 特种功能超分子材料

李　文　吴玉清　董泽元　姜世梅

10.1　水基超分子胶黏材料

　　构筑自组装体系并赋予其各种功能是超分子化学从基础研究到应用研究的必经之路，如超分子凝胶导向的神经细胞再生，药物递送，生物工程材料，超分子仿酶体系，仿细胞模型体系等。功能性自组装体系的构建是当前超分子化学研究的热点领域。组装体中各作用力的巧妙协同，特定组装结构、微环境以及组分的固有性质无疑是构建功能材料的决定因素。与此同时，组装体的表面或界面将富集大量功能性基团，导致不同于单个构筑基元的协同界面性质。尤其是通过多重非共价键形成的超分子聚合物，非常有利于发展宏观稳定的界面黏接材料。天然水生附着生物如贻贝、藤壶、沙塔蠕虫等[1-3]通过分泌天然的水下胶黏剂紧紧附着在海底的岩石或船体底部，并能长期抵抗海水的震荡、波动等不利因素的干扰。早在20世纪80年代，Waite等[4]从贻贝中发现一类由多种蛋白质组成的黏性胶，并首次阐述了贻贝足丝黏性蛋白质中邻苯二酚基团对于界面黏接的重要贡献。受此启发，国际上多个研究组相继设计、合成了种类繁多的仿生水下胶黏剂，如美国加利福尼亚大学[5]、犹他大学[6]、普渡大学[7]、哈佛大学[8]，韩国KAIST[9]，国内如中国科学院兰州化学物理研究所[10]、青岛生物能源与过程研究所[11]、第三军医大学[12]等同行都在开展相应的工作。相关研究概括起来主要包括以下三类：①重组蛋白胶黏剂，即利用基因重组技术通过生物合成策略制备的蛋白质水下胶黏剂[13,14]；②合成高分子胶黏剂，即将多巴胺或其他极性基团通过共价键修饰到高分子的侧链，利用高分子主链特有的高强度、高韧性、高弹性等特点及极性侧链的化学键合能力实现强力黏接[7,11]；③超分子水下胶黏剂，以含邻苯二酚或其他极性基团的大分子或聚合物为基元，利用非共价作用构筑的黏性组装体[15]。其中，基于非共价键构筑的仿生胶黏材料由于设计灵活、黏接与脱黏动态可调等独特优势，引起了超分子科学家的高度重视。本章重点介绍由非共价作用力主导的具有界面黏接性能的仿生超分子功能材料的研究进展，包括基于氢键、主客体、配位及静电作用的超分子水性胶黏剂的制备方法及应用探索。

10.1.1　以高分子为组装基元的超分子胶黏剂

极性非共价键如氢键、配位键及静电力在强极性的水溶液中其键强度大大降低，不利于构建结构稳定的胶黏剂材料。常见的策略是利用多重非共价键的协同作用来构筑稳定的三维网络结构以增强胶黏剂的内聚力。Lee 等[16]利用单宁酸和聚乙二醇间的氢键作用获得了水下胶黏剂，并通过小鼠实验说明了其良好的生物止血能力。金朝霞等[17]将单宁酸分别与聚乙烯吡咯烷酮、聚苯乙烯磺酸钠、聚乙二醇及聚二甲基二烯丙基氯化铵等共组装获得了黏性超分子水凝胶。由于该超分子水凝胶具有 pH 刺激响应性、机械稳定性、快速自愈和清除自由基能力的特性，因而未来可能有很大的应用潜力。随后该课题组还利用多重氢键作用构筑了一类单宁酸-聚乙烯醇/牛血清蛋白的物理交联水凝胶网络[18]，其拉伸强度达到约 9.5MPa。

高光辉等[19]将腺嘌呤和胸腺嘧啶共价修饰到聚丙烯酰胺的侧链，聚丙烯酰胺侧链间通过碱基对间的多重氢键作用形成稳定的黏性水凝胶(图 10-1)。该水凝胶可黏合生物组织，有望在伤口敷料或医用胶黏领域发挥作用。

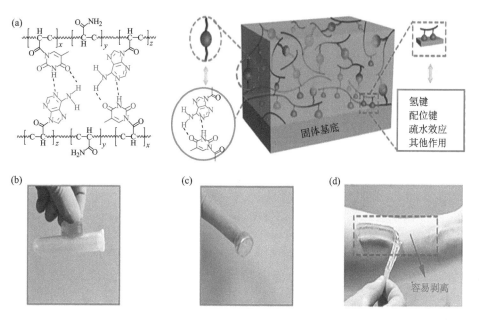

图 10-1　(a)侧链含腺嘌呤和胸腺嘧啶的聚丙烯酰胺的化学结构式及形成的黏性水凝胶示意图；(b)水凝胶黏接塑料数码照片；(c)水凝胶黏接金属硬币数码照片；(d)水凝胶黏接到皮肤后的剥离效果[19]

主客体识别是经典的超分子相互作用，经常用于制备超分子有序组装体甚至超分子聚合物。Scherman 等[20]利用萘基修饰的纤维素衍生物(HEC-Np)和甲基紫精修饰的聚乙烯醇(PVA-MV)及葫芦脲(CB[8])共组装制备了水含量高达 99.7% 的黏性水凝胶(图 10-2)。所得黏性水凝胶具有高度可调的力学性能,并且展现了快速自修复性能。此外,这些水凝胶具有明显的刺激响应性特征。

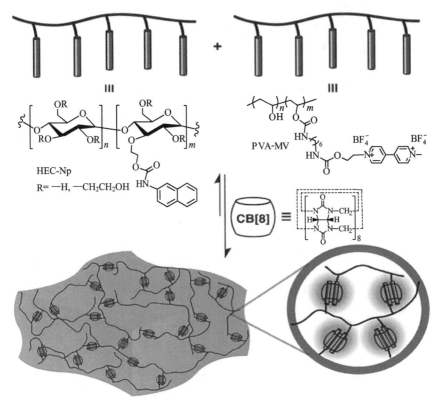

图 10-2　萘基修饰的纤维素衍生物(HEC-Np)和甲基紫精修饰的聚乙烯醇(PVA-MV)与葫芦脲
(CB [8])共组装制备黏性水凝胶示意图[20]

　　Roling 等[21]将含偶氮苯基的聚合物修饰的玻璃表面置于商用的 β-CD 主体聚合物水溶液中,将两片相同方法处理的玻璃基底压紧即可实现有效黏接。Kim 等[22]合成了一种超分子"纽扣"式水下胶黏剂。他们将二茂铁客体和葫芦脲(CB[7])分别共价修饰到两个硅片表面,将含主客体的硅片置于 pH 为 7.4 的水中并用手指按压后,硅片之间的黏附力在水中可以支撑 2kg 的金属盘,在空气中放置 12h 后仍可以支撑 4kg 的金属盘。除此之外,利用二茂铁的氧化还原性质可以实现硅片间的动态可逆黏接。

　　Grindy 等[23]利用末端含组氨酸残基的四臂聚乙二醇(4PEG-His)与过渡金属离子($M^{2+} = Ni^{2+}$, Co^{2+} 或 Cu^{2+})间的多重配位键制备了黏性水凝胶(图 10-3)。此外,向黏性水凝胶体系中引入苯基-2,4,6-三甲基苯甲酰基膦酸锂,可通过光照产生的自由基调节凝胶网络的配位交联密度，控制凝胶的稳定性及机械强度。Birkedal 等[24]利用侧链含邻苯二酚基团的聚丙烯胺与 Fe^{3+} 间的配位作用获得了具有自修复性能的黏性水凝胶，聚合物的交联程度可通过溶液 pH 进行调控。这种组装方式与天然贻贝足丝蛋白的体相交联过程类似。Waite 等[25]用与贻贝足丝蛋白（Mfp-1）类似的包含多巴胺寡肽片段的蛋白质及 Fe^{3+} 通过配位作用制备了水下胶黏剂，进一步揭示了金属离子的存在对贻贝足丝蛋白的作用。Wilker 等[26]将含有适量 $Fe(NO_3)_3$ 的水溶液加入到含有多巴胺的贻贝足丝蛋白 Mfp-1 和 Mfp-2 的提取物中，随后分别在有氧和无氧条件下用电子自旋共振波谱检测 Fe^{3+} 的信号。实验结果表明，配位过程中部分 Fe^{3+} 被邻苯二酚基团还原成低自旋的 Fe^{2+}，说明 Fe^{3+} 参与了贻贝类足丝蛋白中邻苯二酚基团之间的共价交联反应。

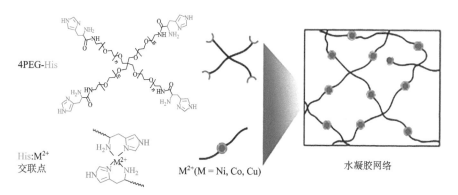

图 10-3　末端含组氨酸残基的四臂聚乙二醇（4PEG-His）的化学结构式及其与过渡金属离子通过配位键形成的黏性水凝胶结构示意图[23]

Waite 等[15]将邻苯二酚改性的聚丙烯酸阴离子与双酰亚胺修饰的壳聚糖阳离子通过静电组装在水下构建了超分子胶黏剂，该胶黏剂对玻璃、不锈钢、贝壳、树叶、木材等具有广泛的黏接能力。Lapitsky 等[27]将聚丙烯胺盐酸盐与焦磷酸或三聚磷酸盐在水溶液中共组装制备了静电交联的黏性团聚体。黏性团聚体固化后展现出较强的拉伸剪切强度。Park 等[28]设计了可模塑和可注射的黏性水凝胶，该水凝胶主要是通过多巴胺修饰的透明质酸和乳糖修饰的壳聚糖之间的静电作用形成的。另外，邻苯二酚在碱性条件下可共价交联进而增强水凝胶的内聚力，因此水凝胶可在水中长期稳定存在。Stewart 等[6]利用侧链含有磷酸盐和儿茶酚官能团的聚甲基丙烯酰氧乙基酯与侧链氨基化的胶原蛋白间的多重静电吸引作用构建了稳定的黏性团聚体。该团聚体可在水下进行注射加工与涂覆，并有效黏接在湿的基底表面。此外，通过控制溶液 pH 或溶液中 Ca^{2+} 与团聚体中磷酸侧链的摩尔比例，还可诱导团聚体进行非共价交联、固化。为了提高黏性团聚体的内聚力，他们还采用几种共价交联的策略来获得多级稳定的交联网络结构[29]。为此，他们首先将氨丙基-丙烯酰胺共聚物与侧链含有磷酸盐和儿茶酚官能团的聚甲基丙烯酰氧乙基酯共组装合成了流动的黏性团聚体。随后向团聚体中加入 NaIO$_4$ 引发邻苯二酚基团的共价交联，并将水下黏接强度提高到 (512±208) kPa。进一步，在团聚体中加入摩尔质量为 700g/mol 的水溶性聚氧乙烯二丙烯酸酯，并以过硫酸铵和四甲基乙二胺作为引发剂使负载到团聚体中的单体聚合，可将水下黏接强度提高到 1.2MPa。

10.1.2　基于短肽及氨基酸小分子的超分子胶黏剂

随着研究工作的开展，人们也逐渐意识到仅仅将贻贝足丝蛋白中的界面键合基团简单修饰到合成的聚合物中所制备的仿生水下胶黏剂还远没达到应用的要求，如水环境中胶黏剂的涂覆、界面铺展、键合、固化等。显然需要对天然胶黏剂体系进行深入、系统的研究，特别是胶黏蛋白质中各残基间的协同作用关系。然而，蛋白质本身的组成及结构复杂性也对基础研究提出了新的挑战。构建相对简化但更接近天然黏性蛋白质的多肽组装体无疑是理想的模型体系。然而，迄今为止国际上仅有 Waite[5]、Deming[30] 和 Kamino[31] 等课题组用原子力显微镜方法研究了多肽分子的界面黏附行为。研究表明，肽链中的极性残基如谷氨酸、精氨酸、赖氨酸、组氨酸、丝氨酸及半胱氨酸等可通过适应性非共价键与不同固体表面实现强力键合，但遗憾的是这些工作并没有评估多肽分子的水下黏接行为及黏接强度。主要原因是多肽分子自身的体相机械强度或内聚力非常弱，无法像聚合物一样实现宏观的水下黏接，更无法开展深入、系统的研究。

受牡蛎胶黏剂中有机/无机杂化组分的启发，吴立新、李文等[32]设计合成了含阳离子短肽和多金属氧簇阴离子的静电超分子聚合物体系。期望通过无机多金属氧簇的刚性及多重静电作用形成的聚合物网络结构来增强短肽胶黏剂的结构强度，从而获得宏观稳定的仿生胶黏剂。几种离子型短肽及多金属氧簇的化学结构如图 10-4 所示。

将含阳离子短肽 Pep1 的水溶液与含 H$_4$SiW$_{12}$O$_{40}$（简写为 HSiW）的水溶液室温共混即可形成水不溶的黏性超分子聚合物。该胶黏剂展现了广谱黏接能力，可在水下对不同固体基底如玻璃、聚醚醚酮、不锈钢、贝壳、木头、石头等实施有效黏接（图 10-5）。

^{183}W 核磁共振波谱、傅里叶变换红外光谱及质谱实验分别证实了胶黏剂中各组分的完整性。扫描电镜实验表明胶黏剂的内部是由片层结构互相连接形成的连续三维网络结构，这种连续的宏观网络结构有助于提高胶黏剂的内聚力和体相强度。水下黏接强度测试表明以上所得短肽胶黏剂对玻璃、铝板和聚醚醚酮的水下拉伸剪切强度分别 (27.8±2.5) kPa、(24.1±3.1) kPa 和 (29.6±2.9) kPa。这一短肽胶黏剂的黏接能力可与商品化的纤维蛋白胶 (fibrin glue) 媲美。然而，当采用与 Pep1 类似但精氨酸残基较少的短肽 Pep2 与多金属氧簇共组装时所得胶黏剂的体相强

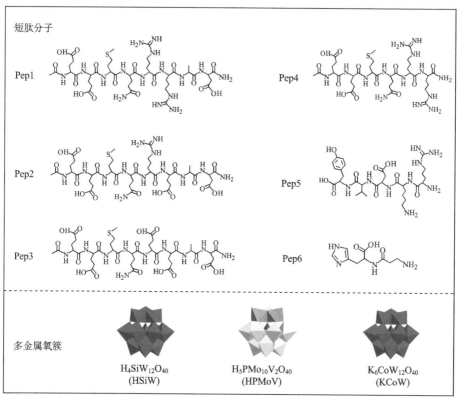

图 10-4　几种离子型短肽及多金属氧簇的化学结构[32]

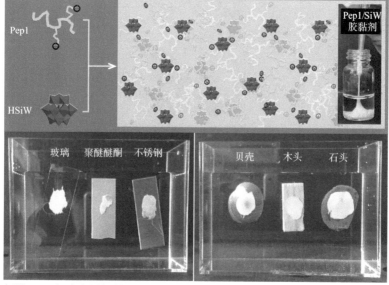

图 10-5　短肽 Pep1 与多金属氧簇 $H_4SiW_{12}O_{40}$（HSiW）静电组装形成的超分子水下胶黏剂的网络
结构示意图及水下黏接不同固体基底的数码照片[32]

度明显降低，而不含精氨酸残基的短肽（如 Pep3）则不能与多金属氧簇静电交联形成胶黏剂。他们随后设计、合成了几种不同的短肽（如 Pep4，Pep5，Pep6）并与系列多金属氧簇（如 $H_4SiW_{12}O_{40}$，$H_5PMo_{10}V_2O_{40}$，$K_6CoW_{12}O_{40}$）静电组装均获得了水下胶黏剂，验证了方法的普适性。近来，Kaminker 等[33]设计合成了一种同时含多个正电性残基和负电性残基的多肽分子，并利用肽链间的多重静电自组装在水溶液中构建了黏性团聚体。由此可见，多重静电作用的引入是获得短肽胶黏剂的重要途径，这将为进一步研究短肽分子中残基间的协同关系提供可能。

氨基酸小分子是构成多肽和蛋白质的基本单元，其残基类型变化多样，且化学性质在分子水平上精确可调。尤其需要指出的是，一些天然蛋白质胶黏剂如藤壶黏性蛋白，其界面键合特性完全来自于天然的极性氨基酸残基。因此，极性氨基酸小分子是界面键合的理想分子基元。然而，长期以来氨基酸小分子的自组装及胶黏剂材料的研究却并没有引起从事超分子化学的科学家的足够重视。吴立新、李文等[34]巧妙利用多重静电力与盐桥氢键间的协同效应制备了基于碱性氨基酸与多金属氧簇的黏性团聚体。如图 10-6 所示，碱性氨基酸如组氨酸的残基在适当 pH 条件下（pH 3～5）以质子化的咪唑盐形式存在，这些正电性基团可以与带负

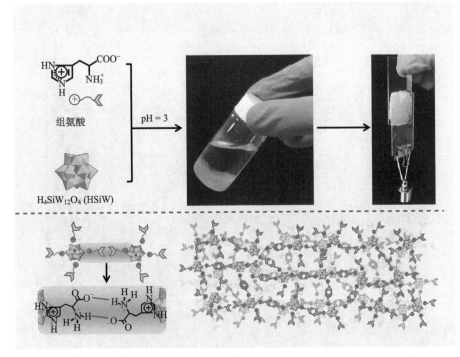

图 10-6　组氨酸与 $H_4SiW_{12}O_{40}$（HSiW）在水溶液中共组装形成的黏性团聚体及相应的分子排列方式示意图[34]

电的多金属氧簇通过静电作用形成复合物。复合物中组氨酸的主链以两性离子(α-NH$_3^+$ 和 α-COO$^-$)的形式分布在多金属氧簇外围,而相邻的复合物可通过各自表面两性离子间形成的盐桥氢键相互连接,形成连续交联的流动性团聚体。X 射线光电子能谱及红外光谱证实团聚体中组氨酸侧链处于质子化状态,而主链以两性离子的形式存在。用扫描电子显微镜观察组氨酸与 HSiW 形成的胶黏剂时,发现其内部为连续的三维孔洞结构。类似的黏性团聚体可扩展到其他碱性氨基酸。

然而,当他们将非碱性氨基酸,如丝氨酸、天冬氨酸、天冬酰胺、谷氨酸、苏氨酸等分别与 HSiW 在同样条件下混合时均形成透明溶液,表明碱性氨基酸残基与多金属氧簇间的静电作用主导了团聚体的形成。为了进一步验证盐桥氢键的重要性,他们将所得含组氨酸的胶黏剂在强酸性溶液中放置半小时后,胶黏剂快速转变为沉淀。红外光谱和 X 射线光电子能谱表明组氨酸的主链在强酸性溶液中转变为正电性(即 α-NH$_3^+$ 和 α-COOH),此时,组氨酸分子的主链和侧链可同时与刚性的多金属氧簇交联形成沉淀。这说明静电力与盐桥氢键的协同组装对氨基酸黏性团聚体的形成是至关重要的。所得团聚体经真空干燥后能以固体粉末状态进行存储、分装。当固体粉末再次吸水后可重新展现出黏接能力,表明基于氨基酸的超分子胶黏剂具有自修复能力。然而,由于盐桥氢键强的水合效应导致其在水溶液中的稳定性大大降低,只能以流动的团聚体形式存在,不利于其在水中的应用。

为了提高氨基酸胶黏剂的体相交联强度,吴立新、李文等[35]以水溶性较差的芳香型氨基酸与杂多酸共组装,利用静电力、电荷转移作用、疏水效应及 π-π 作用巧妙协同获得了强度较大的水下超分子胶黏体系。如图 10-7(a)所示,他们将白色含萘环的氨基酸(NA)与淡黄色固体强酸 H$_6$P$_2$W$_{18}$O$_{62}$(HP$_2$W$_{18}$)一起置于研钵中充分研磨,随后将研磨后的粉末置于 60℃ 左右的热水中超声,即可获得水下不流动的红棕色超分子胶黏剂。

为了研究该胶黏剂的形成机理,他们首先用 ^{31}P 和 ^{13}C 核磁共振波谱、红外光谱及电喷雾质谱等手段确定了胶黏剂中各组分的结构完整性。红外光谱表明,胶黏剂中氨基酸 NA 分子的主链以正电荷形式存在即 α-NH$_3^+$ 和 α-COOH。而固体紫外光谱、电子顺磁共振波谱及 X 射线光电子能谱等实验证实氨基酸残基的萘环与 HP$_2$W$_{18}$ 簇形成了电荷转移复合,即萘环作为电子给体将电子转移到 HP$_2$W$_{18}$ 受体上导致胶黏剂颜色呈现红棕色。为了验证电荷转移作用的存在,他们还将含萘环的氨基酸 NA 与具有不同还原电势的杂多酸共组装获得了不同颜色的水下胶黏剂。固体紫外光谱表明各个胶黏剂中对应于电荷转移的吸收峰与杂多酸簇的还原电势密切相关。这一现象与 Mulliker 理论[36]$hv_{(CT)} = a[E^o_{ox(D)} - E^o_{red(A)}] +$ 常数($0 <$ $a < 1$)中描述的受体的还原电势越大,跃迁能越小,电荷转移吸收峰越大这一规律相一致。随后,他们给出了胶黏剂中各组分分子的堆积模型图。如图 10-7(b)所示,氨基酸 NA 的 α-NH$_3^+$ 与 HP$_2$W$_{18}$ 之间存在强的库仑吸引作用,从而导致萘环

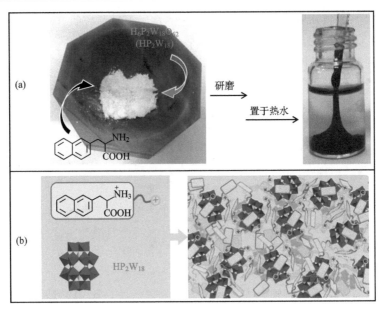

图 10-7　（a）含萘环的氨基酸（NA）与杂多酸（HP$_2$W$_{18}$）经固相研磨及热水处理后所得水下胶黏
　　　　剂的数码照片；（b）胶黏剂网络内部氨基酸与杂多酸间的排列方式示意图[35]

与 HP$_2$W$_{18}$ 间相互靠近形成电荷转移复合，即萘环通过面对面的方式围绕在
HP$_2$W$_{18}$ 簇周围。为了减小萘环与溶剂水的接触，复合物之间通过π-π相互作用以
及强的疏水效应进一步交联，从而形成稳定的交联网络。胶黏剂（NA/HP$_2$W$_{18}$）对玻
璃、不锈钢及聚醚醚酮的水下拉伸剪切强度分别为（3.78±0.68）kPa、（4.33±1.73）kPa、
（14.67±3.25）kPa。芳香型氨基酸较低的水溶性也极大提高了相应胶黏剂在水溶液
甚至盐水中的稳定性。重要的是，这种软的杂化胶黏剂可直接打印到 ITO 导电玻
璃上形成图案化的电致变色涂层电极。如图 10-8（a）所示，将胶黏剂打印到 ITO
导电玻璃形成的涂层电极，与 Al 片同时置于 3mol/L KCl 水溶液中，当用导线连
接两个电极时图案化涂层"P"由原来的红棕色自发转变为深蓝色。断开电路后，
向电解液中加入少量 H$_2$O$_2$，图案化电极涂层"P"从深蓝色恢复到原来的红棕色。
这意味着这种简易的装置可以构筑自发电的电致变色电池，其工作机理如图
10-8（b）所示，Al 作为强还原性金属，在电池中作为阳极失去电子被氧化成 Al^{3+}，
含多金属氧簇的胶黏剂涂层作为阴极接受电子使 HP$_2$W$_{18}$ 中的 W^{6+} 被还原为 W^{5+}，
同时伴随着涂层中杂多酸转变为杂多蓝，使涂层呈现出深蓝色。随后向体系中加
入强氧化性 H$_2$O$_2$ 可重新将杂多蓝氧化为最初的杂多酸，此时图案化电极涂层的
颜色又可恢复到最初的状态。经过 5 次充放电后 ^{31}P 核磁共振波谱和红外光谱证
实涂层中 HP$_2$W$_{18}$ 的拓扑结构依然保持完整。

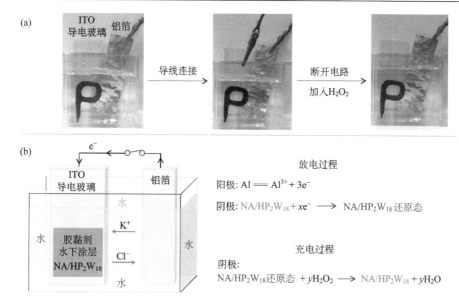

图 10-8　(a) 胶黏剂 NA/HP$_2$W$_{18}$ 打印到 ITO 导电玻璃上形成的阳极涂层与铝箔在 KCl 水溶液中组成的化学原电池，以及电池在充、放电过程中阳极涂层的颜色变化；(b)电池工作原理示意图[35]

　　此外，他们还串联了 3 组这种电致变色的电池装置并用于点亮电路中接入的二极管。连通电路时电池放电，电路中的二极管逐渐达到最亮并伴随着电极涂层的颜色变化。随着放电的进行，涂层的颜色逐渐变蓝，二极管逐渐变暗。当红棕色的电极图案完全还原为深蓝色时，电路中不再有电流通过，此时二极管完全熄灭。断开电路后向电解液中加入 H$_2$O$_2$，深蓝色的图案又恢复到初始颜色状态。随后连通电路，二极管可再次被点亮，说明电池具有较好的可逆性。除此之外，该超分子胶黏剂还可以打印到柔性基底上，如丁腈橡胶、聚丙烯等，并且在水下受到外力重复的拉伸和弯曲时表现出优异的抗机械形变能力。因此，他们还将胶黏剂直接打印到柔性碳纸上构建了柔性电极，并与铝片组装成自发电的电致变色型柔性水溶液电池。这些研究充分说明，基于协同的非共价键构建的超分子胶黏剂不仅制备简单，设计灵活，还可以充分利用组分的功能特性与胶黏剂的黏接性开发动态响应的功能性水下涂层材料。

　　总之，仿生超分子界面黏接材料是近年超分子科学领域发展起来的一个崭新的研究方向，尚有许多科学问题亟待解决。由于黏接材料与界面键合及组装体的内聚力密切相关，所以这一领域的发展将依赖材料的设计与组装结构的控制。在基础研究方面，研究超分子组装体的宏观界面键合与内聚力之间的协同平衡关系，发展可控的分步组装方法对胶黏剂材料的发展具有重要意义。发展接近天然的仿生模型体系无疑将有利于揭示水下胶黏剂的黏接机制，建立水下黏接理论，进而指导人造材料的设计合成。在应用研究方面，优化、完善材料设计策略，创新发展生物相容性好、毒性低的医用型胶黏剂体系不仅是应用研究长期关注的重要问题，也将为功能导向的超分子材料的发展注入新的活力。此外，利用超分子组装的便捷性和灵活性将功能性分子基元与胶黏剂的界面黏接性能相结合发展功能性水下涂层材料及响应性黏接材料无疑是人们追求的又一个目标。总之，充分利用超分子作用力的巧妙协同构筑界面仿生黏接材料将为化学家、材料学家和生物学家的合作开辟广阔的空间。未来，超分子组装的方法、原理将在特定功能界面黏接材料的制备等方面得到更多的关注与体现。

10.2 基于衣壳蛋白组装调控的抗 HPV 新材料

10.2.1 概述

人乳头瘤病毒(HPV)是一类无包膜的双链 DNA 病毒，它们能感染人类生殖器黏膜及皮肤破损处。高危型 HPV 的持续感染是妇女子宫颈癌的直接诱因，而低危型常诱发扁平疣等皮肤疾病[37]。最近的研究还发现高危型 HPV 的感染能诱发头颈鳞状细胞癌(尤其是口咽癌)、结肠癌、直肠癌和乳腺癌等[38]。由此可见，HPV 是多种恶性肿瘤发生的直接诱因。预防性 HPV 疫苗的成功面市代表着人类预防宫颈癌的一大进步，它们在预防所覆盖型别引起的宫颈癌前病变和尖锐湿疣上效果显著，但对未覆盖型别的感染无明显交叉保护(cross-protection)作用[39-41]。此外，现有这些疫苗由对应型别特有的基因重组主要结构蛋白 L1 所组成，它们成本高、稳定性差，不但对非覆盖型别的感染不具备预防性，而且对已感染 HPV 的患者也不再具有保护或治疗效应[42]。尤其是，针对 HPV 相关疾病的治疗，目前尚无特效药物可以使用[43]。鉴于高危型 HPV 感染的持续性以及治疗措施的非特异性，使得相关疾病的治疗复发率和由此引起的死亡率一直很高。因此，发展高效抗HPV 药物迫在眉睫。

病毒粒子的组装和解组装是病毒生命周期中的重要步骤，其表面衣壳蛋白在病毒的转录、复制和传播过程中均起关键作用。因此，以病毒衣壳蛋白或它们的组装过程为干预靶点的小分子调控成为抗病毒药物研发的新亮点。早在 2013 年，一种杂芳基二氢嘧啶(HAP)类乙肝病毒(HBV)组装抑制剂——GLS4 就进入了 I期临床试验[44-46]。近期的一个研究表明：它不但抑制效率高、药代动力学特征良好，而且包括急性毒性和重复毒性的安全性评价研究都表明 GLS4 是安全的，足以支持人体的临床试验进展[47]。此外，一种靶向人类免疫缺陷病毒(HIV)衣壳蛋白的高效抑制剂——GS-CA1 也已展示很好的临床发展前景[48]。这些进展良好的事例表明：以病毒衣壳蛋白以及它们的组装调控为干预靶点是开发新型抗病毒药物的可行性方案之一。但是，以 HPV 衣壳蛋白及其组装为干预靶点的小分子调控研究还有待发展。

就 HPV 而言，其衣壳由晚期表达主要结构蛋白 L1 和次要结构蛋白 L2 组成。利用真核细胞、酵母或大肠杆菌均可有效表达 L1，L1 自身含有病毒组装所需的主要结构信息，在适当的条件下 L1 单体(monomer, L1-m)能自发组装成五聚体(pentamer, L1-p)，并由 72 个五聚体进一步再自组装(self-assembly)成病毒样颗粒(virus-like particle, VLP)。由于妇女宫颈癌以及其他多种癌症的发生都直接与 HPV 的感染、复制和传播有关，化学家、生物学家和药学家一直都在试图从多角度去了解、认识和模拟 HPV 的繁衍机制，希望能从根本上揭示这一病毒的活动规律，最终达到彻底制服它们的目的。基于此，我们以 HPV 主要结构蛋白 L1 的组装调控为靶点，利用小分子在体外实施由单体到五聚体、再到 VLP 的多级自组装调控(图 10-9)。

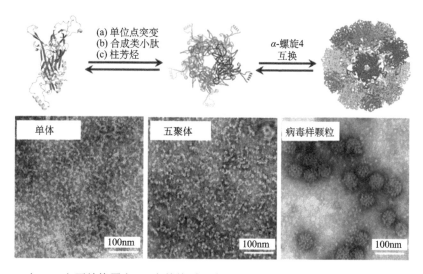

图 10-9　对 HPV 主要结构蛋白 L1 由单体到五聚体、再到病毒样颗粒(VLP)的组装调控示意图（由左到右）以及对应状态的电镜检测图

10.2.2　HPV L1 单体到五聚体组装调控平台的构建及相关小分子组装调控

1. HPV L1 单体到五聚体组装过程动力学调控平台的构建

L1 含有病毒颗粒组装的主要结构信息，因此在高离子强度和低 pH 条件下 L1 五聚体具有体外自组装形成中空 VLP 的能力。 之前，已有大量的研究报道了对

五聚体到 VLP 组装过程的监控,而且它们主要是基于操作难度较高的分子生物学技术[49-51]。虽然 L1 五聚体是 VLP 形成的必要前提,但是关于五聚体形成的研究还少有报道[52],更没有关于监控单体到五聚体组装过程的报道,这大大地阻碍了基于此过程的抗病毒制剂的研发进程。为了增加在大肠杆菌(*E. coli*)中的可溶性表达量和便于进一步的蛋白质纯化,谷胱甘肽转硫酶(GST)是构建 HPV L1 常用的蛋白质标签分子之一。在纯化过程中,生物学家们常在凝胶色谱柱内直接将 GST-L1 中的 GST 标签切掉,洗脱后分别得到的是组装完好的 L1-p 以及未能正确折叠、本身无法形成五聚体的 L1-m 废物。 然而,如果在操作过程中不经柱内酶切而直接将纯化后的 GST-L1 从凝胶柱上洗脱下来,由于 GST 的空间位阻效应此时的蛋白质只能以单体形式存在,如果再进一步将 GST 切除,那些被释放的 L1-m 依然能很好地自组装成 L1-p,且其组装速率取决于 GST 被切除的速率。因此,基于这个在蛋白质纯化过程中的小改进我们建立了一个能在体外调控和监测 L1-p 组装的动力学研究平台。进一步,我们利用稳态光散射(SLS)和蛋白质印迹法(Western blotting),基于此平台初步考察了蛋白质浓度、还原剂二硫苏糖醇(DTT)浓度以及缓冲液 pH 等参数对 L1-p 组装过程的影响(图 10-10)。首次实现了对 L1-p 形成的体外监控,揭示了影响五聚体形成的关键因素[53]。

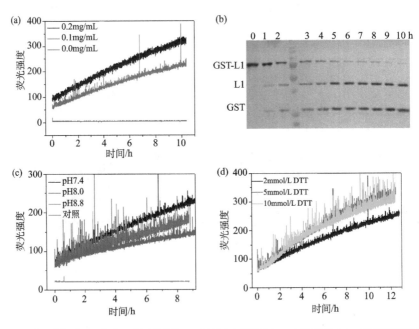

图 10-10 　(a)蛋白质 L1 浓度、(c)缓冲液 pH 以及(d)还原剂 DTT 浓度对 L1-p 组装过程的荧光稳态光散射(SLS)监测和(b)蛋白质印迹法对 GST-L1 酶切过程的监测结果[53]

在 HPV 病毒粒子的组装过程中，其主要结构蛋白 L1 先自发形成 L1-p，然后再由 72 个 L1-p 自发组装成 VLP。因此，调控和阻止该组装过程的任一环节都是实现抗病毒的关键步骤。之前，生物学家们主要利用繁琐且难度较高的分子生物学技术，通过定位突变或缺失关键氨基酸位点的方法来干预和调控由 L1-p 到 VLP 的组装过程，但是对由 L1-m 到 L1-p 的组装调控研究还未见报道。因此，我们该部分的研究不仅建立了一个能在体外调控和监测 L1-p 组装过程的动力学研究平台，更为以 L1-m 表面热点为干预靶点的抗 HPV 小分子调控奠定了基础，为抗 HPV 新药的研发提供了新的研究途径和方案。

2. 磺酸基修饰芳烃类化合物对 HPV L1 五聚体形成的调控研究

通过对 HPV L1 中的一个亚型 HPV16 L1 五聚体晶体(蛋白质数据库编号：2R5H)的结构分析可以发现：在每个单体的界面均含有五个精氨酸(Arg)残基和相邻单体的特异性位点以氢键或其他非共价键模式相互作用；同样，在相邻单体的侧面也有一个 Arg 残基反过来与其互为作用(图 10-11)。此外，在两个单体相互作用的界面上还有 3 个赖氨酸(Lys)也参与单体间的相互作用。这些富含正电荷的碱性残基的存在为以界面位点为干预靶点的小分子调控提供了可能。首先，

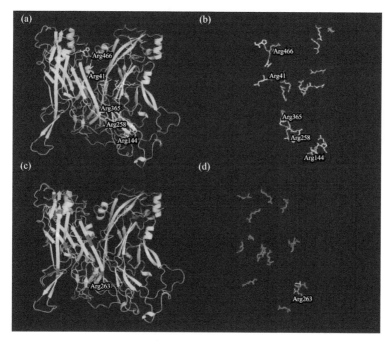

图 10-11　HPV 16 L1 单体界面碱性氨基酸位点展示：(a), (c) 相邻两个单体的晶体结构(蛋白质数据库编号：2R5H)；(b), (d) 相邻两单体中特异性精氨酸的位点展示

我们选择磺酸基修饰的芳烃类大环化合物——杯[4]芳烃(SC4A)和柱[5]芳烃(CP5A)，利用它们对单体界面上特殊位点——赖氨酸和精氨酸的选择性包覆和识别有效地调控了 HPV16 L1 五聚体的组装[54]。

研究结果表明，CP5A 以及 SC4A 均可以通过包覆 HPV16 L1 单体界面上的 Arg 或 Lys 来有效地抑制五聚体的形成。但由于首选结合位点和识别动力学的不同，它们对 L1 的结合能力也表现出明显的不同：在相同浓度下，CP5A 比 SC4A 能更有效地抑制 L1-p 的形成，而且当进一步利用透析袋除去体系中的 CP5A 或 SC4A 后，被释放出的 L1-m 还能进一步再形成 L1-p 并最终组装成 VLP。这一结果表明：芳烃类衍生物和蛋白质分子之间确实是以可逆的、易于调控的分子间弱相互作用而结合。通过调控超分子弱相互作用来终止病毒生命周期中的一个关键步骤，为开发新型抗 HPV 小分子抑制剂开辟了新途径。该研究成果发表后立刻得到化学世界(*Chemistry World*)的亮点评述[55]。英国剑桥大学 HPV 病毒领域的权威专家玛格丽特·斯坦利(Margaret Stanley)评述说：“来自中国的研究人员使用一种被称作柱芳烃的大环分子切断了 HPV 的生命周期,而该病毒是妇女宫颈癌的主要诱因,这项发现可能为抗这种病毒提供新途径”。

以蛋白质相互作用(PPI)界面上的碱性氨基酸残基 Lys 和 Arg 为干预靶点的组装调控思路完全可以外推应用到其他负电荷基团(如磷酸基、羧基，甚至是多金属氧簇等)修饰的芳烃类化合物。基于大环对特殊性疏水基团的包覆和带有相反电荷之间的静电相互作用，可以有效地屏蔽生物大分子界面基团间的特异性识别，最终抑制它们之间的识别和组装。此外，除了单体界面上富含正电荷的 Lys 和 Arg 可以作为干预靶点，其他富含负电荷或氢键作用位点的氨基酸残基同样可以作为特异性干预靶点。它们在 PPI 界面上的分布和数量对调控 PPI 均将起到关键的作用。因此，这些数据不但可以证明芳烃衍生物可以有效调节 PPI，影响蛋白质组装，还将在以此为靶点的抗病毒制剂的研发中发挥重要作用。

3. 手性氨基酸修饰杯芳烃对 HPV L1 五聚体的组装调控研究

手性是生物分子具备的一个显著结构特点，在生理响应方面，手性分子的对映异构体通常表现出截然不同的特性。因此，这些对映异构体已被广泛地应用于诸如化学催化、生物传感以及药物研发等不同的领域。杯芳烃是超分子化学中最常用的典型主体分子之一，近年来人们已经研发出多种手性氨基酸修饰的芳烃类衍生物，其中一些已被证明具有抗菌、抗癌等药物学活性，但是有关它们的抗病毒性能开发还一直未被涉及。因此，我们以手性脯氨酸修饰的杯芳烃(L-Pro-SC4A 和 D-Pro-SC4A，图 10-12)作为潜在抑制剂，系统地研究了它们对 HPV16 L1 组装的影响以及由手性结构决定的对映选择性差异。结果发现：两者对 L1 五聚体形成均有抑制效应，但两者的抑制效应均不高且对映选择抑制效应比也仅为 1.38，这些都有待进一步提高[56]。目前，以含有更多负电荷基团的手性谷氨酸(Glu)和天冬氨酸(Asp)为修饰基团的杯芳烃类衍生物(L-Asp-SC4A、L-Glu-SC4A)对 L1-p 的组装调控正在进展中，它们与 L1-m 的识别亲和力确实都有所提高。此外，我们还以与靶蛋白具有类似序列的小肽为模型，利用基质辅助激光解吸电离飞行时间质谱(MALDI-TOF-MS)和核磁共振波谱(¹H NMR)系统地研究了 L-Pro-SC4A 和 D-Pro-SC4A 两个杯芳烃衍生物与小肽作用后所形成复合物的分子量及化学位移，从而证明它们确实是靶向性地识别并有效结合 L1 界面的碱性氨基酸残基。最后的分子模型模拟进一步深入揭示了它们产生手性识别性差异的本质机理(图 10-13)。对全长 L1 蛋白进行的胰酶消化实验以及分子对接模拟结果进一步验证了这一结论。目前，这是首次利用手性抑制剂干预 HPV16 L1 五聚体组装的研究报道。这项研究为研发具有对映选择性且更高效的新型抗 HPV 手性药物开辟了新方法，而且基于类似的分子机理，还有可能研发出其他类型的抗病毒手性抑制剂。

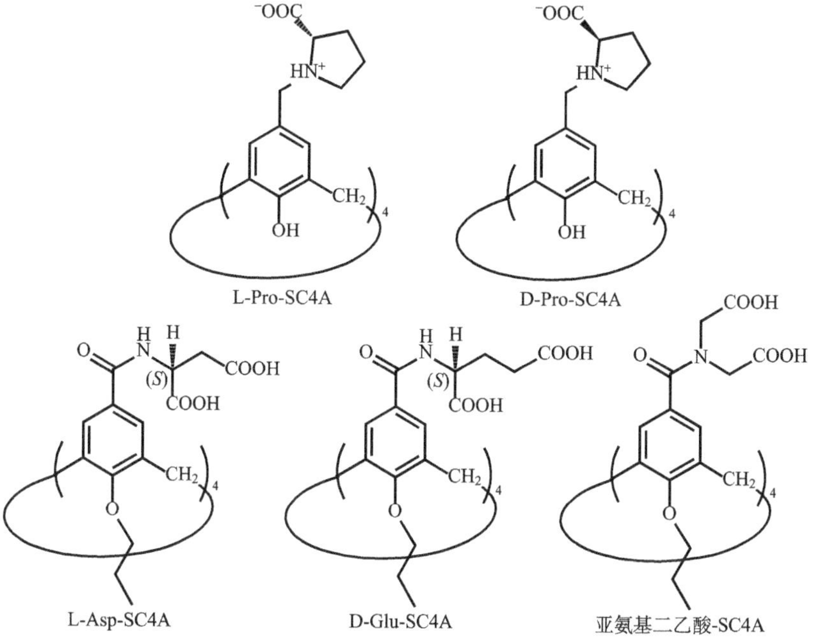

图 10-12 手性氨基酸修饰杯芳烃化合物的结构式

10.2.3 影响 HPV L1-p 形成的热点(hot-spot)发现及以此为靶点的小肽类抑制剂调控

在研究 HPV L1 的两个不同亚型 HPV16 L1 和 HPV18 L1 的杂合组装调控中我们偶然发现：由大肠杆菌所表达的 16 L1 蛋白折叠完全正确，但无论如何调控它都无法形成五聚体，当然也无法再组装成 VLP。后来，经过蛋白质重新测序

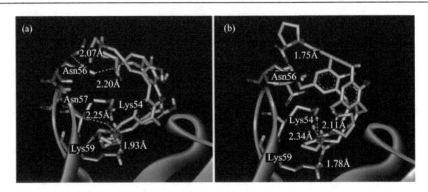

图 10-13　分子模型模拟图：HPV16 L1 与（a）D-Pro-SC4A 和（b）L-Pro-SC4A 之间所形成的多重氢键展示

我们发现：原来是 C-末端螺旋 5（h5）中 466 位的精氨酸（R466）被突变成组氨酸（R466H）。虽然其成因目前还不清楚，但从侧面说明 R466 位的精氨酸在 HPV16 L1 五聚体形成中具有重要作用。进一步，我们将这一偶然发现在另一个高危型别——HPV18 L1 上进行了确认，即将对应序列位点 R467 实施同样的组氨酸突变，结果发现，与 HPV16 L1 在 R466 位突变体一样，R467 突变后的 18 L1 同样也无法再形成五聚体和 VLP。随后，我们将 HPV16 L1 中 R466 邻近的其他五个位点也分别进行标准的丙氨酸筛选（alanine-screening）逐点突变。结果发现：当 $^{464}LGR^{466}$ 中任何一个单位点被突变后，L1 五聚体均无法再形成，而且将 L469 突变为丙氨酸后虽不能破坏五聚体的组装，但它有效地提高了蛋白质在上清液中的可溶性表达[57]。鉴于 LGR 序列在人和其他动物所有乳头瘤病毒型别中的绝对保守性，若以此为干预靶点来设计药物抑制剂必将极大地提高抗乳头瘤病毒的广谱性。

进一步，我们以 C-末端 h5 为干预靶点，设计、合成了一系列小肽作为潜在的抑制剂。经共混组装调控以后，其半数抑制浓度（IC_{50}）达到了 nmol/L 浓度级，表明这些小肽对 L1 五聚体形成的高效干预，是一类具有强特异识别效应的抑制剂[58]。尤其需要强调的是：以 HPV16 L1 h5 为靶点所设计的小肽抑制剂虽然不能有效阻止 HPV18 L1-p 的形成，但它却有效地抑制了 HPV58 L1-p 的形成，这主要归因于 HPV16 L1 和 HPV58 L1 中 h5 序列的高度同源而和 HPV18 L1 h5 序列的不同所致。进一步，通过更详细的序列比对分析我们发现：在所收集的 81 个不同型别的 HPV 中，其中另有 17 种与 HPV16 L1 具有同源的 h5 序列，它们分别是 HPV 31, 33, 35, 52, 58, 59, 42, 54, 61, 72, 81, 2, 27, 32, 57, 67 和 81。基于目前的研究结果我们推测：以 HPV16 L1 中 h5 为干预靶点所优化出的小肽抑制剂也应该对其他 17 种型别产生同样的抑制效应，进一步的实验验证正在进展中。此外，我们预测：若以绝对保守序列 LGR 以及它们的空间构象来设计更加特异的小分子抑制剂，则必将对更多型别的 HPV 产生更加广谱的组装抑制效应，相关的研究有待进一步深入开展。

10.2.4 HPV16 和 HPV18 衣壳蛋白 L1 的杂合共组装调控

在临床学的病例中，常发现有多种 HPV 亚型别的共感染，而且近期的研究表明:感染多种基因型 HPV 的妇女罹患宫颈癌前组织异常或病变的风险比以前报道的更高。尽管医学家们已经明确子宫开口处的宫颈组织可能含有多种 HPV 类型,但最近的研究首次证明感染多种 HPV 类型的女性罹患宫颈癌的风险要高于仅感染一种 HPV 类型的女性。然而,这其中所蕴含的病理学和分子生物学机制还依然不清,即不同 HPV 亚型别共感染后它们是否存在有协同增强致癌效应还有待于进一步探索。此外,为提高现有 HPV 蛋白疫苗的抑制广谱性和稳定性、降低疫苗成本等,将不同型别的 HPV 衣壳蛋白共同组装到一个病毒粒子中将是一个既经济又有效的可行方案。因此,基于以上研究背景和需求,我们利用分子生物学技术、通过互换关键结构域 α-螺旋 4(h4) 及其连接肽链段,成功地实现了 HPV16 和 HPV18 两种亚型别的 L1 在同一个 VLP 中的杂合共组装(图 10-14),并通过荧光共振能量转移(FRET)以及免疫共沉淀(Co-IP)技术对杂合组装体中的亚型成分和结构进行了确认和表征。进一步,利用经改进后的磁珠 Co-IP 技术,我们定量地确认出当两者(五聚体)以 1:1 摩尔比进行混合时杂合组装体中 HPV16 L1 和 HPV18 L1 的比例为 3:5,而且该比例随组装前两者共混比例的不同而有所变化。此外,热稳定实验检测结果表明:该杂合组装体与单一型别 L1 组装得到的常规 VLP 具有相似的稳定性,展示其具有很好的实际应用潜能。该研究将具有不同氨基酸序列和作用界面的两种不同型别的 HPV 衣壳蛋白成功地共组装到一个 VLP 中,它不但加深了人们对病毒结构蛋白的理解,还将为制备更加稳定、廉价和广谱的多价抗病毒疫苗提供新思路[59]。

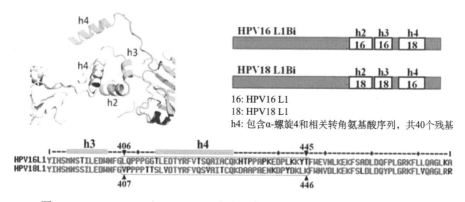

图 10-14 HPV16 L1 和 HPV18 L1 杂合组装时的结构互换及操作流程示意图

10.2.5　HPV 衣壳蛋白碱性肽链段与含铕多金属氧簇的组装调控及其应用

1. 多形貌小肽-多金属氧簇杂合组装体的构筑及调控

表面带有负电荷的多金属氧簇对碱性氨基酸(如精氨酸、赖氨酸)具有强识别相互作用，并且由于蛋白质大分子的屏蔽效应，这种结合可引起含稀土多金属氧簇发光效应的大幅度增强[60]。氨基酸序列分析表明：在 HPV 衣壳主要结构蛋白 L1 和 L2 中，均包含有多个富含碱性残基的肽链段，它们分别担负 DNA 负载、核定位和病毒入侵细胞时的识别功能。因此，当这些碱性序列与表面带有负电荷的多金属氧簇相遇时，以静电相互作用为主、氢键和疏水相互作用为辅的多重分子间弱相互作用力可驱使它们相互杂合组装成球形、棒状、片层或更加致密的实心大球体等多级别生物-无机超分子组装体。在研究含铕多金属氧簇与小肽相互作用的过程中，我们发现 HPV 衣壳主要结构蛋白 L1 和 L2 中富含碱性氨基酸的小肽与表面含有 9 个负电荷的铕钨多金属氧簇(EuW_{10})快速自组装成粒径在 250nm 左右的微球，并同时诱导铕的发光性能大幅度增强[61]。而且，进一步的组装调控研究表明：当使用另外一个表面含有 13 个负电荷的铕硅钼钨多金属氧簇($EuSiMoW_{13}$)时，它与同一个小肽混合后的组装行为却表现出一个明显的两步过程(图 10-15)：当小肽在体系中所占比例较低时两者组装成结构疏松的纳米微球，而随着小肽比例的增加它们进一步组装成有序的条带状有序结构，并同时诱导铕发光更大幅度的增强[62]。这些结果为进一步研究多金属氧簇与病毒衣壳蛋白的识别及相互作用提供了新依据，也为进一步拓展无机多酸在 HPV 相关领域的医学应用奠定了基础。

2. 多金属氧簇对不同型别 HPV 的区分及对全长 L1 蛋白的检测

宫颈癌是全球女性的第二大杀手，无论是对生物靶标分子的确认还是相应检测技术的开发对其早期诊断都非常重要。多金属氧簇与富含碱性残基的多肽的共组装可有效地促进其发光效应的增强，致使它们在多个生物识别领域都展示很好的应用前景[60-65]。基于 HPV 主要结构蛋白 L1 和 L2 中所含的碱性氨基酸序列，我们将含铕多金属氧簇成功地应用到对 HPV 主要结构蛋白 L1 的体外检测，该方法不但简单、高效，而且廉价、易于操作。进一步，基于不同 HPV 肽链段中碱性氨基酸个数和序列的不同，通过精准调控多金属氧簇的形状和表面的负电荷数，我们将表面带有 9 个负电荷的含铕多金属氧簇(EuW_{10})有效地应用于对四种不同型别的 HPV 的区分研究中(图 10-16)。虽然该研究只能把序列接近的 HPV 分成一组，还无法做到更细微的分类和单一区分，但它确为向该终极目标的进展提供了新契机[65]。

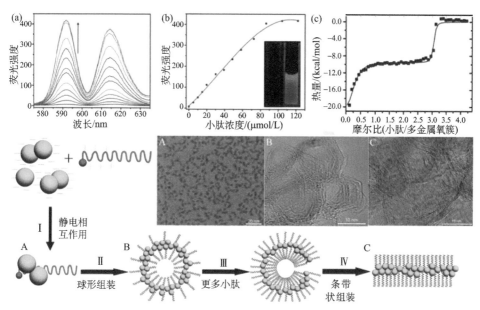

图 10-15　(上图)含有 13 个负电荷的 EuSiMoW$_{13}$ 与 HPV 小肽的两步自组装结果及对应流程示意图：(a)EuSiMoW$_{13}$ 的荧光光谱随小肽浓度的变化趋势；(b)EuSiMoW$_{13}$ 的荧光强度及颜色随小肽浓度变化关系；(c)等温量热滴定(ITC)曲线图展示了一个明显的两步结合过程(分别对应下图中的球形 B 和条带 C 状态，kcal 为非法定单位，1 kcal=4.185kJ)。(下图)EuSiMoW$_{13}$ 与小肽组装渐进过程示意图及对应透射电镜(中部黄色 A～C)监测结果

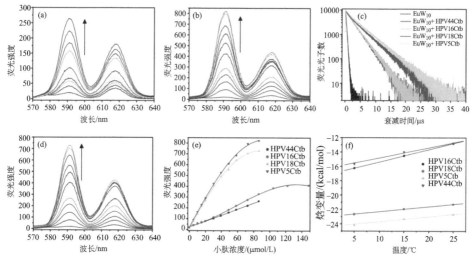

图 10-16　EuW$_{10}$ 对四种不同型别 HPV 小肽的荧光响应差别和区分：2-吗啉乙磺酸与 NaOH 组成的缓冲液(MES-NaOH)中 30μmol/L EuW$_{10}$ 随 (a)HPV16Ctb、(b) HPV18Ctb、(d)HPV5Ctb 肽浓度变化的荧光光谱图(图中箭头方向为随着小肽浓度增加的荧光光谱)及(e)它们在 591nm 处的强度对比曲线图；(c)为 90μmol/L 不同小肽存在时 30μmol/L EuW$_{10}$ 的时间分辨荧光衰减曲线；(f)四种小肽分别与 EuW$_{10}$ 结合时焓变量随温度变化关系曲线

3. 多金属氧簇对 HPV 入侵细胞时潜在受体分子的筛选

我们将所构筑的多金属氧簇-碱性肽组装体系应用到 HPV 入侵细胞时潜在表面受体分子的筛选中。通过对多金属氧簇表面电荷和衣壳主要结构蛋白 L1 和 L2 中小肽序列的精确选取，基于细胞表面不同糖胺聚糖 (GAG) 分子对多金属氧簇-小肽组装体系中小肽的竞争性识别和相互作用，实现了对潜在受体分子的初步筛选 (图 10-17)；同时，还通过该竞争性三元体系反向证明了在 HPV 入侵细胞时可能起关键作用的一些肽链段。此外，该过程的本质机理由荧光滴定、ITC 和 TEM 详细揭示[66]。

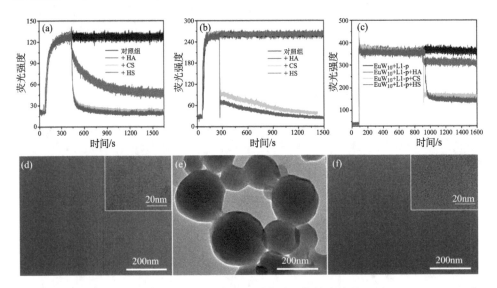

图 10-17　EuW$_{10}$ 对 HPV 入侵细胞时潜在表面受体分子的筛选结果：30.0μmol/L EuW$_{10}$ 在 591nm 处荧光强度分别在 30.0μmol/L (a) HPV16L1Ctb、(b) HPV16L2Nt、(c) HPV16 L1-p 存在条件下以及随后再分别加入 200mg/mL 透明质酸 (HA,红线)、硫酸软骨素 (CS，绿线) 和肝素 (HS，蓝线) 后的时间变化曲线图；(d) 30.0μmol/L EuW$_{10}$ 单独存在、(e) 其与 30.0μmol/L HPV16L2Nt 组装后及 (f) 再进一步加入 200mg/L 肝素后的透射电镜 (TEM) 对比图

当 30.0μmol/L 的 EuW$_{10}$ 分别与等当量的 HPV16L1Ctb 和 HPV16L2Nt 混合后，其在 591nm 处荧光发射强度随两者的结合而迅速被增强并很快达到平衡；当向该体系中再分别加入 200mg/mL 的硫酸软骨素 (CS，绿线) 和肝素 (HS，蓝线) 后其荧光强度将被快速猝灭，最终的强度几乎降低到加入小肽之前的程度。这一结果说明两者与小肽之间有更强的识别亲和力，破坏了原有的 EuW$_{10}$-HPV16L1Ctb/HPV16 L2 Nt 组装体而导致 EuW$_{10}$ 的荧光猝灭，因此它们可能是 HPV 入侵细胞时细胞表面潜在的受体分子。与此明显不同的是：相同浓度透明质酸 (HA) 的出现并未引起

EuW$_{10}$-HPV16L1Ctb 尤其是 EuW$_{10}$-HPV16L2Nt 组装体荧光强度发生太大变化,说明它不是潜在的受体分子。相应的 TEM 对比图进一步证实了上述结论。因此,EuW$_{10}$ 与 HPV 衣壳蛋白小肽的组装体是进一步筛选病毒入侵细胞时受体分子的有效探针。

10.2.6 多金属氧簇与 HPV L1-p 的共组装

多金属氧簇在催化、材料科学、医药、生物纳米技术和大分子晶体学等领域已展示很好的应用前景。由于具有规整的三维结构且表面带有多个负电荷,多金属氧簇可以与蛋白质表面带有正电荷的区域选择性地识别并结合。最近有报道表明:多金属氧簇能够抑制癌症、糖尿病的发展进程,并已表现出明显的抑菌和抗病毒效应,尤为突出的是,经研究证明:多金属氧簇对多种类型癌症的治疗(包括胰腺癌、白血病、肝细胞癌、结肠癌、卵巢癌和胃癌)已表现出很好的应用潜质。但是,这些无机金属氧纳米簇在生理环境下不稳定,容易被降解为无机产物而排出体外,所以迄今为止多金属氧簇还没有作为药物得到实质性的应用。克服这一瓶颈的最好方案之一就是将它们包覆在一些诸如淀粉、脂类、脂质体或者特殊纳米微球构成的模拟生物体系之中。这些外壳具有良好的生物相容性、生物可降解性和稳定的物理化学特性,为创造新的药物载体系统提供了新材料。此外,病毒的衣壳具有纳米小尺寸、大小均一、形貌对称的结构特点,且具备负载能力强、易被可控组装和修饰等特点。近年来,它们在纳米技术和纳米生物学领域已得到广泛的关注。因此,如果将病毒的生物活性与多金属纳米粒子的功能结合起来,从而构建病毒衣壳与无机纳米颗粒的杂合组装结构,将有可能得到一类具有治疗、诊断、显像,或先进的纳米合成反应器等巨大潜力的生物纳米新材料。

此外,对于 HPV 而言,预防性疫苗的主要成分是由其主要结构蛋白 L1 组装成的 VLP,它们能够有效地预防由 HPV 疫苗相关型别病毒引起的感染和癌前病变。然而,一个有限价态的疫苗无法阻止一些不常见 HPV 亚型的增殖,也无法阻止病毒的持续感染以及癌前损伤的持续进行。由于这些疫苗具有型别特异性、价格昂贵、运输需要冷链等局限性而至今无法在一些发展中国家得到广泛使用。因此,目前急需开发出能够提高 VLP 稳定性从而降低其成本的新方法。再者,虽然 VLP 作为药物进行传递具有细胞靶向特异性、高效进入细胞、多价态和生物相容性的特点,且作为疫苗的平台已经具有医学依据,但是关于使用 VLP 作为药物载体的研究仍处于初级阶段。

因此,我们通过将 HPV L1 五聚体与多金属氧簇杂合共组装构建出一个新型的生物-无机杂合组装体系,它不但有效地促进了 EuW$_{10}$ 的抗菌活性,尤其是大幅度地提高了 VLP 的稳定性:在 4℃条件下,两种组装模式将空壳 VLP 的保存时间由原来的 3 天分别提高到 18 天和 25 天(图 10-18)。因此,这一研究对提升蛋白质疫苗的稳定性、降低其储运成本均具有重要意义,同时还将对拓展多金属氧簇药物的发展提供重要理论依据[67]。

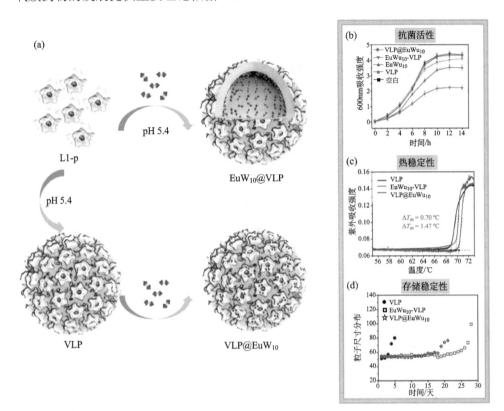

图 10-18　EuW$_{10}$ 与 HPV 衣壳蛋白的共组装大幅度提高了 VLP 的稳定性和多酸的抑菌性：(a) 共组装和后组装两种模式流程示意图；杂合组装体对多酸抑菌性 (b)、VLP 热稳定性 (c) 以及 4℃存储时间 (d) 的改进结果对比图

　　病毒粒子的组装和解组装是病毒生命周期中的重要步骤，其表面衣壳蛋白在病毒的转录、复制和传播过程中均起关键作用。这些衣壳蛋白序列高度保守，与小分子结合后不易产生抗性突变，因此各亚基之间的相互作用已成为药物开发的一个极具吸引力的新靶点。在过去几年中，这一领域已经取得了良好的发展势头，分别靶向 HBV 组装和 HIV 衣壳蛋白组装的高效抑制剂都已经展示出良好的临床发展前景。尽管 HPV 的相关研究才刚刚起步，但这些进展良好的事例表明以其衣壳蛋白及它们的组装调控为靶点将是开发新型抗 HPV 药物的潜在方案。但是，来自基础研究的结构和分子生物学信息，尤其是一些强特异性热点或热区 (hot-segment，如已发现的 HPV16 L1 C-末端的螺旋 5 以及其中的绝对保守序列 LGR) 的发掘将是促进该领域快速发展的基础。此外，如何针对衣壳蛋白表面的这些热点或热区的序列、表面性质和空间结构来设计高效、广谱、生物相容性好的

小分子抑制剂将是抗 HPV 药物研发的关键，也将是该领域面临的另一挑战，相关研究都还有待进一步深入。

10.3 超分子螺旋与孔材料

10.3.1 概述

超分子螺旋是从超分子视角认识螺旋，揭示螺旋结构形成的本质，探索螺旋结构产生的性质与功能。天然高分子螺旋构象的发现开启了生物学发展的新历程[68-70]，同时也触发了超分子螺旋材料的研究[71-77]。近些年来，为了模拟天然高分子的螺旋结构，科学家们发展了较丰富的超分子螺旋体系。这些体系的研究对认识生命中的手性问题，理解生物功能以及设计手性材料都有重要的指导意义。从立构规整的全同聚丙烯晶体中聚合物链螺旋构象的发现[72,73]，到螺旋聚合物的化学合成[74,75]，再到螺旋聚合物在手性拆分领域的应用[76,77]，超分子螺旋材料的发展历程比较缓慢。目前，已报道的螺旋聚合物主要包括聚苯乙烯、聚炔、聚异腈、聚醛、聚甲基丙烯酸酯、聚硅烷、聚异氰酸酯、聚胍以及一些刚性高分子等[74-84]。超分子螺旋材料在宏观结构、微纳结构和分子结构等层次上展现了独特的性质，在分子识别、对映体拆分、不对称性催化、传感检测以及医药等领域展现了重要应用前景。

10.3.2 超分子螺旋

超分子螺旋是分子折叠与组装产生的螺旋结构，它们处于折叠与解折叠的动态平衡状态（图 10-19），尽管它们形成的过程与天然螺旋不尽相同，但是它们都具有不对称的螺旋手性（helicity）。超分子螺旋材料通过空阻效应或分子内/间相互作用使分子产生螺旋折叠或螺旋排列，实现超分子螺旋的结构多样性。

右手螺旋(P)　　　　　　　无规结构　　　　　　　左手螺旋(M)

图 10-19　超分子螺旋在折叠与解折叠的动态平衡状态的结构转换示意图。其中，超分子螺旋的结构与螺旋手性通常容易受到外界因素的干扰

在空间上能够有效控制分子链的侧链基团，将能通过空间位阻效应产生稳定的螺旋构象。这一设想可以利用不对称聚合反应来实现。制备具有螺旋构象聚合

物的聚合方法主要是螺旋选择性聚合 (helix-selective polymerization)。螺旋聚合物结构中左手螺旋与右手螺旋含量不等时，就表现出具有光学活性的螺旋手性。螺旋选择性聚合依靠手性催化剂或引发剂等，使左手螺旋和右手螺旋的生成量发生偏差，从而选择性地合成单一螺旋或过量螺旋手性的螺旋聚合物[85,86]。原子力显微镜研究发现，这类螺旋聚合物的形貌与预期螺旋结构一致[78]，证明螺旋选择性聚合制备螺旋聚合物是一种普适性方法。

螺旋聚合物根据其稳定性可以分为静态螺旋聚合物和动态螺旋聚合物[78]。静态螺旋聚合物的螺旋构象较为稳定，需要较高的螺旋翻转能量才可以推动左右手螺旋构象的转换，代表性的聚合物有聚异腈、聚(三联苯乙烯)及聚(甲基丙烯酸三苯甲酯)类等。相对来说，动态螺旋聚合物的左右手螺旋构象转换的能垒较低，动力学转换过程更容易发生，如聚乙炔、聚酰胺、聚硅烷等。从超分子角度来看，除了螺旋聚合物主链结构影响螺旋构象的稳定性外，这类聚合物的螺旋构象主要依靠其侧链基团的空阻效应来保持稳定。螺旋聚合物具有大体积的侧链基团，其空间结构翻转能垒高，而小体积的侧链基团其空间结构翻转能垒较低。螺旋聚合物主链只有在侧链基团的空阻效应诱导作用下，才能形成稳定的螺旋构象。这类螺旋聚合物的制备方法困难，结构种类有限，其螺旋手性的控制具有挑战性。

除了空阻效应诱导螺旋结构外，分子内超分子作用力驱动折叠可以形成明确的螺旋结构。例如，天然蛋白质结构中的 α-螺旋就是依靠分子内远程氢键作用形成的螺旋结构。这一结构特征启发科研工作者侧重认识螺旋结构形成过程中的分子内超分子作用力。将各种分子内超分子作用力应用到螺旋结构的设计中，人们已经设计合成了越来越多的人工螺旋结构[87]，极大地丰富了超分子螺旋材料的种类[88]。通过分子内相互作用可以使分子发生螺旋折叠，从而形成较为稳定的螺旋构象[89]。常见的分子内超分子作用力有氢键、静电、π-π 相互作用和疏水效应等。由于化学结构的不同，分子内相互作用力也不尽相同，因此螺旋结构的种类比较多样。按结构类型来分类，螺旋结构大致可分为脂肪族螺旋、芳香族螺旋以及脂肪-芳香混合螺旋。

脂肪族螺旋的发展来源于对 α-螺旋结构的理解。人们利用分子内远程氢键作用构建了许多类多肽螺旋结构。早在 20 世纪 60 年代，Doty 等发现聚(γ-苄基-L-谷氨酸)的分子量增加，其高分子会从无规线团转变为 α-螺旋构象[71]。从聚(α-氨基酸)到聚(β-氨基酸)，研究发现这些脂肪族螺旋有的呈现 α-螺旋构象，有的呈现β-螺旋构象[90-93]。最有代表性的例子是 1996 年 Seebach 等和 Gellamn 等分别发现β-寡肽的稳定螺旋构象，其不同于 α-螺旋构象[94,95]。实际上，在生命体系中短杆菌肽 A 就具有一类典型的 β-螺旋构象[96]，它们含有独特的孔道结构。此外，还有更多组合型脂肪族螺旋，它们也能通过分子内超分子作用展现出螺旋构象。针对这些类多肽结构空间构象的理论预测与蛋白质折叠预测类似，仍然存在相当的挑战性。

芳香族螺旋是一类折叠方式比较简单的螺旋结构体系，它们的特点是螺旋折叠的方式和螺旋结构容易预测。相对于脂肪族螺旋，芳香族螺旋具有更大的刚性，可以引入分子内 π-π 相互作用。在芳香族螺旋结构中，氢键、静电排斥以及 π-π 相互作用等协同超分子作用不仅可以设计出不同的螺旋结构[87]，而且也能让螺旋构象非常稳定。芳香族螺旋结构多样性主要依赖其组成的单体。由于合成方法的缺乏，芳香族螺旋的结构类型相对单一，目前主要有实心管状螺旋以及中空管状螺旋，其中能够智能调控的螺旋结构非常少见，形状多样的螺旋结构也少有报道。同时，从芳香族螺旋低聚物到芳香族螺旋聚合物的研究也在发展的初级阶段。由于螺旋折叠引起的强烈空阻效应，芳香族单体在聚合反应过程中活性降低，难以制备高分子量的芳香族螺旋聚合物。除了减弱空阻效应的影响外，新的芳香族螺旋聚合物合成方法亟待发展[88]。董泽元等首次利用先聚合生成线性聚合物后处理得到芳香族螺旋聚合物的两步合成策略，制备了一类全新的中空管状螺旋聚合物（图 10-20）[83,84]。

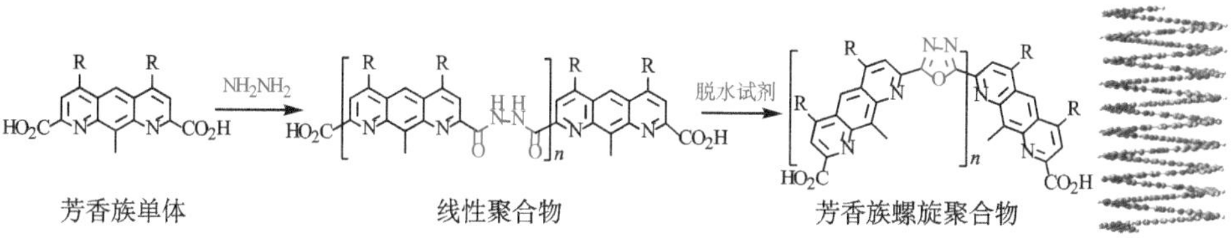

图 10-20 芳香族螺旋聚合物的合成策略范例及芳香族螺旋聚合物骨架侧面示意图[83]

脂肪-芳香混合螺旋是在前面研究的基础上拓展出来的新型螺旋体系。它们的有机组合不仅丰富了螺旋结构的多样性，而且也实现了脂肪族螺旋和芳香族螺旋的协同互补。脂肪-芳香混合螺旋在制备合成、分子折叠、结构稳定性等方面产生了不同于这两者单个的综合优势，如纳米尺寸螺旋的合成[97]、功能基团的空间有序排列[98]等。

超分子螺旋结构可以由分子自组装形成，也可以由不同分子共组装形成。分子间相互作用形成超分子螺旋的例子在自然界中广泛存在，如多聚糖超分子螺旋结构以及 DNA 双螺旋结构等。通过分子间超分子作用力形成的超分子螺旋结构具有典型的动态特征，其螺旋手性也容易受到外界条件的影响。近些年，自组装超分子螺旋领域获得广泛的关注，并产生了较为丰硕的研究成果，这类独特的螺旋材料的构筑促进了超分子材料的发展[88,99]。尽管很多研究组已经报道了利用分子间作用力来构筑超分子螺旋结构[88]，然而通过分子间相互作用设计超分子螺旋结构是非常具有挑战性的工作，这也制约了超分子螺旋材料的快速发展。

超分子螺旋结构的动态调控研究方兴未艾[100]。通过动态调控,不仅可以有效调节超分子螺旋结构,而且也能调节其螺旋手性。利用 pH、光、电、磁、温度、溶剂、机械力、非共价键和动态共价键诱导等方式可以调控超分子螺旋的结构与构象,实现超分子螺旋手性的远程调控(如手性传递、放大与翻转等)。探究超分子螺旋材料的动态调控过程,可以理解其结构与性质的关系,认识手性的变化规律,促进这类材料在手性分离材料、仿生材料、手性液晶材料、光学材料等领域的应用。尽管已经报道的超分子螺旋的动态调控方式比较多,但利用动态共价键实现超分子螺旋结构与性质的研究仍然很少。动态共价键不仅具有共价键特征,而且也具有超分子动态结构特性,通过改变外界条件,如 pH、温度、光等,能够发生可逆的键生成与断裂。动态共价键的结构特征为制备新型智能仿生超分子材料提供了独特的方式。常见的动态共价键主要有酰腙动态键、席夫碱动态键、Diels-Alder 反应、二硫键、肟键等。利用动态共价键构筑超分子螺旋可以赋予螺旋结构动态可逆性,开辟构筑超分子螺旋的新模式。随着动态共价键的产生,螺旋结构骨架或者螺旋侧链可以通过动态共价反应实现螺旋手性控制,能够实现螺旋结构的手性调控。在分子设计上,如果将动态共价键引入到分子主链结构中并实现螺旋折叠,那么超分子螺旋的制备可以简化成构筑基元的合成,这将极大地促进超分子螺旋材料的发展。近期,董泽元等利用动态共价键方式首次构建了自折叠的动态共价螺旋聚合物[101]。由于聚合物链内的超分子作用,分子骨架产生自折叠自稳定现象,从而使这种螺旋聚合物可以保持中空螺旋结构。此外,通过动态共价反应将含有手性中心的分子引入到螺旋聚合物骨架末端,可以实现动态共价螺旋聚合物螺旋手性的动态调控(图 10-21)。利用动态共价键实现螺旋手性的动态控制丰富了超分子螺旋手性的构筑方法,有助于理解手性诱导作用与超分子螺旋结构、手性因子、外界条件等的关系,对于研究螺旋手性的形成与手性转移具有重要意义,也促进智能超分子螺旋材料在手性识别与传感、智能仿生材料等领域的应用。

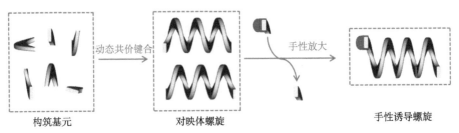

构筑基元　　　　　　　对映体螺旋　　　　　　手性诱导螺旋

图 10-21　超分子螺旋结构与螺旋手性的动态调控[101]

　　超分子螺旋材料的性质与功能与其本身的结构密切相关。鉴于超分子螺旋在宏观、微纳以及分子水平各个层次上的独特结构，它们不仅具有重要的光学活性，而且在手性识别与传感、对映体拆分、不对称性催化、信息储存材料、圆偏振发光材料以及医药等领域具有广泛的应用。手性识别是超分子化学领域研究的重要课题，已经研究得比较系统[99]。基于超分子螺旋的手性物质识别，是将螺旋手性与检测手性有机结合，通过超分子作用实现特异性识别。超分子螺旋提供了更高级的手性结构，促进分子识别发生在主客体的手性空间优势结构下，这样不仅有望提高手性识别的灵敏性，而且能获得高亲和力的选择性识别能力。同时，超分子螺旋的手性识别性质非常容易受外界条件如溶剂、温度等的影响，使手性识别的分子机制变得更加复杂。因此，利用各种研究方法和技术手段，如分子力学与动力学和量子力学等理论计算方法，对超分子螺旋手性识别领域进行系统研究非常必要，有助于理解此领域手性识别的分子基础，促进超分子螺旋的手性识别作用应用到诸多领域中。

　　手性传感是超分子螺旋领域发展的新方向，其读出信号主要是分子识别与手性诱导两方面的叠加效果。例如，利用手性诱导的"多数原则"，Yashima 等构建了超分子螺旋手性传感器[102]，他们将带有冠醚侧基的有规立构顺-反式聚苯乙炔用于检测氨基酸分子，发现利用少量的 L-丙氨酸(ee 约为 5%)就能产生较强的诱导圆二色光谱(ICD)信号，该传感器能够成功检测多种 L-氨基酸和手性胺醇类化合物。凭借超分子螺旋的结构特征，可以开发用于糖类检测的传感器[103]。单糖或多糖的手性通过超分子相互作用实现手性诱导与传递效应，从而使超分子螺旋折叠体产生不同的光学活性信号。

　　超分子螺旋的手性识别功能可以应用到对映体选择性辨别、吸附、渗透、结晶等，实现对映体分离。对映体拆分是超分子螺旋领域重要的应用之一，对药物化学和精细化工等领域的发展起到了举足轻重的作用。对映体拆分已经取得了非常丰硕的研究成果，多数可用于对映体分离的材料主要为手性聚合物材料[104]，包括天然手性高分子改性材料。目前，对映体分离材料具有明显的底物局限性，发展广谱性对映体拆分材料是此领域亟待解决的重要挑战。超分子螺旋材料具有更高级的结构与手性特征，将在对映体分离领域展现空前的性能，发展前景可期。

　　不对称性催化是获得手性物质最有效的方法之一，它是有机化学的核心研究主题。超分子螺旋由于其结构特征，可以提供不对称的三维手性环境，借助对底物的手性识别与催化中心的协同，有望实现新型的不对称性催化作用。对比有机小分子手性催化剂，超分子螺旋材料在分离纯化等方面相对容易，然而超分子螺旋催化剂领域发展仍然比较缓慢[105,106]。除了构建针对重要应用前景的催化体系外，迫切需要发展更多基于超分子螺旋材料的新的催化方法。

　　人们发现双螺旋 DNA 可作为超高密度存储材料，因此合成的超分子螺旋结

构材料有望应用于信息存储领域。超分子螺旋信息存储材料主要是利用螺旋手性
的光学活性信号的变化实现读入、读出以及擦除等功能，从而实现光记录作用。
近来信息存储材料发展比较迅速，各种开关效应均可作为信息存储的传导机制。
在此领域的研究基础上，通过分子设计将超分子螺旋结构引入到有前景的材料体
系中，是研究超分子螺旋信息存储材料的有效策略。利用超分子螺旋的动态调控
性质，可以实现光学活性的开关等，从而有望发展新型的信息存储材料。

圆偏振发光(circularly polarized luminescence，CPL)能检测材料激发态的手性
信息，理解手性发光体系的分子激发态结构。圆偏振发光可以提供一个新的发光
维度，有望在三维显示领域展现应用前景。超分子螺旋材料是非常具有潜力的一
类圆偏振发光材料，它们可以负载生色团实现圆偏振发光。值得关注的是，共轭
超分子螺旋结构将表现出许多独特的物理化学性质，如光致和电致圆偏振荧光等，
可望在光电器件中获得应用。

10.3.3　螺旋孔材料

孔结构是化学学科未来发展的重要研究方向，它的功能和应用将衍生到材
料、医药、生物、物理、环境等领域，有望为人类的科技进步和美好生活提供关
键的技术。目前，已经发展的孔结构材料种类繁多，例如金属有机骨架(MOF)材
料、共价有机骨架(COF)材料、孔状有机聚合物(POP)材料等。超分子螺旋孔是
近些年发现的独特的孔材料，螺旋构象使孔结构具有内在的螺旋手性，这是许多
孔结构材料本身所不具备的特征。因此，螺旋孔材料除了具有孔结构材料通用的
性质特点以外，它能够拓展全新的性质与功能。

螺旋构象的稳定性对螺旋孔结构材料的应用起到决定性作用。螺旋结构分子
骨架的刚性与分子内弱相互作用协同能够稳定螺旋构象。通过对 DNA 双螺旋结
构的理解，把分子内螺旋折叠层层间的 π-π 相互作用引入到螺旋孔结构的设计中，
董泽元等构建了刚性的中空螺旋聚合物[83,84]。随着螺旋聚合物分子量的增大，分
子内 π-π 堆积越强，螺旋构象的稳定性越高。此外，其他超分子作用力，如氢键、
疏溶剂效应等，也能有效稳定螺旋构象。在螺旋结构的稳定性基础上，螺旋孔材
料有望在结构上实现多样化，特别是孔内化学微环境以及孔大小和形状等。通常，
螺旋孔结构是由分子链折叠形成，其具有周期结构单元。控制周期结构单元螺旋
折叠的弯曲角度，能够构建出各种尺寸的螺旋孔，从而有望实现亚纳米尺寸孔材
料的精准构筑。除了尺寸效应外，孔内化学微环境和孔形状也将决定螺旋孔结构
材料的性质与功能。

对比常见的用于物质传输的宏观尺度管道，分子水平的纳米孔道展现了独特
的尺寸效应，物质传输的方式也从物质量的流动转变为粒子的扩散。在媒介环境
下，粒子的自由扩散速率很快，如水分子在水中的自由扩散速率每秒约 10^{12}nm。

然而，粒子在孔道内的扩散会受到各种因素的影响，产生不同的物质传输速率。通常情况下，由于孔道传输的自发过程需要耗散能量，粒子在孔道内的传输速率往往比自由扩散速率要小一些。尽管如此，粒子在纳米孔道内的传输速率非常惊人，如在一个长约 3nm 的孔道内，理论上 1s 能传输 10^{10} 个水分子以上。因此，分子孔道研究可以认识生命体系中纳米通道的作用本质及其运行规律。

孔结构材料的发展当前正在如火如荼地进行，它将成为化学学科重要的研究主题。迄今为止，具有传输功能的仿生纳米孔道研究体系并不多见，尤其是具有独特传输能力的纳米孔道分子的发展也很缓慢[107]。超分子螺旋孔道材料在结构上展示了螺旋手性孔道，研究表明它们在物质传输领域具有重要研究前景。和少数孔道材料一样，螺旋孔道材料在传输选择性设计方面展示了独有的结构优势，因为其可以实现孔道尺寸、结构以及形状的改变。因此，螺旋孔道材料不仅丰富了仿生纳米孔道体系，而且提供了全新的揭示天然纳米通道的研究平台。

超分子螺旋能够产生孔道结构，这类螺旋孔道在理论上可以模拟天然纳米通道实现传输功能，然而如何在实验上验证这一过程一直存在相当的挑战性。在模拟天然蛋白质通道跨细胞膜传输行为中，单分子螺旋孔道实现仿生跨膜传输功能是非常重要的。董泽元等设计合成了长度为 3.3nm 的螺旋分子孔道，通过侧链修饰使螺旋孔道与磷脂膜融合共组装，形成了单分子螺旋聚合物通道[108]（图 10-22）。研究表明，单分子螺旋聚合物通道不仅能够高效传输离子和水，而且是目前人造跨膜通

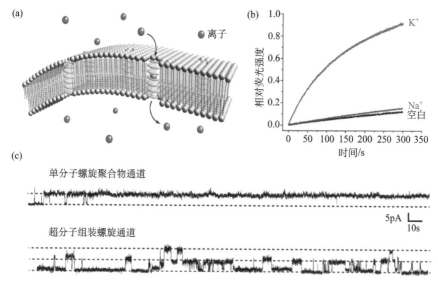

图 10-22　螺旋仿生通道跨膜传输性质研究：(a)超分子螺旋通道跨膜传输模型；(b)超分子螺旋通道跨膜传输钾离子和钠离子动力学测试；(c)平面膜片钳测试螺旋跨膜通道电流信号示意图[108]

道中跨膜稳定性最高的一类，具有与一些天然蛋白质通道相媲美的稳定性。值得注意的是，超分子螺旋孔道的结构多样性极大地丰富了跨膜传输的种类。可预测的功能设计在超分子螺旋孔道体系中可以实现，通过在孔道内置入特异性化学微环境能够获得选择性传输功能。例如，利用螺旋孔对钾离子的选择性结合作用，构筑了高选择性的人造钾离子通道[109]。超分子螺旋孔道结构实现仿生跨膜传输功能是非常重要的研究主题。相对于其他仿生跨膜通道结构，螺旋孔道结构具有显著的特点和优势，未来可以调控其结构以及孔道尺寸与形状，从而可以实现跨膜通道的选择性传输。

超分子螺旋孔材料的结构与应用研究还处在发展初期，这类材料在很多领域已经展现了独特的应用前景。随着超分子化学的进一步深入发展，人们对超分子作用力的认识与理解越来越清晰，必将创造出更多新的超分子螺旋的结构与功能，促进超分子螺旋材料在材料、生物、医药等领域纵深发展。

10.4　功能超分子凝胶

不同于传统的由共价键交联形成三维网状结构的高分子或生物凝胶，构成超分子凝胶的驱动力主要有范德华力、氢键、π-π堆积作用、静电相互作用、电荷转移相互作用、金属配位相互作用、主客体相互作用等。这些弱的超分子相互作用，使得超分子凝胶材料能够对外界刺激进行可控的智能响应，这种对外界刺激敏感的智能响应性凝胶体系作为一种新型功能材料，在传感器、可控释放、油水分离、微纳米材料制备，以及生物医学材料等方面表现出潜在的应用前景[110-113]。

具有荧光性质的有机 π-共轭凝胶由于其结构的灵活性、独特的光学和光电性质成为人们关注的焦点之一[114]。然而，大多数的 π-共轭凝胶因子由于聚集导致的猝灭效应，在凝胶态是不发光的。此后，人们开始探索那些具有特定结构同时通过发生聚集有利于材料荧光发射的 π-共轭化合物。作为同时满足光致发光与电荷传输功能的分子结构，α-氰基二苯乙烯衍生物(图 10-23)的出现令人眼前一亮[115,116]。这类分子结构简单，在聚集态或固态中不再受到聚集导致猝灭效应(ACQ)的影响，相比于溶液态较弱的荧光，聚集态下表现出相对强烈的发射行为，能够表现出聚集诱导发光(AIE)的特点。此外，这类分子便于合成修饰，容易与其他功能性基团或体系相结合。在体系中多种分子间弱相互作用的协同作用下，该类化合物易于形成有序的纳微米组装材料，达到多功能性质的集成。最后，α-氰基二苯乙烯是光活性的，在紫外光照射下会发生顺反异构化、光环化反应或[2+2]环加成反应。到目前为止，对基于氰基二苯乙烯类化合物的超分子凝胶的报道并不多见。所报道的化合物的结构设计主要涉及以下几种策略，包括引入长烷基链、酰胺键、胆甾基团或极性基团如硝基、三氟甲基等。下面我们就着重介绍

一下基于 α-氰基二苯乙烯衍生物的超分子凝胶，以及其在不同溶剂和不同条件下形成凝胶的自组装特性和功能应用。

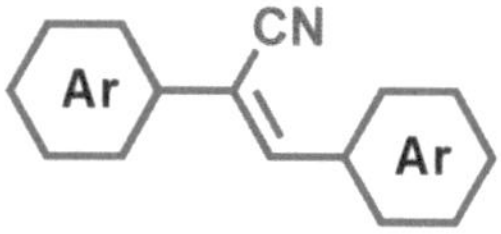

图 10-23　α-氰基二苯乙烯的基本结构

10.4.1　不同发光颜色的荧光软物质材料

在单一组分的凝胶中，通过对分子结构简单地调整，例如改变 α-氰基二苯乙烯中氰基的位置[117]或通过利用不同的胶凝溶剂[118]，可以得到具有不同发射的超分子凝胶。然而，材料的荧光性质不仅与分子本身的结构有关，更与其整体的堆积模式及相应的超分子相互作用息息相关。为了理解超分子相互作用对聚集体发光性质的影响并且开发新型功能荧光材料，姜世梅课题组将氰基二苯乙烯与均苯三甲酰胺结构相结合，设计了一种新型的凝胶因子(图 10-24)。该凝胶因子在二甲亚砜和水的混合溶剂下具备良好的成胶能力，通过控制水的含量，可以得到两种具有不同发光性质的凝胶，其中一种显示绿色的荧光(含 15%水)，而另一种显示蓝色的荧光(含 30%～50%水)。实验表明，绿色荧光的凝胶具有卓越的光敏性，其在紫外光照射下发生凝胶的坍塌以及荧光的改变，然而蓝色荧光的凝胶却展现出良好的光稳定性，光照下不发生变化。深入研究发现，随着水含量的增加，氢

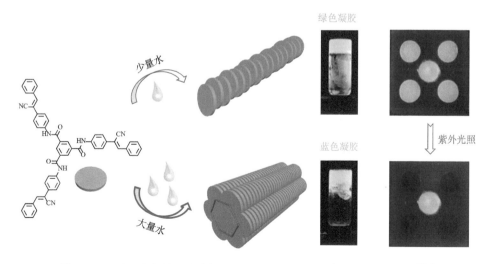

图 10-24　不同水含量导致聚集体的堆积方式、发光颜色及光敏性不同[119]

键和 π-π 相互作用得到增强，分子由松散的一维堆积转变为紧密的六方堆积，改变了生色基分子的堆积密度及运动自由度，进而影响凝胶聚集体的荧光性质和光响应性能[119]。

10.4.2　热响应荧光软物质材料或膜材料

大多数氰基二苯乙烯类超分子凝胶在溶液态几乎没有荧光，但在凝胶态时具有强烈的发射。通过加热-冷却过程的交替，能够实现溶液-凝胶状态的可逆变化与荧光"关/开"的切换[120,121]。另外，利用氰基二苯乙烯衍生物构筑的复合聚合物膜，能够在室温(约 25℃)到 120℃之间实现荧光颜色从橙色到黄绿色的转变[122]。姜世梅课题组通过在 α-氰基二苯乙烯两端分别修饰水杨醛类席夫碱及长烷氧基链，得到了新型的凝胶因子。其可以通过多级自组装在各类有机溶剂中形成稳定的凝胶，无论是在溶液态还是凝胶态，该分子都表现出聚集诱导荧光增强及发射红移现象，在凝胶态其发射波长在 600nm，随着温度升高，凝胶部分解聚，发射峰蓝移至 525nm，温度继续升高凝胶变成无荧光的溶液，此过程可以可逆地多次循环。进一步实验证明，它不仅是软物质凝胶材料，也是力致变色材料。其固体粉末发黄光，外力研磨作用导致荧光光谱发生 50nm 左右的红移。与此同时，研磨后通过溶剂熏蒸作用又恢复到原始状态，属于典型的力刺激响应性材料。该分子是一类既能自组装形成聚集态发光凝胶材料，又具有力传感效果的多功能材料。

10.4.3　具有光响应行为的荧光软物质材料

光调控能够实现一定空间与时间下非接触式信号的输出与输入。氰基二苯乙烯能够在紫外光照条件下从反式构型(Z isomer)转变为顺式构型(E isomer)，但是相较于更加常见的苯乙烯和偶氮苯衍生物来说，人们对氰基二苯乙烯衍生物的 Z-E 异构化过程报道较少。尤其是对于在这个过程中发生的相应的超分子凝胶的荧光调制，文献十分缺乏。Park 研究组将长烷氧基链引入氰基二苯乙烯衍生物，使其可以在环己烷中形成透明的、具有绿色荧光的凝胶。在 465nm 光照下，绿色荧光的凝胶转化为蓝色荧光的溶液。通过掩模版的辅助，能够在凝胶态或 PMMA 薄膜态实现不同图案化的设计[123]。

姜世梅课题组在 V 形氰基二苯乙烯衍生物的顶端修饰上长烷氧基链，使得分子可以在多种芳香溶剂中以较低的浓度成胶，且凝胶展现双重刺激响应性。由于氰基二苯乙烯基团的光致顺反异构，凝胶能够响应 365nm 的紫外光，导致凝胶塌陷和发光猝灭，加热后可以恢复。同时，凝胶可以克服其他酸的干扰特异性地响应三氟乙酸气体，导致凝胶塌陷和发光猝灭，当用三乙胺作用后，能够可逆恢复。这种三氟乙酸/三乙胺交替刺激可以可逆地多次循环，展示出良好的刺激响应能力

（图 10-25）。这一研究结果对监测环境中的紫外线以及空气中三氟乙酸污染物具有很好的开发应用前景[124]。

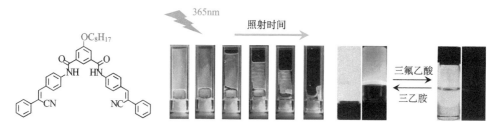

图 10-25　具有聚集诱导发光性质的凝胶及其对光和酸的响应[124]

10.4.4　气体传感器

超分子凝胶的三维网络具有微观上的多孔结构和较大的比表面积，因此利于气态物质的吸附与传感。卢然课题组将苯并噁唑基团修饰到带长烷基链的氰基二苯乙烯化合物上，并在环己烷中构筑了该化合物的荧光凝胶。通过将凝胶热溶液利用滴铸法制备成胶体薄膜，可以实现对有机胺气体以及酸气体极低检测限的定量快速检测[125]。

众所周知，二氧化碳无色无味，不能被人类的感官察觉，长时间暴露在二氧化碳浓度高达 5.4mg/L 的环境中（大气环境中二氧化碳平均浓度为 0.72mg/L）被证实会引起人的健康问题，它会导致多种生理功能紊乱，最终导致不可逆的损伤。姜世梅课题组提出了一种全新的传感策略，利用分子识别原理实现二氧化碳气体的检测[126]。他们设计了一种新型的 π 共轭凝胶因子，它能够在芳香类溶剂中以低浓度形成聚集诱导发光凝胶。在二乙胺的存在下该类凝胶能够转化成不透明、均质分散的、具有流动性的发蓝色荧光的凝胶聚集体，随着二氧化碳气体的加入，聚集体逐渐解离，荧光发射强度逐渐降低，直至得到澄清透明的无荧光的溶液[图 10-26（a）]。该凝胶聚集体对二氧化碳的检测信号肉眼可见且清晰易辨，这一检测体系具有良好的准确性（$R=0.9986$），灵敏度（1.63mg/L）并且响应快速（少于 5s）。

为了优化传感器的检测效果，他们又利用上述的凝胶体系制备了干凝胶薄膜。凝胶薄膜的三维纳米结构具有很高的比表面积和孔隙率，有利于对检测物的吸附和扩散，并且具有良好的稳定性和便携性。所制备的干凝胶膜最初发出蓝色荧光，其发射峰位为 460nm，在二乙胺蒸气存在下，将该干凝胶膜密封在石英瓶中，之后加入已知体积的二氧化碳，监测荧光强度的变化。如图 10-26（b）所示，随着二氧化碳的加入，体系的发射强度逐渐降低。在 0～3.6mg/L 的范围内，二氧化碳的量与荧光强度呈线性关系(R=0.9953)，检测限低至 0.008mg/L。与之前的凝胶聚集体相比，干凝胶薄膜实现了两个数量级以上的显著改进（检测限由 1.63mg/L 提高至 0.008mg/L）。如果干凝胶膜暴露于不同浓度的二氧化碳气体之后，再移出石英瓶，并完全干燥，其荧光发射表现出明显的调制行为。依照二氧化碳的量不同，薄膜残留物的荧光表现出从蓝色到绿色的变化，可以实现肉眼可视化的二氧化碳气体检测，如图 10-26（b）所示。

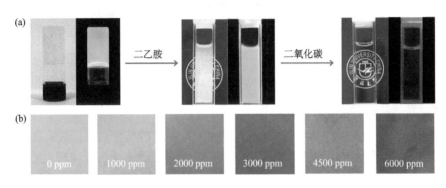

图 10-26　（a）凝胶聚集体对二氧化碳气体的检测；（b）凝胶薄膜对二氧化碳气体的检测[126]

10.4.5　离子传感器

通过修饰能够特异性离子识别的基团，并利用氰基二苯乙烯衍生物作信号的传输，可以实现离子响应超分子凝胶的构筑[127,128]。如图 10-27 所示，姜世梅课题组将酰胺键修饰到氰基二苯乙烯中制备了"V"形化合物（简称 BPNIA），BPNIA 在不同的溶剂中既可以形成超声诱导凝胶又可以形成热致凝胶。研究表明，在分子间氢键、π-π 及氰基相互作用的协同影响下，BPNIA 自组装形成纤维网络结构。此外，在二甲亚砜中 BPNIA 可以克服常见阴离子，如磷酸二氢根、乙酸根等的影响，实现对氟离子的特异性比色响应。利用氟离子对酰胺基团的去质子化作用，实现了 BPNIA 凝胶对氟离子的双通道识别，即凝胶-溶液的转变和颜色的变化。同时质子性溶剂的加入又可使体系由溶液转变为凝胶，凝胶形态、颜色均可以复原。可逆的凝胶-溶液转变及显著的颜色变化是由氟离子和质子共同控制的。由此，他们得到了多刺激和多响应的超分子凝胶体系，并可以实现对于氟离子特异性的"裸眼"识别[129]。

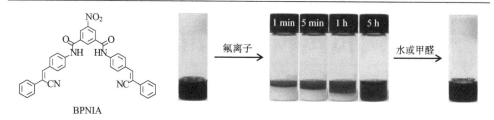

图 10-27　BPNIA 分子结构及其凝胶对氟离子的响应及可逆成胶过程[129]

10.4.6　具有手性光学性质的软材料

近些年来，手性光学性质如圆二色性（CD）和圆偏振发光（CPL）由于其对手性信息的准确表达逐渐为人们所关注，而具有手性光学性质的材料也在 3D 显示、生物编码和信息存储加工等方面占据着显著的地位[130,131]。刘鸣华课题组将 TMGE 分子自组装成手性凝胶管，并在其中添加不同的 AIE 染料，得到了不同颜色的发光凝胶（图 10-28）。更为有趣的是，纳米管的手性转移到客体发光分子上，实现了圆偏振发光行为[130]。

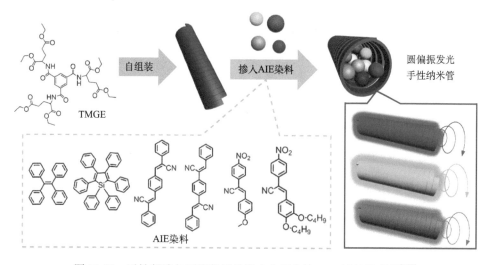

图 10-28　手性凝胶包覆聚集诱导发光分子构筑 CPL 活性纳米管[130]

姜世梅课题组把具有聚集诱导发光性质的氰基二苯乙烯结构与传统的手性凝胶因子胆固醇结合并在其端基修饰吡啶基团，合成了能够结合质子的氢键受体 Chol-CN-Py，在体系中添加氢键给体酒石酸，并通过超声诱导的方式得到了透明的黄色双组分凝胶。由于氰基二苯乙烯部分卓越的聚集诱导发光特性，共凝胶展现出强烈的黄色荧光。此外，共凝胶在不同光学活性酒石酸的帮助下显示出镜像般的 CD 和 CPL 信号，分子与 L-酒石酸(L-TA)结合形成的共凝胶表现出右手的 CPL，与 D-酒石酸(D-TA)结合形成的共凝胶表现出左手的 CPL，特别是 CPL 的不对称因子值(g_{lum})高达 0.024，以超分子相互作用的方式将分子手性传递至整个超分子体系。这些结果对于制备光学显示器、信息的加密传输与存储以及新型手性光学材料的研制都具有重要的意义。

10.4.7　其他应用

姜世梅课题组将空间立体结构较大的叔丁基基团引入氰基二苯乙烯中制备了"V"形化合物(简称 BPBIA)，增大了聚集态中分子间的距离，进而调节了分子在有机溶剂中的溶解-沉淀平衡。BPBIA 分子在三氯甲烷、二氯甲烷、二氯乙烷、乙腈、二氧六环等溶剂中形成具有聚集诱导发光性质的超分子凝胶(图 10-29)。此外，通过简单的溶液挥发法，可以得到单分散、无杂质、形貌均一的超长一维荧光纳米线[132]。单晶结构分析表明，上述分子的一维组装优势是制得纳米纤维及超长纳米线的主要原因之一。值得注意的是所制备的凝胶纤维和一维纳米线在紫外光照射下都能发射出蓝色荧光，这为其在发光材料、荧光传感器等方面的应用奠定了基础。

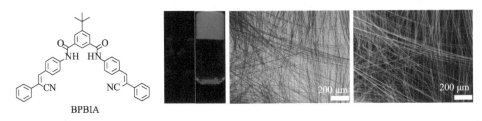

图 10-29　具有聚集诱导发光性质的 BPBIA 结构式及其凝胶和纳米线[132]

此外，姜世梅课题组还将氰基二苯乙烯与常见的凝胶结构单元胆固醇结合，设计合成了一类具有聚集诱导荧光增强性质的凝胶因子。通过改变端基的芳香基团研究了 π-共轭结构的变化对凝胶因子成胶能力和发光行为的影响，其中具有较大 π-共轭结构的凝胶因子在多种芳香类有机溶剂中具有较强的成胶能力。进一步实验表明，其可以作为有效的室温相选择性凝胶剂，在水和芳香类有机溶剂的混合物中，选择性地胶凝芳香类有机溶剂，从而达到芳香类溶剂与水的分离及有机溶剂的回收[133]。值得一提的是，该方法对甲苯、二甲苯、三甲苯、氯苯等均可适用，而且凝胶因子可回收再使用。这种凝胶因子对芳香类溶剂的选择性成胶行为提供了一种有效的分离纯化平台，可应用于净化有机染料罗丹明 B 污染的水资源，净化效率可以达到 97%。

综上所述，超分子凝胶材料是非常有活力和发展前景的一类功能材料，利用凝胶中固体骨架比较大的比表面，可以作为催化剂的载体，这样可以避免催化剂在溶剂中聚集而导致失活；还可以利用其微观结构作为模板来合成无机纳米结构；光响应的凝胶可以用来做成可逆光开关，光接收天线；具有离子、酸碱、氧化还原等化学刺激响应的凝胶可以用来开发成分子传感器、药物载体、分子逻辑器件等相关材料，相关研究方兴未艾。

10.5　总结与展望

总之，自组装不仅是发现新现象、新性质的重要途径，也是从分子以上层次制备特定功能材料的有效手段。由于超分子组装体的动态响应性，分子间作用力的可逆性及材料设计的灵活性，超分子材料正在受到人们越来越多的重视。从功能角度考虑，材料的构建应重视组装结构的精准控制，组装体对特定环境的专一性响应以及功能性基元在组装体中的集成与协同。从应用角度看，超分子化学已经在仿生结构与材料、生物药物、生物传感与检测等方面展现潜在的应用价值。当然，这一领域的发展将依赖化学家、物理学家、材料学家及生物学家的密切合作与深入讨论。我们期望随着多学科的不断交叉与融合，进一步推动超分子功能材料的飞跃式发展。同时，这一崭新的领域为不同学科背景的研究者提供了充分交流和发挥创新的巨大空间，我们相信不同思想的激烈碰撞必定会发展出更多功能独特的新材料和新的应用。

参 考 文 献

[1] Lee B P, Messersmith P B, Israelachvili J N, et al. Mussel-inspired adhesives and coatings. Annu Rev Mater Res, 2011, 41: 99-132.

[2] Stewart R J, Wang C S, Song I T, et al. The role of coacervation and phase transitions in the sandcastle worm adhesive system. Adv Colloid Interface Sci, 2017, 239: 88-96.

[3] Kamino K. Mini-review: Barnacle adhesives and adhesion. Biofouling, 2013, 29: 735-749.

[4] Waite J H, Tanzer M L. Polyphenolic substance of mytilus edulis: Novel adhesive containing L-dopa and hydroxyproline. Science, 1981, 212: 1038-1040.

[5] Wei W, Petrone L, Tan Y P, et al. An underwater surface-drying peptide inspired by a mussel adhesive protein. Adv Funct Mater, 2016, 26: 3496-3507.

[6] Shao H, Stewart R J. Biomimetic underwater adhesives with environmentally triggered setting mechanisms. Adv Mater, 2010, 22: 729-733.

[7] Meredith H J, Jenkins C L, Wilker J J. Enhancing the adhesion of a biomimetic polymer yields performance rivaling commercial glues. Adv Funct Mater, 2014, 24: 3259-3267.

[8] Li J, Celiz A D, Yang J, et al. Tough adhesives for diverse wet surfaces. Science, 2017, 357: 378-381.

[9] Shin M, Park S G, Oh B C, et al. Complete prevention of blood loss with self-sealing

haemostatic needles. Nat Mater, 2017, 16: 147-152.

[10] Ma Y F, Ma S H, Wu Y, et al. Remote control over underwater dynamic attachment/detachment and locomotion. Adv Mater, 2018, 30: 1801595.

[11] Mu Y B, Wan X B. Simple but strong: A mussel-inspired hot curing adhesive based on polyvinyl alcohol backbone. Macromol Rapid Commun, 2016, 37: 545-550.

[12] Xu K, Liu Y, Bu S, et al. Egg albumen as a fast and strong medical adhesive glue. Adv Healthcare Mater, 2017, 6: 1700132.

[13] Leisk G G, Lo T J, Yucel T, et al. Electrogelation for protein adhesives. Adv Mater, 2010, 22: 711-715.

[14] Zhong C, Gurry T, Cheng A A, et al. Strong underwater adhesives made by self-assembling multi-protein nanofibres. Nat Nanotechnol, 2014, 9: 858-866.

[15] Zhao Q, Lee D W, Ahn B K, et al. Underwater contact adhesion and microarchitecture in polyelectrolyte complexes actuated by solvent exchange. Nat Mater, 2016, 15: 407-412.

[16] Kim K, Shin M, Koh M Y, et al. TAPE: A medical adhesive inspired by a ubiquitous compound in plants. Adv Funct Mater, 2015, 25: 2402-2410.

[17] Fan H L, Wang L, Feng X D, et al. Supramolecular hydrogel formation based on tannic acid. Macromolecules, 2017, 50: 666-676.

[18] Xu R N, Ma S O, Lin B, et al. High strength astringent hydrogels using protein as the building block for physically cross-linked multi-network. ACS Appl Mater Interfaces, 2018, 10: 7593-7601.

[19] Liu X, Zhang Q, Gao Z J, et al. Bioinspired adhesive hydrogel driven by adenine and thymine. ACS Appl Mater Interfaces, 2017, 9: 17645-17652.

[20] Appel E A, Loh X J, Jones S T, et al. Ultrahigh-water-content supramolecular hydrogels exhibiting multistimuli responsiveness. J Am Chem Soc, 2012, 134: 11767-11773.

[21] Roling O, Stricker L, Voskuhl J, et al, Supramolecular surface adhesion mediated by azobenzene polymer brushes. Chem Commun, 2016, 52: 1964-1966.

[22] Ahn Y J, Jang Y J, Selvapalam N, et al. Supramolecular velcro for reversible underwater adhesion. Angew Chem Int Ed, 2013, 52: 3140-3144.

[23] Grindy S C, Andersen N H. Bio-inspired metal-coordinate hydrogels with programmable viscoelastic material functions controlled by longwave UV light. Soft Matter, 2017, 13: 4057-4065.

[24] Krogsgaard M, Behrens M A, Pedersen J S, et al. Self-healing mussel-inspired multi-pH-responsive hydrogels. Biomacromolecules, 2013, 14: 297-301.

[25] Taylor S W, Chase D B, Emptage M H, et al. Ferric ion complexes of a DOPA-containing adhesive protein from Mytilus edulis. Inorg Chem, 1996, 35: 7572-7577.

[26] Sever M J, Weisser J T, Monahan J, et al. Metal-mediated cross-linking in the generation of a marine-mussel adhesive. Angew Chem Int Ed, 2004, 43: 448-450.

[27] Huang Y, Lawrence P G, Lapitsky Y. Self-assembly of stiff, adhesive and self-healing gels from common polyelectrolytes. Langmuir, 2014, 30: 7771-7777.

[28] Oh Y J, Cho H, Lee H, et al. Bio-inspired catechol chemistry: A new way to develop a

re-moldable and injectable coacervate hydrogel. Chem Commun, 2012, 48: 11895-11897.

[29] Kaur S, Weerasekare G M, Stewart R J. Multiphase adhesive coacervates inspired by the sandcastle worm. ACS Appl Mater Interfaces, 2011, 3: 941-944.

[30] Yu M, Deming T J. Synthetic polypeptide mimics of marine adhesives. Macromolecules, 1998, 31: 4739-4745.

[31] Nakano M, Kamino K. Amyloid-like conformation and interaction for the self-assembly in barnacle underwater cement. Biochemistry, 2015, 54: 826-835.

[32] Xu J, Li X Y, Li X D, et al. Supramolecular copolymerization of short peptides and polyoxometalates: Toward the fabrication of underwater adhesives. Biomacromolecules, 2017, 18: 3524-3530.

[33] Kaminker I, Wei W, Schrader A M, et al. Simple peptide coacervates adapted for rapid pressure-sensitive wet adhesion. Soft Matter, 2017, 13: 9122-9131.

[34] Xu J, Li X D, Li J F, et al. Wet and functional adhesives from one-step aqueous self-assembly of natural amino acids and polyoxometalates. Angew Chem Int Ed, 2017, 56: 8731-8735.

[35] Li X D, Du Z L, Song Z Y, et al. Bringing hetero-polyacid-based underwater adhesive as printable cathode coating for self-powered electrochromic aqueous batteries. Adv Funct Mater, 2018, 28: 1800599.

[36] Mulliken R S. Molecular compounds and their spectra. J Am Chem Soc, 1952, 74: 811-824.

[37] Woodman C B, Collins S I, Young L S. The natural history of cervical HPV infection: Unresolved issues. Nat Rev Cancer, 2007, 7: 11-22.

[38] Adams A K, Wise-Draper T M, Wells S I. Human papillomavirus induced transformation in cervical and head and neck cancers. Cancers (Basel), 2014, 6: 1793-1820.

[39] Villa L L, Costa R L, Petta C A, et al. Prophylactic quadrivalent human papillomavirus (types 6, 11, 16, and 18) L1 virus-like particle vaccine in young women: A randomised double-blind placebo-controlled multicentre phase II efficacy trial. Lancet Onco, 2005, 6: 271-278.

[40] Monie A, Hung C F, Roden R, et al. Cervarix: A vaccine for the prevention of HPV 16, 18-associated cervical cancer. Biologics, 2008, 2: 97-105.

[41] Fait T, Dvořák V, Pilka R. Nine-valent HPV vaccine- new generation of HPV vaccine. Ceska Gynekologie, 2015, 80: 397-400.

[42] Wheeler C M. HPV genotypes: Implications for worldwide cervical cancer screening and vaccination. Lancet Oncol, 2010, 11: 1013-1014.

[43] Gross G. Therapy of human papillomavirus infection and associated epithelial tumors. Intervirology, 1997, 40: 368-377.

[44] Wu G, Liu B, Zhang Y, et al. Preclinical characterization of GLS4, an Inhibitor of hepatitis B virus core particle assembly. Antimicrob Agents Ch, 2013, 57: 5344-5354.

[45] Wang X, Wei Z, Wu G, et al. In vitro inhibition of HBV replication by a novel compound, GLS4, and its efficacy against adefovir-dipivoxil-resistant HBV mutations. Antivir Ther, 2012, 17: 793-803.

[46] Zhou X, Gao Z, Meng J, et al. Effects of ketoconazole and rifampicin on the pharmacokinetics of GLS4, a novel anti-hepatitis B virus compound, in dogs. Acta Pharmacol Sin, 2013, 34:

1420-1426.

[47] Ren Q, Liu X, Luo Z, et al. Discovery of hepatitis B virus capsid assembly inhibitors leading to a heteroaryldihydropyrimidine based clinical candidate (GLS4). Bioorg Med Chem, 2017, 25: 1042-1056.

[48] Carnes S K, Sheehan J H, Aiken C. Inhibitors of the HIV-1 capsid, a target of opportunity. Curr Opin HIV AIDS, 2018, 13: 359-365.

[49] Zhao Q, Modis Y, High K, et al. Disassembly and reassembly of human papillomavirus virus-like particles produces more virion-like antibody reactivity. Virol J, 2012, 9: 52.

[50] Zhao Q, Allen M J, Wang Y, et al. Disassembly and reassembly improves morphology and thermal stability of human papillomavirus type 16 virus-like particles. Nanomedicine, 2012, 8: 1182-1189.

[51] Hanslip S J, Zaccai N R, Middelberg A P, et al. Assembly of human papillomavirus type-16 virus-like particles: multifactorial study of assembly and competing aggregation. Biotechnol Prog, 2006, 22: 554-560.

[52] Chen X S, Casini G, Harrison S C, et al. Papillomavirus capsid protein expression in *Escherichia coli*: Purification and assembly of HPV11 and HPV16 L1. J Mol Biol, 2001, 307: 173-182.

[53] Zheng D-D, Pan D, Zha X, et al. In vitro monitoring of the formation of pentamers from the monomer of GST fused HPV 16 L1. Chem Commun, 2013, 49: 8546-8548.

[54] Zheng D-D, Fu D-Y, Wu Y, et al. Efficient inhibition of HPV16 L1 pentamer formation by a carboxylatopillarene and a *p*-sulfonatocalixarene. Chem Commun, 2014, 50: 3201-3203.

[55] Stanley M. Small molecules stop cervical cancer virus assembling. http: //www. chemistryworld. com/research/small-molecules-stop-cervical-cancer-virus-assembling/7093. article [2014-02-17].

[56] Fu D-Y, Lu T, Liu Y-X, et al. Enantioselective inhibition of human papillomavirus L1 pentamer formation by chiral-proline modified calix[4]arenes: Targeting the protein interface. ChemistrySelect, 2016, 1: 6243-6249.

[57] Jin S, Pan D, Zha X, et al. The critical role of helix 5 for in vitro pentamer formation and stability of papillomavirus capsid protein L1. Mol Biosystem, 2014, 10: 724-727.

[58] Fu D-Y, Jin S, Zhen D-D, et al. Peptidic inhibitors for in vitro pentamer formation of human papillomavirus capsid protein L1. ACS Med Chem Lett, 2015, 6: 381-385.

[59] Jin S, Zheng D-D, Sun B, et al. Controlled hybrid-assembly of HPV16/18 L1 Bi VLPs in vitro. ACS Appl Mater Interfaces, 2016, 8: 34244-34251.

[60] Li H-W, Wang Y-Z, Zhang T, et al. Selective binding and fluorescence-enhancement of europium substituted polyoxometalate $[Eu(SiW_{10}MoO_{39})_2]^{13-}$ for basic amino acids. ChemPlusChem, 2014, 79: 1208-1213.

[61] Zhang T, Li H-W, Wu Y, et al. Self-assembly of an europium-containing polyoxometalate and the arginine/lysine-rich peptides from human papillomavirus capsid protein L1 in forming luminescence-enhanced hybrid nanospheres. J Phys Chem C, 2015, 119: 8321-8328.

[62] Zhang T, Li H-W, Wu Y, et al. Two-step assemblies of basic-amino-acid-rich peptide with a highly charged polyoxometalate. Chem-Eur J, 2015, 21: 9028-9033.

[63] Gao P-F, Wu Y, Wu L. Co-assembly of polyoxometalates and peptides towards biological

applications. Soft Matter, 2016, 12: 8464-8479.

[64] Zhang T, Fu D-Y, Wu Y, et al. Potential applications of polyoxometalates for the discrimination of human papillomavirus in different subtypes. Dalton Trans, 2016, 45: 15457-15463.

[65] Zhang T, Fu D-Y, Wu Y, et al. A fluorescence-enhanced inorganic probe to detect the peptide and capsid protein of human papillomavirus in vitro. RSC Adv, 2016, 6: 28612-28618.

[66] Gao P-F, Liu Y, Zhang L, et al. Cell receptor screening for human papillomavirus invasion by using a polyoxometalate-peptide assembly as a probe. J Colloid Interface Sci, 2018, 514: 407-414.

[67] Fu D-Y, Zhang S, Wu Y. Hybrid assembly toward enhanced thermal stability of virus-like particles and antibacterial activity of polyoxometalates. ACS Appl Mater Inter, 2018, 10: 6137-6145.

[68] Watson J D, Crick F H C. Molecular structure of nucleic acids--a structure for deoxyribose nucleic acid. Nature, 1953, 171: 737-738.

[69] Hanes C S. The action of amylases in relation to the structure of starch and its metabolism in the plant. New Phytol, 1937, 36: 101-239.

[70] Freudenberg K, Schaaf E, Dumpert G, et al. New aspects of starch. Naturwissenschaften, 1939, 27: 850-853.

[71] Doty P, Lundberg R D. Polypeptides. X. configurational and stereochemical effects in the amine-initiated polymerization of N-carboxy-anhydrides. J Am Chem Soc, 1956, 78: 4810-4812.

[72] Natta G, Pino P, Corradini P, et al. Crystalline high polymers of α-olefins. J Am Chem Soc, 1955, 77: 1708-1710.

[73] Pino P, Lorenzi G P. Optically active vinyl polymers. II. the optical activity of isotactic and block polymers of optically active α-olefins in dilute hydrocarbon solution. J Am Chem Soc, 1960, 82: 4745-4747.

[74] Millich F, Baker G K. Polyisonitriles. III. synthesis and racemization of optically active poly（α-phenylethylisonitrile）. Macromolecules, 1969, 2: 122-128.

[75] Nolte R J M, Beijnen A J M V, Drenth W. Chirality in polyisocyanides. J Am Chem Soc, 1974, 96: 5932-5933.

[76] Okamoto Y, Suzuki K, Ohta K, et al. Optically-active poly（triphenylmethyl methacrylate）with one-handed helical conformation. J Am Chem Soc, 1979, 101: 4763-4765.

[77] Yuki H, Okamoto Y, Okamoto I. Resolution of racemic compounds by optically-active poly（triphenylmethyl methacrylate）. J Am Chem Soc, 1980, 102: 6356-6358.

[78] Yashima E, Maeda K, Iida H, et al. Helical polymers: Synthesis, structures, and functions. Chem Rev, 2009, 109: 6102-6211.

[79] Yu Z N, Wan X H, Zhang H, et al. A free radical initiated optically active vinyl polymer with memory of chirality after removal of the inducing stereogenic centers. Chem Commun, 2003, 9(8): 974-975.

[80] Kouwer P H, Nolte R J, Rowan A E, et al. Responsive biomimetic networks from polyisocyanopeptide hydrogels. Nature, 2013, 493: 651-655.

[81] Reuther J F, Novak B M. Evidence of entropy-driven bistability through ^{15}N NMR analysis of a

temperature- and solvent-induced, chiroptical switching polycarbodiimide. J Am Chem Soc, 2013, 135: 19292-19303.

[82] Suzuki N, Fujiki M, Koe J R, et al. Chiroptical inversion in helical Si-Si bond polymer aggregates. J Am Chem Soc, 2013, 135: 13073-13079.

[83] Li W F, Zhu J Y, Dong Z Y. Synthesis of hollow aromatic helix and their selective recognition for alkali metal ions. Chin J Org Chem, 2016, 36: 1668-1671.

[84] Zhu J Y, Dong Z Y, Lei S B, et al. Design of aromatic helical polymers for STM visualization: Imaging of single and double helices with a pattern of π-π stacking. Angew Chem Int Ed, 2015, 54: 3097-3101.

[85] Hoshikawa N, Hotta Y, Okamoto Y. Stereospecific radical polymerization of N-triphenylmethylmethacrylamides leading to highly isotactic helical polymers. J Am Chem Soc, 2003, 125: 12380-12381.

[86] Zhao Z Y, Wang S, Ye X, et al. Planar-to-axial chirality transfer in the polymerization of phenylacetylenes. ACS Macro Lett, 2017, 6: 205-209.

[87] Zhang D W, Zhao X, Hou J L, et al. Aromatic amide foldamers: Structures, properties, and functions. Chem Rev, 2012, 112: 5271-5316.

[88] Yashima E, Ousaka N, Taura D, et al. Supramolecular helical systems: Helical assemblies of small molecules, foldamers, and polymers with chiral amplification and their functions. Chem Rev, 2016, 116: 13752-13990.

[89] Wang W, Zhang C Y, Qi S W, et al. A switchable helical capsule for encapsulation and release of potassium ion. J Org Chem, 2018, 83: 1898-1902.

[90] Schmidt E. Optically active poly-β-amides. Angew Makromol Chem, 1970, 14: 185-202.

[91] Chen F, Lepore G, Goodman M. Conformational studies of poly[(s)-β-aminobutyric acid]. Macromolecules, 1974, 7: 779-783.

[92] Yuki H, Okamoto Y, Taketani Y, et al. Poly (β-amino acid)s. IV. synthesis and conformational properties of poly(α-isobutyl-L-aspartate). J Polym Sci Polym Chem Ed, 1978, 16: 2237-2251.

[93] Fernandez-Santin J M, Aymami J, Rodriguez-Galan A, et al. A pseudo α-helix from poly(α-isobutyl-L-aspartate), a nylon-3 derivative. Nature, 1984, 311: 53-54.

[94] Seebach D, Overhand M, Kuhnl F N M, et al. β-Peptides: Synthesis by Arndt-Eistert homologation with concomitant peptide coupling. Structure determination by NMR and CD spectroscopy and by X-ray crystallography. Helical secondary structure of a β-hexapeptide in solution and its stability towards pepsin. Helv Chim Acta, 1996, 79: 913-941.

[95] Gellman S H, Appella D H, Christianson L A, et al. β-Peptide foldamers: Robust helix formation in a new family of β-amino acid oligomers. J Am Chem Soc, 1996, 118: 13071-13072.

[96] Urry D W, Trapane T L, Prasad K U. Is the gramicidin a transmembrane channel single-stranded or double-stranded helix? A simple unequivocal determination. Science, 1983, 221: 1064-1067.

[97] Ferrand Y, Huc I. Designing helical molecular capsules based on folded aromatic amide oligomers. Acc Chem Res, 2018, 51: 970-977.

[98] Ziach K, Chollet C, Parissi V, et al. Single helically folded aromatic oligoamides that mimic the charge surface of double-stranded B-DNA. Nat Chem, 2018, 10: 511-518.

[99] Liu M, Li Z, Wang T. Supramolecular chirality in self-assembled systems. Chem Rev, 2015, 115: 7304-7379.

[100] Yashima E, Maeda K. Chirality-responsive helical polymers. Macromolecules, 2008, 41: 3-12.

[101] Li W F, Zhang C Y, Qi S W, et al. A folding-directed catalytic microenvironment in helical dynamic covalent polymers formed by spontaneous configuration control. Polym Chem, 2017, 8: 1294-1297.

[102] Nonokawa R, Yashima E. Detection and amplification of a small enantiomeric imbalance in α-amino acids by a helical poly (phenylacetylene) with crown ether pendants. J Am Chem Soc, 2003, 125: 1278-1283.

[103] Zhang D, Zhao X, Li Z. Aromatic amide and hydrazide foldamer-based responsive host-guest systems. Acc Chem Res, 2014, 47: 1961-1970.

[104] Shen J, Okamoto Y. Efficient separation of enantiomers using stereoregular chiral polymers. Chem Rev, 2015, 116: 1094-1138.

[105] Tang Z, Iida H, Hu H Y. Remarkable enhancement of the enantioselectivity of an organocatalyzed asymmetric Henry reaction assisted by helical poly (phenylacetylene) s bearing cinchona alkaloid pendants via an amide linkage. ACS Macro Lett, 2012, 1: 261-265.

[106] Suedee R, Jantarat C, Lindner W, et al. Development of a pH-responsive drug delivery system for enantioselective-controlled delivery of racemic drugs. J Control Release, 2010, 142: 122-131.

[107] Howorka S. Building membrane nanopores. Nat Nanotech, 2017, 12: 619-630.

[108] Lang C, Li W, Dong Z, et al. Biomimetic transmembrane channels with high stability and transporting efficiency from helically folded macromolecules. Angew Chem Int Ed, 2016, 55: 9723-9727.

[109] Lang C, Deng X, Yang F, et al. Highly selective artificial potassium ion channels constructed from pore‐containing helical oligomers. Angew Chem Int Ed, 2017, 56: 12668-12671.

[110] Banerjee S, Das R K, Maitra U. Supramolecular gels "in action". J Mater Chem, 2009, 19: 6649-6687.

[111] George M, Weiss R G. Molecular organogels. Soft matter comprised of low-molecular-mass organic gelators and organic liquids. Acc Chem Res, 2006, 39: 489-497.

[112] Weiss R G. The past, present, and future of molecular gels. What is the status of the field, and where is it going? J Am Chem Soc, 2014, 136: 7519-7530.

[113] Jones C D, Steed J W. Gels with sense: Supramolecular materials that respond to heat, light and sound. Chem Soc Rev, 2016, 45: 6546-6596.

[114] Babu S S, Praveen V K, Ajayaghosh A. Functional π-gelators and their applications. Chem Rev, 2014, 114: 1973-2129.

[115] MartínezAbadía M, Giménez R, Ros M B. Self-assembled α-cyanostilbenes for advanced functional materials. Adv Mater, 2018, 30: 1704161.

[116] An B K, Gierschner J, Park S Y. π-Conjugated cyanostilbene derivatives: A unique self-assembly motif for molecular nanostructures with enhanced emission and transport. Acc Chem Res, 2012, 45: 544-554.

[117] Aparicio F, Cherumukkil S, Ajayaghosh A, et al. Color-tunable cyano-substituted divinylene arene luminogens as fluorescent π-gelators. Langmuir, 2016, 32: 284-289.

[118] Xu Y, Xue P, Xu D, et al. Multicolor fluorescent switches in gel systems controlled by alkoxyl chain and solvent. Org Biomol Chem, 2010, 8: 4289-4296.

[119] Ding Z, Ma Y, Shang H, et al. Fluorescence regulating and photoresponsivity in AIEE supramolecular gels based on a cyanostilbene modified benzene-1,3,5-tricarboxamide derivative. Chem-Eur J, 2019, 25: 315-322.

[120] Chung J W, Yoon S, Lim S, et al. Dual-mode switching in highly fluorescent organogels: Binary logic gates with optical/thermal inputs. Angew Chem Inter Ed, 2009, 48: 7030-7034.

[121] Chung J W, An B, Park S Y. A thermoreversible and proton-induced gel-sol phase transition with remarkable fluorescence variation. Chem Mater, 2008, 20: 6750-6755.

[122] Kim H, Chang J Y. Reversible thermochromic polymer film embedded with fluorescent organogel nanofibers. Langmuir, 2014, 30: 13673-13679.

[123] Seo J, Chung J W, Kwon J E, et al. Photoisomerization-induced gel-to-sol transition and concomitant fluorescence switching in a transparent supramolecular gel of a cyanostilbene derivative. Chem Sci, 2014, 5: 4845-4850.

[124] Ma Y, Cametti M, Dzolic Z, et al. Responsive aggregation-induced emissive supramolecular gels based on bis-cyanostilbene derivatives. J Mater Chem C, 2016, 4: 10786-10790.

[125] Xue P, Yao B, Wang P, et al. Strong fluorescent smart organogel as a dual sensing material for volatile acid and organic amine vapors. Chem-Eur J, 2015, 21: 17508-17515.

[126] Ma Y, Cametti M, Dzolic Z, et al. AIE-active bis-cyanostilbene-based organogels for quantitative fluorescence sensing of CO_2 based on molecular recognition principles. J Mater Chem C, 2018, 6: 9232-9237.

[127] Lloyd G O, Steed J W. Anion-tuning of supramolecular gel properties. Nat Chem, 2009, 1: 437-442.

[128] Xue P, Sun J, Xu Q, et al. Anion response of organogels: Dependence on intermolecular interactions between gelators. Org Biomol Chem, 2013, 11: 1840-1847.

[129] Zhang Y, Jiang S M. Fluoride-responsive gelator and colorimetric sensor based on simple and easy-to-prepare cyano-substituted amide. Org Biomol Chem, 2012, 10: 6973-6979.

[130] Han J, You J, Li X, et al. Full-color tunable circularly polarized luminescent nanoassemblies of achiral AIEgens in confined chiral nanotubes. Adv Mater, 2017, 29: 1606503.

[131] Seo J, Chung J W, Jo E, et al. Highly fluorescent supramolecular gels with chirality transcription through hydrogen bonding. Chem Commun, 2008, 28(24): 2794-2796.

[132] Zhang Y, Liang C, Shang H, et al. Supramolecular organogels and nanowires based on V-shaped cyanostilbene amide derivative with aggregation induced emission (AIE) property. J Mater Chem C, 2013, 1: 4472-4480.

[133] Zhang Y, Ma M, Deng M, et al. An efficient phase-selective gelator for aromatic solvents recovery based on a cyanostilbene amide derivative. Soft Matter, 2015, 11: 5095-5100.

第11章 表面增强拉曼散射活性材料与超分子表征

赵 冰 韩晓霞 纪 伟 王 月

11.1 表面增强拉曼散射简介

拉曼散射是指当一束单色光照射在样品表面时，光子频率和传播方向都发生变化的一种散射方式[图 11-1(a)]，其中散射光频率高于入射光的部分为反斯托克斯(anti-Stokes)散射，低于入射光的为斯托克斯(Stokes)散射。拉曼光谱可以提供分子水平的结构信息，然而较低的灵敏度限制了其应用。表面增强拉曼散射(surface-enhanced Raman scattering, SERS)是吸附分子在纳米材料表面拉曼散射被放大的一种效应[图 11-1(b)]。SERS 光谱不仅能够提供分子内部精细的结构信息，而且能够以极高的检测灵敏度和选择性实现微区、无损、快速和原位检测，因此在化学分析、材料科学、生物医学等领域具有巨大的应用前景。

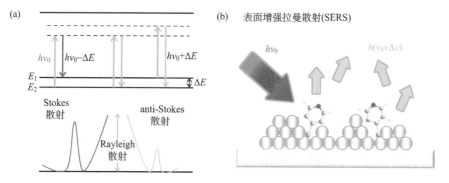

图 11-1 (a)光与物质作用后三种散射形式：瑞利(Rayleigh)散射、斯托克斯(Stokes)散射和反斯托克斯(anti-Stokes)散射；(b)纳米结构表面产生 SERS 的示意图

11.2 SERS 的基本原理

早在 19 世纪 70 年代，Fleischmann 与其同事在粗糙的银电极表面首次观察到了吡啶分子的增强拉曼信号。随后，van Duyne 等进一步研究发现增强的信号相较于常规拉曼分子信号可提高 $10^5 \sim 10^6$，并将这种现象命名为 SERS。自此，基

于这种表面增强效应建立的 SERS 光谱获得了研究者的广泛关注，并涌现出大量基于 SERS 效应的理论和实验研究。SERS 增强机理的提出与纳米科学的蓬勃发展，进一步扩大了 SERS 光谱在表面科学各领域的应用。

　　SERS 发展至今，电磁场增强和化学增强是研究者普遍接受的两种主要增强机制[1]。一般来说，SERS 信号被极大增强是这两种增强机制协同作用的结果，人们很难将两种增强机制独立地拆解以衡量它们各自的贡献。电磁场增强是源于入射光场和散射光场与金属粒子表面等离子体的耦合振荡，它是一种长程作用。电磁场增强的能力与纳米尺度贵金属基底的性质、待测分子周围介质的介电常数及分子与金属纳米材料表面的距离密切相关。化学增强是一种短程作用，主要产生于基底和吸附分子之间，由于吸附分子的电子结构发生改变使分子的拉曼信号在一定程度上被增强。目前，电荷转移(charge transfer, CT)增强是最主要的一种化学增强效应，会导致分子的 SERS 谱峰被选择性地增强。Lombardi 等基于 Albrecht 研究理论中的 Herzberg-Teller(HT)耦合效应，提出了金属到分子和分子到金属两种 CT 模型，并指出当入射光频率与金属–分子复合物的 CT 态能量相匹配时，会激发电子使其发生从金属到分子(或反之)的跃迁(图 11-2)。随后，对于这一 CT 模型，Lombardi 等又提出了计算体系内 CT 程度的表达式[2]，可将 CT 增强对于 SERS 信号强度的贡献进行量化判断(图 11-2)。

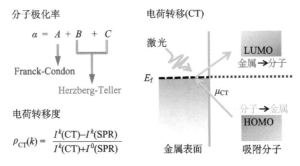

图 11-2　分子极化率的影响因素、电荷转移度计算公式和 SERS 电荷转移机理示意图。E_f：金属费米能级；LUMO：最低未占分子轨道；HOMO：最高占据分子轨道

　　相较于电磁场增强，化学增强对拉曼光谱的信号强度贡献较小，但是它会影响 SERS 相应谱峰的振动频率以及相对强度的大小，对于研究由外界环境、成键、分子间作用等因素影响导致吸附分子电子结构的改变具有重要意义。换句话说，分子的 SERS 光谱的变化可以经验性地判定体系中局部化学环境的改变以及由此引起的体系 CT 过程的改变。本研究保证电磁场增强的贡献一致，以排除电磁场增强所带来的干扰。例如，基于 SERS 光谱的 CT 增强机制，通过 SERS 光谱的变化研究分子间氢键对体系的影响。

SERS 光谱能够有效地解决表面、界面研究领域中分子的构型以及在纳米结构金属表面分子的取向等物理化学问题。根据经典物理学理论，拉曼散射主要源于分子产生的诱导偶极矩，诱导偶极矩的大小与分子极化率的变化直接相关，因此拉曼散射的产生及其强度又取决于分子极化率的改变。这表明拉曼散射中涉及分子的选择定则，而分子振动模式的改变会导致其极化率的变化。SERS 光谱不仅保留了拉曼光谱能提供分子特异性振动信息的特点，同时还具有单分子级别的检测灵敏度，使得 SERS 光谱在分子材料性能的表征以及表面、界面结构分析等领域具有突出的优势，为表征超分子间弱相互作用提供了可能。

11.3　SERS 活性材料

SERS 的发展离不开基底，基底是诱导 SERS 效应的直接原因，因此 SERS 基底材料的发展始终是 SERS 领域的核心之一。作为 SERS 机理的主要方面，也是 SERS 贡献的主要来源，具有电磁场增强作用的材料都是潜在的 SERS 基底。把入射光看成电磁波，把物质看成具有各种电荷载体和能级结构的势场，光与物质的作用便可以通过求解麦克斯韦方程组来获得，其中光的电场分量与物质的某种共振，具体来说是载流子或类载流子的集体共振，便可以称之为等离子(等离激元)共振或类等离子共振。从目前的认识来看，这种共振与表面分子作用后，就可以对分子形成增强的拉曼散射，即 SERS。

需要指出的是，与这种共振最相关的物理参数是物质的介电常数，理论上任何物质都可以产生等离激元共振，但是只有物质的介电常数具有负的实部和很小的虚部，才可能发生比较强的共振。因此，目前 SERS 基底的应用研究主要针对的是具有这种性质的材料。需要指出的是，物质的介电常数是一个包含激发波长的函数，即在不同的入射光条件下物质的介电常数是不同的。综合以上两点，同时考虑获得拉曼光谱常用的激发波长，就不难理解为什么目前的 SERS 基底仅局限于某些材料或者仅被某波段激光激发。另外，SERS 化学增强机理对基底材料和探针分子同时提出了一定的要求。基底材料的表面化学组成与探针分子的成键情况、能级结构与探针分子能级的匹配关系、外加静电势的影响等，都可以影响最终的光谱增强情况。

在 SERS 实验中，通常使用的 SERS 基底主要有两类：纳米粒子溶胶和固态基底。纳米粒子溶胶是最常用的 SERS 基底，因为其容易制备且通常具有较高的增强因子(*EF*)。通常分子需要结合到金属纳米粒子溶胶表面，或者与表面的距离在 1~4nm 时才有显著的 SERS 增强。由于这个距离是受分子与纳米结构表面的自然特性影响，所以分子的电荷特性对 SERS 具有重要影响。尤其是当使用贵金属纳米粒子溶胶时，需要考虑表面电荷的特性。适当的电荷会增加 SERS 热点(hot-spots)的形成。然而如果电荷形成的过分聚集，可以造成电子云震荡的大幅衰减，从而降低了 SERS 效能。

11.3.1　贵金属

多数金属，包括在紫外区体现等离激元性质的铝和铜，都可以用作 SERS 基底。尽管纳米结构的铜和铝比其他金属更便宜，但是它们容易被氧化，并且增强因子不高，这些缺点成为它们应用于 SERS 基底的主要障碍。由于电磁场增强是主要的增强机理，因此在可见光及近红外区等离激元共振性能最优异的贵金属材料一直是 SERS 研究和应用的最重要基底材料。同时，通过调节等离激元材料的结构获得高的增强因子以及良好的重现性，也是 SERS 研究的热点。通过调节贵金属材料的尺寸、形状、种类、组成和维度(一维、二维或三维)等物理参数，材料的等离激元性质也被调节，等离基元的共振频率(或能量、波长)相应地改变。通常银的等离基元共振调节范围为 300～1200nm，金的等离基元共振调节范围为500～1200nm，银比金的调节范围略宽。

11.3.2　过渡金属

1996 年前后，厦门大学田中群研究组发现过渡金属材料也可以作为 SERS 基底。通过采用电化学氧化还原、化学刻蚀、表面沉积等多种手段制备纳米级粗糙的过渡金属电极，并借助高灵敏度的共聚焦显微拉曼光谱仪，成功地在 Pt、Ru、Rh、Pd、Fe、Co 和 Ni 电极表面得到较高质量的 SERS 信号，增强因子可达 $10^2 \sim 10^4$。

11.3.3　半导体材料

自 1982 年半导体材料 NiO 的 SERS 效应被发现后[5]，具有 SERS 活性的其他半导体纳米材料陆续被报道。目前，已经发现的具有 SERS 活性的半导体纳米材料有金属氧化物、银化合物、单元素半导体、有机半导体膜及其他半导体材料。

1. 金属氧化物

在 SERS 研究领域，金属氧化物是研究最广泛的半导体材料。在早期研究中，Yamada 等在 TiO_2(001) 和 NiO(110) 晶面观察到 SERS 现象[5,6]。他们发现吡啶的氮与 NiO 或 TiO_2 表面的化学吸附诱导了拉曼散射增强，这种增强现象来源于吸附基底-吸附物相互作用产生的电荷转移，与共振拉曼散射效应的机理相似。另外，Pérez León 等在多孔锐钛矿表面观察到 SERS 现象，数据显示 TiO_2 和 Ru-bpy 染料之间形成双齿配位或桥接键[7]。通常情况下，通过真空蒸镀等技术制备的半导体膜的增强因子比较低(一般低于 10)。值得注意的是，研究者发现具有较小尺寸(≤10nm)的 TiO_2 纳米材料能够产生更大的拉曼信号增强(10^3 或更高)[8-11]，CT 增强机制在所观察到的这些较高 SERS 信号增强中具有重要贡献。

在研究 TiO_2 表面吸附分子 SERS 光谱的基础上，我们研究组利用 4-巯基苯甲酸(4-MBA)、4-巯基吡啶(4-MPy)和对巯基苯胺(PATP)探测了 TiO_2 分子的 SERS 机制，并提出了 TiO_2 到分子的电荷转移增强机制[9]。然而反方向的电荷转移方式(分子到 TiO_2)能够解释 TiO_2 表面化学吸附的烯二醇分子[8]、硝基苯硫酚异构体[11]和茜素红 S(ARS)[10]的增强拉曼光谱。值得注意的是，具有高灵敏度和高选择性的 ARS-TiO_2 配合物已经成功地被应用于环境样品中 Cr(VI) 的检测，这是首次将半导体拉曼信号增强应用于分子传感[10]。研究发现，通过脉冲飞秒激光制备的三维 TiO_2 纳米纤维具有显著的拉曼增强效应，对结晶紫的增强因子高达 $1.3×10^6$，这种极高的 SERS 活性可归因于纳米间隙、纳米簇和等离激元杂化等多种机制共同作用的结果[12]。另外，在 TiO_2 光子微阵列情况下，通过重复和多次光散射，增强的物质-光相互作用可以提高 SERS 的灵敏度[图 11-3(a)][13]。

通过对氧化锌(ZnO)SERS 的研究表明[14]，20nm 的 ZnO 纳米晶体对 4-MPy 拉曼探针的增强因子可以达到 10^3。此外，我们在直径范围为 18～31nm 的 ZnO 上发现，随直径的变化电荷转移共振的强度也随之变化[15]。以上两种情况下，化学增强机制最有可能是观察到的拉曼增强的主要原因。铁氧化物 α-Fe_2O_3 纳米晶体能够通过 CT 机制增强 4-MPy 的拉曼信号，增强因子可以达到 10^4[图 11-3(c)][16]。Gilbert 等最近的一项研究表明磁铁矿 Fe_2O_3 可以通过电磁效应增强表面吸附的有机分子的拉曼信号，这为研究环境相关的有机配体和矿物表面的相互作用提供了新的途径[17]。铜的氧化物(Cu_2O 和 CuO)也具有 SERS 活性，由于静电化学增强、共振化学增强和电磁场增强机制的共同作用，在 Cu_2O 纳米球上观察到非常高的拉曼增强(增强因子为 10^5)[图 11-3(b)][18]。值得注意的是，具有氧空位的 $WO_{2.72}$($W_{18}O_{49}$)显示出极大的 SERS 增强因子($3.4×10^5$)，与没有"热点"的贵金属的增强因子相当。这种拉曼散射的放大归因于罗丹明 6G(R6G)的分子共振，$W_{18}O_{49}$ 缺陷态的激子共振，光子诱导的电荷转移共振，以及来自 $W_{18}O_{49}$ 和 R6G 分子之间匹配能级的基态电荷转移共振[图 11-3(d)][19]。其他金属氧化物的 SERS 效应参见表 11-1。

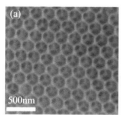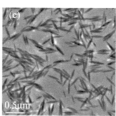

图 11-3　几种半导体材料的电镜照片：(a) TiO_2 反蛋白石结构[9]；(b) Cu_2O 纳米球[18]；
(c) α-Fe_2O_3 纳米纺锤晶体[16]；(d) $W_{18}O_{49}$ 纳米线[19]

表 11-1　具有 SERS 活性的金属氧化物半导体纳米材料

半导体材料	形貌/尺寸	探针	增强因子	增强机制
NiO	晶面(100)	吡啶	低	共振拉曼
TiO₂	晶面(001)	吡啶	低	共振拉曼
TiO₂	介孔薄膜	钌-联吡啶	低	共振拉曼
TiO₂	10nm 颗粒	4-MBA	10^3	CT
TiO₂	6.8～14.2nm 颗粒	4-MBA	$1～10^2$	CT
TiO₂	2～5nm 胶体	烯醇分子	10^3	CT
TiO₂	3nm 胶体	茜素红 S /磷酸盐		CT
TiO₂	5nm 胶体	硝基苯硫酚异构体	$10^2～10^3$	CT
TiO₂	三维纳米结构	结晶紫	10^6	多个机制
TiO₂	微阵列	亚甲基蓝	10^4	物质-光相互作用
TiO₂	粗糙化电极	细胞色素 b₅	10	EM
TiO₂	2～5nm 胶体	水杨酸盐/水杨酸		CT
TiO₂	粒子	染料		CT
ZnO	50nm 胶体	D266	50	CT
ZnO	20nm 晶体	4-MPy/ BVPP	10^3	CT
ZnO	18～31nm 晶体	4-MBA/4-MPy		CT
ZnO	多孔 ZnO 纳米片	4-MBA		
Fe₂O₃	球形/纺锤形/立方体纳米晶体	4-MPy	10^4	CT
Fe₂O₃	70～80nm 胶体	吡啶	10^4	EM
Fe₃O₄	120nm 胶体	TSPP	30	CT
Fe₃O₄	9nm 纳米粒子	有机分子		EM
Cu₂O	粗糙化电极	吡啶	低	CT
Cu₂O	300nm 纳米球	4-MBA	10^5	CT/EM
CuO	粗糙化电极	BHA		
CuO	80nm 晶体	4-MPy	10^2	CT
Al₂O₃	80nm AAO 膜	细胞色素 c	30	EM
Ag₂O	28nm 胶体	吡啶	10^5	EM
SnO₂	40nm 颗粒	4-MBA	高	CT
Pb₃O₄	100nm 颗粒	4-MPy	10^2	CT
MoO₃	纳米带	4-MBA	10^3	CT
MoO₂	纳米球	R6G	10^6	EM
W₁₈O₄₉	纳米线	R6G	10^5	CT

　　注：D266 为 1-甲基-1′-γ-丙烯磺基-2,2′-青色素磺酸盐；BVPP 为 1,4-二[2-(4-吡啶)乙烯基]-苯；EM 为电磁场增强；TSPP 为四苯基卟啉；BHA 为苯甲羟肟酸；AAO 为阳极氧化铝。

2. 银化合物

除了氧化银之外，早在 1987 年和 1991 年研究者就对卤化银 AgX（X=Cl，Br 和 I）的 SERS 进行了研究。几乎所有的研究都表明，所观察到的 Ag^+ 形成 Ag 纳米粒子的拉曼增强现象是由电磁场增强引起的。在 AgCl-吡啶胶体体系中，研究发现 AgCl 胶体表面的 Ag^+ 络合物对局域电场增强和吡啶的 SERS 效应也起到了重要作用[20]。人们观察到 AgCl 胶体上吸附的染料分子的 SERS 光谱与 AgI 胶体上的差异很大，这是因为二者具有不同的电化学性质[21]。在 AgBr-异氰酸酯（PIC）染料胶体中，由于拉曼测试期间激光照射在 AgBr 溶胶中形成了 SERS 活性胶体银，PIC 的 SERS 光谱表现出很强的时间依赖性。对于 AgBr 胶体上吸附吡啶的类似研究表明，随着时间的变化，光解银粒子的产生、胶体聚集和阴离子聚集可能会影响 SERS 的强度[22]。在另一种银的化合物 Ag_2S 中发现了电荷转移机制的贡献。直径为 11nm 的 Ag_2S 纳米颗粒是通过两步合成：在形成银颗粒之后将硫粉加入到混合物中。由 SERS 光谱研究 Ag_2S-4-MPy 体系中电荷转移增强机制的贡献，结果表明 Ag-4-MPy 的电荷转移贡献约为 25%，Ag_2S-4-MPy 的为 81%～93%[23]。

3. 有机半导体膜

虽然大量无机半导体材料的 SERS 活性陆续被发现，然而 2015 年以前，有关有机半导体材料在 SERS 方面的应用还没有被报道。Yilmaz 等首次报道了有机半导体 2,7-二辛基[1]苯并噻吩并[3,2-b]苯并噻吩（C8-BTBT）薄膜的 SERS 活性。他们在纳米尺度的金薄膜表面，通过斜角蒸镀的方法制备了微米和纳米级的三维 C8-BTBT 膜。SERS 光谱数据表明，这种新型的有机半导体 SERS 基底在增强能力、稳定性和光谱重现性方面表现出很大的优越性[24]。以上述研究为基础，该研究组进一步研究了非等离激元表面二全氟辛基-四噻吩（α, ω -diperfluorohexyl-quaterthiophene, DFH-4T）有机半导体的 SERS 活性（图 11-4）[25]。这里支撑表面选用的是无机半导体材料硅，这样就保证了整个 SERS 基底的非等离激元共振增强

图 11-4　(a)气相沉积 DFH-4T 膜的光学图片；(b)～(d) DFH-4T 膜的扫描电镜图：(b)和(c)为顶视图，(d)为横断面图[25]

的性质。研究结果发现，这种有机半导体 SERS 基底的拉曼散射增强能力对于探针分子亚甲基蓝(MB)可以达到 10^3，对于 R6G 可以达到 10^2，增强机理归因于共振 CT 化学增强。值得注意的是如果将这种 DFH-4T 薄膜覆盖在一层金膜上，增强因子大幅度增加，可以达到 10^{10}，可检测 10^{-12}mol 以下的 MB 分子。

4. 单元素半导体纳米材料和其他半导体纳米材料

近年来人们基于单一元素半导体材料(石墨烯，Si 和 Ge 等)的拉曼增强效应进一步证明了 CT 增强机制。Rodriguez 等发现 Si 纳米粒子能够产生较高的拉曼信号增强，并将此增强效应归因于米氏共振[图 11-5(a)][26]。张锦等于 2010 年在单层石墨烯表面观察到明显的拉曼信号增强，这是首次关于石墨烯表面 SERS 的报道[27]。后来发现染料分子不同峰的拉曼增强因子是不同的(EF=2～17)，这主要是石墨烯和分子之间的电荷转移引起的。不久后，研究者们发现石墨烯增强拉曼散射(GERS)具有"首层效应"，并且 GERS 强烈依赖于石墨烯与分子之间的距离，因此证明了石墨烯的化学增强机制。师文生等[28]研究了 Si 纳米线(SiNW)和 Ge 纳米管阵列(GeNT)上几个探针的 SERS 效应，通过利用 SiNW 和 GeNT[图 11-5(b)]表面上的末端氢原子，可以在探针分子和纳米结构 Si 或 Ge 基底之间实现有效的 CT 过程。结果表明，在 CT 过程中，半导体(Si 或 Ge)的导带和价带与探针分子的激发态和基态的振动耦合可以增强分子极化率张量。

图 11-5　几种半导体材料的电镜图片：(a)Si 纳米粒子[26]；　(b)GeNT 阵列的横侧面[28]；
(c)CdS 纳米簇[29]；(d) PbS 纳米粒子[30]

如表 11-2 所示，一些镉化合物的 SERS 活性也陆续被发现。2007 年，我们研究组观察到 4-MPy 在 8nm CdS 纳米簇上的 SERS 光谱[图 11-5(c)]，得到的增强因子为 10^2。另外，我们发现与 Ag 基底相比，CdS 纳米粒子上观察到的 SERS 光谱有一些不同之处(如峰位移动和更窄的半峰宽)，表明在 CdS 表面上存在不同于物理增强机制的可能性[29]。之后，我们观察到 4-MPy 在 3nm 的 CdTe 量子点上的 SERS 光谱，并计算出其对 4-MPy 的增强因子高达 10^4，这一研究进一步证实了 CT 增强机制的贡献[31]。相关研究证明了半导体量子点上 SERS 效应产生的可能性。

表 11-2　除金属氧化物之外的其他 SERS 活性半导体材料

半导体材料	形貌/尺寸	探针	增强因子	增强机制
AgX	纳米粒子	染料	$50\sim100$	共振拉曼
Ag$_2$S	11nm 粒子	4-MPy		CT
石墨烯	层状	染料分子	$2\sim17$	CT
Si	$200\sim370$nm 粒子	PABA	高	米氏共振
Si	纳米线	R6G	低	CT
Ge	纳米线	N719	低	CT
SiC	纳米线	4-MBA	10^4	CT
CdS	8nm 粒子	4-MPy	10^2	CT
CdTe	3nm 粒子量子点	4-MPy	10^4	CT
CdSe	量子点	吡啶	10^5	CT
PbS	8.2mn 量子点	4-MPy	10^3	CT
ZnS	3nm 粒子	4-MPy	10^3	CT
ZnSe	薄膜	4-MPy	10^6	CT/EM
GaP	$40\sim100$nm 粒子	酞菁铜	700	EM
ITO	$20\sim70$nm 粒子	细胞色素 c	500	CT
DFH-4T	有机薄膜	MB	10^3	CT
C8-BTBT	有机薄膜-Au	MB	10^8	CT

　　继我们对 CdS 和 CdTe 的 SERS 研究之后，Livingstone 等研究了通过分子束外延技术生长的 CdSe/ZnBeSe 量子点上吡啶的 SERS 光谱。他们观察到吸附的吡啶分子的 a_1、b_1 和 b_2 振动模式的拉曼信号增强($EF=10^4\sim10^5$)，他们提出了 CT 增强机制的贡献。此外，位于量子点和润湿层中的几个共振转变也可能有助于拉曼增强[32]。Lombardi 等研究了 PbS 量子点上 4-MPy 纳米颗粒尺寸[图 11-5(d)]，以及随激发波长改变而发生变化的 SERS 强度。结果显示，拉曼峰强度的最大值在直径约为 8.2nm 的 PbS 量子点表面获得，并且在激发波长约 525nm 时强度最大。此外，还可以通过选择纳米粒子半径小于激子玻尔半径的 PbS 来观察光谱的量子限制效应[30]。

　　研究发现锌的化合物如 ZnSe 能够展现出极大的 SERS 增强($EF=2\times10^6$)，这种增强能力甚至与银纳米颗粒相当。研究者观察到利用化学蚀刻方法制备的 ZnSe 薄膜表面上的探针分子 4-MPy 在 514.5nm 的激发波长下测得 a_1、b_1 和 b_2 振动模式有很大的增强，这表明了 CT 机制的主要贡献。除了 CT 机制的贡献之外，表面等离激元和带隙共振也被认为是观测到拉曼信号增强的影响因素，因为这三种共振都接近激发波长[33]。此外，一项有趣的研究表明，半导体铟锡氧化物(ITO)纳米颗粒可以诱导细胞色素 c 的拉曼增强，这取决于 ITO 的表面结构[34]。

11.4　半导体拉曼散射增强机理

与金属材料相比较而言，半导体材料的特性参数有折射率、禁带宽度、电阻率、载流子迁移率、非平衡载流子寿命和位错密度等。正是半导体材料的这些特性赋予了各种不同类型的半导体 SERS 效应，如光捕获和亚波长聚焦能力、结构共振、带隙调控、激子的形成、分子–半导体间的电荷转移等。这些不同的增强贡献间的协同作用使得半导体增强现象复杂化[35,36]。本节将借鉴传统的金属 SERS 理论框架，将半导体 SERS 增强机理分为物理增强和化学增强两个大类，下面我们将分别介绍它们对半导体 SERS 的增强贡献。

11.4.1　物理增强机理(表面等离激元共振、米氏共振)

1. 表面等离激元共振

表面等离激元共振(surface plasmons rensonance, SPR)现象能够有效地调控光与介质间的相互作用，在基于金属纳米材料的 SERS 效应中，SPR 引起的局域电磁场增强被认为是最主要的贡献[1,37-41]。在过去几十年的研究工作中，人们一直认为 SPR 现象仅存在于电子密度高的金属材料，金属自由电子在外光电场作用下发生集体性的振荡能够在可见或近红外光区产生较强的 SPR 吸收，提高金属粒子对光的吸收和散射效率。由于半导体材料价带电子密度低，因此 SPR 效应对半导体 SERS 不能起主要作用。近年来，随着理论和实验技术的发展，人们逐渐认识到 SPR 作为一种光学信号普遍存在于任何电荷载流子在纳米尺度的集体振荡过程中[42-46]。

基于载流子振荡理论，半导体材料的本征 SPR 共振频率 ω_p 可以通过下面的公式计算[47]：

$$\omega_p = \left(\frac{4\pi N e^2}{\varepsilon_\infty m_e} \right)^{1/2} \tag{11-1}$$

式中，m_e 是载流子的有效质量，包括电子有效质量和空穴有效质量；N 是载流子密度，包括电子密度和空穴密度；e 为有效电荷；ε_∞ 为高频介电常数。由式(11-1)可知，SPR 吸收频率与自由载流子密度的平方根成正比。贵金属的载流子密度高达 10^{23}cm^{-3}，载流子密度的微小改变仅能使贵金属 SPR 在较小频率范围内产生位移[48,49]。本征半导体中虽然有两种类型的载流子，但因本征载流子密度很低，难以获得较强的 SPR 吸收。如在本征半导体中掺入某种特定杂质，成为掺杂半导体后，载流子的密度可以达到 $10^{16} \sim 10^{21} \mathrm{cm}^{-3}$，其光学性能将发生质的变化[50,51]。理论和实验研究结果表明，通过非化学计量合成、高掺杂等方式制备的半导体纳米材料，它们的 SPR 吸收频率较本征半导体产生显著蓝移，位于可见、近红外或中红外区域[52-60]。

　　由公式(11-1)可知，半导体材料的 SPR 共振频率完全取决于自由载流子密度，通过载流子密度调控 SPR 吸收是半导体材料具有的独特性质[42,43]。与金属的自由电子集体振荡产生 SPR 不同，半导体 SPR 的产生包括三种类型的载流子振荡，即价带电子的集体振荡、导带电子的集体振荡、价带空穴的集体振荡。下面将分别介绍这三种类型载流子振荡产生 SPR 的特点：①半导体材料的价带电子密度较低，因此价带电子集体振荡产生的 SPR 共振频率位于红外区域，一般拉曼光谱仪器采用可见光或近红外光作为激发波长，难以获得由价带电子振荡产生的 SPR 效应，因这种类型的 SPR 对可见光或近红外光激发的半导体 SERS 基本没有贡献，即使有贡献也会小于 10 倍；②处于激发态的半导体材料导带电子密度高达 $10^{22} \sim 10^{24} \mathrm{cm}^{-3}$，理论上可产生较强的 SPR 吸收，由于半导体能带较宽，采用远紫外激发光源或许可以获得源自于导带电子集体振荡产生的 SPR 增强贡献；③半导体材料的价带空穴密度可以通过"电子掺杂"方式在 $10^{16} \sim 10^{21} \mathrm{cm}^{-3}$ 范围内进行有效调控。通过产生本征缺陷或引入非固有杂质来控制掺杂程度，理论上可以使半导体 SPR 吸收频率在太赫兹(THz)至近红外光区内进行精确调控[61]，我们推断这种类型的 SPR 将对半导体 SERS 产生较强的 SPR 增强效应。

　　含时密度泛函理论(time-dependent density functional theory, TD-DFT)可以从理论上研究掺杂半导体的 SPR 现象。以 p 型半导体 $Cu_{2-x}S$ 量子点为例，假设一个分子单元的 CuS 为价带提供一个空穴，当载流子密度较小时(空穴的数目为 1~10)，非连续分布的载流子遵从量子机制；当载流子密度较大时，由于载流子间存在屏蔽效应，载流子近乎连续分布，此时载流子遵从经典等离激元振荡机制[62]。通过理论模拟的 $Cu_{2-x}S$ 吸收光谱，我们可以清楚地发现随着载流子密度增加，SPR 吸收峰强度增大，同时共振频率向能量较高的方向移动，即短波长方向。对于 n 型半导体 CdSe，由于电子的质量比空穴小得多，n 型半导体量子点具有更为明显的量子效应，但仍然可以发现随着载流子密度增加，半导体量子点的 SPR 吸收峰增强。综上所述，理论研究结果表明随着载流子密度增加，电子跃迁类型由单纯量子力学的跃迁方式逐渐转变成经典的等离激元集体性振荡。

　　在实验中，通过半导体材料的特殊选择及纳米结构设计，这些本应出现在红外区段的 SPR 吸收确实会移动到近红外甚至可见光区段。例如，在非化学计量合成的半导体纳米粒子($Cu_{2-x}S$、$Cu_{2-x}Se$、$Cu_{2-x}Te$)中实现了几百个载流子的改变，其中 CuS 纳米粒子的 SPR 吸收起点位移至 570nm[54-56,59]。Martucci 等发现 Ga 掺杂 10~20nm 的 ZnO 粒子，其 SPR 吸收处于近红外区段且受 Ga 掺杂量的影响[63]。

最新的实验结果表明，通过非化学计量合成、高掺杂等方式制备的半导体纳米材料，它们的 SPR 吸收频率较本征半导体产生显著蓝移，位于可见、近红外或中红外区域，如氧化钨（WO_x）、钨酸铯（Cs_xWO_3）、高铝掺杂氧化锌、氧化铟锡等，更为重要的是这些半导体纳米材料的 SPR 具有与贵金属 SPR 类似的光学性质[45, 57, 58, 64]。

综上所述，半导体 SPR 吸收的调控方式多种多样，在发展 SERS 活性基底上具有独特的优势。SPR 共振频率可以通过半导体材料的选择及形貌的改变进行精确调控。尤其半导体量子点和纳米结构对组成的变化异常敏感，通过本征掺杂或非本征掺杂增强载流子的密度可以在很大程度上改变它们的光学性质。基于半导体 SPR 增强的 SERS 报道还很少，但随着半导体 SPR 理论的发展，这方面的研究工作将会陆续开展，有着巨大的发展潜力。

2. 米氏共振

拉曼散射是非弹性散射效应，通常非弹性散射仅占散射光的很少一部分（$10^{-6} \sim 10^{-4}$）。弹性散射可分为瑞利散射和米氏散射。当球形粒子的粒径 d 小于激发光波长 λ 时，即 $d \leqslant 0.10\lambda$，散射光中瑞利散射占主导地位。在常规 SERS 实验中，基底材料的粒径通常在十几至几十纳米区间，与分子相关的弹性散射通常归为瑞利散射，此时半导体 SERS 效应不考虑米氏散射效应。当球形粒子的粒径与激发光波长相近时，米氏散射将占主导地位，在球形粒子与环境介质间将产生电磁场干涉效应。

在均匀介质中（空气、溶液）光与球形介电粒子间的作用可通过 Mie-Debye-Lorenz 理论描述[65-70]。产生米氏散射时，球形粒子的尺寸参数可以表示为

$$x = \frac{2\pi r}{\lambda} \tag{11-2}$$

式中，r 为球形粒子的半径，λ 为激发光波长。产生米氏散射的尺寸参数为 $0.1 < x < 100$。球形半导体材料的介电常数为 ε_ω，周围环境介质的介电常数为 ε_m。与金属粒子采用同样的处理方式，折射率的弯曲和非连续性将影响球形粒子外表面和内表面的电磁场分布。依据米氏散射理论，散射效应 Q（散射光与入射光的功率比值）可表示为

$$Q_{scat} = \frac{2}{(k_o r)^2} \sum_{l=1}^{\infty} (2l+1)\left(|a_l|^2 + |b_l|^2\right) \tag{11-3}$$

式中，a_l 和 b_l 为散射系数，可表示为

$$a_l = \frac{\varepsilon_m j_l(k_o r)\left[k_i r j_l(k_i r)\right]' - \varepsilon_\omega j_l(k_i r)\left[k_o r j_l(k_o r)\right]'}{\varepsilon_m h_l(k_o r)\left[k_i r j_l(k_i r)\right]' - \varepsilon_\omega j_l(k_i r)\left[k_o r j_l(k_o r)\right]'}$$

$$b_l = \frac{(k_i r)\left[k_o r j_l(k_o r)\right]' - j_l(k_o r)\left[k_i r j_l(k_i r)\right]'}{j_l(k_i r)\left[k_o r j_l(k_o r)\right]' - h_l(k_o r)\left[k_i r j_l(k_i r)\right]'}$$

(11-4)

其中，j_l 是球面 Bessel 函数，h_l 是第一类球面 Hankel 函数，ε_ω 和 ε_m 分别为球形粒子和环境介质的介电常数，k_i 和 k_o 是粒子内表面和外表面的波数，r 是球形粒子的半径，l 是模数($l=1$ 是偶极模，$l=2$ 是四极模)。由该方程，Messinger 等定义并推导出近场散射效率的表达式[71]：

$$Q_{NF} = 2\sum_{l=1}^{\infty}\left\{|a_l|^2\left[(l+1)\left|h_{l-1}^{(2)}(ka)\right|^2 + l\left|h_{l+1}^{(2)}(ka)\right|^2\right] + (2l+1)|b_l|^2\left|h_l^{(2)}(ka)\right|^2\right\}$$ (11-5)

式中，$h_l^{(2)}$ 是第二类球面 Hankel 函数；k 为粒子内表面的波数；a 为球形粒子的直径。此方程可以直接用来计算由激发光入射到球形粒子表面引起的近场散射效率的分布。

根据电场和磁场是否为径向矢量的横断面，电磁模式可以分为横向电场(transverse electric, TE)模式和横向磁场(transverse magnetic, TM)模式。如图 11-6 所示，TE 的电场分布平行于球形粒子表面，TM 垂直于球形粒子表面[65, 67]。在传播方向上只有磁场或电场存在，因此 TE 和 TM 也可以称之为 H 波(H-wave)模式和 E 波(E-wave)模式。TE 和 TM 模式分别对应于磁偶极和电偶极模式，也可表示为 b 模式或 a 模式。目前，一些数值编码可以用来计算均匀球形、柱状粒子及核-壳结构的米氏散射和近场增强，可以为半导体 SERS 基底的设计提供理论依据。

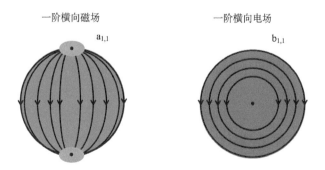

图 11-6　球形粒子米氏共振的电磁模式分类

　　米氏共振，通常也被称为结构共振或回音壁模式。它与球形粒子和环境介质的折射率密切相关。通过理论计算可获得直径为 2μm 的硅和二氧化硅球形粒子散射截面与粒子尺寸的关系曲线，经过对比可以发现具有高折射率的硅粒子展现出很强的米氏共振散射效率，但具有低折射率的二氧化硅粒子仅展现出较弱的波纹，说明与二氧化硅相比，硅粒子更适合作为半导体 SERS 活性基底材料[72]。Hayashi 课题组研究直径为 100nm 的球形银粒子和硅粒子在空气介质中的消光效率，银粒子的消光模式主要为局域表面等离激元共振，而硅粒子的消光模式主要体现为由光子限域效应引起的米氏共振[73]。通过近场散射效率公式计算可知，近场散射效率和远场散射效率在共振峰位和峰形上有轻微的差别。理论模拟结果表明球形硅粒子具有与银粒子相当的近场散射效率，甚至更高的浓缩和增强表面电场的能力。

　　半导体材料的折射率数值通常在 1～4，与半导体材料和激发光的波长有关[74]。要产生米氏共振获得 SERS 效应，还应该考虑半导体材料的吸收损耗，由于它能在很大程度上降低或抑制米氏共振。这部分信息可以通过复折射率的虚部（消光系数）获得。在理论模拟过程中使用的参数为复折射率 $n = n + ik$（n 为折射率，k 为消光系数）。其中消光系数 k 可以通过吸光系数求得（$a = 4\pi k/\lambda$）。理论上，具有较高折射率且较低消光系数的半导体材料能产生较强的 SERS 效应。此外，除了球形粒子，具有较高质量因子的球形微腔也可以产生米氏共振模式，增强分子的拉曼散射，通常称为腔增强拉曼散射（cavity-enhanced Raman scattering, CERS）[75,76]。

　　Hayashi 等首先将米氏共振理论应用于半导体 SERS 的研究中，在粒径为 40～106nm 的 GaP 粒子表面观测到尺寸相关的增强拉曼信号[77]。由米氏共振理论可知，当 GaP 粒径接近 140nm 时，波长为 514.5nm 的激发光共振激发 GaP 的横向电场模式，引起半导体局域电场增强产生 SERS 效应。Meseguer 等采用近红外光共振激发 Si 纳米微球的米氏共振模式（磁偶极子模式、电偶极子模式、磁四极模式、电四极模式），研究发现在 Si 纳米微球表面产生强烈的电磁场，并在实验中观测到较强的 SERS 效应[26]。近期，Alessandri 课题组和华东理工大学张金龙课题组分别在由 TiO$_2$ 构成的谐振器表面和内部观测到基于米氏共振的 SERS 现象[78,79]。这些结果都充分说明米氏共振效应可以对半导体 SERS 产生电磁场增强贡献。

11.4.2　化学增强机理（电荷转移共振、激子共振）

　　半导体 SERS 的化学增强机理与金属 SERS 化学增强机理类似，主要建立在光诱导电荷转移模型基础上，同样涉及分子能级结构与半导体能级结构间的振动耦合[36,80]。光诱导电荷转移使得原本分子能态中跃迁允许但是直接跃迁能量不足的跃迁过程，通过半导体能级的辅助作用而发生，体系内分子的极化率得到显著增加而增强分子的拉曼散射强度。此外，半导体的能级结构与金属的连续能级结构不同，存在特殊的电荷转移方式，激子共振也为 SERS 效应提供了新的增强贡献，下面我们将详细介绍半导体 SERS 中存在的化学增强机理。

1. 电荷转移共振

与金属 SERS 类似，分子–半导体体系的极化率张量一般表达式可以表示为[81,82]

$$\alpha_{\sigma\rho} = \sum_{S \neq I, I'} \left\{ \frac{\langle I | \mu_\sigma | S \rangle \langle S | \mu_\rho | I' \rangle}{E_s - E_I - \hbar\omega} + \frac{\langle I | \mu_\rho | S \rangle \langle S | \mu_\sigma | I' \rangle}{E_s - E_I + \hbar\omega} \right\} \tag{11-6}$$

式中，S 为分子–半导体体系内存在的全部激发态；μ 为相应激发态的偶极矩；σ 和 ρ 分别表示散射光和激发光的电场方向；E_s 为中间态电子振动能量；E_I 为始态电子振动能量；ω 为激发光能量。在玻恩-奥本海默(Born-Oppenheimer)零阶近似下，电子波函数与振动波函数产生的电子振动能态(I 为始态，I' 为终态，S 为中间态)可以分别表示为：$|I\rangle = |I_e\rangle|i\rangle$，$|I'\rangle = |I_e\rangle|f\rangle$，$|S\rangle = |S_e\rangle|k\rangle$。$e$ 为纯粹的电子能态，i、f、k 为振动函数。利用 Herzberg-Teller 振动耦合机制将这些振动函数关联可推导出如下表达式[83]：

$$|S\rangle = |S_e, k\rangle + \sum \lambda_{SR} Q |R_e, k\rangle$$

$$\lambda_{SR} = h_{SR} / \left(E_R^0 - E_S^0 \right)$$

$$h_{SR} = \left\langle S_e, k \left| \left(\frac{\partial V_{eN}}{\partial Q} \right)_0 \right| R_e, k \right\rangle \tag{11-7}$$

式中，λ_{SR} 为电子在两个能态间跃迁所需能量对应的波长；R 与 S 一样，也为分子–半导体体系内存在的全部激发态；h_{SR} 为普朗克常量；E_R^0 和 E_S^0 分别表示两个能态的初始能量。

通过式(11-7)可以将极化率张量 $\alpha_{\sigma\rho}$ 化简为三项的和：

$$\alpha_{\sigma\rho} = A + B + C$$

其中，A 项表示分子基态向激发态的电荷转移跃迁所产生的 SERS 增强贡献；B 项代表分子向半导体的电荷转移跃迁所产生的 SERS 增强贡献；C 项代表半导体向分子的电荷转移跃迁所产生的 SERS 增强贡献。在哈密顿算符中，V_{eN} 为原子核处于平衡位置时核对电子的引力势。Q 为分子–半导体体系中任一简正模的原子核位移，它包括分子简正模和半导体声子模。电子在两个能态之间跃迁的电子跃迁偶极矩可以表示为 $\mu_{SI}^\sigma = \langle S_e | \mu^\sigma | I_e \rangle$，$\mu_{RI}^\sigma = \langle R_e | \mu^\sigma | I_e \rangle$ 和 $\mu_{SR}^\sigma = \langle S_e | \mu^\sigma | R_e \rangle$。

我们可以利用上述表达式讨论金属 SERS 效应中电荷转移贡献。同样，把相应的金属能带替换成半导体能带结构，这些表达式也可用来讨论半导体 SERS 效应中的电荷转移贡献。假设分子与半导体表面通过弱的非共价键结合，则分子–半导体体系可以看作一个整体进行讨论，半导体的价带和导带可以分别添加在 A、B、C 三项中。利用价带和导带的积分代替金属连续能带的和，通过积分发现带隙边缘处跃迁产生的 SERS 增强贡献最大。分子–半导体内的电荷转移跃迁可以通过 Herzberg-Teller 耦合项"转嫁"给分子的振动跃迁，在 SERS 光谱中选择性增强特定的分子振动谱峰[84,85]。其中，也包括在本体拉曼中跃迁禁阻的振动模式。当分子未与半导体结合时，分子与半导体间的电荷转移跃迁将消失。综上所述，光诱导电荷转移使得原来分子能态中直接跃迁能量不够的跃迁偶极矩通过半导体能级的电荷转移辅助作用得以进行，从而使得体系的极化率得到显著增加而得到高的拉曼强度。

半导体 SERS 的电荷转移机理与金属 SERS 增强机理类似，主要建立在光诱导电荷转移模型基础上，涉及分子能级与半导体能级结构之间的耦合。与金属连续的能带结构不同，半导体能级结构包括充满电子的价带，未填满电子的导带，位于两者之间的禁带。价带由一系列填满电子的轨道构成，导带由一系列未填充电子的空轨道组成。此外，半导体材料具有丰富的表面缺陷能级，分子–半导体体系内的电荷转移方式比分子–金属体系更为复杂。分子–半导体体系中可能存在一种，甚至是几种电荷转移增强效应。根据激发光能量所能激发的电荷转移方向和方式的不同，可分为以下六种模型。

（1）电荷转移复合物。具有特殊官能团的分子吸附于半导体表面时，由于分子与半导体的强耦合作用，可能会形成新的分子–半导体电荷转移复合物，当激发光的能量与电荷转移复合物电子跃迁到激发态的能量匹配时，将发生共振电荷转移跃迁，从而提高分子的有效极化率，将产生与分子共振拉曼类似的增强贡献。

（2）分子→半导体。激发光将电子由分子的 HOMO 激发到半导体材料的导带能级或缺陷能级，电子经过短时间弛豫后，迅速跃迁回到分子的某一振动激发态能级，返回的电子最终回到振动基态并辐射出拉曼光子。

（3）电荷转移复合物→半导体。分子与半导体材料间的强耦合作用将形成具有新能级结构的电荷转移复合物，这种复合物作为新的分子体系，具有不同的 HOMO 和 LUMO 能级，使原本与激发光不匹配的电荷转移跃迁得以发生，产生由电荷转移复合物向半导体材料导带的电荷转移跃迁，与分子→半导体的电荷转移贡献具有类似的增强效果。

（4）半导体→分子。激发光将位于半导体价带中的电子激发，电子跃迁至 LUMO，在半导体价带形成空穴，被激发的电子经过短时间弛豫后，迅速跃迁回到半导体的价带，与空穴复合并释放出拉曼光子，将振动能量"转嫁"给分子的某些振动跃迁。

（5）半导体→半导体缺陷能级→分子。首先，激发光将位于半导体价带的电子激发跃迁至其表面缺陷态能级形成表面能态，随后电子进一步被激发光激发跃迁到分子的 LUMO 能级，电子经过短时间弛豫，跃迁回半导体表面能态，并释放出拉曼光子。

（6）分子共振。对于一些吸收位于可见光区的染料分子，拉曼光谱中常用的激发光很容易将其激发跃迁至激发态，位于 LUMO 能级的电子随后注入半导体导带，经过短时间的弛豫后，电子跃迁回分子的振动能级并释放拉曼光子。这种跃迁与分子共振不同，半导体材料的价带为电子跃迁提供了新途径，这一类型的跃迁常见于染料吸附的石墨烯增强拉曼体系。

2. 激子共振

半导体吸收一个光子后，电子从价带激发到导带，则在价带内产生一个空穴，而在导带产生一个电子，形成一个电子–空穴对，由于库仑相互作用在一定的条件下会使它们在空间上束缚在一起，这样形成的复合体称为激子。电子–空穴对之间的距离称为激子玻尔半径。半导体的量子效应与激子玻尔半径相关，当半导体粒径小于本征激子玻尔半径时，量子限域效应对半导体的物理过程和光学性质具有重要的影响。在一定情况下，半导体激子共振可以将能量"转嫁"给吸附在其表面的分子，释放出一个拉曼光子，产生类似于分子共振的增强效应。大量的研究表明半导体增强拉曼光谱增强效应的大小与半导体的粒径相关。

根据 CdSe 量子点（粒子直径为 5nm）的激子吸收光谱，激子吸收频率位于 580nm、550nm、485nm，分别归属为 $1s_{Ah}$-$1s_e$、$1s_{Bh}$-$1s_e$、$1p_h$-$1p_e$ 的激子跃迁[86]。在 488nm 激发波长下，CdSe 量子点产生 $1p_h$-$1p_e$ 的激子共振。Lombardi 课题组在 CdSe 量子点表面观测到高达 10^5 的拉曼增强，远高于电荷转移增强效应产生的增强，这部分额外的增强可归结为激子共振增强[87]。此外，激子共振增强也会对半导体自身的声子共振模式产生影响[88]。

激子是库仑相互作用结合在一起的电子–空穴对，其稳定性取决于温度、电场、载流子密度等因素。当激子束缚能较大时，激子相对比较稳定。如在宽禁带半导体材料中，激子束缚能较大，吸收光谱中能看到明显的激子吸收，激子效应不易猝灭。激子与等离激元存在耦合作用，并产生不同的 SERS 增强效应。当较窄的等离激元吸收峰与激子共振耦合时，Rabi 分裂将在不同能级处产生两种杂化模式，使半导体 SPR 吸收光谱展宽。展宽的半导体 SPR 吸收有利于米氏共振的发生，但较宽的等离激元容易产生 Fano 线型的干涉信号，不利于半导体 SERS 的增强效应。激子、等离激元和光子间的相互作用，使半导体 SERS 研究工作变得异常复杂，它们对半导体 SERS 的影响还有待进一步的实验论证。

11.4.3　半导体 SERS 选择定则

在半导体 SERS 化学增强效应存在的情况下，对于一个简正振动模式(Q_k)，Herzberg-Teller 耦合常数通常涉及电子–原子核势能(V_{eN})的衍生。Q_k 的不可约表示可以概括总结为

$$\Gamma(Q_k) = \Gamma(\mu_{CT}) + \Gamma(\mu_{mol}) \tag{11-8}$$

$$\Gamma(Q_k) = \Gamma(\mu_{CT}) + \Gamma(\mu_{ex}) \tag{11-9}$$

式中，$\Gamma(\mu_{CT})$ 是电荷转移跃迁的不可约表示，$\Gamma(\mu_{mol})$ 是分子跃迁的不可约表示，$\Gamma(\mu_{ex})$ 是激子跃迁的不可约表示。式(11-8)与金属 SERS 的选择定则一致，只是电荷转移跃迁过程涉及带边跃迁而不是费米能级。式(11-9)仅适用于半导体 SERS，主要是因为半导体的能级结构中存在带隙，电子跃迁模式中存在激子共振跃迁。以上两种选择定则决定了我们能在半导体 SERS 光谱中观测到分子的哪一种振动模式及其强度。在半导体 SERS 中，当分子共振与激子共振增强同时存在时，这两种电荷转移共振产生的 SERS 增强效应相互叠加，可以通过 SERS 光谱中被选择性增强的拉曼谱带来判断增强来自于分子共振还是激子共振。

此外，半导体 SERS 选择定则还与半导体的晶面相关，分子吸附在半导体的不同晶面将产生不同的增强效应。例如，Kuhlman 课题组利用密度泛函理论(DFT)研究 1, 2-二(4-吡啶基)乙烯[trans-1,2-bis(4-pyridyl)ethylene, BPE]吸附在 PbSe 不同晶面[(001)、(101)、(111)]的拉曼光谱，以此来模拟不同晶面对半导体 SERS 化学增强贡献产生的影响[89]。半导体价带的最高能级和分子的 LUMO 能级不同，不同晶面的价带最高能级有所差异，(001)晶面的最高能级比价带高 0.25eV，(101)晶面的最高能级与价带能级差略小于 0.25eV，(111)晶面的最高能级与价带相差为 0eV。理论研究结果表明 BPE 分子吸附在不同晶面上，产生的半导体 SERS 效应略有不同。例如，在(001)晶面产生比 BPE 分子拉曼光谱大 10 倍的增强拉曼信号，SERS 光谱的峰形轮廓与分子本身的拉曼光谱基本一致，这种情况下一般是稳态化学增强起主要作用。当分子吸附在(101)或(111)晶面时，产生的拉曼光谱与分子自身的拉曼光谱峰形轮廓有很大的不同，优先增强位于 1595cm⁻¹ 处的振动，这是由电荷在分子和基底界面重新分布产生的结果。电荷转移选择性增强分子某些特定的振动模式，因此产生与自由分子不同的拉曼振动峰形轮廓。BPE 分子拉曼振动模式在(101)晶面的极化率具有非线性的变化趋势，表明电荷转移比例在不同晶面上并不是一个常数。当 LUMO 能级向低能量方向移动时，若分子能级低于半导体费米能级，LUMO 能级将被更多的电子占据。当 LUMO 能级向高能量方向移动时，只能增强半导体的带隙。因此(101)晶面是静态化学增强和电荷转移化学增强的边界，可以通过激发光源的能量来调控。这一特性也为人们研究半

导体–分子的界面提供了新的方法。在这方面的研究工作中，利用紫外光激发可以抑制荧光背景并选择性增强有机分子的特殊振动峰，同时紫外光激发也可以帮助归属一些拉曼振动谱线并提供半导体材料的表面缺陷信息。

通过化学刻蚀方法可以制备粒径为 $60 \sim 170$nm 的 ZnSe 纳米粒子[88]。514.5nm 激发波长下，获得了 4-巯基吡啶 (4-mercaptopyridine, 4-MPy) 分子的拉曼光谱及其吸附在 ZnSe 表面的 SERS 光谱。在 4-MPy 分子的拉曼光谱中，非对称振动模式 (b_1、b_2) 的振动产生弱的拉曼振动谱带，对称振动模式 (a_1) 产生强的拉曼振动谱带。与此相反，在 SERS 光谱中非对称振动模式 (b_1、b_2) 的振动产生较强的拉曼振动谱带。根据 4-MPy 和 ZnSe 的能级结构可知，在 514.5nm 激发波长下 4-MPy-ZnSe 体系内将发生由 ZnSe 价带向 4-MPy 分子 LUMO 能级的电荷转移跃迁。4-MPy 分子的 LUMO 能级由三个对称性为 B_1、B_2 和 A_1 的未被电子占据的 π^* 轨道组成[90]，则体系内将发生由硫的非键轨道 (n_s) 至 4-MPy 分子 π^* 轨道和由吡啶环的 π 轨道至 4-MPy 分子 π^* 轨道的电荷转移跃迁，产生三种单重激发态，即 $^1B_2(\pi\text{-}\pi^*)$、$^1B_1(n_s\text{-}\pi^*)$、$^1A_1(\pi\text{-}\pi^*)$ [91,92]。因此，$\Gamma(\mu_{mol}) = B_1$ 或 B_2。假设 4-MPy 分子垂直吸附在 ZnSe 纳米粒子表面，则 $\Gamma(\mu_{CT}) = A_1$。由 Herzberg-Teller 选择定则可知 $\Gamma(\mu_{mol}) \times \Gamma(\mu_{CT}) = b_1$ 或 b_2，这与 SERS 光谱中观测到的振动谱带模式是一致的。此外，根据米氏共振理论可知，粒径为 155nm 的 ZnSe 纳米粒子在 514.5nm 激发波长下可产生米氏共振吸收，由此可以推测 4-MPy-ZnSe 体系内存在两种 SERS 增强效应，即米氏共振增强和电荷转移增强，对 4-MPy 分子产生高达 2.5×10^6 的 SERS 增强效应。

从粒径为 5nm 的 CdSe 量子点的拉曼声子振动，CdSe 属于 C_{6v} 点群，理论上 a_1、e_1、e_2 声子振动模式是允许的拉曼跃迁。一般在 CdSe 量子点的拉曼光谱中只能观察到一个位于 208cm^{-1} 的声子振动，归属于 a_1 对称性的 LO 模式。当 4-MPy 分子吸附在 CdSe 量子点表面时，a_1 振动模式几乎消失，而在 148cm^{-1} 处出现新的声子振动模式，归属为 e_1 声子振动模式[93]。4-MPy 分子内的电子跃迁在紫外区发生，因此 e_1 声子振动模式可能来自于激子跃迁。CdSe 激子跃迁位于 580nm 和 550nm，归属于对称振动模式 ($1S_h\text{-}1S_e$)，无法产生非对称振动模式。但是位于 485nm 的跃迁与激发光波长 (488nm) 接近，归属于 $1p_h\text{-}1p_e$ 对称振动模式。采用晶体对称性点群决定声子选择定则。对于 C_{6v} 对称性，1p 能级可以被分解为 A_1+E_1，可产生的激子态为 A_1、A_2、E_1、E_2。假设分子垂直吸附于 CdSe 纳米粒子表面，平行于晶体 Z 轴的分子将产生 A_1 对称性的电荷转移跃迁，其他垂直于晶体 Z 轴的分子将产生 E_1 对称性的电荷转移跃迁。令 $\Gamma(\mu_{ex}) = E_2$ 和 $\Gamma(\mu_{CT}) = E_1$，则 $\Gamma(\mu_{CT}) \times \Gamma(\mu_{ex}) = E_1 \times E_2 = b_1 + b_2 + e_1$。$E_2$ 激子峰的电荷转移跃迁将转嫁给 e_1 模式，因此在 CdSe 本征拉曼光谱中未观测到的 e_1 模式将在 SERS 光谱中出现，这种现象和分子 SERS 光谱中出现跃迁禁阻的分子振动谱带情况类似[84]。

11.5　SERS 活性材料用于超分子表征

11.5.1　SERS 研究组装体系氢键作用

氢键是一种常见的分子间相互作用，在分子构型、分子聚集以及功能化分子体系中都发挥着重要的作用。共价键的形成会导致分子的电子重排，使电子密度发生显著偏移，而分子间氢键作用通常对分子的电子结构影响较小，这给氢键的研究造成一定的困难。相对于其他研究方法，利用 SERS 光谱研究分子间氢键相互作用具有明显的优势：SERS 在适宜条件下可以实现单分子检测，其超灵敏性能够原位捕捉氢键引起的分子电子结构变化的信息。我们研究组通过对组装体系中分子的 SERS 光谱表征，基于化学增强理论探究了分子间氢键对吸附分子的电子结构及体系电荷转移的影响，并以此为基础提出了基于 SERS 的非标记手性对映体识别新方法。

1. 氢键组装体系的构筑

分子间氢键的形成会影响氢键配体分子的电子结构，而这些变化能通过 SERS 光谱相应谱峰的改变而体现出来。我们将氢键的研究与 SERS 光谱结合，以组装的银纳米粒子作为 SERS 基底，选择具有 SERS 活性的信标分子进一步构筑氢键组装体系，通过体系中信标分子的 SERS 光谱谱峰的强度与频率的变化，研究分子间氢键的影响。

采用层层组装的方法逐步构筑氢键组装体系。首先采用经典的 Lee 氏方法，以柠檬酸钠作为还原剂和稳定剂，加热还原硝酸银溶液获得纳米银溶胶。制得的银纳米粒子呈球形且均匀分散，平均粒径约为 60nm，其表面等离子体共振吸收峰一般位于 400~410nm。在羟基化的玻璃基底表面上吸附一层带有正电荷的聚电解质，然后利用静电作用在表面带有正电荷的玻璃基底上组装一层制备的 Ag 纳米粒子，得到均匀致密、具有良好 SERS 增强效果的银纳米薄膜基底。随后，选取对位含有不同取代基团的苯硫酚 SERS 信标分子作为氢键配体分子，如 4-巯基苯胺、4-巯基苯甲酸、4-巯基吡啶。将制备好的基底分别置于不同的氢键配体分子的乙醇溶液中，使得氢键配体分子以 Ag—S 共价键的形式结合在 Ag 纳米粒子的表面，然后将其取出，用乙醇进行充分冲洗并用氮气吹干以制得 Ag-配体分子复合物。最后，将 Ag-配体分子复合物浸入相应的氢键受体分子的乙醇溶液中，如苯胺、苯甲酸等。通过分子间氢键作用构筑氢键组装体系之后，不取出直接在溶液下进行 SERS 测试，整个过程如图 11-7 所示。

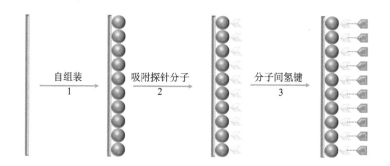

图 11-7　自组装分子间氢键相互作用体系示意图

2. 氢键对 Ag-MBA-苯胺组装体系分子电子结构的影响[94]

我们选取 4-巯基苯甲酸(4-mercaptobenzoic acid, 4-MBA)作为 SERS 的信标分子和氢键配体分子，以苯胺分子作为氢键的受体分子，以研究分子间氢键对 Ag-4-MBA-苯胺组装体系的影响。在 633nm 激发波长下，分别对 Ag-4-MBA 和 Ag-4-MBA-苯胺体系进行 SERS 光谱采集。鉴于 1075cm^{-1} 处的苯环面内环呼吸振动和 C-S 伸缩耦合振动模式的谱峰强度最大，并且相对于其他谱峰，其强度不易受外界其他条件变化的影响，我们对该波数处谱峰的强度对苯胺引入前和引入后的两个体系的 SERS 光谱进行归一化处理，得到图 11-8(A)。由图可知，当在体系中引入苯胺后 4-MBA 分子的 SERS 光谱的谱峰强度发生了显著变化，主要表现在位于 419cm^{-1} 归属于 C—S 伸缩振动模式、998cm^{-1} 和 1020cm^{-1} 处的面内环呼吸振动模式以及位于 1572cm^{-1} 和 1584cm^{-1} 处分别归属于苯环不完全对称的 C=C(b$_2$)振动模式和完全对称的 C=C(a$_1$)振动模式的相对强度变化。对比相同

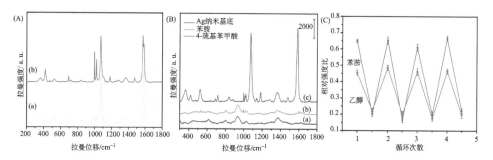

图 11-8　(A)(a)Ag-4-MBA 和(b)Ag-4-MBA-苯胺分子间氢键体系的 SERS 光谱；(B)银纳米基底(a)、浓度均为 10^{-3}mol/L 的苯胺(b)和 4-巯基苯甲酸(c)的乙醇溶液的 SERS 光谱；(C)重复循环 4 次采集 Ag-4-MBA 复合物分别在苯胺溶液(相对强度较高处)与空白乙醇(相对强度较低处)两种条件下的 SERS 光谱，并监测位于 998cm^{-1} 和 1020cm^{-1} 处拉曼谱峰相对于 1075cm^{-1} 处谱峰的相对强度比值的变化

测试条件下相同浓度的苯胺和 4-MBA 分子的 SERS 光谱可知[图 11-8(B)]，苯胺分子的 SERS 信号强度明显弱于 4-MBA 分子的信号强度，以至于几乎观测不到苯胺的信号。这个结果表明，加入苯胺后体系的 SERS 光谱的显著变化并不仅是由于苯胺分子与 4-MBA 分子各自的 SERS 光谱的数学叠加导致的。由此可推断，4-MBA 分子的 SERS 谱峰变化是由于分子自身的羧基和苯胺分子的氨基形成的分子间氢键所引起的。

为了证明氢键组装体系中 4-MBA 光谱的变化是源于可逆的分子间氢键作用，而不是体系发生了其他化学反应甚至是 4-MBA 分子脱羧基化的结果，我们交替进行四组重复性 SERS 对照实验进行验证，并对这四组 SERS 光谱进行归一化处理。我们发现只有当 4-MBA 分子处于氢键组装体系时，上述 SERS 谱峰改变的现象能被明显观察到，而当用乙醇冲洗组装体系以除去通过氢键作用结合的苯胺分子后，4-MBA 分子的 SERS 谱峰恢复为 Ag-4-MBA 复合物的谱峰形状。因此，我们以位于 998cm^{-1} 和 1020cm^{-1} 处的两个环呼吸振动模式相对于 1075cm^{-1} 处的面内环呼吸振动和 C—S 伸缩振动耦合振动模式的强度的比值为纵轴，并以循环周期为横轴作图，得到重复性的变化规律[图 11-8(C)]。这种重复性的变化表明体系中 4-MBA 与苯胺是通过非共价的分子间氢键相互作用，而并非由于 4-MBA 分子的脱羧基化作用所导致的。

为了进一步探究导致 SERS 光谱变化的原因，我们将 Ag-4-MBA 复合物分别置于浓度为 0、10^{-8}mol/L、10^{-7}mol/L、10^{-6}mol/L、10^{-5}mol/L、10^{-4}mol/L、10^{-3}mol/L、10^{-2}mol/L 的苯胺乙醇溶液中，得到含有不同浓度苯胺的氢键组装体系的 SERS 光谱[图 11-9(A)]。随着体系中苯胺浓度逐渐增大，不仅 4-MBA 分子的 SERS 信号

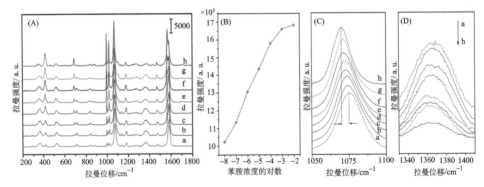

图 11-9　(A)Ag-4-MBA 复合物分别浸入不同浓度苯胺溶液(从 a 至 h 苯胺浓度分别为 0、10^{-8}mol/L、10^{-7}mol/L、10^{-6}mol/L、10^{-5}mol/L、10^{-4}mol/L、10^{-3}mol/L 和 10^{-2}mol/L)的 SERS 光谱；(B)(A)图 Ag-4-MBA-苯胺体系的 SERS 光谱中，位于 1075cm^{-1} 处的谱峰强度随体系中苯胺浓度的对数的变化关系曲线图；(C)、(D)分别为(A)图中波数区间为 1050～1100cm^{-1} 和 1330～1410cm^{-1} 的局部放大图

的整体强度逐渐增大，相应谱峰的相对强度也逐渐增大，当苯胺浓度达到 10^{-3}mol/L 时，强度趋于稳定[图 11-9(B)]。这是由于苯胺分子的氨基和 4-MBA 分子的羧基形成分子间氢键，使得 4-MBA 分子的电子密度发生变化，进而影响 Ag-4-MBA 复合物的电子结构，导致相应振动模式的强度变化。然而，随着苯胺浓度的增大，体系中氢键的数目增多，对分子的影响也进一步增大。当苯胺浓度增大到一定程度时，体系中与 4-MBA 分子层形成有效氢键的苯胺分子数已经达到饱和，因而对体系的影响趋于稳定。除此之外，体系中苯胺分子的增大也会使 4-MBA 分子位于 419cm^{-1}、691cm^{-1}、713cm^{-1}、998cm^{-1}、1022cm^{-1}、1572cm^{-1} 和 1584cm^{-1} 处的特征谱峰的相对强度发生明显的变化。

氢键的形成会增大体系的电子共轭程度，导致体系电荷的重新分布，从而改变 Ag-4-MBA 复合物的电子结构，这一点可以从归一化的浓度依赖的 SERS 光谱的局部放大图中得证[图 11-9(C)和(D)]。随着苯胺浓度的增大，1075cm^{-1} 处的面内环呼吸振动和 C—S 伸缩振动的耦合振动模式发生一定程度的红移[图 11-9(C)]，这种红移一般表明 Ag-4-MBA 复合物的电子结构受外界环境影响而发生变化，也间接证明了 Ag-4-MBA 复合物的电荷因为分子间氢键作用而重新分布。此外，COO$^-$伸缩振动模式的变化是氢键形成的有力证明，如图 11-9(D)所示，4-MBA 分子的 COO$^-$伸缩振动模式也发生一定程度的红移，并且伴随苯胺浓度的增大而该峰的相对强度逐渐减小。考虑到氢键形成于苯胺分子的—NH$_2$ 与 4-MBA 分子的—COOH 之间，故在高浓度苯胺条件下 4-MBA 分子中解离的 COO$^-$减少导致其 SERS 强度减小。由此我们可以得出，分子间氢键的形成会导致体系中氢键配体分子的电子结构发生改变，这一变化可体现在 4-MBA 分子 SERS 光谱相应谱峰频率和强度的变化。

3. 氢键对 Ag-PATP-BA 组装体系电荷转移的影响[95]

正如上文所述，分子间氢键的形成会改变体系分子的电子结构，会导致相应谱峰的相对强度发生明显变化，特别是苯环的 b$_2$ 振动模式被选择性增强。对于具有 C_{2v} 对称结构的分子来说，可经验性地判定这种 b$_2$ 振动模式被选择性增强是由于体系中 CT 的贡献。鉴于此，我们选择研究 SERS 的 CT 增强机制常用的探针分子对巯基苯胺(p-aminothiophenol, PATP)作为氢键配体，相应地选用苯甲酸(benzoic acid, BA)分子构筑氢键组装体系，以研究分子间氢键对体系 CT 的影响。

图 11-10(A)给出了 Ag-PATP 复合物在不同浓度 BA 溶液中的 SERS 谱图，所有谱线的强度以 1076cm^{-1} 处谱峰的强度进行归一化处理。可观察到位于 1141cm^{-1}、1391cm^{-1}、1435cm^{-1} 和 1577cm^{-1} 处分别归属于 δ(CH)、ρ(CH)+v(CC)、v(CC)+δ(CH) 以及 v(CC)不完全对称振动的 b$_2$ 振动模式的强度随 BA 浓度的增加显著增大。为了量化分子间氢键对 Ag-PATP-BA 体系 CT 的影响，我们引入

Lombardi 提出的电荷转移度(ρ_{CT})的概念与计算公式,对氢键组装体系 CT 的程度进行评估:定义 1076cm^{-1}(a$_1$ 振动模式)处的谱峰强度为 I^0(SPR),1141cm^{-1}、1391cm^{-1} 和 1435cm^{-1} 处的 b$_2$ 振动模式强度为 I^k(CT),则可根据公式计算出不同浓度下相应的 b$_2$ 振动模式 ρ_{CT} 的数值,并以 ρ_{CT} 值对 BA 的浓度作图[图 11-10(B)]。可知,ρ_{CT} 值随着 BA 浓度的增加而增加,这与图 11-10(A)中 SERS 光谱 b$_2$ 振动模式的强度变化相符。这是由于,实验条件下引入的 BA 分子的—COOH 基团与 PATP 分子的—NH$_2$ 基团形成分子间氢键,增大了体系的电子共轭程度,使 Ag-PATP 复合物的电子结构改变。因此,Ag 的费米能级与 PATP 分子的分子轨道能级之间的能量差相应地减小,有利于发生电荷从 Ag 基底到 PATP 分子之间的转移。随着 BA 浓度的增大,体系分子间氢键的数目增多,进一步增大了体系的电子共轭程度,有更多分子的振动激发态与体系 CT 共振态相匹配,进一步促进了体系的 CT 过程,因此 PATP 分子的 SERS 光谱的 b$_2$ 振动模式进一步被增强。但是当 BA 浓度很低时,体系中形成的氢键数目较少,对体系的 CT 过程影响也较小。

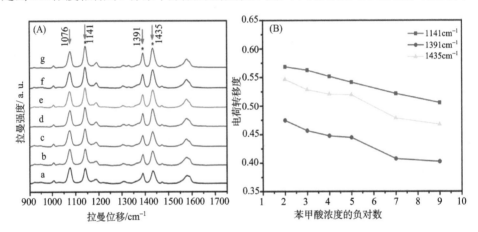

图 11-10　(A)Ag-PATP 复合物分别浸入不同浓度的苯甲酸(BA)溶液(从 a 至 g BA 浓度分别为 0、10^{-9}mol/L、10^{-7}mol/L、10^{-5}mol/L、10^{-4}mol/L、10^{-3}mol/L 和 10^{-2}mol/L)的 SERS 光谱,所有的 SERS 光谱都是在 633nm 的激发波长下采集的,并以位于 1076cm^{-1} 处谱峰的强度为标准进行归一化处理;(B)以 BA 浓度的负对数对 PATP 分子 b$_2$ 振动模式的电荷转移度作图,所选取的 b$_2$ 振动模式分别为 1141cm^{-1}(方形)、1391cm^{-1}(点形)以及 1435cm^{-1}(三角形)处的谱峰

为证明是分子间氢键作用对体系 CT 造成的影响,我们将原体系改为封闭的体系,改变温度以调节体系氢键的成键情况,考察温度从 25℃升高至 75℃时,由于氢键断裂导致组装体系的 CT 变化情况。温度的升高使 PATP 分子的 b$_2$ 振动模式强度逐渐降低。因为氢键是一种不稳定的弱相互作用,温度的升高会使氢键断裂。这是由于氢键对体系 CT 增强的影响会逐渐减弱,出现 b$_2$ 振动模式强度与温度负相关的现象。随后,我们计算了此变温体系的 ρ_{CT},并得到 ρ_{CT} 与温度的关系

曲线[图 11-11(a)]，随着温度的升高，ρ_{CT} 的数值逐渐降低。然而在空白乙醇代替 BA 溶液的对照实验中，PATP 的 b_2 振动模式并没有明显的规律性变化。相应地，其 ρ_{CT} 随温度变化的关系曲线[图 11-11(b)]也没有规律性地升高或降低。温度相关的 SERS 实验表明 PATP 的光谱变化是由于其与 BA 分子之间非共价分子间氢键作用，即分子间氢键的形成能够促进体系的 CT 过程，使受化学增强机制影响较大的 PATP 分子的 b_2 振动模式被增强。

　　既然氢键会改变体系分子的电子结构，促进体系的 CT，那么氢键的键能大小对体系 CT 的影响程度也不同。另选择两个含有不同电负性取代基的 BA 分子衍生物对氰基苯甲酸(p-cyanobenzoic acid, CBA)和对羟基苯甲酸(p-hydroxybenzoic acid, HBA)，比较三种 BA 分子作为氢键受体对组装体系中 PATP 的 b_2 振动模式及体系 CT 的影响，并计算这三种不同 BA 分子存在条件下体系的 ρ_{CT}。由图 11-11(c)可知，三种 BA 分子构成的氢键组装体系中，体系的 ρ_{CT} 由小到大排序为 CBA<BA<HBA。这是因为，不同 BA 分子的羧基对位取代基的电负性不同，它们的给电子能力也不同，因此三种 BA 分子羧基的电子云密度不同，导致分子的氢键酸度也不相同。对于 CBA 分子来说，—COOH 基团的对位是一个较强的吸电子基团氰基(—CN)，而 HBA 分子中—COOH 基团的对位为羟基(—OH)，是较强的推电子基团。这三种分子按照的—COOH 基团的电子密度由小到大的排序为 CBA<BA<HBA，相应的它们与 PATP 的—NH$_2$ 基团形成分子间氢键的能力大小也为 CBA<BA<HBA。因此形成氢键的能力越强，越有利于体系中 Ag 基底与吸附分子 PATP 之间的 CT。

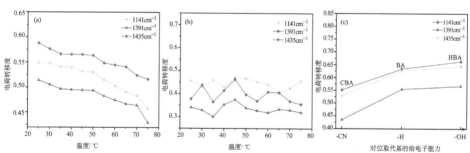

图 11-11　温度对含有 BA 的分子间氢键组装体系(a)和以乙醇作为试剂空白的参比体系(b)中 PATP 分子的电荷转移度作图；(c)是以三种含有不同取代基团的 BA 分子衍生物对位基团的给电子能力大小为横坐标，以三种不同分子间氢键体系中 PATP 分子的电荷转移度为纵坐标作图，考察 SERS 体系的电荷转移度与氢键配体分子电负性的关系，其中所选取的 b_2 振动模式分别为 1141cm^{-1}(方形)、1391cm^{-1}(点形)以及 1435cm^{-1}(三角形)处的谱峰

4. 基于分子间氢键"非标记"的手性对映体识别[96,97]

　　我们以 4-巯基吡啶(4-MPy)作为 SERS 的信标分子和非手性识别剂，以不同

手性醇分子的对映体作为氢键配体分子构筑手性识别体系，并首次结合 SERS 光谱建立"非标记"的手性对映体识别方法。这种基于分子间氢键的手性识别方法不同于传统手性识别方法，不需要引入任何一种手性分子作为手性选择剂，也不需要引入圆偏振光源，就能够对手性醇对映体具有较好的识别能力。

我们将 Ag-4-MPy 复合物浸入到外消旋的三氟异丙醇 (1,1,1-trifluoro-2-propanol, TFIP) 中[图 11-12 (a)]，体系中 4-MPy 分子的 SERS 光谱发生明显变化，一些特征谱峰的相对强度发生逆转。以 TFIP 谱峰的强度对 SERS 光谱进行归一化，我们发现 $1009cm^{-1}/1096cm^{-1}$、$1202cm^{-1}/1220cm^{-1}$ 和 $1578cm^{-1}/1612cm^{-1}$ 三对谱峰的相对强度发生明显变化。鉴于 4-MPy 分子吡啶环上的端基 N 原子具有孤对电子，有很强的氢键碱性，易与醇羟基形成氢键，因此 4-MPy 的端基 N 原子与 TFIP 的—OH 基团形成的氢键是体系中 4-MPy 的 SERS 谱峰变化的主要原因。此外，$1202cm^{-1}$ 处 β(CH) $(9a_1)/\delta$(NH) 振动模式的增强，以及位于 $1600cm^{-1}$ 附近的光谱区域内去质子化氮杂环的 C=C 伸缩振动模式 $(8b_2)$ 和质子化氮杂环的 C=C 伸缩振动模式 $(8a_1)$ 相对强度的变化都表明体系中分子间氢键的形成。然而以上现象仅发生于 Ag-4-MPy 复合物置于 TFIP 外消旋体的条件下，当其浸没在 TFIP 分子 R 型手性对映体的体系中，采用相同的测试方法和条件进行 SERS 测试，我们没有观察到任何 4-MPy 谱峰强度逆转的现象。比较外消旋的 TFIP 与 R-TFIP 两个体系，我们推断不同手性环境对 4-MPy 的 SERS 光谱形状有着重要的影响。因此，以 4-MPy 为手性识别剂构筑氢键组装体系对 TFIP 的两种手性对映体具有一定的识别作用。

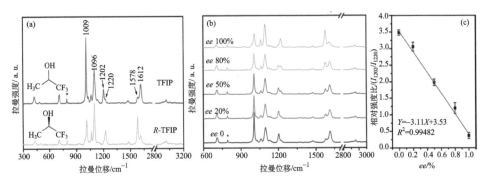

图 11-12　(a) Ag-4-MPy 复合物分别浸泡在外消旋的 TFIP 和 R-TFIP 纯溶剂中所得的 SERS 光谱；(b) Ag-4-MPy 复合物分别浸泡于不同对映体过量值 (ee) 的 R-TFIP 中的 SERS 光谱；(c) 位于 $1202cm^{-1}$ 和 $1220cm^{-1}$ 处谱峰的相对强度比值与不同 ee 的相关性。所有的 SERS 光谱均是以谱图上位于 $795cm^{-1}$ 处 TFIP 的特征谱峰强度为标准进行归一化处理(图中标记星号处的谱峰)

为了检验这种基于分子间氢键的手性醇分子识别方法的可靠性，Ag-4-MPy 复合物加入不同对映浓度 TFIP 的外消旋体和光学纯的 R-TFIP 的混合溶液中，并测量 R-TFIP 对映体过量值(用 ee 表示)相关的 4-MPy 的 SERS 光谱[图 11-12(b)]。对所得 SERS 光谱进行归一化处理,我们发现在所测的光谱区域内, $1009cm^{-1}$/$1096cm^{-1}$、$1202cm^{-1}$/$1220cm^{-1}$ 和 $1578cm^{-1}$/$1612cm^{-1}$ 三对 SERS 谱峰的相对强度与 ee 密切相关。选取与 4-MPy 分子形成氢键直接相关的 $1202cm^{-1}$[β(CH)/δ(NH)] 和 $1220cm^{-1}$[β(CH)]两处谱峰的相对强度比值与 ee 作图,得到图 11-12(c)所示的线性方程,线性区域内 R^2 值可达到 0.9948。由此可见,在我们所建立的体系中,不同含量的手性 TFIP 对映体可以通过非手性的 Ag-4-MPy 的 SERS 光谱的相对强度变化加以鉴别。

我们的"非标记"手性识别体系中,最主要的分子间相互作用是 N 原子和醇羟基间形成的氢键。由此可知,4-MPy 分子与两种手性醇对映体形成的氢键由于结构或空间取向不同具有微小的差异,而这些差异使得不同手性环境下 4-MPy 分子振动能态不同,在激光诱导下产生 Ag 基底与 4-MPy 分子之间不同的 CT 跃迁,导致不同手性体系中 4-MPy 的 SERS 光谱表现出明显的差别,特别是位于氮杂环上 a_1 和 b_2 振动模式相对强度的差别。故在实验条件下,体系对 S-TFIP 有特异性的识别,导致一定程度上抑制了 Ag-4-MPy 复合物的 CT,而外消旋的 TFIP 因体系中含有 S-TFIP 也能够被识别。为了进一步探究这种"非标记"手性识别方法的机理,我们选用 PATP 分子作为非手性的识别剂,考察在不同激发波长下 CT 贡献在手性识别体系中的作用。

当 Ag-PATP 复合物置于 R-TFIP 中,对于 514nm 和 633nm 激发波长,位于 $1139cm^{-1}$、$1392cm^{-1}$、$1438cm^{-1}$ 和 $1578cm^{-1}$ 处 PATP 的几个 b_2 振动模式的 ρ_{CT} 都大于 50%,而在 785nm 激发波长下,上述 b_2 振动模的 ρ_{CT} 值仅为 20%左右,表明在 R 手性环境下,体系中光诱导 CT 跃迁对 SERS 光谱强度有很大的影响。但是 Ag-PATP 复合物若浸入外消旋的 TFIP 分子中,在 514nm 和 633nm 激发波长下,PATP 分子的 b_2 振动模式明显降低,说明此条件下体系的 CT 贡献减弱,而对于 785nm 激发波长,由图可知上述 b_2 振动模式的 ρ_{CT} 值约为 15%,相对于 Ag-PATP 复合物在 R-TFIP 外消旋体中 ρ_{CT} 的数值 20%变化并不显著[图 11-13(A) 和(B)]。综上,体系中的 S 手性环境抑制了 Herzberg-Teller 效应,影响了吸附分子 PATP 和 Ag 基底之间的 CT 跃迁。以选用 633nm 激发波长所得的 SERS 光谱为例,根据手性识别体系中 Ag 基底与吸附分子的能级关系[图 11-13(C)],我们对此手性识别过程涉及的机理进行了初步的解释。因 633nm 激发波长的能量为 1.96eV,在实验条件下能够激发电子从 Ag 的费米能级跃迁转移到势能为-2.44eV 的能级,略低于吸附在 Ag 基底上 PATP 分子的 LUMO 能级,但是这个能级接近于 PATP 分子的 CT 共振区域,使 CT 能够发生。当 PATP 与 TFIP 分子的两种对映体作用,它们与 Ag-PATP 通过分子间氢键形成的复合结构有一些差异,使得两种体系中 PATP 分子相对于 Ag 表面的取向不同,而这些差异影响体系中金属-分子之间的电子跃迁产生的概率，影响体系的 CT 共振。因此，不同的手性环境对于体系的 CT 过程有重要的影响，反过来说 CT 跃迁在此手性识别中起到了重要的作用。

这种基于 SERS 光谱"非标记"的手性识别方法极大地简化了传统手性识别的过程，该方法基于 SERS 的 CT 增强的贡献，得以将通过以非圆偏振光为光源的光谱方法较难区分的手性分子的两种对映体进行识别。SERS 实验表明两种对映体与 Ag-PATP 复合物通过分子间氢键形成的复合结构不同是分子手性识别的根本原因，而 CT 将这种差异放大并表现在 SERS 光谱上，使我们能够加以区分。"非标记"的手性识别方法的提出对于未来的手性分子研究具有重要的意义。

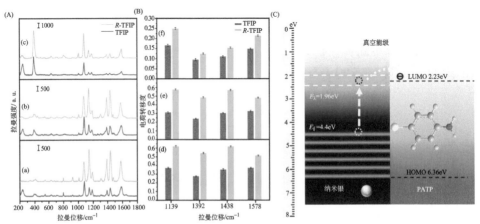

图 11-13 　(A) Ag-PATP 复合物分别浸泡于外消旋的 TFIP 和 R-TFIP 纯溶剂中的 SERS 光谱，其中 (a)、(b) 和 (c) 谱图分别采用 514nm、633nm 和 785nm 的激发波长；(B) (A) 图中所对应的 Ag-PATP 复合物分别在两种手性体系中的电荷转移度，其中 (d)、(e) 和 (f) 谱图分别采用 514nm、633nm 和 785nm 的激发波长；(C) 在 633nm 激发波长下 Ag-4-MPy 组装体系在不同手性环境中的电荷转移机理示意图

综上所述，分子间氢键的形成会导致体系电子云密度发生变化，影响氢键配体分子的电子结构，使得氢键形成前后氢键配体分子相应化学键的极化率具有一定的差异性，而这些差异恰能通过分子的 SERS 光谱谱峰的变化体现出来。我们的研究工作表明，SERS 光谱是研究组装体系分子间氢键作用的有效方法，我们发现氢键的形成会改变体系分子的电子结构，促进体系的 CT，导致 SERS 光谱上相应谱峰的频率和强度发生明显变化。基于分子间氢键对体系的影响，我们提出一种"非标记"的手性醇对映体的识别方法，无须任何手性试剂和圆偏振光源引入体系，可实现对不同手性醇对映体的有效识别。我们对这种"非标记"的手性对映体识别方法提出了初步的理论解释，认为不同手性环境导致体系存在不同的 CT 过程。我们的工作不仅为氢键的研究提供了可靠的方法和理论基础，同时提出的"非标记"的对映体识别方法进一步扩展了基于 SERS 技术的应用。

11.5.2　半导体 SERS 基底研究分子间弱相互作用

半导体的 SERS 效应还可以应用到表征分子间的弱相互作用，目前相关研究虽然刚刚起步，然而已经展示出其应用前景。

1. 分子间氢键

Yu 等通过热沉积方法制备了 SiC 基底，然后利用分子间氢键相互作用组装上石墨烯分子。利用 SERS 光谱成功观察到了 Si—H($2120cm^{-1}$)，有力证明了氢键组装方式[98]。此外，在太阳能体系半导体和金复合体系中，SERS 还可以表征染料分子的羧基与 TiO_2 基底间氢键相互作用(C=O 振动峰的位移)[99]。

2. 组装及组装过程研究

SERS 光谱还可以用做分析通过电化学沉积方法得到的半导体组装薄膜。SERS 光谱可以提供组装过程中半导体薄膜的性质，例如可展现出组装过程中形成的结晶 CdSe 和 CdS 膜。同时，SERS 光谱还可以提供半导体薄膜表面吸附分子的结构信息和吸附性质[100]。另外，Todescato 等利用 SERS 光谱研究了基于 CdSe 核的半导体核壳结构量子点界面(CdSe/CdS 和 $CdSe/Cd_{0.5}Zn_{0.5}S$)的性质。SERS 数据显示，两种核壳量子点界面具有不同结构特性，这种结构上的差异直接影响了复合量子点的电学差异[101]。

11.6　总结和展望

SERS 活性材料的迅速发展促进了其从基础研究到实际生产生活的延伸。我们系统地研究了半导体纳米材料的 SERS 效应，探讨了半导体基底的增强机制，完善了 SERS 的增强理论。相关研究证明半导体的 SERS 效应可以应用于研究界面相互作用、电荷转移效率以及表征吸附分子的取向和构型等。另外，我们研究组首次将 SERS 应用于分子间氢键的研究，基于 SERS 的化学增强理论，探究了氢键对分子的电子结构及体系电荷转移的影响，并以此为基础建立了基于 SERS 的非标记对映体识别的新方法。

SERS 的高灵敏性和选择性在研究分子间相互作用方面已经显示出其独特的优势。然而，目前只有少数几种小分子的 SERS 光谱可以用于超分子表征。SERS 光谱在研究分子间弱相互作用方面的进一步应用将依赖于适用于超分子体系的 SERS 基底的进一步发展以及对于超分子体系与 SERS 基底相互作用的进一步理解。相对于其他光谱方法，SERS 能够提供分子水平更精细的结构信息，而且不受生物分子分子量和溶解度等方面的限制。相信在不久的将来 SERS 可以在生物超分子体系(如表征生物分子结构与功能的关系、分子识别机制等)发挥重要作用。

参 考 文 献

[1] Kneipp K, Moskovits M, Kneipp H. Surface-enhanced Raman Scattering: Physics and Applications. Berlin: Springer, 2006.

[2] Lombardi J R, Birke R L. A unified view of surface-enhanced Raman scattering. Accounts Chem Res, 2009, 42: 734-742.

[3] Tian Z Q, Ren B, Wu D Y. Surface-enhanced Raman scattering: From noble to transition metals and from rough surfaces to ordered nanostructures. J Phys Chem B, 2002, 106: 9463-9483.

[4] Wang X, Shi W, She G, et al. Surface-enhanced Raman scattering (SERS) on transition metal and semiconductor nanostructures. Phys Chem Chem Phys, 2012, 14: 5891-5901.

[5] Yamada H, Yamamoto Y, Tani N. Surface-enhanced Raman scattering (SERS) of adsorbed molecules on smooth surfaces of metals and a metal oxide. Chem Phys Lett, 1982, 86: 397-400.

[6] Yamada H, Yamamoto Y. Surface enhanced Raman scattering (SERS) of chemisorbed species on various kinds of metals and semiconductors. Surf Sci, 1983, 134: 71-90.

[7] Pérez León C, Kador L, Peng B, et al. Characterization of the adsorption of Ru-bpy dyes on mesoporous TiO_2 films with uv-vis, Raman, and FTIR spectroscopies. J Phys Chem B, 2006, 110: 8723-8730.

[8] Musumeci A, Gosztola D, Schiller T, et al. SERS of semiconducting nanoparticles (TiO_2 hybrid composites). J Am Chem Soc, 2009, 131: 6040-6041.

[9] Yang L B, Jiang X, Ruan W D, et al. Observation of enhanced Raman scattering for molecules adsorbed on TiO_2 nanoparticles: Charge-transfer contribution. J Phys Chem C, 2008, 112: 20095-20098.

[10] Ji W, Wang Y, Tanabe I, et al. Semiconductor-driven "turn-off" surface-enhanced Raman scattering spectroscopy: Application in selective determination of chromium(VI) in water. Chem Sci, 2015, 6: 342-348.

[11] Teguh J S, Liu F, Xing B, et al. Surface-enhanced Raman scattering (SERS) of nitrothiophenol isomers chemisorbed on TiO_2. Chem-Asian J, 2012, 7: 975-981.

[12] Maznichenko D, Venkatakrishnan K, Tan B. Stimulating multiple SERS mechanisms by a nanofibrous three-dimensional network structure of titanium dioxide (TiO_2). J Phys Chem C, 2013, 117: 578-583.

[13] Qi D, Lu L, Wang L, et al. Improved SERS sensitivity on plasmon-free TiO_2 photonic microarray by enhancing light-matter coupling. J Am Chem Soc, 2014, 136: 9886-9889.

[14] Wang Y, Ruan W, Zhang J, et al. Direct observation of surface-enhanced Raman scattering in ZnO nanocrystals. J Raman Spectrosc, 2009, 40: 1072-1077.

[15] Sun Z, Zhao B, Lombardi J R. ZnO nanoparticle size-dependent excitation of surface Raman signal from adsorbed molecules: Observation of a charge-transfer resonance. Appl Phys Lett, 2007, 91: 221106.

[16] Fu X Q, Bei F L, Wang X, et al. Surface-enhanced Raman scattering of 4-mercaptopyridine on sub-monolayers of alpha-Fe_2O_3 nanocrystals (sphere, spindle, cube). J Raman Spectrosc, 2009,

40: 1290-1295.

[17] Lee N, Schuck P J, Nico P S, et al. Surface enhanced Raman spectroscopy of organic molecules on magnetite (Fe$_3$O$_4$) nanoparticles. J Phys Chem Lett, 2015, 6: 970-974.

[18] Jiang L, You T, Yin P, et al. Surface-enhanced Raman scattering spectra of adsorbates on Cu$_2$O nanospheres: Charge-transfer and electromagnetic enhancement. Nanoscale, 2013, 5: 2784-2789.

[19] Cong S, Yuan Y, Chen Z, et al. Noble metal-comparable SERS enhancement from semiconducting metal oxides by making oxygen vacancies. Nat Commun, 2015, 6: 7800.

[20] Dawei L, Jian W, Houwen X, et al. Enhancement origin of SERS from pyridine adsorbed on AgCl colloids. Spectrochim Acta Part A, 1987, 43: 379-382.

[21] Mou C, Chen D, Wang X, et al. Surface-enhanced Raman scattering of TSPP, Ag(II)TSPP, and Pb(II)TSPP adsorbed on AgI and AgCl colloids. Spectrochim Acta Part A, 1991, 47: 1575-1581.

[22] Zhang H, Xin H, He T, et al. Time dependent surface enhanced Raman spectroscopy of pyridine in AgBr sol. Spectrochim Acta Part A, 1991, 47: 927-932.

[23] Fu X, Jiang T, Zhao Q, et al. Charge-transfer contributions in surface-enhanced Raman scattering from AG, Ag$_2$S and Ag$_2$Se substrates. J Raman Spectrosc, 2012, 43: 1191-1195.

[24] Yilmaz M, Ozdemir M, Erdogan H, et al. Micro-/nanostructured highly crystalline organic semiconductor films for surface-enhanced Raman spectroscopy applications. Adv Funct Mater, 2015, 25: 5669-5676.

[25] Yilmaz M, Babur E, Ozdemir M, et al. Nanostructured organic semiconductor films for molecular detection with surface-enhanced Raman spectroscopy. Nat Mater, 2017, 16: 918-924.

[26] Rodriguez I, Shi L, Lu X, et al. Silicon nanoparticles as Raman scattering enhancers. Nanoscale, 2014, 6: 5666-5670.

[27] Ling X, Xie L, Fang Y, et al. Can graphene be used as a substrate for Raman enhancement? Nano Lett, 2010, 10: 553-561.

[28] Wang X, Shi W, She G, et al. Using Si and Ge nanostructures as substrates for surface-enhanced Raman scattering based on photoinduced charge transfer mechanism. J Am Chem Soc, 2011, 133: 16518-16523.

[29] Wang Y, Sun Z, Wang Y, et al. Surface-enhanced Raman scattering on mercaptopyridine-capped CdS microclusters. Spectrochim Acta Part A, 2007, 66: 1199-1203.

[30] Fu X, Pan Y, Wang X, et al. Quantum confinement effects on charge-transfer between PbS quantum dots and 4-mercaptopyridine. J Chem Phys, 2011, 134: 024707.

[31] Wang Y, Zhang J, Jia H, et al. Mercaptopyridine surface-functionalized CdTe quantum dots with enhanced Raman scattering properties. J Phys Chem C, 2008, 112: 996-1000.

[32] Livingstone R, Zhou X, Tamargo M C, et al. Surface enhanced Raman spectroscopy of pyridine on CdSe/ZnBeSe quantum dots crown by molecular beam epitaxy. J Phys Chem C, 2010, 114: 17460-17464.

[33] Han X X, Ji W, Zhao B, et al. Semiconductor-enhanced Raman scattering: Active nanomaterials and applications. Nanoscale, 2017, 9: 4847-4861.

[34] Yang Y, Du D, Kong F, et al. Interaction between indium tin oxide nanoparticles and

cytochrome c: A surface-enhanced Raman scattering and absorption spectroscopic study. J Appl Phys, 2015, 117(24): 245307.

[35] Zhao B, Xu W Q, Ruan W D, et al. Advances in surface-enhanced Raman scattering - semiconductor substrates. Chem J Chinese U, 2008, 29: 2591-2596.

[36] Lombardi J R, Birke R L. Theory of surface-enhanced Raman scattering in semiconductors. J Phys Chem C, 2014, 118: 11120-11130.

[37] Schlücker S. Surface Enhanced Raman Spectroscopy: Analytical, Biophysical and Life Science Applications. Weinheim: Wiley-VCH, 2010.

[38] Ozaki Y, Kneipp K, Aroca R. Frontiers of Surface-Enhanced Raman Scattering: Single Nanoparticles and Single Cells. West Sussex: John Wiley & Sons, Inc, 2014.

[39] Kneipp K, Wang Y, Kneipp H, et al. Single molecule detection using surface-enhanced Raman scattering (SERS). Phy Rev Lett, 1997, 78: 1667.

[40] Nie S, Emory S R. Probing single molecules and single nanoparticles by surface-enhanced Raman scattering. Science, 1997, 275: 1102-1106.

[41] Li J F, Huang Y F, Ding Y, et al. Shell-isolated nanoparticle-enhanced Raman spectroscopy. Nature, 2010, 464: 392-395.

[42] Luther J M, Jain P K, Ewers T, et al. Localized surface plasmon resonances arising from free carriers in doped quantum dots. Nat Mater, 2011, 10: 361-366.

[43] Routzahn A L, White S L, Fong L K, et al. Plasmonics with doped quantum dots. Israel J Chem, 2012, 52: 983-991.

[44] Faucheaux J A, Jain P K. Plasmons in photocharged ZnO nanocrystals revealing the nature of charge dynamics. J Phys Chem Lett, 2013, 4: 3024-3030.

[45] Garcia G, Buonsanti R, Runnerstrom E L, et al. Dynamically modulating the surface plasmon resonance of doped semiconductor nanocrystals. Nano Lett, 2011, 11: 4415-4420.

[46] Schimpf A M, Thakkar N, Gunthardt C E, et al. Charge-tunable quantum plasmons in colloidal semiconductor nanocrystals. ACS Nano, 2014, 8: 1065-1072.

[47] Pines D. Elementary Excitations in Solids. New York: W. A. Benjamin Inc., 1963.

[48] Novo C, Funston A M, Mulvaney P. Direct observation of chemical reactions on single gold nanocrystals using surface plasmon spectroscopy. Nat Nano, 2008, 3: 598-602.

[49] Motl N E, Smith A F, DeSantis C J, et al. Engineering plasmonic metal colloids through composition and structural design. Chem Soc Rev, 2014, 43: 3823-3834.

[50] Chikan V. Challenges and prospects of electronic doping of colloidal quantum dots: Case study of cdse. J Phys Chem Lett, 2011, 2: 2783-2789.

[51] Ruddy D A, Erslev P T, Habas S E, et al. Surface chemistry exchange of alloyed germanium nanocrystals: A pathway toward conductive group IV nanocrystal films. J Phys Chem Lett, 2013, 4: 416-421.

[52] Zhao Y, Pan H, Lou Y, et al. Plasmonic $Cu_{2-x}S$ nanocrystals: Optical and structural properties of copper-deficient copper(I) sulfides. J Am Chem Soc, 2009, 131: 4253-4261.

[53] Kriegel I, Rodríguez-Fernández J, Wisnet A, et al. Shedding light on vacancy-doped copper chalcogenides: Shape-controlled synthesis, optical properties, and modeling of copper telluride

nanocrystals with near-infrared plasmon resonances. ACS Nano, 2013, 7: 4367-4377.

[54] Dorfs D, Härtling T, Miszta K, et al. Reversible tunability of the near-infrared valence band plasmon resonance in $Cu_{2-x}Se$ nanocrystals. J Am Chem Soc, 2011, 133: 11175-11180.

[55] Della Valle G, Scotognella F, Kandada A R S, et al. Ultrafast optical mapping of nonlinear plasmon dynamics in $Cu_{2-x}Se$ nanoparticles. J Phys Chem Lett, 2013, 4: 3337-3344.

[56] Yang H J, Chen C Y, Yuan F W, et al. Designed synthesis of solid and hollow $Cu_{2-x}Se$ nanocrystals with tunable near-infrared localized surface plasmon resonance. J Phys Chem C, 2013, 117: 21955-21964.

[57] Gordon T R, Paik T, Klein D R, et al. Shape-dependent plasmonic response and directed self-assembly in a new semiconductor building block, indium-doped cadmium oxide (ICO). Nano Lett, 2013, 13: 2857-2863.

[58] Mattox T M, Bergerud A, Agrawal A, et al. Influence of shape on the surface plasmon resonance of tungsten bronze nanocrystals. Chem Mater, 2014, 26: 1779-1784.

[59] Wei T, Liu Y, Dong W, et al. Surface-dependent localized surface plasmon resonances in CuS nanodisks. ACS Appl Mater Inter, 2013, 5: 10473-10477.

[60] Cheng H, Wen M, Ma X, et al. Hydrogen doped metal oxide semiconductors with exceptional and tunable localized surface plasmon resonances. J Am Chem Soc, 2016, 138: 9316-9324.

[61] Naik G V, Shalaev V M, Boltasseva A. Alternative plasmonic materials: Beyond gold and silver. Adv Mater, 2013, 25: 3264-3294.

[62] Zhang H, Kulkarni V, Prodan E, et al. Theory of quantum plasmon resonances in doped semiconductor nanocrystals. J Phys Chem C, 2014, 118: 16035-16042.

[63] Della Gaspera E, Bersani M, Cittadini M, et al. Low-temperature processed Ga-doped ZnO coatings from colloidal inks. J Am Chem Soc, 2013, 135: 3439-3448.

[64] Manthiram K, Alivisatos A P. Tunable localized surface plasmon resonances in tungsten oxide nanocrystals. J Am Chem Soc, 2012, 134: 3995-3998.

[65] Mie G. Beiträge zur optik trüber medien, speziell kolloidaler metallösungen. Annalen der Physik, 1908, 330: 377-445.

[66] Mishchenko M, Travis L, Lacis A. Scattering, Absorption, and Emission of Light by Small Particles. New York: Cambridge University Press, 2002.

[67] Bohren C F, Huffmann D R. Absorption and Scattering of Light by Small Particles. New York: Wiley-Interscience, 2010.

[68] Hulst H C. Light Scattering by Small Particles. New York: John Wiley and Sons, 1957.

[69] Hergert W, Wriedt T. The Mie Theory: Basics and Applications. Berlin: Springer, 2012.

[70] Kerker M. The Scattering of Light and Other Electromagnetic Radiation. New York: Academic, 1969.

[71] Messinger B J, von Raben K U, Chang R K, et al. Local fields at the surface of noble-metal microspheres. Phys Rev B, 1981, 24: 649-657.

[72] Xifré-Pérez E, Fenollosa R, Meseguer F. Low order modes in microcavities based on silicon colloids. Opt Express, 2011, 19: 3455-3463.

[73] Shinji H, Takayuki O. Plasmonics: Visit the past to know the future. J Phys D Appl Phys, 2012,

45: 433001.

[74] Ji W, Spegazzini N, Kitahama Y, et al. pH-response mechanism of *p*-aminobenzenethiol on Ag nanoparticles revealed by two-dimensional correlation surface-enhanced Raman scattering spectroscopy. J Phys Chem Lett, 2012, 3: 3204-3209.

[75] White I M, Hanumegowda N M, Oveys H, et al. Tuning whispering gallery modes in optical microspheres with chemical etching. Opt Express, 2005, 13: 10754-10759.

[76] Symes R, Sayer R M, Reid J P. Cavity enhanced droplet spectroscopy: Principles, perspectives and prospects. Phys Chem Chem Phys, 2004, 6: 474-487.

[77] Hayashi S, Koh R, Ichiyama Y, et al. Evidence for surface-enhanced Raman scattering on nonmetallic surfaces: Copper phthalocyanine molecules on GaP small particles. Phys Rev Lett, 1988, 60: 1085-1088.

[78] Yu D, Lei J, Wang L, et al. TiO_2 inverse opal photonic crystals: Synthesis, modification, and applications - A review. J Alloy Compd, 2018, 769: 740-757.

[79] Alessandri I. Enhancing Raman scattering without plasmons: Unprecedented sensitivity achieved by TiO_2 shell-based resonators. J Am Chem Soc, 2013, 135: 5541-5544.

[80] Otto A. The "chemical" (electronic) contribution to surface-enhanced Raman scattering. J Raman Spectrosc, 2005, 36: 497-509.

[81] Dirac P A M. The quantum theory of dispersion. Proc Roy Soc Lond A, 1927, 114: 710-728.

[82] Kramers H A. Heisenberg W, Über die streuung von strahlung durch atome. Zeitschrift für Physik, 1925, 31: 681-708.

[83] Albrecht A C. On the theory of Raman intensities. J Chem Phys, 1961, 34: 1476-1484.

[84] Albrecht A C. "Forbidden" character in allowed electronic transitions. J Chem Phys, 1960, 33: 156-169.

[85] Albrecht A C. Vibronic calculations in benzene. J Chem Phys,1960, 33: 169-178.

[86] Peyghambarian N, Fluegel B, Hulin D, et al. Femtosecond optical nonlinearities of CdSe quantum dots. IEEE J Quantum Elect, 1989, 25: 2516-2522.

[87] Islam S K, Lombardi J R. Enhancement of surface phonon modes in the Raman spectrum of ZnSe nanoparticles on adsorption of 4-mercaptopyridine. J Chem Phys, 2014, 140: 074701.

[88] Islam S K, Tamargo M, Moug R, et al. Surface-enhanced Raman scattering on a chemically etched ZnSe surface. J Phys Chem C, 2013, 117: 23372-23377.

[89] Kuhlman A K, Zayak A T. Revealing interaction of organic adsorbates with semiconductor surfaces using chemically enhanced Raman. J Phys Chem Lett, 2014, 5: 964-968.

[90] Innes K K, Byrne J P, Ross I G. Electronic states of azabenzenes: A critical review. J Mol Spectrosc, 1967, 22: 125-147.

[91] Lim J S, Choi H, Lim I S, et al. Photodissociation dynamics of thiophenol-d1: The nature of excited electronic states along the S-D bond dissociation coordinate. J Phys Chem A, 2009, 113: 10410-10416.

[92] Lim I S, Lim J S, Lee Y S, et al. Experimental and theoretical study of the photodissociation reaction of thiophenol at 243nm: Intramolecular orbital alignment of the phenylthiyl radical. J Chem Phys, 2007, 126: 034306.

[93] Widulle F, Kramp S, Pyka N M, et al. The phonon dispersion of wurtzite CdSe. Physica B, 1999, 263-264: 448-451.

[94] Wang Y, Ji W, Sui H, et al. Exploring the effect of intermolecular H-bonding: A study on charge-transfer contribution to surface-enhanced Raman scattering of p-mercaptobenzoic acid. J Phys Chem C, 2014, 118: 10191-10197.

[95] Wang Y, Yu Z, Han X, et al. Charge-transfer-induced enantiomer selective discrimination of chiral alcohols by SERS. J Phys Chem C, 2016, 120: 29374-29381.

[96] Wang Y, Ji W, Yu Z, et al. Contribution of hydrogen bonding to charge-transfer induced surface-enhanced Raman scattering of an intermolecular system comprising p-aminothiophenol and benzoic acid. Phys Chem Chem Phys, 2014, 16: 3153-3161.

[97] Wang Y, Yu Z, Ji W, et al. Enantioselective discrimination of alcohols by hydrogen bonding: A SERS study. Angew Chem Int Ed, 2015, 53: 13866-13870.

[98] Yu C, Chen X, Zhang F, et al. Uniform coverage of quasi-free standing monolayer graphene on SiC by hydrogen intercalation. J Mater Sci: Mater Electron, 2017, 28: 3884-3890.

[99] Xie L, Ding D, Zhang M, et al. Adsorption of dye molecules on single crystalline semiconductor surfaces: An electrochemical shell-isolated nanoparticle enhanced Raman spectroscopy study. J Phys Chem C, 2016, 120: 22500-22507.

[100] Gu J, Fahrenkrug E, Maldonado S. Analysis of the electrodeposition and surface chemistry of CdTe, CdSe, and CdS thin films through substrate-overlayer surface-enhanced Raman spectroscopy. Langmuir, 2014, 30: 10344-10353.

[101] Todescato F, Minotto A, Signorini R, et al. Investigation into the heterostructure interface of CdSe-based core-shell quantum dots using surface-enhanced Raman spectroscopy. ACS Nano, 2013, 7: 6649-6657.

第12章 单分子力谱与超分子材料

宋　宇　张文科　沈家骢

超分子构筑基元通过静电、氢键、主客体、给受体和电荷转移等分子间弱相互作用形成超分子材料。这些分子间弱相互作用对分子的电子结构影响较小，给传统分子谱学研究超分子相互作用带来一定的困难。而单分子力谱(single molecule force spectroscopy, SMFS)在研究分子间弱相互作用方面具有明显的优势，已经被广泛地应用于研究组装体中分子间相互作用强度，监测组装和解组装过程，揭示超分子材料自修复、力致变色和多重力响应等性能的分子机制，为构建具有新性能的超分子材料奠定了坚实基础。

单分子力谱技术主要包括磁镊、光镊和原子力显微镜(atomic force microscopy, AFM)等技术。不同力谱技术的空间与时间分辨率、力测量范围、操纵距离范围有一定的区别，使得单分子力谱技术可以适用于生物和材料等不同的体系与环境。早期人们利用单分子力谱技术研究了合成高分子和天然大分子构象与结构转变(如链弹性与取代基和立构规整性的关系[1-4]、多糖椅-船式构象转变[5-8]、蛋白质的解折叠[9-16]和 DNA 的熔融解链[17-21]等)，并以此为基础发展了利用力学指纹谱研究未知结构和相互作用的方法；检测了高分子液固界面的吸附与解吸附过程，实现了界面可控吸附[22-25]；直接测量了简单模型体系中多种分子间的超分子相互作用[26-29]；揭示了细胞表面物质的分布、结构和功能[30-33]；实现了固体表面的纳米可控图案化组装[34]。

本章重点介绍单分子力谱在超分子材料研究领域的最新进展，包括利用单分子力谱研究高分子纳米复合物、自组装单层膜、高分子单晶、病毒颗粒和层层组装膜等复杂体系以及利用微观力学研究成果设计不同力响应的结构单元，进而构建具有新颖力学性能的超分子仿生材料、自修复材料、多重力学响应材料等。

12.1 单分子力谱技术简介

近二十年来单分子力谱技术经历了日新月异的发展，出现了磁镊、光镊、原子力显微镜、玻璃纤维微针尖和生物膜力学探测等单分子力谱技术。不同技术的空间与时间分辨率、力测量范围、操纵距离范围有一定的区别(见表 12-1)，使得单分子力谱技术可以适用于生物和材料等不同的体系与环境。下面我们以基于磁镊、光镊和原子力显微镜的单分子力谱技术为例，简要介绍单分子力谱技术的发展与基本原理[35-37]。

表 12-1　三种力谱技术对比

	光镊	磁镊	原子力显微镜
空间分辨率/nm	$0.1 \sim 2$	$2 \sim 10$	$0.5 \sim 1$
时间分辨率/s	10^{-4}	$10^{-2} \sim 10^{-1}$	$10^{-6} \sim 10^{-3}$
弹性系数/(pN/nm)	$0.005 \sim 1$	$10^{-6} \sim 10^{-3}$	$1 \sim 10^5$
测量力范围/pN	$0.1 \sim 100$	$10^{-3} \sim 10^2$	$1 \sim 10^4$
操纵距离范围/nm	$0.1 \sim 10^5$	$5 \sim 10^5$	$0.5 \sim 10^4$
探针尺寸/μm	$0.25 \sim 5$	$0.5 \sim 5$	$10 \sim 250$

12.1.1　基于磁镊的单分子力谱技术

磁镊是将操纵目标(细胞、纳米粒子和分子等)修饰在磁球上，通过梯度分布的磁场对磁珠施加外力，从而实现对目标进行操控的一种技术。1950 年英国剑桥大学的 Crick 和 Hughes[38]等利用磁镊研究了细胞质的黏滞性。由于具有优异的稳定性和能够测量小至 0.01pN 的作用力等优势,磁镊系统在最近十年间广泛应用于单个生物分子(如 DNA 和蛋白质)的构象变化和分子间相互作用的研究[39-43]。2017 年康奈尔大学的研究团队[44]利用磁镊研究了聚合物生长的动力学，首次将磁镊的应用领域拓展到合成高分子体系。

磁镊系统主要包括磁路系统、显微成像系统以及数据采集和处理系统三大部分。磁路系统包括永磁铁或组合电磁线圈、磁场的机械和温度控制装置，主要用于产生具有高线性梯度分布的磁场。显微成像系统包括倒置显微镜和探测图像的电荷耦合器件(CCD)等，主要用于检测磁球的运动，进而分析分子的长度及受力状况。数据采集和处理系统包括计算机采集系统和相应的分析程序。根据磁场的不同，磁镊可以分为传统磁镊、自由旋转磁镊、力矩磁镊。传统磁镊的磁场由两块并列的条形永磁铁产生，磁球所处的位置磁感线呈水平方向，样品桥连于磁球与基底之间，参见图 12-1 (a)。2011 年，荷兰代尔夫特理工大学的 Nynke Dekker 等利用轴向充磁的环形磁铁代替条形磁铁开发了自由旋转磁镊，如图 12-1 (b) 所示。自由旋转磁镊中磁场变成竖直方向分布，磁感线由下而上逐渐变得密集，磁球受到向上的力，然而由于磁感线沿竖直方向分布，磁球在水平方向不再受外来磁矩的限制，可以自由转动。自由旋转磁镊可以观察分子的转动却不能添加额外的转矩。力矩磁镊是在自由旋转磁镊的环状磁铁外部再加一个很小的磁铁，这样磁球会受到来自外界的一个很小的磁矩，磁铁转动时磁球也随之转动，参见图 12-1 (c)。

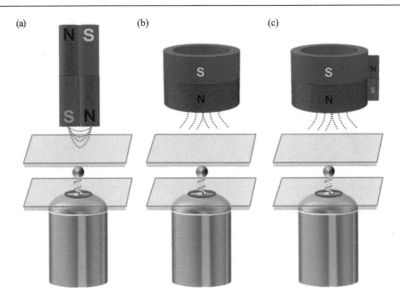

图 12-1　(a)传统磁镊；(b)自由旋转磁镊；(c)力矩磁镊

12.1.2　基于光镊的单分子力谱技术

1986 年，Ashkin 等[45]利用一束高度聚焦激光形成的能量阱俘获并操纵了单个微粒，这一实验标志着光镊(single-beam optical gradient force trap，单光束梯度力光阱，简称光镊)的诞生。光镊技术可以对尺寸从纳米级到毫米级的小球加载超过 100pN 的力，控制微球在三维空间上移动，并且能够实现亚纳米精度的空间分辨率及亚毫秒精度的时间分辨率，这些特点使得光镊成为测量分子间相互作用的理想工具。1990 年，Block 等[46]利用光学陷阱驱动修饰有蛋白质的单个微球，测量了蛋白质与微管(固定于基底)之间的相互作用，参见图 12-2(a)。之后人们利用两束激光分别操控两个微球，测量了两个微球之间桥连结构的相互作用，参见图 12-2(b)。由于该方法中两个微球都悬浮于溶液中，大大降低了噪声和基底漂移，因此该方法成为基于光镊的单分子力谱技术最常用的测量方法，已经被用来研究蛋白质折叠与解折叠以及核糖体的工作机制[47-50]。

光镊系统中光学陷阱是通过高数值孔径(NA)显微镜物镜将激光聚焦到衍射限制点而形成的。介电微球被光场极化，这种光诱导偶极子与激光焦点附近的陡峭梯度光场的相互作用导致了沿光场梯度方向的力。被捕获微球所受的力与位移在其平衡位置附近较小范围(约 150nm)内成线性比例，因此光学陷阱可以近似为一个线性弹簧。光学陷阱的弹性系数由光场梯度的陡峭程度决定，而光场梯度的陡峭程度是由激光斑的聚焦程度、激光功率以及受光捕获物质的极化率等因素所决定的。常见的光学陷阱弹性系数校正方法有热扰动法、功率谱法和方差法。人们通常利用后焦平面(BFP)干涉仪来测量被捕获微球的散射光和非散射光之间的干涉,以此确定微球相对于平衡位置的偏离。后焦平面干涉仪是由四象限光电二极管(QPD)和位置传感检测器(PSD)组成的,该检测器对干涉图样中光强度的不对称现象十分敏感。微球偏离平衡位置后所出现的不对称干涉剖面,会产生与微球位移成正比的信号,这种检测方法可以实现亚纳米级别的空间分辨率。

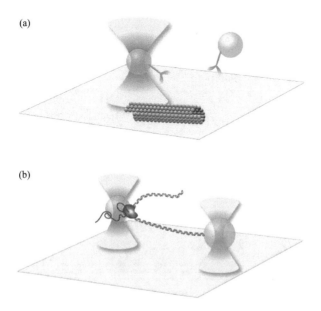

图 12-2　基于光镊的几种实验:(a)单光学陷阱测量方法;(b)双光学陷阱测量方法。引自文献
[36],已征得原出版者授权

12.1.3　基于原子力显微镜的单分子力谱技术

1985 年,IBM 公司瑞士苏黎世研究中心的 Binning 和斯坦福大学的 Quate 成功研制出世界上第一台原子力显微镜,随后德国慕尼黑大学的 Gaub 等建立了基于原子力显微镜的单分子力谱技术[51-54]。该仪器由位移控制、力学传感和光学检测系统构成。位移控制部分主要由压电陶瓷管构成,用于控制样品台或 AFM 探针的运动;力学传感系统主要由针尖和微悬臂组成,主要用于感知桥连于基底与针尖之间分子的受力情况;光学检测系统由探测激光和四象限光电检测器(光电二极管)构成,通过检测微悬臂反射激光的变化来监测微悬臂的偏转。相比其他单分子力谱技术,AFM 具有以下优点:①AFM 针尖尺寸较小(针尖曲率半径为几到几十纳米),因此容易功能化并捕捉到少量的分子;②微悬臂的共振频率高,使其有较高的时间分辨率(最高可达 1μs);③微悬臂力学探测范围大,能检测从几 pN 到

十几 nN 的力;④位移控制系统中压电陶瓷管可以实现精准的位置调控,可以在亚纳米到微米尺度实现操控;⑤AFM 可以在多种微环境中运行,尤其是可以在有机溶剂、真空和空气中运行,弥补了其他单分子力谱技术使用环境受限的不足。这些优点使得基于 AFM 的单分子力谱技术成为研究单个分子性质与行为的绝佳方法。经过二十年的发展,基于 AFM 的单分子力谱技术在测量分子间相互作用[54-59]、研究高分子界面行为[23-24, 60]、建立生物大分子力学指纹谱[5, 51-53, 61,62]、原位-实时监控超分子组装体组装-解组装过程[61, 63-66]、纳米可控图案化组装[34, 67, 68]和指导设计仿生材料[69]等方面取得了可喜的进展。这些研究进展的取得离不开基于 AFM 的单分子力谱技术的快速发展。

12.2　超分子组装推动力的认识

　　超分子组装是构筑基元通过分子间弱相互作用形成有序聚集体的过程。常见的超分子相互作用有静电、氢键、主客体、给受体和电荷转移等相互作用。研究超分子相互作用力的强度、作用模式和动力学等性质对于超分子组装机理的揭示和超分子材料的设计具有重要的意义。下面以孤立体系和组装体中相互作用为例,介绍单分子力谱在该领域的新进展。

12.2.1　孤立体系中相互作用

　　将真实超分子简化,构建简单、孤立的模型体系模拟超分子组装体中关键的结构单元,是研究超分子组装推动力的一条有效途径。下面以高分子纳米复合物、超分子探针、超分子复合物和生物质等典型的体系为例,介绍单分子力谱在超分子孤立体系研究领域的新进展。

1. 静电作用与高分子纳米复合物

　　高分子纳米复合物因其优异的综合性能以及良好的可调控性已经发展成为最受关注的材料之一。其中,纳米填料与高分子的相容性对于复合材料性能的提升至关重要。而高分子与纳米粒子的相互作用是调控纳米复合物相容性的关键。因此,在单分子水平上研究高分子与纳米粒子的结合模式和结合强度对于合理设计高性能高分子纳米复合物至关重要。

　　张文科等[70]将聚赖氨酸/杂多酸复合物用共价修饰的方法固定于针尖与基底之间,利用基于 AFM 的单分子力谱技术研究了高分子与纳米粒子的相互作用,参见图 12-3(a)。研究发现,锯齿形力曲线对应着外力诱导下高分子与纳米粒子复合结构的解离,参见图 12-3(b)。纳米粒子的电荷数及粒径对复合物的表观力学稳定性几乎没有影响,然而纳米粒子的形状对高分子与纳米粒子结合强度的影

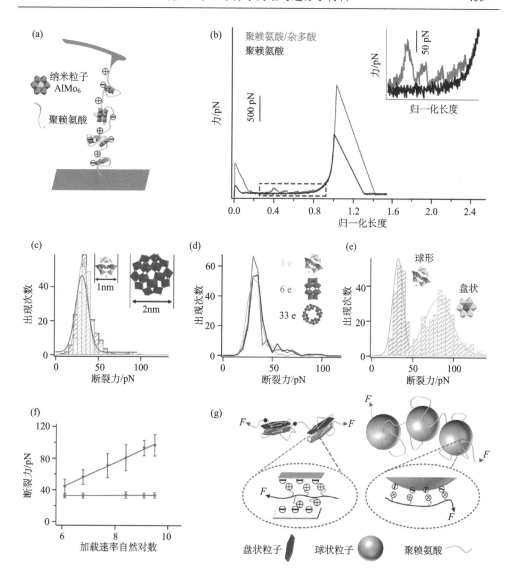

图 12-3　(a)聚赖氨酸/杂多酸纳米粒子 AlMo$_6$ 复合物的单分子力谱实验示意图；(b)聚赖氨酸在有/无纳米粒子条件下的典型力曲线比较，存在纳米粒子时出现明显的锯齿形信号；(c)不同尺寸的粒子相应复合物解离力值统计：聚赖氨酸/杂多酸纳米粒子 PW$_{12}$(1nm, 黄色柱状)，聚赖氨酸/杂多酸纳米粒子 P$_5$W$_{30}$(2nm, 蓝色柱状)；(d)不同电荷数的粒子相应复合物解离力值统计：聚赖氨酸/杂多酸纳米粒子 PW$_{12}$(黄线)，聚赖氨酸/杂多酸纳米粒子 P$_2$W$_{18}$(蓝线)，聚赖氨酸/杂多酸纳米粒子 P$_8$W$_{48}$(黑线)；(e)不同形状纳米粒子对应的复合物解离力值统计：聚赖氨酸/杂多酸纳米粒子 AlMo$_6$(绿色柱状)，聚赖氨酸/杂多酸纳米粒子 PW$_{12}$(黄色柱状)；(f)聚赖氨酸/杂多酸纳米粒子 AlMo$_6$(盘状粒子，红色标记)及聚赖氨酸/杂多酸纳米粒子 P$_8$W$_{48}$(球状粒子，蓝色标记)解离力值的速率依赖性；(g)不同形状粒子与聚赖氨酸复合物结合模型，F 为施加的力[70]

响很大，参见图 12-3(c)～(e)。在不同拉伸速率下分别对两种不同形状的纳米粒子复合物进行解组装，得到两种复合物解组装的动态力学谱，参见图 12-3(f)。动态力学谱实验表明：纳米粒子与高分子链的解离模式具有形状依赖性，球形纳米粒子以解拉链模式打开，解离力值不受拉伸速率影响，而盘状纳米粒子以剪切模式打开，解离力值随着力加载速率的增大而增大，参见图 12-3(f)和(g)。以上实验提供了一种研究聚电解质与纳米粒子复合物力学稳定性的方法，而这样的单分子研究方法也可以用来表征其他高分子与纳米粒子的相互作用。

单链 DNA 与手性碳纳米管的复合近些年来发展成为材料科学和生物科学广泛关注的研究领域[71-74]。由于这种复合物具有高规整结构、生物相容性并兼具发光性能及稳定性，因而被广泛应用到碳纳米管的手性分离、光学检测及纳米器件的设计等方面。而实现 DNA 纳米管复合物的上述应用通常需要 DNA 以一种螺旋的方式缠绕在纳米管表面。为了高效地实现并提升上述功能，需要在分子水平上理解二者组装/解组装过程中的各种驱动力及其影响因素。

张文科等[75]将 DNA/纳米管复合物修饰在 AFM 针尖与金基底之间，利用基于 AFM 的单分子力谱技术原位研究了该复合物的组装/解组装过程，并且考察了溶液环境对组装结构的影响规律，参见图 12-4(a)。研究发现，平台形力曲线对应 DNA 从纳米管表面的解离，参见图 12-4(b)。通过对比水中及磷酸盐缓冲溶液(PBS)中该复合物的解组装，发现盐溶液的加入可以增强复合物的力学稳定性，促进 DNA 与纳米管形成紧密缠绕的螺旋结构。在不同速率下分别在两种溶液环境(水中及 PBS 中)对 DNA/纳米管复合物进行往复拉伸-松弛操纵，参见图 12-4(c)和(d)，发现外力撤销后，解离的复合物都可以恢复到原来的结合状态，然而重新结合过程的路径不同，驱动力也不同。在水中，DNA 与纳米管在 π-π 及疏水效应作用驱动下重新组装，与解组装过程为可逆的过程，参见图 12-4(h)；在 PBS 中，复合物的重新结合分为两步：首先是在 π-π 及疏水效应作用下发生 DNA 在纳米管上的吸附，然后在氢键驱动下发生 DNA 在纳米管上的收紧，参见图 12-4(h)。对水中和 PBS 中不同速率下解离力值统计并对加载速率作图，可得到拉伸过程动态力学谱，参见图 12-4(e)；对不同速率下结合力值统计并对加载速率作图，可以得到结合过程动态力学谱，参见图 12-4(f)。实验结果表明，水中的组装/解组装过程皆不具有速率依赖性，对应 π-π 驱动的准平衡过程；盐中的组装和解组装过程皆具有速率依赖性，对应 π-π 和氢键分步驱动的过程。通过动态力学谱，可以获得盐溶液中复合物从结合态到解离态的能量分布及相关动力学参数，参见图 12-4(g)。以上发现对于调控 DNA/纳米管复合物的组装结构及开发应用具有重要的指导意义。

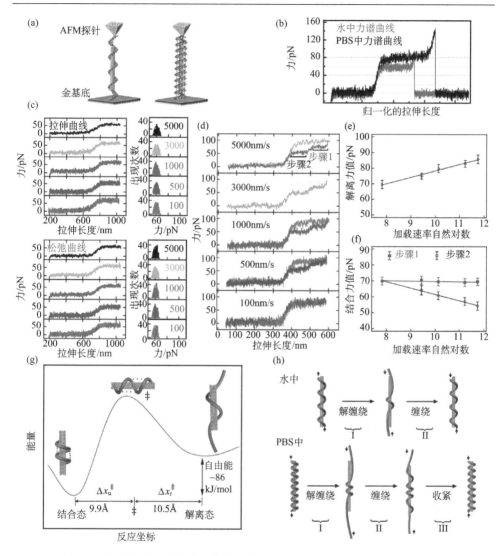

图 12-4 (a)DNA 与碳纳米管复合物组装/解组装过程的单分子力谱研究示意图;(b)在纯水(红色曲线)和 PBS 盐溶液中(黑色曲线)得到的典型曲线;(c)在纯水中对 DNA/纳米管复合物在不同速率下进行往复拉伸-松弛操纵得到的典型曲线及解离/结合力值统计(图中数值单位为 nm/s);(d)在 PBS 溶液中对 DNA/纳米管复合物在不同速率下进行往复拉伸-松弛操纵得到的典型曲线;(e)PBS 中解离力值对加载速率作图;(f)PBS 中结合力值对加载速率作图;(g)DNA/纳米管复合物解离的能量图;(h)水中和 PBS 中 DNA/纳米管复合物解离及结合机制示意图[75]

另外,张文科等[76]还利用基于 AFM 的单分子力谱技术,研究了一种聚阳离子基因载体模型化合物——聚乙烯亚胺(PEI)与双链 DNA(dsDNA)之间的相互作用模式并定量测量了其结合强度,参见图 12-5(a)。PEI 由于具有容易与双链 DNA

形成复合体、细胞毒性低、转化效率高等优点，被认为是最有效的 DNA 转染材料之一。对 PEI-DNA 相互作用机制进行研究以及对其作用强度的量化将加深人们对二者相互作用本质的理解，有助于开发出新型基于 PEI 的基因载体材料。如图 12-5(b) 所示，向体系内加入 PEI 之后，在双链 DNA 的 B-S 转变平台之前出现了带有连续锯齿的不规则信号，该锯齿信号对应着 PEI-DNA 复合物的解离；随着 PEI 浓度的增加，锯齿信号的断裂长度逐渐减小，表明 PEI-DNA 复合体的体积变得紧凑，双链 DNA 的表观长度缩短。不同 PEI 浓度下双链 DNA 的 B-S 转变平台可以很好地叠加，说明 PEI 的浓度没有影响双链 DNA 的 B-S 转变过程，PEI 主要通过静电相互作用与双链 DNA 的磷酸二酯骨架形成聚集体，没有发生明显的沟槽结合或嵌入作用，参见图 12-5(c) 和 (d)。另外，在 pH 为 5.0 和 7.4 条件下，PEI-DNA 的相互作用强度非常接近，都在 25pN 左右，参见图 12-5(e) 和 (f)，此现象表明 PEI-DNA 复合物在溶酶体(pH=5.0)和细胞质(pH=7.2)中都是稳定的。研究结果还显示，PEI-DNA 复合物的力学稳定性随着溶液离子强度的增大而显著降低(离子强度从 0.015 增大至 0.15 过程中，断裂力从约 25pN 降至约 7pN)，进一步表明二者结合的主要推动力来源于静电作用[76]。上述研究从单分子水平深化了我们对 PEI 与 DNA 结合机制的认识，将为相关基因载体的开发提供有益参考。

2. 嵌入作用与 AIE-DNA 探针

聚集诱导发光(aggregation induced emission，AIE)活性分子因其独特的发光行为被用于标记生物分子以及活细胞。对于 AIE 分子与生物分子结合模式的研究，有助于开发更加高效的标记分子。张文科等[77]采用基于 AFM 的单分子力谱技术，深入研究了四种 AIE 分子与双链 DNA 相互作用的结合模式，参见图 12-6(a)。四种 AIE 小分子分别为四苯基乙烯衍生物(顺式-TPEDPy 和反式-TPEDPy)和二苯乙烯基蒽衍生物(DSAI 和 DSABr-C6)。研究发现：DSABr-C6 由于疏水碳链的空间位阻作用，很难嵌入到 DNA 碱基对之间，其与 DNA 分子之间主要是静电相互作用；顺式-TPEDPy、反式-TPEDPy 和 DSAI 三种 AIE 分子与 DNA 结合后，DNA 的完全伸展长度均有不同程度的增长，同时 B-S 转变过程的协同性降低，表明这三种 AIE 分子对 DNA 的影响与嵌入剂分子类似，参见图 12-6(b)。通过改变离子强度进一步分析上述三种 AIE 分子与 DNA 的作用方式，参见图 12-6(c)～(e)。DNA 与顺式-/反式-TPEDPy 之间的相互作用显示出较强的离子强度依赖性，说明顺式-/反式-TPEDPy 与 DNA 的结合模式为静电作用辅助的嵌入作用[77]；而 DNA 与 DSAI 之间的相互作用对离子强度并不敏感，因此 DSAI 主要是通过嵌插作用与 DNA 结合。以上 AIE 活性分子与 DNA 结合模式的研究揭示了两者相互作用的机理，有助于新型 AIE 活性生物探针的设计及制备。

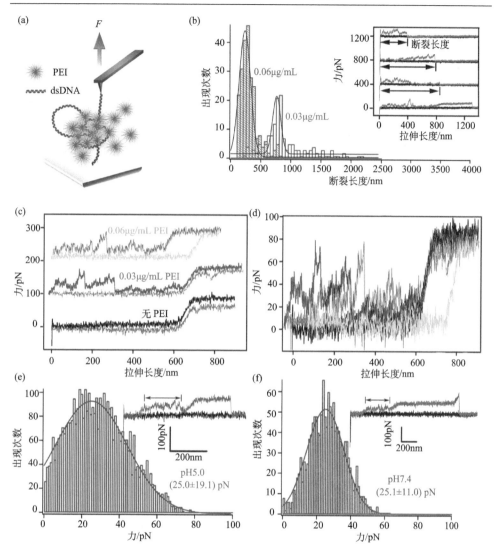

图 12-5　(a)聚乙烯亚胺(PEI)与双链 DNA(dsDNA)相互作用的测量示意图; (b)0.03μg/mL 和 0.06μg/mL 的 PEI 存在下断裂长度分布的柱状图,插图为典型的拉伸曲线; (c),(d)不同浓度 PEI 下的典型拉伸曲线和典型曲线的叠加对比; (e)pH 为 5.0 和(f)7.4 下的典型拉伸曲线及锯齿峰力值分布的柱状图[76]

3. 主客体作用与超分子复合物

主客体相互作用是指两个分子(主体分子和客体分子)通过非共价相互作用形成的特殊的超分子复合物。主体通常是一个大分子(酶或者拥有大空腔的环状分子),客体可以是一个简单的无机离子也可以是一些复杂的分子,诸如激素、神经

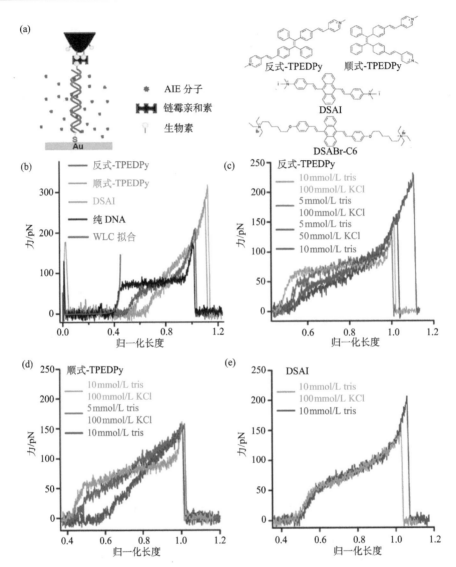

图 12-6　(a) 单分子力谱研究聚集诱导发光(AIE)活性分子与双链 DNA 相互作用的示意图及
AIE 分子(反式-TPEDPy、顺式-TPEDPy、DSAI 和 DSABr-C6)的化学结构式;　(b) AIE 分子与
DNA 结合后及纯 DNA 的典型拉伸曲线;(c) ~ (e) 不同离子强度下反式-TPEDPy、顺式-TPEDPy、
DSAI 与 DNA 结合后的典型拉伸曲线 [77]。tris 为三(羟甲基)氨基甲烷

递质等。葫芦脲(cucurbituril)是由苷脲与多聚甲醛合成得到的具有笼状结构的环
状大分子,是一种常见的主体化合物。最近研究发现,葫芦脲适用于可控黏合剂
表面的开发,在响应系统、传感器、分子电子学等领域中备受关注。张希等[28]
用共价键将一端修饰有萘酚的聚二甲基丙烯酰胺(PDMA)分子连接到镀金的

AFM 针尖上，同时将甲基紫精[MV^{2+} 2(X$^-$)]修饰在云母表面上并结合葫芦[8]脲(CB[8])分子，利用基于 AFM 的单分子力谱技术测量了葫芦脲、甲基紫精和萘酚三元复合物结合力的大小。研究发现体系中存在多种作用：80pN 的平台信号可能来自于官能化的聚合物链和基底表面之间的疏水相互作用，并且是聚合物链"平躺"于基底上的结果，如图 12-7(a)所示；平台末端处力值急剧增加的单峰信号，其峰值为 140pN 左右，对应于 AFM 探针上的萘酚与云母表面上的 MV^{2+}·CB[8]复合物之间的相互作用力，见图 12-7(b)绿色菱形标识；平台末端处力值平缓增加的平台峰信号，其峰值大约为 130pN，有可能来源于残留在 CB[8]入口处萘酚的不完全络合，见图 12-7(b)蓝色菱形标识。当 PDMA 聚合物链的分子量为 12 000时，可以很好地区分复合物体系内主客体特异性相互作用与非特异性的疏水相互作用。以上研究结果在分子尺度上加深了人们对超分子体系中主客体相互作用的理解。

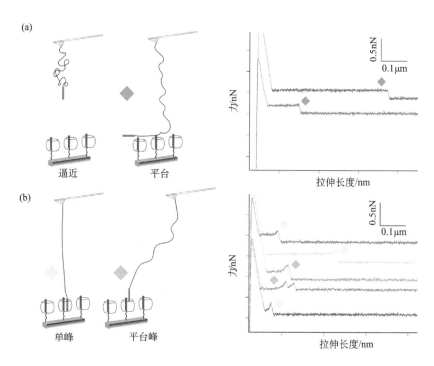

图 12-7　(a)典型平台信号及其拉伸过程示意图；(b)典型单峰信号和平台峰信号及其拉伸过程示意图。引自文献[28]，已征得原出版者授权

4. 给受体相互作用与分子马达

分子马达是行动可控、在给予能量后可执行任务的分子。Sauvage、Stoddart

和 Feringa 三位科学家因为在该领域的突出贡献获得了 2016 年诺贝尔化学奖。轮烷分子作为合成分子马达的一种原型结构，通过力学套索设计能够实现长程可控的运动。Duwez 与 Stoddart 等合成了一种具有多重折叠结构的新型轮烷齐聚物，其中轮烷分子轴为聚氧化乙烯链和 1,5-二氧萘的连接结构，轮状分子为联吡啶环蕃（CBPQT^{4+}），轮与轴基于电子供体和受体的相互作用形成折叠体，参见图 12-8(a)。Duwez 等[78,79]将轮烷分子用金硫共价键修饰在镀金基底及探针之间，利用基于 AFM 的单分子力谱技术对轮烷折叠体的力学性质进行探测，参见图 12-8(b)。研究结果表明，轮烷折叠体的解折叠曲线为等间距的锯齿形多峰曲线，每个间距为 1.2nm 的单峰对应着一个相邻结构单元（联吡啶环蕃与 1,5-二氧萘）的解折叠，而间距为 2.3nm 的单峰对应着两个相邻结构单元的解折叠，参见图 12-8(c)~(e)。当低速拉伸时，轮烷折叠体展现出一种动态折叠与解折叠的行为，其折叠速率达到天然蛋白质的 100~1000 倍，这种快速折叠行为主要是因为力学互锁结构限制了轮烷分子的运动自由度，解折叠后轮烷分子与轴上的结合位点距离较近，进而促进了重新折叠的发生，参见图 12-8(f)。该研究表明人造分子马达体现出高效、稳定和可调控等优点。

5. 配位作用与生物质

坚固的材料往往是易碎的，而韧性材料通常在强度上存在缺陷，因此很难让材料同时保持高强度和高韧性。而天然生物质如贻贝表皮则兼有优异的强度与韧性，这种优异的机械性能与贻贝角质层中蛋白质间的配位键有关。在贻贝角质蛋白 MFP-1 间，两个或者三个相邻氨基酸 L-3,4-二羟基苯丙氨酸（DOPA）的邻苯二酚基团能与 Fe^{3+} 形成配位键，参见图 12-9(a)。然而这些配位键使得贻贝表皮拥有优异力学性能的分子机制尚不清楚，因此相关仿生技术与材料的开发受到极大的限制。曹毅等[80]将铁离子和侧基含有邻苯二酚的氨基酸分子链组装成纳米粒子，利用基于 AFM 的单分子力谱技术研究了 Fe^{3+} 与邻苯二酚之间的配位作用强度，如图 12-9(b)所示。锯齿形多峰信号对应着单链纳米颗粒中邻苯二酚与 Fe^{3+} 配位键的逐个打开。邻苯二酚与 Fe^{3+} 之间的配位键断裂强度为 100~250pN，强于氢键强度（约 150pN）和疏水相互作用（30~60pN），弱于共价键（为 1~3nN），参见图 12-9(c)。另外，通过往复拉伸-松弛操纵实验，研究人员发现当负载外力消失后，邻苯二酚与 Fe^{3+} 之间的配位键可以再次形成，参见图 12-9(d)。该研究首次测定了邻苯二酚-Fe^{3+} 配位作用的强度，揭示了生物质层高机械稳定性和高韧性的分子机制，为进一步开发高性能仿生材料提供了理论指导。

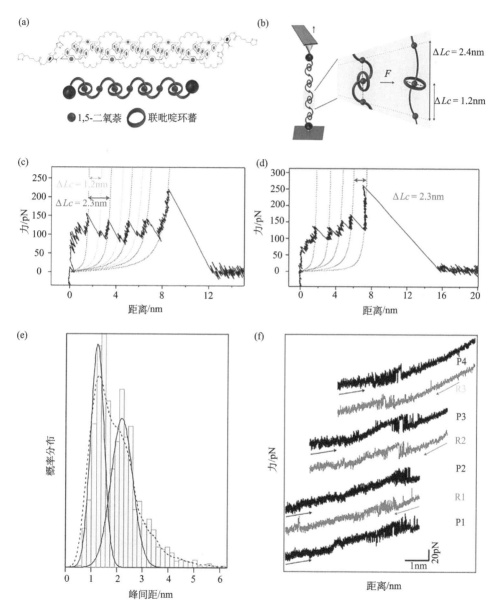

图 12-8　(a)轮烷折叠体的结构式；(b)轮烷折叠体的单分子解折叠示意图；(c),(d)折叠体打开的典型曲线(拉伸速率 40nm/s)；(e)锯齿峰间距(ΔLc)的统计；(f)拉伸(P)和松弛(R)曲线(从下到上)展现了轮烷中连续单一作用位点在 DMF 溶剂中的折叠解折叠现象；在低拉伸速率下观察到从一种构象到另一种构象之间的跳跃现象。引自文献[78]，已征得原出版者授权

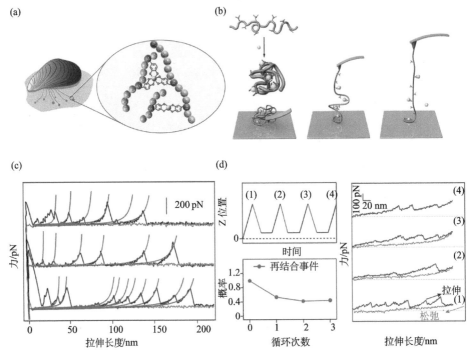

图 12-9　(a)邻苯二酚-Fe^{3+}配合物广泛存在于贻贝的螺纹中，它们具有较高的强度和韧性，橙色球体代表多巴胺残基，蓝色球体代表其他氨基酸，较小的黄色球体代表与蛋白质结合的Fe^{3+}；(b)测量邻苯二酚-Fe^{3+}配合物断裂力的示意图；(c)对单个邻苯二酚-Fe^{3+}纳米粒子解离的典型力-拉伸曲线(拉伸速率为1000nm/s)；(d)邻苯二酚-Fe^{3+}配合物的单分子往复拉伸-松弛操纵实验。引自文献[80]，已征得原出版者授权

12.2.2　组装体中作用力的认识

使用结构简单、孤立的模型体系模拟超分子组装体中关键的结构单元，是研究超分子组装推动力的一条有效途径。由于周围环境的不同，孤立体系和超分子组装体中分子的动力学性质存在一定的差异。因此，在超分子组装体内直接研究分子间相互作用，得到的信息更加具有参考价值和指导意义。下面我们以自组装单层膜、膜蛋白、高分子单晶、病毒颗粒和超分子自修复材料为例，来介绍单分子力谱技术在超分子组装体中分子间相互研究中的应用。

1. 基于金-硫相互作用的自组装单层膜

表面活性分子可以在界面上形成热力学稳定、排列有序的单层膜，在润滑、防腐、生物与化学传感器等领域中应用广泛。人们通常利用硫醇、二硫醚、单硫醚等含硫有机分子在金属表面制备自组装单层膜。在硫醇和二硫醚分子的自组装过程中，硫-氢键或硫-硫键断裂的同时，金属表面会形成强金属-硫共价键(如金-

硫键)。张文科等[81]研究发现硫醇分子在形成金-硫键的过程中，经历了由配位键向共价键的转变，而且硫醇分子在金表面所形成的组装膜的稳定性受金的氧化还原状态、溶液 pH、反应时间以及硫醇分子在金表面的密度影响。相对于硫醇和二硫醚，单硫醚-金相互作用的机理仍然存在争议。张文科等利用 AFM 单分子力谱研究了自组装单层膜中单个硫醚-金的相互作用强度，以及外界因素对单个硫醚-金相互作用强度的影响，参见图 12-10。研究发现无论是在氧化金表面还是在还原金表面，单硫醚-金的断裂力值均明显低于硫醇与金所形成的共价键，说明单硫醚分子以配位键形式与金基底结合。氧化金表面上金-硫配位键强度明显高于还原金表面上金-硫的配位键强度，说明使用氧化金表面更有助于形成稳定的自组装膜。此外，研究还发现由于烷基链在 PBS 中的疏水效应，单硫醚分子在 PBS 溶液中所形成的自组装膜的稳定性要强于在 1,4-二氧六环中的自组装膜。以上实验结果加深了我们对单硫醚-金相互作用机制的理解，为调控单硫醚自组装单层膜稳定性提供了新思路。

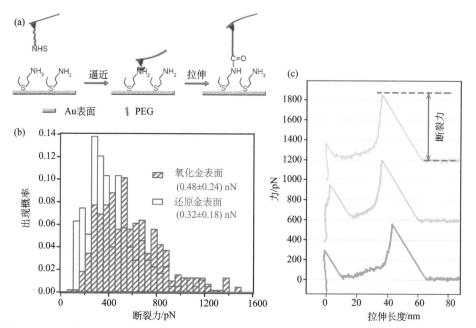

图 12-10　(a)单个硫醚-金的相互作用测量示意图；(b)单硫醚-金的断裂力值统计(红色柱状图为氧化金基底的断裂力值，蓝色柱状图为还原金基底的断裂力值)；(c)单硫醚-金相互作用测量的典型单分子拉伸曲线及断裂力测量示意图

2. 膜蛋白

膜蛋白作为物质跨膜传输载体、信号传输通道和细胞识别位点，是生物膜功

能的主要承担者，因而了解膜蛋白的折叠与解折叠过程，有利于我们进一步认识膜蛋白结构与功能之间的关系。然而在过去，人们主要是通过化学变性或者热变性的方法对膜蛋白的稳定性进行研究，但是这样的研究方法只能得到平均化的结果，因此无法对蛋白质分子在膜中折叠/解折叠的驱动力进行研究。Gaub 等[61]利用基于 AFM 的单分子力谱方法首次研究了单个膜蛋白的解折叠过程。之后的理论研究发现膜蛋白折叠/解折叠过程中存在着大量的中间态。而传统的单分子力谱技术由于受限于自身的时间分辨率，很难追踪到所有的中间态，甚至会因为技术的限制而将一些中间态进行人为合并。

　　Perkins 等[82]通过对 AFM 探针进行加工，将基于 AFM 的单分子力谱技术的时间分辨率提升至 1μs，并且利用该技术对细菌视紫红质(BR)膜蛋白的解折叠过程进行了详细的研究[83]。BR 膜蛋白解折叠曲线有三个主峰，对应 α 螺旋链的解折叠。由于探针具有极高的时间分辨率，除了三个主峰以外，还可以观测到非常多的小峰，对应解折叠过程中的中间态，甚至可以看到蛋白链在两个中间态之间的波动，而在传统单分子力谱实验中只能检测很少量的中间态。这些中间态的间隔很小，蠕虫链(WLC)模型拟合结果表明在 80%的情况下两态之间只差 2～3 个氨基酸。通过统计 BR 膜蛋白解折叠过程中出现的中间态，他们得到了 BR 膜蛋白的多态解折叠过程。该实验解决了一个长期困扰人们的问题，即 BR 膜蛋白解折叠的中间态数目在实验和理论模拟之间的分歧。

3. 高分子单晶

　　半结晶聚合物材料因其质轻、价廉和力学性能优异等优点在日常生活中得到广泛的应用。半结晶聚合物材料具有由晶区和非晶区组成的网络结构，其中晶区对于材料的强度和韧性具有非常重要的贡献。因此，研究聚合物晶体中高分子链间相互作用及受力条件下的链运动规律对于材料的加工、使用和开发具有重要意义。张文科等在国际上率先将 AFM 的成像功能与单分子力谱技术巧妙地结合起来，建立了从单分子水平研究聚合物单晶中分子链间相互作用的方法。这种方法成功地实现了从晶体中对单个高分子链进行拉伸，定量测量了高分子链间相互作用的强度[63]；揭示了稀溶液中制备的高分子单晶及熔融相制得的单晶中聚合物链采取的不同折叠模式[84]。基于这些分子操纵技术及对高分子链间相互作用的认识，张文科等[85]进一步研究了受力条件下晶体中的链运动模式，揭示了晶区中链构象对于链运动模式的影响机制。

　　在聚酰胺体系中，晶区分子链为平面锯齿构象，链间形成的氢键网络稳定着聚酰胺单晶的晶体结构。利用 AFM 单分子力谱从聚酰胺 66(PA66)单晶中将单个分子链拉伸出来，典型力拉伸曲线为具有周期性的大锯齿上带有小锯齿的多峰信号：大锯齿间距约为 12.3nm，接近晶体厚度的 2 倍，每个大锯齿对应着一个折叠结构的打开；每个大锯齿上小锯齿峰间距约为 1.71nm，对应着一个聚酰胺 66 重复单元的长度，参见图 12-11(a) 和 (b)。因此，每个大锯齿上面的规则小锯齿峰对应着解折叠过程中被拉伸链段与相邻链段间多重氢键断裂后，聚酰胺 66 分子链滑移一个重复单元长度氢键又重新形成的过程，见图 12-11(c)，体现出黏滑运动

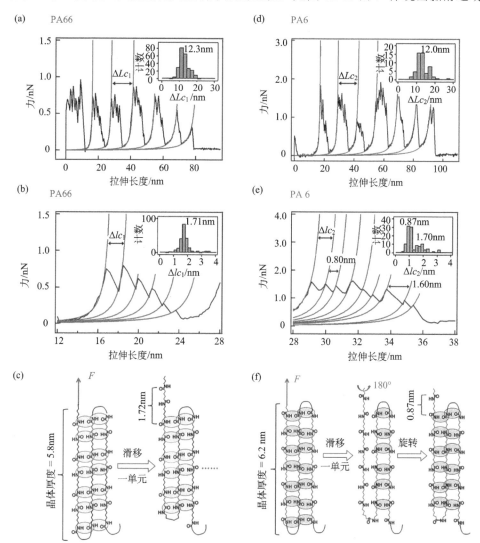

图 12-11　(a)利用 WLC 模型拟合力曲线确定 PA66 相邻大锯齿的峰间距(ΔLc_1)，插图为 ΔLc_1 的分布直方图；(b)PA66 每个大锯齿上小锯齿的峰间距(Δlc_1)，插图为 Δlc_1 的分布直方图；(c)PA66 单晶中分子链沿拉伸方向滑动一个重复单元长度前后氢键变化的示意图；(d)PA6 相邻大锯齿的峰间距(ΔLc_2)统计；(e)PA6 每个大锯齿上小锯齿的峰间距(Δlc_2)；(f)PA6 单晶中分子链滑移和旋转前后氢键变化的示意图[85]

(stick-slip motion)的特征。同样地,在聚酰胺6(PA6)体系中,分子链在晶区中的运动也体现出黏滑运动的特征,但是小锯齿峰间距约为0.87nm,对应着一个聚酰胺6单体的长度,参见图12-11(d)～(f)。从聚酰胺6晶体中高分子链的排列方式可知,聚酰胺6多重氢键的重新形成不仅需要分子链滑移一个聚酰胺单体长度,还需要被拉伸的分子链旋转180°。该研究从单分子水平首次证明了高分子晶体中聚合物链段在力致熔融过程中不断发生旋转运动。研究结果还表明,黏滑运动受到力加载装置弹性的影响,较为刚性的装置在氢键断裂后应力释放能力强,有利于氢键的再次形成,从而促进黏滑运动。

在平面锯齿构象的聚乙烯和非平面锯齿构象聚己内酯晶体中,从晶体中拉伸出单个分子链的典型信号与聚酰胺体系特征类似,均体现出黏滑运动的特点。因此,对于锯齿构象的聚合物单晶,受外力拉伸时晶体中分子链以黏滑的方式运动。而对于另一类具有螺旋构象的高分子晶体,如聚氧化乙烯和聚乳酸,高分子链在受力熔融过程中体现出平滑运动的特征。以上不同构象高分子晶体的单分子力谱实验表明,链构象是决定高分子链受力时在晶体内运动模式的主要因素。在锯齿构象分子中,极性基团(如N—H,C=O等)位于分子链两侧,分子链间相互作用(如氢键,静电偶极等)较强,导致链运动体现出黏滑运动的特征;在螺旋构象分子中,极性基团位于螺旋内侧,分子链间相互作用较弱,因而链运动体现出平滑运动的特征。以上实验结果加深了人们对结晶高分子材料力学性质分子机制的认识,为设计具有螺旋和折叠结构的超分子材料提供了理论依据。

4. 病毒颗粒

病毒的组装与解组装是病毒生命周期中非常重要的环节,从单个分子水平研究病毒基因组DNA或RNA与衣壳蛋白之间的相互作用对于揭示病毒组装与解组装机制、开发抗病毒制剂以及抑制病毒感染至关重要。早期人们利用体外透析和电泳等技术对组装与解组装过程中病毒的形态进行了研究,而直接研究天然病毒颗粒中核酸与蛋白质的相互作用是一个充满挑战的课题。张文科等[86]利用基于AFM的单分子力谱技术,通过样品制备条件的精细调控,成功地将烟草花叶病毒(TMV)基因组RNA从病毒颗粒中牵拉出来,定量地测量了RNA与衣壳蛋白之间的相互作用强度,并用往复拉伸-松弛操纵原位地研究了TMV病毒RNA从衣壳蛋白中解组装的过程,参见图12-12(a)。建立了该实验方法后,张文科等进一步研究了在不同pH和钙离子浓度下,TMV的解组装机制,发现RNA与衣壳蛋白的结合强度受溶液pH影响很大,在较低pH(4.7)条件下结合强度(550pN)明显高于较高pH(7.0)条件下的情况,参见图12-12(b);RNA与衣壳蛋白的断裂力值在测试速率范围内具有加载速率依赖性,断裂力值随加载速率的增加而增大。利用Bell-Evans模型计算出:在pH=4.7的条件下,RNA与衣壳蛋白的解离过程由一个能垒控制，结合态到过渡态的距离为 0.06nm，对应着 RNA 与衣壳蛋白结合位点的识别作用；在 pH = 7.0 的条件下，RNA 与衣壳蛋白的解离由两个能垒控制，结合态到过渡态的距离分别为 0.05nm 和 0.34nm，分别对应着 RNA 与衣壳蛋白结合位点的识别作用和无序突环结构(pH 升高后 TMV 内壁突环结构变得无序)对 RNA 从衣壳蛋白上解组装的长程阻碍作用，参见图 12-12(c)。另外，随着体系中 EDTA 浓度的升高(对应着体系中钙离子等二价离子浓度的降低)，病毒颗粒 5′末端释放出更多自由的 RNA 片段，但锯齿形平台的高度几乎保持不变，如图 12-12(d)所示。上述结果表明 EDTA 可以通过螯合钙离子，削弱管口处(5′端)RNA 与衣壳蛋白之间的结合能力，使得 RNA 从蛋白质外壳的内壁上脱落下来，便于 AFM 探针捕获，但是 TMV 病毒颗粒的其他部位并没有受到 EDTA 的显著影响。

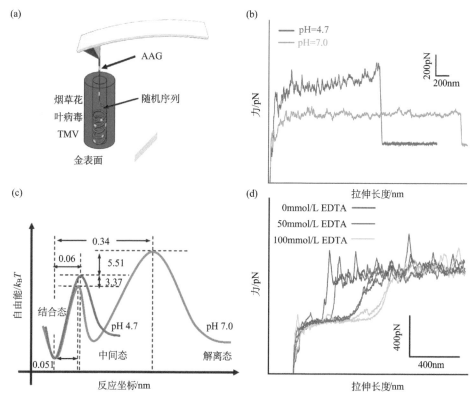

图 12-12　(a)单分子力谱研究烟草花叶病毒(TMV)解组装示意图；(b)在不同 pH 下获得的典型曲线；(c)两种 pH(pH =4.7，粉色；pH =7.0，绿色)条件下 RNA 从衣壳蛋白上解离的能量路径；(d)在不同浓度 EDTA(乙二胺四乙酸)存在条件下的解组装典型曲线[86]

通过在不同 pH 和钙离子浓度下对 TMV 解组装过程与机制的研究，可以推测在 TMV 进入细胞之后，由于细胞内钙离子浓度比细胞外的浓度低，TMV 的 5′端先发生部分解组装，暴露出部分 RNA 片段，为随后的 RNA 复制及蛋白质表达奠定基础。此外，伴随着 pH 的升高进一步削弱了余下未发生解组装的 RNA 与衣壳蛋白之间的相互作用，有利于分子马达通过水解 ATP 来实现对余下 RNA 从衣壳蛋白上的解组装。该研究为 TMV 边解组装边翻译的机理提供了分子水平的证据。在此工作基础上，张文科等进一步研究了单宁酸抑制 TMV 感染的分子机制，为抗病毒药物的筛选提供了新思路。

5. 超分子自修复材料

自进入 21 世纪以来，受生物体自修复现象的启发，人造自修复聚合物材料的研发取得了巨大的成功。自修复材料可以对材料的损伤进行修复，从而提高材料的功能稳定性和使用寿命。自修复材料可以分为外援型自修复材料和本征型自修复材料。本征型自修复是依靠非共价键或可逆共价键实现损伤修复，材料制备简单，可以实现多次损伤修复。孙俊奇等[87]以聚丙烯酸(PAA)与聚氧化乙烯(PEO)间的氢键作用作为成膜驱动力，利用层层组装方法制备了透明自修复弹性体。实验结果表明：该复合物膜具有优异的拉伸性能，拉伸长度能达到材料自身长度的35 倍以上，并且在湿润状态下，可以修复刮擦损伤深达基底、宽 36μm 以内的划痕。通过红外光谱分析可知，在湿润状态下，PAA 和 PEO 之间的氢键被部分破坏，从而提高了膜内分子的流动性，促进膜的自修复能力。

为了进一步揭示决定复合物膜优异拉伸性能和自修复性能的分子机制，研究人员利用 AFM 单分子力谱的往复拉伸–松弛模式操纵复合物膜中的单个分子，参见图 12-13。同一个分子不同循环的拉伸曲线能够很好地重合，说明松弛后的分子回到初始状态，分子间的氢键重新形成。膜内分子间氢键破坏后能够快速重新形成的特性赋予了复合物膜优异的拉伸性能和自修复性能。以上实验证明了单分子力谱是揭示材料机械性质分子机制的有效工具，相关实验事实可为材料的设计与开发提供理论依据。

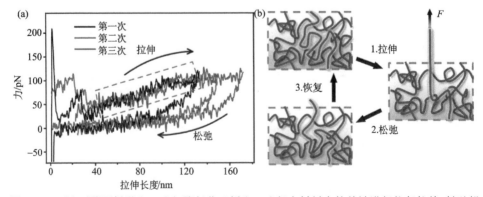

图 12-13　(a)对聚丙烯酸(PAA)与聚氧化乙烯(PEO)复合材料中的单链进行往复拉伸–松弛操纵的典型曲线；(b)复合物中单链拉伸及松弛示意图[87]

12.3　基于单分子力谱的超分子材料设计与制备

材料的宏观力学性质是微观力学性质的综合体现。研究材料微观力学性质、设计不同力响应的结构单元、建立微观力学性质与材料宏观力学性质的对应关系对于合理设计超分子材料至关重要。下面我们以超分子仿生材料、自修复材料和多重力学响应材料等体系为例，介绍单分子力谱技术在设计具有新力学性能超分子材料方面的应用。

12.3.1　仿生材料

建立单分子力学性质与材料宏观力学性质的对应关系对于合理设计高分子材料至关重要。目前，构建材料的宏观力学性质与聚合物链中结构单元微观纳米力学性质的直接对应关系仍然是一个十分具有挑战的课题。Guan 等[88-90]利用 2-脲基-4[1H]-嘧啶酮(UPy)分子为核心，经历多年探索，设计了基于 UPy 四重氢键结构的新型分子，在 UPy 分子两端分别连接闭环长烷基碳链，参见图 12-14(a)。通过金硫

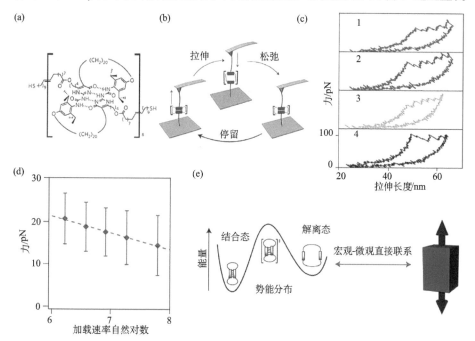

图 12-14　模块化仿生高分子的构建及单分子/宏观尺度力学性质对应关系的建立。(a)设计合成生物仿生堆叠模块 2-脲基-4[1H]-嘧啶酮-双闭环齐聚物；(b)单分子往复拉伸-松弛操纵示意图；(c)2-脲基-4[1H]-嘧啶酮往复拉伸-松弛操纵的典型曲线；(d)重新结合力值与力加载速率自然对数的半经验线性关系图；(e)单分子纳米力学性质与宏观力学性质的直接联系。引自文献[90]，已征得原出版者授权

键固定的方法将两端带有巯基的 UPy 分子桥连于镀金的探针和基底之间，利用基于 AFM 的单分子力谱技术对新型聚 UPy 进行拉伸-松弛操纵，参见图 12-14(b)。多个重复单元中的四重氢键在进一步拉伸后逐一打开，得到带有等间距锯齿的力曲线，参见图 12-14(c)。将不同加载速率下的断裂力值对加载速率作图，发现力加载速率较高时，断裂力值随着加载速率的增加而增大，而在较低的力加载速率区域，断裂力值几乎不随加载速率的变化而变化，这是因为在低速率区域断裂过程接近平衡状态。通过 Bell-Evans 模型对断裂力值-加载速率曲线进行拟合，可以得到结合态到过渡态之间的距离为(2.0 ± 0.08)Å。松弛曲线低力值区域同样出现锯齿形信号曲线，这些锯齿对应 UPy 分子的重新折叠过程，参见图 12-14(c)。随着加载速率的增加，重新折叠的力值逐渐降低，参见图 12-14(d)。通过对折叠力值-松弛速率曲线进行拟合，可以获得中间态到解离态之间的距离(12.2±0.65)Å。根据以上结果，他们绘制了 UPy 分子从结合态到解离态的势能谱：朝向重新结合方向体现为浅而宽的能垒，朝向断裂方向呈现为陡而窄的能垒，参见图 12-14(e)。

为了建立单分子与宏观材料力学性质之间的联系，Guan 等对材料的宏观力学性质进行表征。首先，表征材料的拉伸回复性能，在外力下发生应变-松弛之后，材料经历较长的时间后回复为初始状态，而在 80℃ 的温度下，材料可以很快恢复到原始状态，参见图 12-15(a)；随着拉伸速率的增加，宏观材料的表观力学强度逐渐增大，参见图 12-15(b)。另外，动态力学分析测试表明，材料的一级相变温度为 80～100℃，二级相变温度为 –25～0℃，参见图 12-15(c)和(d)；利用一级、二级相变的 Arrhenius 作图，最终得到一级相变活化能为(380 ± 10)kJ/mol，二级相变活化能为(77 ± 2)kJ/mol，参见图 12-15(e)。

根据以上单分子及宏观实验的结果，Guan 等建立了单分子与材料宏观尺度力学性质的直接对应关系：材料的单分子拉伸与宏观拉伸动力学性质完全对应，UPy 单分子中四重氢键的解离力值与材料的表观力学强度都随着拉伸速率的增加而逐渐增大；单分子高解离力值可以与材料发生塑性形变时较大的能量耗散行为对应；单分子测试中 UPy 多重氢键的重新形成与材料力学强度的恢复行为对应。以上发现对于合理设计材料具有十分重要的意义。

12.3.2　自修复材料

设计制备兼具高强度、高拉伸性和在室温下可自修复的材料具有十分重要的科学意义。利用金属配位作用构筑的材料可以实现上述目标，但是过强的金属配位作用使得修复需要一定的外界刺激，而过弱的金属配位作用则会导致材料的强度较差。如果我们可以设计一种分子，其金属配位作用刚好处于一个合适的强度，就有可能制备出一种兼具强度与室温下可自发修复性能的材料。

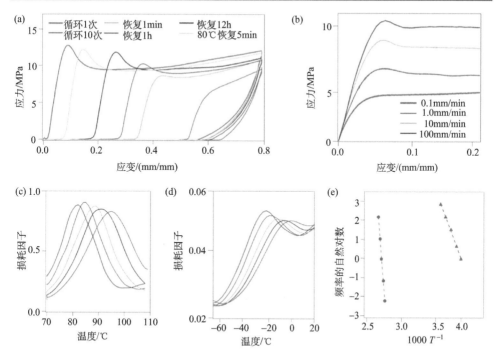

图 12-15　堆叠模块 2-脲基-4[1*H*]-嘧啶酮-双闭环宏观材料的高强度和韧性及缓慢恢复性质。(a) 在 60℃ 下膜材料的拉伸测试；(b) 材料的拉伸应力-应变速率依赖性；(c) 利用动态力学分析测试材料在不同频率下 (曲线从左至右依次为 0.1Hz、0.3Hz、1Hz、3Hz 和 10Hz) 的温度响应，一级相变发生在 80～100℃；(d) 利用动态力学分析测试材料在不同频率下 (曲线从左至右依次为 1Hz、2Hz、5Hz、10Hz 和 20Hz) 的温度响应，二级相变发生在 −25～0℃；(e) 一级 (蓝色圆圈)、二级 (红色三角) 相变频率依赖性变化的阿仑乌斯作图。引自文献[90]，已征得原出版者授权

　　鲍哲南等[91]以铁/吡啶-2,6-二甲酰胺配位化合物 ([Fe(Hpdca)_2]^+) 为基础，通过合理设计合成了一种具有多种配位作用的分子，参见图 12-16(a)。其中较弱的金属配位 (Fe-O_{amido} 键) 作用可以快速打开与重新结合，起到在拉伸时耗散能量并在受到损伤时进行自修复的作用；较强的金属配位作用 (Fe-N_{pyridyl} 键) 可以保证金属离子不脱离，从而实现金属配位作用的快速重新形成，参见图 12-16(b)。利用缩聚反应，将吡啶-2,6-二甲酰胺引入聚二甲基硅氧烷 (PDMS)，再加入氯化铁，便可得到 Fe-Hpdca-PDMS 聚合物，参见图 12-16(c)。Fe-Hpdca-PDMS 聚合物中同时存在分子链内与链间的配位作用，只有链间相互作用可以维持聚合物的三维交联结构。利用基于 AFM 的单分子力谱技术分别对单个 H_2pdca-PDMS 与 Fe-Hpdca-PDMS 分子链进行拉伸，发现 H_2pdca-PDMS 只展现出高分子链熵弹性拉伸的信号，Fe-Hpdca-PDMS 则出现对应于配位键断裂的锯齿信号，参见图 12-16(d)。往复拉伸-松弛操纵表明 Fe-Hpdca-PDMS 中配位键在断裂后可重新形

成，参见图 12-16（e），这意味着 Fe-Hpdca-PDMS 组成的聚合物材料在受到拉伸时，[Fe(Hpdca)$_2$]$^+$配位化合物中弱的金属配位作用被破坏从而耗散能量，而后在松弛中进行修复进而恢复初始的力学性质。

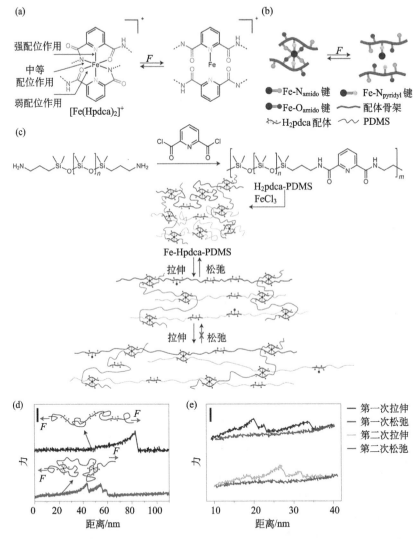

图 12-16　（a）[Fe(Hpdca)$_2$]$^+$的分子结构；（b）[Fe(Hpdca)$_2$]$^+$的示意图；（c）Fe-Hpdca-PDMS 聚合物材料的合成路径、结构以及解折叠与滑移的可能机理；（d）H$_2$pdca-PDMS（黑色曲线）与 Fe-Hpdca-PDMS（红色曲线）单个分子链的典型力曲线；（e）Fe-Hpdca-PDMS 的典型往复拉伸-松弛曲线。图(d)和(e)的比例尺为 150pN。引自文献[91]，已征得原出版者授权

在获得 Fe-Hpdca-PDMS 聚合物的单分子力学性质后，他们进一步测试了材料的宏观力学性质与自修复能力。如图 12-17(a) 所示，将被裁剪成两部分的聚合物放到一起，室温放置 48h 条件下，裂痕几乎消失，说明材料具有非常好的自修复性能。对其中一块材料用黑色染料进行染色并在修复后进行拉伸，发现聚合物可以承受很大程度的拉伸，参见图 12-17(b)，并且随着在室温下修复时间的增加，聚合物的可拉伸性有了明显的提高，见图 12-17(c)。另外，即使是在-20℃的环境中，聚合物也体现出很强的自修复能力，在 72h 后可拉伸性已经恢复了68%，参见图 12-17(d)。这一系列的工作为自修复材料的设计和研发提供了一个新的思路。

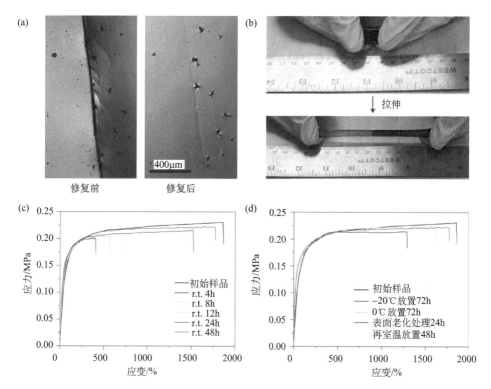

图 12-17　(a)损坏和修复后的样品照片；(b)修复后的样品拉伸前后的照片；(c)在室温下修复了不同时间的样品进行拉伸的应力-应变曲线；(d)在不同条件下修复 72h 的样品进行拉伸的应力-应变曲线。引自文献[91]，已征得原出版者授权

12.3.3　多重力学响应材料

高力学强度自修复超分子材料具有重要的应用前景，但其制备往往非常困难。通过向超分子材料体系中引入中高强度的动态共价键(或者力色团)来替代部

分弱相互作用将有利于提升材料体系的力学强度以及实现力致损伤的探测。高分子主链中引入的力色团在外力作用下，会发生特定的化学反应，从而改变材料局部的物理和化学特性。多种力色团的引入会使材料具有多重力学响应性能，同时赋予材料高韧性、高弹性、能够自发预警内部损伤或具有自修复等功能。然而如何制备对外力敏感程度不同的力色团并将多种力响应特性融合到单个力色团(多模式)中是高分子力化学面临的巨大挑战之一。多重力学响应材料的设计通常应该满足以下要求：首先，能够对应力区域进行光学识别；其次，能够自主重新分配材料所受负荷，以减少聚合物骨架结构碎裂的可能，防止材料的大规模损伤；再次，能够通过光能或热能等刺激形成新的结构单元，为力响应材料的修复提供前驱体。从单个分子水平研究这些动态共价键(或者力色团)的力学响应行为有助于开发性能更加优异的材料体系。

翁文桂、张文科和 Roman 等[92]共同开发了一种基于肉桂酸二聚体(含有四元环结构)具有力响应以及光响应的高分子材料，并且利用基于 AFM 的单分子力谱方法以及计算机模拟方法，从单分子水平解释了其响应机理。在单分子力谱实验中，将氨基封端的高分子链段通过酰胺键共价桥连于力谱探针与基底之间，拉伸曲线中的等间距锯齿峰对应于桥连结构中四元环结构的依次打开，参见图 12-18(a)和(b)。统计分析发现存在两种力值 (1nN 和 2nN) 的锯齿峰，分别对应着顺式(syn-)以及反式(anti-)构象四元环功能基团的打开；对两种力值的锯齿平台(紫色与蓝色)中每个小锯齿峰的间距进行统计，得到锯齿峰间距约为 2.5nm，这与理论计算得到的打开一个四元环分子的伸长距离(2.46nm)一致，参见图 12-18(c)。图 12-18(d)对比了理论计算与实验得到的分子断裂前能够吸收的最大应变能，二者之间的良好吻合进一步证实了对两种锯齿平台的归属。

在肉桂酸共聚物宏观材料的溶液超声实验中，随着超声时间的增加，在以 280nm 为中心的区域出现吸收峰并逐渐增强，表明肉桂酸二聚体逐渐解离，参见图 12-19(a)。核磁共振实验结果与紫外-可见光谱测试结果相符，即随着超声时间的增长，代表肉桂酸基团的吸收峰逐渐增强，参见图 12-19(b)。超声使功能基团发生开环反应的同时，会使高分子发生降解，这种特异性开环反应以及非特异性断链反应并存的现象与实际材料应用中受外力时的情况类似，参见图 12-19(c)。在经过 4h 超声以及 3h 紫外照射(365nm, 1.68 W/cm²)后,高分子样品在四氢呋喃、丙酮、二甲基甲酰胺以及二氯甲烷等溶剂中的溶解性变差，意味着分子发生了分子间的交联反应，参见图 12-19(d)。

这一类含有肉桂酸二聚体基团的高分子不仅能够在受外力作用时释放"隐藏长度"，增强材料的抗拉伸能力；另外，光照下发生的分子间交联反应使材料具有光学可修复性，这一变化又能够在宏观层面通过紫外-可见荧光光谱检测出来，为材料的过载提供预警。这种同时具有光响应以及力响应的分子体系非常适于多重响应性高分子材料的制备。

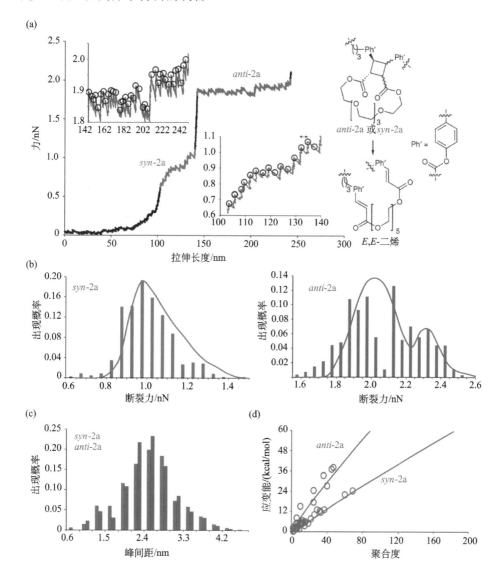

图 12-18　(a) 典型力-拉伸曲线，放大图展示的锯齿形平台部分代表具有不同构象(顺式分子 syn-2a，反式分子 anti-2a)四元环结构的依次打开；(b) 实验测得(柱状)和计算机模拟(实线)两处锯齿平台力值统计；(c) 两锯齿平台锯齿峰间距统计；(d) 四元环结构断裂前最大应变能的计算值(实线)和实验值(空心圆)对比[92]

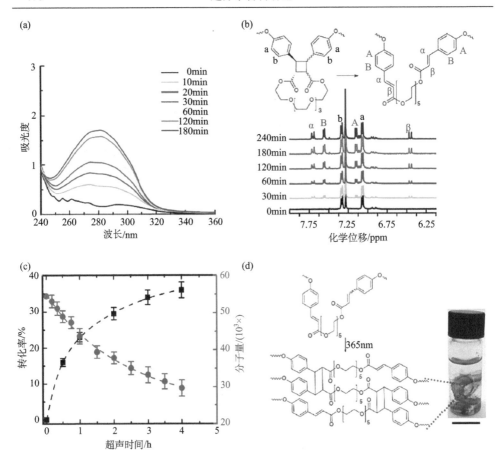

图 12-19　肉桂酸二聚体在溶液中的超声测试。(a)不同超声时间紫外吸收峰变化；(b)¹H NMR
共振信号随超声时间的变化；(c)转化率(黑色线)以及链碎片大小(紫色线)随超声时间的变化；
(d)机械降解的材料可通过紫外照射修复，通过相邻分子间的肉桂酸[2+2]光二聚交联为不溶解
材料[92]

12.4　力谱技术的发展

　　上述研究成果的取得，离不开基于 AFM 的单分子力谱技术的快速发展，下
面我们将介绍近年来在高速、高精度 AFM 力谱技术和空气相单分子力谱技术等
方面的主要进展。

12.4.1　高速力谱

　　仪器运行速率(拉伸或松弛速率)的提高有利于追踪超分子组装过程以及表
征存在时间极短的中间态。另外，提升实验拉伸速率至分子动力学模拟拉伸速率

范围，可以将实验结果与理论模拟结果进行对比，提升实验与模拟的可信度。提高 AFM 运行速率需要响应速率更快的微悬臂与压电元件。微悬臂可用的速率范围与共振频率相关，共振频率越高，微悬臂的运动速率上限越高。而增加厚度或减小长度[93]是提高微悬臂共振频率的有效手段。Scheuring 等[94]利用微型压电装置和微悬臂长度仅为 9μm 的探针，在 0.0097~3870μm/s 的拉伸速率范围内对肌联蛋白(titin)八聚体进行单分子力谱测试。实验结果表明：不同拉伸速率下 I91 结构域解折叠均为单峰状力曲线，但是解折叠力值随着拉伸速率的提升而增大。在较低的拉伸速率区间内，高速力谱装置与传统力谱装置所得的 I91 结构域的解折叠力值是一致的；当拉伸速率超过 100μm/s 后，I91 结构域的解折叠力值快速上升至 500pN，与理论模拟结果产生重叠。这些结果表明使用小尺寸的探针可以大幅度提升单分子力谱的拉伸速率，并且高速力谱的结果与分子动力学模拟结果具有可比性。

12.4.2 力精度提升

AFM 主要是通过微悬臂的弯曲程度感知加载在分子上的外力。力精度高、稳定性好的微悬臂有益于提高成像品质、分子操控性能和力学测量精度[82, 95, 96]。减小微悬臂的长度可以降低流体力学阻力，进而提升力测量的精度[93]。然而，微悬臂长度的减小会造成弹性系数的增加，最终导致微悬臂在长时间尺度下力稳定性的降低。为了调控微悬臂的弹性系数，Perkins 等[97]利用聚焦离子束对微悬臂进行沉积覆盖、离子刻蚀、基底削薄和金属刻蚀等微加工，参见图 12-20(a)。研究发现加工后微悬臂的弹性系数降低了一个数量级，而共振频率并没有发生显著变化，参见图 12-20(b)和(c)。由于加工后微悬臂流体力学阻力减小，力精度有了极大的提升，参见图 12-20(d)。另外，通过对蛋白质链的拉伸，进一步证明了加工后的微悬臂在长时间尺度下，力稳定性有了极大的提升，参见图 12-20(e)和(f)。由此可见，Perkins 等对微悬臂的机械加工，可以减小微悬臂的弹性系数和流体力学阻力，从而实现提高力测量精度和稳定性的目的。

12.4.3 空气相单分子力谱技术

单分子力谱技术通常是在液相环境中对单个分子进行操控，然而大多数聚合物材料都在气相环境中使用。聚合物/溶剂和聚合物/空气界面张力之间的巨大差异导致在液相环境下获得的聚合物分子行为和动力学参数与空气中(许多高分子材料的真实使用环境)存在很大差异，无法为高性能材料的开发与制备提供有效的指导，因此必须开发一种在气相环境下进行单分子力谱的方法。而气相环境下难于进行单分子力谱实验的主要原因在于：AFM 针尖与样品表面之间毛细作用产生的巨大黏附力会掩盖单分子操纵的信号，参见图 12-21(a)和(b)。张文科等[98]通过优化环境湿度、AFM 探针微悬臂的弹性系数和 AFM 探针针尖的亲疏水性，成功建立了基于 AFM 的空气相单分子力谱方法，参见图 12-21(c)～(g)。使用经过氨基硅烷化修饰、弹性系数为 0.2N/m 的探针，在相对湿度为 11% 的条件下进行力谱实验，得到的力-拉伸曲线的黏附区间约为 35nm。这使得在气相环境下操纵与研究单个链长度约为 395nm 的 PEO 链成为可能。

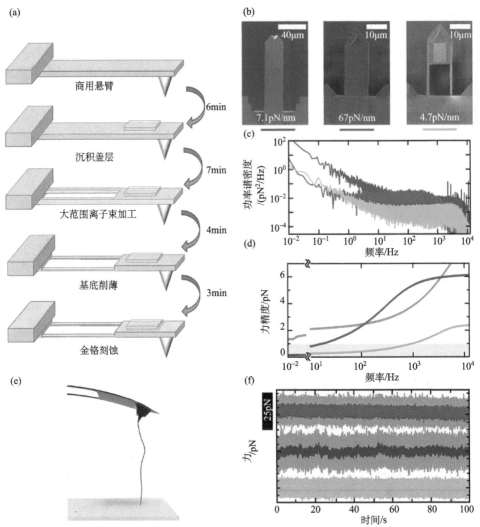

图 12-20　(a)对微悬臂进行微机械加工的方案；(b)由左至右分别是长 100μm 的无镀层微悬臂，长 40μm 的无镀层微悬臂和用聚焦离子束加工后长 40μm 有小块镀层微悬臂的 SEM 照片；(c)当(b)中的微悬臂在距离基底 50nm 时，平均力功率谱密度对频率的关系，线的颜色与(b)中三个微悬臂相对应；(d)每个微悬臂集成的力精度对频率的关系；(e)蛋白质链处于恒定长度的拉伸示意图；(f)维持微悬臂与基底的位置不变，当蛋白质链受到一个约为 50pN 的力时得到的三个微悬臂的力-时间曲线。引自文献[97]，已征得原出版者授权

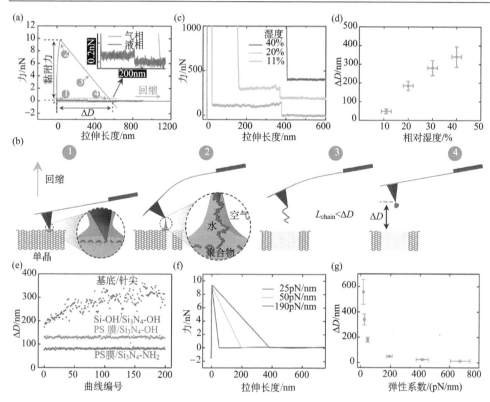

图 12-21　(a) 用弹性系数为 0.02N/m 的 AFM 探针在气相 (蓝色曲线) 和液相 (红色曲线) 中得到的典型力-拉伸曲线, 插图为低于 300pN 区域的放大图; (b) 图 (a) 中强毛细作用对单分子操纵影响的各阶段示意图; (c) 在不同湿度条件下得到的典型力-拉伸曲线; (d) 相对湿度对黏附区间的影响; (e) 三种不同表面性质的针尖与基底 (羟基硅表面/羟基氮化硅针尖, PS 膜/羟基氮化硅针尖, PS 膜/氨基氮化硅针尖) 在进行实验时, 黏附区间与力-拉伸曲线序列的关系; (f) 用不同弹性系数的 AFM 探针得到的典型力-拉伸曲线; (g) 弹性系数对黏附区间的影响[98]

　　利用空气相单分子力谱方法对 PEO 单晶在空气中进行单分子力致熔融实验, 参见图 12-22 (a)。实验结果表明, PEO 晶杆在空气中的力学稳定性均显著高于其在液体中的稳定性, 参见图 12-22 (b) 和 (d)。由于 PEO 晶杆在空气中力学稳定性的增强, PEO 晶杆在受到外力拉伸时能进行更长时间的螺旋运动, 而不是很快就发生灾变导致整个晶杆的破坏, 参见图 12-22 (c)。同时, 一些液相单分子力谱技术无法检测到的中间状态 (如晶相内螺旋环的运动) 在气相实验中被成功地识别出来。更加重要的是, 气相单分子力谱技术即使在 100μm/s 的快速拉伸速率下也能够达到 4pN 的力精度, 要显著高于液相单分子力谱的力精度, 参见图 12-22 (e) 和 (f)。

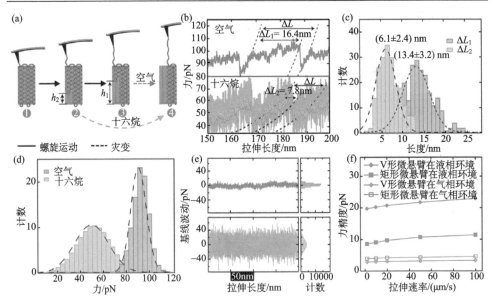

图 12-22　(a)一对完整的 PEO 晶杆解折叠时发生事件的示意图；(b)详尽对比空气与十六烷中所得的力-拉伸曲线；(c)在 9.8nm PEO 单晶中获得的表观长度增量 ΔL_1 和 ΔL_2 的直方图；(d)分别在空气和十六烷中得到的解折叠力直方图，拉伸速率为 0.02 μm/s，PEO 单晶厚度 9.8nm；(e)在(b)中力-拉伸曲线的基线，直方图显示基线的力值分布；(f)V 形和矩形微悬臂在液相和气相于不同拉伸速率下获得的力精度[98]

12.5　总结与展望

　　单分子力谱技术已经发展成为研究超分子相互作用的有效工具，在揭示超分子相互作用本质、研究超分子组装过程和合理设计超分子材料方面起到了重要的作用，但是该技术仍然有许多问题亟待解决。单分子力谱技术只能给出作用强度与分子链长度变化的信息，无法直接指认与之对应的化学结构的变化。目前，已经出现了单分子力谱与单分子荧光相结合和纳米红外(原子力显微镜成像与红外光谱结合)等技术，但是这些技术仍然无法满足单分子水平的化学检测需求。单分子力谱(基于原子力显微镜)和红外光谱的结合，兼具光谱的结构指认能力与力谱的力学测量和高时空分辨率，有望实现技术上的突破。从超分子材料方面考虑，目前单分子力谱实验结果主要集中于指导材料力学性能和可修复性能的设计，对于指导兼具优良力学、光学、电学或者磁学等性能的多种响应功能材料的设计少有报道。综上所述，这些领域的发展依赖于新仪器的开发和新实验方法的建立。尽管相关仪器方法的建立充满挑战，但同时也为从事单分子操纵技术研究领域的科研技术人员提供了充分发挥想象力与创造力的空间。

参 考 文 献

[1] Luo Z, Zhang A, Chen Y, et al. How big is big enough? Effect of length and shape of side chains on the single-chain enthalpic elasticity of a macromolecule. Macromolecules, 2016, 49: 3559-3565.

[2] Bao Y, Qian H J, Lu Z Y, et al. Revealing the hydrophobicity of natural cellulose by single-molecule experiments. Macromolecules, 2015, 48: 3685-3690.

[3] Cheng B, Wu S, Liu S, et al. Protein denaturation at a single-molecule level: The effect of nonpolar environments and its implications on the unfolding mechanism by proteases. Nanoscale, 2015, 7: 2970-2977.

[4] Luo Z, Zhang B, Qian H, et al. Effect of the size of solvent molecules on the single-chain mechanics of poly (ethylene glycol): Implications on a novel design of a molecular motor. Nanoscale, 2016, 8: 17820-17827.

[5] Zhang Q, Lu Z, Hu H, et al. Direct detection of the formation of V-amylose helix by single molecule force spectroscopy. J Am Chem Soc, 2006, 128: 9387-9393.

[6] Marszalek P E, Oberhauser A F, Pang Y P, et al. Polyssacharides elasticity governed by chair boat transitions of glucoparanose rings. Nature, 1998, 396: 661-664.

[7] Marszalek P E, Li H, Fernandez J M. Fingerprinting polysaccharides with single-molecule atomic force microscopy. Nat Biotechnol, 2001, 19: 258-262.

[8] Marszalek P E, Li H, Oberhauser A F, et al. Chair-boat transitions in single polysaccharide molecules observed with force-ramp AFM. Proc Natl Acad Sci, 2002, 99: 4278-4283.

[9] Cao Y, Balamurali M M, Sharma D, et al. A functional single-molecule binding assay via force spectroscopy. Proc Natl Acad Sci, 2007, 104: 15677-15681.

[10] Sharma D, Perisic O, Peng Q, et al. Single-molecule force spectroscopy reveals a mechanically stable protein fold and the rational tuning of its mechanical stability. Proc Natl Acad Sci, 2007, 104: 9278-9283.

[11] Cao Y, Li H. Engineered elastomeric proteins with dual elasticity can be controlled by a molecular regulator. Nat Nanotechnol, 2008, 3: 512-516.

[12] Cao Y, Yoo T, Li H. Single molecule force spectroscopy reveals engineered metal chelation is a general approach to enhance mechanical stability of proteins. Proc Natl Acad Sci, 2008, 105: 11152-11157.

[13] Peng Q, Li H. Atomic force microscopy reveals parallel mechanical unfolding pathways of T4 lysozyme: Evidence for a kinetic partitioning mechanism. Proc Natl Acad Sci, 2008, 105: 1885-1890.

[14] He C, Genchev G Z, Lu H, et al. Mechanically untying a protein slipknot: Multiple pathways revealed by force spectroscopy and steered molecular dynamics simulations. J Am Chem Soc, 2012, 134: 10428-10435.

[15] Pelz B, Žoldák G, Zeller F, et al. Subnanometre enzyme mechanics probed by single-molecule force spectroscopy. Nat Commun, 2016, 7: 10848-10856.

[16] Cao Y, Li H. Polyprotein of GB1 is an ideal artificial elastomeric protein. Nat Mater, 2007, 6:

109-114.

[17] Liu N, Bu T, Song Y, et al. The nature of the force-induced conformation transition of dsDNA studied by using single molecule force spectroscopy. Langmuir, 2010, 26: 9491-9496.

[18] Zhang W, Lu X, Zhang W, et al. EMSA and single-molecule force spectroscopy study of interactions between *Bacillus subtilis* single-stranded DNA-binding protein and single-stranded DNA. Langmuir, 2011, 27: 15008-15015.

[19] Paik D H, Perkins T T. Overstretching DNA at 65 pN does not require peeling from free ends or nicks. J Am Chem Soc, 2011, 133: 3219-3221.

[20] Chen J, Tang Q, Guo S, et al. Parallel triplex structure formed between stretched single-stranded DNA and homologous duplex DNA. Nucleic Acids Res, 2017, 45: 10032-10041.

[21] Efremov A K, Yan J. Transfer-matrix calculations of the effects of tension and torque constraints on DNA-protein interactions. Nucleic Acids Res, 2018, 46: 6504-6527.

[22] Cui S, Liu C, Zhang X. Simple method to isolate single polymer chains for the direct measurement of the desorption force. Nano Lett, 2003, 3: 245-248.

[23] Friedsam C, Bécares A D C, Jonas U, et al. Adsorption of polyacrylic acid on self-assembled monolayers investigated by single-molecule force spectroscopy. New J Phys, 2004, 6: 9-25.

[24] Erdmann M, David R, Fornof A, et al. Electrically controlled DNA adhesion. Nat Nanotechnol, 2010, 5: 154-159.

[25] Yu Y, Yao Y, Wang L, et al. Charge-transfer interaction between poly（9-vinylcarbazole）and 3,5-dinitrobenzamido group or 3-nitrobenzamido group. Langmuir, 2010, 26: 3275-3279.

[26] Zou S, Schonherr H, Vancso G J. Stretching and rupturing individual supramolecular polymer chains by AFM. Angew Chem Int Ed, 2005, 44: 956-959.

[27] Jiang Z, Zhang Y, Yu Y, et al. Study on intercalations between double-stranded DNA and pyrene by single-molecule force spectroscopy: Toward the detection of mismatch in DNA. Langmuir, 2010, 26: 13773-13777.

[28] Walsh-Korb Z, Yu Y, Janecek E R, et al. Single-molecule force spectroscopy quantification of adhesive forces in cucurbit[8]uril host-guest ternary complexes. Langmuir, 2017, 33: 1343-1350.

[29] Lussis P, Svaldo-Lanero T, Bertocco A, et al. A single synthetic small molecule that generates force against a load. Nat Nanotechnol, 2011, 6: 553-557.

[30] Prystopiuk V, Feuillie C, Herman-Bausier P, et al. Mechanical forces guiding staphylococcus aureus cellular invasion. ACS Nano, 2018, 12: 3609-3622.

[31] Valotteau C, Prystopiuk V, Pietrocola G, et al. Single-cell and single-molecule analysis unravels the multifunctionality of the staphylococcus aureus collagen-binding protein Cna. ACS Nano, 2017, 11: 2160-2170.

[32] Sullan R M A, Li J K, Crowley P J, et al. Binding forces of streptococcus mutans p1 adhesin. ACS Nano, 2015, 9: 1448-1460.

[33] Pfreundschuh M, Harder D, Ucurum Z, et al. Detecting ligand-binding events and free energy landscape while imaging membrane receptors at subnanometer resolution. Nano Lett, 2017, 17: 3261-3269.

[34] Kufer S K, Puchner E M, Gumpp H, et al. Single-molecule cut-and-paste surface assembly.

Science, 2008, 319: 594-596.

[35] Zhang W, Zhang X. Single molecule mechanochemistry of macromolecules. Prog Polym Sci, 2003, 28: 1271-1295.

[36] Neuman K C, Nagy A. Single-molecule force spectroscopy: Optical tweezers, magnetic tweezers and atomic force microscopy. Nat Methods, 2008, 5: 491-505.

[37] Kapanidis A N, Strick T. Biology, one molecule at a time. Trends Biochem Sci, 2009, 34: 234-243.

[38] Crick F H C, Hughes A F W. The physical properties of cytoplasm. Exp Cell Res, 1950, 1: 37-80.

[39] Wirtz D. Direct measurement of the transport properties of a single DNA molecule. Phys Rev Lett, 1995, 75: 2436-2439.

[40] Uchida G, Mizukami Y, Nemoto T. Sliding motion of magnetizable beads coated with Chara motor protein in a magnetic field. J Phys Soc Jpn, 1998, 67: 345-350.

[41] Lipfert J, Wiggin M, Kerssemakers J W J. Freely orbiting magnetic tweezers to directly monitor changes in the twist of nucleic acids. Nat Commun, 2011, 2: 439.

[42] You H J, Wu J Y, Shao F W. Stability and kinetics of c-MYC promoter G quadruplexes studied by single-molecule manipulation. J Am Chem Soc, 2015, 137: 2424-2427.

[43] Smith S B, Finzi L, Bustamante C. Direct mechanical measurements of the elasticity of single DNA molecules by using magnetic beads. Science, 1992, 258: 1122-1126.

[44] Liu C M, Kubo K, Wang E D. Single polymer growth dynamics. Science, 2017, 358: 352-355.

[45] Ashkin A, Dziedzic J M, Bjorkholm J E. Observation of a single-beam gradient force optical trap for dielectric particles. Opt Lett, 1986, 11: 288-290.

[46] Block S M, Goldstein L S, Schnapp B J. Bead movement by single kinesin molecules studied with optical tweezers. Nature, 1990, 348: 348-352.

[47] Dame R T, Noom M C, Wuite G J. Bacterial chromatin organization by H-NS protein unravelled using dual DNA manipulation. Nature, 2006, 444: 387-390.

[48] Footer M J, Kerssemakers J W, Theriot J A. Direct measurement of force generation by actin filament polymerization using an optical trap. Proc Natl Acad Sci, 2007, 104: 2181-2186.

[49] Stigler J, Ziegler F, Gieseke A. The complex folding network of single calmodulin molecules. Science, 2011, 334: 512-516.

[50] Wen J D, Lancaster L, Hodges C. Following translation by single ribosomes one codon at a time. Nature, 2008, 452: 598-603.

[51] Rief M, Oesterhelt F, Heymann B, et al. Single molecule force spectroscopy on polysaccharides by atomic force microscopy. Science, 1997, 275: 1295-1297.

[52] Rief M, Gautel M, Oesterhelt F, et al. Reversible unfolding of individual titin immunoglobulin domains by AFM. Science, 1997, 276: 1109-1112.

[53] Rief M, Clausen-Schaumann H, Gaub H E. Sequence-dependent mechanics of single DNA molecules. Nat Struct Biol, 1999, 6: 346-349.

[54] Milles L F, Schulten K, Gaub H E, et al. Molecular mechanism of extreme mechanostability in a pathogen adhesin. Science, 2018, 359: 1527-1533.

[55] Liu Y, Liu K, Wang Z, et al. Host-enhanced pi-pi interaction for water-soluble supramolecular polymerization. Chemistry, 2011, 17: 9930-9935.

[56] Wang X, Ha T. Defining single molecular forces required to activate integrin and notch signaling. Science, 2013, 340: 991-994.

[57] Zhang W, Barbagallo R, Madden C, et al. Progressing single biomolecule force spectroscopy measurements for the screening of DNA binding agents. Nanotechnology, 2005, 16: 2325-2333.

[58] Liu N, Zhang W. Feeling inter- or intramolecular interactions with the polymer chain as probe: Recent progress in SMFS studies on macromolecular interactions. ChemPhysChem, 2012, 13: 2238-2256.

[59] Liu C, Jiang Z, Zhang Y, et al. Intercalation interactions between dsDNA and acridine studied by single molecule force spectroscopy. Langmuir, 2007, 23: 9140-9142.

[60] Erdmann M, David R, Fornof A R, et al. Electrically induced bonding of DNA to gold. Nat Chem, 2010, 2: 745-749.

[61] Oesterhelt F, Oesterhelt D, Pfeiffer M, et al. Unfolding pathways of individual bacteriorhodopsins. Science, 2000, 288: 143-146.

[62] Clausen-Schaumann H, Rief M, Tolksdorf C, et al. Mechanical stability of single DNA molecules. Biophys J, 2000, 78: 1997-2007.

[63] Liu K, Song Y, Feng W, et al. Extracting a single polyethylene oxide chain from a single crystal by a combination of atomic force microscopy imaging and single-molecule force spectroscopy: Toward the investigation of molecular interactions in their condensed states. J Am Chem Soc, 2011, 133: 3226-3229.

[64] Liu N, Peng B, Lin Y, et al. Pulling genetic RNA out of tobacco mosaic virus using single-molecule force spectroscopy. J Am Chem Soc, 2010, 132: 11036-11038.

[65] Hosono N, Kushner A M, Chung J, et al. Forced unfolding of single-chain polymeric nanoparticles. J Am Chem Soc, 2015, 137: 6880-6888.

[66] He C, Hu C, Hu X, et al. Direct observation of the reversible two-state unfolding and refolding of an α/β protein by single-molecule atomic force microscopy. Angew Chem Int Ed, 2015, 54: 9921-9925.

[67] Strackharn M, Stahl S W, Puchner E M, et al. Functional assembly of aptamer binding sites by single-molecule cut-and-paste. Nano Lett, 2012, 12: 2425-2428.

[68] Strackharn M, Pippig D A, Meyer P, et al. Nanoscale arrangement of proteins by single-molecule cut-and-paste. J Am Chem Soc, 2012, 134: 15193-15196.

[69] Lv S, Dudek D M, Cao Y, et al. Designed biomaterials to mimic the mechanical properties of muscles. Nature, 2010, 465: 69-73.

[70] Li Z D, Zhang B, Song Y, et al. Single molecule study on polymer-nanoparticle interactions: The particle shape matters. Langmuir, 2017, 33: 7615-7621.

[71] Tulevski G S, Hannon J, Afzali A, et al. Chemically assisted directed assembly of carbon nanotubes for the fabrication of large-scale device arrays. J Am Chem Soc, 2007, 129: 11964-11968.

[72] Campbell J F, Tessmer I, Thorp H H, et al. Atomic force microscopy studies of DNA-wrapped

carbon nanotube structure and binding to quantum dots. J Am Chem Soc, 2008, 130: 10648-10655.

[73] Zheng M, Jagota A, Strano M S, et al. Structure-based carbon nanotube sorting by sequence-dependent dna assembly. Science, 2003, 302: 1545-1548.

[74] Cognet L, Tsyboulski D A, Rocha J-D R, et al. Stepwise quenching of exciton fluorescence in carbon nanotubes by single-molecule reactions. Science, 2007, 316: 1465-1468.

[75] Li Z, Song Y, Li A, et al. Direct observation of the wrapping/unwrapping of ssDNA around/from a SWCNT at the single-molecule level: Towards tuning the binding mode and strength. Nanoscale, 2018, 10: 18586-18596.

[76] Kou X, Zhang W, Zhang W. Quantifying the interactions between PEI and double-stranded DNA: Toward the understanding of the role of PEI in gene delivery. ACS Appl Mater Interfaces, 2016, 8: 21055-21062.

[77] Chen Y, Ma K, Hu T, et al. Investigation of the binding modes between AIE-active molecules and dsDNA by single molecule force spectroscopy. Nanoscale, 2015, 7: 8939-8945.

[78] Sluysmans D, Hubert S, Bruns C J, et al. Synthetic oligorotaxanes exert high forces when folding under mechanical load. Nat Nanotechnol, 2018, 13: 209-213.

[79] Hanozin E, Mignolet B, Morsa D, et al. Where ion mobility and molecular dynamics meet to unravel the（un）folding mechanisms of an oligorotaxane molecular switch. ACS Nano, 2017, 10: 10253-10263.

[80] Li Y, Wen J, Qin M, et al. Single-molecule mechanics of catechol-iron coordination bond. ACS Biomater Sci Eng, 2017, 3: 979-989.

[81] Xue Y R, Li X, Li H B, et al. Quantifying thiol-gold interactions towards the efficient strength control. Nat Commun, 2014, 5: 4348-4356.

[82] Edwards D T, Faulk J K, Sanders A W, et al. Optimizing 1-μs-resolution single-molecule force spectroscopy on a commercial atomic force microscope. Nano Lett, 2015, 15: 7091-7098.

[83] Yu H, Siewny M G, Edwards D T, et al. Hidden dynamics in the unfolding of individual bacteriorhodopsin proteins. Science, 2017, 355: 945-950.

[84] Song Y, Feng W, Liu K, et al. Exploring the folding pattern of a polymer chain in a single crystal by combining single-molecule force spectroscopy and steered molecular dynamics simulations. Langmuir, 2013, 29: 3853-3857.

[85] Lyu X, Song Y, Feng W, et al. Direct observation of single-molecule stick-slip motion in polyamide single crystals. ACS Macro Lett, 2018, 7: 762-766.

[86] Liu N, Chen Y, Peng B, et al. Single-molecule force spectroscopy study on the mechanism of RNA disassembly in tobacco mosaic virus. Biophys J, 2013, 105: 2790-2800.

[87] Wang Y, Liu X, Li S, et al. Transparent, healable elastomers with high mechanical strength and elasticity derived from hydrogen-bonded polymer complexes. ACS Appl Mater Interfaces, 2017, 9: 29120-29129.

[88] Guan Z, Roland J T, Bai J Z. Modular domain structure: A biomimetic strategy for advanced polymeric materials. J Am Chem Soc, 2004, 126: 2058-2065.

[89] Roland J T, Guan Z. Synthesis and single-molecule studies of a well-defined biomimetic

modular multidomain polymer using a peptidomimetic beta-sheet module. J Am Chem Soc, 2004 126: 14328-14329.

[90] Chung J, Kushner A M, Weisman A C, et al. Direct correlation of single-molecule properties with bulk mechanical performance for the biomimetic design of polymers. Nat Mater, 2014, 13: 1055-1062.

[91] Li C-H, Wang C, Keplinger C, et al. A Highly stretchable autonomous self-healing elastomer. Nat Chem, 2016, 8: 618-624.

[92] Zhang H, Li X, Lin Y, et al. Multi-modal mechanophores based on cinnamate dimers. Nat Commun, 2017, 8: 1147-1156.

[93] Viani M B, Schäffer T E, Chand A, et al. Small cantilevers for force spectroscopy of single molecules. J Appl Phys, 1999, 86: 2258-2262.

[94] Rico F, Gonzalez L, Casuso I, et al. High-speed force spectroscopy unfolds titin at the velocity of molecular dynamics simulations. Science, 2013, 342: 741-743.

[95] Churnside A B, Sullan R M, Nguyen D M, et al. Routine and timely sub-piconewton force stability andprecision for biological applications of atomic force microscopy. Nano Lett, 2012, 12: 3557-3561.

[96] Walder R, van Patten W J, Adhikari A, et al. Going vertical to improve the accuracy of atomic force microscopy based single-molecule force spectroscopy. ACS Nano, 2018, 12: 198-207.

[97] Bull M S, Sullan R M A, Li H, et al. Improved single molecule force spectroscopy using micromachined cantilevers. ACS Nano, 2014, 8: 4984-4995.

[98] Yang P, Song Y, Feng W, et al. Unfolding of a single polymer chain from the single crystal by air-phase single-molecule force spectroscopy: Toward better force precision and more accurate description of molecular behaviors. Macromolecules, 2018, 51: 7052-7060.

索　引